新世纪高等学校教材 | NEW CENTURY

U0869374

心理学基础课系列教材

人格心理学（第2版）

普通高等教育“十一五”国家级规划教材

北京市高等教育精品教材

Personality Psychology

许 燕 著

北京师范大学出版集团
BEIJING NORMAL UNIVERSITY PUBLISHING GROUP
北京师范大学出版社

图书在版编目(CIP)数据

人格心理学/许燕著. —2版. —北京：北京师范大学出版社，2020.6(2023.8重印)
新世纪高等学校教材. 心理学基础课系列教材
ISBN 978-7-303-25427-9

Ⅰ.①人… Ⅱ.①许… Ⅲ.①人格心理学—高等学校—教材 Ⅳ.①B848

中国版本图书馆CIP数据核字(2019)第297011号

教材意见反馈 **gaozhifk@bnupg.com 010-58805079**
营销中心电话 010-58807651
北师大出版社高等教育分社微信公众号 新外大街拾玖号

RENGE XINLIXUE
出版发行：北京师范大学出版社 www.bnupg.com
北京市西城区新街口外大街12-3号
邮政编码：100088
印　　刷：天津旭非印刷有限公司
经　　销：全国新华书店
开　　本：787 mm×1092 mm 1/16
印　　张：30.25
字　　数：532千字
版　　次：2020年6月第2版
印　　次：2023年8月第25次印刷
定　　价：68.00元

策划编辑：周雪梅　　责任编辑：李云虎　葛子森
美术编辑：陈　涛　李向昕　　装帧设计：陈　涛　李向昕
责任校对：康　悦　　责任印制：马　洁

序

人格心理学是一门历经世纪风雨蹉跎的心理学领域，在大起大落的发展路途中，研究者们与之分分合合，又爱又恨。自弗洛伊德创立了这门学科领域后，聚集了大批的追随者，包括业内业外，弗洛伊德的思想以其强大的渗透力震撼了其它科学，特别是文学、历史、电影、医学、政治等，体现出人格心理学的广博与宏大。之后，分裂从内部开始，每一个新兴学派分支都是以反弗洛伊德起家。百花齐放令人格心理学科发展达到一个顶峰，之后，虽然理论丰满但技术单一，学术突破力下降。此时，很多人格心理学家喜新厌旧，投入认知心理学的怀抱。20 世纪 80 年代，大五人格研究出现，给人格心理学注入了新的活力，人们再次看到人格心理学的应用价值。同时，冷认知开始向热人格靠拢，一些人格心理学研究者又回归初心。至今，有大量的认知心理学家开始将人格变量引入自己的研究中。当今的人格心理学又开始焕发青春，人格心理学的又一个新的发展时代到来了。

人格心理学是一门最能体现心理学特征的学科，因为它涉及了人自身的各种本质问题，众多心理学家都会关注并思考人格心理学中的问题，并为它建构框架，阐述观点，设计方法，解析问题，指点迷津，叙述人生，完善人格。在人格心理学理论体系中，我们会读到弗洛伊德、荣格、阿德勒、弗洛姆、霍尼、华生、斯金纳、马斯洛、罗杰斯、罗洛·梅、奥尔波特、卡特尔、凯利、罗特、班多拉、米歇尔等人的言论，他们既是心理学大师，也是人格心理学家。读着他们的思想，如同在静静地聆听着大师们的讲课。

人格心理学是一门是以理论为建构体系的学科，对人持有不同观点的心理学家们在这一领域中各抒己见，形成了不同的理论流派。我们这本教材凸显了人格心理学的原本特征，详尽地介绍了精神分析学派、行为主义学派、人本主义学派、特质理论、认知学派，以及社会文化的观点。每个学派从理论产生背景、理论观点、研究方法、研究主题、理论应用、理论评价、理论进展等几方面展开，力求给读者一个人格理论的全貌。同时，也展现出人格心理学家的智慧才华。

人格心理学是一门心理学的核心基础课程之一，因为它为其他学科和心理学的其它领域提供了基础知识。学习临床与心理咨询、心理测评、教育心理、管理心理、运动心理、军事心理等尤其要先学人格心理学知识。要了解人和研究人，就要学习人格心理学。所以，教育部制定的《心理学类专业本科教学质量国家标准》中确定人格心理学是十个心理学的核心知识领域之一，心理学专业的本科生都要学习人格心理学这门基础课程。

人格心理学是一门阐述人生哲学的心理学领域，每一个人格心理学理论都是大师们对人生理解与领悟的自述，很多人格心理学家们都是经历人生苦难的人，他们的许多理论观点都是对人生中所遇到的问题的解答与思考。不是所有的人生不幸都会造成苦难与失败，关键是看“不幸”落在哪种人生框架中，不同的人生框架就是一个人的人格理论，我们每个人的人生都自带理论，那是你自己建构起来的人生框架，我们都是自己人格的设计师与建设者，都有自我建设的力量。在介绍每一位人格大师的理论之前，我们都会描绘一下他们的生平事略，以帮助读者更准确地理解他们的理论观点产生的背景。学习人格心理学，会具有人生指导意义，让读者在面对人生的困惑与发展时，能够多一些准备，多一些思考，多一些应对，多一些反省，多一些提升。

人格心理学是与时代共生共存的学科，这个学科建立的初期经过了世界大战、工业革命等影响人类的大时代环境，人格心理学先辈们都是经历过大时代洗礼的人，大时代让他们创造出具有震撼力的思想与理论。这本新版教材的产生又经历了全球性新冠疫情大流行时期，也与我们一起见证了大时代下中国人的人格力量，让我们看到了逆行者与志愿者的英雄人格。大时代会激发出人们的人格力量，努力奉献社会、惠及他人、建设国家；大时代让平凡人成为英雄，英雄不是胜利者的独享，英雄是人民的称号；大时代让我们对人类的生存有了更深刻的反思，当生活按下暂停键时，我们对人生也有了更沉静的思考。

人格心理学像一本被人阅览无数的名著，每次阅读都会让人有更深的理解和不同的感悟。再次重写这本书的过程，也是我再学习的过程，越写越觉得对人格心理学的理解不够深刻，越写越觉得对一些问题的澄清不够，越写越聚焦于人格心理学对人生的诠释，越写越对人格心理学的前辈们多一份敬佩，越写越对人格心理学科多一许执着。

本版教材对前一版的内容进行了修改与调整，加入了第八编人格心理学评论，通过读者对前面七编各理论流派的学习后，从人格心理学的八大主题进行再概括与梳理，以加深理解。这一版中还加入了融媒体资料，以这种形式将书中内容进行延伸和扩展。融媒体设置了 8 个栏目：学术前沿（63 个），演讲推荐（44 个），扩展阅读（41 个），知识链接（31 个），影视推荐（30 个），热点问题（10 个），心理测验（9 个），知识运用（9 个），共计加入了 237 个扩展资料。融媒体的加入使得学习与讲授的过程更加生动灵活，使得知识的更新换代更快速地呈现出来，提供了前沿文献资料，扩展了课堂的学习空间。2023 年，从整体内容上，我们按《习近平新时代中国特色社会主义思想进课程教材指南》和党的二十大报告对教材工作的要求进行了修订。

人格心理学的编写倾注了我们人格心理学实验室许多人的心血，也记载了我几届研究生的参与性工作，他们的年龄从 70 后到 00 后。第一编：许燕，第二编：许燕，第三编：王芳、许燕，第四编：许燕、蒋奖，第五编：许燕，第六编：许燕，第七编：许燕，第八编：许燕。另外，我实验室里的研究生王其峰、王萍萍、王中会、刘勇、刘颖、刘在花、周莉、付涛、郑跃忠、陶塑、焦丽颖、史慧玥、于梦可、薛莲等学生参与了部分撰写工作。融媒体工作由在读的研究生完成，第一编：赵锦哲、徐晓丹，第二编：薛莲、于孟可，第三编：史慧玥、焦丽颖，第四编：任卓、杜鑫，第五编：薛莲、寇翼麟、代艳，第六编：郭震、于孟可、杜鑫，第七编：寇翼麟、王焱灼，第八编：许燕、史慧玥、徐晓丹等；史慧玥、刘嘉颖协助我完成了对全书及融媒体资料的统编与补充工作。许燕对全书又做了再修改与补充。

在此特别要感谢北师大出版社的责编周雪梅老师，这本书见证了我们一路的友情与相助。

许燕

2023 年 1 月于北师大后主楼 1309

目　录

第一编 人格心理学导论

第一章 绪 论

人格心理学是心理科学中内容复杂而又丰富的领域，也是最能体现人的特点的心理科学。人格心理学以其独特的研究风格形成了自身的学科特点。了解人格心理学的特点，对于探讨和理解心理学领域中的核心问题具有重要意义。

第一节 人格心理科学的特点

人格心理学与心理学学科体系中的其他学科体系相比，在研究内容、研究策略和研究特征等方面有其突出的特点。

一、在研究内容上侧重于人的心理差异

人格心理学并不以研究人类所具有的共同心理现象为主要研究内容，而是关注共同心理现象在每个人身上所表现出的差异性。最初发现并研究个体心理差异现象的是英国人高尔顿（Galton，1870），他在测量人的颜色知觉、反应时和听觉灵敏度等心理机能时发现了人与人之间存在的心理差异，从此开创了差异心理学。

人格心理学家从差异心理学的视角来研究不同人的心理差异现象，探讨人格差异现象的机制与规律。例如，记忆是一种普遍的心理现象，但在每个人身上的表现却具有不同的风格。在记忆品质上，有人记忆敏捷，有人记忆持久，有人记忆准确，有人记忆过程中的信息提取力高；在记忆内容上，画家擅长形象记忆，数学家擅长语义逻辑记忆，演员擅长情绪记忆，运动员擅长动作记忆。由此可见，在记忆这一共有的心理功能中人们显示出各自不同的特点。人格心理学家注重的就是这些个体的心理差异性，分析人们为什么会表现出这些差异，这些差异表现具有哪些规律，它们会对人们产生什么样的影响，等等。弗洛伊德及后续研究者们非常重视内隐记忆在心理健康中的作用，特别是童年经历

对其之后生活的影响。人格心理学家不太会去关注记忆加工的过程，如何提高记忆效果等心理现象的共同规律，但他们要运用这些共同规律的知识来分析人们的差异性。他们侧重研究的是记忆的个体加工风格。因此，人格心理学家研究的不是认知过程，而是认知风格。

其实，心理机能的共同特征与个体差异是在一个人身上表现出的两种规律，二者相互交织在一起，共性中包含着个性，个性中体现着共性。

学习栏 1-1

人格的风格系统

风格是心理差异的一种表现形式，无好坏之分。人格的风格系统包含了知、情、意的成分。认知风格可分为古典主义—浪漫主义，斯蒙顿（Simonton，1988）在对富有创造性的艺术家和科学家所做的经验性研究中提出了这两种风格。古典主义这类人在工作中追求秩序、完美和高度控制感；浪漫主义者则有着大量丰富的想法，这些观念新颖又生动，常常以不太受控制的方式表达出来。认知风格还包括客观主义—主观主义、辐合思维—发散思维、逻辑严密性—富于幻想性、独立性—场依存性等。在情绪风格中，有超然主义—移情主义之分。超然主义者对情绪表达具有高度的控制力，压抑自己，情绪与理智分离；移情主义者则较少地控制自己的情绪，他们乐于经历各种情绪体验，喜欢将它们表达出来。在动机风格中，有父权主义—母权主义的划分。赫尔森等人（Helson & Crutchfied，1970；Helson，1973a，1973b）指出，父权主义风格是指具有独断专横、果敢、控制的倾向，母权主义风格则具有优柔寡断和内向的特点。

二、在研究策略上强调人格的整体统合性

从研究取向来看，心理学研究策略可分为两种研究风格：微观研究与宏观研究（Molecular vs. Molar）。微观研究取向是以细节的分析性研究为主导的方法论，宏观研究取向是以整体的综合性研究为主导的方法论。在研究策略上，与研究心理过程的认知心理学相比，人格心理学的研究风格是截然不同的（见表 1-1）。

表 1-1 微观与宏观研究策略的比较

	微观研究策略	宏观研究策略
研究领域	认知心理学的主导研究策略	人格心理学的主导研究策略
研究思路	从下至上的路径	从上至下的路径
研究单位	小单位	大单位
研究系统	各单元的分割与独立	各单元的联系与统合
研究方法	注重客观分析与实验室中的方法	注重主观分析与自然情境中把人作为一个整体人来研究的方法

（一）微观研究策略

微观研究策略是认知心理学所倡导的主导研究策略，这种策略遵循的是一条从下至上的研究路径，集合实验证据归纳出一般规律；在研究实施上寻求的是小单元操作，即认知心理学研究者先将整体的内容切分成部分后再研究，将所研究的心理单元与其他不涉及的单元分离开，以防止被试心理反应出现“污染”现象。因此，他们着重于基本的研究单元，如感知、记忆、思维等研究单元或者更小的单元。这种研究的好处是实验结果更加精确明细，不足是分解后的小单元可能偏离了或已经不是日常生活中出现的心理单元了 * 。为了研究的精确性，认知心理学研究者注重客观分析与实验室中的方法。在“人造”的实验环境里，让被试对刺激进行反应，这种实验可能低估了人们在自然环境下所达到的准确水平（Kenrick & Dantchik，1983）。

（二）宏观研究策略

宏观研究策略是人格心理学所倡导的主导研究策略，遵循的是从上至下的研究路径，由人格理论出发，获得实证研究的支持。人格心理学的发展历程也体现出这一特点，人格心理学发展的流程是人性哲学→人格理论→咨询理论→咨询与治疗技术。人格心理学的研究对象强调整体与部分的结合，把人作为一个整体人来研究，以大的、功能性的结构单位来实现心理各成分的联结与整合，特别是以日常生活中的自然单位作为研究单位，以说明人的复杂心理特征；为配合研究真实情境中的真实反应，在研究方法上注重主观分析与自然情境中的方法。

三、在研究特征上注重人的内部稳定性

人格心理学家关注的重点是稳定的人格特征，而不是对外部刺激的一时反应。他们重视的是内部的稳定成分，以及这些成分是如何导致个体对同一刺激产生不同反应的。他们认为仅从外部环境因素来解释人的复杂行为是不够的，还要寻找内部稳定的机制来解释人的全部行为，这样才能更恰当、准确。例如，让不同的孩子看同一幅图画（见图 1-1），所得到的反应却不同，仅用外部刺激是无法解释这种差异

的，因为这种反应的差异体现了个体内部的独特结构：综合型认知方式与分析型认知方式。如果一个孩子首先看到的是萝卜、白菜、菜篮，说明他偏重分析型认知方式；如果一个孩子首先看到的是一只兔子，说明他偏好的是综合型认知方式。人格心理学家研究的就是这种内部成分。

图 1-1　认知方式测试图

人格是个体内部逐渐形成的一种稳定的结构成分，它是在人与外部世界的相互作用中，由客观现实逐渐“内化”而成的。例如，同样面临挫折情境，人们的反应是不同的，导致的结果也不同。有人一蹶不振、灰心丧气，以失败告终；有人则自强奋发、不畏艰难，最终成功（见图 1-2）。这与人的内在人格品质——挫折耐受力的强弱有关。

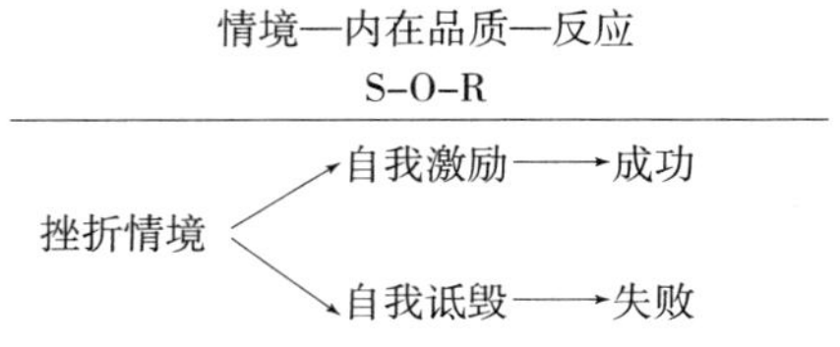

图 1-2　挫折的 S-O-R 模式

学习栏 1-2

内-外向人格与交友数量

内向-外向是一个常用的描述人格的结构维度。内向者偏于安静、慢节奏的生活状态，喜欢清谈的食物，在熟悉、安全的环境中更感自在，独处时不感孤独，交友看重的是质量而不是数量。反之，外向者，好动、活泼，喜欢探索、突破的生活状态，不甘于现状，喜欢冒险、刺激的活动，忍受不了孤独，广交朋友，在群体活动中容易成为耀眼的中心人物。

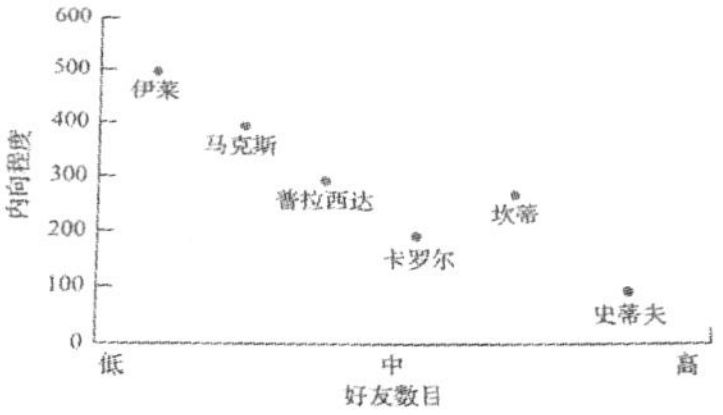

图：脸书（Facebook）好友数目与内向性之间的关联（摘自《人格心理学—经典理论与当代研究》，2021，p. 3）

第二节 人格心理学研究的科学体系

人格心理学作为心理学的一门分支学科有其相对独立的学科体系。这一体系包含了理论、研究与应用三个方面。

一、人格研究模式

人格心理学的研究模式，依据研究内容的特点差异，划分为两种不同的模式，即人格的一般模式和人格的差异模式。

（一）人格的一般模式

人格的一般模式（general aspect of personality）主要研究的是人格的基本理论问题和人格的一般性规律，如人性哲学、人格界定、人格结构、人格动力、人格发展、人格成因、人格改变、人格测量等一般性理论问题和相应的规律性探讨。

（二）人格的差异模式

人格的差异模式（characteristic aspect of personality）主要描述、解释、测量和预测个体心理差异。例如，人格心理学通过人格类型（types）、人格维度（dimensions）、人格特质（traits）、人格风格（styles）等描述来确定人们心理差异的表现特征与规律。

二、人格研究途径

人格心理学的研究有三种途径：人格的理论研究、人格的实验研究、人格的临床研究。

（一）人格的理论研究

当代心理学理论范畴中，有三大理论体系：学习理论、人格理论、咨询与治疗理论。后两种理论体系具有很大的关联性，咨询与治疗理论是从人格理论发展而来的。人格理论在心理学理论研究中具有主导地位。

人格理论（thoeries of personality）是对人类行为提出的一套系统的假设，是对人格的定义、结构、发展、动力、测量等重要概念所做的系统性的理论解释。它有一个比较严谨的结构，包括基本假设，具有层次结构的原理，其中有形式的成分，也有现实的成分。

由于人格是涉及对人的看法，从而发展出的一套对人的行为的系统解释。因此，持不同观点的人格理论学家形成了不同的理论流派。精神分析学派、人本主义学派、行为主义学派、认知流派、特质理论等，每种理论流派都是人格理论学家精心设计的模型。所以，人格理论也是一种研究策略，它是用来解释、分析人的心理依据与思考方向。

人格理论研究的一个显著特点是理论范式多。各种理论从各自不同的角度探讨了人格的基本问题，它们对世界的解释各有侧重。我们学习各种理论学派，了解各种思考模式，如同蜜蜂采蜜一样。蜜蜂为了采蜜，不辞辛苦地到处“沾花惹草”，最后酿成一种综合的蜜。我们接触各种理论后，经过思考形成一种综合的、全面的观点去分析人的心理模式。如果只了解一种理论观点，在解释世界时会有一定的局限性，适应性也会降低。就如同只采一种蜜的蜜蜂，它酿出的蜜虽有特色，但是只有一种味道。

（二）人格的实验研究

理论是重要的，但是理论必须与实验研究相结合，才能得以发展完善，以防出现纸上谈兵的倾向。人格的实验研究主要通过观察和操作，系统地将证据集合起来，提供可重复的结论，为理论升华提供实证基础。人格的实验研究也是众多的，每种理论都有自己的实验研究，总的来说，可归结为两类：人格特殊规律研究法和一般规律研究法。

1. 特殊规律研究法

这种方法的前提是强调人格的独特性，主张对个人进行单独研究，不主张个体间的比较，因为每个人的人格与行为模式是不同的，没有完全相同的人，所以主张通过个案、传记、会谈、作品分析等方法来获得材料并进行研究。个案研究法就是典型的方法。在个案研究中，研究者常针对某一特定对象来研究其人格，从多方面进行广泛而深入的观察和分析。

例如，美国人格心理学鼻祖奥尔波特就是这种方法的倡导者。他用个案法获得了十分有价值的材料，他认为没有两个人的个人特质是一样的，一个人的活泼不能与另一个人的活泼相比较，并用这种方法确定个人特质的性质。奥尔波特搞了一个样板——对吉妮书信的分析。他收集了吉妮的 301 封信，让 36 位评价者通过这些信件来分析吉妮的人格，整合所有评价词汇，最后得出描述吉妮人格品质的 8 个特质形容词。

2. 一般规律研究法

这种方法强调人格的共同性，其兴趣在于探讨人格共同的发展趋势与规律。这种方法有助于概括群体特征，探讨共同特质。这种方法主张通过对个体的测定计算出团体平均数，以便进行组间比较。

例如，邱上真（1973）用实验的方法研究了早期记忆在人格中的作用，验证阿德勒提出的一种观点。阿德勒认为，早期记忆是研究人格的良好方法之一，因为它使用简单而且可以直接反映出一个人的生活形态。邱上真的研究通过使用《爱德华个人偏好测验》来验证阿德勒观点的正确性。《爱德华个人偏好测验》评定了人的 14 种需求。此研究的理论假设：在最早记忆中提到的某种需求，在《爱德华个人偏好测验》中该种需求上的得分必高；反之，则得分低。研究选用被试男女各 200 人，要求每个被试尽量详细地写出他认为留在其记忆中最早的那一件事，叙述与那件事有关的人、事、物以及个体当时的感受。对被试记忆叙述的评分是依据有无某一需求而给予 1 分或 0 分。评分后，将男女分别划分为 1 分和 0 分两组，然后将两组在《爱德华个人偏好测验》中某一需求上的平均数做比较。结果显示，在早期记忆提及的某种需求，在《爱德华个人偏好测验》中的得分高于未在早期记忆中提及的某种需求。这种现象只在男女组的成就需求和男生组的亲和需求上得到了验证。

（三）人格的临床研究

在人格研究中，还存在着一种争论，即“临床”研究取向与“统计”研究取向之争。前者强调完整个体的描述，后者强调研究变量的控制。米尔（Meehl，1954）对这两种研究取向的特点进行了区分，认为临床方法的特点是非规范化的（非正式的）、非机械的、较主观的，如邱上真研究中早期记忆的分析方法；统计方法的特点是规范化的（正式的）、机械的（程序化的）、客观的，如邱上真在研究中通过计算《爱德华个人偏好测验》中某一需求的平均数做团体差异的比较。两种研究取向的争论是颇为激烈的。统计取向的人自诩其方法是客观、严谨、科学、实证的，而视临床方法为神秘、粗略、不科学、直觉、模糊的。反过来，临床取向的人自称其方法是动态、整体、敏感、精细、有意义的，而视统计方法为机械、琐细、人为、过于简化、肤浅的。

米尔抽出了20个研究来看两种研究取向在人格预测上的准确性，每个研究均同时采取这两种方法，进而加以比较。例如，威特曼（Wittman，1941）的研究对精神分裂症患者在接受电击治疗后的效果进行预测。临床上的预测是根据精神科医生的主观判断（临床经验）来评估的，统计学上的预测是依据一个30题的量表分数来判断的。米尔的结论是，除一项研究外，其余研究均为统计学方法的预测高于临床学方法。在该研究中，统计预测的正确性达81%，而临床预测的准确性只有45%。米尔同时指出，统计学方法相对临床方法的优点还在于省时、省力、省钱。但值得注意的是米尔的这种比较仅限于“预测”。而且，临床医生的经验性对成功的预测很重要。另外，两种研究取向的资料性质也不同：统计学的数据多来自结构明确的测验资料，临床学的资料多来自结构不明确的方法，如访谈法。临床人员常常在做统计之外的工作，如努力对一个人形成完整的看法，这种操作有助于对此人的了解并提高治疗的针对性。所以，两种研究取向各适用于不同的目的与研究情境。持统计学取向的人想了解超出单纯评价的问题时，可能会不知所措，例如，某一儿童的焦虑性退缩背后的原因是什么？解决这一问题需要临床性方法来操作。这正如科恩拜克（Cronback，1960）在评价这一争论时所说：“个人在自己适当的领域内都可以超越对方，但是在这个领域之外，就一点办法也没有了。”当代人格心理学再度注意到这两种研究传统，认为各自有其研究主题、研究方法和理论取向（Hogan，1982）。一个强调实验方法、人类行为单一层面的问题，另一个重视个案研究或问卷调查、个体差异及其各变项之间的关系。处理这一争论的最好办法是依据问题的性质来确定研究取向，选择适应问题解决的最恰当的方法，或是同时运用两种方法，互为补偿。

三、人格研究的科学体系

理论研究、实验研究与应用研究的结合才能构成完整的科学体系。理论研究提供了人格分析的结构框架，实验研究提供了事实证据，应用研究提供了应用价值。理论研究经常是从假设出发的，这种理论假设是否成立，要经过实验研究来证实。因为漂亮的逻辑推理并不等于观点正确，有些观点是逻辑正确，但不可验证，所以理论要靠实验来支持与修正。相反，实验研究也不能单独构成科学体系，其零散的实证材料要经过提炼，上升到理论高度，归纳出规律，形成科学知识，并将其应用于相应的实践领域中。人们在实践领域中，又会发现新的问题与现象，再开始新一轮的循环。总之，理论研究、实验研究、应用研究是相互依存、相互影响的，是归属于一个完整科学体系的不可分割的研究方面。如图 1-4 所示。

人格研究的建构过程显示了人格心理的某一研究体系的建立与发展，是理论、实验和应用相互作用、不断完善的发展过程。一个理论假设若没有实证研究做支撑，就不能让人信服；一个漂亮的理论体系若不能进入应用领域，也不能发挥作用，所以人格心理学体系是理论、实验和应用相结合的产物。

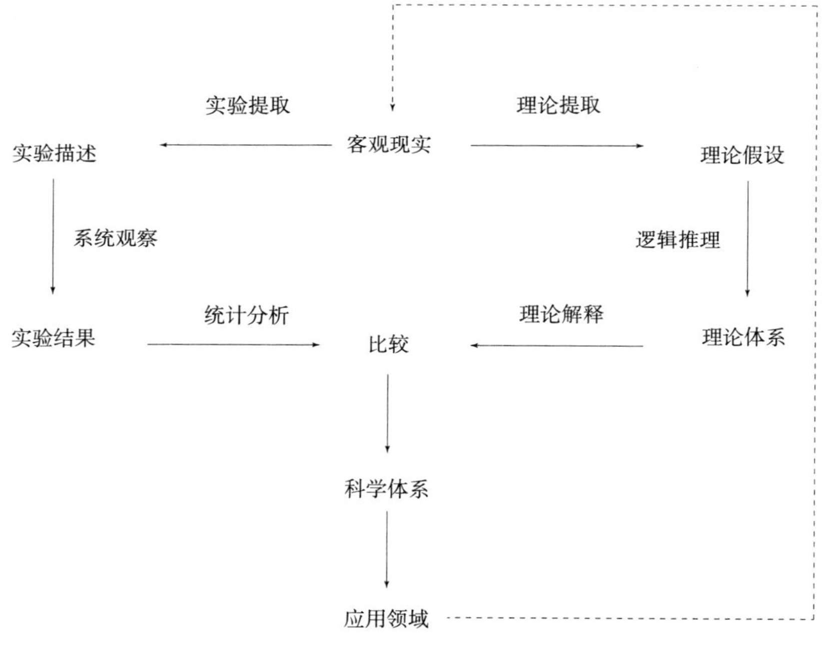

图 1-4　人格研究的科学体系

第三节 学习人格心理学的意义

人格心理学是一门学理性、实践性、生活性均很强的学科，其跨领域的特征给接触它的人带来了丰富的内涵，人格心理学是心理学专业内外人士都可以学习的一门学科，它具有以下意义。

一、为其他领域提供基础知识

人格心理学是一门渗透性很强的基础性学科，它是心理学许多学科领域的知识基础。人格心理学强调的是人心理的差异性，它提出了许多划分、描述、解释、预测各种心理差异的观点与方法，而任何心理现象的研究者都要涉及心理差异这个问题。所以人格心理学为其他领域的研究者提供了分析与解释结果的依据。例如，弗洛伊德的无意识理论为认知心理学中的内隐记忆的研究提供了理论基础。与人格心理学关系最密切的领域是心理咨询、人力资源、司法心理学、教育心理学、职业心理学、心理测量、社会心理学等，它们都离不开人格心理学的理论基础。例如，心理治疗的主要目的是调整、改善个体的人格，人格障碍是心理障碍中的重要方面。DSM-Ⅳ（《精神疾病诊断与统计手册》第5版）列出了11种常见的人格障碍，如反社会人格、自恋型人格、戏剧型人格等。许多心理咨询大师也是人格心理学家，如弗洛伊德、凯利、罗杰斯等。人力资源与组织管理也应用到人格心理学的很多知识，例如，马斯洛提出的需要层次理论在企业管理中被广泛应用。在吸毒与犯罪心理学中，人们非常重视人格因素，例如，“成瘾人格”和“寻求刺激型人格”等都是犯罪心理学家经常思考的问题。教育心理学中的因材施教，主要涉及的是人格差异的问题，例如，认知风格、学习风格等都在教育心理学中被广泛应用。目前人们所倡导的心理素质教育，就是人格教育。职业倾向的研究主要体现了与人格差异的相关性，例如，外向人格和场依存性人格更偏好于社会科学领域和社会定向的工作，内向人格和场独立性人格更偏好于自然科学理论和非社会定向的职业。

另外，作为心理学的基础学科，人格心理学知识也为其他学科领域提供了理论与应用性知识，如弗洛伊德和荣格的理论对文学艺术领域产生了广泛而持久的影响。

二、有助于提高理论逻辑思维的能力

人格心理学特别是人格理论的学习有助于学习者理论思维水平的提高。在学习过程中，我们不仅要了解前人的观点，更要思考他们为什么会提出这种观点，道理何在。尤其是在综合各种不同的理论观点时，我们更需要较强的逻辑思维水平，有序地融合好各种观点的冲突，在解释行为时知道哪种理论是最有效的。否则我们会感到混乱不堪，面对众多理论观点无所适从。所以学习人格理论的过程也是学习人格理论大师们的思维能力的过程。

融合各种理论的合理之处，需要理论思维能力。从微观的角度讲，某一理论可能比较适用于某一特殊问题的解释。从宏观的角度讲，人格本身是一个复杂的结构，因此对人格的完整理解与解释来自各种理论的合成，而不是某个单一理论。理论的这种概括与综合性，有助于提高人们把握宏观规律的能力。

人格理论的学习要求学习者具有综合思维能力。美国心理学家赫根汉（Hergenhahn，1980）曾打过一个比喻：设想你在一间漆黑的房间里，并知道屋子中有一件不能直接触摸到的复杂物体。这时一束光线照射在这个物体的某一点上，你只能看清这一部分，接着一束又一束的光线从四面八方照射在物体的不同部分上。随着光束越来越多，光线越来越充足，你才看清了这个物体。对于你来说，所有的光线都是有用的，而且光线越多，照射角度越不同，你就越能获得更多的信息。这个比喻很好地说明了我们学习人格理论的过程，但是借用不同光束形成最终理论体系（理论综合），并非像这个比喻那样简单，它是一个艰苦的思考过程。

人格理论的使用也并非简单的过程。在使用理论观点时，人们经常会犯一个错误，这就是混淆命名与解释。有人常常使用一个理论名词去命名一种行为现象，就心满意足了，而不去解释名词。例如，把女孩与父亲关系好，或一个年轻女子与一个父辈男子结婚，简单地说成是“恋父情结”的作用，而不做专业上严谨的界定与解释；把一个母亲的某种牺牲，简单归结为“母性本能”；等等。这种对一种心理现象的简单命名，往往会使人们对行为解释简单化、片面化，犯拿来主义的错误。命名不等于解释，这反映了一个人的思维水平与职业责任感。对事物的解释包括判断、推理等一系列思维过程。因此，学习运用人格理论去解释心理现象，也是一种思维能力的培养过程。

三、帮助人们自我探索、自我完善

人格心理学的学习过程，也是一种自我探索的过程。瑞士著名人格心理学家荣格把人格形容为一个浩瀚而神秘的系统，把人的内心世界比作宇宙。他认为，人生最伟大的探索就是内心世界的探索。这种探索是一项终生的事业，因为每个人生阶段，都伴随着外在环境的许多变化，以及人格自身的内在变化。人类最珍贵的属性之一，就是能够自我反省；人生最大的喜悦就是自我探索。伽利略说：“人不可被教，只能帮助他发现自己。”还有学者认为，生命的幅度取决于人们对自己有多少觉醒。

自我探索的过程是痛苦的，但最终结果是令人喜悦的。我们应该做一个开放的自我觉知者。在人格心理学中，自我觉知被分为两类：一是高自我觉知者，当面对问题时，特别是当情境的评价很模糊、不易把握时，他们倾向于采取情感关注的策略和消极的直接应对；二是低自我觉知者，他们认为情境是开放的、可改变的，倾向于采用问题关注的策略，所以能够适应环境。在消极情绪理论中，自我觉知被认为是导致应激、行为破坏、认知注意综合征的关键因素。自我觉知高的个体从对自身的思考转向对外界环境的思考是很困难的，即内在世界与外在世界的转化比较困难。例如，莎士比亚作品中的忧郁王子哈姆雷特就是典型的例子，他倾向于自我专注和内省，这使他很容易产生应激。他的一个典型的独白是“做还是不做”，他一直处于犹豫不决、优柔寡断之中，究竟是让自己的灵魂承受弓与箭的压力而忍受悲惨命运(情感专注的应付)，还是发动军队来推翻篡权的叔父呢（问题专注的应对)？哈姆雷特在其最后的独白中曾承认过多的内省给他带来的麻烦：“本国的坚定色彩已经被苍白无力的思考磨灭了。”然而，具有讽刺意味的是他后面所做的积极应对却导致了他的悲剧和灭亡。因此，在自我探索的过程中，我们应该做一个快乐的自我觉知者，不要成为“自我内省”的奴隶，而要成为“自我”的主人。

我们学习人格心理学的目的之一，就是要使每个人了解自我，理解他人，完善自己，塑造健康人格，展示人格的力量。

第二章　人格理论学习的要领

人格心理学是以其博大精深的理论体系而著称的。本教材在介绍人格理论时采取博引众说的原则，将不同流派的理论学说一一阐述。不同的理论，不同的特色，会带来不同的思考和启迪。在学习各种理论流派之前，学习者先要处理好以下几个理论学习中的问题。

一、人格理论的意义

人格理论是心理学家们对人的一套看法，是人格心理学家用来描述或解释人的心理和行为的一套假设系统和参照框架。因为人的心理现象的复杂性，以及人格心理学家对人的看法的不同，所以人格心理学领域中有许多各不相同的理论。自弗洛伊德于 1915 年发表“无意识”观点以来，心理学家已经建立了许多富有影响的人格理论。

为什么会有如此多的人格理论呢？它们的价值何在？实际上，人们学习人格理论，是期望能够用它们来解答一些问题。人格理论能够回答什么问题呢？例如，在研究某一个体时，我们想要了解他的什么呢？我们想知道：他具有什么特征？他是如何变成这个样子的？他为什么会这样做？因此，我们需要一种或几种人格心理学理论来回答诸如“什么”“如何”“为何”等这类问题。“什么”指的是个体的特征，以及这些特征是如何组成一个整体的。“如何”指的是人格的成因，是什么因素使个体形成目前的人格的，遗传、环境、主体各以何种方式、以多大的影响力对个体产生作用。“为何”指的是个体行为的动力。他为何动？又向何方动？例如，一个人很忧郁。人格理论可以帮助我们了解忧郁是否是此人的稳定的人格特征。如果是，这种人格特征是如何发展起来的？为什么创伤事件？在忧郁的状态下，他的行为反应方式是什么？是购物，吃零食，还是独处？人格理论会告诉我们在解释行为时，应该如何去思考。

二、人格理论的向度

在学派林立的人格心理学领域中，人们的观点是互有异同的。在学习、比较、融合各种理论学派时，吉尔和兹戈尔（Hjelle & Ziegler，1992）提出的九个理论的评价向度，受到了许多人的认可。

（一）自由论—决定论

自由论（freedom）—决定论（determinism）这一问题主要涉及的是人的行为的决定因素。人的行为是由其个人意愿自由控制的，还是由不为个人意愿所控制的因素来决定的？心理学家对此问题有不同的见解。精神分析学者弗洛伊德认为个体行为由其内在驱力所控制，个体并不能觉察这种力量；行为主义者斯金纳则把人看作一种“自动装置”，受外部控制。两种理论一种强调内部不可知的力量，一种强调外部不可抗拒的力量，异曲同工，都是“决定论”的观点。人本主义学者看法相反，罗杰斯曾指出，人类并非完全由无意识来掌控，个体可以决定自己，在创造其生命价值时，是自由的（Shilien，1963）。因此，他主张人是“自由”的。

（二）理性—非理性

理性（rationality）—非理性（irrationality）这一维度说明人的理性思维对人的影响有多大。人是理性的，还是非理性的？虽然很少有理论持极端看法，但多多少少存在差异。认知心理学派强调理性的作用，例如，凯利认为“人是科学家”，推理作用对人具有重要影响。精神分析学家弗洛伊德的“无意识”强调非理性的作用，而行为主义者斯金纳重视学习过程中“强化”的效应，不看重理性的作用。

（三）整体论—分析论

整体论（holism）—分析论（elementalism）这一维度划分了心理研究是对人进行整体研究，还是分析研究。整体论主张人是一个完整的个体，将其拆成部分，就失去了真实性。弗洛伊德等临床心理学家多主张这种方法。分析论认为人格科学研究必须从构成元素入手，从整体着眼，只能获得一个笼统的印象，无助于对行为的精确认识，如特质理论。实际上，整体论与分析论在人格研究中都非常重要。

(四) 遗传论—环境论

遗传论 (constitutionalism) —环境论 (environmentalism) 说明一个人的人格究竟有多少取决于遗传，有多少受环境的影响。这是一个很复杂的问题，不容易有简单的答案。遗传论者多重视气质、体形与行为的关系，如希波克拉底提出的气质学说，克瑞其米尔 (Kretschmer，1936) 和谢尔顿 (Sheldon，1944) 提出的体形说，弗洛伊德的本我概念更依赖于遗传因素，艾森克 (Eysenck，1995) 也强调遗传的作用。华生等行为主义学派则是极端环境论倡导者，强调学习是人格形成的基础，环境塑造人的行为。现代人格心理学家提出了遗传与环境的交互作用理论，研究不同人格特征的二者交互作用的特点。脑科学的研究成果也在不断澄清着这一问题。

(五) 可变性—不可变性

可变性 (changeability) —不可变性 (unchangeability) 这一维度涉及一个基本问题：一个人在其生命历程中能否有根本改变？有些学者认为人格在儿童期形成之后，就比较稳定了。人身上有人格结构的延续中心，在人的一生中它都是行为的支撑者。弗洛伊德就是此观点的代表人物，他认为一个人的人格在他 5 岁时就已形成了，虽然以后在表面上有一些变化，但其潜在的人格结构不会改变，所以弗洛伊德十分重视童年经验。他认为只有长期和深入的心理分析，才有机会使当事人的人格产生实质性的改变。我国民间也有“3 岁看大，7 岁看老”的说法。相对地，艾里克森就主张人格的可变性，认为人格在人的一生中始终变化着，在每一阶段人们都要处理一些特殊的人生问题，从而获得进一步发展。

(六) 主观性—客观性

人格问题常会涉及主观经验与客观环境对个体行为的决定作用。主观性 (subjectivity) —客观性 (objectivity) 这一争论反映了近代人格理论中，现象学派与行为学派的相异之处。现象学派指出，决定一个人行为的因素，并非外在的事物和环境，而是这个人对于那些事物和环境的看法。看法决定了事物与环境对主体的价值。如果一个人认为这件事对他具有重要意义，他就会珍视它；反之，就会忽视它。人格内隐理论就证明了此观点。要了解一个人的行为，就要先了解他的主观看法。例如，罗杰斯指出，人的内部世界比外部环境刺激对自身行为有更大的影响，外部的行为如无内部经验作为参照，仍是不可理解的。相反，行为主义学派强调人格是在外部的客观因素的作用下形成的，所以他们重视客观行为事实，以及行为与外部世界中可测量因素的相互关系。

(七) 主动性—反应性

主动性 (proactivity) —反应性 (reactivity) 这一维度涉及对人类行为原因的解释。一个人的行为究竟是由其内部发动的，还是只是对外在刺激的反应？持主动性观点的学者认为行为产生于人的内部因素，人们是在主动地表现各种行为，而不是做被动的反应，如认知学派的观点。持反应性观点的学者认为每个人都处在某一个环境中，环境给予他各种形式的刺激，他要对刺激做出适当的反应，如行为主义者的观点。

（八）均衡性—不均性

均衡性（homeostasis）—不均性（heterostasis）这一维度主要涉及行为的动力。一个人的行为动机是什么？是消除紧张以达到内部平衡状态，还是不断成长以达到自我实现？持均衡性观点的弗洛伊德倾向于重视个体维持均衡状态的动机，认为个体的某种缺失会产生某种需求，导致个体陷入紧张状态，于是个体将采取一些行动，以获得满足，使个体恢复到均衡状态。持相反观点的人，如人本主义学派都强调个体谋求自我充分发展的倾向，他们认为个体的主要动机在于追求生长、发展。个体通过不断地求新、接受挑战，使自己不断成长，获得充分发展。

（九）可知性—不可知性

可知性（knowability）—不可知性（unknowability）这一维度说明人的行为和本性是可以根据科学方法被认知，还是有某些超越科学、不为人所认识的东西。行为主义学派主张运用系统的观察和实验来研究人类行为。而现象学派的学者认为每个人都生活在自身主观经验之中，而这些经验是别人所不知的，因此凭借一般的观察和实验方法，也不能完全体会其内心领域，也就难以了解人性的本质。

了解以上九个维度，对于人们分析、比较各种理论会有帮助。任何重要的人格理论都可以包含在这九个基本设想之中，在每个向度上找到它相应的位置。吉尔强调在双极连续体上的位置是相对的，而不是绝对的。因此，以维度的观点进行分析最为合适。这样有利于探讨各种人格理论在基本假设方面的不同程度与涉及的不同范围。通过这些维度，我们可以看到不同人格理论学家是如何认识人、如何看待世界、如何形成其学说和观点的。这些分析向度，并不是在形成理论之前而预先确定的，而是在学说形成之后，后人在分析理论后设立的。

三、人格理论的原则

好的人格理论的标准是什么？建构一个好的人格理论，应该是言之成理，有理有据，简明易懂，体系完整又自成一家。以下是我们在学习人格理论过程中可依据的六个原则。

（一）核心性原则

核心性（core）是指一种理论的关键之处。每种理论都有一个核心点，在这个核心点下展现一系列论点和论据。一种理论是对一种心理现象的说明，要使理论具有说服力，就必须抓住现象的核心内容，确定理论的核心点。这个核心点抓得是否准确是衡量理论价值大小的重要标准，如弗洛伊德早期以性本能作为其理论的核心点，受到了许多批评。因为人不仅是一个生物实体，也是一个社会实体。

把握理论的核心点也是学习人格理论的关键，如美国人格心理学家凯利的“建构”，他认为每个人都如同科学家一样，建构着自己的人格。再如罗杰斯的“自我”，他认为人的心理只有与自我联系起来时，才对一个人产生意义。心理失调也往往与自我有关，解决好自我的问题，一切问题就迎刃而解了，以此罗杰斯还提出了以“来访者为中心”的咨询原则。霍妮描述了现代人对社会变化的不安全感所产生的“焦虑”。弗洛姆认为人生最主要的问题是孤独感（loneliness），每个人都努力地追求与他人建立某种感情关系，爱是解决孤独感的唯一真正有效的方法。阿德勒认为人生最主要的问题是强烈的自卑感，而培养自己面对现实的勇气才是真正的对策。荣格认为人的主要问题是偏极（one-sided）或偏于一方的人格发展。内外向就是一种双极人格维度。他认为只偏于单一方向发展的人格是不正常的，阻碍人格的充分成长和表露，应该培养一种“大众我”（public self），使自己能适应各种不同的环境。

把握每种理论的核心点，可使人们准确、有效地使用它们，避免误用或发生严重的歪曲。

（二）广博性原则

广博性（comprehensiveness）是指理论所能涵盖的范围。好的理论应该能够解释人类的大部分行为。弗洛伊德之前的理论家只研究人的意识现象，而弗洛伊德则提出了前意识和无意识观点，解释了许多前人没有解释的现象。从这一点来看，弗洛伊德理论的广博性比其之前的理论要好。广博性越好的理论，其所研究的范围也越广泛。一个广博性差的理论，由于兼容性差而不能处理多变的现象或问题。

事实上，一个良好的理论不一定能够解释所有的行为，但如果一个理论在解释某一层面行为上有独到之处，也不失为一个好理论。这也是当代许多小人格理论存在的原因。

（三）简约性原则

一个好的理论应该简明一致，要而不繁，易于理解，这体现了理论的简约性（parsimony）。正如爱因斯坦所说，科学寻求的是世界的和谐性及其逻辑的简单性。人格理论也应该寻求这种精简性，它可以使人一目了然地把握其要旨。例如，荣格的理论有许多可取之处，但是由于他所使用的词汇过于繁杂，使人难以理解，其理论影响力大受限制。

人格理论的简约性还表现在人格研究中的理论结构点。罗斯（Ross，1979）提出了两种理论推论模式：限制定向推理（见图1-5）和流动定向推理（见图1-6）。

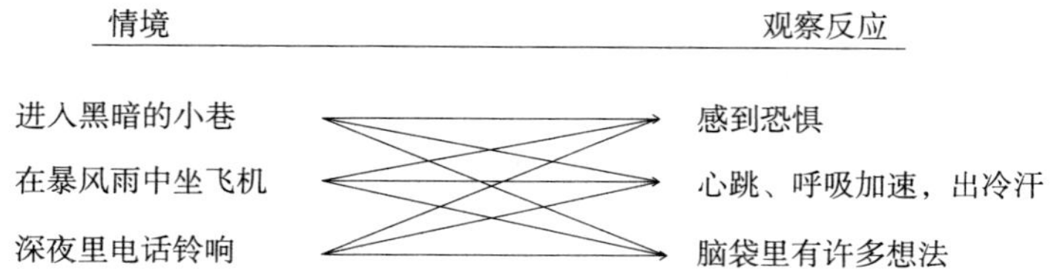

图 1-5 限制定向推理

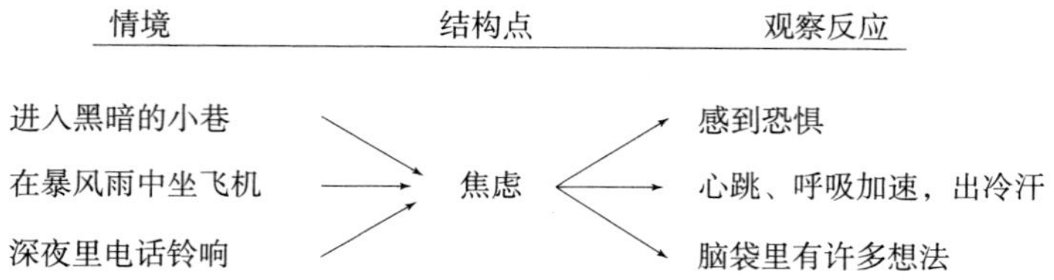

图 1-6 流动定向推理

限制定向推理是一种与实际观察数据相联系的思考方式，从图 1-5 中可以看出，三种情境都可以引发三种反应，但是这种描述看起来较为烦琐；而流动定向推理是一种用逻辑假定来把描述变得简单的思考方式，三种情境都可引发三种反应的原因可以假设为内部心理的中间环节启动了相同的反应，这一逻辑假定就是“结构点”——焦虑（anxiety）。结构点可以帮助人们更简单明了地解释复杂的行为，结构点的总结需要更多的思考过程。特质理论所寻找的根源特质就是结构点。

（四）验证性原则

一个人格理论体系中的任何论点都应该可以通过实证研究加以验证，特别是理论的基本假设是应该能够被操作化的。理论与研究要具有关联性，如果一个理论能被大量的、可靠的实验研究所验证，说明这一理论是能够经得起实践检验的。例如，弗洛伊德提出的无意识理论，已经越来越得到实验研究的证实，如内隐记忆、阈下知觉（subliminal perception）、盲视等已得到验证。弗洛伊德通过梦、催眠、自由联想等来窥探无意识。

例如，阈下知觉实验。让两组被试分别看一张略有不同的图片（图 1-7A，图 1-7B），图片以速视器显示，闪现的速度很快，使被试无法意识到图片内容。图片闪现后，要求被试闭眼，想象一幅自然景象，然后画出并标出该景象各部分的名称。图 1-7B 中隐含着一个鸭子的图像，结果看这张图片的被试在自然景象中，画出了与鸭子有关的影像，如鸭子、水、羽毛等。但这些被试却表示没有看到鸭子，甚至再要求他们从图中找出鸭子来时，大多数被试还是找不出来。本研究结论是无法被知觉到的刺激，即阈下知觉，仍有可能影响人们的想象与思想（Eagle，Wolitzky，& Klein，1966，p. 838）。阈下刺激也被应用于广告中。

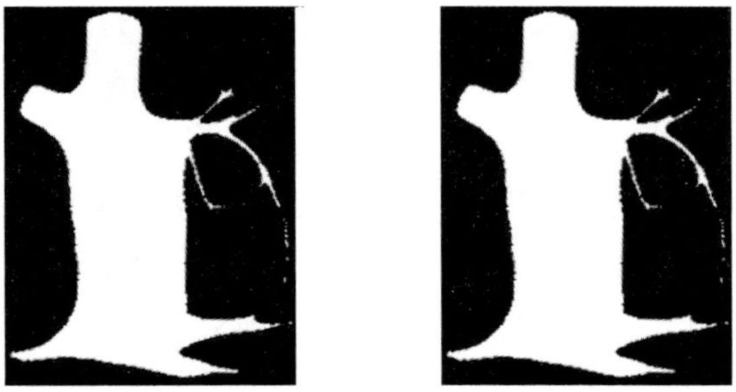

A　　B

图 1-7　阈下知觉实验图

(五) 提示性原则

提示性原则（stimulation value）是说一个好的理论可以引发人们更进一步的研究与思考，去发现未知的现象。理论的震撼力是让人获得启示，使人读后觉得新鲜而有所悟。所以提示性原则就是看此理论是否具有引导功能。弗洛伊德的理论在当时具有强烈的震撼力，被称为对人类自尊的第三次冲击。他提出的无意识思想，一直是人们研究的关注点。认知心理学对内隐记忆的研究就源自无意识思想，后人的研究也为弗洛伊德的理论注入了生命力。美国心理学家威特金（Witch，1940）提出的场独立性—场依存性理论也是一例，其突出贡献在于将认知领域与人格领域有机地结合起来，这一理论的提出引发了大量的研究。许多心理学家开始关注这一研究维度，并引入自己的研究领域中，获得了大量的实证研究资料，同时也不断丰富了威特金的理论，这一研究领域持续了四十年。

(六) 实用性原则

实用性原则（usefulness）说明了理论是为实践服务的，一个理论要能够指导实践，并应用在实践中。学科发展史已表明：任何生存的理论都是具有强大实用价值的理论。人格理论源于实践。许多人格理论的提出者都是在临床咨询领域工作的，他们将自己的工作体验和思考总结出一套理论体系，反过来，又对实际工作起指导作用。临床治疗也为人格心理学理论提供了广泛的实践机会，赋予了人格理论以巨大的生命力。例如，罗特（Rotter，1966）提出了人格的内外控理论，并编制了测评工具，引发了大量的相关研究，探讨内外控与各种心理行为的关系，如对成败的归因、人际关系、心理适应等方面。这说明内外控理论是一个实用性较强的理论。

例如，陈秀珍（1980）研究内外控、焦虑及挫折对注意力的影响。她先用内外控量表、焦虑量表将 120 名女大学生分为 12 个组，施测注意力测验，同时实验组还要接受挫折变量的启动。注意力测验是指在一堆数字中找出所指定的数字，注意力的高低用遗漏反应数和错误反应数来评定。结果显示：受挫折前，内控者在注意力测验上的遗漏反应数比外控者少，但错误反应数比外控者高；受挫折后，内控者与外控者在注意力测验的进步程度上无显著差异，但内控者注意的则是反应的正确性，外控者注意的是反应的速度。焦虑对内外控者有不同作用，焦虑对内控者有促进注意力测验的作用，而对外控者有干扰注意力的作用。

四、人格理论的影响因素

普汶（Pervin，1993）曾指出：人格理论受到学者个人因素、当代精神或当时的思潮、所处文化中人们持有的哲学观点等方面的影响。

（一）当时的社会特征

人的意识形态必然会受到当时社会特征的影响，人格理论充满了当时社会特征的痕迹。弗洛伊德一生经历了两次世界大战，使得他的理论充满了悲观的色彩和对人性丑恶一面的揭露。在第一次世界大战中，他丧失了所有财产，1920 年女儿去世，两个儿子从军，对儿子死亡的担心始终威胁着他，这一年他提出了“死亡本能”的理论。1930 年在反犹太主义运动中，柏林纳粹党焚烧了他的书。在这些社会因素的影响下，弗洛伊德批判人性时提出了人的攻击本能。“在这一切背后的一点真理——人急于否认的——人并非温和友善、冀求爱情的生物，也并非遭遇攻击的被动防御者，而是怀着强大的攻击欲望，这攻击性可视为他天赋本能的一部分（Freud，1930，p. 85）。”在了解了弗洛伊德所处的社会背景后，我们就能进一步深刻认识他的理论内涵的产生原因了。

（二）学者本身的经验

学者在建立其人格理论时，往往受到其生命史中重要事件的影响。学者有时所描述的事实常是他们自己，他们的理论中充满了自身的人生体验与感受，有“夫子自道”的色彩。所以，在介绍人格理论时，人们常常会先介绍理论者的生平：例如，阿德勒在其个体心理学（individual psychology）中首先提出了“器官自卑”（organ inferiority）的概念，并指出了身体功能间的互补作用。随后，他将这些概念又引入人格理论中，提出了相对性的人格概念，认为由“自卑感”所引导的“追求卓越”的趋向是心理补偿的作用。同时，阿德勒也非常重视家庭内部的社会环境，以及孩子排行对人格发展的影响。这些理论观点与阿德勒的幼时经验有关。阿德勒从小体弱多病，身体孱弱，学业成绩也不十分出色，自卑感强，而且手足间有竞争（Carver & Scheier，1996，p. 286；Phares，1991，p. 98）。艾里克森的社会心理发展（psychosocial development）理论的核心概念是“自我认同”（self identity）。他认为一个人如果不能确定“我是谁”“我是怎样的人”就会引起“角色混乱”，造成适应不良。这一理论观点的提出也与他自己的身世有密切关系。艾里克森的父亲为丹麦人，在他出生前就离家了。他 3 岁时，母亲再婚，他随继父姓。母亲与继父均为犹太人，而艾里克森由于其北美血统所显示出的身体外形，被视为外邦人，这引发他在身份上的困扰，不能有明确的“自我认同”，真实体会到“角色混乱”的压力。这些例子说明，学者自身的人生经历与体验往往是理论产生的基础，各自的人生体验会引发学者的深刻思考，进而使他们提出相应的理论观点。

（三）学者对人、社会及科学的态度

任何理论的产生与发展都与学者对人、社会、科学的态度有密切关系。普汶（Pervin，1970，1975，1980，1984，1989，1993，1998，2001）在《人格心理学：理论与研究》（*Personality*：*Theory and Resench*）中就十分注意这一点，在陈述每一个人格理论时，先介绍学者对人、社会和科学的态度，帮助人们理解为什么学者会提出这种理论观点。例如，弗洛伊德提出性本恶的人性观，他分析了两次世界大战，指出了人类本性中丑恶的一面，他的理论观点的表述也颇为消极。罗杰斯则认为人性本善，所以人总是积极向上、追求自我的充分发展；同时罗杰斯还认为每个人对世界各有其独特的知觉，并构成其“主观世界”(phenomenal field)，基于此看法，他提出心理学应该研究人们的主观经验。

（四）有关学科发展的情况

任何一门学科的发展都不是完全独立的，它常和许多相关学科有密切联系。事实表明，相关学科的发展，对人格心理学的发展具有重要的促进作用。例如，艾森克等学者重视人类行为的遗传因素和生理基础，这与近几十年来遗传学、生理学的发展有关，特别是遗传学、脑科学研究迅猛发展，使得近年来遗传对人格的作用又再次受到了注意。因素分析方法的发展，促进了大五人格因素理论的建立。化学元素周期表的提出，使特质论的卡特尔深受启发，提出了人格的元素周期表。随着计算机科学的迅猛发展，人格心理学领域又出现了认知与信息加工理论。

五、正确认识人格理论的地位与作用

虽然人格理论的发展已有百年历史，但人们对人格理论仍然是褒贬不一，形成了对理论价值的不同评判。

（一）理论的价值

1. 理论研究确定了一门学科的框架

弗洛伊德作为人格心理学理论的鼻祖，其人格理论框架的完整性为后人所称道。他在论述人格心理学时，就确定了这门学科的框架和研究主题，如人格的结构、人格发展动力、人格发展阶段、临床应用等。后面的理论学家在理论建构上基本没有跳出这个框架。理论往往确定了人们思考问题的范围与方向。

2. 理论对实验研究具有指导作用

理论确定了实验研究的目标，实验研究设计都是在理论的指导下展开的。理论构思得好，就能使研究更有系统性、逻辑性和可行性，研究者也不至于把时间浪费在无意义的或不相关的变量上。同时，理

论也可以引发人们对未被注意到的实证资料进行收集和探讨。而且，只有在理论之下，事实才有意义，研究才会有长足积累。赫布（Hebb，1951）说："若是没有理论，心理学上的观察和描述必定混乱而无意义。"理论对人格实验研究具有指导作用，人格研究方向是从抽象到具体的过程，人们通过实验为理论寻找依据，将实验结果纳入一个逻辑框架中，进而形成比较完整且系统化的理论体系。

3. 理论对研究者的思维起过滤作用

有时研究者会被烦乱的具体现象弄得眼花缭乱，无从下手，理不出思路。理论则可以使研究者沿着某一方向去探讨一种现象，而具有不同理论背景的人，会对同一现象进行不同的分析。所以，理论会帮助人们去清晰且有效地分析现象，去粗取精，去伪存真。理论的综合应用是非常重要的。

（二）理论的局限

斯金纳（Skinner，1950）曾呼吁要慎重对待理论，他甚至认为研究完全用不着理论。理论也有其局限性，主要体现在以下三方面。

1. 理论会限制思维的开阔性与探新性

理论会使人产生思维定势，跳不出原有理论的框架，甚至会使人误入歧途，也会影响人们发现新的东西。

2. 以理论为先导的研究模式并不一定适合所有的学科

理论研究模式是从抽象到具体的过程，而有些研究者偏好于从具体到抽象的过程。这类研究者认为，研究应从收集事实材料开始，直到有了雄厚的事实基础后，才能建立理论。其实，人格心理学理论最初也是这样开始的。弗洛伊德在观察了大量心理疾病的患者之后，分析他们的症状，认为这些都是无意识的作用，于是提出了无意识理论观点。这表明在研究一个相对独立的小型课题时，研究者可以从事实出发，特别是一些实际问题的解决。

3. 理论自身发展具有局限性

理论发展是有一个过程的，从低级不断地向高级发展，从不完善向完善发展。理论发展未达到完善阶段，会影响人们理解与使用理论，从而导致出现一些偏差。所以，对于发展不完善的理论，我们要倍加小心，要具有审辩式思维。此外，就当前情况来说，即使一种已被称为"完善"的人格理论，也有其局限性。

从上述内容可以看到理论具有双重作用，既可载舟，也可覆舟。

（三）如何认识理论

1. 理论是人类思考的工具

歌德曾说："理论是灰色的。"但实际上，理论是清白的，而现实是杂色的。理论之所以清白、高雅，在于它既要联系实际又要超越现实。理论要高于现实，它追求与现实呈现出某种天然的距离，但这不是理论的变质，而是对现实的更高层次的概括，它体现了一种抽象和预示。

人们在抱怨理论时，要反思一下是谁的过错。是理论太抽象，还是人们没有深入思考它？是理论无用，还是没有将它有效地转化到现实中去？是理论有局限性，还是人们的理论创新性不足？理论仅仅是人们思考时所使用的工具，不要因为没画好直线，就埋怨尺子不好。

2. 人格心理学对理论的偏重

为什么人格心理学如此偏爱理论？这与人格心理学的自身特点有关。人格理论源于研究者长期对问题的思考与实践体验。但最终形成理论，主要在于人格自身的统合性。人格各个部分是相互依赖、不可分割的整体。人们在涉入某一问题时，自然要连带起人格的其他成分。所以，人们要在一个整体的框架中去思考问题，这个框架就是理论。

例如，我们在分析一个学生为什么悲观厌世时，要从各个方面、各种角度去分析。引发事件是什么？事件导致了什么心理反映？什么导致了他的这种反应？对他今后人生有何影响？这里面涉及了人格结构、人格成因、人格发展等理论结构的问题。这些理论维度正是人们解释其行为的思维方向。

对悲观厌世学生的分析框架

引发事件：如考试失败。

人格结构分析：如无助型人格—自助型人格。

心理反应与表现：

　　认知归因：稳定、外部归因，例如，“我能力差”“我运气不好”。

　　解释风格：自我击溃式，例如，“我总是记不住”“没希望了，我彻底完了”。

　　情绪反应：消极情绪，如焦虑、悲观、内疚等。

　　行为导向：退缩式行为，如放弃、逃避等。

心理成因：

　　家庭因素：如家庭教育缺失。

　　学校因素：如老师批评过他。

　　其他因素：如外表、生病等。

预测未来：会导致进一步的失败，多次受挫而变得颓废。

治疗方案：改变认知归因，寻求家庭、学校或专业机构的帮助。

因此，良好的理论框架是能对人的行为给予较为完整的分析与处理的。理论在各种人格研究与应用中都是有一定价值的。

3. 要敢于使用理论

任何事物都具有辩证的性质，理论也如此。理论发展得不完善，并不妨碍人们的思考，以及对理论的使用。赫布(Hebb，1951)说：“我认为唯有利用坏理论的残石，才能建立更好的理论。”了解理论的发展有助于防止人们重蹈覆辙。

对理论的使用原则应该是取其精华，去其糟粕。

（四）如何使用理论

可以设想一下，一个漫无目标的观察者和一个有导师引领的观察者，二者有何等巨大的区别？人格理论就如同向导，它可以指点人们准确而敏锐地观察事物，预测事物发展的进程。所以，人格理论可以帮助人们确定观察事物的方向，提供给人们一些描述、解释个体行为的概念和原理，以及评定、预测人格的方法。

1. 描述

了解一个事物的第一步就是准确地描述它。人格理论提供了大量能描述人格特征的词语。其中有类型层面上的描述，如内外向型；有特质层面上的描述，如谨慎、善良、粗鲁、吝啬、慷慨等。特质理论学家们用词汇学的方法来研究人格，通过搜寻字典，抽取了 18000 条词汇，最后经过统计分析，提出了“大五人格”描述的模式。在人格理论中，人格结构这一基本问题的研究，就是用于描述人格结构差异的。

例如，安德森（Anderson，1968）对 555 个人格术语好恶度的研究，描述了最受欢迎的人格和最不受欢迎的人格特征。这是人格特质理论对人格的一种描述方式。他让 100 名大学生对 555 个描述人格的词汇进行 0～6 好恶度评价，确定了 5 个最受欢迎的人格特征，5 个最不受欢迎的人格特征，还有 5 个中性人格词汇。结果见表 1-2。

表 1-2　大学生对人格特质的好恶度评价

最受欢迎的人格		中性人格特质		最不受欢迎的人格	
特质	评价	特质	评价	特质	评价
真诚	5.73	安静	3.11	不诚实	0.41
诚实	5.55	冲动的	3.07	残酷	0.40
善解人意	5.49	善变的	2.97	吝啬	0.37
忠诚	5.47	保守	2.95	不真实	0.27
真实的	5.45	犹豫不决	2.90	说谎	0.26

结果显示，真诚是最受大学生欢迎的人格品质；反之，说谎是大学生最不喜欢的人格品质。

2. 解释

科学的重要功能不仅在于发现某一现象，还在于能解释这种现象。人格理论具有解释现象的能力，解释为什么这个人具有这种人格品质以及什么因素使他形成了这种品质。所谓“解释”就是确认原因。人具有探索欲望，有强烈的好奇心。人总是想了解事情发生的原因，当一时得不到真正的解释时，甚至会做一些推论。弗洛伊德在探讨人格发展问题时，认为人格的形成主要在人生的前五年，之后不会有实质性的改变，在解释原因时他曾设想人格中有一种“人格延续中心”。这个“延续中心”是弗洛伊德提出的一种解释推论，是否存在，需要验证。但是，弗洛伊德的这种推论给予了人们解释问题的一种参考。马斯洛的需要层次理论也为人们提供了观察和解释人的思考层面，其需求理论能够解释为什么在选择工作时，有人看重物质奖励，有人注重事业发展空间，有人寻找和谐的工作环境，即不同的人依据个人的不同层次的需求确立自己的工作选择依据。

关于考试焦虑有许多研究，考试高焦虑的人比低焦虑的人在紧张的考试情境中表现差，但在非考试环境中，高焦虑者的表现比低焦虑者好。在解释为什么会产生这种现象时，有一些理论家提出了他们的理论解释。例如，艾森克用超警戒理论和资源分配理论来解释高焦虑者与低焦虑者在认知加工过程中的差异。超警戒理论认为，高焦虑者总是过分探察环境中的威胁，一旦威胁被觉察到，就会试图锁定威胁刺激，并且缩小注意的焦点。资源分配理论认为，焦虑可能将注意的资源从当前任务中分离到与烦恼有关的事物中去，导致当前任务加工的资源不足，产生注意偏差。由此可见，理论对现象及实验研究结果的解释具有重要作用。

3. 预测

要了解人类，就要能够对人类行为做出预测。人格具有预测行为的功能。人格心理学非常重视人们行为中的稳定成分，只有稳定的成分才能构成人格结构。人格因其稳定的特征为预测提供了条件。人们可以通过一个人一贯的表现，来预测他未来的行为取向。例如，具有成瘾人格（the addiction-prone personality）的人吸烟、吸毒、酗酒的可能性就比非成瘾人格的人大。因为成瘾人格具有寻求刺激、爱冒险的特点，他们更愿意去尝试一些能刺激他们神经的事情，越是被禁止的事情越能激发他们的尝试欲望。因此，戒毒机构对具有这种人格的人会特别关注。这也给予教育工作者一些提示，对具有成瘾人格的青少年群体进行预防性教育，防患于未然。

人格测评工具也为预测人的行为提供了客观方法。《卡特尔 16 种人格因素测验》（16PF）是一个预测性较好的人格量表。研究者运用 16PF 对中学生进行测验发现了几种人格特质对成就的预测作用。与高成就有关的人格特质有聪慧性（B+）、外向（A+）、有恒的（G+）、敢为（H+）、忧郁（O−）、自律（Q_3+），但没有一个人格特质能像聪慧性那样预测成就。但其他研究表明，如果在统计学上控制了聪慧性，人格就能预测成就（Bardon，Dielman & Cattell，1971）。

早期学者（Friedman，Tucker，Tomlinsonkeasey，et al.，1921）提出了一个有意义的问题：儿童的人格是否和寿命有关？研究对 1500 名大约 11 岁的聪明儿童进行了追踪研究，从 1921 年开始，先让儿童的父母用一系列人格特质来描述儿童。研究者综合了这些描述，并进行了统计分析，形成了人格因素，与“大五人格”模式的维度很相近。这些人格维度是社会性（接近外向性）、高自我尊重、高动能（像神经质）、社会责任感的可信性（近似责任感）、心情愉悦、积极和持久性。用这些变量来预测这些儿童70岁时的情况，看人格特质变量与生死变量的关系。结果表明，在6种人格特质中，具有责任感、心情愉悦的人寿命长。研究者们认为，有责任感的人更有可能形成好的健康习惯，遵循医学建议，有良好的心态，具有较好的应对机制。这一研究结果，使研究者做出某种程度的预测：满意度高的儿童寿命长，兴奋性高的儿童寿命短。

第三章　人格的界定

第一节 什么是人格

“人格”是人们日常生活中经常使用的词汇。例如，“他具有健全的人格”“他的人格高尚”“他出卖了自己的人格”“勤劳是中华民族具有的优秀人格”……这些人格词汇包含了多重含义，有法律意义上的人格，有道德意义上的人格，有文学意义上的人格，也有社会学意义上的人格。这说明人格不是心理学的专有名词。

在没有了解心理学对人格的科学定义之前，很多人对人格都有一个直觉的理解，但准确、规范地定义这一复杂的词确实是相当困难的。

一、人格的词源

心理学中的“人格”一词是由Personality翻译过来的，但实际上，Persoanlity原意是由拉丁文persona一词引申出来的(Hergenhahn，1990)。Persona是古希腊演员所戴的面具，面具（mask）反映了不同的角色要求。在舞台上，一个演员所表现的行为要与他所扮演的角色相称。面具规定或限制了演员的行为。观众从演员的面具上就可以知道他扮演的是一个什么样的角色，是天使还是恶魔。通过角色就能了解并预测他的行为。所以，面具代表了一个人所特有的行为模式。例如，天使是仁慈、善良、助人的，有其特有的行为模式，并使人们从他的行为中，看到他仁慈、善良和助人的特征。同样，魔鬼也会使人从他的行为中看到他凶恶、残暴的特质。面具反映了不同人物的性格，例如，京剧中的红脸代表忠义，白脸代表奸孽，黑脸代表刚强。不过利伯特（Libert，1998）指出：虽然personality这个词源于persona，但我们今天所用的人格概念是在18世纪才出现的，同时我们也要注意：我们所要探讨的人格，并不是一个人戴了某个面具后的角色，而是在其卸下面具后的真人，也就是他的本来面目。

心理学沿用面具的含义，转意为人格。这其中包含了两层内容：一是指一个人在人生舞台上所表现出来的种种言行，人遵从社会文化习俗的要求而做出的反应。人格所具有的“外壳”，就像舞台上根据角色要求所戴的面具，表现出一个人外在的人格品质。二是指一个人由于某种原因不愿展现的内隐人格成分，即面具后的真实自我，是人格的内在特征。这种“蕴蓄于中，形诸于外”就说明了人格的表里统一性。

上述仅仅是对人格概念的一种形象化理解。那么，科学的心理学是如何来界定人格的呢？

二、人格的定义

到目前为止，对人格的科学定义始终没有达到一统天下的局面。奥尔波特在其《人格》（Personality，1937）一书中，从文献中收集了近50条人格定义，并将它们归为6类。

（一）集合式定义

集合式定义（omnibus definition）常罗列出一些人格成分，人格被描述为这些元素的集合。其中最典型的总和式定义是普林斯的人格描述：“个体一切生物的先天倾向、冲动、趋向、欲求和本能，以及由经验而获得的倾向和趋向的总和。”

（二）整合式和完形式定义

整合式和完形式定义（integrative and configurational definitions）的特点是强调人格为个体各方面属性所组成的整体。如麦考迪认为：“多种模式（兴趣）的一个整合，这种整合使有机体的行为具有一种特殊的个体倾向。”

（三）层次性定义

层次性定义（hierarchical definitions）的特点是将人格分为若干层次或等级，越是上层的结构越具有整合的作用。典型的定义是詹姆斯对自我的界定，他认为自我是内在的人格，第一层次是物质的自我，包括身体、财产、家庭、喜欢的朋友；第二层次是社会的自我，社会角色所表现出的特征；第三层次是精神的自我，对人具有协调统一的功能；第四层次是纯粹的自我，即自我的认识者，这是自我的最高成分。

（四）适应性定义

适应性定义（definitions in terms of adjustment）强调适应性功能。如肯卜夫（Kempf，1921）认为：“人对环境进行独特的适应中所具有的那些习惯系统的综合。”

（五）个别性定义

个别性定义（definitions in terms of distinctiveness）的特征是强调个人的独特性，一个人与其他人的不同之处。例如，米歇尔（Mischel，1986）认为：“个人心理特征的统一，这些特征决定人的外显行为和内隐行为，并使它们与别人的行为有稳定的差异。”

（六）代表性定义

代表性定义（definitions in terms of the essence of the person）强调人格是个人的典型行为范式，具有自己的特色。例如，“一个人区别于另一个人并保持恒定的具有特征性的思想、情感和行为的模式。”（Phares，1991）

奥尔波特（1961）综合了上述定义的特点，形成了他自己对人格的定义：“人格是一个人的内在心理生理系统的动态组织，它决定了此人对其环境的独特适应。”这一定义包含了综合性、层次性、适应性、个别性定义的特点，是一个集大成的定义。这个定义也反映了近代心理学上对“人格”一词的描述特点。

“个人的性格、气质、智力和体格的相对稳定而持久的组织，它决定着个人适应环境的独特性。”（Eysenck，1970）

“人格是个体在行为上的内部倾向，它表现为个体适应环境时在能力、情绪、需要、动机、兴趣、态度、价值观、气质、性格和体质等方面的整合，是具有动力一致性和连续性的自我，是个体在社会化过程中形成的给人以特色的心身组织。”（黄希庭，1998）

“人格是指个体思想、情感和行为的特征模式，以及这些模式之下隐藏或未隐藏的心理机制。”（大卫·范德，2013）

“人格是指促成个体形成感觉、思维、行为长期而独特模式的心理素质。”（普汶，2015）

“人格是个体内部心理物理系统的一个动力组织，决定了个体具有特定的行为、思想和情感。”（卡弗，2020）

从上述定义的比较来看，人格心理学家的见解颇为接近，这也反映出了近年来学者们对“人格”概念的看法。

人格定义的多样性反映了其内涵的丰富性。不同学者从不同的侧面对人格系统进行了不同的描述，每个学者看到的是人格的某一方面或某种功能。所以，从这一角度来看，每个“人格”定义都是有价值的。塞拉森（Sarason，1974）曾指出，多数的人格定义都隐含着一个理论假定，认为人格是一种假设的内在结构或组织。在这里要注意的是，不应将人格看成一个实体，如同一个藏在我们体内的小人，控制着我们的行为，而应仅仅将其视为一个概念，它只是一个理论推论性的东西。这一意见也是值得思考的。

综上所述，人格是在遗传与环境的交互作用下，个体所具有的稳定而独立的心理品质的组合系统，核心成分自我对人生具有影响力（许燕，2020）。

三、与相关概念的区别

中文心理学里“人格”一词译自英文的 personality。这个译词始自何时，迄今有待考证。从译文本身来说，却是很恰当的。中文的“格”字很有意思，它有指明事物的情况和水准之意。如“体格”是指一个人身体的情况；“品格”是指一个人品德方面的情况；“人格”是指一个人整体心理的情况。人格说明了一个人的心理状况与发展水平。唯一的问题是，中文里早已有“人格”一词，指的是一个人的品德方面。有时人们会说某某的人格很高尚或某某的人格很卑鄙，在极端的情况下，甚至会以没有人格来形容某些品德极低劣的人。这两个新旧的名词，有时难免有些混淆。因此，多年来研究心理学方面的人在用到“人格”一词时，常会特别说明：心理学中所谓的“人格”是指整个的人，这个人的心理范型，而不是仅指品德一方面。这样虽有一些不便，不过行之既久，大家也逐渐习惯了。

在提到人格时，人们常常会发现它与其他一些概念常常混淆不清。其中，人格与个性、性格是否同义，是很富有争议性的问题。

（一）人格与个性

一种观点认为人格与个性（personality and individuality）是同义词。因为从词源上说，个性也源于 Personality。只是自 1949 年以来，我国翻译了大量俄文心理学文献，把俄文词译为“个性”。从个性的描述上分析，实际上就是人格。从人格心理学教材的名称上来看，有叫《人格心理学》的，也有叫《个性心理学》的。

另一种观点认为二者具有不同含义，不可等同视之。相对于共性（generality）来说，个性具有个别差异（individual difference）的含义，经常用于表明个体的独特性和典型性。如常听到有人在评价一个与众不同的人时说：“这个人很有个性。”从人格与个性的内涵与外延上分析，人格是探讨完整个体与个别差异的领域。从这一角度上讲，人格比个性更广泛。

（二）人格与性格

一种观点是将人格和性格（personality and character）视为同义语，或用性格取代人格，以便与具有道德含义的“人格”做区别。一些心理学界的学者不很满意这种可能引起混淆的情况，主张索性将两个名词合二为一。台湾教育部门 1971 年修订大学教材标准时，台湾大学心理学系几位教授建议：将英文中 personality 一词的中译改为性格。该项建议为当时与会者所接受，于是原有的人格心理学、人格测验等有关名词，就都随之改为性格心理学、性格测验了。但这一观点，还未被内地学者所接受。

另一种观点是区分二者。这部分学者认为二者是相互联系而又有区别的概念。性格是个人的品行与具有道德评价含义的心理品质，是人格的下位概念。人格包含气质与性格，气质反映人的生理层面与情绪层面的成分较多，性格强调人社会层面和价值观的成分较多。

总之，人格、个性与性格三者是含义不同的概念，应加以区分。这有助于人们更准确地理解人格的定义。

第二节 人格的基本性质

从对人格的界定中，人们可以认识到人格的多重性。人格具有以下几种基本性质，这些性质表现出对立统一的特点。

一、独特性

“人心不同，各如其面”。这句俗语为人格的独特性（uniqueness of personality）做了最好的诠释。

独特性表现出人格的差异性和典型性。

一是差异性。一个人的人格是在遗传、成熟、环境、教育等先后天因素的交互作用下形成的。个体在不同的遗传环境、生存及教育环境影响下，形成了各自独特的心理特点。例如，“固执性”这一人格特征，不同人赋予了它不同的含义。作为娇生惯养、过度溺爱的结果，这种固执性带有“撒娇”的含义；而在冷淡疏离、艰难困苦的环境下形成起来的固执性，会带有“反抗”的含义。这种独特性说明了人格的差异性。

二是典型性。在日常生活中，人们会发现每个人都有各自的风格，独特性体现了人的典型性。核心人格的研究就是只针对个体的典型性而言的，例如，哈姆雷特的优柔寡断，林黛玉的多愁善感，就体现了表现在不同人物身上的典型人格品质。美国人格心理学家奥尔波特是一个重要的个体差异的先驱发言人，他有句名言：“火可以使黄油融化或使鸡蛋变硬”（Allport，1937）。他认为没有两个人是完全一样的，因此也没有两个人对同一事物做出的反应完全相同，每个人的行为是由其独特的特性结构决定的。

强调人格的独特性，并非排斥人的共同性。人格不仅反映了人的独特性，也反映了某一团体所具有的共同特性。人格共同性是指某一文化、某一民族、某一阶层、某一群体的人们所具有的相似人格特征。人类文化学者把同一文化所陶冶出来的共同人格特征称为群体人格（group personality）或众数人格（modal personality），也叫公众人格（public personality）。例如，研究发现富有创造性的个体往往共享着一套人格特征：经验、兴趣广泛、喜欢复杂的事物、精力旺盛、判断独立、自主、直觉、自信、独立解决问题的能力、对矛盾冲突的影响力、创造的坚持性（Barron & Harrington，1981）。

在人格的独特性与共同性中，人格心理学家更注重的是人格的独特性。

学习栏 1-3

积极情绪表达与寿命的关系

一个被称为“修女研究”的课题（Danner et al，2001）。该课题研究了大量现居住在美国的天主教修女，这些修女都是在 1917 年前出生的。1930 年，天主教会的行政官员要求她们写一部自传，研究者在修女的允许下阅读了这些自传，并根据写作中所表达的积极情绪进行编码。一些自传中包含的积极情绪内容相对较少，例如，“我打算为我们的秩序、宗教的传播和我个人的神圣化尽最大努力”，而也有一部分作品显示作者经历了高水平的积极情绪，比如，“过去的一年是非常快乐的一年，现在我热切地期待快乐”（Danner et al，2001，p. 806）。

20世纪90年代和20世纪末，大约有40%的修女在75～95岁之间死亡，研究者将1930年传记中所提到的积极情绪体验的多少与寿命长短做相关分析。这项研究揭示出情绪体验与寿命长短之间的高相关，在20世纪30年代的自传中表达了更多积极情绪的修女其寿命更长。在那些大量表达积极情绪的修女中，只有五分之一的人在观察期间死亡。而在那些较少表达积极情绪的修女中，有超过一半的人死亡！

来源：Danner，D. D.，Snowdon，D. A.，& Friesen，W. V.（2001）. Positive emotions in early life and longevity：Findings from the nun study. Journal of Personality & Social Psychology，80，804—813.

二、稳定性

俗话说：“江山易改，禀性难移。”这句话描述了人格的稳定特征。人格的稳定性（stability of personality）反映在三个方面：

一是在人格形成方面，一个人的某种人格特点一旦形成后，就相对稳定下来了，要想改变它，是较有难度的事情。

二是在人格表现方面，人格特征在不同时空下表现出一致性的特点，即在不同时间、不同情境下人格表现出一致性。它有两种表现形式。一种是平均水平上的稳定性，这是某一群体在平均分上的稳定性，不考虑个体差异。研究表明，30岁以后，人格平均水平上的改变就很小了。第二种是个体间的人格稳定，这是就某一个体而言的。例如，一位性格内向的学生，他不仅在陌生人面前缄默不语，在老师面前少言寡语，在参与学生活动时也沉默寡言。中学如此，大学如此，毕业几年后同学聚会时，他还是如此。人格的持续性（continuity of personality）体现了人格的稳定性，今天的我是昨天的我的延续，明天的我是今天的我的延续。一个正常人在一天之内可以发生贫富突变，但很难在一天之内发生人格突变现象。

三是在人格特征方面，人格特征是指一个人经常表现出来的稳定的心理与行为特点，那些暂时、偶然表现出来的行为则不属于人格特征。例如，一个人平时性情温和，偶然发了一次脾气。人们在描述其人格时，不会说他脾气暴躁，仍然认为他是温情和蔼的人。艾森克（Eysenck，1983）曾指出，早在古希腊，哲学家西塞罗就区分了焦虑特质和焦虑状态，前者是一种易怒特征，是个体的一种稳定的行为方式，可作为一种人格特征；而后者是发怒的状态，是个体在一定情境中的短暂表现，不是一种人格特征。

人格心理学家在研究人格的稳定性时尝试了不同的方法。例如，研究者康利依据卡贝尔和菲斯克的多维度—多方法理论，提出了人格稳定性的评估指标。一是一个人格特质应该在一个以上实验条件下被观察，如自评和他评；二是人格的个体差异表现为随时间的稳定，如追踪研究。康利测查了300名中产阶层的夫妇，让他们互评，并由熟人评价，测查3次（1935年，1954年，1980年），历时40多年，在神经质、社会外倾性、冲动控制、随和性4种人格特质上做评价。然后做了四方面的统计分析：①评价者的信度估计值；②同一情境中每个特质的自评、配偶评价和熟人评价的一致性；③同一特质同一被试（自我和配偶）的评价一致性；④跨越20年不同被试对同一特质评价的相关（1935—1954）。这些是考察稳定性的重要条件，以保证结果获得的准确性。研究结论是：神经质、社会外倾性、冲动控制具有一定的纵向稳定性，但随时间的增长其稳定性有所降低，历时10年的稳定性为0.6，历时20年的稳定性为0.4，历时40年的稳定性为0.3。但研究者认为随着时间的推移，正常成人的人格变化可能很大一部分是测量误差的结果。

人格心理学家在强调稳定性时，并不会忽视人格的可变性。但人格的改变与行为的变化是不同的，行为改变是一种外在、表层的变化，人格的改变是内在、深层的变化。例如，特质焦虑（trait anxiety）在不同时空中表现形式不同。当他是学生时，他表现为考试焦虑，考前心神不定、忧心忡忡，在考场上无法正常发挥；当他工作时，他对竞争与压力环境有焦虑反应，采取逃避的方式来处理焦虑。在不同情境和不同的时期，他的焦虑反应是不同的，但内在易焦虑的特质并未改变。如果经过心理医生的脱敏治疗，他彻底消除了焦虑特质，这才真正是一种人格某种程度上的改变。人格变化也常被作为心理与行为异常的指标，病人和罪犯比正常人的人格的稳定性更低。

三、统合性

人格的统合性（integration of personality）是人格心理学家们都非常强调的特性，它体现了人格的组织功能、匹配与健康功能。

一是组织功能。人格是一个系统，系统中包含了结构与功能。在每个人的人格世界里，存放着多元、复杂、动态的人格元素群（也称特质群），这些人格特质元素并非是简单堆积起来的，而是如同宇宙世界一样，依照一定的内容、秩序、规则有机结合起来的一个运行系统。正如格式塔学派所认为的，人格是一个整体，不能拆散为各个部分，正如知觉的整体不等于部分之和一样。人格系统需要一个组织运作规则，人格的统合性就是要将各种成分统一在一个和谐的关系系统之中。人格系统中执行组织运行的机构是自我成分，它是人格统合的“指挥官”，负责着人格元素的和谐运行。如果人格系统杂乱无章，人们观察世界和分析事物的解读就是混乱的，内心会出现纠结，沉浸在矛盾世界里无法自拔。人格结构统合性高的，会使人在有序、良好、宁静的心理世界里幸福生活。

二是匹配功能。人格系统中的各个元素的关系组合也是有规律的。不同人格元素匹配良好是积极人格的条件，否则会出现人格的混乱搭配而出现失控行为。例如，在读《水浒传》时，读者经常将李逵和鲁智深归为一类人，因为二者的典型特征都属于“豪放仗义”，嫉恶如仇，仗义行侠，威猛不屈，义胆忠肝，但是，细品起来，读者却能看出两个人的鲜明差异来，其中差异主要表现在人格元素的组合上。鲁智深心有佛性，具有爱心，粗中有细，勇而有谋，因此他在打抱不平时不会滥杀无辜，爱憎分明。而李逵则是有勇无谋，缺乏理性，随性而起，滥杀无辜。由此可见，虽然两人豪放仗义，但是，智慧与仁爱与行侠仗义是否匹配决定了两人的行事风格与做事结果上的差别。品质的良好组合会使人格优势得以张扬，鲁智深将智慧、仁爱与行侠仗义的有机匹配，其人物被誉为梁山第一英雄好汉。反之，李逵做事不思考，鲁莽冲动，其不良人格组合导致其在“行侠仗义”时表现出嗜杀疯狂的失控行为。

三是健康功能。良好统合也是人格健康功能的检验指标，完整的人格是一种自我统一的人格特征的组合，破坏了这种内在统一性，就会出现人格失调或人格异常。具有内在的一致性，受自我意识的调控。当一个人的人格结构的各方面彼此和谐一致时，人们就会呈现出健康人格特征；否则，就会使人发生心理冲突，产生各种生活适应困难，甚至出现分裂人格。分裂人格就是人格统合异常的极端表现。

四、功能性

有一位先哲说过：“一个人的性格就是他的命运。”这说明了人格的功能性(function of personality)。

功能性的核心成份是自我，包括准确的自我认识，丰富的自我体验，有效的自我控制。功能性强的人格具有影响力、力量感和决定力。

人格是一个人喜怒哀恨、生活成败的根源。人格决定一个人的生活方式，甚至有时会决定一个人的命运。人们经常会使用人格特征来解释某人的言行及事件的原因。面对挫折与失败，坚强者发奋拼搏，懦弱者一蹶不振。悲痛可以化为力量，也可以使人消沉。当具有功能性时，人格表现为健康而有力，支配着一个人的生活与成败；而当功能失调时，人格就会表现出软弱、无力、失控，甚至变态。从这一角度来讲，人格会起到决定一个人命运的作用。需要强调的是，人格功能性强的人会把命运掌握在自己的手中。

人格对认知与智力的影响是人格心理学家非常重视的课题，因为它体现了人格的功能性。例如，“失败后的成功”这一研究课题，发现个体对自己能力的反映会影响它。一些研究者（Chiu，Hong & Dweck，1994）总结一系列研究后认为，同样聪明的儿童，由于人格不同，因此挫折后的问题解决成绩明显不同。控制定向（mastery oriented）的儿童倾向于将问题看作一种挑战，在遇到困难时他们更能采取坚持的态度；无助定向（helpless oriented）的儿童倾向于自我中伤（self-denigration），产生消极情绪，在困难中屈服。当两组儿童面临困难问题时，控制定向的儿童能更加专注地思考问题，能对问题提出新的策略；而无助定向的儿童则怀疑自己的能力，变得厌烦，从事无关思维。因此，控制定向的儿童会出现“失败后的成功”结果，无助定向的儿童则会出现“失败后的失败”结果。这一研究结果说明，不同人格特征会影响到人的思维方向，进而影响到人的行为结果。

人格教育目的就在于，提高健康人格的功能性，使人在生活中，特别是在逆境中，获取积极的行为结果。

第四章　人格成因

为什么有些人总是高兴，有些人总是伤悲；有些人精力充沛，有些人昏昏欲睡；有些人冲动，有些人谨慎；有些人兴奋，有些人冷静；有些人乐观，有些人悲观？众多研究者们在努力解释人们行为差异是遗传的结果，还是家庭教养与社会影响的结果。

要彻底了解人格，自然要探究影响和导致人们心理差异的原因。在探讨人格形成与发展的因素时，往往要考虑两个特征。一是时间上的特征：这一特征涉及的是过去、现在及未来的因素。要了解一个人目前的人格表现原因，不能完全忽视他过去的生活事件，同时现在的我也与未来紧密相关，可通过过去的我与现在的我来预测未来的我。人格在时间上的连续性，使得在解释当下人格时，要考虑人格的前因后果。二是内容上的特征：这一特征涉及的是人格影响的因素的种类。人格并非由某一单一因素所致，它受遗传、家庭、学校、社会文化等综合因素的影响。这些人格因素间具有交互作用，各种人格因素对人格的影响程度随人格特征的不同而不同或因人而异。

第一节　遗传与生理因素

一、遗传因素

对遗传因素的研究存在着不同的研究方法，这些研究提供了人格遗传的基础资料。

（一）家族史或家谱法

家族史（family history）或家谱法（pedigree method）是研究前代人的某种人格特征在家系内后人身上得到显现的频率，用以说明某种人格特征的遗传性和遗传形态。如果某一人格特征的显现频率高于家族内其他人格特征的显现频率或高于其他家族同一人格特征的显现频率，则可说明遗传的作用。英国人类学家、达尔文的表兄高尔顿（Galton，1869）依据达尔文的生物遗传理论首次提出了行为遗传学说，并出版了《遗传的天才》一书。他根据名家传记和其他记载性资料如《法官列传》《乔治三世时代政治家列传》和《名人大辞典》等，选取了977位政治家、法官、军官、科学家、文学家、诗人、画家、音乐家等名人作为研究对象，然后将这些名人的调查结果和一般人的调查结果进行比较。结果表明，这些名人的亲属中有332位也是名人，而对比组中只有一位亲属是名人。用同样方法，高尔顿比较了30个音乐家庭和150个一般家庭，结果发现：艺术家庭中有64%的子女具有艺术才能，而一般家庭只有21%的子女有艺术才能。

对异常人格的研究也是家谱学侧重的对象，典型例子是高达德的一项对18世纪美国独立战争时期一名军人Kallikak氏家系的研究。军人马丁（Martin）在从军时与一位精神不健全的女子同居，之后的150年间子孙后代约有480人。其中189人的详细报告表明，正常者只有46人，余下的143人均有各种问题，有的精神不正常，有的是低能儿，有的是酒精中毒者，有的是癫痫病患者，有的是犯罪分子，有的是卖淫者……马丁离开军队回到家乡之后，又与一位正常女子结婚，这一家系共有子孙496人，其中没有一个不正常者。高达德把结果做成系谱图（pedigree chart），如图1-8所示。

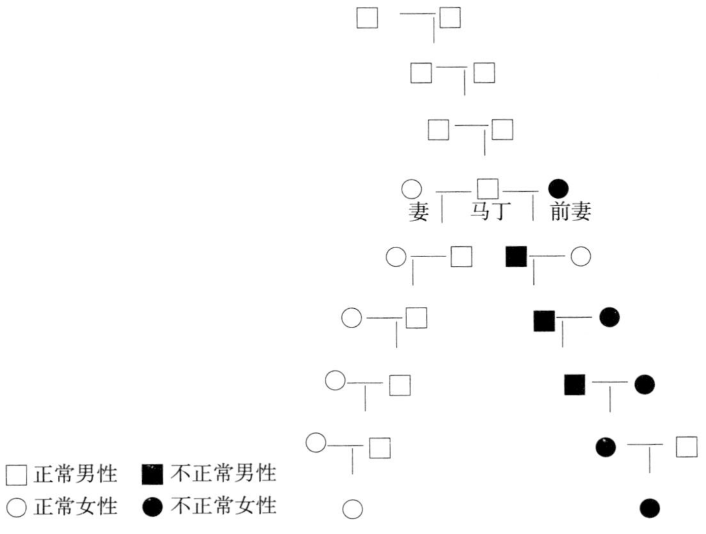

图1-8　马丁家谱图

对于家谱学的研究方法，学者们提出了一些质疑，他们认为家系研究的最大弱点是没能把环境因素从遗传因素中分离出来。同一家族中不仅遗传有共性，环境因素中也有共性，生理遗传性与社会“遗传性”共存。例如，成长在音乐世家中的孩子，从小耳濡目染地受着音乐的熏陶，接受着规范的音乐训练，使他们有更好的条件发展其音乐才华。

（二）双生子研究

许多心理学家认为双生子研究（twin studies）是研究人格遗传因素的最好方法。此类研究多通过比较同卵双生子和异卵双生子的差异来进行。研究者认为同卵双生子之间的差异可能是由环境造成的，而异卵双生子的差异可能是由基因决定的。这样，把基因和环境各自作用的范围和性质与相同的人格特征联系起来，便能够对哪些人格特征是由遗传决定的、哪些人格特征是由环境塑造的这个问题做出评估。

弗洛德鲁斯等人（1980），对瑞典的1200名双生子做人格问卷的施测，结果表明同卵双生子在外向和神经质这两个人格特质上的相关系数是0.50，而异卵双生子的相关系数只有0.21和0.23。这说明同卵双生在外向和神经质上的相似性要明显高于异卵双生，在这两项人格特征上具有较强的遗传成分。一项有关高中的双生子研究，共对1700名学生施测了《加州心理调查表》（CPI）。这一人格调查表包括18个分量表，其中有一些与社会相关较大的人格成分，如支配性、社会性、社交性、责任心等。结果仍旧是同卵双生子比异卵双生子具有更高的相似性。坦布斯等人（Tambs，1991）用《艾森克人格问卷》对双生子家庭进行了一项研究。他们检验了110个家庭，共811名被试，获得了从同卵双生子到他们家庭的数据。数据显示，独立的遗传效应对外倾人格的贡献有29%，而非独立遗传效应的贡献为24%，这使遗传效应的影响占到了53%。

双生子的研究进一步扩展到了对在相同环境和不同环境长大的同卵双生子的相似性和差异性的研究。对在不同环境中长大的同卵双生子相似性的研究可以鉴别基因的作用，而研究他们的差异性则可以揭示出环境因素的作用。同卵双生子中的一个或者两个有可能由于被不同人收养使得他们很早就生活在不同的环境中。这种情况并不多见，对于进行自然实验来说却具有科学上的重要意义。20世纪80年代，明尼苏达大学对成年双生子的人格进行了比较研究（1984，1988），有些双生子是一起长大的，有些双生子则是分开抚养的，平均分开的时间是30年。结果是同卵双生子的相似性比异卵双生子高很多，分开抚养的与未分开抚养的同卵双生子具有同样高的相关。

（三）收养研究

研究在非亲生父母照料下成长的孩子，被称为收养研究（adoption studies）。这种研究提供了研究基因效应和环境影响的另一条途径。这种研究可以比较被收养的孩子与其亲生父母之间的相似性，同样也可以比较被收养儿童与收养者之间的相似性。这样，被收养儿童与其亲生父母之间的相似性程度可以考虑是基因的作用，而与收养父母之间的相似性程度可以认为是环境因素的影响。

这类比较研究可以推广到一个既包括亲生子又有养子的家庭研究之中。举例来说，一个家庭中有四个孩子：两个是亲生子，两个是养子。亲生子之间以及同他们的父母之间拥有一些相同的基因成分，而养子之间以及与他们的养父母之间都没有这种相同的基因成分。两个养子之间没有血缘关系，而各自与其生长在其他家庭环境中的同胞兄弟姐妹有相同的基因成分。这样就能够研究亲子之间、具有血缘关系的同胞兄弟姐妹之间、分别被收养的同胞兄弟姐妹之间在人格特征方面的相似性。例如，可以探讨同胞兄弟姐妹之间是否比被收养的兄弟姐妹之间具有更多的相似性，亲子之间是否比收养关系中的上下代之间具有更多的相似性，被收养的儿童与其亲生父母之间是否比与其养父母之间具有更多的相似性。这些问题如果得到了肯定的回答，那将意味着遗传因素对特殊的人格特质的发展具有重要意义。

在双生子研究和收养研究中，研究者显然已经找到一些基因具有某种程度的相似性，并且在不同程度的相似环境中长大的个体。通过测量这些个体的人格特征，我们能够确定在每一种人格特质上他们的基因相似程度和他们的测验分数相似程度之间的关系。例如，我们可以比较一起长大或者分开养大的同卵双生之间的智商分数（IQ）、异卵双生子之间的智商分数，一起生活、分开生活、被收养的非孪生兄弟姐妹之间的智商分数，收养关系中的兄弟姐妹、亲兄弟姐妹同父母之间的智商分数，被收养的儿童与其亲兄弟姐妹之间的智商分数，被收养的儿童与其养父母之间的智商分数。一项发表于《科学》杂志的、关于智力的家庭研究的文章（Bouchard & McGue，1981）的研究数据显示基因越相近，智商分数也越接近，说明了遗传对智力的重要影响。

收养研究和双生子研究提供了一个相似的信息：对于外倾型人格，孩子们越长大越像他们的亲生父母，并不像收养他们的父母。在同一个家庭中长大并不能使一个人和他的兄弟姐妹或父母相像，除非他与他们有遗传关系。和双生子研究一样，一些收养研究的假设也逐渐变得明晰起来（Loehlin，1992）。

（四）选择性饲养

选择性饲养（selective breeding）的实验研究多用动物来做，方法是选择具有某种特质的动物，予以控制性交配，然后从第二代中再选出具有该特质的动物，相互交配，如此继续繁衍数代，来考察其特质的遗传性。也就是说，经过几代的繁衍后，所期望的行为特性保持了下来，得到了具有某种共同行为特性的动物。例如，在赛马场上，被喊出高价并赢得胜利的赛马常被用于这样的研究。另外，那些拥有独特品质的狗，也常常被进行选择性饲养。

一个典型的研究是特赖恩关于老鼠迷

津能力的遗传研究（Tryon，1940）。用选择交配法证明了“聪明”和“愚笨”老鼠的遗传作用。让老鼠跑迷津 19 次，错误率少的为聪明鼠，错误率多的为愚笨鼠。遵循“聪明鼠与聪明鼠交配，愚笨鼠与愚笨鼠交配”的原则，繁衍出两组老鼠（聪明和愚笨），并控制两组的环境因素。结果是繁衍到第 7 代时，两组之间在迷津学习的错误总数上已经几无重叠了（见图 1-9）。

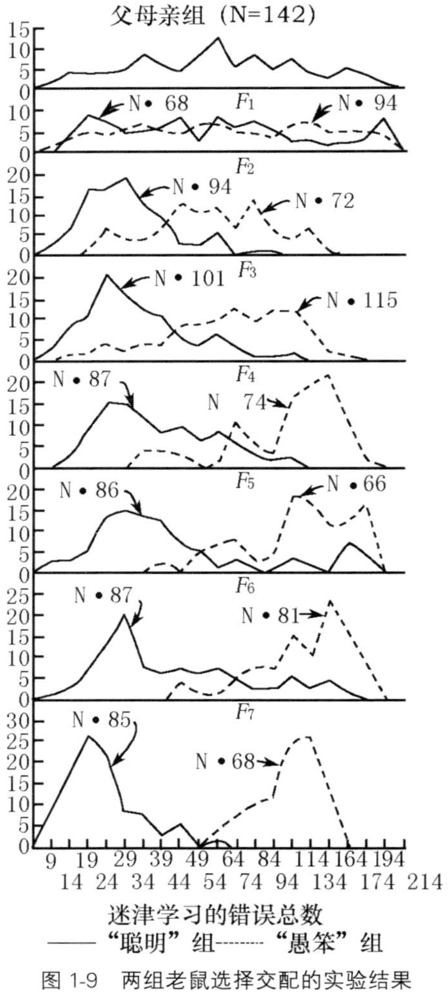

图 1-9　两组老鼠选择交配的实验结果

这说明两组的学习能力差异明显；聪明组中最笨的老鼠也比愚笨组中最聪明的老鼠表现得聪明；而两组老鼠间的相互交配，繁衍出的小老鼠学习能力呈现出常态分布特征，大多数居中，聪明和愚笨的均为少数。之后的研究（Searle，1949）也发现情绪、动机都表现出同样的结果。

但进一步的研究也显示，大部分差异均可以由环境控制来修正。将聪明鼠养在“局限性”环境中，会变得类似愚笨鼠；而愚笨鼠在丰富环境中长大，也会变得近似聪明鼠（Cooper & Zubek，1958）。

选择性饲养方法对于理解基因是怎样影响人类的某些问题行为也提供了一些帮助。一项关于酗酒鼠的研究工作说明了这一点（Ponomarev & Grabbe，1999）。研究者饲养了几个种类的、对酒精表现出不同反应特性的小鼠。这项研究结果证明，基因在行为和神经生物学水平上对酒精反应性、吸毒成瘾、戒毒方面起作用。

（五）早晚期行为差异的对比研究

早晚期行为差异的对比研究（investigation of early and lasting behavioral differences）是通过婴儿早期行为与长大后的行为差异来看遗传因素的作用的，研究指标有：0～1 岁的笑的次数（Washburn，1929），出生数周哭的量（Aldrich，Sung，& Knop，1945），吸吮率（Dalint，1948），身体动作量（Shirley，1931）。

研究发现（Fries & Woolf，1954）婴儿在活动水平或先天的活动类型上有很大的差异。婴儿对挫折的反应不一，有的沉静，有的不安，有的主动，有的被动。一些研究者（Chess，Thomas，Birch et al.，1960）指出：婴儿活动水平、刺激敏感度、分心程度和反应活力上的差异，都归于原始反应范式（primary reaction patterns）。这些范式是在人格结构的发展上似乎呈稳定的重要因素。

20 世纪 50 年代，富有影响的研究是托马斯和切斯启动的纽约追踪研究计划。研究者对 100 名儿童进行追踪，从他们出生一直到青春期，采用父母报告婴儿在各种情境下的活动的方法来定义婴儿的各种气质。在对婴儿的各种特质，诸如活动水平、一般性情、注意广度及持续时间进行评分的基础上，他们定义出了婴儿的三种气质类型：好玩适应的容易型婴儿，消极不适应的困难型婴儿，反应性低且温和的慢热型婴儿。这一结果及后续的研究都在这种气质的早期差异和后来的人格特质之间发现了某种联系（Rothbart & Bates，1998；Shiner，1998）。例如，发现困难型婴儿在后来的适应方面存在很大的困难，而容易型婴儿则不会。此外，托马斯和切斯还提出，最适合于某种气质类型的婴儿的父母环境未必最适合于另一种气质类型的婴儿，也就是说，在婴儿气质与父母环境之间也存在着一个互相匹配的问题。

巴斯和普洛明（Buss & Plomin，1975，1984）使用父母评分的方法，定义出了四种气质维度：情绪性（被悲伤情境唤醒的容易性，一般是抑郁的），活动性（行动的节奏和活力，随时在动，烦躁的），社交性（对他人的反应，容易交朋友还是害羞），冲动性（克制和控制行为的能力，冲动的，易怒的）。最后一个维度（冲动性）后来被拿掉了，因为在后来的问卷因素分析中发现它并不是一个很明显的维度。不过，这些研究已经支持了 Buss 和 Plomin 的观点，即气质具有跨时间的延续性，而且很大一部分是遗传的。

托马斯等人（Thomas，Chess & Birch，1970）对 150 个小孩儿从出生到 10 岁做了 10 年的追踪研究，通过在家中观察和父母的会谈，得出结论：每个婴儿都有不同的气质，而这些差异会持续至其成年。斯卡福和贝利（Schaefer & Bayley，1964）认为，脾气好的婴儿以后也不太可能出现行为问题；同样，友善、好交际的婴儿在 10 岁时也是友善的。

生命过程的不同阶段之间有许多重要的联系，尤其是在生命的最初几年。一些研究发现，出生时表现出低强度反应的孩子在以后的生活中会表现出一些优秀的品质。例如，一些新生儿对触觉刺激的低敏性，预示着孩子两岁半时能更有效地采取去除障碍的行为（拆除栅栏板，直接走到栅栏后面的玩具前），7 岁半时能成熟地沟通或处理技巧（言语能力强，进行富有想象力的游戏，能够处理小说中的情景与任务）；同时发现，呼吸频率较慢的新生儿在两岁半时具有较高的言语交际能力，7 岁半时更具社交成熟性，可进行探索性游戏。相反，出生时的新生儿对皮肤接触的高敏感性和呼吸频率过快，与以后的低兴趣、低参与性、低果断性和低交际能力有相关（Bell et al.，1971；Halverson，1971a，

1971b)。

著名的“延迟满足”实验说明了早晚人格表现的一致性。研究者对 4 个月大的婴儿进行延迟满足的评估（Shoda，Mischel & Peake，1990），结果发现，延迟满足时间长的婴儿，长到青少年时具有许多好的品质：更具注意力，精力更集中，更有能力，更有计划性，更聪明；在高中时，他们的父母评价他们时说，他们更能追求目标，拖延满足，自制力更强，更能抵制诱惑，更能忍受挫折，更能成熟地处理压力。

发展心理学家卡根（Kagan，1994，1999）基于以往对上百名儿童的观察，提出了气质的两种类型：羞怯和非羞怯。羞怯的儿童遇到陌生的人和事时表现出克制、逃避、抑郁，在新环境里需要更长的时间才能放松下来，也有着更多不必要的害怕和恐惧。这类孩子总表现得胆小谨慎，遇到新奇事物的第一反应就是不吭声、寻求父母的安抚或者干脆逃跑藏起来。相反，不羞怯的儿童在这些看似对羞怯儿童造成巨大压力的情境中却应付自如，他们在新奇环境中不是羞怯害怕，而是很自然地反应，很容易笑。他研究的核心假设是婴儿遗传了生理机能上的差异，从而导致他们在新环境中的反应的差异，这些遗传的差异会随着发展而保持稳定。根据这一假设，生来反应性高的婴儿就会成为羞怯的儿童，而生来反应性低的儿童则会成为不羞怯的儿童。他把 4 个月大的婴儿带入实验室，用摄像机记录下他们遇到熟悉和新鲜刺激时的行为（如妈妈的脸，陌生女人的声音，各种颜色的开来开去的汽车，一个气球爆炸）。然后根据录像，对孩子们的反应，如拱起背、不停扭动四肢、哭等进行评分。大约有 20%的婴儿被判断为高反应性的，特征是拱起背、激烈大哭，以及遇到新奇刺激时表现出不高兴的面部表情。这些行为表现说明他们已经被刺激过度唤醒了，特别表现在刺激一旦移除，他们的反应就会停止。相反，大约有 40%的低反应性的婴儿，他们在新异刺激面前表现得平静而松弛。剩下的大约 40%的婴儿的反应则比较复杂，是各种反应的混合。随后，他还在这些婴儿长到 14 个月、21 个月和四岁半的时候又分别进行了追踪研究。这些儿童再次被带到实验室，面对一些新异的、不熟悉的情境（例如，闪烁的灯，一个打鼓的玩具小丑，一个衣着陌生的不速之客，施测于前两个年龄段的塑料球在轮子上滚动的噪声，以及施测于最后一个年龄段的与一个陌生大人和一个陌生儿童会面）。除了行为观察以外，也测量了身体方面的指标，如在对陌生情境做出反应时的心率和血压。研究发现，高反应性的婴儿在 14 个月和 21 个月时均比低反应性的婴儿表现出更多的恐惧行为、更快的心跳和更高的血压，而且这种差异到了四岁半的时候依然存在。在这时还发现，曾经是高反应性婴儿的儿童更少对陌生成人笑和说话，对不熟悉的同伴也更害羞。到了他们八岁的时候又测了一次，发现各个团体的分布没有发生太大的变化。总之，有大量证据证明了气质的稳定性及这些气质差异的可能生理基础。研究者同时也提出（Kagan，Arcus & Snidman，1993），母亲的合理教养也会使一些高反应性婴儿成长为不羞怯的儿童，但是低反应性的婴儿变成羞怯的儿童的情况却很少。虽说气质的变化是可能的，但气质的倾向性不会消失，而且会作用于发展的方向。就像卡根所说的，“要彻底改变一个人的遗传特质是非常困难的”（Kagan，1999）。

一项对45名中产阶级人士的生活研究结果表明“坏脾气的男孩儿会变成坏脾气的男人”（Caspi & Bem，1990），坏脾气的男孩儿受到的教育少，就业状况不好，工作不稳定，46%的人在40岁时离婚（其他同龄人离婚率为22%）。原因是，儿童时的坏脾气会在学校引起麻烦，这种麻烦反过来又使其求学成为一种消极体验与经历，进而导致其表现恶劣，这将激怒校方，可能导致被开除，这又将会永久性地限制其择业机会并束缚其未来发展。

对早晚期行为差异的对比研究的质疑主要是，早期表现出的个体差异也可能反映的是胚胎环境和分娩过程的差异，而非遗传。布兰查德（Blanchard，1947）认为孩子焦虑的倾向与母亲的分娩过程有关，母亲的情绪状态也会影响胎儿的发展（Sontag，1944）。另外，婴儿研究从个体发展很早的时期开始观察时，有些遗传所决定的特质不一定在出生时就马上出现，会导致遗漏一些现象。

（六）体质差异研究

体质差异研究（investigate of constitutional differences）强调了身心关系。自古以来就存在着人的身体特征与人格有关的观点。

德国精神医学家霍夫曼从遗传生理学的立场来研究人格，他对历史上各种人物性格进行了系统考察，试图分析人格结构中的遗传因子。他认为父母会遗传给孩子一些相互矛盾的性格，如残暴与温情，但二者可以互补。德国精神医学家克瑞奇米尔（Kretschmer，1925）在《体格与性格》一书中，将体形分为4种类型。肥胖型（pyknic）具有活泼、友善、合群的人格特征，表现为躁狂性气质；瘦长型（asthenic）具有孤僻、沉默、严肃、神经质、多虑的特征，表现为精神分裂性气质；健壮型（athletic）具有固执、认真、冲动的特征，表现为癫痫性气质（黏着气质）；畸异型（dysplastic）是身体不协调的体形。但他的理论的致命弱点是以精神病患者为研究对象，所以不能推广到正常人身上。

美国心理学家谢尔顿（Sheldon，1944）以正常人为研究对象，发现了体形与性格的关系。他对18岁～21岁的4000名男大学生从前、后、侧三个角度拍照，对身体的17个部位进行测定分析，将体形分为三种：内胚叶型（endomorphy）、中胚叶型（mesomorphy）和外胚叶型（ectomorphy）（见图1-10）。谢尔顿用三个系列数字来表示被试身体特征归属于哪种类型，第一个数字表示内胚叶型，第二个数字表示中胚叶型，第三个数字表示外胚叶型，每个系列的数字为7点评定等级；如果一个人的评定数字为7—1—1则表明他属于内胚叶型，如果为1—7—1则表示他属于中胚叶型，如果为 1—1—7 则表示他属于外胚叶型，如果为 4—4—4 则表示在三种类型上居中。关于气质类型的评定，谢尔顿划分了三种类型：内脏紧张型（viscerotonia），肌肉紧张型（somatotonia），头脑紧张型（cerebrotonia）。谢尔顿在体形与气质之间求得相关，结果在表 1-5 中。结果表明：内胚叶型与内脏紧张型存在高相关，中胚叶型与肌肉紧张型具有高相关，外胚叶型与头脑紧张型呈现高相关。

但是，体形与性格的关系并非如此简单。年龄、营养等因素都会影响人的体形。所以，这类学说均受到普遍质疑。

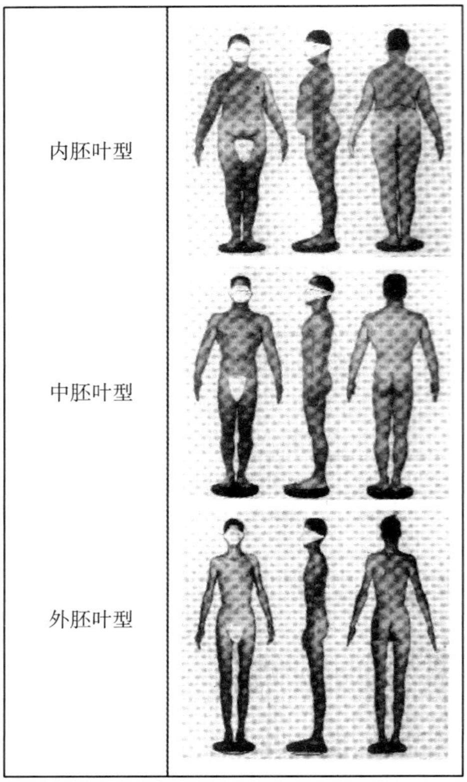

图 1-10　谢尔顿的三种体形分类

表 1-5　体形与气质之间的相关（N＝200）

体形	内脏紧张型	肌肉紧张型	头脑紧张型
内胚叶型	0.79	−0.29	−0.32
中胚叶型	−0.23	0.82	−0.58
外胚叶型	−0.41	−0.53	0.83

表 1-6　谢尔顿人格类型模式

类型	体形特征	气质特征	心理特征
内胚叶型	矮而胖	内脏紧张型	喜欢舒适生活，善交际，为人随和，镇静，倾向于求助他人等
中胚叶型	强壮有力	肌肉紧张型	自信，积极主动，好斗，武断，冒险，精力充沛，好支配，渴望权力，喜好变化，有竞争性等
外胚叶型	高而瘦	头脑紧张型	思维敏捷，富有理解力，好自省，反应迅速，负责，不善交际，好独处，情感压抑，对疼痛敏感，易慢性疲劳等

二、生理因素

脑科学的研究为探讨人格的生理基础提供了很大的帮助。近十多年所取得的成果对于理解大脑的不同区域的功能、神经递质在人格中的作用具有积极意义。

（一）生物化学

具有 T 型人格的人往往表现出与众不同的外向、创造性和追求探新、寻求刺激的人格特性。这种稳定地寻求高刺激水平的人是否具有某种特殊的生理学基础？心理学家基恩·约翰斯加德认为这些具有T型人格者，他们可能生来就有一种“寻求刺激”的基因，使得自己需要经常性地保持强兴奋状态。1996年1月《自然遗传学》载文说明了这一观点。以色列、美国的一些科学家们不约而同地发现了这种人体内的一种基因，这种基因使大脑对神经传递素多巴胺的反应特别灵敏，它会给多巴胺受体发出指令。约翰斯加德称这个受体为大脑的“感觉良好区”。当人从事刺激性的活动或吸毒时，这个区域就能感受到刺激。具有这种基因的人可能对神经传递素的快乐诱导效果非常敏感，所以他们需要维持较高的多巴胺水平。其他研究也证明，对新异事物的探求倾向与D4多巴胺受体等位基因的变化有关。T型人格者大脑中的一种酶——元胺氧化酶B（MAOB）的水平通常偏低。这种酶具有控制激动、抑制快乐的作用。当使用药物抑制其活动时，常会出现滋乐状态、强攻击性行为、焦躁不安和幻觉等现象。这一研究结果使一些科学家们假定，元胺氧化酶B水平低的人由于“低激动水平”，反而使得人脑产生对兴奋的强烈渴望。随着今后科学技术的发展，人格的这些生物学基础将会得到不断的验证。

布鲁纳等人（Brunner, Nelen, Breakefield, et al., 1993）发现，在一个大家庭中许多男性出现有规律的暴力冲动行为，并发现他们身上的单胺类氧化酶A的基因发生了简单突变。这种酶参与了单胺类神经递质的破坏过程。研究者推测，男性中这种酶的缺乏，有可能与侵犯性行为有联系。

分子遗传学技术将神经递质和神经症联系到了一起。五羟色胺（5-HT）被认为与焦虑和抑郁有关（Barondes, 1993）。17号染色体上的一个简单基因为5-HT的载体的编码，这个载体控制5-HT在突触处被释放后的重复使用。这种载体的两个等位基因已经被发现，一长一短，短的等位基因与较高的神经质水平相联系。在一项有505名被试参与的研究中（Goldan, 1996），无论用《NEO人格问卷》（NEO-PI）还是用《卡特尔16种人格量表》（16PF）测量都是这样。这个等位基因还与焦虑、愤怒的攻击和敌视、抑郁、NEO-PI的神经质方面有关。这个基因解释了3%～4%的所有神经症的变化和7%～9%的遗传学变异。但是，另一项研究没能发现在这个和那个与5-HT有关的多形性变化之间的任何联系。

（二）脑功能定位

如果假定人格是脑功能的个体差异的一种表现。人们可能会质疑，人格的某些方面，如社会性相互作用的风格也会直接与脑组织的运作相联系。如果用计算机做比喻，人们会认为对复杂行为的控制取决于个人具体的学习经验即“软件”方面，而不是依赖于脑这个“硬件”。但是数例因脑损伤而导致的人格变化证明了脑的重要性（Powell, 1981; Zuckerman, 1991）。在其他的人格改变的病例中，前回的损伤可以导致消极情绪和神经过敏症。然而，人格心理学家通常更关心人格与脑功能正常变化之间的联系。

学习栏 1-4

脑伤后的性格改变

杰出的神经学家达马西奥（Damasio，1994）在解释生理与人格关系的时候，是以盖奇的例子来开始的。这个人是一名建筑工头，曾在1848年的一次事故中被一根3.5英寸的铁杆刺穿头部，且奇迹般地生还。盖奇在铁路上从事建筑工作，当时他承担了一项任务，那就是要从坚硬的岩石中间炸开一条路。他先在地上钻了一个洞，填入炸药粉，嵌入一根铁杆，然后点火。那时盖奇被描述为一个艺术品鉴赏家，但当时他分心了，炸药炸到了他的脸上，铁杆冲入了他的左颊，刺穿了颅骨深处，横贯脑的前方，再从头顶穿出。不可思议的是，盖奇并没有死，只是晕了过去，他还能够走路和说话。的确，他可以描述所发生的全部细节，也可以与人正常地交流。不过，故事继续下去，“盖奇的脾气，他喜欢和不喜欢的，他的梦想和渴望完完全全地改变了。他的身体还活着，而且健康，但是那里面存在的是一个全新的灵魂。盖奇再也不是原来的盖奇了”（Damasio，1994）。盖奇不再严肃，不再勤奋，不再充满活力，也不再负责任。现在的他不负责任，不考虑别人，缺乏计划性，行动不顾后果。那根刺进他脑部的铁杆已经大大破坏了他前脑区的一部分。

为什么要讲这个故事？达马西奥说在这个例子里，我们可以看出脑对于人类特性的重要性。身与心，生理与人格存在内在相关的观点已经由来已久。

资料来源：Pervin，2001。

最早研究脑与行为的关系的人是哥尔。他被看作颅相学的奠基人。颅相学就是要定位出负责各种情感和行为功能的脑区所在（见图1-11）。这一观点曾在19世纪初盛行一时，但后来受到了质疑，被认为是骗术和迷信。事实上，哥尔是一名优秀的解剖学家和严谨的学者，他把自己的工作称为颅检查术或者脑的生理学。哥尔所做的就是尽可能多地收集脑，并对其进行检查。后来他试图将病人生前的能力、秉性和特质与尸检所发现的脑差异联系起来，特别关注人格与所检查到的脑外伤之间的关系。虽然哥尔的工作常被人认为是愚蠢而徒劳的，但也有人认为他所做的是人格功能脑区定位方面的早期的严谨的尝试。如今这一领域已经成为神经科学的一部分。

艾森克（Eysenck，1967）认为，影响外倾性的大脑系统是皮层网状结构。根据艾森克的理论，外向性格与内向性格的人之所以不同是因为他们所在的生理刺激等级，特别是所在的网状上行激活系统（ARAS）存在差异。这一系统控制着传递

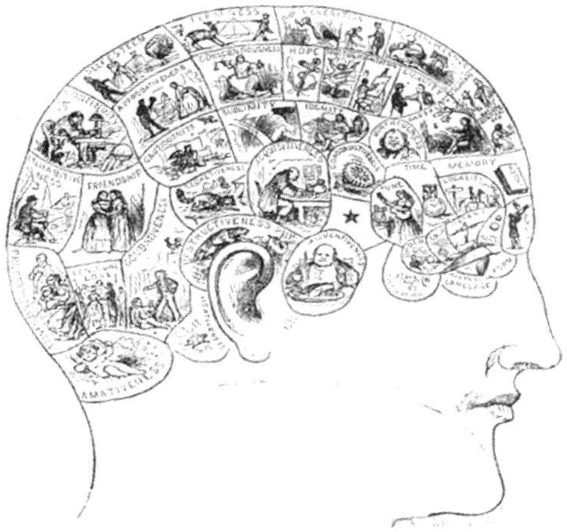

图 1-11　颅相学的人格功能脑定位

到中枢神经系统（CNS）的刺激的级别。内向的人的感觉阈限较低，只需要少量的刺激就会放大地传递到中枢神经，这会使得他们在行为上更加喜欢平静，甚至孤僻。相比之下，外向人的网状上行激活系统接受刺激阈限较高，致使他们追求各种活动以增加刺激的丰富性与强度。所以，外向人比内向人更加积极地与人交往，参加聚会等社交活动。艾森克与同事们通过测量脑电图和心电图来检测验证理论，他们发现，以一种低频率语调应答的内向人脑电图更富于变化，这表明了他们向中枢神经系统传递刺激阈限较低。

斯腾博格（Sterberg，1994）对外倾性和 P300 对图画的注意引出反应的关系进行了研究。他用《艾森克人格问卷》对 40 个年轻的成人的人格特质加以测量，将被试分成低、中和高外倾性三组。被试看计算机屏幕上的图画，有三个不同的任务要求，在第一种条件下他们只对白色图画做出反应（颜色任务），第二种条件下他们只对动物图片做出反应（动物任务），第三个任务他们只对白色动物做出反应（颜色和动物任务）。被试对一些刺激做出反应，忽视了其他事物，在刺激开始后大约 400～500ms，所有三个任务有一个 P300 的组成部分。高外倾组的 P300 偏差的振幅最大，低外倾组的最小。被试的外倾分数与 P300 的平均振幅具有相关，相关系数为 0.36。P300 的振幅常常被看成是工作记忆更新的索引，暗示外倾性与支持这个认知活动的大脑有联系，即外倾者常在短时任务上做得比较好。

边缘系统中的杏仁核也是研究者们关注的部位。卡根（Kagan，1999）的研究显示，内向儿童的杏仁核兴奋阈值低，也就是说，内向儿童的回避忧伤反应是由于他们的边缘系统太敏感。边缘系统尤其是杏仁核在动机和情绪过程中发挥着重要作用。研究表明，杏仁核在对所有情绪性刺激的反应中都是很重要的，而在负性情绪刺激引起的反应中的作用更加突出。一般认为，杏仁核在恐惧性条件反应和无意识情绪记忆过程中发挥着中心作用。另一方面，杏仁核受到损伤的个体，对恐惧性刺激建立条件反射和记忆过去建立的恐惧性条件反射都出现了困难。由于杏仁核与情绪活动有联系，人们可以设想，它与情绪表现（如恐惧）的差异有联系。

左右半球优势也是内外向人格研究的重点。依据卡根（Kagan，1994）的研究报告，内向的孩子的右半球表现出较高的活动水平，而那些非内向的孩子左半球的活动占优势。一项关于个体间脑功能单侧优势差异的研究（Davidson，1998），发现脑功能的差异与积极情绪或者消极情绪反应有关。例如，让被试看两段能诱发积极情绪和消极情绪的电影剪辑片段。在放映电影片段之前、之中，测量并记录被试左右半球激活的情况；同时，被试还要报告自己的情绪体验。结果发现，不同被试的前额叶不对称的激活与心境的初始状态有联系，即左侧半球优势与积极性情感有联系而右侧半球优势与消极情感有联系。即使把心境的初始状态对半球激活的影响除去，左右半球的激活水平与情绪之间的联系依然明显：在初始状态下左半球前部激活水平高的被试对有积极意义的电影片段报告说有更多的积极情绪体验；而那些在初始状态下右半球前部激活水平较高的被试对有消极意义的电影片段报告说产生了更多的消极情感。

情绪失调的研究结果显示，持续性情绪压抑的个体相对于无沮丧情绪的个体来说，其前额叶的激活水平降低。左侧额叶前部或者左侧脑区损伤很可能会使人变得情绪压抑，而那些右侧大脑相同区域损伤的病人则很可能变成躁狂者。最后，通过测量婴儿的前额叶激活水平和他们的情感活动，研究者发现与母亲分离所造成的情绪压抑程度越大，右侧半球前部的激活水平越高；与那些在同样情境下表现出悲伤情绪程度小的被试比较，这些孩子的左侧半球前部的激活水平低。在戴维森（Davidson）与其同事所做的一项研究中，他们给被试看电影片段，以娱乐一些被试，而使另一些感到厌恶。被试观看幽默或令人厌恶的电影的过程也被拍摄下来，同时还记录了他们的脑电波（EEG）。当被试看幽默电影发笑的时候，其左前额比右前额有更多的活动。同样，当被试表现出厌恶表情时（下唇下撇，舌头前伸，鼻子皱起），他们的右半球比左半球更活跃。在非常小的孩子身上也得到了相似的结果。福克斯和戴维森（Fox & Davidson，1986）没有使用电影片段，而是将甜的和苦的溶液放在10个月大的婴儿嘴里，使其产生愉快和不愉快的情绪反应。对于甜溶液，婴儿表现出相对更多的左脑激活；而对于苦溶液，他们则表现出更多的右脑激活。在另一个用10个月婴儿所做的研究中，孩子的母亲把他们单独放在休息室里，然后一个陌生人进入（Fox & Davidson，1987）。在这一产生焦虑的标准化程序中，一些婴儿会变得悲伤，而另一些则不会；一些婴儿会大喊大叫，大惊小怪，但另一些则不会这样。研究者根据母亲离开时是否喊叫，将婴儿样本分成两组。他们发现，与不喊叫组相比，喊叫组孩子的右脑表现出较左脑更大的激活。这些结果表明，这种悲伤与否的（并且与EEG不对称性有关的）倾向是婴儿的一种稳定特征。福克斯与其同事（Fox，Bell & Jones，1992）研究了一组7个月大的婴儿，然后在他们12个月的时候再次做了研究。结果发现，两个时间段测量的脑不对称性EEG之间高度相关，这表明脑不对称性具有跨时间的稳定性。在成人身上也得到了类似的结果，EEG不对称性显示出跨测验的相关，跨研究的相关系数为0.66～0.73（Davidson，1993）。

这些发现表明，前额不对称性的个体差异具有足够的稳定性和一致性，足以看作一种底层生物学配置或特质的指标。其他研究表明，EEG 不对称性预测了对愉快或不愉快情绪的易感性。托马肯与其同事（Tomarken，Davidson & Henriques，1990），以及惠勒与其同事（Wheeler，Davidson & Tomarken，1993）检验了正常被试前额不对称性的个体差异，与其对情绪电影的反应之间的关系。在这些研究中，被试的 EEG 不对称性是在他们处于休息状态时测得的。然后给被试呈现开心、幽默的，或令人厌恶、让人恐惧的电影，被试被要求评定其对电影的感受，这被作为因变量。研究的假设是，与休息时左侧相对活跃的被试相比，右侧活跃的被试（在看电影前测量）会报告对恐惧、厌恶电影有更强烈的负性情绪反应。对于左侧活跃的被试，预测是相反的——他们会报告对开心、幽默电影有更强的正性情绪。这些预测得到了有力的支持，看电影前测得的前额不对称性，预测了随后对电影情绪反应的自我报告，右侧优势的被试报告他们对不愉快电影有更强烈的悲伤，而左侧优势的被试则报告有更多的愉快反应。

学习栏 1-5

侵犯性人格是遗传的还是后天获得的？

对心理学家来说，人格特征遗传的范围是一个重要的问题，同时也是社会面临的一个潜在问题。一些人暗示存在侵犯性人格特质，并认为犯罪性是天生的而不是后天获得的；而另一些学者对此则持否定观点。

双生子研究和收养研究提供了相当多的证据，暗示遗传导致了 40%的人在侵犯性方面的差异。进一步说，越来越多的证据表明，遗传确实对犯罪有影响。例如，从事相似的犯罪活动，同卵双生子是同胞兄弟姐妹的两倍。把被收养儿童的反社会行为同其亲生父母的反社会行为比较，发现遗传与犯罪性之间具有更为密切的关系。从事这个领域的主要研究者梅德尼克提出：“这些研究都暗示，让人们应该充分重视这样的观点，即一些能够遗传的生物学特性可能导致人们的犯罪活动。”

上述观点是否意味着在一些人身上犯罪行为是不可避免的呢？不是的。亲生父母而不是养父母有犯罪记录，他们的孩子中间仅有少数人被法院判过罪。另外，已经知道，一些文化和环境因素对犯罪的助长作用超过了其他因素。所以，尽管遗传因素对犯罪行为的发展有作用，父母的行为和社会条件也影响犯罪行为的发展。每一种情况之下，都存在先天的和养育的、遗传的和环境的相互作用。在考虑人格的先天性和后天性的时候，我们必须牢记人格的发展总是遗传和环境相互作用的一种功能表现；没有先天性就没有后天性，没有后天性就没有先天性。我们在讨论问题时可以把两者分离开来，但是这两种因素从来没有各自独立地发挥作用。

资料来源：Lykken，1995；Psychology Today，March 1985。

虽然上述研究证实了遗传生理因素对人格的影响，但是遗传基因作用有多大，确实是一个很复杂的问题，有待于科学的进一步的探索。根据以往研究，对遗传的作用可做出如下评价：

1. 遗传是人格不可缺少的影响因素。

2. 遗传因素对人格的作用程度因人格特征的不同而异。通常在智力、气质这些与生物因素相关较大的特征上，遗传因素较为重要，如活动量、焦虑、支配、内外向、躁郁症、精神分裂、酗酒、犯罪倾向等（Holden，1987）；而在价值观、信念、性格等与社会因素关系紧密的特征上，后天环境因素更重要。

3. 人格发展过程是遗传与环境交互作用的结果，二者不存在“全或无”的情况。遗传因素影响人格的发展方向及形成的难易。

近些年来，关于进化和遗传对人类心理功能的贡献的看法又重新受到重视。强调遗传因素的呼声是如此之大，以至于有学者警告：在强调遗传的作用方面极端化了。尽管自20世纪70年代以来，行为科学家不愿意承认遗传因素的影响，但在20世纪80年代期间，遗传的影响逐渐被接受。这对于人格领域来说是一件好事，因为这使得人格研究从简单的心理环境决定论中摆脱出来。然而，现在的危险在于，这种做法有些矫枉过正，容易使人走向另一极端——人格几乎完全是由生物学特性决定的。

第二节 家庭与早期经验

一、家庭成因

人格心理学家说：

“家庭对人的塑造力是今天我们对人格发展看法的基石。”（Rosenblith & Allinsmith，1962）。

“早期的亲子关系定出了行为模式，塑成一切日后的行为。”（Mackinnon，1950）

家庭是社会的细胞，家庭不仅具有自然的遗传因素，也有着社会的“遗传”因素。这种社会遗传因素主要表现为家庭对子女的教育作用。俗话说：“有其父必有其子”，其中不无一定的道理。父母按照自己的意愿和方式教育孩子，使他们逐渐形成了某些人格特征。

强调人格的家庭成因，重点在于探讨家庭间的差异对人格发展的影响，探讨不同的教养方式对人格差异所构成的影响。西蒙斯（Symonds，1949）在《亲子关系动力论》一书中，详细论述了父母对孩子的各种反应（如拒绝、溺爱、过度保护、过度严格）对人格所产生的后果。他最后得出的结论是“……儿童人格的发展和他与父母之间的关系息息相关，这是最重要的一个结论。这意味着当我们考虑亲子关系时，不仅要注意它们对心理情绪失调和心理病理状态的影响，也得留意它们与心理正常状态、领导力和天才发展的关系。”

（一）父母人格的影响力

孩子的人格是在与父母持续相互作用的过程中逐渐形成的，攻击行为通常得到的是攻击反应，友好行为得到的是友好的回报。攻击型的父母倾向于有攻击型的孩子，父母的行为示范并实施攻击性行为，会使得原本具有攻击性倾向的孩子更容易产生攻击性行为。相反，感情丰富的父母将会示范并鼓励孩子采取更富情感性的反应，因此也加强了孩子的利他行为模式而不是攻击行为模式（Bandura，1986；Patterson，1976）。

孩子的人格就是在父母与他们的相互磨合中逐渐形成的。一般研究者把父母的人格分成三类，这三类人格造就了具有不同人格特征的孩子。权威型人格的父母对子女过于支配，孩子的一切由父母来控制；放纵型人格的父母对孩子过于溺爱，让孩子随心所欲，父母对孩子的教育甚至达到失控状态；民主型人格的父母与孩子在家庭中处于一个平等和谐的氛围中，父母尊重孩子，给孩子一定的自主权，并给予孩子积极正确的指导，使孩子形成一些积极的人格品质。

表 1-7 中的描述内容说明了具有不同人格类型的父母，会使得他们的子女形成特定的人格特征。具有权威型人格的父母会使孩子形成消极、被动、依赖、服从、懦弱等特点。上述三种类型中，民主型的人格特征有助于孩子形成良好的人格特征。

表 1-7　父母人格对孩子人格形成的影响

父母人格类型	孩子的人格特征
权威型	消极、被动、依赖、服从、懦弱，做事缺乏主动性，甚至会不诚实
放纵型	任性、幼稚、自私、野蛮、无礼、独立性差、唯我独尊、蛮横胡闹等
民主型	活泼、快乐、直爽、自立、彬彬有礼、善于交往、富于合作、思想活跃等

（二）家庭教养方式

从利维（Levy，1943）对“过于保护型”母亲的研究中，可以看到教养方式对孩子的影响。利维认为这种母亲在与子女的关系上有三个显著特点：一是与孩子接触太多，不离孩子左右；二是人为地延长孩子的“婴儿照顾期”，把长大了的孩子还视为婴儿看待，喂饭并帮孩子穿衣；三是禁止孩子的独立行为。这种“过于保护型”母亲还会表现出两种不同的教养方式，从而导致了孩子不同的人格特点。保护—纵容型母亲会使孩子变成“小霸王型人格”，这是个被母亲宠坏了的孩子；保护—支配型母亲会使孩子变成“温顺的乖孩子”，男孩子会有“女孩子气”。这两类母亲对孩子的教养都造成了孩子的人格弱点（见表 1-8）。因此，家庭教养方式不当，会使孩子形成不良的人格特征。

表 1-8　两种保护型母亲与孩子人格特征的关系

母亲教养方式	孩子的人格类型	孩子的人格特征
保护—纵容型	小霸王型	冲动、残暴、执拗、支配、自我克制力差、脾气暴躁、提过分要求等
保护—支配型	温顺乖孩子型	顺从、温和、听话、胆小、整洁、有礼貌、学习勤奋，但竞争力与独立性差、懦弱

贝克（Becker，1964）描述了两种不同教养方式“温暖—敌意”与“限制—放纵”的交互作用，对子女人格形成所产生的不同结果。贝克汇总了一些研究结果来说明“温暖”虽然是父母应该具有的良好特征，但其对子女所产生的效果却要看它与父母其他特征是如何匹配的。如果教养方式是“温暖”与“限制”相匹配，孩子就会形成顺从、依赖、守规矩、懂礼貌、爱整洁等人格特征；如果是“温暖—放纵”的教养方式，孩子就会形成活泼、外向、进取、独立等人格特征；如果是“敌意—限制”型教养方式，孩子就会形成畏惧、退缩、自我攻击的人格特征，甚至出现心理问题等；如果是“敌意—放纵”式教养方式，孩子会形成攻击、反叛性格的人格特征，甚至会犯罪（见表 1-9）。

表 1-9　两种教养维度交互作用对子女人格形成的不同影响

	限制	放纵
温暖	顺从、依赖、有礼貌、整洁（Levy） 少攻击（Sears） 守规矩的男孩（Maccoby） 依赖、不友善、缺乏创造力（Watson） 听话（Meyers）	活泼、外向、富创造力、进取（Baldwin） 极不守规矩的男孩（Maccoby） 促进成人角色的学习（Levin） 少自我攻击的男孩（Sears） 独立、友善、少投射的敌意、富于创造（Watson）
敌意	“神经性”问题（临床研究），常与同伴吵架，较害羞（Watson） 与人相处时畏缩（Baldwin） 不太能接受成人角色（Levin） 男孩会有较多的自我攻击（Sears）	少年犯罪（Gluecks，Bandura，and Walters） 不顺从（Meyers） 极端攻击（Sears）

学习栏 1-6

XYZ 三种典型的家庭模式

1990 年研究者依据家庭中两代人之间的“独立—依赖”关系，归纳出了 XYZ 三种典型的家庭模式。研究结果显示，不同文化下的家庭教养方式不同，对孩子人格的影响也不同。

X 型家庭模式：家庭中父母与子女在物质与情感上的关系都是相互依赖的，亲子关系的取向是顺从，属于集体主义模式。如韩国与日本的母亲总是热心于保持与孩子的交互作用，母亲千方百计地要把自己与孩子“焊接”起来，她们认为母子的亲密关系是儿童健康发展的重要条件。在家庭教养中，母亲总是力图创造一种“关系上的协调”，但是她们却难于培养孩子的心理独立性。

Z 型家庭模式：家庭中两代人之间在物质和情感上都是相互独立的，亲子关系的取向是独立，属于个人主义模式。如美国和加拿大的母亲认为母子间的分离与个体化是孩子人格健康发展的条件。所以，母亲尽力把自己与孩子分离开，以培养孩子的独立自主性，母亲在家庭关系中创设的是一种“个体上的协调”。但是，这也会带给双方情感上的孤独与失落。

Y 型家庭模式：将上述两种模式辩证地综合在一起，强调在物质上的独立，在情感上的相互依赖。中国与土耳其的家庭近似这种模式。如土耳其的研究发现（1990 年），土耳其青年既忠于家庭，又注重本人才能的自我实现。在具有集体主义文化基础的发展中国家，大规模的城市化和现代化背景下，家庭人际关系可能向 Y 型转化。

二、早期童年经验

“早期的亲子关系定出了行为模式，塑成一切日后的行为。”这是麦肯侬（1950）有关早期童年经验对人格影响力的一个总结。

人生早期所发生的事情对人格的影响，历来为人格心理学家所重视，特别是弗洛伊德。为什么人格心理学家们会如此看重早期经验对人格的作用呢？

儿童早期与母亲接触的情况影响孩子人格的形成以及其成年后的生活，缺乏和母亲接触的儿童在成年后在与人的亲密关系上会有困难（Bowlby，1984）。与人接触的起始模式主要是由孩子童年时的照看者所决定，过了早期的几年以后，友谊关系更多地发展为与同龄团体有关，而且会变得更加稳定和难以改变。以后的生活经历或许会改变友谊的表现形式，但母亲对孩子的排斥、疏远或惩罚，会使儿童在早期发展中形成紧张和反抗癖，会使孩子认为自己是不受他人欢迎的人（Ribble，1944）。

斯毕兹（Spieth，1945，1946）对孤儿院里的儿童进行了研究，发现这些早期被剥夺母亲照顾的孩子，长大以后在各方面发展均受到了影响。许多孩子患了“失怙性忧郁症”，其症状表现为哭泣、僵直、退缩、表情木然。彼得森等人（Petterson，et al.，1979，1981）的研究也指出，在儿童早期父母的忽视和虐待对子女心理有明显不良的影响。伯恩斯坦（Burnstein，1981）提出弃子会使儿童产生心理疾病，孩子会形成攻击、反叛的人格。鲍尔毕（1951）受世界卫生组织（WHO）的委托，对在非正常家庭成长的儿童和流浪儿做了大量的调查。在提交的《母性照看与心理健康》的报告中，他得出的结论是，儿童心理健康的关键在于婴儿时期与母亲建立的一种和谐而稳定的亲子关系。西方一些国家的调查发现，“母爱丧失”的儿童（包括受父母虐待的儿童），在婴儿早期会出现神经性呕吐、厌食、慢性腹泻、阵发性绞痛、不明原因的消瘦和反复感染，这些儿童还表现出胆小、呆板、迟钝、不与人交往、敌对、攻击、破坏等人格特点，这些人格特点会影响他们一生的顺利发展，导致出现心理不健康、情绪障碍、社会适应不良等问题。

在儿童成长的早期，家庭对孩子人格的形成具有重要作用。但早期童年经验的问题也引发了许多的争论，如早期经验对人格产生何种影响？这种影响是永久性的吗？我们认为：其一，人格发展的确受到童年经验的影响，幸福的童年有利于儿童向健康人格发展，不幸的童年也会引发儿童不良人格的形成，但二者不存在一一对应的关系，溺爱也可使孩子形成不良人格特点，逆境也可磨炼出孩子坚强的性格；其二，早期经验不能单独对人格起决定作用，它与其他因素共同来决定人格；其三，早期儿童经验是否对人格造成永久性影响因人而异，对于正常人来说，随年龄的增长、心理的成熟，童年的影响会逐渐缩小、减弱，其效果不会永久不衰。

由此可见，家庭确实是“人类性格的工厂”，它塑造了人们不同的人格特征。综合家庭因素对人格影响的研究资料，我们可以得出以下结论。

1. 家庭是社会文化的媒介，它对人格具有强大的塑造力。

2. 父母教养方式的恰当性会直接决定孩子良好人格特征的形成。

3. 父母在养育孩子的过程中，表现出了自己的人格，并有意无意地影响和塑造着孩子的人格，形成家庭中的“社会遗传性”。

第三节 学校与社会文化

人既是一个生物个体，又是一个社会个体。人一出生，各种环境因素的影响就开始了，并会作用于人的一生。后天环境的因素是多种多样的，小到家庭因素，大到社会文化因素。

一、学校

学校是一种有目的、有计划地向学生施加影响的教育场所。教师、学生班集体、同学等都是学校教育的元素。

（一）教师的管理风格

教师对学生人格的发展具有指导定向的作用。教师既是学校宗旨的执行者，又是学生评量言行的标准。教师的言传身教对学生产生着巨大影响。

每个教师都有自己的风格，这种风格为学生设定了一个“气氛区”，在教师的不同气氛区中，学生有不同的行为表现。洛奇在一项教育研究中发现：在性情冷酷、刻板、专横的教师所管辖的班集体中，学生的欺骗行为增多；在友好、民主的教师气氛区中，学生的欺骗行为减少。

教育心理学家勒温等人也研究了不同管教风格的教师对学生人格的影响作用。他们发现在专制型、放任型和民主型的管理风格下，学生表现出不同的人格特点(见表 1-10)。

表 1-10 教师管理风格对学生言行的影响

教师管理风格	学生言行特征
专制型	作业效率提高，对领导依赖性加强，缺乏自主行动，但常有不满情绪
放任型	作业效率低，任性，经常发生失败和挫折现象
民主型	完成作业的目标是一贯的，行动积极主动，很少表现出不满情绪

教师的公正性对学生有着至关重要的影响。一项有关教师公正性对中学生学业与品德发展的研究结果令研究者及教师们大吃一惊。结果表明：学生极为看重教师对他们是否公正、公平，教师的不公正表现会导致中学生的学业成绩和道德品质的降低。“皮格马利翁效应”就说明了每个学生都需要教师的关爱，在教师的关注下，他们会朝着教师期望的方向发展。这种效应就如同古代塞浦路斯的一位擅长雕塑的国王，他把全部精力和期望投在雕塑美丽少女的形象上，结果雕像真的复活了。实验研究表明，在师生关系中也存在这种效应。如果教师把自己的热情与期望投放在学生身上，学生会体察出教师的希望，并会朝着教师的期望方向去努力奋斗。

同样，教师使用奖惩措施也对学生产生不同影响。一些调查研究表明：在两个学生中采用奖励的方式，只能使受到表扬的学生更加进步，而不能激励未受表扬的学生；如果对其中一个学生实施惩罚措施，会导致受批评的学生成绩下降，会使未受批评的学生学习进步。这其中反映出教师的奖惩措施对学生心态的影响，进而又直接反映在学生的学业成绩上。

教师人格特征与学生人格特征的和谐性也常常会影响教育实施的力度及有效性。当师生人格类型匹配融洽时，会对学生的学习及人格发展产生积极影响；反之，师生间人格不匹配，则会对学生学习产生阻碍作用并不利于其人格发展。一项相关研究确认了这一观点，研究者对 50 名教师和 700 名学生进行了人格类型的划分，将教师分为自由型、纪律型和人际型，把学生分为努力型、顺应型和抗争型。师生人格特质见表 1-11、表 1-12。

表 1-11 教师三种人格类型的表现特征

人格类型	表现特征
自由型	自控力弱，易冲动，好激动，诙谐幽默，不愿受拘束，无领导欲望
纪律型	自控力强，避免冲动行为，行为的规划性强，服从权威
人际型	能充分认识环境的险恶，依赖性强，不愿独处，心肠好，恪守规则

表 1-12　学生三种人格类型的表现特征

人格类型	表现特征
努力型	自尊心强，具有获得积极评价的要求，努力向上，关心事业
顺应型	在保持圆满关系的同时，非常关心如何避开成人的非难
抗争型	反叛性强，敢于反抗权威，或与别人背道而行

研究者分析了师生间交互作用的匹配度，结果发现：努力型学生在不同人格的教师面前表现如一，顺应型学生在带有鼓动性的自由型教师面前学业成绩会显著上升，抗争型的学生在不施加权威的纪律型教师面前表现最佳。

（二）同伴集体

学校是同龄群体会聚的场所，群体对学生人格具有巨大的影响。班集体是学校的基本团体组织结构，班集体的特点、要求、舆论和评价对学生人格发展具有“弃恶扬善”的作用。有关“差生”角色改变的实验研究证实了这一作用。为了改善“差生”的不良人格，改变班风，教师指定了班中地位最低的 8 位学生担任班干部。一学期后，班风有所改变，再次由学生民主推荐干部时，其中的 6 位又重新当选。这 6 名学生的人格特征发生了很大变化，其自尊心、统率力、安定感、明朗性、活动能力、协调性、诚实性、责任心等都有很大发展。

少年同伴群体也是一个结构分明的集体，群体内有具有上下级关系的“统领者”和“服从者”，有具有平行关系的“合作者”和“互助者”。这个群体中有不同于孩童与成人群体的少年亚文化特征。与孩童不同的是，孩子离开父母或被父母拒绝是他们焦虑的最大根源；而少年的焦虑不安则来自同辈团体的拒绝。在少年这个相对“自由轻松”的群体中，他们实习着待人接物的礼节与团体规范，他们了解了什么样的性格容易被群体接纳。在这个少年团体中，他们拥戴的是品学兼优的同伴。卡拉汉等人曾做过测验，分析了中学生喜欢哪种性质的学生领袖。结果是他们更喜欢学业优秀、办事老练、具有良好道德的学生领袖，而不是风头十足、具有漂亮仪表以及体育成绩优异的人。他们喜欢有能力、能胜任工作、具有高智商、精力充沛、富于创造的同伴。在少年期，男孩子比女孩子倾向于更大、更活跃的团体，他们多少会有些无视成人权威的倾向；而女孩子的集体则更显得合作与平和。

一般来说，少年同伴团体的性质是良好的。但也存在着不良少年团伙，对少年起到了极坏的影响。学生对这种群体要避而远之，家长、学校及社会要用强有力的教育手段来“拆散”他们，防止他们对学校及社会产生危害。

总之，学校对人格形成与发展的影响是不可忽视的，其作用主要体现在以下几点。

1. 教师对学生人格发展具有导向作用。

2. 同伴群体对人格发展具有“弃恶扬善”的作用。

3. 学校是学生人格社会化的主要场所。

二、社会文化

“文化对每个人塑造的力量很大。平时我们不太可能看出这塑造过程的全部力量。因为它发生在每个人身上，逐渐缓慢地发生，它带给人满足，同样也带给人痛苦，人除了顺着它走以外，别无选择。因此这个塑造过程便很自然，毫无理由地被人接受，就像文化本身一样——也许不全然是不知不觉地，但确是无可指责的。”(Kroebbo，1948)

每个人都处于特定的社会文化之中，文化对人格的影响是极为重要的。社会文化塑造了社会成员的人格特征，使其成员的人格结构朝着相似性的方向发展，而这种相似性又具有维系社会稳定的功能。这种共同的人格特征又使得个人正好稳稳地“嵌入”整个文化形态里。

社会文化对人格的影响力因文化而异，这要看社会对顺应的要求是否严格。越严格，其影响力就越大。影响力的强弱也因其行为的社会意义的大小而异。对于不太具有社会意义的行为，社会容许具有较大的变异；但对在社会功能上十分重要的行为，就不太容许其有太大的变异，社会文化的制约作用就越大。但是，若个人极端偏离其社会文化所要求的人格基本特征，不能融入社会文化环境之中，可能就会被视为行为偏差或心理疾病。

(一) 民族性格的差异

社会文化具有对人格的塑造功能，不同文化的民族有其固有的民族性格。例如，米德等人研究了新几内亚的三个民族的人格特征，发现来自同一祖先的不同民族各具特色，鲜明地体现了社会文化对人格的影响力。

居住在山丘地带的阿拉比修族，崇尚男女平等的生活原则，成员之间互助友爱、团结协作，没有恃强凌弱，没有争强好胜，一派亲和景象。

居住在河川地带的孟都古姆族，生活以狩猎为主，男女间有权力与地位之争，对孩子处罚严厉。这个民族的成员表现出攻击性强、冷酷无情、嫉妒心强、妄自尊大、争强好胜等人格特征。

居住在湖泊地带的张布里族，男女角色差异明显，女性是这个社会的主体，她们每日操作劳动，掌握着经济实权。而男性则处于从属地位，主要活动是艺术、工艺与祭祀活动，并承担孩子的养育责任。这种社会分工使女人表现出刚毅、支配、自主与快活的性格，男人则有明显的自卑感。

学习栏 1-7

中国人的善与恶：人格结构与内涵

社会文化决定了群体人格，在中国文化下，中国人的人格会有独特的文化烙印。中国人是如何理解人性的善与恶呢?

人格心理学家认为，个体所做出的善行和恶行不能仅仅归因到情境因素或道德因 素，还应该考虑到人格因素的影响。以往人格研究的理论可以发现，许多研究者已对人格中“阳光”和“黑暗”面进行了多方面、多维度的探索与验证。这些研究均表明，善与恶作为人格特质的一部分，已经嵌入到了人格心理学研究中。该研究对善恶人格做出以下界定：善恶人格是个体在社会化过程中形成的一种具有社会道德评价意义的内在心理品质。并预先对善恶单双维结构进行了探索和验证，证实善恶人格是两个独立人格维度。

研究基于人格的词汇学假设，从现代汉语词典和开放式问卷调查获得的人格词汇中选取善与恶的人格词，分别建立了善、恶人格词表。通过探索性因素分析和验证性因素分析（N= 1467)，最终得到 27 个善人格词汇与 28 个恶人格词汇，因素分析的结果显示：中国人的“善”人格包含尽责诚信、利他奉献、仁爱友善、包容大度四个维度；“恶”人格包含凶恶残忍、虚假伪善、污蔑陷害、背信弃义四个维度。

参考文献：

焦丽颖，杨颖，许燕，高树青，& 张和云.（2019). 中国人的善与恶：人格结构与内涵. 心理学报，51（10)，1128-1142.

（二）文化价值观念的差异

跨文化研究是通过比较不同社会文化下的差异来确定文化对人格影响作用的研究模式。要了解人格就不能撇开人们所处的社会特征。瑞斯曼（Riesman，1950）曾描述社会特征对人格的影响，提出了三种社会形态：传统取向（tradition-directed)、内心取向（inner-directed）和他人取向（other-directed)。传统取向者的人格特征是顺从传统和社会秩序，注意与他人之间的既定关系，注意文化赞同的目标，害怕违反社会行为规范；内心取向者的人格特征正好相反，注重金钱、物质和权力，不愿违背内在原则，其内在标准是由其父母或某一权威人物深植在他心中的一套目标，他力求达成这一目标；他人取向者注重顺从他人，常为自己人缘不好或不受他人喜欢而感到焦虑。科尼斯通（Keniston，1965）指出，美国人是由内心取向的人格（19 世纪）转化为他人取向人格（20 世纪初、中期)，而现在又被疏离型人格取代（20 世纪后期)。

价值类型说以社会意识形态为标准划分人格模型。这种模式是哲学家、社会学家、教育学家偏爱的人格模式。德国人斯普兰格依据人类社会文化生活的六种形态，将人划分为六种性格类型（见表 1-13）。这种性格类型体现了价值观成分。

表 1-13　斯普兰格人格类型模式

类型	心理特点
经济型	注重实效，其生活目的是追求利润和获得财富，如实业家等。
理论型	具有探究世界的兴趣，客观而冷静地观察事物，力图把握事物本质，尊重事物的合理性，重视科学探索，以追求真理为人生目的，如思想家、科学家等。
审美型	对现实生活不太关注，富于想象力，追求美感，以感受事物的美作为人生价值，如艺术家等。
权力型	倾向于权力意识和权力享受，支配性强，所有的生活价值领域都服务于其权力欲望，获取统领地位是他们的人生最高目标。
社会型	关心他人，献身社会，助人为乐，以奉献社会为人生最高追求。
宗教型	信奉宗教，相信神的存在，把信仰视为人生最高价值。

学习栏 1-8

孩子如何感受父母对他们的控制——是嫌弃还是关怀？

罗纳在 1984 年的研究中，提出了社会文化的作用力，由此提出了一个关于父母与孩子的“接受—厌弃理论”。这个理论的一个主要观点是，从儿童自身感受的角度来分析父母的作用。父母都爱自己的孩子，但是孩子能接受他们爱的方式吗？同样是父母对孩子的一种爱的方式，为什么东西方的孩子在感受时，却大相径庭呢？1985 年他进行了一些跨文化研究来证明这一点。

本研究主题是孩子如何感受父母对他们的控制——是嫌弃还是关怀？

来自美国和德国的研究结果表明，那里的少年儿童把父母的控制看成是嫌弃。他们认为：父母之所以用限制性的管教方式，是由于讨厌和嫌弃他们。孩子之所以产生这种感受是由于在他们的西方文化背景中，规范性的教育方式是宽容的、非限制性的教养。这样儿童就会把父母限制性的管教视为缺乏爱心的表现。

来自韩国和日本的结果发现，父母同样的限制性管教却使这里的孩子感受到的是接纳和温暖。因为在东亚社会的文化背景下，父母的严厉使孩子感到的是关怀，而不是忽视他们。当他们体验到缺少父母的控制或具有很大范围的自主性时，他们感受到的是父母的嫌弃。

那么，生活在西方的东方青少年他们的感受如何呢？研究发现，韩国裔的美国青少年的感受与美国青少年一致，而不是与韩国青少年一样。

这个研究说明，社会文化因素影响着人们的观念，影响着人们的行为，最终影响了人们的人格特征。

社会文化对人格的影响历来就被人们认可，其作用可归纳如下。

1. 社会文化对人格具有重要的作用，特别是后天形成的一些人格特征。

2. 社会文化因素决定了人格的共同性特征，它使同一社会的人在人格上具有一定程度的相似性。

第四节 遗传与环境的交互作用

几个世纪以来，人们一直在试图理解身体与心灵、体质与人格的关系。自从高尔顿在 19 世纪 80 年代将“天性”（遗传）和“教养”（环境）进行比较以来，心理学家们也纷纷致力于探求这二者的关系。

一、交互作用理论与例证

交互作用理论认为人格的形成与发展是人的自身特点与环境相互作用的结果。卡司皮等人（Caspi & Bern，1990）区分出三种相互作用的类型，这些相互作用在从童年到成年的人格发展中持续起促进作用。第一种相互作用类型——反射作用，涉及个体通过像自我图式之类认知结构的控制，而呈现出对周围环境刺激的解释和过滤上的不同。儿童可能发展关于他们自己的和外界的认知风格特征。第二种相互作用类型——激发作用，类似于班杜拉的相互奖励决定论的概念。儿童的行为与来自其他人的反馈有密切联系。例如，如果一个攻击性的儿童认为他人是敌意的，他们在社会交往中便会表现出猜疑和攻击性，从而进一步促进这种敌意意识的产生，产生自证预言。最后一种相互作用类型——前活动作用，涉及活动的选择和环境的结构。例如，研究者斯旺（Swan，1987）认为个体倾向于形成与他们的自我概念相一致的人际行为，这进一步促进自我概念的稳定，结果又促进了行为方式的稳定。例如，在大五人格因素模型中，高神经质的人倾向于出现抑郁特征；外倾向型的人比内倾向型的人会更多地参加聚会和社会活动，这有助于巩固人的社会化，从而培养有助于社会愉悦感的社会技巧和自我效能。另一个前活动作用的例子说明（Kokn & Schooler，1983），有耐力的知识分子和自我导向的人倾向于选择需要复杂劳动的工作，这又进一步加强了他们的韧性和自我导向性。人们也倾向于与自己性格相似的人产生友谊，从而使相互的人格特质被强化。在通常情况下，高外向的人公开的玩笑和粗野行为会冒犯他人，而在运动俱乐部里却被容忍，甚至被鼓励。在一个具有过失倾向的人组成的同伴团体里，同样的过失行为或许被支持。

T 型人格是一种描述追求冒险与寻求刺激的人格维度。在这一维度的两极是截然相反的人格特征。位于维度一端的大 T 型人格行为是好冒险、爱刺激的特性，位于另一端的小 t 型人格行为是逃避冒险、减少刺激的特性，多数人的行为介于二者之间。T 型人格的形成受遗传、环境的双重影响。兴奋型神经类型占主导的人易形成大 T 型人格，抑制型神经类型占优势的人易成为小 t 型人格。环境对 T 型人格具有很大的影响，包括社会、家庭、同伴等。环境可使人朝着积极、健康、富有创建性的方向发展，形成 T^+ 型人格；环境也可使人朝着消极、颓废、具有破坏性的方向发展，形成 T^- 型人格。具有 T^- 型人格的青少年经常会采取一些不良行为来寻求刺激，如吸毒、酗酒、暴力行为等。在 T^- 型人格中，又有智力型与体力型之分，应用高科技手段犯罪的人常常是智力 T^- 型人格，而街头抢劫犯等多为体力 T^- 型人格。反之亦然，科学家的科学探索精神体现了智力 T^+ 型人格特点，从事极限运动的运动员多为体力 T^+ 型人格。美国自称是拥有这种 T 型人格特征的典型国家。美国人敢于冒险、热衷于寻求刺激的人数比其他国家多。造成这种民族性格的原因是多方面的：其一是历史因素，美国大陆本身是具有 T 型人格的探险家发现的；其二是遗传因素，美国是容纳移民最多的国家，而移民多数具有较强的 T 型人格特征；其三是社会因素，美国制定的一系列法律比其他国家更推崇独立自主、探新求异的行为，这些都助长了 T 型行为。美国人的 T 型行为也会有其正负两种类型（T^+ 和 T^-），美国是暴力与创造性均高的国家。近几十年来全世界暴力犯罪的统计数字显示，美国是平均人口暴力犯罪率最高的国家之一，也是暴力事件最多的国家之一。相反，美国也是诺贝尔奖得主人数最多的国家，而且得主大多是移民。从 T 型人格的形成上，可以看出遗传与环境的交互作用。其他人格因素也是如此，人格是先后天的合金。

二、遗传与环境的分离性研究原则

研究者们经常会使用双生子研究来说明遗传与环境的交互作用。戈特斯曼（Gottesman，1963）提出了双生子研究的原则，确定了遗传与环境的分离性研究的原则。

原则 1：同卵双生子（MZ）具有相同的基因形态，其人格差异可归为环境因素。研究者可以研究不同环境对相同基因的影响，考察遗传与环境对人格的影响孰重孰轻。

原则 2：异卵双生子（DZ）具有不同的基因形态，但在环境上有许多相同的元素，这提供了环境控制的可能性，因此可研究相同环境下不同基因的表现。

简单地说，同卵双生子之间的差异是由环境造成（决定）的，而异卵双生子的差异是由基因决定的。

复合双生子法（co-twin）是同卵双生

子分开抚养的研究，是一种区分遗传与环境的作用的方法。罗斯等人于1988年研究14288名在成年期分而复合的双生子，考察他们在《艾森克人格量表》上的外向性和神经质得分，结果发现遗传因素的确是影响人格的主因。

三、遗传率

戈特斯曼（Gottesman，1963）用统计学方法来测量遗传因素在某一人格特质上所占的比重，这一估计值为遗传率（Heritability）。他用同卵双生子在某一特征上分数的一致性的程度，与异卵双生子分数的一致性程度进行比较，由此估计出每一特质中遗传因素所占的比重。

戈特斯曼比较了34对同卵双生子和34对异卵双生子在两个人格量表上的差异。这两个量表是《明尼苏达多相人格测验》（MMPI）和《卡特尔16种人格因素测验》（高中版）。

遗传率（H）的公式为：

$$H=\frac{HG}{HT}$$

其中：HT＝HG＋HE

HT是总体变异数，HG是遗传差异所产生的变异，HE为环境差异所产生的变异。H值大，说明同卵双生子在该特质上的相关性高于异卵双生子。戈特斯曼发现许多人格特质的H值都很大，但资料并未显示在哪些人格特质上高。

四、遗传与环境作用大小的比较

我国一项双生子的研究持续了近20年，从1964年开始研究22对同卵双生子和16对异卵双生子，1982年进行复查。先给这些双生子施测《明尼苏达多相人格测验》（MMPI）。这个测验包括10个分量表。然后计算同卵双生子分数的相关性（r_{m_2}）、异卵双生子分数的相关性（r_{D_2}）以及遗传率（H）。遗传效应的统计公式（粗略估计）如下：

$$H=\frac{(r_{m_2}-r_{D_2})}{(1-r_{D_2})}$$

r_{m_2}：同卵双生子分数的相关系数

r_{D_2}：异卵双生子分数的相关系数

H：遗传率

从表1-14（数据摘自：《医学心理学文集》，1983年）中可以看出，同卵双生子在精神分裂症、疑病症、社会内向和性病态这几种人格特征上具有很高的相似性，而异卵双生子则没有表现出人格的这些相似性。从10个分量表的遗传率上也可以看出，不同人格特征的遗传率不同。这说明遗传在不同人格特征上的作用有大有小。其中，精神衰弱、抑郁症、疑病症、社会内向和性病态的遗传作用更强。而癔病、轻躁狂的遗传作用则较弱。

表 1-14 双生子在 MMPI 上的相关系数和遗传率

分量表名称	r_{m_2}	r_{D_2}	H
1. 癔病 Hy	0.50	0.49	0.02
2. 轻躁狂 Ma	0.24	0.01	0.02
3. 病态人格 Pd	0.02	0.08	0.07
4. 精神分裂症 Sc	0.69**	0.61	0.20
5. 偏执狂 Pa	0.39	0.13	0.30
6. 精神衰弱 Pt	0.49	0.09	0.44**
7. 抑郁症 D	0.49	0.07	0.45**
8. 疑病症 Hs	0.56*	0.17	0.50**
9. 社会内向 Si	0.60*	0.04	0.58**
10. 性病态 Mf	0.74**	0.04	0.73**

注：* 表示相关系数（r）高达 0.05 水平，** 表明相关系数达 0.01 水平。

比较遗传与环境作用的公式：

$$H : E = (r_{m_2} - r_{D_2}) : (1 - r_{m_2})$$

例如，同卵双生子的相关系数 $r_{m_2}=0.71$，且达显著性水平（$P<0.01$），而异卵双生子的相关系数 $r_{D_2}=0.27$，未达显著性水平（$P>0.05$），将两个相关系数带入公式，H∶E＝44∶29，说明遗传作用＞环境作用。

最近研究表明，人格特质综合遗传比率大致在 40%。即使人们接受了人格的总体遗传率 40%的观点，这也并不意味着人格特征总体中的 40%是遗传得来的，或者说人格特征中的 40%的方面是遗传下来的。一定要明确一个观念，遗传率仅是一个普通的统计数字，它随着被测量的人格特征的变化而变化。

综上所述，人格是先后天的合金，是遗传与环境交互作用的结果，遗传决定了人格发展的可能性，环境决定了人格发展的现实性。这是研究者们已达到共识的结论。但是，二者是如何交互作用对人格形成产生影响的？这又是研究者们面临的新课题。人们试图将二者有机地结合起来分析各种问题。

学习栏 1-9

一项人格交互作用的研究实例

研究者使用以下因素对瑞典人的人格发展与适应进行研究：生理和社会因素（Magnusson，1956—1993）。

研究目的：从儿童期到成人期的人格发展过程中，个体与环境是如何相互作用并影响其发展的，特别考察在发展过程中出现的社会适应不良及其表现。

研究被试：10 岁、13 岁、15 岁的男孩和女孩，共计 1400 人。

研究工具：心理测验、调查表、管理人员的评定等，激素反应和脑电情况（EEG），交往、学习状况为社会因素。

研究结果与分析：

1. 女孩早熟问题：15岁女孩的问题行为与（个体相对变化）早熟和晚熟之间的差异。35%的早熟女孩已经开始饮酒，与成人发生更多的顶撞，对学校和未来职业缺乏兴趣，更注重社会关系及与年长的男性和女性相处的情况，而只有6%的晚熟女孩有问题。但到了青春晚期和成年早期，许多差异减弱。成年期两组人在问题行为和社会关系上较少出现差异。但某些特征仍在以后生活中表现出来，如早熟女孩比晚熟女孩早离开学校、结婚、生子、工作。

2. 男孩活动过度（被试内）的问题：13岁男孩，用攻击性、活动过度、注意力不集中、同伴关系不好等行为特征分组，500人一组。一组是同伴关系不好的男孩，他们在以后的生活中没有出现酗酒、犯罪等问题行为；另一组是有攻击性、活动过度、注意力不集中、同伴关系不好等多种问题的男孩，他们在以后的生活中出现酗酒、犯罪等问题更多。从生物学因素来探讨攻击性、活动过度的男孩，发现他们尿液中肾上腺素水平较低。肾上腺素水平较低的比肾上腺素水平较高的13岁男孩在以后的发展中更易出现持续的犯罪行为。在有压力和威胁的状态下，对不良行为给予一个行为，对于那些肾上腺素水平较低的人不起作用。依据后来犯罪行为的发生情况，分为三组：一是没有犯罪经历的，二是18岁之前（青少年期）有犯罪经历的，三是持续犯罪的人。比较活动过度：一组低，二组次之，三组高。比较肾上腺素水平，只有三组低。所以，持续犯罪的男性青少年同时具有肾上腺素水平较低和活动过度的特征。

思考题：

1. 人格心理学研究的特点是什么？与心理学科的其他领域有哪些区别？

2. 简要论述人格心理学研究的科学体系。

3. 学习人格心理学的意义有哪些？

4. 如何评价人格理论？评价原则是什么？如何看待人格理论的地位与价值？

5. 学者们通过哪些方法来说明遗传在人格形成与发展中的作用？

第二编　经典精神分析学派

19 世纪末 20 世纪初，是值得现代心理学史大书特书的一段时期，也注定在人格心理学的发展道路上留下最具辉煌的篇章的时期。那时，刚诞生不久的科学心理学正处于结构主义和机能主义的争论之中，行为主义则静静积蓄力量即将萌芽，而在欧洲大陆的另一个地方——奥地利，一位精神病学家正悄悄酝酿着一场石破天惊的革命。后来证明，这场革命的影响已远远超出了心理学领域，渗透到了哲学、历史学、人类学、社会学、伦理学、政治学、美学等几乎所有的人文学科和精神领域，并对当代人的日常生活方式、自我认识，乃至价值观都产生了划时代的影响。这个人就是弗洛伊德，而这场革命叫作“精神分析”。

精神分析（psychoanalysis），是现代西方心理学的主要流派之一，也是第一个真正意义上的人格心理学理论体系。弗洛伊德是人格心理学的鼻祖，也是精神分析的创始人。他根据自己临床治疗的实践经验，系统地论述了人格的结构、动力、发展以及治疗和人格改变。弗洛伊德的精神分析学说有别于当时的任何心理学流派。它给予了人性中本能的、自然性的、非理性的一面巨大关注，对于潜意识的揭示入木三分，开辟了潜意识研究的新领域。此外，精神分析注重整体研究、讲求实用的特点也使得它在精神疾病临床治疗中的应用相当广泛，成为当时乃至今日都举足轻重的治疗技术之一。

图 2-1 前排从左至右为弗洛伊德、赫尔与荣格

除弗洛伊德之外，荣格、阿德勒也是精神分析学派的代表人物。他们最初追随弗洛伊德，后因理论见解分歧而与他分道扬镳。这些分歧在当时看来十分巨大，以至于令弗洛伊德无法容忍，但以今天的眼光来看，荣格的分析心理学、阿德勒的个体心理学，都与弗洛伊德的经典精神分析理论有着千丝万缕且不可分割的联系。因此，仍然把两人视作经典精神分析阵营中的重要成员。

经典精神分析学派的产生背景

经典精神分析产生于 19 世纪末 20 世纪初的欧洲，它首先是当时社会经济、政治条件及社会生活的产物。一方面，资本主义发展到了垄断阶段，贫富分化更加明显，阶级矛盾日益尖锐，社会竞争激烈，人与人之间充满了欺诈和不信任，导致人心动荡、社会不安；另一方面，由于当时的宗教气氛浓厚，两性交往存在诸多禁忌，人们自然的性冲动受到强烈的禁锢，正常的性欲望得不到满足，性本能受到极大压抑，造成精神上的巨大紧张和冲突。两方面的原因交织在一起，致使神经症和精神病的发病率日益增高。这不仅促发了弗洛伊德关于性本能的观点的形成，也使得精神分析这一精神疾病治疗方法应运而生。

其次，同时代的各种哲学、心理学及自然科学的思想直接影响到了精神分析的产生及其基本观点。从哲学上来讲，弗洛伊德提出的“本我”的“快乐原则”直接反映了当时盛行的享乐主义哲学思想，而他的潜意识理论则深受叔本华和尼采哲学，以及哈特曼的《潜意识哲学》一书的影响。从心理学上来讲，布伦塔诺的心理意向说、莱布尼茨的单子论、赫尔巴特的意识阈限思想，都直接影响到了弗洛伊德心理观及意识结构学说的形成。此外，费希纳的“冰山”假说和心理能量说更是被弗洛伊德直接拿来使用。从自然科学上来讲，弗洛伊德的心理动力观与赫尔姆霍茨的能量守恒观点有密切关系；而他的本能论的依据则是达尔文的进化论思想。

最后，促使弗洛伊德的精神分析理论产生更直接的原因是心理病理学研究的发展与成果。神经病者和精神病者在古代被认为是妖魔附体，但随着科学和社会思想的进步，对精神病的成因的看法形成了两种相互对立的理论：生理病因说和心理病因说。生理病因说认为，精神病的主要原因是躯体方面的病变，特别是大脑的器质障碍。心理病因说认为，应该从精神的或心理的方面寻找精神病的原因。当时，在精神病学中，生理病因说占据优势。弗洛伊德接受了心理病因说，强调了性的因素在心理疾病形成中的作用，并在治疗技术上采纳了当时颇为盛行的催眠术。

就在这样一个错综复杂的背景之下，精神分析正式登上了历史舞台，从而揭开了人格心理学史上浓墨重彩的一页。

第一章 弗洛伊德的经典精神分析理论

有人把爱因斯坦、马克思、弗洛伊德并称为"影响世界历史的三个犹太人"，前二者分别代表了人类在近代自然科学和社会科学领域的最高峰，而弗洛伊德和他的精神分析则代表了心理科学的至高点（黎鸣，2002）。无论是否认同这一观点，人们都无法否认弗洛伊德作为20世纪最有影响力的心理学家之一的崇高地位，以及他为现代心理学发展所做出的巨大贡献。

Sigmund Freud（1856—1939）

第一节 生平事略

1856年5月6日，西格蒙德·弗洛伊德出生于摩拉维亚（现属捷克共和国）的弗赖堡，1860年随家人迁居维也纳。他的父母都是犹太人，父亲做羊毛生意，母亲是父亲的第二任妻子，比父亲小十九岁。他是父亲与第二任妻子的长子，上面有两个同父异母的哥哥，下面有两个同胞弟弟和五个妹妹。在这个大家庭里，弗洛伊德和母亲格外亲密，且这种依恋和尊敬的关系一直保持到他成人。他对父亲则十分冷淡，甚至有些敌意。传记学家们对此倍感兴趣，认为弗洛伊德学说中对俄狄浦斯情结（对母亲的性吸引及对父亲的竞争性敌视，后文有述）的描述正反映了他自己对于双亲的感情。

弗洛伊德自小天资聪颖，学习成绩优异，且胸怀大志，坚信自己会成为一个伟大的科学家。1873年，他进入维也纳大学医学院攻读神经生理学，并于1881年获得医学学士学位。在这期间，他所在的生理实验室主任恩斯特·布吕克（Ernst Brucke）对年轻的弗洛伊德产生了不可磨灭的影响。布吕克是著名的生理学家，他主张从动力的生理系统来看人，这种从生理功能出发的观点对弗洛伊德日后探索心理现象时所采用的生理动力观点影响深远。

图2-2 弗洛伊德的家庭

1882 年，弗洛伊德爱上了妹妹的朋友玛莎·波奈斯。为了给恋人创造舒适的生活环境，弗洛伊德认识到自己必须干一些比较实际的工作，而不是纯粹的研究。于是他离开学校进入了维也纳医院，成为一名住院实习医生。

在医院工作即将结束的时候，弗洛伊德获得了研究奖学金，这使得他能够去巴黎跟著名的神经学家让·马丁·沙可学习催眠术。在巴黎学习的四个半月，成为弗洛伊德一生事业的重大转折点。沙可发现一些癔病来访者在催眠状态下，能回忆起使他们产生这种症状的创伤性经验，继而症状会消失，这些对于日后弗洛伊德发展出潜意识的理论无疑具有重要的启发作用。

回到维也纳后，弗洛伊德开始与另一位杰出的生理学家约瑟夫·布洛伊尔合作，一起运用催眠术来治疗癔症。两人在 1895 年出版了《癔症研究》一书，以布洛伊尔的来访者安娜·欧为例，详细阐述了以催眠治愈癔症的过程。安娜·欧表现出了许多癔症的症状，包括左臂瘫痪、幻觉、不会说母语德语等，且药物对她没有任何疗效。弗洛伊德虽没有直接接触并治疗安娜·欧，但他一直与布洛伊尔讨论治疗方案。在一次催眠状态中，安娜·欧回忆起了她父亲死亡时的经历和有关一条黑蛇的记忆。在想起这些令人恐惧的经历后，安娜的左臂就不再瘫痪了，并恢复了讲德语。安娜·欧的案例证明了弗洛伊德的理念：要让心理症状得到治愈，就必须首先发现症状的潜意识原因。

图 2-3　安娜·欧（真名为 Bertha Pappenheim）病好之后，成为一个社会工作的先驱者，为了妇女的权利在东欧奔走宣传。

1886 年，弗洛伊德以精神病学家的身份私人开业行医。随着临床治疗经验的不断累积，弗洛伊德日益认识到让来访者说出潜藏在内心深处的事物十分重要，但此时他已经逐渐放弃了催眠术，转而使用自由联想的方法。在治疗中，弗洛伊德还发现了一种阻抗现象，即来访者对于回忆、讨论或者触及某些特殊问题或事件的时候表现出的顽强抵抗现象。从中弗洛伊德发现了人的防御机制以及后来认为的压抑作用，这些治疗经验大大地帮助了他思考和分析。

基于这些治疗的经验、思考分析以及自己的直觉体验，弗洛伊德越来越坚持认为性的欲望是人类最基本的行为动力，是一切心理疾病背后的真正原因。1900 年他出版了巨著《梦的解析》（*The Interpretation of Dreams*），该书不仅论述了过去令人费解的梦境问题以及形成梦的种种复杂机制，而且还讨论了深度心理，即潜意识的结构和作用方式。1901 年，他又出版了

《日常生活的心理病理学》（*The Psychopathology of Everyday Life*）。1905 年，极具争议性的《性学三论》（*Three Essays on the Theory of Sexuality*）问世，该书是弗洛伊德对幼儿性欲的全面描述，他把成人性变态解释成是幼儿性作用的畸形产物。这是弗洛伊德第一本引人注目的书，并且激起了人们极大的愤慨，遭到了强烈的谴责和嘲笑。弗洛伊德在各国科学界顿时成了一个最不受欢迎的人，在以后的很多年里，他遇到了只有最伟大的先驱者才会遭受的种种辱骂和攻击。但是，无论那些批评有多么刻毒，他从来不予回答。

随着精神分析理论影响的逐渐扩大，弗洛伊德的身边逐渐聚集了一批追随者。从 1902 年秋开始，他邀请维也纳的医师们每周三聚会一次，讨论精神分析的理论与应用，这就是著名的“星期三心理学研究会”（Psychological Wednesday Society）。当时有许多学者接受了弗洛伊德的思想而陆续加入，其中包括之后精神分析学派的重要人物荣格和阿德勒。

1908 年，第一届世界精神分析大会召开，精神分析在国际上的地位逐渐建立了起来。1909 年，美国克拉克大学邀请知名学者参加该校校庆纪念演讲会，弗洛伊德受邀前往，由此精神分析理论被带到美国。之后“美国精神分析协会”成立，它将精神分析的理论和观点在美国进行了广泛的传播。

1911 年，阿德勒和弗洛伊德的观点开始出现分歧，他公开抨击弗洛伊德的泛性论，于是两人决裂。后来荣格也因观点上的冲突而离开了弗洛伊德。1914 年，弗洛伊德出版了唯一的一部为自己的见解辩护的著作——《精神分析运动史》（*A History of Psychoanalytic Movement*），内容主要是区分他的理论和阿德勒、荣格等提出的对立理论之间的基本差别。随后第一次世界大战爆发，使弗洛伊德深深体验到潜藏在人类基本动机中的重大侵略性，于是在“生本能”的基础上，又发展出“死本能”的理论观点。

此后，弗洛伊德依然笔耕不辍。相继出版了《精神分析导论》（*General Introduction to Psychoanalysis*，1916）、《超越快乐原则之外》（*Beyond the Pleasure Principle*，1920）、《超越本我与自我》（*Beyond the Ego and Id*，1923）等诸多著作。

弗洛伊德的婚姻十分美满，他与玛莎在 1886 年结婚，两人共育有六个孩子，三儿三女，最小的女儿安娜 · 弗洛伊德（Anna Freud）后来也成了一位著名的精神分析学家。

图 2-4　青年时代胸怀大志的弗洛伊德

1933年开始，犹太人出身的弗洛伊德开始受到纳粹德国的迫害。他的书被焚烧，他本人也成为反犹太者的明确攻击目标。几经努力后弗洛伊德最终移民到了英国。晚年弗洛伊德不幸罹患咽喉癌，前后共接受了33次手术，受尽病痛折磨，但他仍然不断著书写作，宣扬自己的理论，83岁在伦敦与世长辞。

学习栏 2-1

弗洛伊德的内心追求是什么?

弗洛伊德是一位可以让全世界的人铭记百年的心理学伟人。作为20世纪最有影响力、最有争议的心理学家，是继哥白尼、达尔文之后的第三个在人类思想界产生冲击力的科学家，他与爱因斯坦、马克思并称为影响世界历史的三个犹太人。在1915～1938年20年间，11次被提名生物学和医学的诺贝尔奖。

弗洛伊德自小聪明伶俐，勤奋好学，嗜书成癖，学业优异，有极高的语言天赋，会多国语言，致力于研究工作，感情专一。最突出的人格是胸怀大志，善于思考，创造力高，持之以恒，意志坚强。1938年患癌症拒绝服镇痛药，“我宁愿在痛苦中思考，也不能失去清醒的头脑。”直到去世的最后一天，他仍然在工作。他一生历尽磨难。被德国纳碎视为国家敌人，焚烧其书籍，多位家人死于集中营。

弗洛伊德一心要做个“人类伟大的领路人”，发现一个精神的新大陆，“给人类指出理性和谐的希望之地。”他具有极大追求真理热忱和勇气，同时有对人类命运有着深挚的关注之情。他的学术责任与使命是把由精神分析所获得的见识，应用于解救人类文明危机。人们称其为“是20世纪初期披着治疗学家外衣的一个伟大的世界改革家。”在1910年，精神分析取得了重大的发展。在纽伦堡举行的第二次国际精神分析大会上，弗洛伊德“叹着气表达了一种意愿说他可能要离开医学界，竭尽全力去解决文化和历史问题——最终要解决人怎么逐渐成为现在的情形这个重大问题。”

弗洛伊德在心理学历史上具有世人公认的地位，其理论虽然争议性很强，但启迪性也很强。许多心理学后起的理论都是以反弗洛伊德理论而提出的，其精神分析理论一直到现在都是人们常用的理论，影响持久不衰。

第二节 理论观点

弗洛伊德把心理学的研究带进了人的深层心理世界，为现代心理学开拓出一个全新的领域。弗洛伊德所创建的精神分析理论是第一个综合性的人格理论，其体系之完整、内容之丰富，堪称人格心理学之最。

一、人性观

弗洛伊德的人性观具有独到且略显偏执的观点。第一，具有决定论的论调，人的行为受控于生物本能因素或非理性因素，如潜意识动机（unconscious motivation）与本能驱力，以及六岁之前的性心理事件。第二，弗洛伊德将人视为一个能量系统，能量遵循了守恒的原则，一处能量消耗多，其他能量消耗就会减少；一处能量释放受阻，它就会从其他途径中释放。第三，弗洛伊德认为人性本恶。人的各种行为都受潜意识的本能所支配，而本能与社会之间存在不可调和的矛盾。本能与社会之间的冲突是基本的和普遍存在的，而且原则上这种矛盾也解决不了。

二、人格界定

弗洛伊德并没有对人格进行明确的界定，他认为潜意识是人类心理的主体，精神分析一直被叫作深度心理学（the depth psychology），即潜意识的心理学。潜意识是某些被排斥于意识之外的心理内容和过程。在他看来，人的心理犹如大海中漂浮的冰山，露出海面的可见的是意识，隐没在水面之下的大部分则是潜意识，潜意识是意识的基础，决定着人的大部分行为。在早期，弗洛伊德理论的核心概念是潜意识。到了晚期的理论体系中，潜意识的地位从人格结构的改变转变为一种心理现象的描述。

三、人格结构

按弗洛伊德的看法，人格是一个整体，在这个整体之内包含着彼此关联且相互作用的部分。

（一）地形学模型

最初，弗洛伊德认为人格结构是由意识和潜意识两个部分构成的。弗洛伊德强调人的心理过程主要是潜意识，而意识的过程则是由潜意识的过程衍生的。意识又包括前意识，所以实际上他把人格分为潜意识、前意识和意识三个部分。这一人格模型被称为地形学模型。那些有意识的过程和内容叫作意识，那些可由注意变为有意识的叫作前意识，那些被意识所排斥的内容和过程叫作潜意识。由于意识和前意识在功能上接近，常把它们连在一起称为意识—前意识系统，与潜意识系统相对。

意识（conscious）是人对客观现实的自觉的反映，是人清醒知觉的思想和情绪等，是随时可以观察到的心理现象，代表人在任何时刻所能够觉知到的每一件事，包括感觉、知觉、各种经验和记忆等。

前意识（preconscious）指没有浮现出意识表面的心理现象，它是人们能够回忆起来的经验。前意识是意识同潜意识之间的过渡领域，潜意识进入意识领域前必须经过前意识领域，借助前意识的某种形式才能实现。由前意识进入意识是容易的，但由潜意识进入前意识或意识，却很困难。前意识没有浮现出意识表面，履行“检察官”的职责，即不让潜意识的本能和欲望随便侵入意识之中。

潜意识（unconscious）也称为无意识，是弗洛伊德论述最多的部分，也是他的早期人格结构的核心。潜意识代表的是深藏于内心的、不可接近的部分，是精神活动的主要方面。潜意识包括人的原始冲动、各种本能和出生后所形成的与本能有关的欲望。这些冲动和欲望，由于不能被风俗习惯、伦理道德、法律所包容而得不到自由的表现，所以被压抑或排斥到意识域下。但被压抑的欲望并没有消失，而是在潜意识中仍然活动着，以求满足。潜意识是心理的深层基础和人类活动的内驱力，它支配着人的行动。

在弗洛伊德看来，意识仅仅是人的整个精神活动中位于表层的一个很小的部分，只代表人格的外表方面；潜意识才是人的精神主体，处于心理深层。弗洛伊德用冰山来比喻意识、前意识和潜意识的关系。那些能为人们所感知到的意识，只是显露在水面之上的冰山一角；那些随着海水忽隐忽现的冰山部分，就是加以努力可以被重新提取的前意识；而那些永远隐没在水面之下的巨大部分，虽然不为人所见，却是冰山的主体，人的潜意识恰恰也是如此，沉于内心，却主宰精神。从前意识到意识，或者从意识到前意识，都是转眼之间的事，二者虽有界限，却没有不可逾越的鸿沟。因此，用波浪线来表示。而潜意识要回到意识里来，在弗洛伊德看来，是很困难的，因为二者之间壁垒分明，似乎在意识的门口有着严密的防守，不准潜意识中的本能欲望随意侵入。因此，用水平实线来表示（见图 2-5）。在弗洛伊德的早期理论中，把这种防守作用叫作“检查作用”或“检查员”。

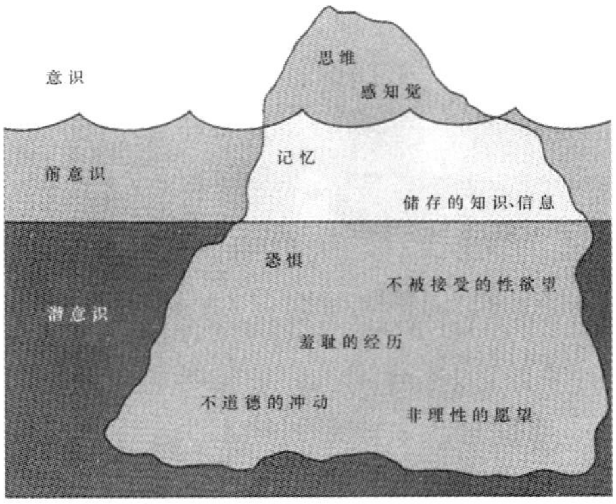

图 2-5　弗洛伊德的心理冰山模型

总之，弗洛伊德确信潜意识是支配个体行为的主体，是精神生活的普遍基础。潜意识理论因而成为精神分析的中心理念，它不仅是精神分析治疗的基础，而且是弗洛伊德建构他的人格结构与人格发展理论的基石。

（二）结构模型

晚期，弗洛伊德在《自我与伊底》（1923）中进一步完善了他的潜意识理论，并对他的理论做了修正，提出了新的“三部人格结构”说，早期的“意识”“前意识”“潜意识”的心理结构被表述为“本我”“自我”“超我”组成的人格结构，这三者之间有各自的功能、性质、活动原则、动力结构，相互联系且相互制约。

本我（id）是一个原始的、与生俱来的和非组织性的结构，它是人出生时人格的唯一成分，也是建立人格的基础。本我是原始的潜意识的本能，是基本的驱力源，包括性、攻击等本我过程是潜意识的，是人格中模糊而不可及的部分。本我遵循快乐原则（pleasure principle），以非理性的方式工作，发动冲动，寻求表达和直接满足而不考虑愿望是否有现实可能性、社会接受性和道德性。本我为人的整个心理活动提供能量，强烈地要求得到发泄的机会。

自我（ego）从本我中分化而来，是人格中有组织的、合理的、现实取向的系统，也是意识的结构部分。弗洛伊德认为潜意识构成的本我，不能直接地接触现实世界，为了促进个体与现实世界的交互作用，必须通过自我。自我是在本我的冲动与实现本我的环境条件之间的冲突中得到发展的一种心理组织，是本我与外界关系的调节者，遵循现实原则（reality principle），是人格中现实性的一面。自我不能脱离本我而独立存在，但按照现实原则进行操作，现实地解除个体的紧张状态以满足其欲望。自我是人格的执行者，决定着什么行动是合适的，哪一种本我的冲动可以满足及以什么方式满足。

超我（superego）是从自我中分化出来、道德化了的自我，处于人格的最高层。它是从儿童早期体验的奖赏和惩罚的内化模式中产生的。随着儿童对父母及其他成人规定的、针对社会不被接受的行为禁忌的内化，并在克服自我的要求中发展的。超我代表着人的心理结构中道德和伦理的一面，作为一种外在规范和权威严格控制着人的行为，使之符合社会期望的要求，是传统价值观和社会理想内化的结果。充分发展的超我有良心（conscience）和自我理想（ego ideal）两部分。良心是儿童受惩罚而内化了的经验，它负责对违反道德的行为做惩罚（内疚）；自我理想是儿童获得奖赏而内化了的经验，它规定着道德的标准。超我的主要职责是指导自我以道德良心自居，去限制、压抑本我的本能冲动，遵循“道德原则”（moral principle）活动，只求道德的完善而不求快乐。超我的主要功能有三个：一是抑制本我的各种冲动，特别是性方面或者攻击和侵犯性方面的冲动，因为这两方面的冲动不能为社会所接受，甚至要受到谴责。二是诱导自我，用合乎社会规范的目标代替较低的现实目标。三是使个人向理想努力，达到完善的人格。超我有反对本我与自我的倾向，极力想使一切完美无缺。超我发展不足会使行为缺少约束，造成放纵甚至犯罪，而超我过于强大则会使人经常产生“道德焦虑”，即意识到自己的思想行为不符合道德规范而产生的良心不安、羞耻感和有罪感。

本我、自我、超我三者之间是在不断的冲突与平衡间转换的。三者具有不同的功能，发挥着不同的作用，如表 2-1 所示。本我与超我是势不两立的对立体，自我在其中要不断地调节二者的关系，以保持人格的平衡。

表 2-1　三我结构的比较

	本我	自我	超我
性质	生物	心理	社会
来源	遗传	经验	文化
取向	过去	现在	过去
层次	无意识	意识和无意识	意识和无意识

续表

	本我	自我	超我
原则	快乐	现实	道德
理性	非理性	理性	不合逻辑
实质	主观	客观	主观

人格结构中的三个成分各司其职，扮演不同的角色。自我需要考虑本我、现实、超我三方面的要求，担负着协调三个方面、满足三者需要的职责。自我在处理这些人格冲突中，发展出防御机制。这样，本我、自我、超我三种力量相互之间形成了特定的人格动力关系。一个人的一切心理活动，都是由这种动力关系决定的。

四、人格动力

（一）动力的性质

弗洛伊德对人格或心理动力持一种本能论的观点，将本能视为人类的基本心理动力，人的全部行为都受潜意识的本能的支配。在他看来，人类也是一个封闭的能量系统，任何现存的个体都具有一种源源不断的精神能量（psychic energy），称为本能（instincts）或驱力（drivers）。本能是一种先天决定的心理成分，当它发生作用时就产生一种心理兴奋状态，产生某种生理和心理的要求或紧张状态，从而推动个体活动，消除兴奋和紧张，达到满足状态。

本能都有其原动力、目的、对象和来源。本能的原动力指力的大小或能量的多少。本能所具有的力，其大小由本能所拥有的精神能量的多少决定。本能的目的即需求满足和消除紧张，其途径是凭借外部刺激状态或物体才能获得满足。本能的对象是使本能借以达到其目的的东西。本能的来源是指身体的某个器官或某部分发生的躯体过程，是人体的需要或冲动。

（二）动力的分类

弗洛伊德对于本能分类和性质的认识，在1890年至1920年间有了较大的变化和发展。最早，他把本能分为性本能（eros instinct）和自我保存本能（self preservation instinct），但很快他放弃了自我保存本能的假设，认为作用本能的活动都是性本能的一部分，或者由性本能派生而成。在最后的分类中，弗洛伊德提出心理生活的本能存在两种内本能，即生本能（life instincts）和死本能（death instincts），前者代表心理活动的性欲成分，后者代表破坏成分。

1. 生本能

所有与生命的维持、发展和延续有关的本能都称为生本能，生本能具有正向的、积极的、建设性的作用。其中性本能是主要成分。与生本能相联系的一切心理能量称为力比多（libido）。正是由于有这些本能，使个体与种族得以繁衍，并得以成长和创造。

2. 死本能

死本能用以解释某些黑暗的、具有破坏性的行为，如人与人之间的残忍、对抗、攻击，甚至杀戮。死本能会表现出侵犯或自毁，当它转向外部时，会导致对他人的攻击、仇恨、谋杀等，甚至会派生出国家民族之间的侵略、屠杀等一切毁灭性行为。它也会转向人自身内部而出现自毁现象，如日常生活里的自虐、自残，甚至自杀。死本能也可以做某些良性的转化，如破坏性的本能可以转化为一名勇敢的消防队员的救火行为。

生本能与死本能有时会互相中和甚至互相代替。例如，吃东西是为了满足生的本能，而吃这个行为中的咬、嚼、吞食又都是死本能的体现。有时生本能的衍生行为可以代替死本能的衍生行为，如爱可以代替恨。

五、人格发展

弗洛伊德认为，人格的发展主要是性本能的发展。由于他是如此地强调“性”的概念，以至于弗洛伊德的人格发展理论被称为心理性欲发展（psychosexual development）理论，人格的发展过程其实就是性心理的发展过程。身体快感作为五阶段划分的指标。五阶段依次是口唇期、肛门期、性器期、潜伏期及两性期，而前三期尤为重要。每个时期都有与性有关的特殊的矛盾冲突，人格的差异与个人早期发展中性冲突解决的方式有关。每个阶段都有发展任务，而且都存在发展的危机，要克服危机才能完成该阶段的发展任务，顺利迈入下一个发展阶段。个体在每一个阶段的特殊个人经验将会形成他的特殊人格，并决定了他适应社会生活的种种表现以及神经质倾向的程度。

（一）发展阶段

1. 口唇期

一个刚出生的婴儿完全没有自我生存能力，需要看护者的悉心照料。这个时候位于口腔的唇、舌等器官是他获取食物的重要身体部分，也就是生存的中心。因此由出生到一岁的人格发展属于口唇期（oral stage）。这个时期的婴儿，口腔部分是能够引起他快乐的主要部位，即性感带（erotogenic zones），而口腔部分的满足与否便会成为形成他人格特征的重要影响因素。

这一时期又可分为两个阶段，前一个阶段是靠吸吮来获得口腔的满足。婴儿自出生后，便以嘴唇来吸取食物，便是能使婴儿感到快乐和满足的物质，而提供食物的对象（如乳房或者奶瓶）就成为促使其快乐的源泉。当婴儿感到饥饿时，嘴部的活动满足了他的需求，久而久之，嘴的活动就变成他表达快乐的行为方式。所以婴儿常常会养成咬手指或者将其他东西塞进嘴里的习惯。这种行为已经不完全是因为饥饿产生的了，还有可能是借此来消减紧张。如果父母能悉心照料婴儿，及时满足他的各种需要，那么他长大以后往往会表现出乐观、信任他人、有信心、达观、甚至容易受骗的性格；反之，如果父母对婴儿的需求不敏感，没有及时地表示关切或者满足他的需求，那么这样的婴儿长大以后会出现悲观、敌对、不信任他人、沮丧甚至不友好的行为表现。有些口唇期没有得到很好满足的人，成人以后还会表现出好吃、好吸烟等行为，似乎是对口唇期缺失满足的一种补偿。

当婴儿长出牙齿之后，就进入了第二个阶段。他已开始了解到其他人可能会对他造成威胁，而他也可能惊扰到别人，再加上断奶给他造成的挫折感，婴儿有了攻击的感受，他开始用啃咬的方式来获得满足。因此这个阶段婴儿也开始表现出攻击性，成人时喜欢讽刺挖苦别人以及好辩论的性格就是根源于此。

口唇期的儿童，器官尚未发展成熟，他需依赖母亲以维持生命，并在母亲的呵护之下才有安全感，这种感觉会一直持续到以后的生活情境中。因此，当他感到焦虑或者有不安全的威胁时，便会出现依赖母亲的倾向。所以说，婴儿与母亲的关系影响其行为的特征。弗洛伊德发现，母亲对婴儿的态度以及婴儿对这些态度的反应所交织而成的交互活动方式，对往后儿童的生活具有极为重要的意义。一位被母亲爱的儿童，才知道去爱别人，尤其重要的是能学会爱自己。可见母亲养育子女，不仅要注意是否满足了儿童的物质方面的需要，更应当注意自己对待儿童的态度。

弗洛伊德认为，尚在母体内的胎儿会感到非常舒适和安全，但自从他来到这个世界，他就处处产生受挫的感觉。这种感觉常常使他心有余悸，并影响以后的行为。这种感觉就是产生焦虑的本源。此外，这个阶段的儿童的人格结构中，只有本我这个系统。因此他还不能很好地区分自己与外在的世界，他甚至将母亲视为自己的一部分。在这种情况之下，儿童有一种自己是“全能的感觉” (a sense of omnipotence)，也就是感到自己能控制一切，并且只对自己进行刺激和反应。这种行为特征就叫作“原始的自恋” (primary narcissism)。由此显示出儿童在这个发展阶段的一切经验都不是“意识活动”的产物。不过这个阶段却是人一生中对于行为最具影响力的时期之一。

2. 肛门期

断奶以后的儿童，开始被父母训练自我清洁的能力，尤其是大小便的训练，因此性感带逐渐转移到能产生排便快感的肛门附近。所以一岁到三岁左右的儿童，人格发展便进入了肛门期 (anal stage)。在这个时期，随着身体的成长，儿童逐渐对周围的人产生了认知、辨识和反应的能力，能控制自己的肌肉活动，也开始了解自身和外在世界的区别，和外界有了一些初步的互动行为，因而儿童的社会化进程也从这个时候起发端。外界也开始对儿童有所要求、有所期望。

在以前，儿童如果对食物消化以后的残渣所产生的压力感到不快，他就会自然地以排泄行为来减少压力，从而体验到快乐。但现在通过父母有意识的训练，他就会知道应当遵循现实原则来控制排泄的行为。这种以肛门活动来获得快乐的行为主宰着本阶段的人格发展，肛门也就成为了儿童发展阶段中的第二个性感带。

大约从两岁开始，儿童已经能够控制自己的排泄行为，他可能会以此为武器来操纵父母。在面对父母的要求时，他可能会表现出顺从或者反抗两种反应。如果父母采用严厉高压的态度约束儿童，那么儿童可能故意违抗要求，比如故意不排泄或者在其他时间排泄，借此来激怒父母，以示对他们的惩罚。前者是形成顽固、吝啬等性格的根源，而后者则是形成冷酷、破坏、脾气暴躁等性格的因素。反之，如果母亲采用说服的方式来进行这些训练，并且在事后细心呵护儿童，那么他就会觉得排便是一件很重要的事，因而建立起慷慨、勤奋和创造等性格。另外，儿童在本阶段如果因大小便控制不好而经常受到讥讽和嘲弄，则可能发展出羞怯的性格。因此，父母对于儿童个人卫生习惯的训练方式，以及对儿童排泄所持的态度，将深深地影响到儿童的某些价值观念以及人格特征的形成。父母应该使儿童愿意遵守他必须服从的规则，而不要让他感觉到违抗父母的要求是表现出独立自主能力的唯一途径。

3. 性器期

三岁到五岁的儿童开始对性器官发生兴趣，他会去触摸或者显露自己的性器官，并对其他人的生理构造也产生兴趣，而且能从中得到快乐。这时人格发展就进入了性器期（phallic stage）。儿童对性活动及自己与父母的关系都有好奇心，他甚至觉察到父母之间的关系比他们与自己之间的关系更为特殊。这个时期的儿童往往会问父母“我是从哪里来的”这样的问题，令有些父母大感头疼。

这一阶段里，儿童已经有了对性别的初步认识。在不同性别的人格发展过程中，也会有不同的问题及解决途径。这一时期要解决的主要问题是男童的“俄狄浦斯情结”（oedipus complex）和“阉割焦虑”（castration anxiety），以及女童的“奥列屈拉情结”（electra complex）和“阴茎妒羡”（penis envy）。

在前两个阶段里，男童一般会与母亲建立起亲密的关系，因为母亲总可以满足他的需求。到了这一时期，男童已经可以借助语言来帮助他思考，再加上以性器为其产生快乐的来源，因而便产生了以母亲为性爱对象的幻想，但他又觉得母亲似乎更接受父亲，所以父亲便成了他的竞争者，于是对父亲产生敌意。同时他又会感觉到父亲具有至高无上的权威，他根本竞争不过父亲，甚至会招来父亲的惩罚。这种既爱慕母亲，又怕招惹父亲而受到报复的矛盾状况，就是所谓男童的“俄狄浦斯情结”，俗称“恋母情结”。这个时候家庭中开始出现“父—子—母”之间的“三角关系”，其中父亲处于有利的地位，且拥有权威和力量来维护这一地位。此时男童会从一些线索中察觉到父亲即将对他采取的惩罚措施就是除去他的性器官，这种感觉令他处于一种强烈的焦虑状态，即所谓的“阉割焦虑”。虽然成人对于男童的这种焦虑很不以为然，但对于男童来说，这却是很有可能发生的事情。男童的这种感觉可以通过以下事实得到线索：第一，他惊讶地发现女孩没有性器，认为她就是被阉割过的；第二，父母严厉禁止他触摸或者抚弄自己的性器官，这使他感到紧张；第三，有时父亲对他发脾气，他以为父亲真的会对他施加惩罚，甚至“报复”。

在极端的焦虑之下，男童开始谋求解

决之道。如果对母亲没有性的渴望，就不会有被阉割的焦虑和恐惧；对于父亲的认同则可以分享父亲的权威。于是，男童一方面压抑自己的欲望，另一方面认同父亲，开始羡慕男性角色，从而将父亲的态度内化为自己人格的一部分。借着这种对父亲的认同，他也可以替代似地拥有母亲。这样俄狄浦斯情结就算是成功解决了。一个男童如果成功地解决了俄狄浦斯情结，就能在以后的发展中主动认同男性的行为标准。这是形成超我人格系统的基础。所以性器阶段的发展，影响儿童的良心（即超我）的建立以及对于同性的认同感。

女童在一开始也和男童一样，以母亲为爱的对象。随后她发现自己缺少男性性器官，因而归罪于母亲，有些精神分析师认为这样的归因可以解释很多女人终其一生对自己的母亲都有矛盾情感的事实。女童开始觉得自己有缺陷，并产生“阴茎妒羡”，这种感觉会影响其一生的行为。之后，她便去寻求新的爱的对象，因为父亲具有她所没有的性器，所以父亲便成为她注意的对象，因而增加了对父亲的喜爱，而与母亲形成竞争的态势。但这又是不被允许的，所以女童就产生了“奥列屈拉情结”，俗称“恋父情结”。最后，她只得压抑对父亲的爱，并且认同母亲。又因为女孩的阴茎妒羡所产生的焦虑没有男孩的阉割焦虑那么强烈，她对母亲的认同以及对父亲爱意的压抑也就不像男孩那样的完全，因而女孩子超我的形成并不稳固。有些女性终生的行为方式都反映出对男性的羡慕和嫉妒，如追求权力、羡慕男性的行为特点，或者因自己的女性生理构造而自我贬低，甚至还可能会对男性产生敌意。弗洛伊德认为，此时的女性如果将嫉妒转化为对怀孕的渴望，就算成功解决了这个问题。

儿童的这些恋亲情结还可能会演变成“家庭情结”（family complex），它是在家庭中有其他小孩出现的情况下产生的。儿童由于父母照顾其他小孩而被疏远，男性儿童就可能以妹妹来代替母亲，女童则可能以弟弟代替父亲。

4. 潜伏期

按照弗洛伊德的说法，六岁以后的儿童开始进入平稳而安静的潜伏期（latency stage）。儿童的性活动已不再成为这个时期发展的重点，性的驱力被压抑在潜意识中，但这种压抑是生理上的自然发展，而不是文化的外在压力所致。此时的儿童仍然对家庭有所依赖，但是由于他们的人格组织已经发展得较为复杂，所以这种家庭中的关系，就自然迁移到学校的生活上去了。他们开始探索家庭以外的环境，接触到实际的社交技能，学习性别角色。他们的行为开始受到超我的约束，一些重要的概念，如诚实，已经成为必须遵循的行为准则。另外，他们面临着学业竞争、满足成就需要以及寻求自己的平等地位等问题。因此，他们常常要把大量时间花在各种训练上，如对各门课程的学习。还要将自己依附于某个同伴团体之中，以便从中学到责任、顺从、合作、竞争以及保护自己的行为方式。所以这个时期的男孩女孩似乎对异性的兴趣很少，基本上处于风平浪静的静止状态。但这只是相对的静止期，而且是暴风骤雨前的平静。

5. 两性期

儿童的人格发展经过一段平静的岁月以后，从青春期开始便又活跃起来。先前的发展阶段中，儿童的活动都是属于自恋的形式（潜伏期除外），换句话说，就是从操弄、刺激自己的身体中得到满足。其他人之所以会成为他所注意的对象是因为这些人有助于他获得快乐。但大约从 12 岁之后，儿童开始以利他的动机去爱别人，他不再以自我为中心，也不再受快乐原则的支配，此时他再度对异性产生了兴趣，人格发展因而进入了两性期（genital stage）。

从生理发育的角度来看，这一阶段的儿童由于荷尔蒙及其他生理方面的发展，开始具有生育能力，攻击和性本能变得活跃。他们渴望去寻求真正的异性关系，开始考虑婚姻等实际问题。弗洛伊德认为两性期的最终目标是成熟的、成人的性活动。自恋、自慰和不断追求即刻的满足都必须替代为利他、关心他人、工作、延迟满足和担负责任。因此这个阶段的发展任务是融合各阶段中的快乐源泉，形成成熟和健康的成人性活动，并且要建立起独立工作和生活的能力，开始从事职业规划、结婚成家等的准备工作。所以综合起来说，两性期的人格发展是将前面阶段的发展趋势加以扩展，并在社会化的过程中，奠定成人的行为模式。

（二）发展障碍

弗洛伊德对于人格发展的论述到成年后戛然而止。因为在他看来，成人人格的基本组成部分在前三个发展阶段已基本形成，成年后的人格形态都取决于早年环境和早期经历，而成人的变态心理和心理冲突也都可追溯到早年期创伤性经历和压抑的情结。

弗洛伊德在治疗病人的过程中发现，多数的神经症都可追溯到儿童期的生活经验，这使他坚信“儿童是成人论”。因此，在人格发展上，弗洛伊德格外强调婴儿期及儿童期的重要性。他认为人格结构在 5 岁前就已经大致发展完成，之后的成长大部分是基于这些基本结构上的进一步建构。

1. 停滞现象

当某一阶段的需求不能得到满足或过度满足时，有些人在发展过程中就会固着于某个发展阶段，并形成与该阶段密切相关的性格。这被称之为人格发展的停滞现象（fixation）。例如，如果固着于口唇期，则会形成“口腔性格”（oral character），表现出悲观、依赖、退缩等人格。若固着于肛门期，则会形成“肛门性格”（anal character），其人格特征是冷酷、固执、吝啬、暴躁等。而“性器期性格”（phallic character）的人则喜欢冒险，为人狂妄。因此，如果在某个阶段中没有很好地获得满足和解决冲突，就很难达到成熟人格。

表 2-2 人格发展的固着特征

发展阶段	成人时的表现	升华	反向形成
口唇期性格	吸烟、贪吃、注重口腔卫生、嚼口香糖	成为食品或酒类品尝专家	说话小心谨慎、禁饮酒、不喝牛奶
肛门期性格	肛门冲泄型：极端肮脏、浪费、奢侈等；肛门存积型：极端整洁、节俭等	肛门冲泄型：慷慨大方，乐善好施；肛门存积型：精打细算	极度恐惧污物，整洁癖，近乎吝啬的节俭，过分规矩或相反
性器期性格	自我中心、爱表现、爱慕虚荣	喜爱诗歌，喜欢表演，追求成功	对性的清教徒式的态度，过分羞怯

2. 退化现象

退化现象（regression）是指个体使用比自己年龄更幼稚的方式来解决问题。例如，一个 5 岁的孩子本来不尿床了，但自从多了一个妹妹后，母亲把过多注意力放在新生儿身上，大孩子感到受到冷落，怕失去母爱，又开始尿床，希望母亲能像以前那样关注自己。一个成年人遇到挫折时，有时像小孩子一样蛮不讲理或发脾气。一位女性与他人发生冲突后，自感到没理讲，会撒泼哭闹。全面而严重的退化现象，就是精神分裂。

停滞现象与退化现象的比较如图 2-6 所示：

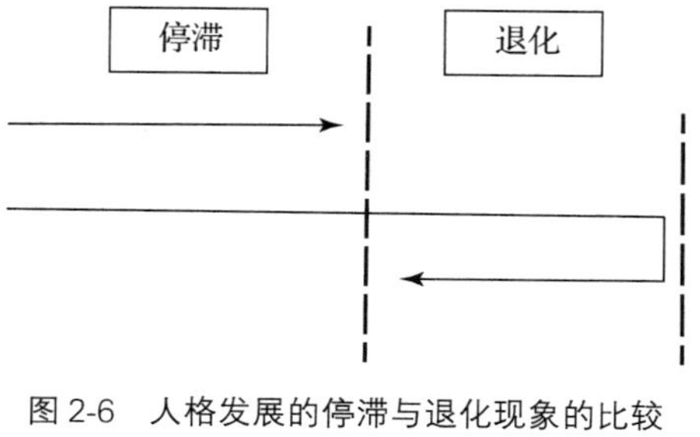

图 2-6 人格发展的停滞与退化现象的比较

第三节 研究方法

一、临床观察法

精神分析的研究方法主要是临床观察法，即对个体做系统深入的考察。弗洛伊德从长期、大量的临床观察、治疗上的探索开始，对逐渐积累病例进行归纳，然后进行理论上的综合与命名，从而建立起理论模型。临床观察法是人格心理学领域常用的方法，它有明显的优势和不足。

临床观察法的最大优势是能够提供对各种人格现象和整体的人格机能的观察材料。临床观察法可通过详细观察病案，思考人格中的一些问题，进而形成无数的新假设。弗洛伊德就是依据年复一年在治疗室的观察，建构、修正他的精神分析理论的。弗洛伊德据此建立精神分析的“可靠观察的丰富性”由他的临床病例所组成。他将与来访者的谈话记录作为科学资料，将对这些资料的分析作为研究的科学方法。对弗洛伊德来说，成功的治疗本身并非目的，而是为精神分析理论的可靠性提供证据。临床观察法可以提供分析整个病程发展的追踪资料，为弗洛伊德提出人格发展的五阶段论提供了实证基础。

但是，临床观察法的一个主要的缺陷是别人很难验证之前得到的观察结果，也不容易形成可以在严格控制的实验室条件下进行检验的具体假设。而科学方法的基本要求是要有可靠的观察方法和假设检验程序。弗洛伊德在成为精神分析家之前是一个优秀的生物学家，接受过严格的科学方法训练。但他更看重临床观察法的优势，而宽松地对待实证原则。弗洛伊德不想去建立一种有关潜意识的实验方法，也不欢迎别人试图实验性地去验证他的观点。20世纪30年代，美国心理学家S. 罗森茨韦格做了一系列的实验来支持精神分析的压抑论，他把研究结果寄给弗洛伊德，谈到他希望用实验的方法检验精神分析理论。弗洛伊德在回信中非常简洁地做了答复："我颇有兴趣地检查了你们试图验证精神分析命题的实验研究，但我不会对这种实证给予很高的评价。因为这些命题所依赖的可靠观察的丰富性使它们与实验验证无关。当然，这么做是无害的。"

弗洛伊德实际上采取了以自然科学的观察并融哲学的、社会科学的研究方法于一体的综合研究方法。为了从哲学方面对人的精神世界进行研究，除了精神分析实践，直接从来访者身上考察他们的思想、意识、情感之外，弗洛伊德还深入研究了宗教学、神话学、人类学、历史学、语言学、文学等领域，尤其重视这些领域里相关专家的研究成果，做到了在广阔的知识背景下，阐述对于人类精神活动的看法，建立起精神分析的大厦。这种方法影响着弗洛伊德之后的精神分析家，成为精神分析的主流研究方法。

二、心理治疗技术

弗洛伊德不仅是精神分析理论之父，而且第一个提出了用于治疗心理障碍的心理治疗体系。他坚持临床心理治疗是精神分析工作的重心，精神分析理论的建构、发展均是建立在临床治疗的基础上的。

弗洛伊德精神分析的治疗理论，与他晚期的人格结构模型有着密切的关系。他设想人的心理健康是由本我、自我和超我相互作用的产物。弗洛伊德的心理病理概念具有心理动力学的性质。在一个心理健康的人身上，这三种力量形成一个统一和谐的组织结构，密切合作使人能有效地与外界交往，以满足人的需求和欲望。当人格的三种力量相互冲突、矛盾时，会导致它们力的作用失去平衡，人就处于心理失调的状态或出现神经症。在弗洛伊德看来，心理病理状态的必要前提条件是自我的力量被削弱，其正常功能被瓦解。心理疾病的症状是潜意识的本能欲望与不能胜任的自我之间斗争的结果。因此，神经症指自我适应冲突和重建某种平衡的一种方式。既然自我的削弱是心理病理的前提条件，那么精神分析治疗的首要目标是让来访者有较清楚的自我认识，增加自我的力量，以此使自我能够最大程度地发挥其心理功能。换而言之，即把过去的潜意识变成意识，让自我重新控制本能。

治疗方法是达成治疗目的的途径。在经典精神分析的治疗方法中，弗洛伊德采用自由联想（free association）、释梦（dream analysis）、移情分析（transference analysis）、阻抗分析（resistance analysis）和解释（interpretations）这五种技术。

自由联想是指让来访者在毫无拘束的情况下，尽情地说出心中所想到的一切经验。自由联想是精神分析治疗的第一步，根据其中的内容可以进行其他步骤。

释梦是根据来访者在意识状态下所描述的梦境去解析在潜意识状态下所做的梦，也就是根据来访者所陈述的梦境来解析梦的含义。

移情是指来访者在治疗过程中，将以往对他人的情感关系，以扭曲现实的方式，转移到分析师身上。分析师由来访者的移情表现，可以了解其以往的感情生活和人际关系，加以分析之后即可帮助他从不真实的感情生活中挣脱。

在自由联想的过程中，来访者可能不愿陈述其痛苦经验或隐藏在心中的欲望，使得分析治疗无法顺利地进行，这种不合作态度就称为抗拒。阻抗分析就是化解来访者的抗拒，让他说出心中压抑的事情。经过分析之后，可以使来访者尽情地倾诉内心的矛盾和冲突，舒解其紧张情绪。

解释是精神分析治疗过程中最重要的步骤。分析师根据来访者在前述四种过程中所得的一切资料，向来访者解析，使来访者了解外在行为之下更深一层的意义，因而了解自己心理困扰的原因。

第四节 研究主题

一、梦心理学

弗洛伊德提出，梦是有意义的心理现象，梦是对人的愿望的迂回满足。在梦中所出现的几乎所有物体都具有象征性。弗洛伊德1900年出版《梦的解析》一书，他在给神经症病人治疗时发现梦的内容与被压抑的无意识幻想有着某种联系。人能讲出来的梦境是梦的显意，其背后都有隐意。弗洛伊德对梦的解释，构成了他的精神分析理论的核心。弗洛伊德用潜意识来解释梦，认为梦都是本能欲望的满足。同时他还提出了梦的工作机制，探讨了自由联想等释梦的方法和技术，将梦的分析看成是理解和接近人的潜意识的一个重要途径。

弗洛伊德认为梦所表达的愿望是与潜意识欲望相联系的，梦如同心理变态或失误一样，表现了人们不允许自我意识到和在清醒状态下不允许被表达出的潜意识动机。这些动机大多是一些非理性的欲望，各种非理性的憎恨、野心、嫉妒、羡慕以及变态的乱伦和变态欲望都会在梦境中出现。这些欲望有许多都是来自受到压抑的童年生活和童年创伤。在白天受到了意识的控制和压抑但并没有被消除，借助于睡眠时人的自控和意识的监督能力的减弱，这些欲望便乘虚而入、重新复活。所以，弗洛伊德认为，与其说梦是像一般人所谓的对将来的预示，毋宁说是对过去经验的回忆，梦是过去特别是儿童时期那些被压抑和排斥的潜意识欲望的改头换面的复活。

弗洛伊德一方面强调了梦是潜意识欲望的表达，但另一方面，他又指出这种表达并不是肆无忌惮、直截了当的，而是经过修饰改装过后的表达。弗洛伊德认为，睡眠是一种生理需要，它需要减少来自外部环境和来自内部心理的刺激以保证它的延续，所以，在睡眠状态中，人的意识像一个审查者或者监督员，它只是处在迷糊状态但并没有完全消失。如果遇到比较强烈的刺激它仍然会发挥作用以保证睡眠的进行，为了逃避审查，潜意识欲望就必须乔装打扮、蒙混过关，才能在梦中出现。从这个意义上说，梦是本我被压抑的力量与超我的压抑力量之间的一种调和、妥协。

弗洛伊德对梦的理解是一个立体的理解。梦被分成了表层的“显梦”（manifest dream）和深层的“隐梦”（latent dream）。梦的意义也被分成显义（manifest content）和隐义（latent content），前者受到了理性、意识、道德原则的形式化和修饰化，而后者则是这些形式和修饰所掩盖的真正的愿望和本质。

正因为在梦中，潜意识的表达冲动受到意识克制，所以梦就不得不采用一些方法对欲望和冲动进行改装，即所谓梦的工作（dream work）。梦的工作方式主要有四种：凝缩、置换、象征和润饰。凝缩（condensation）是指显梦为了逃避意识对欲望的监督，将隐梦的内容进行压缩和精简，排除许多隐梦相互联系的内容，形成了一个新的更概略的片断，或者是从多种愿望中挑选某些部分重新组合为一个新的梦的内容。置换（displacement）是指显梦将隐梦的主要部分或中心动机放置到不为人注意的边缘或者被当作无关紧要的部分，以便逃避审查。象征（symbolism）是指显梦不是直接而是用替代物来间接表达隐梦的意义。这种用彼物代此物的方式代表着人的感觉经验、内在经验，使人的潜意识通过一种曲折的方式在梦里出现。润饰（secondary elaboration）使意识与潜意识的对抗造成的梦的片断性、症候性和暧昧性得到修正、补充、修饰，使梦从无序的混乱状态变成有序的明晰状态。这一方面使梦能够顺利地进行和被记忆，另一方面也使潜意识受到软化和隐藏。

梦是人的潜意识欲望改头换面的表达和实现，是受到抑制的潜意识冲动与自我监督力量之间的一种妥协。因此，对梦的分析是人们通向人的潜意识的最好的途径。释梦也是精神分析的主要技术之一。

弗洛伊德式梦的解析的关键在于发现梦境显性信息背后的象征性。他认为很多梦中的象征符号都与性有关。弗洛伊德对梦的解析的意义当然不只是提供了一种解释人的梦的观念和方法，更重要的是提供了一种了解人的心灵和创造的途径。从某种意义上说，不仅是梦，人类的所有创造都可能在用一种曲折的方式表达着人类亘古以来被压抑的本能欲望，正如弗洛伊德对古希腊悲剧《俄狄浦斯王》、莎士比亚的《哈姆雷特》的分析那样，人类文明都是本我冲动与超我压抑经过惊心动魄的较量之后的一种共谋。所以，弗洛伊德的梦的学说之所以在他的精神分析理论中占有如此重要的地位，是因为它的意义并不只局限于精神病学、心理学，在人类学、美学、文化学，甚至政治学、伦理学中都得到了广泛的检验和应用。无论是对弗洛伊德的观念、方法、结论的继承还是反对，都使得《梦的解析》成为一本人类自我认识史上不可忽略的经典著作。

二、焦虑

焦虑（anxiety）是精神分析理论最重要的概念之一，它在人格发展和心理活动的动力状态中都起着重要的作用。此外，焦虑也是弗洛伊德关于神经症和精神病及其治疗的理论核心。

焦虑是一种痛苦的情绪体验，是由于人体内部器官的兴奋产生的。这些兴奋是内部或外部刺激的结果，受到自主神经系统的支配。从人格“三我”结构的动力学角度来看，自我在人格结构中执行着管理和协调的职能，同时侍奉着三位严厉的主人——现实、本我和超我，要尽量使它们的要求得到满足。然而，这些要求有时是背道而驰，甚至互不相容的，这使得自我力不从心、无法应对，进而出现人格不适应的状态，引起痛苦的情绪体验，即表现为焦虑。

焦虑的唯一功能是向自我发出危险信号。当这种信号出现在意识中时自我就能采取措施应对危险。焦虑的作用是十分重要的，即提醒人们已经存在的内部和外部危险。弗洛伊德根据来源的不同划分了三种焦虑：现实焦虑、神经质焦虑和道德焦虑，对应的根源分别是自我、本我和超我。

现实焦虑（reality anxiety）是人对真实的外部威胁的反应，是人觉察到周围环境中存在的现实危险时产生的紧张、不安和恐惧。例如，突然有一辆车迎面飞驰而来，人就会感到紧张，并急忙避开。这种焦虑就是现实焦虑，它基本上和害怕、恐惧一样，提醒人们采取一些应对措施来避免危险。但如果现实焦虑过分强烈，也可能使得人无法去面对任何问题，丧失行动力。值得注意的是，在体验到现实焦虑时，自我的控制能力受到的是外部因素的威胁，而不是内部冲突的威胁，而在另外两种焦虑中，威胁都是来自内部的。

神经质焦虑（neurotic anxiety）是某些具有威胁性的本我冲动突然进入人的意识层面而产生的反应，其危险在于自我可能会失去对不被接受的本我愿望的控制。神经质焦虑往往由现实焦虑发展而来。例如，小孩用打架来释放攻击的本能，但会受到父母的训诫甚至惩罚，这时他体验到的是现实焦虑。后来随着个体的成长，自我只要觉察到来自本我的攻击性冲动，就会产生担心、不安等情绪，这样就演变成了神经质焦虑。这种焦虑的产生是因为自我担心失去对本我的控制而带来潜在危险，并不是对本我自身的恐惧，而是害怕本我不分青红皂白的冲动会带来受惩罚。弗洛伊德把神经性焦虑分为三类：第一类是期待的恐怖或叫作焦虑性期待，患有这种焦虑的人常以种种可能发生的灾难为虑，将偶然事件视为不祥之兆；第二类是特殊性焦虑，常附着于一定的对象或情景之上，如坐车怕遭车祸，乘船怕遭灭顶之灾，过桥怕桥梁中断等；第三类是与癔病同时产生的焦虑，其焦虑和危险之间无明显的关系。

道德焦虑（moral anxiety）是由于意识到自己的思想行为不符合道德规范而产生的内疚、羞耻感和罪恶感，即所谓良心的谴责。当本我的某个原始冲动威胁自我去获得满足时，超我就会产生这样的反应。本我冲动和超我之间的斗争越激烈，道德焦虑越强烈。比如，患有进食障碍的妇女，可能会因为多吃了不被超我所允许的食物，而体验到强烈的罪疚感，从而通过进行过量的运动来惩罚自己。需要说明的是，道德焦虑是伴随着超我的形成而产生的，强大的超我使个体持续挑战自己以符合更高的期待，即使这样的期待是根本不可能达到的。超我不成熟的人则很少体验到道德焦虑。道德性焦虑随着一个人超我发展水平的不同而不同。在生活中，道德高尚的人比道德败坏的人更经常体验到道德焦虑，仅仅不好的念头就足以使有道德的人感到无地自容。一个道德不太好的人没有如此强大的超我，即使他想到或干了违反道德准则的事时，也不大可能受到良心的谴责。

三、防御机制

防御机制是精神分析理论中一个非常核心的概念。心理防御机制（mental defense mechanisms）一词最早是由弗洛伊德在《防御性神经精神病》一书中提出的。防御机制最早是与某些神经症和精神病联系的。弗洛伊德在研究神经症尤其是癔症时将防御视为压抑的同义词。1915 年，他开始把防御视为个体面对冲突情境时具有的某种普遍的心理机制，在《压抑、症状和焦虑》一书中重新界定防御的概念，认为防御是“自我在解决那些可能导致精神疾病的冲突时所使用全部策略的总称”。使用防御机制来躲避本能需求引起的危险、焦虑和不愉快，是自我调整本我和外部现实冲突的一种功能。弗洛伊德描述了 9 种不同的防御机制：压抑、退行、反向形成、隔离、抵消、投射、内射、转向自身、逆转，但除了压抑之外他并没有详细描述其他防御机制。

首次系统地整合防御机制的心理学家是弗洛伊德的女儿安娜·弗洛伊德，她在《自我与防御机制》一书中进一步丰富了她的父母关于心理防御机制的概念。她认为防御机制有五个重要特征：①具有控制冲突及情感的作用；②在潜意识层面进行；③各种机制之间互有差别；④尽管防御通常带有精神病症状的特点，但它是可逆的；⑤既可是适应性的，也可是病理性的。安娜认为心理防御机制是摆脱不快和焦虑，控制过度的冲动行为、情感和本能欲望，以调节压抑与外界现实之间关系的一种方式或手段。这种自我调节方式既能维持内在平衡，同时又使行为表现符合外界现实的要求，这个过程的最基本表现是行为、情绪等。她提出，各种防御方式是一个连续谱，一端是精神病性，另一端是成熟性。安娜在父亲的理论基础上概括出 9 种防御机制并加以详细描述。此外，她自己还提出了 3 种新的防御机制：升华、与攻击者认同和利他。

安娜关于防御机制的概念和研究得到了很多心理学家的认可，其他心理学家也陆续提出防御机制的概念，不断完善和发展这一概念。防御机制的概念在完善，其种类的数量也在增加。防御机制的概念逐渐由原来强调神经症来访者潜意识状态下对焦虑的压抑扩展至个体潜意识状态下为处理冲突而运用的心理运行机制，防御机制成为直接维护心理健康的一种机制。随着个体的自我发展，他采用的防御方式也会发展。因此可从不同发展阶段将防御机制分为最原始的防御和最成熟的防御。

主要的防御机制有以下几种：

1. 压抑

压抑（repression）可以说是防御机制中最简单、最基本的，也是在个体的生活中最早出现的。它是一种主动地、不自觉地将超我不允许的欲望和动机驱逐回潜意识中的机制。压抑可以防止不合理的冲动、意念或感受进入意识，个体意识不到它们存在，也就感觉不到焦虑和痛苦。只要是不被接受的、令人痛苦的、可能引起焦虑的事物或记忆都在被压抑之列。

压抑最常见的表现形式是选择性遗忘，即有选择地将不愉快的经验压抑在潜意识里，表现出无法回忆。例如，在儿童期遭受了可怕的性虐待，但个体坚称她从未经历过这样的事情，且对于其他事件的记忆完好。这并不是说明个体撒谎，而很有可能是这段经验过于痛苦、难以接受，因而被压抑在意识之外。

压抑虽然使自我暂时免于威胁，但这些难以被个体接受的意念并不会消失，它们在潜意识里蠢蠢欲动，伺机突破。一旦自我的防御力量减弱，它们就可能卷土重来，所以精神分析重视对梦境、口误等现象的分析。通过精神分析的处理，一方面，可以将这些被压抑的事物在意识中重现，找到来访者病症的症结所在；另一方面，可以将压抑的东西释放出来，解放由于压抑而耗费了大量能量、导致不能正常运作的自我。

学习栏 2-1

关于儿童早期创伤经历的回忆
——是事件压抑，还是虚假记忆？

压抑可以避免过去的创伤进入意识领域。如果创伤事件不能被回忆，那么这个人就可以幸运地避免由过去的经历派生出来的焦虑、痛苦、愧疚等情绪。但是这些压抑在内心深处的回忆也可以被唤醒，如果的确发生了，那么人们就会回忆起一个他们并不想回忆的小片段。一些时候，这些回忆起的东西并不是真实的。究竟是事件压抑的释放，还是从未发生过？这引起了巨大的争论。

库尔最近经历着一个痛苦的过程，他老是回忆起女儿童年时的种种创伤，于是他去寻求精神科医生的帮助。通过催眠等治疗手段，他逐渐回忆起一些被压抑已久的事。令人震惊的是，他甚至回忆起自己曾是一个激进的邪教崇拜者，吃婴儿，被强奸，和动物性交，以及被强迫去观看屠杀自己八岁的伙伴。事实上，这里面没有一件事情曾经发生过，是治疗师在治疗过程中引导他去想象的。当他了解到这一点，他把治疗师送上了法院，控告他治疗失当，并得到了240万美元的赔偿。

令人惊讶的是，虚假的记忆的确比较容易被唤醒。例如，研究者让被试回忆童年的事，一些相关联的没发生过的事也被勾起。(Loftus, Coan & Pickrell, 1996; Loftus & Pickrell 1995)。一部分相关联的事情掩埋在真实的事情中。不足为怪，大多数（80%左右）的人能回忆起真实发生过的事。但也有一部分人会回忆起没有发生过的事。大约20%到30%的人报告回忆起不存在的事，有些时候甚至超过60%的人有类似的经历。

有时候不真实的想法好像还讲得通，但有些时候一些荒诞的事情让人难以相信这是曾经发生过的（Hyman，Husband & Billings，1995；Spano，1996）。另外一个重要的观点是关注事件可变性的程度，而虚假记忆往往被看成是不能轻易改变的事情（Lynn，Myers & Malinoski，1997）。

人们对于所谓的恢复记忆的热情越来越高，部分原因可以归结为人们现在常常以此类回忆为依据，对过去发生的严重的事件进行控诉。许多人遭到了这样的控诉，控诉的人称他们通过恢复记忆看到了过去自己遭到的身体上的虐待或者是性侵犯，而他们控诉的基础正是恢复记忆所想起的。但有些人却被证明是无辜的。可严重的是他们在公众面前失去了尊严，这些不好的名声将伴随他们的终生。

但是要指出的是，不能因为上面的例子，我们就要否定由早年创伤引起的回忆就一定是虚假的，有许多记忆还是真实的，我们必须明白这一点。孩子们有些时候会成为性侵犯、肉体和精神虐待的牺牲品。许多时候他们常常压抑这种遭遇以避免更深的不幸。也应该注意的是，不是所有关于童年早期创伤回忆都是真实的。人们有时受到误导，声称自己想到了某事，其实它从未发生过。说实话，要从这样丰富多彩的记忆世界中判断哪个是真实的，哪个是虚假的，的确很难。

资料来源：Charles & Michael，2008。

2. 投射

投射（projection）是个体在潜意识中将自己真实存在的、但若承认就会引起焦虑的事转嫁于他人的防御机制。也就是说，明明是自己有不被接受的冲动、思想和行为，却归结到别人身上，甚至借此来责难他人。

投射的潜台词就是“不是我，而是他”。为什么会产生这种防御机制？弗洛伊德的解释是由于现实焦虑比神经质焦虑或道德焦虑更容易处理，所以，如果将焦虑的来源归因于外在环境，而不是个人的原始冲动或良心不安，那么个体的紧张就能得到较大程度的缓解。于是自我将神经质焦虑或道德焦虑转换成客观的恐惧，这种转换的过程就是投射产生的基础。又因为这两种焦虑都是因为惧怕外来的惩罚而产生的，所以这种转换并不难，因而投射很容易发生并起作用。

在投射起作用时，一个人恨别人，就会被转换成别人恨我；一个吝啬的人就会指责世界上的人都是小气鬼；一个考试作弊的学生，就会认定别人也都作弊并感到心安理得。这是一种相当常见的防御机制。真正的情绪或思想确实是表达出来了，但是对象却改变了。因此投射至少可以满足个体的两个需求：一是可以用较小的危机代替较大的危机，二是由此将冲动发泄出来。

3. 反向形成

有些人将不合乎自己态度的感受用相反的方式表现出来，这就是反向形成（reaction formation）。个体用过分夸大的相反举动来压抑可能产生焦虑的冲动。比如，恨一个人，却因为道德约束的作用而对这个人特别的客气；自己很想吸烟，却向别人大力宣传吸烟的种种害处，甚至诅咒吸烟者没有好下场，其实是要借此击退自己想吸烟的强烈冲动。不过这种表现出相反行为的过程是潜意识的。如果讨厌一个人，却有意识地表示喜欢他，就不是反向作用的防御机制。如何区分个体所表现出的是真正的态度，还是反其道而行的行为呢？这就要看其表现出的行为是不是过于夸张或者极端，如果是的话往往就是反向形成的产物。反之如果个体是出于某种功利性的目的而刻意违反自己的意愿行事，就不是一种防御机制了。

4. 转移或代替

转移或代替（displacement or substitution）是将敌意等强烈的情感从最初唤起的对象转移到另一个比较不具威胁的对象上，以减轻个体精神负担的防御机制。例如，妻子对自己的丈夫不满却不敢发泄，就借着教训孩子或者不小心打碎几个盘子的方式来释放情绪；员工在单位受到老板的责骂，回家就向自己的妻子、孩子或宠物出气。有时候情感的转移也可以指向个体自身，此时就会出现抑郁或自我轻视的思想和行为。例如，一个人受到上级责备后，就打自己耳光、骂自己不中用。

5. 合理化

合理化（rationalization）又称文饰作用，是用一种自我能接受、超我能宽恕的理由来代替自己行为的真实动机或理由，以证明自我价值感的防御机制。对一些个体而言，承认自己失败或无能会给他们的心理平衡带来很大的冲击，为了避免这种威胁，他们将自身的失败归结为是由必然的外界因素所导致的。这样问题会得到合理的解释，同时又不会损害到个体对自身能力的认可。这就是合理化，它的目的是使人的心理重新获得平衡，或是挽回面子、保全自尊。常见的合理化作用有两种：一是“酸葡萄”机制，即希望达到某种目的而未能达到时，便否认该目的的价值和意义，人们常说的吃不到葡萄就说葡萄酸就是这个意思；二是“甜柠檬”机制，即因为没有达到预定的期望或目标，便提高目前现状的价值或意义，使自己心里好受些，吃不着葡萄，只好吃柠檬，便认为柠檬是甜的。

6. 否认

否认（denial）即不承认客观现实，扭曲对现实的认知，不去面对生活中无法解决的困难和无法达成的愿望，从而减低内心的焦虑。否认和压抑不同。压抑是潜意识的，而否认是在前意识和意识的层次上进行的。例如，一对不幸丧子的中年夫妇在儿子去世数月后仍然表现得好像他还活着一样，甚至吃饭的时候还会为他摆上一副碗筷，并且告诉别人儿子只不过是出远门去了。很明显，否定是一种非常极端的防御方式，使得人脱离现实而无法发挥正常的功能。然而，自我有时会宁愿处在这种自欺欺人的状态中，以换来一时的安宁。

7. 升华

升华（sublimation）是指人们将具有威胁性的潜意识冲动转化成可被接受的社会性行为的过程。弗洛伊德认为，升华是唯一正向积极的防御机制。例如，参与某些具有攻击性的运动，如拳击、橄榄球等，就使得潜在的攻击冲动以社会可以接受甚至鼓励的方式宣泄出来。人们越经常地使用升华，就会越有生产力。因为这些行为是受赞赏的，而且需要发挥创造力。

第五节 理论应用

精神分析不仅是一种人格理论，更是第一个系统治疗精神疾病的方法。精神分析人格理论和精神分析疗法之间的关系是非常紧密的。精神分析疗法的原则是直接建立在精神分析有关人格结构和功能理论的基础上的，而弗洛伊德又在治疗来访者的过程中发展了他的人格理论。精神分析的诞生直接推动了以心理观点来了解和研究精神病理的实践。现在，以精神分析的理论为取向的精神分析疗法已经成为现代精神医学和心理治疗工作者最广泛运用的治疗方法之一。

一、临床领域

精神分析疗法是通过治疗师的分析，帮助来访者了解自己内心的症结所在，即潜意识中的欲望、动机等，体会病理与症状的心理意义，并经指点与解释，让来访者获得对问题的领悟，继而改善自己的行为模式，从而消除精神症状，促进人格的成熟与发展。

（一）个体心理治疗

早期传统的精神分析疗法的实施方法是让来访者躺卧在沙发上，咨询师处于来访者的身后，离开来访者的视野范围，这样来访者可以更加无拘束地表达自己潜意识的想法。通常来访者需要多次、历经数年的咨询，可以说非常费时。近年来的精神分析疗法，运用经典精神分析的原则和理念，采用现代的咨询模式，可以在数月内完成治疗，精神分析疗法正在逐渐变得更加普遍、实用和有效。

图 2-7　弗洛伊德的治疗室

（二）儿童治疗

精神分析作为一种治疗技术，最早用于治疗成人神经症。弗洛伊德对于第一例儿童病人小汉斯的分析，开启了儿童治疗的先河。此后，克莱因和安娜·弗洛伊德等人的发展，不仅使精神分析的发展更上一个新的台阶，而且也将儿童精神治疗作为一门学科创建了起来。

儿童治疗主要用游戏治疗取代自由联想。游戏治疗主要有三个作用：第一，作为与儿童建立分析性关系的一种方式；第二，作为观察的媒介和分析资料的来源；第三，作为引导儿童顿悟的工具，即儿童透过分析者的解释，顿悟到自己的潜意识。

（三）家庭治疗

弗洛伊德强调早期发展对人格发展和心理病理的作用，俄狄浦斯情结就把家庭中的父—母—子关系对子女的人格的影响看作子女日后神经症的病理基础，因此精神分析的理论也广泛应用到家庭治疗领域。

（四）催眠

催眠（hypnosis）是一种介于清醒和睡眠之间的意识模糊状态。当人进入深层的催眠状态时，自我的功能就不能正常发挥了，个体往往非常容易接受催眠师的暗示，极易听从催眠师的各种简单指令。因此，受到强烈催眠的人，能在催眠师强有力的暗示下，做出一些平日里匪夷所思的行为。比如，有些人在催眠状态下不用止痛药拔牙。在精神分析治疗师那里，催眠被当作一种唤醒潜意识的有力工具，它能令病人重新回到某些导致患病的经验中，从而直接面对伤痛，促进病人的康复。因此，有经验的治疗师能直接从进入催眠状态的病人身上获得潜意识里的信息。不过弗洛伊德认识到了催眠的一大缺陷——只有有限的一部分人对于催眠的暗示反应敏感，因此后来他改用了自由联想。

学习栏 2-2

神奇的催眠

在国外的一些电视节目上，常常可以看到催眠的现场表演。催眠师让受催眠者或站或躺，一步步发出指令，将其催眠。众目睽睽之下，那些进入深度催眠状态的受催眠者往往能做出令观众瞠目结舌的超常举动。例如，右图（图片来源：Psychology Themes and

Variations，p. 194）的受催眠者身体能保持僵直，就像一块木板，搭在两张椅子之间，甚至催眠师可以稳稳当当地站在他的身上。这在普通状态下是根本不可能做到的。

无论催眠师自称自己功力有多高深，他仍然依赖受催眠者的“配合”程度，即催眠的感受性（hypnotic susceptibility）。对于感受性高的人，任何一位他认可的催眠师发出的指令，他都会遵照执行，从而达到预期的效果。所以催眠师会选择具有高反应能力的人作为催眠对象。

那么什么样的人才具有比较高的催眠感受性呢？研究发现，最能预测催眠感受性的人格指标是专注性（absorption）。因为专注性高的人比较有能力进入感觉和想象的经验之中，也比较喜欢幻想和做白日梦。此外，还有一些人格因素，如态度、动机、期望、开放性等也都能影响催眠感受性的高低。例如，如果一个人对催眠这件事抱有肯定的态度，十分相信催眠师的水平，并且特别期望能亲自体验，那么在这种强烈的动机驱使下，这个人就有很高的催眠感受性，能顺利地达到深层次的催眠状态。反之，如果一个人根本不相信有催眠这回事，或者有意要对抗催眠师的指令，那么他就很难被催眠。

虽然催眠感受性是一个比较稳定的人格因素，但它仍然可以通过训练来改变。比如，对催眠建立一种比较肯定的态度，或者掌握一些在催眠过程中积极参与而不是消极等待指令的技巧，都可以在不同程度上提高催眠的感受性。尽管如此，催眠感受性的提高仍受限于这个人的专注性和融入情境中的能力。

二、健康人格

在众人的眼里，弗洛伊德更多描述的是人格中的负面、非理性的成分。其实，晚年的弗洛伊德也在反对声中不断地反思自我，思考人格中的积极因素，改变着自己早期的许多过激观点，转变了泛性论调，强调人格中的社会因素和积极的层面。

曾有人问弗洛伊德，什么才算是成熟的人格？他思索一阵子以后回答道：“一个成熟的人，应该能够创造性地工作和爱。”这一回答是弗洛伊德在对人格重新思考后并结合个人亲身体验得到的。

首先，他认为一个人要想创造性地工作，就要能够接受挫折与困难，因为犯错误是在所难免的。一个人应该能够抗拒分心，并且坚韧不拔。一个人必须能够快马加鞭地飞驰到工作场所，充分发挥自己的才能。工作本身会涉及专心、努力、计划、训练等人格特性。

其次，他认为一个人要建立亲密的真爱关系，也需要个体具备许多良好的人格特性。例如，尊敬别人，能够设身处地为别人着想，能为所热爱的人牺牲个人的欲望，并毫无保留地奉献自己。这里，弗洛伊德所描述的爱已经超出了性爱的局限，展示的是具有社会意义的爱。

三、文化领域

弗洛伊德把精神分析的理论和方法用于分析社会历史现象，从而使精神分析超出了精神病学和心理学的领域。他将人性和人类文明相对立，人性就是人的本能，特别是性本能；人类文明就是人类社会生活本身。弗洛伊德的社会文化观是弗洛伊德学说的重要组成部分。它标明精神分析学说由一种潜意识的心理学体系发展成为一种无所不包的人生哲学，其内容主要包括文明观、宗教观、道德观、艺术观等。

弗洛伊德的思想，从 20 世纪初至今，一直在西方意识形态领域内占据着重要的地位，它广泛地影响了西方包括文学、艺术、哲学、宗教和社会学等在内的几乎整个文化领域。在西方，现代主义作家几乎言必称弗洛伊德主义。这已经是流行了半个多世纪的风气。可以说，弗洛伊德主义渗透到现代主义的思想倾向、艺术文学观念和创作实践的各个方面，成为现代主义文化运动的思想基础和理论基础。很多现代主义作家不仅仅把弗洛伊德主义看作一种心理学，还把它看成一种哲学，认为它深刻地影响着自己的世界观、社会观和艺术观。弗洛伊德主义好比灵魂，已经附着到文学创作的方方面面。

第六节 理论评价

弗洛伊德最初只是一位精神病学家和心理学家，但他的影响却远远超出了专业学术领域，成为 20 世纪为数不多的具有世界性知名度的人物之一。有人将弗洛伊德与爱因斯坦等人并列为 20 世纪最有影响力的人物，有人以弗洛伊德的出现为标志将人类的认识历史划分为前后两个时期，有人称弗洛伊德是“人类伟大的人物和领路人之一”。

一、学术贡献

弗洛伊德是心理学史上第一个对人格进行全面而深刻研究的心理学家。弗洛伊德将潜意识作为研究的核心，使人们进一步认识了心理活动的复杂性和多维性，拓宽了心理学的研究领域。弗洛伊德强调本能的作用，对人们重视生物因素，从生物学的角度理解人格发展有一定的启发作用。他对性的研究，也冲击了传统的、陈旧的性观念，使人们对性不再感到神秘，促进了性科学的发展。他的人格三结构理论是第一个完整的人格理论。弗洛伊德在研究人格发展的过程中，注意到了心理发展的阶段性、每个阶段的生理基础以及教育和训练在各发展阶段中的作用。他对心理发展的五个阶段的划分也与心理年龄阶段的科学划分有着一致性。这可说是弗洛伊德对心理发展阶段理论的贡献。弗洛伊德对早期经验在人格发展中的作用做了充分的肯定。他认为早期经验发生于儿童人格尚未完全发展的时候，更容易产生重大的结果。人格障碍产生的原因之一就是早期经验产生的心理印记或创伤。

精神分析学还是一种深层心理学的分析方法，弗洛伊德先后提出了自由联想、梦的分析、征候分析、日常生活的心理分析等，使不能通过内省、观察、反思、测量而直接把握的人的潜意识能够被人们了解和考察，为人们接近潜意识提供了方法论启示。

精神分析技术的发展和应用，对精神病学的理论和实践产生了革命性的影响，尤其是对心理治疗。精神分析是第一个心理病理和心理治疗技术的体系，是各种心理治疗流派发展的基础。

除了心理学，弗洛伊德的理论更影响了人类思想领域的各个方面。弗洛伊德主义和新弗洛伊德主义作为一种哲学思潮在一般意识形态中都得到了广泛传播。它不仅影响了西方当代的文学艺术，而且对宗教、伦理学、历史学也产生了深远的影响。无论人们是否同意弗洛伊德的理论，他的观点已经在很大程度上改变了我们对人性的看法。弗洛伊德自比哥白尼和达尔文。他认为人类的自负心理受过科学的三次重大冲击。第一次是哥白尼提出日心说，让我们知道了地球并不是宇宙的中心；第二次是达尔文开创进化论，证明人类仅是动物界的物种之一，生命并不是由上帝创造的；第三次就是精神分析，告诉我们自己未必能成为自己的主宰。

二、理论缺陷

首先受到质疑的，是弗洛伊德对于人性消极负面的看法。就其核心来讲，弗洛伊德的理论主张人性是暴力的、自我中心的和冲动的。他过分看重本能在控制人的行为方面的力量，并把一切都归结于无法自知的原始欲望，人在这些欲望面前显得身不由己，只能听从驱使。如果没有社会的压抑和超我的调节，人就会自我毁灭。对人格的负面成分的过分重视使得他的整套理论都显得过于悲观，有时对人性做丑化的描述，也未免有失偏颇。

其次，不少学者批评弗洛伊德的性心理发展阶段学说。很多人认为弗洛伊德在他的理论中强调儿童发展的性驱力是不合适的。弗洛伊德过分夸张性在人格形成发展过程中决定性的动力作用，认为一切行动都根源于性驱力，却忽视了社会以及文化对于人的影响，这显得过于僵化。此外，相当多的学者都不同意人在五六岁的时候人格就已经发展定型的看法，认为弗洛伊德忽视了成长以后人格继续发展的可能性。这些心理学家指出对人格影响深远的变化有时可以发生在青少年时期，甚至是成年期。而弗洛伊德的人格发展理论太偏重儿童的早期经验，忽视人的一生连续的发展历程。一个人的童年经验固然重要，但其未来的生活经验，尤其是青春期的经历，对他的成长也具有极大的影响力。但弗洛伊德似乎只认定人格是童年经验堆砌的结果。

虽然弗洛伊德以其独创的研究方法取得了巨大的成就，但其方法的严谨性也受到了人们的质疑。人们对弗洛伊德的理论的攻击很大一部分是对他的研究方法的攻击。以现代科学研究的标准来检验，弗洛伊德建立精神分析时所使用的方法显然欠缺严谨性。

弗洛伊德从本能和心理动力的角度考察了人类文明的发展，这是富有创造性的。他运用本能，尤其是运用性本能分析解释有关的社会文化现象，并试图探求人类社会文化发展中的决定原因、基本线索和一般规律，是一种有益的尝试。我是非常赞同他的分析，个人觉得在人性思想认识的路上，没有谁比他走得更远。但是，他把文明发展与人性相对立，把人性仅仅理解成人的本能，尤其是性本能，具有浓厚泛性论和生物本能性倾向，是极为片面的。本质上，他的社会文化观是唯心主义的；从根本上说是错误的。

第二章　荣格的分析心理学理论

在经典精神分析学派中，荣格和弗洛伊德最初的关系十分亲密，荣格视弗洛伊德为自己的导师，而弗洛伊德也非常器重他，甚至打算把他培养成自己的接班人。但由于学术主张的分歧和性格的不合，两人最终分道扬镳。与弗洛伊德决裂后，荣格自立门户发展自己的学说，最终创立了荣格学派。

Carl Jung（1875—1961）

第一节 生平事略

1875 年，卡尔·古斯塔夫·荣格出生于瑞士的凯斯威勒，四岁时迁居到巴塞尔。1902 年荣格完成博士论文《论所谓神秘现象的心理学和病理学》，在巴塞尔大学医学院获得博士学位，之后到苏黎世波果尔兹精神病医院担任助手，从此开始了他在精神治疗方面的职业生涯。荣格读过弗洛伊德的《梦的解析》后，被书中的独到见解和深邃思想所深深吸引。1906 年，他和弗洛伊德开始书信交往，后来又亲自到维也纳拜望弗洛伊德。两人一见如故，谈得十分投机，这次会面竟然持续了 13 小时之久。弗洛伊德十分欣赏荣格，鉴于当时有人批评弗洛伊德的追随者中多为犹太人，而荣格具有非犹太人的身份，且又堪当大任，所以弗洛伊德有意将他作为自己学说的继承人。因此，当国际精神分析协会（International Psychoanalytical Association）于 1910 年成立之时，荣格便被弗洛伊德提名担任了首任主席。

弗洛伊德和荣格经常讨论心理学上的问题，又互相分析彼此的梦。但是在 1909 年两人去美国讲学期间，荣格开始发现自己与弗洛伊德对人性的看法存在诸多难以调和的分歧，从此两人的私交便逐渐冷淡下来。1913 年，他们终止了书信的来往。1914 年，荣格辞去了协会主席的职务，同年八月退出国际精神分析协会，至此两人完全决裂，从此再也没有见面。

关于这两位心理学大师为何决裂，多数学者认为是因为他俩性格和观点上的水火不容。荣格认为弗洛伊德太过固执，非常坚持己见，并认为弗洛伊德的学识领域太窄。荣格还强烈反对弗洛伊德的泛性论，认为他夸大了性本能在人类心理和行为中的作用。另外，和其他批评者一样，他也认为弗洛伊德的所有理论都来自精神来访者的临床观察和治疗，不能推广到正常人身上，因而称其为变态心理学。

虽然决裂看来不可避免，但与弗洛伊德的交恶还是给了荣格沉重的打击。在此后的六年里，荣格几乎与世隔绝，开始隐身静修，集中精力去体验和理解自己的梦和幻想。直到 1921 年《心理类型学》一书的出版，才宣告这场精神危机的结束。之后荣格开始了长达十多年的多文化游历和考察。他去到世界各地，前往多个国家的原始部落进行比较研究。值得一提的是，荣格对亚洲东方文化也有深入研究，中国的禅宗、道家、易经等都为其集体潜意识学说提供了理论基础。

1944 年后，荣格隐居在出生地的一个湖畔，静静地探索人类心理的奥秘。一些传记学者提到，荣格在这段隐居生活里，沉浸于自己的梦和幻想当中，不断地进行自省式的分析，对自我潜意识有很深的研究。荣格于 1961 年 6 月 6 日逝世，享年 86 岁。

荣格本人与他描绘的人格理论一样令人费解，有人说他是一个神秘莫测、难以捉摸的人，也有人说他根本就患有精神病。与弗洛伊德分开之后，他一直力图发展一套自己的理论和方法来研究人类的心理问题。为此他研究了古代的占星术、炼金术、中国和印度的宗教、印第安人的风俗和非洲土著的宗教仪式等，努力从中找寻规律，发掘经验和灵感。因为他博学多闻，理论纵贯古今东西方的思想和文化，所以他的著作常常有几分神秘色彩，富有象征性，有的甚至通篇是艰深晦涩的描述，很难理解。因此也有人认为他行走于宗教和心理之间。为了与弗洛伊德的精神分析以及阿德勒的个体心理学区别，荣格称自己的心理学为分析心理学（Analytical Psychology）。

荣格一生著作颇丰，代表著作有：《本能与潜意识》（1916）、《美学中的类型问题》（1921）、《论分析心理学与诗歌的关系》（1922）、《现代人的精神问题》（1928/1931）、《精神分析与灵魂治疗》（1928）、《纪念理查德·威廉》（1930）、《心理学与文学》（1930/1950）、《分析心理学的基本假设》（1931）、《毕加索》（1932）、《现实与超现实》（1933）、《心理学的现代意义》（1933）、《集体潜意识的原型》（1934/1950）、《集体潜意识的概念》（1936）、《心理学与宗教》（1937）、《分析心理学中的善与恶》（1959）等。

第二节 理论观点

一、人性观

荣格对人性的观点要比弗洛伊德更加积极。弗洛伊德将潜意识看作不被自我和社会接受的本能和冲动，荣格认为潜意识也具有积极的力量，包含着智慧。与弗洛伊德对人性宿命的消极态度不同，荣格对人类的前途并不悲观，他相信人是成长的，相信人类能够把握自己，朝平衡、完整的方向发展，最终达到和谐、宁静的心理状态，寻找到生命的意义，因此他对人性持乐观的态度。

二、人格界定

荣格认为人生来就有一个完整的人格，人生的目标就是在原有完整人格的基础上，最大限度地发展多样性、连贯性与和谐性，而避免分散性和相互冲突。这个具有原始统一性和先天整体性的人格被称为心灵（psyche），包括所有的思想、感情和行为，无论是意识的，还是潜意识的，作用都是调节和控制个体，使之与环境相适应。在荣格的著作中，他将心灵作为人格的专用语。

三、人格动力

荣格认为，人格是一个相对闭合且不断变化的动力系统。所谓相对闭合，是说我们必须把它当作一个锁闭在自身之内的完整的系统。

人格动力的源泉来自心理能，荣格有时用力比多来命名这种心理能。但这个力比多并不局限于生理方面的性的欲力，而代表着一般生命的能量。对力比多的崭新解释，是荣格与弗洛伊德的基本分歧所在。弗洛伊德将性的作用视为他精神分析学说的基础和心理的原动力，性的观念贯穿了他学说的始终。荣格将力比多解释为普遍的生命力，认为它包括了生殖、生长和其他活动，性欲只是众多的、生理的、心理的功能的一种而已。荣格认为力比多是一种能，是所有精神方面的能，它能够被用于满足更重要、更高尚的需要，而不仅仅是性欲的需要。

荣格的心理动力学关心的是心理能在整个心理结构中的分布配置，以及如何从某一心理结构向另一心理结构转移。在这个问题上他运用了三条来自物理学的基本原理：等值原则、平衡原则和反相原则。

(一) 等值原则

等值原则（the principle of equivalence）或叫等效原则，说的是如果某一种特定心理要素原来固有的心理能减退或消失，那么与此相关的心理能就会在另一种心理要素中出现。也就是说，精神的能量不会白白地消失，它不过是从一个位置转移到另一个位置，而实际上也可能是同时分散到几种心理要素之中去了。等值原则，其实就是热力学第一定律，即能量守恒定律。由于心理能量是守恒的，所以心灵的某一部分被过度重视，就会以其他部分的损失作为代价。例如，考试焦虑会消耗许多思维的能量，产生思维干扰，进而使学生用于解题的思维能量不足。这种能量的重新分配，就形成了人格的动力，让人格维持动态的均衡和稳定。荣格还指出，在能量从某种心理结构转移到另一种心理结构的过程中，这种心理结构的特征也会部分地转移到另一种心理结构之中。

(二) 平衡原则

等值原则说明的只是精神系统中的能量交换，并没有说明其方向，平衡原则（the principle of entropy）说明了能量流动的方向。在物理学中，能量流动的方向由热力学第二定律即一般所说的熵增定律做出了说明：两个不同温度的物体在相互接触的过程中，热能将从温度高的物体转移到温度低的物体，直到这两个物体温度完全相等。熵增定律被荣格用于描述人格的动力状态，当两个心理系统的能量不同时，也会有能量从较强的系统流向较弱的系统中，直到平衡为止。整个心理系统中能量的分配，是趋向于在各种心理结构之间寻求一种平衡。换句话说，熵增定律制约着整个人格系统中能量的交换，其目标是实现系统中的绝对平衡。例如，当意识自我的能量远多于潜意识时，将会有一些能量由意识领域转移到潜意识领域。荣格认为人格各方面都应均衡发展，但达到完全一样只可能是一种理想化的状态。

(三) 反相原则

反相原则遵循了牛顿的观点，即每种作用都存在着一种与之相等的反作用力。在荣格的理论体系中，每一种概念都有一个与之相反的对立概念。如内向对外向，思维对情感，女性特征对男性特征，等等。一个男性特点越多的人，其女性特点相对就会越少。生活的目的就是要在这些对立、冲突的事物中寻求一种均衡，但是这是一项有难度的任务。荣格认为：“人类的现实生活是有各种无情的相互对立的合成物构成的——白天与黑夜、诞生与死亡、幸福与痛苦、善良与邪恶。我们甚至还不能确定哪一种会必然战胜哪一种，是善良必然战胜邪恶，还是快乐必然打败痛苦。生活是一个战场，它一直而且永远是一个战场。一旦它不再是这样，那就意味着生命的终

结。”（Juge，1964）

四、人格结构

心灵包括一切有意识和潜意识的思想、情感及行为，主要由意识、个体潜意识和集体潜意识三个层面构成。其中意识处于最外层，是个体能觉察到的心理过程，以自我为中心，主要功能是适应环境；中间层是个体潜意识，由一些被遗忘或压抑的个体经验构成，主要是一些情结；最深层是集体潜意识，是物种进化和文明发展形成的心理积淀物，是经遗传而承继下来的祖先的经验与行为方式。集体潜意识中充满了各种原型，包括人格面具、阿尼玛和阿尼姆斯、阴影、自性等。

（一）意识和自我

荣格认为意识（conscious）是人心中唯一能够被个体直接知晓的部分。它在生命过程中出现较早，很可能在出生之前就已经有了。这种自觉意识通过个性化的过程，产生出了一种新要素，荣格将其称为自我（ego）。意识自我由意识的知觉、记忆、回想和感觉组成。它形成个人的认同感和连续性，是个体意识的中心。尽管自我在整个心理中只占一小部分，但是却极为重要的。某种观念、记忆和知觉，如果不被自我承认，就永远也不会进入意识。它像过滤器一样，具有高度的选择性。正是由于自我的这种重要功能，才保证了人格的统一性和持续性。在对自我的理解上，荣格与弗洛伊德的观点很相似。

（二）个体潜意识和情结

个体潜意识（personal unconscious）和意识相连接，可以视为一个巨大的储藏室，里面容纳着曾经一度存在于意识领域而后被压抑、隐藏、遗忘或忽略了的经验，还有一些因为太过微弱而无法存在于意识界面的经验。个体潜意识里的成分可达到意识层面，容易被意识接受，与自我是相互作用的。

个人潜意识有一种重要而有趣的特性，那就是，一组一组的具有情绪色彩的心理观念聚集在一起，形成心理观念丛，荣格称之为“情结”（complexes），如恋母情结、权力情结、自卑情结等。荣格在使用词语联想测验进行研究的过程中，最早提到情结的存在。在潜意识中有彼此联系的情感、思想和记忆（情结），任何接触到这一情结的词语都会引起一种延迟反应。对这些情结的进一步研究表明：它们就像完整人格中的一个个彼此分离的次人格（subpersonality）一样。它们是自主的，有自己的驱动力，而且可以强有力地控制人们的思想和行为。情结由一个居于核心的心理要素组成，围绕这一心理要素聚集着一大批次要的联想。这些联想的数量是测定这一情结的聚合力或吸引力的尺度。聚合力越大，这一情结所拥有的心理能就越大。当说某人具有某种情结的时候，说明他执意地沉迷于某些类似的行为、反应。例如，如果某人具有自卑情结，那么自卑情结就会把许多的相关经验和联想聚集起来，而排斥或忽略与自卑相反的任何事实。

这一个体会使用自卑为核心的心理来解释一切事物。

情结具有积极作用与消极作用。积极方面体现在它是灵感和动力的源泉，对学业或事业发展具有推动作用。例如，一个为某种强烈的情结所控制的艺术家表现出固执与偏执甚至是疯狂。任何人都会想到凡·高，他把他生命的最后几年完全献给了艺术，他就像被某种东西支配着，牺牲了一切，包括自己的健康甚至生命去绘画。情结的消极作用是会导致心理病态反应，情结会消耗人的大量心理能量，干扰人的正常认知与记忆，妨碍人的正常发展，使人形成偏向人格。

（三）集体潜意识和原型

对集体潜意识（collective unconscious）的发现使荣格成为20世纪最卓越的学者之一，荣格也由此成为一个有争议的人物。荣格在世界各国的习俗、宗教信仰甚至神秘事件中发现了某些共同的跨文化现象。例如，不同国家和地区的神化传说中，常常出现主题类似或者情节相似的故事，或者出现相似的人物形象。在为来访者进行精神分析时，荣格发现不同来访者的经验和梦中也时常出现与神话中不谋而合的象征，甚至某些精神分裂来访者的幻想或者观念也可以在神话中找到对应的象征。而这一部分的人类本性，荣格称之为“集体潜意识”。集体潜意识为荣格首创，是荣格最伟大的发现，是荣格理论中最为新颖的部分，也是最深奥和引起最大争论的一个概念。

集体潜意识是指人类在种族进化中遗留下来的心灵印象，是人类集体经验的沉积物，是对外在世界做出适当反应所需的潜能。它并不是属于个人的，而是属于人类全体的，是普遍存在的。在漫长的进化过程中，人类多多少少都有同样的或者相似的集体潜意识。荣格从各国的神化传说或者宗教文化中发现并总结出了这一规律。他认为人出生时并非白板一块，而是有很多与生俱来的对各种事物的反应方式。在长期的进化过程中，这种强烈而深刻的特定反应模式被深深地印刻在人的潜意识中，有的成为本能行为，有的成为天生就有的经验。这些先天性的经验经过一代代的遗传得到沉淀和强化，最终变成了本民族人格结构的基础。例如，荣格认为现代人怕蛇，是人类祖先的丛林生活经验遗传的结果，这就是一种集体潜意识。意识自我、个体潜意识和个体后天所习得的各种知识技能都建立在集体潜意识的基础之上。

集体潜意识的主要内容是“原型”。原型（archetypes）是对某一外界刺激做出特定反应的先天遗传倾向，可以是某个人物、某个情境或某些抽象概念。原型往往以梦、症状、艺术形象和宗教仪式等象征的方式表现出来，带有大量的情绪色彩，并且是一种普遍性的思考方式。它们也是人类根据自身的经验和感觉总结出的某种特定形式。这些形式在各个时代、各种文化中一次又一次地反复出现，表现在人们的思想、梦境、幻想、神话传说、风俗习惯以及宗教信仰中。例如，在东西方的文化中，充满智慧的人物往往都是以一位长者的形象出现，他就是智慧的化身，最终发展成为人们普遍认同的原型，固定在集体潜意识中。再比如，新生的婴儿很快就能与母亲亲近，也是因为在他的集体潜意识中有母亲的形象，母亲就是温柔、慈爱、满足需求的化身。

原型是普遍的，每个人都继承着相同的基本原型意象，它涉及一个人一生中必须经历的事情，如出生、死亡、男人、女人、水、母亲、痛苦等原型。原型是情结的核心。原型作为核心，发挥着类似磁石的作用，它把与它相关的经验吸引到一起形成一个情结。情结从这些附着的经验中获取了充足的力量之后，可以进入意识之中。原型只有完全成为情结的核心，才可能在意识行动中得以表现。

荣格一生都致力于研究原型，共发现了几十种，其中最重要的有以下四种。

1. 人格面具

人格面具（persona）是个体适应社会环境的机能表现。个体必须适应不同的社会环境，并在不同的社会环境中扮演不同的社会角色。人格面具是个体在各种情况下角色面具的总和，是个人展示给公众的一面，其目的是给人一个好的印象，得到社会的认可。人格面具是个性与社会相互作用的结果，是个体潜意识中对自我的描绘。人格面具让一个人能够扮演某种性格，而这种性格却并不一定就是他本人的性格。人格面具也可以被称为顺从原型（conformity archetype）。人格面具对于人的生存来说也是必需的，它保证我们能够与人，甚至是与那些我们不喜欢的人和睦相处。人格面具能够帮助实现个人的目的，达到个人成就，它是社会生活和公共生活的基础。每个人都可以有不止一个的面具，戴什么样的面具由当时的具体情况决定。所有这些面具的总和构成了他的“人格面具”。

个体用面具来应付社会习俗和传统要求，面具是个体在公共场合所表现出来的一种公开人格。人们戴着面具，按照社会接受和认可的方式出现在人生的舞台上，完成人生的各种经历。面具有可能和隐藏于其后的真实人格相背离，甚至完全相反。假如意识自我和面具人格相互认同，个体就只意识到他所扮演的人格，而未能觉察到自己的真正感受，因而会逐渐与真实的自我疏离。人格也会因此而逐渐丧失完整性，这样的人就只是社会的反映物，只按照外在的要求而生活，而非真正意义上独立自主的个体。如果意识自我和面具人格不一致，个体就能感觉到这种冲突，需要做出调整才能消除焦虑。面具人格在某些方面有些类似于弗洛伊德所提出的超我，是人为了适应社会而需要表现出的行为标准及约束。

一个人的自我认同于人格面具且以人格面具自居时，被称为膨胀（inflation）。荣格有充分的条件和大量的机会来研究过度膨胀的人格面具造成的不良影响。因为他的许多来访者就是这种过度膨胀的人格面具的受害者。这些人通常都是些有很高成就的社会名流，但却突然发现自己的生活异常空虚和没有意义。在分析治疗之中，他们逐渐意识到多年来他们一直在欺骗自己，意识到自己的情感和兴趣完全是虚伪的，自己不过是对自己完全不感兴趣的东西做出一副感兴趣的样子罢了。通常，他们都已经人到中年（其实，这正是他们的自我成熟的时候），才突然发现过度膨胀的人格面具所带来的危机。

2. 阿尼玛和阿尼姆斯

正因为人格面具是一个人公开展示的一面，荣格才把它称为精神的外部形象（outward face），而把男性的阿尼玛（anima）和女性的阿尼姆斯（animus）称为内部形象（inward face）。阿尼玛原型是男人心灵中的女性特征；阿尼姆斯原型则是女人心灵中的男性特征。每个人都天生具有异性的某些特征；从生物学角度考察，两性都同样既分泌男性激素也分泌女性激素；从心理学角度考察，人的情感和心态总是同时兼有两性的倾向，同时具有男性和女性的特质。

千百年来，男人通过与女人的不断接触形成了他的阿尼玛原型，女人也通过与男人的接触形成了她的阿尼姆斯原型。要想使人格得以平衡，就必须允许男性人格中的女性方面和女性人格中的男性方面在个人的意识和行为中得到展现。如果一个男人展现的仅仅只是他的男性气质，那么，他的女性气质就会始终遗留在潜意识中而保持原始的未开化的面貌，这就使他的潜意识有一种软弱、敏感的性质。正因为这样，那些表面上富男子气的人，内心却往往十分的软弱和柔顺。而那些在日常生活中过多地展示女性气质的女人，在潜意识深处却十分顽强和任性，具有男人通常在外显行为中表现出来的气质。

阿尼玛原型的第一个投射对象不出意外的话总会是自己的母亲，就像对于女孩子来说阿尼姆斯原型的第一个投射对象会是自己的父亲。而实际上，你的阿尼玛或是阿尼姆斯原型的具体内容的填充绝大部分就来自你的母亲或父亲（这在你十四岁以前，甚至七岁以前基本完成）。在这之后，阿尼玛原型被投射到那些从正面或是从反面唤起其情感的女人身上。如果他体验到情欲的吸引，那么这个女人肯定具有与他的阿尼玛形象相同的特征。反之，如果他体验到的是厌恶之感，那么这个女人一定是一个具有与他的阿尼玛形象冲突的素质的女人。阿尼姆斯也是如此。阿尼玛和阿尼姆斯可以解释人们在爱情中对追求的恋爱对象为什么会做这样或那样的取舍。

阿尼玛和阿尼姆斯还能促使两性互相了解对方且做出正确的反应。男人会以他们所具有的阿尼玛来了解女人，而女人则以她们的阿尼姆斯来了解男人。此外，原型还能解释一个人未来的人际关系特点，如对于朋友也有原型的存在，越符合的人就越容易吸引我们的注意，不自觉地想与他接近，发展更进一步的关系。

3. 阴影

阴影（shadow）是一种暗喻，指潜意识中负向的一面，或者人性中黑暗的一面。它包括人类在进化中所继承的动物本能。它比其他任何原型都更多地容纳着人的最基本的动物属性。当它向外投射时，就成为邪恶和仇敌，因此可以说它是人的不良思想、邪恶感觉和罪恶行动的根源。阴影深藏于人的潜意识中，若不是用面具来加以掩盖，人就难以逃脱社会的批评指责。因此这些原型有的进入了个人的潜意识，有的就成为集体潜意识的一部分。在荣格看来，阴影的动物本性是生命力、自发性和创造性的源泉。他认为，不利用自己阴影的人容易变成一个没有生命力的人。像一切原型一样，阴影也寻求外部的表现形式。各国的文化都用妖魔鬼怪这类的形象来象征它。

4. 自性[①]

整体人格的思想是荣格心理学的核心。人的精神或人格，尽管还有待发展和成熟，但它从一开始就是一个整体，这种人格的组织原则就是一个原型，荣格把它叫作自性（self)，是一种体现心灵整合的原型。自性在集体潜意识中是一个核心的原型，自性是统一、组织和秩序的原型，它把所有别的原型，以及这些原型在意识和情结中的显现都吸引到它的周围，使它们处于一种和谐稳定的状态。它把人格统一起来，给它以一种稳定感和一体感。一切人格的最终目标，是充分的自性的完善和自性的实现。只有少数人能到达最终目标，而正如荣格所指出的那样，在中年以前自性原型可能根本就不明显（因为对大多数人而言，他们必须等待自我的成熟)。自性原型以某种程度的完整性开始显现的同时，人格也正在通过个性化获得充分的发展。

自性是人格的中心，它是有条理、统合的人格原型。其他系统像星座一样将自性围绕，相互集合在一起，从而促使人格统一、平衡和稳定。形成统合的人格，成为自己想成为的样子，具有全然、合一的感觉，是人们的人生目标。人们都全力以赴，却很少有人能达到这一境界。必须等到人格结构中的其他各个部分都得到了充分的发展和分别独立之后，个体才能达到自性。因此自性往往要等到中年以后才会显现出来。如果一个人觉得有分裂感、冲突和焦虑，就说明自性的整合还不完全，功能没有良好地发挥。

（四）人格结构的相互作用

荣格认为，人格（或心灵）是一个系统，各成分之间以三种方式相互作用。

1. 补偿作用

在人格结构中存在着一些对立的人格成分，二者相互补偿。例如，当外向成分在意识层面占优势时，内向成分会在潜意识层面占优势。这种原则起到了一种平衡作用，避免产生不协调。

2. 对抗作用

对立的人格成分会产生冲突，由此而产生的紧张状态成为生命的本质。如果没有紧张就不会产生能量，也就没有人格。

---

① 在荣格学说中有两个“自我”，分别是意识自我（ego）和这里的原型自我（self)，本文将后者译作“自性”，以示区别。

3. 联合作用

对立的人格成分不仅对抗，同时也会相互吸引、联合。对抗人格成分是通过超越功能（transcendent function）来联合的，以达成人格统合。

五、人格发展

根据荣格的理论，个体的心理从一种未分化的混沌状态开始。随着个体的成长，先天就存在的整体人格内容变得越来越丰富，个体的意识也逐渐变得富于个性，不同于他人，这就是人的个性化（individuation）过程。荣格认为人格的发展过程就是一个人心灵的个性化的过程，经由此过程，个人逐渐变成一个心理上独立、不可分割的统一体。个体个性化的目的在于尽可能充分地认识自己或达到一种自我意识。个性化过程是一个自律的、固有的过程，不需要外界的刺激。个体人格注定要个性化，如同人的身体注定要成长。

人格的发展在人的一生中是一个连贯的过程，但这个过程中存在某些重大的转折，这就构成了人生的不同阶段。荣格把人生主要分为三个阶段：童年、青年、中年。

童年阶段（出生到青春期）：是在人生的早期，力比多指向于学习基本的生活技能。在出生的头几年，婴儿开始有了最初的意识，但仍缺乏连贯性，也没有发展出自我的认同感。这一阶段，他的全部精神生活都服从本能的制约和支配。他完全依靠父母，生活在父母提供的精神氛围之中。到了儿童阶段的后期，自我开始形成。这时候儿童开始以第一人称“我”来称呼自己。当儿童走进学校后，他开始从父母的精神羽翼下走出来，面对更广阔的世界。

青年阶段（由青春期到四十岁左右）：以青春期发生的生理变化为标志，荣格称之为“心灵的诞生”，这时候心灵开始获得自己的形式。在青春期内，心理承受着问题和烦恼，决定与选择，需要对社会生活做出各种不同的适应。青年阶段的人面临的任务更多地指向于职业学习、结婚、抚养孩子、社会交往等，他们必须努力开拓自己在生活中的位置。

中年阶段（大约四十岁以后）：这一时期是人生最重要的发展阶段，个体更关心智慧和人生意义。这时人或多或少都能成功适应外部环境，在事业上站住了脚，有了自己的家庭，积极参加公共事务和社会活动。这个时候的波澜不惊有时候孕育着新的危机，荣格称之为“中年危机”。这一阶段是荣格最感兴趣和著述最频繁的人生阶段，一个原因可能是他自己经历了中年危机，另一个原因可能是他的大多数来访者都处于中年期。治疗中年危机的方法是将久违了的个人兴趣重新恢复起来。

荣格对老年阶段不太感兴趣。他认为，老年阶段的个体在他们的潜意识里度过的时间越来越多。老年人应该把他们的时间投入到认识他们的生活经验，并寻找出这些经验的意义之中。老年阶段是一个获得知识和发展智慧的时期。

六、人格成因

（一）父母的作用

所有的人格发展心理学家都强调父母对子女的人格发展起到至关重要的作用。荣格自然也不否认这一点，但提出了一些新奇的看法。

荣格认为，在人生最初岁月里，子女还没有独立的人格，这时候他们的心灵完全反映着父母的心理状态。如果父母发生心理障碍，必然会反映到子女的心理中。对儿童的心理治疗，很大一部分是对其父母的心理治疗。

子女入学后，他们与父母的精神纽带开始逐渐减弱，发展出自己的人格，逐渐独立。这时候，父母可能会以各种方式继续主宰子女的人格发展，如过度地保护或干涉，这样会阻碍子女的个性化进程。如果父母的一方或双方把自己的心理发展方向强加给子女，也会对他们的人格发展造成不良的影响。

父母对子女的影响还体现在原型发展上。男性从母亲那里受到的影响，决定着其阿尼玛原型的发展方向，从父亲那里受到的影响则决定着它阴影原型的发展方向。女性的阿尼姆斯的发展受到父亲的影响，而阴影的发展受到母亲的影响。而无论父亲还是母亲，都会影响子女人格面具的发展。

（二）教育的作用

在荣格看来，教师无疑对学生的心理和人格的个性化发挥很大的影响，这种影响甚至比父母的影响还要大。教师的任务是使学生身上那些潜意识的东西成为自觉意识到的东西，而学生们不断地向教师提供新鲜的经验，提供能从本能中汲取能量的象征，也会拓展教师自觉意识的领域。

教师的职责是注重和发现学生在人格发展的不和谐，并帮助他们发展和加强人格中薄弱和不足的方面。认识每个学生的个性，帮助他们平衡地发展，是教师最重要的任务。对女教师而言，特别重要的是掌握男学生的阿尼玛原型；对男教师而言，特别重要的是掌握女学生的阿尼姆斯原型。

教师也要对自己的人格和个性有清楚的认识，避免将自己的情结和情绪投射给学生。如同子女的心理反映父母的精神状态一样，学生的心灵也反映着教师的心理状态。

（三）社会影响

社会作为个人生活的环境，对人格的整合与发展也起到很大的作用。荣格指出，社会风尚的改变同人们对人格类型的选择紧密相关。某一时期，情感可能更为人们所重视，另一时期，可能思维比较流行。人格的不平衡往往是这些不断变化的社会风尚引起的。

另外，不同的文化类型也偏好不同的人格类型。在东方文化中，内倾型和直觉型的人更受欢迎；而在西方文化中，外倾型和思维型的人更受重视。

第三节 研究方法

荣格的理论依赖的是临床观察，这是一种经验性的研究方法。荣格一直宣称自己是一个经验主义者。荣格大量地使用个案临床研究，一切可能的心理学假设都尽可能地用临床数据加以说明。荣格在早期做了一些实验工作，特别是语词联想实验的研究。通过这项研究，荣格确实对科学地证明潜意识的存在做出了重要的贡献。

一、语词联想技术

语词联想（word association）技术是荣格创造的一种研究情结的方法。通过被试对词语的联想内容以及反应时、皮肤电及呼吸频率的变化，探测隐藏在个体潜意识中的情结。

语词联想的工具，是一张写有100个词的纸，使用了绿色、水、唱歌、死亡、法律、陌生人等词。测试只是要求被试听到刺激词之后，尽可能快地做出由刺激词联想到的反应，即一个或几个联想反应词。主试确信被试懂得这个词语联想的意思之后，就可以开始正式的测验。主试用一只秒表记录下被试对每一个刺激词做出反应需要的时间。

荣格将下列指标作为“情结的指示器”，只要出现下述情况就可说明情结的存在：

1. 对某种刺激性词语的反应时比平均反应时长。

2. 以重复说出刺激性词语作为反应。

3. 不能做出任何反应。

4. 用笑来表现机体反应，呼吸率或皮肤导电率增快。

5. 结巴。

6. 继续对曾使用过的刺激词语做出反应。

7. 毫无意义的反应，如编造词语。

8. 表面反应，例如，用一个听起来像刺激性词语的词语来反应（如不光彩的取胜）。

9. 用多个单词来反应。

10. 把刺激性词语错误地理解成其他的词。

对于荣格来说，发现情结是十分重要的，因为情结会扰乱记忆思维与行为，阻止心理发展并消耗大量心灵能量。

语词联想看起来是十分简明的方法，几乎不包含任何神秘或深奥的色彩。让被试按照一种简单的规则，对一些特定的刺激性词语做出自己的联想与反应。在荣格之前，高尔顿和冯特等人在心理学的研究中都曾使用过形式极为类似的语词联想法。

尽管荣格并非第一个使用这种语词联想技术的人，但是，他却是第一个利用语词联想的技术来研究反应障碍的心理学家。种种反应差异的背后，尤其是被试反应障碍的背后，到底是什么因素在起着作用。觉察到这样的问题，并努力去寻求问题的答案，使得荣格有机会把语词联想方法作为一种研究心理疾病根源的临床技术。荣格的第一部著作就是关于语词联想实验的《语词联想研究》。联想实验使他一举成名，也正是因为该实验，美国克拉克大学授予他荣誉博士学位。

二、释梦技术

荣格也使用梦的解析来研究病人，他认为梦里充满了象征意义。为了能够揭示梦的象征意义，荣格发展出了一些释梦的技术，但在技术上与弗洛伊德有所不同，主要体现在放大法和绘画疗法上。

（一）放大法

放大法（method of amplification）是让个体坚持在某一个既定的梦的象征上，发展出许多相关联的观念。在这个过程中，病人通过放大法，使梦的多个象征意义变得越来越清晰，进而更好地了解自己的问题。象征引出了多个相关联的观念，有些观念是病人自己给出的，有些是咨询师给出的。二者的观念是不同的，病人给出的象征观念多是主观的、具有个人意义的，而咨询师给出的观念多是神话、宗教、艺术、历史中象征的一般意义。荣格更强调一系列梦的分析，这样能比单个梦获得对问题的更准确的解释。

（二）绘画疗法

绘画疗法也是荣格与释梦联合使用的技术，他认为病人的绘画能表达出他们潜意识层面的内容及自我。他认为绘画的真正疗效是使病人离开死亡地带，开始走向自性展示的道路。荣格让病人进行绘画活动，帮助他们解释自己梦中出现的象征，最终解决问题。

第四节 研究主题

一、心理分析

与弗洛伊德决裂后，为了与精神分析有所区分，荣格选择“分析心理学”这一术语来阐述自己的心理治疗观念和方法。

在荣格看来，神经症症状是个体的心灵尝试自我调节的一种努力，是来访者在潜意识深处想获得更完整人格的一种外部表现。神经症症状往往表现为情结，要使人格得以发展，就必须把情结和人格整合起来。神经症症状的消除并不是心理治疗的目标，而是整合情结与释放及改变心理能量时，人格发展的副产物。因此，心理治疗的目标是发展人格，而不是治疗症状。从这个角度看，荣格式心理治疗的目标是整合意识和潜意识以获得一种整体人格，从而通向个性化。在操作层面，荣格认为不应该由治疗师确定一个目标，而是应该由来访者确定。

荣格将心理学治疗分为四个阶段：宣泄、阐释、教育、个性化。

宣泄阶段是从感性和理性两方面引导出来访者潜意识的声音，使它们进入意识的领域，把心理的能量疏导出来，将内心的某些潜在方面表面化、意识化。问题较轻的来访者在充分表达后就会自然理解自己问题的症结所在，并痊愈。

阐释阶段是处理来访者的移情。荣格在理解移情的内容时，与弗洛伊德不同的是不仅用个体在过去生活的各种经历所积聚的个体潜意识内容来认识移情关系，还会从不同文化或人类文化原型象征的角度来认识这种移情关系所蕴含的意义。

教育阶段强调的是来访者作为人类个体的社会化需要和他们为自我实现而做的努力，同时这个治疗阶段还会涉及道德性问题。教育是指经历意识化、分析过程后，针对发现的患者需要发展的原型做出的社会性教育，如生活目标的重建、生活方向的建立。

个性化阶段最具有荣格的特色，通过咨询师和来访者长期沟通和影响，了解来访者的内心世界，发展他独特的生活模式，即个性化过程。

荣格认为，前三个阶段适用于前两个人格发展时期的来访者的心理治疗，这两个时期的个体仍致力于对外部环境的适应，原型材料的治疗还不能发挥很大的作用。到了中年，个体的这些人生任务已经完成，开始寻求人生的内在价值和意义，心理活动从外部世界转向内部世界，开始重新认识生命的价值。

围绕荣格心理学治疗的四个阶段有许多具体的技术，包括释梦、移情和反移情分析、主动想象、象征放大技术等。

二、梦心理学

荣格的梦的理论是建立在集体潜意识基础上的，而且他指出梦的理论取决于潜意识假设。此外，荣格基本是在以弗洛伊德作为参照和对比中阐释自己的梦的观点的。

荣格对梦的本质有独到的见解，他认为梦是集体潜意识（而非个体潜意识）的表现形式；梦是潜意识心灵的真实描述(而非伪装或扭曲的表现)。荣格和弗洛伊德都认为梦的理论是建立在潜意识基础之上的，但他们对潜意识的理解有本质的差异。荣格引入集体潜意识的概念，区分出潜意识的个人特征和种族集体特征。根据荣格的潜意识理论，他把梦分为“大梦”和“小梦”，前者与集体潜意识原型有关，后者与个人的生活有关。荣格尤其重视那些来自集体潜意识的“大梦”。荣格把梦看作潜意识的一种象征形式，而不像弗洛伊德那样把梦看作潜意识被压抑而形成的扭曲产物。荣格放弃了弗洛伊德的显梦和隐梦的区分以及梦的工作的概念，强调潜意识的自主性，认为梦是一种自然的现象，是对潜意识真实状态的一种自发和象征性的描述。

荣格认为，心灵中永远存在对立的张力（特别是意识和潜意识的两极），心灵总是力图达到平衡。梦就是心灵力图恢复平衡而自发产生的一种象征。潜意识通过梦刺激意识重新定向，从而与潜意识相协调。因此，荣格得出结论：梦具有补偿作用，梦的功能在于补偿意识和自我。

在荣格看来，梦和潜意识的情结一样，也代表了一种心灵的结构或单元。梦的观念和情绪特征是不可分割的一个整体，梦中的内容不仅和梦的意义中心相协调，而且和整个心灵相联系。梦是整个心灵制造的一个有意义的单元，是整个心灵的象征性的表述。

荣格特别强调梦这一心灵单元具有特定的结构。他指出梦的结构有四个部分：展示、发展、高潮和结束。展示包括时间、地点、主要角色以及初始情景的揭示，暗示着梦将产生的问题。发展涉及情节的复杂性和变化。在高潮阶段，某个确定的事情发生了或情节发生了变化。最后某个明确的解决方法成为梦的结局，有时候梦还没有一个结局就结束了。这四个部分可以重复发生，例如，一个很长的恶梦，通常每变换一个场景，这四个部分就重复一次。

荣格将自己释梦的方法称为“综合建构法”，以与弗洛伊德的“分解简化法”区分。弗洛伊德将梦分解简化为本能驱力或心理结构的冲突，这是一种建立在因果还原论的基础上的释梦方法。在荣格的综合建构法中，他使用联想、放大等技术，从多个角度解读梦中的意象。

荣格的联想不是自由联想，而是围绕梦意象本身回想一些有关的事实和情感反应，从而了解梦者个人与梦中意象的关系，以此建立梦的前后联系，发现和梳理构成梦的各种意象所包含的含义。梦中有些意象来自集体潜意识原型，超过了梦者个人生活的范围，与梦者几乎没有什么联系。这样的梦往往具有强烈的情绪色彩和令人难以理解的象征。这就需要释梦者利用放大技术来处理这些原型意象，借助一些历史的、神话的相似情境来解读梦境。

在梦的分析方面，荣格认为分析梦应该从两个方面进行；客观水平和主观水平。客观水平方面的分析，首先是对梦中的影像与情节进行分析，把这些与客观现实生活中的人物和事物联系起来，找出梦境与客观世界及现实的关系，以此说明梦中提供的信息对梦者意识层面发生事情的意义。主观水平的释梦则完全不同，把梦中的一切影像与情节都当成梦者主观心理活动的象征。当梦境内容关联到客观现实生活的人物和事件时，就应该先从客观方面进行联系和探讨。如果梦境的内容与客观现实生活明显无关，就应该从主观水平上研究问题。

在梦的分析技巧中，荣格还特别提出要注意对梦的系列分析。一系列的梦比一个单独的梦更容易理解，潜意识的主题在一系列梦中被更明确地表达。在一个足够长的梦的系列中，会发现用意象语言表达的心理发展，这些意象在整个系列中是保持不变的。

三、人格类型

（一）两种人格倾向

荣格认为，心灵在与世界的联系中是朝着两个主要的倾向发展的。荣格把这两种倾向称为态度。一种态度指向个人内部的主观世界，称为内倾（introversion）；另一种态度指向外部环境，称为外倾（extroversion）。内倾者喜好安静、爱思考、富有幻想、善于探索、孤僻、不愿抛头露面。外倾者好社交、开朗、坦率、适应能力强、善于冒险。任何人都同时具有这两种倾向，只是这两种倾向所处地位或者所占比重不同而已。一些人比较外倾，也就是说这些人的外向态度占优势，更多关注外界，而较少做内省的工作。这种态度倾向存在于意识领域，控制着整个人的人格及行为。

（二）四种心理机能

除了倾向外，荣格又进一步区分出四种心理机能：思维（thinking）、情感（feeling）、感觉（sensing）和直觉（intuiting）。思维机能属于观念和智力的领域，用来思考和领悟。情感机能则是一种评价的功能，用以判断事物的价值，是人类的各种主观经验，包括喜、怒、哀、乐、爱、恨、恐惧等。感觉机能是一种感官作用，使人知觉到世界的表面和某些事实。直觉机能则超越了事实、感觉和思维，直接以潜意识过程来认识世界。思维和情感对经验进行鉴定和评价，被称为理性功能。另外，思维和情感是完全对立的。感觉和直觉属于非理性功能，也是对立的。

（三）八种人格类型

内外倾向与四种心理机能相结合，构成八种人格类型：外倾思维型、外倾情感型、外倾感觉型、外倾直觉型、内倾思维型、内倾情感型、内倾感觉型和内倾直觉型。

1. 外倾思维型（extrovert thinking type）。这种类型的人按固定的规则生活，客观、冷静，善于思考但固执己见。他们通常压抑天性中感性的一面，因而显得缺乏鲜明的个性，甚至冷漠无情。如果压抑过分，则会变得专制、自负、迷信，拒绝接受任何批评。

2. 外倾情感型（extrovert feeling type）。这种类型的人易动感情，外界的细小变化都可能引起情绪波动，多愁善感，寻求外界的和谐，爱交际，思维受压抑。

3. 外倾感觉型（extrovert sensing type）。这种类型的人追求欢愉、快乐，善于社交，无忧无虑，社会适应性强，不断寻求新异感觉经验，不断寻求新的刺激，他们头脑清醒但对事物浅尝辄止，沉溺于各种嗜好。他们的直觉受压抑。

4. 外倾直觉型（extrovert intuiting type）。这种类型的人做出决策不是根据事实，而是凭主观预感，异想天开，喜怒无常，好改变主意。他们难以长期坚持一个观点，容易改变。他们富有创造性，对于自己潜意识的东西了解很多。他们的感觉受压抑。

5. 内倾思维型（introvert thinking type）。这种类型的人喜欢离群索居，沉溺于幻想。实际判断力差，社会适应性差，智力高，但不顾现实实际。他们的情感受压抑。

6. 内倾情感型（introvert feeling type）。这种类型的人安静、多思、敏感。他们的情感藏于内心，沉默寡言，感情冷淡。他们有时又表现得恬淡宁静、怡然自得，给人以高深莫测的感觉。他们的思维受压抑。

7. 内倾感觉型（introvert sensing type）。这种类型的人沉溺于自己的主观感受之中，对外部世界很淡然。他们爱好艺术，有被动性，沉着。他们大多表现得较为沉静、随和，有一定的自制力，但思维和情感大都不够深沉。他们的直觉受压抑。

8. 内倾直觉型（introvert intuiting type）。这种类型的人往往是能产生一些新奇观念的梦想家，偏执，喜欢做白日梦。他们很少被别人理解，但对此并不在乎。他们生活的砝码是内部的主观体验而不是外部的客观经验。

学习栏 2-3

基于荣格心理类型说的人格测验——MBTI

假设，你因为职业选择上的困惑而去学校的就业指导中心求助，那里的老师可能会让你先完成一份测验表，之后告诉你，你是“外倾—直觉—情感—知觉”类型的人，并依此对你进行职业指导。你刚才完成的是以荣格心理类型说为理论基础编制的人格测验，它的名字是“迈尔斯-布里格斯类型指标”（Myers-Briggs Type Indicator，简称MBTI）。

MBTI的作者是一对母女，母亲（Katharine Cook Briggs, 1875—1968）和女儿（Isable Briggs Myers, 1897—1980）经过50多年的研究使MBTI成为十分常用的区分正常人格类型的工具之一。它被广泛应用于自我发展、职业指导、人员选拔、组织管理等方面，仅在美国，每年就有超过三百万人接受这种人格测查。

或许从上面的描述中你已经发现，MBTI所提供的人格类型比荣格最初提出的多了一个维度，即“判断—知觉”维度。如果说“外倾（E）—内倾（I）”代表着人们的态度倾向，“感觉（S）—直觉（N）”代表着接受信息的方式，“思考（T）—情感（F）”代表着处理信息的方式，那么“判断（J）—知觉（P）”则代表着行动方式。持判断方式的人趋向于在一个有计划、传统的方式中生活，希望有规律和可控制生活。而持知觉方式的人则相反，他们趋向于在一个变通的、自然产生的方式中生活，追求体验和理解生活，而不是控制生活。他们拒绝计划和决定，喜欢保持对经验的开放性。

MBTI划分出16种人格类型

根据在四个维度上倾向性的排列组合，可以得到16种人格类型，它们各有各的特点。例如，“内向—感觉—思考—判断（ISTJ）”类型的人可能是认真的、安静的，希望通过专心和投入来获得成功。他讲求传统、实事求是，做事力求合乎逻辑，且负责任，下决心做某事就会稳定地去做，不会抗议或分心，因而是可靠的。

MBTI因其简便易行而颇为流行，但简单且生硬地将人划归为某种类型或许会抹杀人丰富的个体差异性。未来，MBTI 应该发展出更具说服力的临界划分指标，并对同一类型中倾向程度的强度差异性做更为详细的说明，以获得对人格更加细致及精确的划分。

第五节 理论应用

一、临床心理

（一）治疗目的

荣格提出了生活目标的概念，认为生活目标就是心灵或精神的和谐。个体要了解自己心灵的不同部分，而心灵的各部分的变异就是个性化。个体只有逐渐认识以前隐蔽的部分，才能使它们有表现的机会，并与心灵的不同部分进行综合，荣格将这种综合称为超越功能。健康人格就是一个人充分认识到心灵的不同方面，超越功能完全发挥作用，达到自性展现。但是，荣格认为这种人格发展境界实现很难，不可能在中年期之前获得。荣格的心理治疗就是为了帮助个人达到自性展现。神经症是一种严重的失调状态，病人的自性展现进程停止。

荣格还认为情结的产生和形成起源于童年时期的创伤性经验。情结的负面作用会主宰一个人的一切，从而无法发挥统合人格的功能。“不是人支配着情结，而是情结支配着人。”心理分析治疗的目的之一就是分解、消融一些消极情结，把人从情结的暴虐下解放出来。

（二）治疗技术

正如前面所述，荣格将心理治疗分为四个阶段：宣泄、阐释、教育、个性化。荣格式心理治疗更适用于中年以上受过高等教育的人群。荣格所建构的人格和治疗理论也是以此为基础的。荣格发现，失去生活意义的或再次思考生命价值的中年人，常年在职场上拼搏，丢失了自己童年时期的爱好。他让事业有成的中年职业人，通过恢复童年时期的兴趣来重新对生命价值的思考。

在儿童心理治疗方面，荣格的沙盘技术、绘画技术等很有成效。同时，荣格发现儿童的心理问题主要起因于父母的问题，因此必须通过治疗父母来治疗儿童。家庭治疗和夫妻治疗对于解决孩子的问题很有效。荣格和其后继者很少进行家庭或夫妻治疗，但一些受荣格理论影响的咨询师会在家庭治疗中使用基于荣格理论的人格类型测验（如 MBTI），帮助家庭人员认识他们家庭生活中出现的矛盾和问题。荣格的人格类型理论有利于家庭成员更好地互相理解。

虽然荣格曾为酗酒者群体做过团体心理治疗，但他的研究兴趣主要集中在个体的心理治疗方面。他对团体治疗及其效果表示相当的怀疑。受荣格的影响，大部分荣格学派的分析师在团体心理治疗领域的研究和实践都很少。

二、文化领域

荣格对集体潜意识的研究，使深层心

理学容纳了深广的历史文化内涵，并对神话学、宗教、文学艺术和文艺理论产生了巨大的影响。

荣格出身于宗教世家，终其一生对宗教保持着莫大的兴趣。他也钻研东方宗教，认为炼金术是非正统的宗教与心理学的实践，并探索西方天主教传统里依然沿用的转化仪式。荣格认为人具有自然的宗教意识，这种意识和性、攻击等本能一样强烈。在长期的临床生涯中，他发现很多人之所以患有心理障碍，是因为他们失去了作为精神支柱的宗教信仰。他认为宗教观念也是一种原型的表现，对人生和心理健康有着重要的作用。荣格对宗教的观点影响了宗教心理学的发展，他看到了宗教的积极作用，将人们对宗教的看法从弗洛伊德消极的解释中解放出来。

荣格认为艺术作品具有永久的艺术魅力和旺盛的生命力，原因在于它表现了原型，原型的表现是创作的中心和归宿。将原型的分析方法运用于文艺即原型批评论。原型批评论由于能够在人类文化、神话、宗教中找出经验依据，并注重对艺术史的整体考察和梳理，从而引起人们的重视。荣格的集体潜意识理论及文艺观直接对现代主义文学产生重要影响，艾略特、叶芝、乔伊斯、劳伦斯等作家对古代神话、古代文学和原始的“血缘意识”的兴趣，显然与荣格学说有关。把作家、艺术家的视野从表现个体日常心理引导到关注社会文化心理，这大约是荣格对文艺的最大贡献。荣格以集体潜意识学说为核心的心理学文艺论对文艺研究产生了很大的影响。最早运用荣格理论的是蒙德·博德金，她在1934年发表的《诗歌中的原型模式》中便将荣格的集体潜意识学说及原型理论运用于诗歌研究。诺斯洛普·弗莱使原型批评成为一种文学理论和手法并产生了巨大的影响，她深入地探索了统治西方文化的神话的本质，系统地建立了以“神话—原型”为核心的文学类型批评理论。

第六节 理论评价

荣格一生都在探寻心灵的奥秘，尽管他的一生充满孤独和误解，生前身后都遭受了许多人的批评、攻击甚至诋毁，但他最终赢得了公众的关注和赞美。

一、理论贡献

在现代心理学中，荣格的分析心理学不仅与弗洛伊德的经典精神分析齐名，更多的时候被看作对弗洛伊德经典精神分析的超越，特别是近些年来它更被誉为后现代心理学的先锋。现代的艺术治疗、游戏治疗、后现代艺术的很多思想都根植于分析心理学的理论。

荣格对本能和力比多概念的深化做出了重要的贡献。荣格将力比多看作一种普遍的心理能量或生命力，摆脱了弗洛伊德泛性论的倾向。荣格对于集体潜意识和原型的研究几乎覆盖了人类一切文化精神现象，完全超越了现代心理学的研究范围，大大扩展了心理学的研究视野，促进了民族心理学、文化心理学和宗教心理学的发展。

荣格对人格类型的研究开创了个体差异研究的新领域。现在已有许多研究证实内外倾是人格的主要特质（维度），心理学家依据荣格的心理类型编制的测量内外倾的量表，至今仍被广泛地应用于教育、管理、医学和职业选择等领域。

二、理论缺陷

荣格学说浓重的神秘与宗教色彩、晦涩难懂的行文招来了很多批评。传记学家欧内斯特·琼斯指责荣格的思想陷入假哲学的旋涡中无法自拔。心理学家格洛弗（E. Glover）批评荣格的原型理论是形而上学、无法验证的概念，同时指出荣格的种族遗传观点是错误的，并批评荣格对于心灵的发展未能有一个清晰的概念。至今仍有许多心理学家认为荣格的理论是离奇古怪、神秘莫测和令人费解的。他的理论仍迷惑着很多人。

总之，无论怎样都不可否认荣格及其理论在现代心理学史上独特且重要的地位。

第三章　阿德勒的个体心理学理论

阿德勒是现代著名的精神分析学家，也是个体心理学的创始人和自我心理学的先锋。他和荣格一样，最初是弗洛伊德的忠实信徒，追随弗洛伊德研究精神分析，后来因为对弗洛伊德理论中泛性论的思想不满，最终与他分手，继而发展起自己的人格理论。他的学说以“自卑感”和“权力欲”为中心，强调“社会意义”，并主张心理学要从“个体”入手去了解。

Alfred Adler（1870—1937）

第一节 生平事略

1870年，阿尔弗雷德·阿德勒（Alfred Adler，1870—1937）出生在奥地利首都维也纳，排行老三。阿德勒家境不错，但孱弱的身体和无休止的病痛剥夺了他童年的快乐。阿德勒很小的时候就不幸患上了脊椎病，其后遗症使他一生行动不便。五岁时他又不幸患上了肺炎，差点丧命，这使他萌生了日后要行医治病的念头。后来，阿德勒进入维也纳大学学习医学，并于1895年获得了医学博士学位。在从事了一段时间的普通医学临床工作以后，阿德勒成为一名精神科医师。1902年秋天，阿德勒受邀参加了由弗洛伊德主持的星期三心理学研究会，开始正式接触精神分析。1907年，阿德勒发表论文《器官的自卑感及其生理补偿》，这是他自卑补偿思想的萌芽。后来，维也纳精神分析学会成立，阿德勒是创始人之一，并于1910年升任学会主席。1911年，因为在学会会议上公开批评弗洛伊德有关力比多的理论，阿德勒和弗洛伊德之间的矛盾就此开始。同年10月，在另一次会议中，阿德勒和弗洛伊德因为意见的分歧而发生了正面的冲突，在相互攻击对方的理论之后，两人正式决裂，从此形同陌路。

1914年，阿德勒在《神经症的性格》（The Neurotic Constitution）一书中提出个体心理学（individual psychology）的名称，并创建个体心理学派，吸引了众多的追随者。1914年，阿德勒创办了《国际个体心理学杂志》，对自己学说的推广起到了十分重要的作用。第一次世界大战爆发后，阿德勒在奥地利军中任职，负责诊治军人的精神病。战后他又对儿童辅导产生了浓厚的兴趣，在维也纳数十所中学里开办了儿童指导诊所，取得了巨大成功。1926年，阿德勒访问美国，将他的个体心理学介绍到那里。1919年，他出版了《个体心理学的理论与实践》（The Practice and Theory of Individual Psychology）一书，同年又出版了重要著作《了解人性》（Understanding Human Nature）。1934年阿德勒赴美定居，在纽约继续从事精神分析医生的工作。1937年，阿德勒在赴苏格兰演讲途中因劳累过度突发心脏病而过世，享年67岁。

第二节 理论观点

一、人性观

阿德勒抛弃了弗洛伊德的基本观点，他认为弗洛伊德过于狭隘地强调生物本能的决定论。阿德勒认为人类行为是受到社会驱力而非性驱力激励的，行为是有目标导引的，人格的核心是意识而非潜意识。阿德勒重视选择、责任、生命的意义，追求成功与完美。

在对人性的看法上，阿德勒和弗洛伊德最大的区别是他所持的自由意志人性观，强调个人的行为能根据自己的目标自主表现。阿德勒反对弗洛伊德潜意识支配人性的精神决定论的观点。他认为，人性不是盲目的，人的行为并非受制于本我与潜意识内盲目的本能冲动。人是理性动物，具有相当的自主倾向，富有主动性、创造性和责任感，会选择目标与理想，并接受自己所选择的目标与理想。人在自主意识的支配之下，具有改变生活的能力，因而可以主宰自己的命运、决定自己的未来、创造自己的生活。人类会在行为上遵循目标进行，从而获得需求的满足。在这一点上，阿德勒的人格理论远比弗洛伊德乐观积极。

阿德勒持一种行为目的论的观点，即所有人的行为都具有自己的目的。人们为自己定目标，有了目标之后，行为变得统一。阿德勒以这种解释来取代决定论的解释。个体心理学的基本假设是，我们往何处去及追求什么是相当重要的，因此阿德勒学派重视未来，但并未低估过去经验的影响力。他们假设，人们做决定时会根据过去的经验、目前的状况，以及对未来规划的方向，因此过去、现在与未来具有连续性，均应予以重视。

二、人格界定

阿德勒将人格定义为一个人为了适应所居住的环境而显现出的特殊风格。他对人格的看法是广泛而开放的，不仅把个体看作一个完整统一的有机体，而且还强调个体与社会其他部分相互作用的重要性。阿德勒强调人是社会性动物，人基本上是受社会驱力激励的。个体是社会系统中的一部分。人的出生、养育，乃至生活，都在一个特定的家庭、社会与文化的背景下，因此，应以不可分割的整体来了解人格。脱离了对个人有意义的背景关系，就无法完全了解这个人。阿德勒认为应该更重视来访者的人际关系，而非内在心理动力层面。

阿德勒的人格理论突出强调人的整体性、统一性和社会性。他认为人的思想、价值、动机、行为都是由他的生活目标决定的，都带有生活目标的印记，它们共同构成了一个人的生活风格。

三、人格动力

阿德勒不同意将力比多作为人格的主要动力。他的早期理论认为，对器官缺陷和生理自卑的补偿（compensation），是人格的原初动力。他认为自卑一方面能摧毁一个人，使人自甘堕落；另一方面，它能使人发愤图强，力求振作，以补偿自己的弱点。后来，阿德勒将强调的重点从生物学意义上的生理自卑转移到心理的自卑感（feelings of inferiority）。他发现自卑感不是变态的象征，而是个体在追求优越地位时一种正常的发展过程。正常人一旦体会到自卑感，就会力求补偿不足而获得优越感，并力求完善。有了自卑感，人也就有了补偿的需要，不断地补偿而又不断地发现新的自卑，于是又向新的优越目标努力，如此持续不断，便是一个人发展的基本动力。因此，阿德勒理论把自卑感看作所有人的正常心态，也是人类奋斗向上永恒的心理原动力，正是因为有了自卑感，个体才要以补偿的方式去克服自卑感。追求优越（striving for superiority），克服自卑感，是人生的主导动机，也是人类的天性。

每个人都有不同程度的自卑感，而优越感是自卑感的补偿。一个健康、正常的人，当他的努力在某方面受到阻挠时，他就能在另一方面找到新的方式，争取优越感。但是有些人定了错误的目标，使用错误的方法来追求优越感，将他们的努力转向生活中无用的一面，真正的问题却被遮掩。人类追求优越感是永远不会停止的，因为我们永远不会满足于自己的成就而止步不前。

四、人格结构

阿德勒并没有提出一个完整的人格模型，只是提出了一些基本的概念，以描述和解释人格。

（一）生活风格

在阿德勒看来，每个人追求优越的目标是不同的，所处的环境条件也千差万别，因而每个人试图获得优越的方法也不同。这种个人追求优越的方式称为生活风格(style of life)。生活风格决定了一个人适应生活中的困扰和解决问题的方式，以及实现目标的手段。

按阿德勒的说法，个人的生活风格是以克服一种自卑感为基础的，形成于四到五岁之间。生活风格是习得的，与个体幼年时的生活经验有密切的关系，尤其是家庭环境和亲子关系。生活风格一旦形成就不易改变，个体以后处理生活经验的行为方式，对未来世界事物的知觉、学习、认识，以及设定与达成目标的方式，都会与生活风格有关。阿德勒注意到生活风格可以通过观察个体怎样处理三个主要的问题来了解：职业、社会和爱情。职业的选择被看作一个人生活风格的表现方式。生活风格还表现在个人的人际关系中，如友情和爱情等。

阿德勒将生活风格划分为四种：统治支配型（ruling-dominant type）、索取型(getting-learning type)、回避型（avoiding type）和社会利益型（social useful type）。这些生活风格取决于两个维度：社会兴趣和活动度。社会兴趣指个体对他人的关心程度，表现为个体为了社会发展与他人合作的情况。活动度是个体处理问题时表现出来的总能量。

1. 统治支配型

这一类型的人具有很少的社会兴趣却有较高的活动度，倾向于支配和统治别人，缺乏社会意识。他们的行为通常是利己的，很少顾及别人的利益。他们追求优越的倾向特别强烈，不惜利用或伤害别人以达到自己的目的。他们需要控制别人从而感到自己的强大和意义。这样的人容易发展成虐待者、违法者和药物滥用者等。

2. 索取型

这种类型的人具有很少的社会兴趣和活动度，很少努力去解决他们自己的问题，依赖别人照顾他们，希望从别人那里获得一切，并且竭力索取一切他所能索取的东西。

3. 回避型

这种类型的人社会兴趣和活动度水平都较低，缺乏必要的信心解决问题或危机，不想面对生活中的问题，试图通过回避从而避免任何可能的失败。他们常常是自我关注的、幻想的。他们在自我幻想的世界里感受到优越。

4. 社会利益型

这种类型的人具有较高的社会兴趣和

活动度，他们可能是关心他人家庭、朋友和社会的人。他们能面对生活，与别人合作，为他人和社会服务，贡献自己的力量。他们常常生长于良好的家庭，家庭成员相互帮助、支持，人与人之间彼此理解和尊重。

生活风格反映了个体对于自身及其所要应对的社会环境的看法，直接决定了他的行为，因此要想了解一个人，要先了解他的生活风格。例如，一个在生活中处处索取和占有的人，他的人格中必然有相应的成分。生活风格可以说是人追求目标、实现价值的策略。它不是固定不变的，而是要不断地创新和创造，才会最终达到自我实现。

那么，怎样才能了解一个人的生活风格呢？阿德勒总结出三条途径：（1）看他的出生顺序。出生顺序的差别会形成一个人对生活的不同看法和不同的人格。（2）对早期的回忆。从早期回忆中可以看出一个人的生活目标。（3）对梦的解释。他认为梦更主要是体现出个人对日常生活中遇到的问题的态度，因而梦贯穿了人的生活风格。

（二）创造性自我

创造性自我（creative self）是阿德勒提出的一个备受其他学者推崇的概念，即个体在成长过程中不是被动地接受遗传和环境的塑造，而是创造性地自由运用遗传和环境提供的素材，依照自己独特的方式加以组合，形成独一无二的自己。也就是说，个体在经历各种情境、取得个体经验之后，会对这些经验进行解释，使其富有自身独特的意义。从这个角度上讲，自我是具有创造性的，因为它不仅在获得经验，而且在创造经验来帮助个体完成生活的目标，实现某种特别的生活风格。创造性自我使得一个人的人格和谐一致，并具有独特性和灵活性，是人类生活的积极因子。创造性自我是一种个人主观体系，它解释个人的种种经验使之有意义。它索求经验，甚至创造经验以帮助个人完成他独特的生活作风。创造性自我使人格有一贯性、稳定性和个性。创造性自我能够使我们成为自己生活的主人，决定了人的心理健康、社会兴趣。

创造性自我超越了生活风格。生活风格旨在达成目标，通过各种途径，采取各种行为来迎合情境的需要。而创造性自我不仅要满足实现目标的愿望，还要发挥出人格的创造性，取得个体所独有的生活经验，在更调和的基础上成为自己想要成为的重要人物，达到卓越的地位。如果能发展出创造性自我，每个人就能形成与众不同的人格，过独一无二并且丰满充盈的生活。当然，这是一种积极的理想化的成熟人格，只有少数人才能达到这样的境界。

学习栏 2-4

自我弹性

创造性自我是一种富于弹性的自我。自我弹性是越来越引人注意的自我现象。

布洛克和克列门对自我的另一个功能自我弹性（ego resiliency）进行了描述，自我弹性即灵活性，它代表着个体为适应各种不同的环境而调整自我控制的程度的能力。低自我控制的人的自我控制程度基本不变，自我弹性很难改变这种固定的程度，即使是在某些理应改变以更好地适应环境的情境中。自我弹性很好的人能够很好地利用环境，能够很好地适应不断变化的环境。

正如研究者们所指出的那样，自我弹性良好的人“能够尽可能地被自我控制，同时能够控制好自我”。这意味着在一个给定的情境中，自我弹性很好的人能够很好地把握好自我控制的分寸。

有证据表明，自我弹性很好的人能够比其他人更好地适应环境。比如说，实验中有两种类型的女人：自我弹性好的人与自我弹性差的人，前者更不容易受到更年期的困扰，更可能继续她们现在所从事的工作，如她们的职业或者学习。此外，这部分人生理疾病的发生率也较后者要小得多。（Klohnen, Vandewater & Young, 1996）另一项研究发现，自我弹性好的儿童比起相对较差的儿童，对友情的理解和思辨能力也发展得更好。（Hart, Keller, Edelstein, et al, 1998）。

也许我们可以尝试着下这样一个结论，自我弹性好的人其实是要比差的人聪明的。因此，他们能够更快地识别一个给定的情境所需要给予的回馈。但是 Block 和 Kremen 也同时指出，尽管这些变量之间相关，但并不能认为智力就是其根本原因。(1996)。纯粹的自我弹性（排除智力因素的影响）对于生存在这个充满竞争的世界中的人来说，是很重要的。

资料来源：Charles & Michael，2008。

（三）社会兴趣

自卑和追求优越的理论提出之后，有些学者批评阿德勒过于局限于个体自身，而忽视社会环境的作用。为了平息这种批判，阿德勒后期把个体和社会连接起来，即生活的意义不仅是为个人优越而奋斗，还包括如何满足人类和谐友好的生活的需要，建立美好社会。这便是他的社会兴趣（social interest）观点。

社会兴趣是指个体觉知到自己是人类社会的一分子，以及个体在处理社会事务时的态度。阿德勒认为，人是社会性的动物，是与社会密不可分的一分子，人在本性上具有天生的和谐生活、相互友好、渴望建立美好社会的要求，即社会兴趣。社会兴趣是人与生俱来的特征和必不可少的需要，它使得人人都在为社会贡献自己的力量，成为社会接纳和认可的一员。通过发展社会兴趣，个体一方面可以获得自己所需的满足，另一方面，个体的自卑与疏离感会渐渐消失。社会兴趣也是补偿自卑感的一种自然的方式。每个人都可以从他所进行的社会服务中获得价值感和满足感。如果脱离了社会，这些感受就难以得到满足。所以人们为了摆脱自卑，就会有浓厚的社会兴趣并力争上游。

社会兴趣有三个发展阶段：习性、才能和简洁动力特征。个体对和睦生活有一种天生的能力或习性。在习性发展之后，个体发展了才能，这些才能在各种不同的社会合作行为中表现出来。随着这些才能的发展，简洁动力特征作为兴趣和态度在各种不同的行为中表现出来，成为表达社会兴趣的一种方式。

社会兴趣的充分发展有赖于三个重大生活问题的圆满解决。这三个重大生活问题分别是职业选择、社会活动及爱情婚姻。如果一个人从事着自己喜欢的工作，并获得了不俗的成就，在社会生活中人际关系良好，且拥有幸福美满的爱情或婚姻，则说明这个人社会兴趣丰富且寻得了生命的意义。反之则是个体社会兴趣不足或缺失，丧失生活意义感，容易患上精神疾病。

基于社会兴趣理论，阿德勒主张若想真正深入地了解一个人，必须从他所处的社会情境着手。因为社会情境时刻包围卷裹着这个人，他在对这些情境做反应的时候人格会受到相应的影响，并逐渐被塑造成型。一个人的人格会受社会情境的深刻影响。可以说，引入社会情境来分析人格是阿德勒对心理学的一大贡献。社会兴趣和生活风格等都综合考虑了人与社会之间的互动及相互影响，而不是孤立地谈论这个人的人格结构和发展方向。

社会兴趣是阿德勒学派衡量心理健康的重要指标，阿德勒认为随着社会兴趣的培养，自卑与疏离感会渐渐消失。一个人通过为社会做贡献而产生自尊和被重视感，也因为服务社会，正向地补偿了原有的自卑感。如果一个人只有很少的社会兴趣，那么这个人是以自我为中心的，倾向于贬低他人，缺乏建设性目标，甚至会有一些不健康的行为，如酗酒、吸毒、自杀等。

五、人格发展与成因

阿德勒认为，人格是在战胜自卑和追求优越的过程中形成发展的。人天生自卑，因为人生下来是弱小的、无力的，完全依赖成人，由此产生自卑。但是，正是自卑促使人们去努力克服自卑，追求成功，从而成为人格发展的动力。生活风格的发展和自卑感有密切关系。如果一个儿童有某种生理缺陷或主观上的自卑感，那他的生活风格将倾向于补偿或过度补偿那种缺陷或自卑感。

儿童生活风格的形成和发展有赖于他们的生活经历和环境。阿德勒跟弗洛伊德一样十分重视儿时经验对于人格发展的作用，不过他关注的不是性本能的影响，而是家庭因素和社会关系，如父母教养方式、儿童的出生顺序等。

（一）父母教养方式

儿童生活风格的发展主要取决于他们与社会的交互作用。根据阿德勒的观点，儿童遇到的最初的社会环境是家庭，在家庭中与母亲的接触和母子关系的发展形成了他将来与他人关系发展的基础，如果母亲采取一种积极、合作的态度，儿童就倾向于形成社会兴趣。然而，如果母亲把孩子紧紧束缚在自己身边，那孩子就容易将他人排斥在自己的生活之外，形成较低的社会兴趣。正是母子早期交互作用的性质，影响甚至决定儿童将来对待他人的态度。

阿德勒指出了两种易导致不良生活风格的父母教养方式：溺爱和忽视。有些父母给予孩子过多的关注和爱护，事事包办代替，剥夺了孩子的独立和自主的机会。这样看似无微不至的关心却损害了孩子在发展阶段中展现自我能力的渴望，反倒助长了自卑感的形成，容易造成人格发展障碍和生活风格问题。而受到忽视的孩子容易由于被冷落而产生自卑感。他们或者变得极度冷酷、远离人群，无法和别人发展各种层次的人际关系，或者容易产生攻击性的行为，力求通过受人注视来摆脱自卑。这两种教养方式对于孩子人格的发展具有深远的影响。

（二）出生顺序

阿德勒注意到生活在同一家庭中的兄弟姐妹，并不一定共享着同样的生活环境，他们在家中的排行，也就是出生顺序（birth order），会对他们的人格发展产生重大影响。出生顺序会影响一个孩子怎样与社会联系，还会影响他生活风格的发展。

由于是父母的第一个孩子，每个长子都曾经历过一段独生子的时光，通常会得到大量的关怀与宠爱，直到第二个孩子出生。第一个孩子通常喜欢搬弄权势，并过分夸张规则和纪律的重要性，但也可能发展出喜欢帮助人、保护人的性格，或具有善于组织的才能。老大较值得依赖，而且较努力上进。

因为次子或中间的孩子一出生便须与其他孩子分享父母的关怀，所以他比长子易于与人合作。次子总是不甘屈居人后，努力奋斗想超越别人，好像时时刻刻在参加比赛。他们通常都比长子有才能，且更成功。如果长子在某方面表现优越，则次子会发展另一方面的才华来抗衡。次子在立场上通常是反对长子的。排行在中间的小孩曾有被挤压出局的感觉，会感觉人生不公平，自己好像是被骗出生的。这些小孩有的可能会有自怜自艾的心态，并成为问题儿童。

父母对最小的孩子总是特别细心，因为他们既年幼又弱小，需要别人的帮助。但他们并不喜欢当最小的孩子，因为最小的孩子不被信赖，所以他想证明他样样都能做。他们特别重视权力的追求，往往会成为家中最能干的人。他们往往是家中的宝，并且常常是最被纵容的。由于地位特殊，每个家人都想塑造他们，但他们往往走自己的路，令家人意想不到。

父母将希望全摆在唯一的孩子身上，所以有时独生子女会变得依赖。因为他们常是众人关注的焦点，所以他们很容易觉得自己真的大有价值。当不再是众人注意的焦点时，他们的人生态度很容易变得错误。独生子女在特征上与老大相似，缺乏与其他小孩合作分享的机会，打交道的多是成人。因为受到母亲的宠爱，所以独生子女颇为依赖母亲。他们希望总是成为众人注意的焦点，一旦失落，就会感到不公平。日后当失去众人注意时，他们会产生许多心理调适的问题。

一个人的出生顺序及认为自己在家中的地位，对成人后与别人互动有许多影响。在幼年时期，与别人相处已形成了一些模式，对于自己也已形成了一些特定的概念，这些都会被带到成人时期与别人的互动关系中。阿德勒疗法重视家庭动力的影响，特别是手足关系。虽然我们应避免以刻板印象把人做硬性的归类，但是阿德勒的说法却帮助我们了解年幼时期因手足敌对关系形成的性格倾向，对日后与人相处确有相当程度的影响。一个人的出生顺序对人格的影响虽然不是绝对的，但却为我们理解家庭是如何塑造人格的提供了一个新的解释视角。

第三节 研究方法

阿德勒主要采用临床收集数据的方法建构理论。他的自卑感和追求优越概念均是从临床咨询中总结、建立起来的。与弗洛伊德、荣格不同，阿德勒是现象学取向的，即以个人主观的世界观作为解释行为含义的基本要素。阿德勒在心理治疗中从来访者的主观参考架构去看现实世界，重视个体知觉外在真实世界的方式。

一、早期记忆法

阿德勒也非常重视早期经验对人格发展的影响，他认为早期记忆是发现个体生活风格起源的途径之一。当让一个人回忆他幼年的事情时，他回想起来的事情不是随意的，而是与他的生活风格有密切相关的。个体从自己的记忆库中选择与他所处情境最有关联的事情，或者说，个体选择的是那些对自己生活和行为有重要意义的事情。因而，他所选择的记忆事情代表了“他的身世”。为了能用过去的经验形成生活风格以达成自己的奋斗目标，个体会多次重复“他的身世”。

一个人回忆出的早期记忆中的事情是具有启示性的，因为这一件事是对他产生影响的关键因素，也是他所采取的生活风格的起点。

阿德勒有关早期记忆的作用的理论引起了后来研究者的兴趣。沃特金斯（Watkins, 1992）综合了 1981—1990 年根据阿德勒理论对早期记忆进行研究的 30 多篇论文，得出了早期记忆的几个特点。

1. 精神病人的早期记忆与正常人的不同。精神病人的早期记忆多具有负面情绪与认知色彩，如恐惧、焦虑，被动于外控信念等。此外，精神病人早期记忆的内容会随治疗的进程而有所改变，早期记忆的正确性会有所提高。

2. 男性不良青少年和罪犯的早期记忆比正常人的早期记忆具有较多的负性情境特征，如疾病、创伤事件、违法行为、受欺负事件，独处于不愉快情境的经验。

3. 被催眠状态下回忆起的早期记忆与清醒状态下的早期记忆不同。

4. 不同专业的大学生和不同行业工作者的早期记忆不同。

然而，研究者对上述差异的原因并未探索清晰。

二、心理治疗

阿德勒不认为适应不良的人是需要治疗的病人，他们主要是社会兴趣不足。因此阿德勒治疗的目标是培养来访者的社会兴趣，伴随着提高其自我察觉能力，以及修正其基本假设、人生目标和基本观念。治疗师会教育来访者以全新的方式去看待自己、别人与生活，协助来访者克服挫折感与自卑感，修正观点和目标，修改错误动机与对生命的假设，改善生活方式，协助来访者感受自己与别人是平等的，协助来访者成为对社会有贡献的人。

阿德勒学派的治疗程序可分成与目标相呼应的四个阶段：①建立合作性治疗关系；②探索来访者内在的心理动力（分析与评估）；③激励来访者形成自我了解（洞察）；④协助来访者做出新的抉择（引导与再教育）。

阿德勒学派认为良好的治疗关系应该是平等的，建立在合作、互信、尊重、与目标一致的基础上。阿德勒学派的咨询师是以关怀、全心参与和友谊的关系来与来访者合作解决问题的。治疗过程必须专注于处理来访者觉得重要，且愿意讨论与改变的个人课题，才会产生效果。阿德勒学派的治疗者会以合作的方式来解决来访者的问题，并强调来访者对自己生活应负的责任。

探索来访者的心理动力是通过主观性与客观性会谈实现的。在主观性会谈（subjective interview）中，咨询师协助来访者尽可能完整地说出自己的故事。咨询师的倾听与反应，是主要的催化力量。咨询师对来访者的叙述有困惑、赞叹与兴趣，可自然引出来访者对于故事的质疑。客观性会谈（objective interview）则致力于收集有关心理障碍的资料，如心理障碍的发生过程、诱发事件和治疗史，社交史以及应对方式等。在这个过程中，来访者有两项目标须达成：一是了解自己的生活方式，二是了解此种生活方式对自己生活中各项功能的影响。

阿德勒学派深信个人生活中所做的每一件事情都是有目的的，所以只有在洞悉隐藏在自己行为内的目的时，自我了解才可能发生。阿德勒学派所认为的领悟（insight）是指了解来访者生活中不断运作的动机。咨询师鼓励来访者发展出洞察力，以察觉错误的目标与自我挫败的行为。解释是促进洞察的技术，并且将重点放在当事人此时此地的行为及意图中的期望上。阿德勒学派的解释跟生活方式有关，即在评估当事人的生活方式后，借助解释令当事人察觉生活的方向、目标与意图、自用逻辑以及运作规则、行为。通常，解释的焦点放在行为及结果上，而非行为的成因上。

治疗过程的最后阶段是行动导向阶段，帮助来访者重新定向，让他能再度领悟并去行动。在引导中，来访者须做决定，并修正自己的目标。此阶段的焦点就是帮助来访者发现全新且更有功能的选择。治疗历程的最后一个阶段是通过引导与再教育，使洞察能化为行动。此阶段的焦点是协助当事人看见崭新而光明的选择，鼓励他们鼓起勇气去冒险，在生活中尝试。

第四节 研究主题

一、自卑与心理补偿

阿德勒认为心理补偿（compensation）源于自卑心理。阿德勒发现自然对缺陷有一种天然的补偿力量。这种补偿作用在生理上和心理上都可以找到依据。在生理上，成对的器官，如果其中一个有缺陷，另一个就会变得特别发达，从而完成原先得由两个器官共同承担的任务。例如，盲人的听力和手指触摸力高于正常人，弥补了视觉的缺失。同样，在心理上，在某方面自感不如他人时，个体往往会在其他方面加倍努力，最终获得其他领域里的辉煌成就。

阿德勒认为，尽管自卑感对所有积极的成长起着一种激励的作用，但是也可能会导致神经症。一个人可能被沉重的自卑感弄得束手无策，心灰意冷，甚至万念俱灰。在这种情况下，自卑感是作为一种障碍因素而不是激励因素发挥作用的，阿德勒称其为自卑情结（inferiority complex）。有自卑情结的人，可能会对自己的缺陷过分敏感，唯恐别人蔑视自己，因而在言行上表现得格外争强好胜，并会运用一些自我保护策略（self-guarding strategies）。但这三类策略是非正常人使用的。

1. 托词。个体会将表现出来的一些身体病症作为其短处的托词（excuses）与理由。如一学生用头痛来解释自己考试成绩不好。

2. 攻击性行为。攻击性行为会有三种表现方式：轻视他人，责备他人，责罚自己。

3. 增加自己与问题间的距离。为免于失败而避免接触问题。

为了克服自卑，个体会通过“追求卓越”来实现人生完美的发展目标。但也会出现病态反应——“优越情结”（superiority complex）。优越情结是指在力争上游的过程中一味地要高人一等，以胜过别人为人生乐趣，待人倨傲，喜人奉承，时常以贬抑他人来抬高自己，显示自己的优越性。优越情结与自卑情结实为一体之两面，均为病态。

自卑情结与优越情结都会出现一种病态的补偿现象，即过度补偿（overcompensation），它是对自卑感进行补偿的夸张形式。例如，个子矮小的男人可能会因为自卑而过分追求权力，甚至攻击他人，以此证明自己的强大。过度补偿者虽可争到表面上的人格尊严，但内心仍不会心安理得。

自卑感如同水能载舟，也能覆舟一样。一个从小口吃的人，经过苦练可以成为一个著名的演说家。但口吃也会使一个人逃避社会交往，形成封闭的孤僻心理，造成社会适应问题。因此，自卑会形成两种不同的人生路径（Ryckman，2005），如图 2-8 所示。

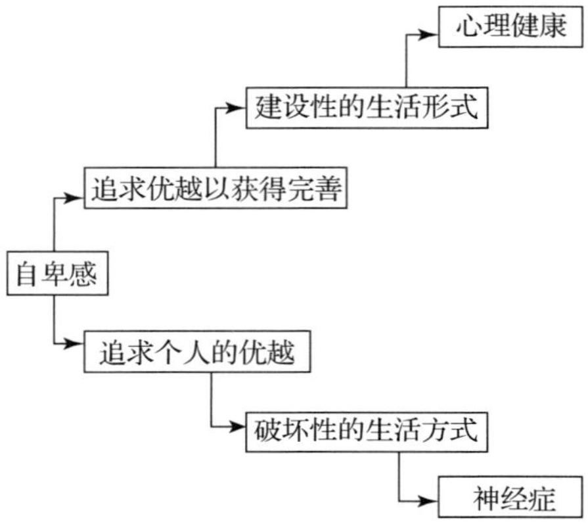

图 2-8　自卑的不同发展路径

二、社会兴趣

阿德勒提出的社会兴趣观念得到了之后研究者的广泛关注，他们发展出了不同的测量工具，如《社会兴趣量表》（Social Interest Scale，SIS），以验证阿德勒的社会兴趣这一人格特征。他们的研究结果与阿德勒的理论观点是一致的。

研究发现，社会兴趣高的人比社会兴趣低的人在利他、可信度、社会正义、助人等方面表现得更好，抑郁、焦虑、孤独、自恋、敌意等负面情绪更少（Watkins，1994）。研究还发现，社会兴趣与个人幸福感呈正相关（Crandall & Reimanis，1980），和社会心理适应呈正相关（Crandall & Lehman，1977）。在家庭伴侣关系中，具有高社会兴趣的人更尊重和关心自己的伴侣而不是满足私欲（Leak & Gardner，1990）。

第五节　理论应用

个体心理学基本上是一种个体成长模式，而不是医疗模式，故可以使用于不同领域，包括儿童辅导、父母教育、婚姻咨询、家庭咨询、团体咨询、儿童与青少年个别咨询、文化冲突、矫正与咨询等。而其原则也广泛应用在药物滥用防范计划、消除贫弱与犯罪等社会问题、老年人问题、学校制度、宗教以及商业中。

一、教育应用

阿德勒对自己的理论应用在教育上特别感兴趣，较重视如何矫正那些生活形态有错误的学童。通过教师预防和矫正学童基本错误的方法，可以提高人们的社会兴趣及心理健康程度。阿德勒热衷于把他的理论应用在教育上，特别是找出一些方法去矫治学童错误的生活方式。他开发出一种教育程序，用以辅导学生团体、教育父母与老师。在矫正儿童的基本错误时，他特别重视提高社会兴趣与维护心理健康。

（一）儿童辅导

阿德勒一生中对儿童辅导的工作不遗余力，更是第一位以团体方式进行儿童辅导的心理学家。他强调从儿童整体的环境来看儿童的行为，要了解儿童行为的目的而非原因。阿德勒学派认为社会兴趣从一开始就影响儿童人格的发展，任何适应上的问题都与儿童如何在团体中寻找归属感、发展社会兴趣有关。社会适应不佳的儿童无法与他人合作，缺乏团体归属感，会以错误的行为目标来证明自己的重要性。儿童自出生就在团体中，大部分儿童的第一个团体经验是从家庭中获得的，然后慢慢地从家庭进入同伴团体。儿童从这两个地方学习语言和沟通表达，并为自己找到自我价值的定义。不论儿童有没有参与其中，团体对儿童确有影响，所以团体咨询对儿童问题是最好的选择。

阿德勒学派的儿童辅导强调父母与教师需同时了解儿童的行为目的与如何正确反应儿童的偏差行为。因为儿童没有成人的照顾无法单独成长，父母在儿童生命最初的五年里有重大的影响力，而教师则在学期间对儿童深具影响。儿童接受辅导的时，父母与教师共同的协助将产生事半功倍的效果。除此之外，父母与教师的协助，不仅可以帮助家长学得正确亲子教育的技巧，以赢得孩子的心，还可以帮助教师以心理学的观点了解教室中儿童行为的目的及处理方法，提高教室管理的效率。

(二) 父母教育

父母教育是阿德勒学派的主要贡献之一。父母教育的目的在于通过增进亲子的了解与接纳，从而改善亲子关系。阿德勒认为孩子社会兴趣最初来自与父母的关系，最初建立起的亲子关系，会影响孩子之后社会兴趣发展的品质。因此，阿德勒强调先教育父母，再培养孩子。父母学会简单的阿德勒理论后，可以在家中好好应用，例如，了解孩子坏行为的目的、如何倾听孩子说话、协助孩子接受行为的后果、召开家庭会议以及运用鼓励等。

二、心理咨询

阿德勒的理论可以运用到许多心理问题的咨询中，说明个体的许多心理问题。阿德勒的理论在心理咨询领域的广泛应用是被认可的。

(一) 婚姻咨询

婚姻咨询目的不在于指出谁是错误的一方，而是协调双方生活方式之间的互动，促进沟通与合作。夫妻将会学到的一些技术，包括倾听、复述对方的意思，提供回馈，讨论，列出期望，做家庭作业以及欲擒故纵法等。咨询中还可能用到其他方法，包括心理剧（角色扮演）、书籍阅读治疗(提供一些书让夫妻一起研读，并指出书中的重点)、说故事、幽默以及澄清角色。

(二) 家庭咨询

阿德勒学派一向重视家庭动力、整体论和治疗者随机应变的弹性，这些观点都成了家庭治疗的重要基础。治疗过程较注重家庭气氛和家庭成员互动。家庭气氛是指父母之间的关系特色，以及他们对生活、性别角色、竞争与合作等所抱持的态度。

气氛包括父母所提供的自身榜样，会成为儿女的学习对象且对儿女成长影响很大。因为行为具有社会性意图，所以咨询师会去注意各个家庭独特的互动关系。治疗过程中，要让家庭中每一个成员察觉到彼此的互动情形，治疗师必须了解每个家庭的目标与信念，并视家庭为自己能运作的实体。

（三）团体咨询

阿德勒个体心理学主张人是社会性的存在，人类所有的沟通、行为和感觉都是为了要在团体中找到自己的定位。团体可以凸显成员的内心冲突与适应不良的性质，并提供矫治的影响力。因此，阿德勒的理论常应用于团体心理咨询和治疗领域。

早在 1921 年，阿德勒就以团体辅导的方式来推动维也纳儿童辅导中心的业务。合作伙伴的德莱克斯则加以推广，并将此法在他私人的诊所中应用达四十年。起初这样做一方面是基于他个人的特质，另一方面是为了节省时间，但很快他就发现了团体辅导的其他优点。因为人们的问题与冲突均带有社会性，所以在团体中不仅能凸显人们的内心冲突与适应不良的性质，而且能提供矫治的影响力。自卑感在团体中接受挑战后可以有效地被消除。导致社会问题和情绪问题的错误信念和价值观在团体中也会动摇，因为团体是形成价值观的媒介。

第六节 理论评价

一、理论贡献

阿德勒从弗洛伊德的经典精神分析阵营独立之后，建立了自己的理论体系。阿德勒的理论因平实易懂、积极乐观而被广大的心理学工作者接受，对心理学的发展有着巨大的贡献。

阿德勒提出了人本主义的人性观，认为人能够主宰自己的命运，不必受命运支配，人具有利他思想、充满博爱，具有合作性、独特性和觉察性。阿德勒更多地看到了人类利他的本性和行为倾向，即具有社会情感、追求优越感，力图创造出有价值的自我，鼓励人生积极进取，相信人生积极的一面。

阿德勒认为意识是人格的中心，人是一个自我意识的个体，能充分了解自我实现的意义，从而计划并指引自己的行为。人类生来就有一些基本需求，这些需求会形成有目标的导向力。个体可以在自主意识之下决定自己的生活。

他认为人是天生的社会动物，人的行为受社会驱力推动，而社会兴趣是人格形成的要素。这使心理学者注意到社会因素的重要性，促进了社会心理学的发展。他修正了弗洛伊德的理论中过分偏重性本能的观点，认为一个人满足需要的方式取决于他的生活风格，或者取决于社会文化，动摇了“性”在人格上的统领地位，从弗洛伊德的泛性论中解脱了出来。这对于后来的新精神分析影响深远。

阿德勒强调人格的独特性和整体性。他认为每一个人都是动机、特性、兴趣与价值的独特组合；一个人的一举一动都代表着他个人特有的生活风格。他认为一个人满足性需要的方式取决于生活风格（社会文化）而非生活风格取决于性的满足方式，这使许多人从弗洛伊德的泛性论中解脱出来。

阿德勒首创的创造性自我的概念对于精神分析理论而言是相当新颖的，有助于补偿经典精神分析理论过分的“客观主义”。阿德勒的这一自我观念对现代人格理论学者来说具有重要的启发和引导意义。

阿德勒对于当代治疗实践的贡献相当的大。他的影响超越了个别咨询的领域，带动了社区心理卫生运动。他的许多基本想法影响了其他治疗学派，如家庭系统疗法、格式塔疗法、现实疗法、理性行为疗法、认知疗法、个人中心疗法以及意义疗法。

二、理论缺陷

虽然个体心理学已经经历过进一步的发展与提炼，但阿德勒许多原创性的基本假说难以实证。他的某些基本观念具有全球通用的性质，但定义却不明确，例如，追求优越、创造性自我以及自卑情结等概念。

批评者认为他大部分的理论均根据常识般的心理学知识，且复杂的观念过度简化。首先，他把为克服自卑感而追求优越视为个体发展的唯一动机，过于简单绝对。其次，补偿作用为反抗自卑感而来，解释太过消极。最后，阿德勒虽然重视社会环境对人格的影响，但只论述了家庭环境这一有限的社会环境，过于局限，并未触及社会的本质。

第四章　经典精神分析各理论的比较

一、荣格与弗洛伊德人格理论的比较

首先，在对人的意识水平的分析方面，两人存在差异。弗洛伊德将心理活动分为意识、前意识和潜意识，认为潜意识是人类活动的根源力量所在。荣格也十分重视潜意识的作用，但其包含的范围相对广泛，除个体潜意识外，还有集体潜意识。弗洛伊德的潜意识里只有非理性的成分，而荣格的集体潜意识是心理能量和智慧的根源，比较具有积极性。

其次，在对力比多实质的理解上，二人不尽相同。在弗洛伊德的理论中，力比多代表着性欲本能，而荣格反对弗洛伊德的泛性论，他认为力比多不是性欲的来源，而是一种普遍的生命力。

最后，在对人格形成的解释上，荣格认为人类行为是由个人及种族的历史和对生活的期望共同形成的。也就是说，一个人的行为同时受到过去和未来的影响。而弗洛伊德的理论则认为一个人的行为就是受过去的影响。

不过，虽然荣格与弗洛伊德在理论观点上有所差异，但在一些关键的概念和论点上仍然存在共同点和紧密联系。因此，可以说荣格并没有完全“背叛”弗洛伊德和精神分析，而是在批判继承的基础上修正和发展了精神分析。

二、阿德勒与弗洛伊德人格理论的比较

阿德勒虽然旗帜鲜明地反对弗洛伊德，但其理论渊源仍受到了弗洛伊德的诸多影响。例如，阿德勒提出的自卑超越方式，本来弱势的一面反而成为心理上力求得到补偿的源泉，这个观点和弗洛伊德提出的人对不完全的性发展会采取补偿的观点有异曲同工之妙，可以说是继承了弗洛伊德的观点。此外，阿德勒还提出了与“阴茎妒羡”有些类似的“男性钦羡（男性反抗）”，但和弗洛伊德只认为女性羡慕男性的观点不同的是，他认为不论男女都有一种要求强壮有力的愿望，以补偿自己不够男性化的感觉，目的是为了摆脱自卑。

不过，阿德勒更多时候还是作为弗洛伊德的对立面出现的，二者在相当多方面存在分歧。

阿德勒和弗洛伊德最大的不同在于阿德勒认为人性是善良的，人生来就具有社会兴趣、社会情感，懂得和睦相处，因此具有热诚忍让之心。人还要努力追求优越，结合各种经验来确定行动目标，创造出独特的自我，因此他的理论鼓励人积极进取，相信人生的积极面。而弗洛伊德则对人性持悲观的看法，主张人生的两种本能——“生本能”和“死本能”，前者要追求性的满足和个体的各种生理满足，后者主要是满足攻击、破坏以及最终自我毁灭的需要。因此，两人的人性观是截然相反的。如果说弗洛伊德指出了人类隐含的近乎自私的本性和行为倾向，即逃避紧张焦虑、寻求快乐和满足的消极一面，那么阿德勒则更多地看到了人类明朗利他的本性和行为倾向，即具有社会情感、追求优越感，力图创造出有价值的自我，关心社会福利和发展等积极的另一面。

思考题：

1. 简述经典精神分析理论人性观的发展。

2. 论述弗洛伊德对于人格结构及其动力过程的观点。

3. 阐述荣格分析心理学人格理论的特色。

4. 阐述阿德勒个体心理学人格理论的主要贡献。

5. 比较弗洛伊德、荣格、阿德勒人格理论的异同。

6. 举例说明经典精神分析理论对心理学研究与应用的贡献主要体现在哪些方面。

第三编　新精神分析学派

每一个理论的创始人都希望自己的理论可以长盛不衰，成为人类永远的遗产。但很显然这是不太可能的。因为一个理论只要尚未消亡，就不可避免地要面对批评、怀疑和新的思考。弗洛伊德创立的精神分析学派及其理论就是一个例子。随着时代的进步和发展，它一统天下的局面被打破，许多富有创造力和洞察力的心理学家开始探索精神分析的新道路。他们发展自己的人格理论，创立自己的心理学派，不过由于他们保留了弗洛伊德理论的基本概念与假设，因而被统称为新精神分析学派(neo-Freudian)。

新精神分析学派的产生背景

在第一次世界大战后，经典精神分析学说经历了一场危机，从而失去了在心理治疗方面的垄断地位。申请到精神分析研究机构接受培训的学生越来越少，向精神分析学家寻求帮助的来访者也逐渐减少。尽管弗洛伊德本人不断地补充和发展精神分析理论，但还是没能力挽狂澜。大量医生对精神分析的滥用，以及各种新的疗法(行为主义疗法、存在主义疗法等）的兴起，使得在1920年前后，经典精神分析学派陷入了危机。

造成这一危机的真正原因恐怕还不止这些。弗洛伊德提出精神分析理论是在英国的维多利亚时代，性压抑是当时社会的突出问题。此时弗洛伊德从反叛传统人类文明、解决性压抑的角度提出了激进的经典精神分析理论，的确不啻为一场革命。但随着两次世界大战爆发和经济危机席卷整个资本主义国家，人类的处境发生了巨大变化，原来的社会束缚被打破，科学技术迅速发展，科技理性急速膨胀，整个社会呈现出一种新的病态心理景象，即生活的无意义感、精神异化、焦虑、孤独、恐惧和忧郁。对此，经典精神分析理论已明显力有不逮。另外，弗洛伊德及其追随者都逐渐停滞下来，由激进转为顺从，希望得到人们的尊敬而不是创造出更为先进的理论。

19世纪末，社会学、人类学相继成为独立学科，此类学科认为人是社会的产物，人的行为主要是由其生长的社会文化环境所塑造的。一部分心理学者受这一思潮的影响，纷纷对弗洛伊德理论的一些观点提出质疑。社会学科的发展逐渐冲淡了弗洛伊德所强调的性及本能因素，于是强调以社会文化因素作为人类精神生活基础的新精神分析理论便应运而生。

20世纪30年代后期，新精神分析学

派从经典精神分析学派（弗洛伊德主义）分化出来。它反对以本我心理学为核心。以泛性论为动力的生物主义和悲观主义，突出自我心理学、文化人类学、社会学的重要价值和乐观主义精神。新精神分析学派把经典精神分析理论进一步从生物学、心理学领域转向社会学领域，肯定了社会文化因素对人类行为的重大影响。

在新精神分析学派中，霍妮、弗洛姆、沙利文和艾里克森提出了比较有影响的社会文化学派及自我心理学的理论观点。他们对经典精神分析理论进行了修正，展现出了一种清新的理论魅力。

表 3-1　新精神分析与经典精神分析理论的区别

理论要点	经典精神分析	新精神分析
人格结构	本我	自我
人格动力	内心冲突	社会文化、人际关系问题
人格影响	童年经验	社会文化影响与主观奋斗
人格发展	性心理阶段	终身发展

第一章　霍妮的人格理论

第一节 生平事略

Karen Horney（1885—1952）

卡伦·霍妮出生于德国汉堡郊外的一个小村庄。她的父亲是一名水手，同时也是一个刻板的教徒和严厉的独裁主义者。她的母亲聪明美丽、思想开明、作风自由，是一个在当时的男性社会中显得颇具叛逆性格的女人。因此，她的父母时常发生激烈的冲突。霍妮有一个同父同母的哥哥，以及父亲之前的婚姻留下的几个哥哥姐姐。复杂的家庭关系和父母之间紧张的关系使得霍妮的童年很不快乐，她瞧不起父亲，并对他将宗教感情强加于全家人的做法深恶痛绝。

对儿时的霍妮来说，母亲的爱与关怀是她唯一的快乐。如果没有母亲的支持，她想成为一名职业女性的愿望绝不可能实现，因为父亲认为这种机会只应该属于她的哥哥。12 岁那年，霍妮决心要进入医学院学习，而她的母亲也最终说服了父亲让她去上大学。1913 年，霍妮获得了柏林大学的医学博士学位，当时能够得到这一学位的女性寥寥无几。在大学里，她遇见了奥斯卡·霍妮（Oscor Horney），两人在 1909 年结婚，并育有三个女儿。不过这段婚姻未能长久，由于两人志趣不和，再加上第一次世界大战之后奥斯卡的生意破产，20 世纪 20 年代两人开始分居，并在 1939 年正式离婚。

1918 年，霍妮加入柏林精神分析研究所，开始了她的职业精神分析师生涯。1932 年，为了躲避纳粹对犹太人的迫害，她迁居美国芝加哥。1934 年，她加入纽约精神分析研究所。对于霍妮来说，人生的考验才正式开始，由于她提出的精神分析理论与传统的弗洛伊德的精神分析理论有着显著的区别，引起了保守的精神分析学者的强烈不满，她被视为一个离经叛道的人物。终于，在 1941 年，他们投票将霍妮解职。不过，这并没有使她屈服，离开纽约精神分析研究所之后，她立即创办了自己的美国精神分析研究所（弗洛姆和沙利文都曾是其中的成员）（见图 3-1）。从此以后，以综合社会文化因素和积极的人性观来研究心理冲突的模式在全世界范围内流行，她的著作极为畅销，她的研究所门庭若市，霍妮获得了巨大的成功。1952 年，霍妮因癌症在纽约病逝。

图 3-1　坐落在纽约的凯伦·霍妮诊所

在别人眼中，霍妮是一个性格复杂的人，她身上并存着坚强与脆弱、同情与冷漠、专横与谦卑、领导与顺从等诸多互相矛盾的特点。事实上，霍妮从小貌不惊人、资质平平，内心潜藏着深深的丑小鸭似的自卑，孤僻的性格使她很少向别人诉说自己的情感和经历。她从 13 岁开始写日记，一直写到 26 岁，日记记录了她真实的内心世界——一个年轻的、备受煎熬的、焦虑的灵魂。霍妮终其一生与严重的抑郁症做斗争，甚至还曾企图自杀。为此她接受精神分析的治疗，也进行深入的自我分析，这些个人经历对她后来提出的女性心理学以及神经症的观点都有影响。

霍妮共出版了 6 部著作（最后一本是她死后由学生将其遗作集结出版的），分别是《现代人的神经质人格》(*The Neurotic Personality of Our Time*, 1937)、《精神分析的新方向》(*New Ways in Psychoanalysis*, 1939)、《自我分析》(*Self-Analysis*, 1942)、《我们内心的冲突》(*Our Inner Conflicts*, 1950)、《神经症与人的成长》(*Neurosis and Human Growth*, 1950)、《女性心理学》(*Feminine Psychology*, 1967)。

第二节 理论观点

霍妮的人格理论是在批判和修正弗洛伊德的一些基本概念的基础上，建立起来的社会文化观点的精神分析理论。根据自己在美国社会生活和工作的经验，霍妮慢慢地意识到弗洛伊德并没有充分地重视文化对人的影响。她觉得一个社会，包括它所设立的各种规范和标准，都可能促使人做出病态的行为。再加上她所诊治的病人中并没有多少是因为性压抑而遭遇挫折的，反而多数面临着找工作、竞争压力等困扰。因此，霍妮相信社会是人格形成的原因，也就是说，人格是在社会关系、文化背景以及人际交往中形成起来的，本能并非是人格形成和发展的关键因素，这也是精神分析的社会学派的核心观点。霍妮认为自己的工作主要集中在三方面：神经症的研究、精神疾病的治疗和女性心理学。之后将逐一介绍她在这些领域中的观点。

一、人性观

霍妮对人的本性持一种积极乐观的态度，她认为我们每个人都在努力发展着自己独特的潜能。然而人格会受到文化因素的强烈影响，当我们积极成长的内在力量受到外界社会力量阻碍时，病态的行为就有可能出现。

二、人格结构

霍妮没有沿用弗洛伊德的本我、自我、超我的人格结构论，而是把人格看成完整动态的自我（self），这里的自我并非弗洛伊德所说的作为人格一部分的自我（ego），而是人自身。自我有三种基本的存在形态。

（一）现实自我

现实自我（actual self）是指个体在此时此地拥有和表现出来的一切存在的总和。它包括身体的和心理的，正常的和神经症的，意识的和潜意识的，它是个体经验的集合，相当于我们常说的自我概念。

（二）真实自我

真实自我（real self）是指个体的潜能，是个体得以生长发展的主要内在力量。人的一切能力或成就，都是从真实自我发展来的，它是人性成长的根源。每个人身上都具有这种力量，但是表现各异。不过只要个体的身体机能正常，生长的环境适当，就能够由真实自我的力量发展出健全的人格，因此霍妮也将真实自我称作可能的自我（possible self）。

（三）理想自我

理想自我（idealized self）是指个体为了逃避内心冲突，寻求合理统一，而凭空在头脑中设想的一种不合理的自我形象，是纯粹虚幻、不可能实现的。理想自我实际上是一种病态的自我，霍妮认为它是形成神经症或变态人格的主要原因。理想自我又被称作不可能的自我（impossible self）。

每个人都存在着真实自我和理想自我之间的差异。正常人的真实自我和理想自我不会有太大的差异，二者的关系也是动态性的；而对于神经症患者来说，二者之间的关系是不变的、存在很大差异的。

第三节 研究主题

霍妮将研究主题指向人类的焦虑。焦虑会导致神经症，她进而提出了神经症理论。

一、基本焦虑和安全感的追求

霍妮认为，人生最根本的奋斗是对安全感的追求，当人处于焦虑情境中时，对安全感的渴望就特别强烈。霍妮认为，个体强烈的不安全感是其最痛苦的经验，由此她提出了“基本焦虑”（basic anxiety）。那是一种独自面对严重问题且完全无助的感受。感到无助是儿童遇到的基本问题，因为儿童还未发展出一套应付环境和满足自己需要的有效方法。

霍妮认为，社会文化的矛盾所造成的人际关系困难是神经症形成的决定性因素。童年时期的家庭成员之间混乱的人际关系，更是神经症的根源所在。儿童的基本需要是获得生理上的安全和满足，这些都必须依靠成年人的帮助才能实现，所以如果父母不能给予孩子真诚的爱，只专注于解决自身的神经症需要的话，就会造成孩子的不安全感。霍妮特别提到了父母的一些不恰当表现，统称为“基本罪恶”（basic evil），包括专制、过度保护、过度溺爱、羞辱嘲弄、残暴无情、完美主义、反复无常、偏心、忽视、冷漠、不守信用和不公正，等等。父母如果经常表现出这类行为，就会使孩子产生“基本敌意”（basic hostility）。然而由于孩子弱小无助，为了生存，他必须压抑对父母的这种敌意，于是儿童就会不幸陷入既依赖父母又敌视父母，还必须压抑这种敌视的艰难处境。久而久之，基本敌意和对敌意的压抑会使个体感受到深深的焦虑，这是一种自以为渺小、无依无靠、无奈无助、无能为力，生存在一个充满欺诈、背叛、嫉妒、怨恨和暴力的世界中的感受。这种无时无刻不在心中累积、不知不觉四处蔓延渗透的孤独无力感无疑是一块随时都有可能滋长出神经症的沃土，在神经症的形成过程中起着决定性的作用。

饱尝基本敌意和基本焦虑的个体不可避免地会把敌意泛化，他们会觉得世界上的一切事物和人都是一种潜藏的威胁，自己仿佛是独自身处战争之中。于是他们不再根据自己的真实情感与人交往，不再用简单的喜欢或不喜欢、信任或不信任来表达自己，而是用各种自认为安全的方式努力把对自身的伤害减到最小。健康人格自我实现的要求就被强烈的安全感需求所取代。

二、神经症理论

霍妮相信每个人的人格都具有建设性和破坏性的力量，但是在神经症患者的人格内，破坏性的力量占优势，表现为神经症需要和神经症冲突。

（一）神经症需要

个体体验到的基本焦虑越深，对于安全感的渴望就越强烈。为了减轻这种痛苦，个体常会采取一些病态的策略来避免焦虑。霍妮在《我们内心的冲突》一书中列举了10种常见的防御策略，并把它们称作“神经症需要”（neurotic need)。神经症需要具有4个特征：强迫性的、被过分夸张的、极端化的、永远无法满足的。

1. 对关怀和赞许的神经症需要

表现为极其希望获得他人的关爱和认可，因而会不加选择地取悦他人，主动地迎合他人的期望并遵照这种生活，习惯性地抬高别人、贬低自己，视他人的意愿高于一切，害怕别人对自己产生敌意，也害怕自己对别人产生敌意。

2. 对支配自己生活的伙伴的神经症需要

表现为完全以伙伴为中心，希望他主宰自己的生活，并为自己承担所有的责任，害怕被抛弃，害怕背叛、无助和孤独，觉得爱的力量是无穷的，可以解决一切问题。

3. 对权力的神经症需要

表现为相信强权的力量，渴望支配别人，盲目追求权力，享受别人对自己的顺从，不尊重人性，蔑视弱者，害怕自己会掌控不了局面，害怕自己软弱无力。

4. 对剥削和利用他人的神经症需要

表现为与人交往具有工具性的特征，评价一个人的主要根据是他的可利用价值，以剥削和利用别人为乐趣，一切东西（包括思想和情感）都可作为剥削利用的对象，特别看重金钱，甚至达到痴迷的地步，最害怕自己被别人利用。

5. 对地位和尊严的神经症需要

表现为完全依照被别人赞许的多少来评价自己，依据社会声誉来评价别人，极度渴望获得声望和社会的承认，不惜以反传统的方式去获得别人对自己的羡慕和赞扬，害怕失去社会地位。

6. 对自我崇拜的神经症需要

表现为自恋，过分夸赞自己，需要被别人恭维，依靠别人的称赞生活，不依靠真实的自我形象来赢得赞誉，害怕失去别人的称许。

7. 对非凡成就和个人野心的神经症需要

表现为执着地追求至高无上的成就，生活目标就是击败别人、成为最强者，担心失败，害怕被别人超越，以不如别人为耻辱。

8. 对限制自己人生的神经症需要

表现为很容易满足于一点点成就，对

生活没什么奢望，在人群中不喜欢引人注目，总是保持沉默、谦虚，甚至贬低自己的才能以保持从属的地位，生活节俭，压抑物质欲望，害怕向别人提出要求，害怕自己产生或者表达出任何奢求。

9. 对自给自足、独立自主的神经症需要

表现为追求绝对的自由，拒绝任何人、任何形式的束缚，不接受别人的帮助，不受别人的影响，习惯于疏远和逃离人群，害怕需要别人，害怕约束和亲密的关系。

10. 对完美无缺的神经症需要

表现为追求完美，不能忍受自己暴露缺点，以形象的完美无缺来维系自身的优越感，对于可能存在的缺点会反复地思索和自责，害怕出错，害怕受到批评和指责。

每一个人都有追求赞赏、伙伴、权力、成就、自由和完美等的需要。以上 10 种需要的内容本身并非神经症的表现，但是因为有些人盲目且偏执地追求其中的一种或几种，陷入一种强迫的、不由自主的和无法自拔的地步，且不能够根据实际情况主动地变更或者修正自己的目标，所以才成为了神经症的表现。

（二）神经症人格

霍妮认为，神经症需要决定了神经症的人格，具有某种神经症需要的人在与人交往时会形成某种特定的行为方式，她把上述 10 种神经症需要分别对应 3 种神经症的人格倾向和行为方式。

1. 亲近他人与顺从型人格

具有前两种神经症需要的人属于顺从型（the compliant type）人格，会形成亲近他人（moving toward people）的行为方式。这种类型的人小时候可能被父母控制得很严，为了生存和获取满足，他们会用尽各种办法取悦父母。长大以后，他们也一样试图去博取重要人物的喜爱、同情与接纳，以换取更多的恩惠，他们所要做的事情就是顺从、友好、合作和极度依赖，通过别人的保护暂时从不安全感和焦虑中解脱出来。这种方式从某种程度上来讲的确很有效，而且善用自谦也是一种美德。然而，霍妮注意到如果这种行为方式发展得过于极端，就可能是神经症性的，会阻碍人格的成长。因为个体要想永远可爱、友善、服从，势必要压抑甚至放弃自己的某些利益和需要，这样完全被动和毫无原则的配合，难免会损害个体的正常发展和机能，而且会被别人瞧不起。另外，他们不加选择地与所有人亲近，结果却总是孤独、无助，发展不出深层的人际关系。他们获取别人爱的方式并非爱别人，他们不给予，只是得到；不分享，只是索取，这样的人际关系是注定会失败的。

2. 反抗他人与攻击型人格

攻击型（the hostile type）人格的行为方式是反抗他人（moving against people），这类人对权力、剥削、地位、自我崇拜和野心等有神经症的需要，即第三至第七种神经症需要。童年的经历使这类人发现，只要为自己想要的东西奋战到底，就可以打败父母，让别人顺从自己，满足他们的要求。稍大一点后，他们就用压迫和伤害别的小朋友的方法来平衡自己的不安全感，获得了一些尊敬和权力，但却得不到友谊。长大以后，他们仍保有原有的敌意。对他们来说人生就像是达尔文笔下的原始丛林，适者生存，优胜劣汰，只有先发制人，控制和主宰别人，才能获取自身的安全。但是，要想永远占上风，也必须付出一些代价，为了绝对地支配别人，他们决不允许自己暴露出一丝人情味，即便察觉到别人不喜欢自己，也不肯改变。在他们眼中，爱是可笑的东西，人与人之间都是利用和被利用的关系，他们以此来否认内心的虚弱，其实他们自己也十分痛苦。

3. 逃避他人与退缩型人格

具有后三种神经症需要的人采取的行为方式是逃避他人（moving away from people)，霍妮把他们归为退缩型（the detached type）人格。和前两种人不同的是，儿时经验告诉他们，对付父母的最佳办法是避开他们。比如，父母的管教方式总是不一致，为了避免成为冲突的牺牲品，他们选择站在一旁，与双方都孤立起来。长大以后，他们依然将自己封锁在自我的世界之中，认为没有人需要自己，自己也要保持独立自足，以确保不需要别人。他们与所有的人保持距离，逃避爱情、同情、友情和其他一切可能发生的感情。因为亲近的人际关系可能会引发童年痛苦经历的回忆，而离群索居就不会受到伤害。霍妮形容这些人就像是独自住在旅馆里，房间的门上永远挂着请勿打扰的牌子。

在某种程度上，上述三种神经症的行为方式的确可以暂时逃避焦虑，但最终会导致更多的问题。正常人也会使用这些方式，但会根据环境的变化将三种行为方式加以整合，寻求最有效的策略，既能顺从，又能反抗，也能回避，三者互相影响，互为补充。但是神经症的患者缺乏变通的能力，总是固执地使用一种行为方式，而否认或压抑其他两种，最后不仅不能够克服焦虑，反而会陷入更深的焦虑。

（三）人生取向

3 种神经症的行为方式继而又会发展为 3 种人生取向，或称生活方式，它们也是解决个人问题的方式。

1. 自谦（self-effacement），是一种“爱的渴求”的人生取向，表现为贬低自己、自卑、渴求爱，对应亲近别人的行为方式。

2. 夸张（expansion)，是一种“征服一切”的人生取向，表现为美化自己、自信好胜、希望征服一切，对应反抗别人的行为方式。

3. 退却（resignation)，是一种“渴求自由”的人生取向，表现为放弃努力、逃避冲突、寻求自给自足、追求自由，对应逃避别人的行为方式。

表 3-2 列出了 10 种神经症需要，以及它们与 3 种神经症人格、行为方式和人生取向的对应关系。

表 3-2　10 种神经症需要以及相应的神经症人格、行为方式和人生取向

神经症需要	神经症人格	行为方式	人生取向
关怀和赞许	顺从型	亲近他人	自谦
支配自己生活的伙伴	顺从型	亲近他人	自谦
权力	攻击型	反抗他人	夸张
剥削和利用他人	攻击型	反抗他人	夸张
地位和尊严	攻击型	反抗他人	夸张
自我崇拜	攻击型	反抗他人	夸张
非凡成就和个人野心	攻击型	反抗他人	夸张
限制自己人生	退缩型	逃避他人	退却
自给自足、独立自主	退缩型	逃避他人	退却
完美无缺	退缩型	逃避他人	退却

（四）神经症冲突

神经症冲突的特点是存在对抗，各种人格成分你争我夺。这时人会被内在的敌对力量撕得支离破碎，心灵无法安宁，被挫折、紧张和不安包围，不能有效地发挥自己的潜能。冲突最悲惨的特征是，当一个人在追求完美和人生的最佳目标时，自身却被神经症需求和内心冲突摧毁，以无效率甚至是自我摧残的方式来满足需要，到最后大多数的基本需要都无法满足。霍妮特别关注两种内心冲突：一是真实自我与理想自我的冲突，二是 3 种行为方式（亲近他人、反抗他人、逃避他人）之间的冲突。

1. 真实自我与理想自我之间的冲突

或许我们感觉别人都很喜欢自己，但是事实上并非如此。正常人可以接受这种不一致，并用真实自我的建设性力量去缩短这种差距，或者修正理想自我的不现实性，以保持二者之间的和谐统一。但是神经症患者的理想自我往往脱离了真实自我提供的发展可能性，他们拒绝修正，否认、歪曲、掩饰这些不和谐的信息，自欺欺人地维护美好的自我形象。在理想自我的控制下，神经症患者产生出许多对自己不切实际的期望，霍妮称之为“应该（shoulds）的专制”，正常的需要就变成了对自己、对别人不切实际的强求（claims），将“我希望人们喜欢我”，转换为“我有权利要人家喜欢我”“我值得受每个人所喜爱”“我不受人喜爱是不公平的”。“应该的专制”源于个体虚假的自负系统（pride system），是个体对自我的完美化期望。例如，个体认为“自己应该是完美的妻子、丈夫或员工”，隐含的意思是强求自己盲目地顺从所有人；觉得“自己应该永远不会受到伤害”，隐含的意思是强求所有的人都爱自己。强求肯定是不可能实现的，

但个体用诸如此类的方式来获取假想的成功和荣耀，以回避冲突带来的痛苦。

2.3 种行为方式的冲突

内心冲突的另一个根源是 3 种行为或生活方式的冲突。神经症患者强迫性地使用一种方式，而压抑其他两种方式，但是受压抑的方式也可能自发地起作用，与患者所选择的方式发生对抗。例如，退缩型的人会产生自给自足和与人合作之间的冲突，他希望独来独往，不与任何人发生联系，可是他又不可能完全回避各种社会关系，仅靠一个人去完成所有的事情。此外，他本身许多需要的满足也必须涉及其他人，如爱情、友谊和性，因此他就不得不去依赖其他人。这时他所选择的逃避他人的生活方式就与不可避免的亲近他人的需要发生了冲突，导致了他内心的痛苦和煎熬。

至此，我们可以看出霍妮神经症理论的总体思路：个体生活在矛盾的社会文化与混乱的人际关系之中，因为缺乏安全感而产生基本焦虑，为了克服基本焦虑而产生神经症需要，发展出相应的神经症人格与行为方式，并陷入神经症冲突之中，导致了新的焦虑。神经症患者就是在潜意识当中经历着这种恶性循环。

三、心理顺应方式

霍妮将亲近他人、反抗他人和逃避他人作为人类主要的心理顺应方式（auxiliary approaches），它们渗透在个体的全部生活中。她同时还提出了 8 种次级顺应方式，这些心理顺应方式仅在有限的范围内使用。霍妮的心理顺应方式与弗洛伊德的心理防御机制十分相似。

（一）盲点

盲点（blind spots）是对某些经验的否认与忽视。当某些经验与个人理想自我不相吻合时，个体可能会忽视它，以防止它对个人价值结构产生破坏。例如，当一个人自认为是一个失败者时，他会忽视曾有的成功经验。

（二）间隔区划

间隔区划（compartmentalization）是按照不同的法则把个人生活区分为不同的适用部分，每项法则都有它特定的适用范围。例如，夫妻间的亲密行为只适用于家庭生活中，而不适用于工作环境；教师在学校要对学生尽教育之责，但如果在家庭中还好为人师，处处教训其他家庭成员，就不太恰当。

（三）合理性

霍妮对合理性（rationalization）的解释与弗洛伊德相同，她认为这种顺应方式能给自己提供一个“合理”的理由，为引发焦虑的行为开脱。

（四）极度的自我控制

极度的自我控制（excessive self-control）是通过控制一切情感流露来防范焦虑的产生。例如，一个试图显示威严的领导，会一天到晚板着面孔，对任何事物或人都不显露情绪反应。

（五）外化

外化（externalization）是一种把责任推向外部因素的防卫方式。个体认为任何重大影响都来自外部作用，所以个体不再为自己承担任何责任。例如，一个考试失败的学生会把责任推给老师，认为是老师没教好，而不是自己没学好。

（六）武断的正确

武断的正确（arbitrary rightness）是指在不确定的环境中做决策时，为了迅速结束争议状态而武断地选择其中一种对策的顺应方式。一旦这样做了，个体就会认为所选择的决策就是正确的，也就不会被不同意见缠绕了，不需要再去思考孰是孰非，一切争议就此烟消云散。

（七）逃避

逃避（elusiveness）是一种不做决策的做法。当面临两种或多种选择时，一个人可能会放弃或推迟所有选择，以逃避无法抉择的状态。这种做法和武断的正确是相对的。采取这种方法的人从来不为任何事情做决策，不敢对任何事情承担义务，因此他也不会犯错误，也不会遭受批评或指责。

（八）犬儒主义

犬儒主义（cynicism）是通过否定事物价值而为自己的放弃开脱的防御方式。犬儒主义是一种愤世嫉俗的人生态度，对任何事物都缺乏信任感。霍妮认为，这种顺应方式源于对挫败感的惧怕。例如，一个恐惧高考失败的学生，会通过否定高等教育的价值而放弃高考，他会认为不必花费如此大的精力去实现毫无价值的目标。

正常人与神经症患者都会使用上述心理顺应方式，但二者的差异在于使用程度的不同。正常人能够依据不同情况来选择不同的顺应方式，而神经症患者则会过度使用其中某一种或几种方式，从而降低了解决问题的有效性。

第四节 理论应用

一、女性心理学

作为 20 世纪 30 年代的精神分析学者，霍妮发现自己所处的是一个男人的世界。弗洛伊德所描述的女性形象是卑劣的，远远不如男性。弗洛伊德认为女性因为自身的人体结构，所以注定要具有某种人格特征，如矛盾情绪。霍妮是第一个对弗洛伊德的“人体结构就是命运”的观点提出批判的人。对应于弗洛伊德的“阴茎妒羡”的观点，霍妮提出了“子宫妒羡”的观点，即男人也会羡慕女人的乳房、子宫和生儿育女的能力，但她并没有说男人会因此对自我产生不满。女人没有阴茎也不会导致自轻和更软弱的超我。霍妮认为，生理构造的不同不能作为鼓吹男权主义的理由，女性行为更多受社会文化的影响。在认为男性应该有力量、勇敢、独立，女性天生就柔弱依赖的社会里，女性倾向于认为自己处于从属地位，因此希望自己是个男人也是无可厚非的。而男性可能是因为自己没有生育能力，才转而发展自我领域的。所以说，男女人格的差异应该主要是由社会文化决定的，而不是由生理结构决定的。霍妮还警告说，坚持“阴茎妒羡”的说法会鼓励女性患者将自身的问题归咎于天生的生理缺陷，而不是神经症的行为方式。

霍妮关于女性心理的论述是具有超前意识的，她改变了心理学对于性别差异的看法，可惜她没能看到后来的女权主义者是如何运用她的理论来要求男女平等的。精神分析依然故我地以男性为中心，就像女性学家杰梅因·格里尔（Geer，1971）所说：“精神分析只有父亲弗洛伊德，没有母亲。”

学习栏 3-1

男女“平等”还是男女“有别”

1936 年，刘易斯·特曼（Lewis Terman）和西·迈尔斯（C. Miles）发表了一篇比较男性和女性性格的文章——《性别与性格》，结果大受欢迎，在当时非常有影响力。他们在研究中使用的方法是语词联想实验，要求被试对所提供的词做反应，而评分的方法是以传统的性别差异的观点为基础的，例如，如果被试对“tender（嫩的、温柔的）”这个词产生的联想是“meat（肉类）”，就被评为阳刚的；如果联想到“kind（仁慈的）”或者“loving（温情的）”，则被评为阴柔的。

一些传统上认为属于女性的特征——多愁善感、胆小、贪慕虚荣和善变等，一直被看成是与生俱来的。包括弗洛伊德在内的大多数早期心理学家，都相信这些特征是女性荷尔蒙和生物构成带来的无可避免的结果。不过随着女性社会地位的变化，特别是女权运动的兴起，这些传统观念受到了挑战。女权主义者认为：两性间几乎所有的性格和智力差别都是后天培养和社会不平等的结果。于是，对于两性差异的两种对立观点就出现了：一种观点认为两性生理构造的不同决定了心理和行为的差异；另一种观点则认为人出生时心理是中性、无差异的，在后天的成长中，社会对两性的不同期望和对待方式，慢慢导致了男女心理和行为的不同。

绝对的对立终归会导致折中的出现，而这种折中的确也更加符合事实。女性比男性更怕老鼠、蛇和蜘蛛，女性比男性更富有同情心，女性比男性更加敏感温柔，这些可能都是社会训练出来的，因为女孩子从小就从父母的反应中学习到了什么样的行为是被容忍的，而同样的行为在男孩子身上就可能会被禁止。但另一方面，有些认知上的差别的确是生理因素造成的，例如，女性在语言表达能力上略胜男性，在空间能力上不如男性，在感知一些非言语的情绪暗示方面要比男性强。现在大多数的男女差异都被归结为是受社会因素和生理因素共同影响的。

有趣的是，近来不常听到“谁说女子不如男”了，倒是“男人更需要关怀”闹得一时哗然。安娜·玛瑞安在《男性是弱势群体吗》一文中指出，全美国的男孩正经历着史无前例的困扰：与女孩相比，男孩的阅读能力和表达能力较低；有学习障碍的学生中2/3是男孩；高中辍学的，男生占80%；在学生会、校报和辩论俱乐部中，女孩也比男孩多。我国中小学里的情况也差不太多。有科学家甚至还认为，男性心理比女性更脆弱，并找到了生物学上的依据：女性的大脑比男性进化得好。这些说起来颇有些像对近几十年来过于关注女性问题的不满，或许事实上并非男性不如女性，而是女性比原来强了。

总之，差异是一种客观存在，但不应当是不平等的理由。

二、健康人格模式

霍妮提出，理想人格应该能视情境而灵活地运用三种行为方式：有时应该顺从他人，有时敢于挑战他人和维护自我，必要时能够自足自立。同时，她也提出了两种健康人格模式。

（一）自我探索

霍妮认为“自我意识”是健康人格的重要成分，它能够将我们自身孕育的潜能释放出来，并为我们安排实现潜能的情境，使我们往成长和成功的方向前进。要挖掘个人潜能，就要进行自我探索，健康的人能够有效地自我分析。霍妮将自我比喻为一个复杂系统，我们要了解自我，就要知道如何去经营和管理我们自己的力量，制订自我改善的计划。在自我结构中，理想自我是一个人安排自己一生，以求实现的目标。健康的人的理想自我的确立是以真实自我为基点的，随着真实自我不可避免地发生变化，理想自我也会发生变化。同样，随着理想自我的实现，新的理想会取代旧的理想。所以，健康的人的理想自我是既符合实际又具有动力的。

（二）生活的自助功能

霍妮认为，无法自助的人才会寻找心理治疗，而健康的人会借助生活本身的自助功能，将生活本身视为一位很有效的治疗师。一个乐于向新经验开放的人，能够从生活中的正面和负面事件中学习到许多宝贵经验。个体获取生活经验的途径是多样的，一方面，可以统合自己的经验；另一方面，也可以学习别人的经验。比如，我们可以从益友那里学习许多经验，帮助我们了解自己。霍妮坚信每一个人都能利用自身的建设性的力量成长。

三、神经症的治疗

（一）治疗的目的和过程

霍妮的神经症理论是服务于临床治疗的，而治疗的目的就是要发现和解决患者压抑的深层的内心冲突，释放真实自我的建设性力量，从而获得更好的发展。一个成功的治疗者要使患者认识到，他现在的生活和行为方式实际上会增加自身的挫折感，而且会把相应的生长力量掩盖掉。具体来说，就是要让顺从型的人发现，在过度讨好他人的愿望之下隐藏的其实是敌意和自私；让反抗型的人意识到自己是在拼命地压抑着无助感；让逃避型的人认识到自己对于他人的强烈的依赖需要。治疗师要想做到这一点并不容易，因为大多数患者都期望自己不用做出任何改变就能痊愈。因此，治疗师必须首先帮助他们认识到内心的冲突，让他们承认神经症的行为方式是自欺欺人的，然后再进行深入分析。如果患者仍然坚信现有的方式是可行的，就不能奢望他会做出行为上的改变。只有等他开始想要放弃神经症方式，才能逐步将他内心的冲突明朗化，帮助他认识理想自我的虚幻和危害，激发他内心深处的真实愿望，鼓励他做出实现真我的努力。

不过霍妮也提醒说，治疗的目标是永远不可能完全达到的。患者回到社会以后，还是会遇到各种各样的问题。治疗的作用并不是要让生命远离危险和冲突，而是要给予个体力量，让他们自己去解决问题。

（二）治疗的技术

1. 释梦

霍妮认为梦是个体真实情感的写照，她常常从患者的梦中获取对治疗有价值的信息。在霍妮的理论中，某些特定内容的梦也对应着特定的含义，例如，梦到一个空空的洞穴，或者找不到护照，说明丢失了真实的自我；梦到下落，表示表面的荣耀是不稳固、摇摇欲坠的；梦到被杀人犯绑架，反映了深深的自我轻视；梦到细心培育某种植物，反映了自爱自怜；梦到在远方给治疗师打电话，说明内心希望保持疏远……在治疗过程中，霍妮通过像这样解析梦的含义来揭示患者内心的真实想法和需要。

2. 阻抗和移情

霍妮同意弗洛伊德提出的无意识阻抗的概念。但她认为患者主动防御自己的神经症倾向，否认内心冲突的存在，是为了保持人格的完整感，逃避由改变带来的恐惧。在霍妮看来，阻抗不全是有害的，它可以为了解患者潜意识想要逃避的重要事件提供线索。当患者无意说到他们最为害怕的症结时，阻抗也可以给予一定的保护，避免患者由于进展太快而崩溃。

对于移情，霍妮是大加赞赏的。她甚至说移情是弗洛伊德最伟大的发现，不过她却不同意说移情关系是儿时经历的再现。她认为移情的意义在于，治疗师恰好成为患者习惯性亲近、反抗或逃避的对象，有助于发现患者固有的行为方式和内心冲突。

3. 自我分析

倡导自我分析是霍妮对于精神分析治疗的一大贡献。她认为，人生来就具有积极的建设性力量，既然治疗就是要挖掘患者身上的这种力量，那么进行自我分析是可行的。我们想要了解自己，可以去审视我们的需要、目标，审视我们的各种“强求”和“应该”，尝试去体验自己真正的感受和情绪，问一问自己“人们为什么不喜欢我?”“我能够设立一个改变行为的简单计划吗?”霍妮相信，做这种自我检视，回答这些问题，能够使每一个人向着成长和成功迈进。自我分析的态度、规则、步骤和方法在霍妮的《自我分析》一书中有系统的阐述。这种方法的提出，对于缓解当时社会对精神分析治疗需求量大和专家治疗费用高、治疗时间长之间的矛盾起到了积极的作用。霍妮并不是倡议废除专家治疗，而是主张把二者结合起来。

此外，霍妮也在治疗过程中使用弗洛伊德的自由联想、解释等技术，但主要目的不是挖掘潜意识中与性有关的童年经历，而是了解早期的亲子关系。不过，霍妮并不赞同过多地强调童年经验，认为那样会使患者沉溺于以往伤痛的回忆之中，并将他们在治疗过程中遭遇的失败合理化。另外，霍妮还指出，在治疗时一定不能忽视患者的道德价值观，因为一个人只有建立起一套自我认同的道德准则，内心才能够坚定不移。

第五节 理论评价

一、理论贡献

霍妮是精神分析社会文化学派的开创者，她使精神分析式的思维从纯粹地强调生理、解剖和个体转向关注一个温暖稳定的家庭以及社会文化影响的重要性，开辟了精神分析的新道路，也使精神分析治疗更加广泛且有效地满足了现代人适应社会生活的需要。她对于人性建设性力量的信心，改变了从弗洛伊德到荣格，再到阿德勒挥之不去的悲观主义氛围，为后来兴起的人本主义心理学开辟了道路，起到了承先启后的关键作用。

霍妮沿着阿德勒的方向修正弗洛伊德精神分析理论的努力是有意义的，她对于焦虑、移情等重要现象的分析甚至比阿德勒更有见地。她对于女性心理的论述更加符合现代的观点，因此，她被称为第一个伟大的精神分析女权主义者。她的某些观点，如“应该的专制”，后来为阿尔伯特·艾利斯（Albert Ellis）所继承，发展出了理性情绪疗法。此外，霍妮的著作也充分显示出了她作为一个熟练而富有经验的心理治疗师的风范，她的论述十分清楚、严密，便于理解，也可以作为自我分析的参考。

在一本人格心理学教材里，如果只允许介绍一位女性心理学家，那她肯定就是霍妮。在柏林开放、包容的学风下，霍妮凭借个人天赋与早期经验，深入地探索心理问题，加之她对 20 世纪初期兴起的科学具有的浓厚兴趣，于是她超越了传统精神分析，创立了社会文化学派。

二、理论缺陷

对霍妮理论的批评有很大一部分集中于它与前人理论的相似性，认为霍妮照搬了经典精神分析与个体心理学的诸多概念，例如，理想自我与优越情结差不多，“应该”类似于严厉的超我，心理顺应方式与防御机制比较相似等。总之就是创新性不够。另外，霍妮过于强调神经症，忽略了正常人格的结构与发展。虽然她说神经症患者与正常人没什么本质区别，只是程度的问题，但是在她的理论中几乎找不到对于健康的人格的论述。这使她被一些人认为只是临床医生，大大削弱了她作为一个人格理论家的重要地位。最后，霍妮的理论在内部一致性上存在明显的不完善之处：她十分强调社会文化对于神经症形成的重要作用，却并没有指出社会文化作用于人格的具体机制是什么，也没有提出关于社会改革的要求，只是一味地关注个人如何去顺应文化。从这一点上来讲，她并没有突破弗洛伊德的局限性。

第二章　弗洛姆的人格理论

第一节 生平事略

Erich Fromm（1900—1980）

埃里克·弗洛姆于 1900 年 3 月 23 日出生于德国法兰克福。弗洛姆是家中的独子，父亲是个酒鬼，母亲有严重的神经质倾向，家庭并不幸福。弗洛姆的童年深受犹太教影响，他切身体会到了种族歧视和排斥，这为他后来认识到社会政治因素对于一个人人格发展的重要性打下了基础。

与前面提到的弗洛伊德、荣格、阿德勒和霍妮等人不同的是，弗洛姆从来没有受过专业的医学训练（在多年以后，这一点竟然成为他被逐出霍妮的美国精神分析研究所的理由）。22 岁时弗洛姆毕业于海德堡大学，获哲学博士学位。次年进入慕尼黑大学研究精神分析，并在著名的柏林精神分析研究所接受了精神分析的正规训练。1926 年，弗洛姆与著名精神分析师弗瑞达·里奇曼（F. Richman）结婚，后以离婚告终，后来弗洛姆还经历了两次婚姻。1933 年，弗洛姆应芝加哥精神分析研究所之邀，赴美讲学，第二年正式移民美国。1941—1943 年，由于他强调人格的社会因素，因此他先后被国际精神分析协会和美国精神分析研究所除名，遭受了极其不公平的待遇。不过这一切都没能阻止弗洛姆成为人格理论界一位举足轻重的人物。

1945年，他进入了声望很高的怀特精神病研究所工作，并于1947年出任所长。他还曾先后在哥伦比亚大学、耶鲁大学、密歇根州立大学和纽约大学等学校任教，并在墨西哥国立大学任精神病学教授达16年之久。1980年3月18日，弗洛姆因心脏病在瑞士家中病逝。

第一次世界大战爆发时，弗洛姆正值青春年少，战争带来的流血、破坏与诸多不合理，令他感到不知所措。他对人类的本性产生了强烈的好奇，并开始了追求和探索。在这个过程中，两个人的理论帮助弗洛姆找到了答案。这两个人是弗洛伊德和马克思，前者帮助他了解了个体的人格，后者向他解释了社会政治的作用。弗洛姆对精神分析与社会因素的兴趣在他的第一本著作《逃避自由》（*Escape from Freedom*, 1941）中表露无遗。之后，弗洛姆又陆续出版了近20部著作，包括《自我的追寻》（*Man for Himself*, 1947）、《精神分析与宗教》（*Psychoanalysis and Religion*, 1950）、《被遗忘的语言》（*The Forgotten Language*, 1951）、《健全的社会》（*The Sane Society*, 1955）、《爱的艺术》（*The Art of Loving*, 1956）、《弗洛伊德的使命》（*Sigmund Freud's Mission*, 1959）、《禅与精神分析》（*Zen Buddhism and Psychoanalysis*, 1960）、《人能度过此劫吗?》（*May Man Prevail*, 1961）、《超越幻想的锁链》（*Beyond the Chains of Illusion*, 1962）、《马克思的人类观》（*Max's Concept of Man*, 1962）、《基督的教条》（*The Dogma of Christ and Other Essays*, 1963）、《人之心》（*The Heart of Man*, 1964）、《社会主义者的人道主义》（*Socialist Humanism*, 1965）、《你可以是上帝》（*You Shall be as God*, 1966）、《希望的革命》（*The Revolution of Hope*, 1968）、《精神分析的危机》（*The Crisis of Psychoanalysis*, 1970）、《墨西哥村庄的社会特性》（*Social Character in Mexican Village*, 1970）、《人类破坏性之剖析》（*The Anatomy of Human Destructiveness*, 1973），可谓著作等身，其中有不少风行全球，在普通大众中也颇具影响力。

第二节 理论观点

弗洛姆是当代西方新精神分析学派的主将和理论权威之一。他融合了当代西方哲学、社会学、人类学、史学和宗教学的思想，在人格理论、梦的解析和精神分析等方面都有独到的见解，因而在精神分析社会文化学派中独树一帜。弗洛姆一直关注人们遭遇的种种困境，希望用自己创立的学说帮助人们改善生活处境和精神状态，使人人得以享受真正的自由、独立和幸福。可以说在精神分析社会文化学派中，弗洛姆对现代人的精神生活影响最大。在理论上，弗洛姆融合了弗洛伊德和阿德勒的学说，还吸收了哲学、人类学、社会学的诸多成果。

一、人性观

对生活在各种社会与文化压力下的人

们，弗洛姆一直保持着深切的人文关怀。他坚持从一个人的生活方式及人生取向，从人类生存的特殊状况来了解完整的人格，超越了人受本能和生物性支配的论断。和霍妮一样，弗洛姆具有积极的人性观，他心目中的理想人格是富于创造性、能主动发挥潜能、与他人关系良好的，而这些可以通过社会变革达到。弗洛姆认为，人类最基本的驱力之一是趋乐避苦，许多人将紧张状态的解除和感官的满足视为获得幸福的途径，并拼命追求它们。此外，人还能通过创造性地利用自己的能力，来体验幸福和快乐。人类本质的另一个方面就是爱，爱能增进喜悦。一个人创造性地发挥潜能与创造性地爱，最能使人拥有持久的幸福。例如，一个父亲用辛苦赚来的钱给幼小的儿子买了一辆双轮脚踏车。他买车是为了儿子的成长，而不是想重温自己童年时代的生活。父亲因爱儿子而尽情地奉献自己，而不是控制儿子。他在帮助儿子学习脚踏车的过程中，体验到无限的幸福。因为儿子是他生命中最有意义的一部分。但是，弗洛姆也指出，有些人会以病态的方式来体验幸福，如通过支配他人而获得施虐性的欢快感，通过自我折磨获得自虐性的欢快感，这些欢快感通常会伴随着严重的人格缺陷和生理困扰。

二、人类的需要

弗洛姆承认人类有某些本能的生理性需要，如饥、渴、性等。人类还有自我意识、理智和想象等独特的心理过程。通过这些过程，人类努力探求生存的意义，创造自身的生存空间，处理各种各样的问题。这些都不是只受本能支配的。因此，内在的生理本能只是人类动机系统的一小部分，占主导位置的是后天习得的非生物性需要。

弗洛姆认为，除了生理性需要，人的其他基本需要都起源于人的矛盾性，这种矛盾性包含三个方面：一是人超越自然的独立性和与他人、真我日益疏远带来的孤独感之间的矛盾，二是对生的眷恋和对死的恐惧之间的矛盾，三是人要发挥自身潜能和人生苦短、无法完全自我实现之间的矛盾。为了处理这些矛盾，人便产生了一些基本需要，这些需要因为不是本能的，所以难以满足，因而也更具吸引力。我们每个人都不可避免地要用各种方式去满足它们，但如果处理得不当，就可能导致个体不幸福，甚至患上精神疾病。以下是弗洛姆提出的人的六种基本需要。

（一）关联的需要

弗洛姆在《健全的社会》一书中提出了关联的需要（need for relatedness）。动物依照自然的安排形成适应环境的方式，但人类因逐渐与自然失去了密切关系，所以个体间要建立相互尊重、相互关照和相互了解的关系。人类相对于自然是那么的渺小，个体由此产生了强烈的孤独感。为了克服孤独感，也为了生存，我们必须与他人合作，建立起亲密良好的联系。而这个世界上只有一种感情可以满足人与外界合一又保有完整独立感的要求，那就是“爱”。弗洛姆所说的成熟的爱类似于阿德勒的“社会兴趣”，它不是专指异性之间的爱情，甚至不是指与某个人的关系，而是一种随着年龄的增长逐步发展起来的与世界、与形形色色的人联系起来的健康情感，是与整个世界、全人类的关系。爱的艺术包括真诚地关心他人和给予，客观正确地认识他人的真实情感和愿望，尊重他人以自己的方式生活的权利以及心怀对全人类的责任感，等等。弗洛姆指出，我们每个人都有爱的能力，但要想真正地充分发挥出来却不那么容易，因为我们生来是以自我为中心的。一个没能发展出爱的人会总是根据自己的主观判断来对待一切，甚至像婴儿一样只是把别人看作满足自身需要的工具，从而陷入狭隘的自恋之中。

（二）归根的需要

人类从自然中分离出来，失去了自然的根，但还是希望有所归依，需要归属于某些事物，这就是归根的需要（need for rootedness）。在儿童期，与母亲的关联可以提供这种归属感，但是随着不断成长，人又开始寻找其他的根基，如家庭、氏族、民族、国家和宗教等。在寻根的过程中，我们需要认同一套规则，来获取安全感和扎根于某处的踏实感。但是个体如果在成人之后还过于依恋母亲，无法通过别的替代物来满足归根的需要，就会束缚理性和人格的发展，甚至陷入乱伦的精神病态。

（三）超越的需要

超越的需要（need for transcendence）是人类由于天赋的理性和才智，不甘处于被动消极的角色，渴望超越动物的无助，改变环境。弗洛姆相信，通过创造可以实现这一切，唯有创造性地使用思维、智力、机能和情感，主动且有技巧地参与到我们所生存的世界之中，个体才能获得胜任、控制和有能力解决问题的超越感觉。不过要想充分发挥出这种积极的潜力却并非易事。如果创造的愿望得不到满足，个体可能会转而采取毁灭的方式，如恶意的攻击和仇恨。

（四）认同的需要

人在远离自然和母亲的过程中，逐渐形成了自我意识，人们需要回答“我是谁”这个问题，即认同的需要（need for identity）。弗洛姆认为，我们可以经由创造性的活动，通过自己的技能、成就、职业以及爱来确认自己，同时也不丧失自身的独特个性，从而获得“我就是我”的认同。如果一味地追求一致性和被别人认同，就可能失去自我的独立性，造成过度的顺从。

（五）方向架构和献身的需要

弗洛姆认为人生必须要有意义感和方向。每一个人都应该有自己的一套人生哲学，以建立起有意义的价值观和人生目标，从而描绘我们所处的位置，指引我们的行为，赋予生命某种意义，并为之献身，这就是方向架构和献身的需要（need for a frame of orientation and devotion）。有人确立的方向架构强调爱、竞争、生产、理智以及对生活之爱（biophilia，或称恋生狂），是符合实际的、健康的。而另一些人的方向架构强调毁灭、权力、财富、自恋以及对死亡之爱（necrophilia，或称恋尸狂），则是非理性、不健康的。但是弗洛姆又说，因为方向架构是人生的必需品，所以一个不健康的方向架构也聊胜于无，而且健康与不健康也只是程度不同，热爱生活的人同样可能自恋和追求权力。

（六）刺激和被刺激的需要

刺激和被刺激的需要（need for excitation and stimulation）是弗洛姆在 1973 年提出的一种人类需要，它不是指引发生物驱力的简单刺激，而是朝向一个生活目标的刺激，是推动一个人努力发展自己的刺激。这种需要具有社会动机的激励作用。

三、人格类型

为了满足上述需要，克服孤独引起的焦虑，人们会遵循不同的方向来解决自身的问题。倾向于遵循何种方向取决于个体成长的经历。如果成长过程很顺利，个体就能朝富有建设性的行为方向发展。如果问题从幼年就开始累积，个体某些基本功能的发展受到压抑，挫折的经历不断增加，许多新的问题就会出现，非建设性的行为方向也会发展出来。这些行为方向可能会以某种特殊的行为模式为中心，发展成为一个人特定的性格。

（一）接受型

接受型（receptive character）个体处于一种被动的、依赖外界的处世状态中，他们认为自己所需要的一切东西，包括知识、情感和物质，都只能从外界得来，所以他们不愿为得到自己想要的东西而努力，也不愿付出，总是期盼别人来给予。他们处世悲观，屈服于命运的安排，自卑怯懦，对人唯命是从，内心脆弱，依赖感很强。接受型显然不是一种建设性的行为方向，依赖别人虽然能使个体暂时逃离孤独感，但丧失了自身独特个性的个体是无法爱与被爱的。接受型性格对应弗洛伊德的“口腔期”人格和霍妮的“亲近他人”的行为方式。

（二）剥削型

剥削型（exploitative character）个体也认为必须从外界获取所需的事物，不过他们是通过抢夺、欺诈或其他操控手段得到的。在他们眼里，人际关系只是满足自身需要的工具而已。因此，他们善于利用别人，他们高超的社交技巧之下隐藏着自我中心和自私自利。或许有人会觉得他们很有魅力，但那也只是他们为了获得想要的东西而使用的一种手段。他们不可能与别人建立起稳定的关系。剥削型性格对应弗洛伊德的“口腔虐待”人格和霍妮的“反抗他人”的行为方式。

（三）囤积型

囤积型（hoarding character）个体通过囤积和节约来获取安全感，通过保护自己领地的秩序和清洁来抵御外部世界的威胁。以备不时之需而进行储蓄，把握住自己拥有的东西，本来无可厚非，也是个体生存的必要技能，但是囤积型的人往往超出了正常的界限，显得过于吝啬、整洁和讲究规律。他们尽可能地把各种各样的事物都收罗到自己的掌握之下，包括物质和情感，消费对他们来说是一种威胁，保存住现有的才是最安全的。他们在与人交往过程中，可能冷淡且多疑。他们的处事方式也相当保守，总是遵循着一成不变的模式，过于理智，没有感情，令人感觉无趣。囤积型性格对应弗洛伊德的“肛门期”人格和霍妮的“逃避他人”的行为方式。

（四）市场型

对一些人而言，最值得关心的事情是自己在别人心目中是否留下了深刻的印象。在他们看来，个人的价值是由外界和他人决定的，自己就像一件商品，因此难免会过分在意别人的看法，这就是市场型性格（marketing character）。弗洛姆认为，资本主义社会及其经济体制会助长市场型人格的形成，使一些人总把自己打扮成待价而沽的商品。他们不喜欢独处，需要持续不断的社会接触来确认自己的价值。他们热衷于社会地位，不加分辨地期望获得所有人的注意，但对于别人的感受却漠不关心。“我就是你所需要的人”，这是市场取向的个体的一个指导性原则。有时为了成为别人需要的样子，他们必须压抑自我实现的需要，从而患上某些精神疾病。

（五）官僚型

官僚型（bureaucratic character）是弗洛姆后期提出来的，其特点是个体完全被权力和官僚体系控制，同时也拥有支配别人的某些权力，他们常常使用政治手段来宣泄自己虐待狂般的敌意。

（六）建设型

以上提到的五种都是非建设型的性格取向。与之相对，建设型（productive character）的人能够充分发展和发挥出自身的潜能，无论是身体、心智，还是情感，都是健全的。他们很理智，能够透过现象揭示事物的本质，从而有效地解决面临的问题。他们能接受自己和别人，接受某些必然会发生的事情，不会自怨自艾或者怨恨别人。他们懂得爱与被爱，能够消除人与人之间的藩篱，建立起良好的人际关系。他们富有创造性，能够建设自我，也懂得推销自己。他们能够快速地适应环境，同时为身边的环境和社会做出积极的贡献。

弗洛姆指出，其实创造和建设是人的本性，没有人会完全缺乏建设性，或者完全保持某一种单一的人格取向，往往是几种人格取向混合在一起的。此外，即使是非建设型人格，也有程度之分，如果人格内同时具有建设型的力量，且够强大的话，非建设型的部分也可以变为积极的取向。总之，非建设型人格所包含的特质与建设型人格所包含的特质实际上是一样的，只不过前者是后者的夸大或者缺乏后者，建设型人格取向表现得更适中而已。

第三节 研究主题

一、现代西方人的精神危机

现代西方人的精神危机一直是弗洛姆关切的核心问题之一。在他看来，生活在资本主义社会形态下的现代西方人普遍面临着以下 3 种精神危机。

（一）逃避自由

按照弗洛姆的说法，在古代社会，生产和经济都不发达，社会发展缓慢，竞争也不激烈，人们世世代代守着家乡耕作生息。虽说那时的生产方式和社会关系限制了个体的自由，但反而使人感觉到安全。后来随着民主制度的建立，人们从封建制度中解放出来，自由地做自己想做的事，成为自己想成为的人，却意外地体验到了巨大的困扰。这是因为现代社会的劳动手段不断更新，社会变迁越来越频繁，社会竞争越来越激烈，社会经济危机和战争难以预料，人们自然会体会到强烈的不安全感。同时，个体回归自我，也就意味着要独自面对巨大的责任，于是陷入难以承受的无助和孤独的状态，发现自己其实无比的渺小。面对这种感觉，弗洛姆认为个体可能会有两种反应：一种是逃避自由（escape from freedom），另一种是走向积极的自由（positive freedom）。

弗洛姆提出人们用以逃避自由的机制有三种：第一种是独裁主义（authoritarianism），即追求强大和权威，支配和剥削别人，致使他人在肉体和精神上痛苦不堪，以克服自身的自卑感，弗洛姆以此来解释德国纳粹主义的兴起；第二种机制是毁灭（destructiveness），即人们以毁灭和破坏来逃避对自己具有威胁性的环境，弗洛姆甚至认为，所谓的义务和爱国主义都是潜意识里对毁灭行为的合理化，目的是克服无助和疏离感；第三种是主动从众（automaton conformity），弗洛姆认为大多数人都使用这种方式来逃避焦虑，即努力表现得和所有人一样，放弃自我，成为整个工业社会大机器上的一颗没有个性的螺丝钉，希望没有人注意自己，从而暂时逃避与众不同和自由带来的威胁。

那些没有使用上述逃避机制的人，则有希望成功地保持自身的个体化（individuation）。他们了解真实自我的可贵，并且十分地珍惜，所以他们能从生活点滴中获得乐趣和生命的意义，能够自然地表达内心的情感。他们懂得爱，并能从中寻得幸福和快乐。弗洛姆把这种自发地继续个体化的过程称作积极自由。

（二）疏离感

疏离感（isolation）是一种“身在异乡为异客”，无根飘零，总好像在流浪的感觉，连自己对自己都觉得陌生，无法掌控。弗洛姆认为，资本主义的生产方式和分配方式决定了人不得不成为他人获取经济利益的工具，成为庞大经济机器的附属品。人们感觉并没有什么东西是自己的，自己仿佛跟自己失去了联系，飘在半空中，就像是个物品一样，虽然也有感觉，也有常识，但无法跟他人及这个世界建立建设性的关系。

（三）机器人化

弗洛姆认为，机器人化（robotism）是西方工业社会的产物。两次工业革命带来经济的迅速发展，也使机械和信息系统逐渐取代了人力。在这个庞大的社会系统里，个人完成的工作都显得微不足道，因为那只不过是一个安排好了的简单动作。人就像机器人，只要执行指令，无须思考和创造，也无法释放出活力与激情。

二、社会潜意识

弗洛姆进一步发展了潜意识理论，有弗洛伊德的个体潜意识（个体视角），到荣格的集体潜意识（进化视角），再到弗洛姆的社会潜意识（社会视角）。三位学者以三种不同的视角诠释了人类的潜意识现象。

社会潜意识（social unconscious）是一个社会的大多数成员共同存在的被压抑的领域。它会压抑对现实的真实性反映，形成虚假的意识。例如，谎言说一千遍就成为真理，皇帝的新衣等现象。社会潜意识是社会存在的反映，有深刻的社会根源，是人对现实的社会处境的一种适应。其内在的社会机制是社会过滤器的压抑作用，过多的社会禁忌会导致人们出现对被排斥和失去同一性的恐惧。过滤器有三种特征：一是语言：现实与语言之间的差异；二是逻辑：不合社会逻辑被排斥在意识之外；三是社会禁忌：不能思考、感觉和表达的事情。

三、社会变革论

弗洛姆认为要想解决现代人的精神危机，必须从社会的角度，通过社会变革来实现。虽然弗洛姆的理论基础是弗洛伊德的精神分析理论，但是二人研究的角度还是相当不同的。弗洛伊德的精神分析理论是建立在对个别精神病人的诊断和治疗的基础之上的，而弗洛姆的理论是在对整个社会和时代的病态状况进行分析的基础之上提出的。弗洛姆警告说，世界性的粮食短缺、能源危机和环境污染都是由工业化引起的，核武器的激增更使我们陷入种族灭绝的危险境地。他认为，不健全的社会造成了人的心理疾病，唯有社会健全，个人人格才能健康。因此，唯一的解决办法就是彻底地改造这个社会。

弗洛姆理想中的健全社会是人道主义的民主的社会主义，这是一个真正政治民主、经济公有的社会，用有计划的发展取代资本主义无限制的扩张，降低物质的重要性，强调以真实需要为目的的消费。弗洛姆还建议必须停止现代工业，这样人们才能更好地发挥理性的力量。除此之外，弗洛姆还提出了一系列的改革建议，内容涉及政治、经济、教育和文化等各个领域。

第四节 理论应用

一、理想人格模式

弗洛姆认为，理想人格应该是成熟的，

兼容并蓄各种生活取向的良好品质，表现为沉着、坚强、温暖、富有爱心、平易近人、内心取向（inwardly directed），并向着更富有创造性的方向努力。弗洛姆在论述理想人格时，特别强调创造性生活取向和创造性的爱。弗洛姆在《理性的挣扎》中这样描述心理健康的人：生命的目的是活得热烈，充分地觉醒。从婴孩的层面上升到确认自己具有有限却真实的力量……能够热爱生命，又能够无所畏惧地接受死亡；能够容忍生命中的无常，同时又对思维与感觉深具信心；能够孤独自处，又能有民胞物与的胸怀。精神上健全的人，是以爱、理性与信心来生活的人，是尊重自己与他人生命的人。

（一）创造性生活取向

弗洛姆强调，创造性生活取向是个体美好生活所需的人格品质。个体在发展自己和扩展生活领域时，会获得新的人格特质。当个体达到趋近理想的人格状态时，各种人格特质应该以均衡和谐的方式存在，相辅相成。一个具备良好人格品质的人，应该表现出下列人格特征。

1. 接受他人，对他人真诚、仁慈、谦虚、宽容。

2. 面对不可避免要发生的事件时，不会出现不当的挫折与怨恨。

3. 积极主动地处理自己的环境，富有自信，敢于自我肯定（self-assertion），勇于维护自己的权利。

4. 依据自己的实际情况来调整自己的需求，在追求目标时，要有耐心、慎重、自制、不屈不挠。

5. 在竞争社会中，具有推销自己的社交能力、不断尝试的适应能力、认真负责的工作能力以及虚怀若谷的心怀。

6. 发展爱的能力与爱的艺术。

（二）创造性的爱

在《爱的艺术》一书中，弗洛姆指出：爱是延伸自己、与他人联系的能力，爱能够帮助个体克服孤独感。一个健康的人是懂得真爱的人。爱的真谛具有 5 个特征。

1. 爱是给予

弗洛姆写道："给予不是放弃，不是剥削，不是牺牲。在给予中，我体验到我的力量、我的丰饶、我的能力、我的蓬勃，因而给予比接受更让人欢乐，能给予的人比拥有许多的人更富有。……他把自己给予出去，在给予中，也带回另一个人生命里的东西，反射到自己的生命里。给予使人成为给予者，并且共享他们带入别人生命中的事物产生的喜悦……所以，爱是一种唤起爱的能力。给予意味着接受。"

2. 爱是照顾

爱是主动关心被爱者的生命，而不是只关心自己。"爱的要义是为其出力，并使之成长。人们爱他为之付出的对象，并为他所爱的对象付出。"

3. 爱是责任

责任是完全自动的行为，指对他人已表现出来的和未表现出来的需要予以回应。

4. 爱是尊重

尊重是无条件地接受对方，并且不尝试去改变对方。"尊重是我关心一个人，就让他依照他自己的本性去发展。我爱一个人，我想要与他合一。然而，我是按照他本来的样子与他合一的，并非把他当作我所需要的物品来看待。”

5. 爱是了解

了解是指从被爱者的观点和处境来真正了解他。“不了解就不能尊重，而照顾和责任如果不以了解为引导，就是盲目的。了解若不以关心为动机，就是空虚的。了解有许多层次。如果了解是出于爱，那么就不是停留于表层的了解，而是穿透核心的了解。这种了解，只有在超越了对自己的关怀，以他人的处境来了解的时候，才能做到。”

二、精神疾病的成因及治疗

（一）精神疾病的成因

除了成长环境中父母的病态行为之外，弗洛姆还强调，精神疾病常常是由个体所处的社会文化引起的。社会通过一系列复杂的过程，如政治灌输、奖赏和惩罚等，试图将人们“想做的（wish to do）”变成“不得不做的（have to do）”，使相当一部分人相信他们是为自己的意愿生活着，而没有意识到他们的意愿早已被左右和操纵。加深人们疏离感和无价值感的还有庞大的阶级制度、视消费者为无物的商业行为、将工人变为机器的重复劳动以及繁乱拥挤的城市。父母也是病态社会的牺牲品和代理人。人们自出生起就直接或间接地受到这些影响。当人们天性中朝向自我实现和独立健康的动力受到这些因素的阻碍，且这些因素在冲突之中占据上风时，个体就会产生精神疾病。

（二）精神疾病的治疗

在治疗中，弗洛姆继承了经典精神分析的许多技术与程序，包括探求潜意识成分，使用自由联想、释梦，强调阻抗、移情和反移情，等等。他还采用阿德勒的生活史分析技术，也同意霍妮提出的必须从智力和情感两个方面来诊断病情的观点。弗洛姆式治疗的目的是使患者放弃非建设型的方向架构，代之以建设型的，并学会用爱取代自恋。不过，弗洛姆警告说，精神分析不见得适合每一个人，也不能保证绝对有效，希望患者把治疗师看作理性的权威和真实的人，不要抱有不切实际的幻想。

在各种治疗技术中，弗洛姆和弗洛伊德一样十分看重释梦，他也认为梦是探究潜意识的途径，而且是心理治疗中最重要、最具揭露性的技术。至于梦的目的，弗洛姆同意弗洛伊德的梦是愿望的达成的说法，但他觉得梦反映的未必是儿时的冲突，梦也可以表现当前的焦虑和不满，也有问题解决功能，还可以提供关于自己和他人的真实认知。弗洛姆还提到了一些梦的象征意义，认为许多象征是与性无关的，如梦到身处陌生空阔的城市象征着人生的困惑与迷失，这里也不存在着愿望的转移。另外，有些象征具有普遍的含义，因为梦的内容与它们所要表达的含义之间有着本能的对应关系，例如，火象征着权力。相反还有一些梦的内容与所要表达的含义之间只存在偶然的习得性的联系，例如，梦到自己当年坠入爱河的那个街道或者城市，若以此来象征幸福，便不是一种很稳定的对应。在治疗时，治疗者要注意区分这几类梦境。弗洛姆认为，如果忽略梦境所代表的特殊含义，那么每一个梦都是做梦者的精致的创作。无论我们在梦中扮演什么角色，作者都是我们，是我们创造出了梦。

三、弗洛姆人格理论与宗教

弗洛姆把宗教也看作参考架构的一种，看成是人们逃避自由的方式。他认为人们寻求宗教的慰藉不是因为信仰和奉献，而是为了逃避孤单和寻找安全感。因此，在弗洛姆看来，宗教除了能体现广大的爱，激发人们追寻快乐的潜能之外，也有一定的负面作用，例如，一些宗教反对节育，会阻碍社会的进步与发展，一些教义甚至被用来当作发动毁灭性战争的借口。弗洛姆尤其反对原罪（original sin）这个概念，认为它是极权主义的象征。对于多种宗教并存的状况，弗洛姆也持批判态度，他更愿意强调人性的共同一致性，反对分裂。不过他还是将现有的宗教派别区分为两类：一类是权威式宗教（authoritarian religion），另一类是人性化宗教（humanistic religion）。权威式宗教强调强大的上帝掌控一切，否定个人，认为人的所有一切都属于上帝；而人性化宗教则认为上帝是人类力量的表征，并给予个人成长的机会。

第五节 理论评价

一、理论贡献

弗洛姆把心理现象放到广阔的政治、经济和文化的背景下加以研究，无疑大大拓宽了精神分析以及整个心理学研究的视野。从个体的小圈子跳出来，关注现代社会中大多数人的生活状况，以现代人的精神危机和困境作为关注的核心，把心理疾病与社会现实结合起来，利用历史文献作为研究论据，这些都是弗洛姆理论的特色和贡献所在。此外，弗洛姆对释梦、自由和极权主义的理解颇有独到之处，他关于男女平等的观点要比弗洛伊德进步，他对生理驱力的承认也要比阿德勒完全否认行为的内在决定性要合理。

弗洛姆作为一个具有深切人文关怀的心理学家，对大众生活状况的关注是值得称道的。他发出的能源危机、饥荒和核战是现代社会三大威胁的警告，充分显示了他睿智的预见性以及对保护生命责无旁贷的勇气。

二、理论缺陷

弗洛姆理论中受到非议和批评最多的无疑就是他的社会变革理论。虽然他创造性地将精神分析发展到了一个新的高度，但是他的学说毕竟是建立在心理学基础之上的，这样的社会改革理论不可避免地会陷入空想主义，而且他所提出的改革方案也是空泛、难以实施的。虽然弗洛姆对此付出了巨大的努力，但还是难免会被认为他所做的超出了一个心理学家的本分。

弗洛姆的著作中似乎缺少定量的分析和研究，因此不少现代心理学家把他的观点视作尚未获得实证研究支持的哲学观点。另外，他的结论与治疗实践之间的较难对应，再加上缺乏硬性的数据，使他的著作显示出明显的说教意味，且流于主观化。弗洛姆的理论相对来说也没有衍生出很多质性研究，这或许也与其理论概念和观点过于抽象、难以操作化有关。

和霍妮一样，弗洛姆也没能提出一个全面完整的人格理论。霍妮致力于神经症的研究，对于心理学意义重大，而弗洛姆比较关注无法验证的推理，因此他对于现代心理学的影响有限。

第三章　沙利文的人格理论

第一节 生平事略

Harry Stack Sullivan（1892—1949）

哈里·斯塔克·沙利文出生于美国纽约州的诺威奇，祖籍爱尔兰。幼年时因两个哥哥夭折，沙利文成为家中唯一的孩子。他童年过着孤单寂寞的生活。青春期时沙利文遇上一位比他年长 5 岁的男性朋友，两人交情颇好。这对后来沙利文特别强调良好的人际关系的重要性影响很大。从沙利文的求学经历来看，他算不上是一个天资聪颖的人。他进入康奈尔大学的第一年，就因为全部科目不及格以及严重的个人健康问题（似乎有精神分裂的倾向）而退学。1911 年，沙利文进入了芝加哥内外科医学院。在这所学术水平令人怀疑的学校（沙利文称其为“文凭制造所”），他的成绩依然不够稳定，但还是在 1917 年获得了博士学位。比起内科医生，沙利文更愿意做一名精神科医生，于是他开始接触精神分析。在第一次世界大战中，沙利文随陆军医疗队转战。战后他供职于华盛顿的圣伊丽莎白医院，在这里他开始了对精神分裂症的研究，并因为成功地治愈了精神病人而名声大噪。1922 年，沙利文成为当时美国的精神病学泰斗威廉·怀特（William A. White）的助手，并在1933年被任命为怀特基金会的主席，一直到1943年。

1931年，沙利文前往纽约接受进一步的精神分析训练。1936年，他协助成立了华盛顿精神医学院，并担任院长。1938年，他创办了《精神医学》杂志，用以推广自己的人际理论。40年代初，沙利文经历了与弗洛姆极其类似的命运，他先后被正统的精神分析学界以及霍妮的精神分析研究所除名。面对不公平的待遇，沙利文并没有消沉，最终成为人格理论界的领军人物之一。

沙利文一生未婚，1927年他领养了一个15岁的名叫詹姆斯的病人。他们的关系亲密，沙利文和他一起度过了余下的人生。1949年1月14日，沙利文参加完一个会议，在由阿姆斯特丹返美的途中因为突发脑溢血逝于巴黎。

沙利文毕生致力于临床研究和教育工作，并不像弗洛伊德或弗洛姆一样出版了一系列的著作以完整介绍自己的思想体系。他在世的时候仅出版了一本书：《现代精神病学概念》（*Conceptions of Modern Psychiatry*, 1947）。在他死后，怀特基金会（主要是佩里和格威尔）收集了他的演讲记录及他的学生们的笔记，加以整理，出版了5本书，其中1953年出版的《精神病学的人际理论》（*The Interpersonal Theory of Psychiatry*）是阐述沙利文人际关系理论最为完整的一本书。其他4本著作为《精神病治疗的面谈技术》（*The Psychiatric Interview*，1954）、《精神病学的临床研究》（*Clinical Studies in Psychiatry*, 1956）、《作为一种人类机制的精神分裂症》（*Schizophrenia As a Human Process*, 1962）、《精神病学与社会科学的融合》（*The Fusion of Psychiatry and Social Science*, 1964）。

第二节 理论观点

和霍妮、弗洛姆一样，沙利文对于人性的观点也较为乐观。霍妮关注的是神经症，弗洛姆强调社会性，而沙利文强调的是人格的人际性，因此他的理论也常被称为人际理论。

一、基本概念

（一）人种假设

沙利文和弗洛姆一样，承认遗传对人格有一定的影响。我们每个人都受饿、渴、性等生理动机的支配。人格的这些动物性方面决定了我们在身体相貌、感受性和智力等特征上各不相同。不过，沙利文认为，即便存在着诸多差异，和世界上一切别的东西比起来，还是人和人最相近，和一个人的人格最类似的是另外一个人的人格，即便是其他物种中最聪明的也和人类中最愚笨的相去甚远，这就是沙利文提出的所谓“人种假设（the one-genus postulate）”。由此可见，沙利文倾向于淡化个体差异，而致力于研究全人类共通的心理现象。

（二）人际需要

沙利文反对弗洛伊德的力比多理论，他认为人格主要是由社会力量塑造的，而其中最关键的就是人际关系。人类有着强烈的与人交往的需要。如果长时间断绝与他人的联系，人格状况就会恶化。沙利文对人际关系的定义还包括那些发生在幻想中和记忆中的人际互动，以及与真实的人和虚幻的人发生的人际互动。也就是说，即便是长居深山的隐士和精神病患者也会受到人际关系的影响。

（三）紧张降低模型

沙利文对人性持一种乐观的态度，因而他认为人类有一种趋向于心理健康的动力。同时他也同意弗洛伊德所说的，每个人都有降低内心紧张的动机。在这种动机的作用下，个体所能达到的最理想的状态是一种完全的平衡状态，即完全没有内在缺乏感，也没有外在压迫感的健康状态。与此相对的则是绝对的紧张状态。这两种状态在现实生活中都不可能达到，只能无限趋近。沙利文认为引起紧张的主要原因有四个：生理化学需要、睡眠需要、焦虑和温柔。个体要降低紧张，也得从这些方面入手。

1. 生理化学需要与睡眠需要

一些重要的生理化学需要，如排泄、饥饿、缺水、缺氧、性欲等，都会导致身体内部的不平衡状态，从而引发紧张。而且这些需要都是我们可以意识到的，会驱使我们去主动满足。对睡眠的需要也会引起紧张，不过沙利文认为它和生理化学需要是不同的。

2. 焦虑

引起紧张的最重要的原因恐怕就是焦虑了。焦虑是一种很不愉快的体验。焦虑的原因可能是来自环境中的强烈不安，比如，突如其来的噪音或者威胁。不过在沙利文看来，焦虑的最主要来源是孩子和母亲（或者相当于母亲的重要他人）的关系。虽然还不确定母亲如何把焦虑传递给孩子，但是它的后果是相当可怕的。因为焦虑不像其他那些生理需要可以通过主观的行动（吃或喝）来获得满足。要想减轻焦虑感，最好的办法是与不焦虑的他人发展出安全的人际关系。此外，焦虑还会阻碍其他需要的满足，当一个人饿了、渴了、困了，焦虑会影响到他咀嚼、吞咽，以及在疲倦时入睡的能力。焦虑还会干扰一个人的预见能力和理性思维，甚至引起人际关系的不和谐。正因为如此，我们一生中必须花费大量时间和精力去避免或减少焦虑所带来的紧张。难怪沙利文说“焦虑要为大部分的不胜任、无助和不幸负责”（Sullivan, 1953, 1960）。

3. 温柔

当母亲观察婴儿的行为（如哭闹），看他是否有什么需要时，她就会体验到紧张。这种紧张是一种想要满足婴儿的需要而给予的温柔（tenderness）。如果婴儿这时刚好也需要母亲的这种温柔，那么两相配合，就产生了婴儿一生中一次重要的人际互动。如果母亲对婴儿的行为做出的是焦虑的反应，那么她的温柔的能力就会受到抑制。所以说，要想让婴儿不焦虑，最好的办法就是母亲停止焦虑。

（四）动力机制

虽然沙利文提出了紧张降低模型，但是他否认心理能量的存在。他只承认物理能量的存在，认为有机体通过传递物理能量，而不是力比多来满足需要。沙利文强调人格是一个动态过程，他将能量传递的过程称作动力机制（dynamisms）。这种机制是天生的，每个人身上或多或少都有。同一个动力机制可以有多种形式，外在的（如行走和说话）、内隐的（如白日梦和幻想），以及一些潜意识过程。例如，仇恨这个动力机制，可以将物理能量转化为带有敌意的行为，以减轻紧张，但这些行为可以是多种多样的，如殴打、辱骂、谋杀的幻想，或者是仅存在于潜意识当中的破坏愿望。动力机制会在一定程度上受到学习作用和成熟程度的调节，引发的行为会因为场合或对象的不同而有所差异，表现出来的行为强度也不同，不过它们终归还是同一个动力机制的作用结果。就像两个橘子，虽然是同一种水果，但不免在形状和大小上有所区别；然而橘子和柠檬虽然在某些方面相似，却是完全不同的两种水果，就像仇恨和性欲，根本就是两种动力机制。

（五）经验模式

沙利文根据自己的临床观察和他人的研究结果，提出了婴儿必须经历的三个认知过程。

1. 分离模式的经验

新生儿对外部世界还不能形成明确的印象，他对环境的理解仅局限于一些暂时的、离散的和无意义的经验的串连。他不会使用语言，也不能区别过去和现在、自己和他人，因此分离模式的经验（prototaxic mode of experience）是最原始的，代表着新生儿独有的理解世界的方式。不过这种经验无法用任何象征来表示或传达，因此本质上也只是沙利文对婴儿内在心理过程的猜测。

2. 并列模式的经验

随着婴儿渐渐长大，那些粗糙的经验也逐渐被打破，他开始能够知觉到事件发生的意义以及彼此之间的关系，形成更加连贯的片段，并且能够区分出时间的差异，以及自己与外部世界的不同。不过这种并列模式的经验（parataxic mode of experience）还是缺乏逻辑的。这一阶段的婴儿会使用一些只有自己能够理解的表述方式，还无法用语言符号与人交流。沙利文指出，并列模式的经验并非婴儿独有，许多成年人的思考方式也没有超越这一层次，比如迷信、妄想等。

3. 综合模式的经验

综合模式的经验（syntaxic mode of experience）是一种最精细的经验形式，最早出现于1岁到1岁半之间。进入这一阶段的幼儿开始学会使用社会可接受和理解的语言符号进行思考和交流，也能够理解事物之间的逻辑关系。从此幼儿的人际交往进入了一个新的更高的层次。

二、人格结构

在对人格结构的论述上，沙利文反对弗洛伊德提出的“三我”模型。在他看来，人格只是假设的实体，其组成部分是所有人际关系中的事件，因此所谓人格结构也不能仅以个人为单位来研究，而应以人际关系为单位，研究人们在人际交往中形成的对于自身和他人的心理概念系统。

（一）人格化

沙利文认为，个体会以人际经验为基础形成对自己和他人的习惯性印象（包括情感、态度、思维等），这一过程称之为人格化（personification）。对于能够带来安全和满足的人，个体就会形成好的形象。反之，如果某人带来的是焦虑和痛苦，个体对他就会形成坏的印象。在一些情况下，好的形象和坏的形象可能同时出现，也可能同时成立。例如，婴儿受到好的照顾时就会形成“好母亲”（good-mother）的形象，而使他产生焦虑时则会形成“坏母亲”（bad-mother）的形象。一开始婴儿不知道好母亲和坏母亲指的都是同一个人，后来这两种形象会融合在一起，形成一个复杂的整体。

人格化的形象由于受到个体自我系统特征的影响，不见得就是对自己和他人的真实表征，很多时候并不正确。但是形象一旦建立便会具有持久的影响力，从而支配着个体对他人的态度。特别是个体在早年生活经验中形成的形象。如果是由于过多的焦虑而产生的形象，那么个体长大以后在与现实中的“重要他人”接触的时候，有可能产生观念上的歪曲。人格化的不合理在“刻板印象”（stereotypes）上表现得尤为明显，它是指个体不顾群体中个体之间的真实差异，而把某种观念平等地应用于这个群体里的每一个人。如果这种“刻板印象”被社会成员普遍接受和认可，就会代代相传下去。

（二）自我系统

自我系统（self-system）也叫自我动能（self-dynamism），是指以个体的人际经验为基础建立起来的一种自我形象。一方面，婴儿在大约半岁的时候，开始认识到自己是一个独立的整体，这种认知是通过形成相应的人格印象而获得的。因为婴儿必须完全依赖母亲（或相当于母亲角色的其他人）满足自己的生理需要、获取安全感，所以他们对母亲的态度极为敏感。另一方面，母亲为孩子以后能在社会上立足也不再为婴儿提供无条件的照顾，取而代之的是有针对性的奖励或惩罚。因此，到了婴儿后期和幼儿期，母亲的温柔照料就成为一种降低焦虑的奖励，在孩子做出满意行为的时候（如不再吮手指）才给予。相反，当孩子犯错误时，母亲就会给予惩罚。这样，孩子为了取悦父母，就会慢慢学习辨认奖励和惩罚与自身行为的关系，知道自己哪些行为是被赞许的，哪些行为是被反对的，从而发展出两种相对的人格印象，一个是与受到奖励的正向经验相联系的“好我”（good-me），另一个是与受到处罚的负向经验相联系的“坏我”（badme)，二者最终组成了自我系统。

自我系统是社会道德规范和文化的产物。个体的焦虑经验越多，自我系统就会越复杂，与人格其他部分的差距也会越大，从而妨碍个体对自己的行为做出客观的判断。因此虽然自我系统主要目的是为了减轻焦虑，但是也可能在某种程度上阻碍个体与他人建立起积极的人际关系。

（三）选择性忽视

自我系统的基本作用是降低焦虑，从而使孩子与父母和平共处，同时能最方便、快捷地满足自身的需要。如果自我系统遇到可能威胁自身稳定性的信息时，它可能只是简单地忽略或者拒绝这些不和谐的信息，依然和从前一样运作，沙利文称之为"选择性忽视"（selective inattention）。沙利文认为这种方式基本上是有害无益的，因为它会影响个体从威胁中学习经验教训的能力。一旦自我系统选用了选择性忽视来对抗焦虑，它就会成为一种习惯性模式，不容易改变。

（四）非我

"非我"形象（the "not-me" personification）也是由焦虑造成的，不过它在潜意识里是与自我系统分离的。非我是人格中最阴暗、可怕的一面，包含着人格中极具威胁性、连坏我都应付不了的方面。例如，小孩子或者精神病患者想要逃避惩罚，就会说"这不是我做的，是我的手干的"，这就是非我。非我常常是无意识的，偶尔也会浮现于意识层面，表现为一种不是自己的神秘感觉。经证明精神分裂症患者普遍有这种经验。它也会出现在一些正常人的噩梦之中。

三、人格发展

沙利文非常关注人格发展，甚至认为发展是理解人类行为的关键。他还说过，要想透彻地理解他的理论结构，唯一且最好的途径就是采取发展的观点看待问题。在具体阐述上，沙利文和弗洛伊德一样强调幼年生活经验的重要性，不过他认为个体的人格过了幼年还会继续发展。沙利文把人格发展分为七个阶段，分别是婴儿期、儿童期、少年期、前青春期、青春前期、青春后期以及成人期，其中前青春期、青春前期和青春后期是他关注的重点。沙利文并不像弗洛伊德按照生理变化来划分阶段，而是大致以社交状况来划分，也就是说，沙利文认为的人格发展并非性心理的发展，而是以人际关系为核心的发展。每一个阶段都代表着特定能力发展完成的最佳时间。

（一）婴儿期

婴儿期（infancy）从出生开始，一直延续到婴儿可以讲出清晰且意义明确的语言。在这一时期，母亲的温柔和焦虑对婴儿的影响极为重要。因为婴儿最先经由哺乳与母亲发生联系，所以口唇区十分重要，可以看作婴儿与环境进行交互作用的主要部位。它涉及哺乳、呼吸、哭泣、吮手指等几种重要功能，而其中哺乳是婴儿与他人最早的交互作用，为婴儿提供了第一次的人际关系经验。母亲的乳头或者奶瓶上的奶嘴提供的满足或焦虑使婴儿发展出最早的概念——“好母亲”和“坏母亲”。前者会在婴儿饿的时候适时给他奶喝，而后者或者不提供奶，或者把焦虑传递给了婴儿，导致婴儿即使饿了都拒绝喝奶。

哭泣有时候是婴儿满足需要、降低焦虑最有效的方法。婴儿在饿的时候哭，在怕的时候哭，在冷的时候哭……通常都很有效。这会帮助婴儿发展出预见的能力和关于因果关系的感受。不过如果哭泣没有达到目的，婴儿的需要一再被延迟满足，为了减轻紧张感，一种冷漠疏离的动力机制就可能发展起来，导致婴儿与母亲的疏远。

自我系统在婴儿中期开始发展，前面已经提到过，这种发展有赖于两个因素：一个是婴儿对自己身体的探索（比如吮手指），另一个是由奖惩训练取代无条件的照顾。在这一阶段要注意：对于婴儿日常行为习惯的训练必须配合婴儿的成熟水平，母亲要注意不要将不现实的要求或目标强加到婴儿身上，比如，不要梦想在婴儿的大小便训练上破什么纪录。除此之外，沙利文还对父母的其他几种危险行为提出了警告，包括过于焦虑，过于专制和严厉，完全不顾婴儿的意愿，鼓励婴儿保持依赖性和婴儿气，在婴儿玩弄生殖器时反应过激，奖惩标准变化不定，等等。

婴儿成长到 1 岁至 1 岁半的时候，开始从模仿环境中的声音到学习使用语言，也就是说，婴儿在从分离模式的经验向并列模式的经验迈进，就这样进入了人格发展的第二阶段。

（二）儿童期

儿童期（childhood）大概是从能讲出清晰、有意义的话语到会寻求玩伴。在这一阶段，儿童除了继续发展语言能力之外，还开始与同性的玩伴交往，学习扮演各种角色，接纳一些社会文化规范，自我系统也开始有比较清晰的结构。面对焦虑和父母的惩罚，儿童开始学会使用各种办法来避免，如欺骗、合理化、取悦父母和升华等。不过，有一些惩罚是避免不了的，这就会导致自我系统里“坏我”的发展。这就提醒父母，要尽量给孩子提供充足的奖励和照料，帮助促进“好我”的发展。如果孩子对温柔的需要不断被父母的焦虑、怒气和敌意打断的话，“坏我”就会成为自我系统的主导，使孩子产生一种错误的信念，即别人本质上都是不友好、没有爱的。这或许就是发生于这一时期的最大灾难。这种孩子慢慢会意识到对大人表现出温柔的需要是没有用的，于是他们就把身边的人都视作敌人，表现出恶意，因此他们顽皮、执拗和恃强凌弱也就不足为奇了。这种歪曲的人格无疑会破坏孩子与他人的关系，特别是与家中权威人物的关系。

儿童期的另一个潜在问题是孤独。如果父母不陪孩子一块玩，孩子就会体验到孤独。为了减少孤独感，儿童不可避免地要过度求助于白日梦，这样就会使儿童区分现实和幻想的能力以及用综合模式经验取代并列模式经验的能力受到抑制。除此之外，父母过于纵容或者严厉都会在某种程度上阻碍儿童期人格的正常发展。

在儿童期，好母亲和坏母亲的形象渐渐融合为一个整体，而父亲的形象也开始凸显出来，成为除母亲之外孩子不得不应对的另一个权威人物。儿童的性别知识也开始发展起来了。男孩希望自己像父亲，女孩则希望自己像母亲。不过沙利文并不认为这是所谓的俄狄浦斯情结。他认为这种现象的出现是因为大多数父母与同性的孩子在一起感觉更加舒服，也就更加会用温柔和赞赏去鼓励该性别的典型特征和行为。

（三）少年期

少年期（juvenile era）大概相当于小学阶段，综合模式的经验成为主导，生活经验从家庭向外扩张，少年开始发展社会性行为，表现为喜欢和同龄玩伴相处，也逐渐体会到合作和竞争的经验，同时也受到社会文化的影响，产生某些“刻板印象”。

在少年眼中，父母开始走下“神坛”，展现出也会犯错、更加人性化的一面。如果一个少年还执着地认为父母是全世界最完美无缺的人的话，那么很可惜，这一时期最重要的社会化过程就可能被错过。此时少年的生活中，又出现了另一个权威人物，那就是老师。少年又开始学习应对老师的要求、奖励和惩罚，继续发展升华以及其他行为以避免焦虑、保持自尊。此外，他们还要学习应对同伴，接触到竞争、妥协等各种社会机制。就这样，因为众多其他人的出现，小小少年的世界变得丰富、复杂起来，不过由于他们对于他人价值感的相对无知，在人际关系上还是以比较生涩的尝试为主。

沙利文对这一时期的人格发展是寄予厚望的，他觉得教育系统可以弥补婴儿期与儿童期的严重错误。不过也有一些问题要注意，例如，频繁搬家导致孩子经常更换学校，这会阻碍他与一个特定群体里的同伴建立起相对稳定、持久、亲密的关系；另外，父母要注意自己的言行，不要经常说别人的坏话，甚至诋毁别人，因为这样会使孩子产生困惑，不知道什么样的行为才是好的、正确的。

如果一切发展顺利的话，到这一时期结束的时候，少年就能建立起足够多的和他人一起生活的信念，包括对自己的人际需要状况以及满足需要的正确方法的理智观念，它们都是在潜意识里形成的。少年就带着这些宝贵经验朝着前青春期迈进。

（四）前青春期

前青春期（preadolesence）强调的是与一个特定的同性个体的亲密关系。这种亲密关系特别重要，因为它代表着一种类似于爱的情感，也是首次出现的对他人利益的真诚关怀。而且这一重要个体的影响力还可以调整顽固的自我系统，纠正前几个阶段留下的人格歪曲。原因是两个人如此亲近，一个人可以第一次那么完整地通过别人的眼睛来观察、审视自己，从而改变、发展自己，同时在合作解决问题的过程中，学习体谅和关心他人。一种有效的亲密关系还可以帮助改变一些不正确的观念和行为，如傲慢自大、过度依赖、不负责任等。相反，这一阶段个体如果在处理和同性的关系上感到很困难，则可能发展不出应有的前青春期体验，从而产生强烈的孤独感和疏离感，甚至产生偏差行为。

（五）青春前期

身体的发育期来势汹汹，前青春期随之被青春前期（early adolesence）取代。在这一阶段，个体的生理变化剧烈，性欲开始成熟，引发了对异性的追求，与一个异性建立起亲密关系的渴望已经代替了对同性亲密感的需求。

沙利文警告说，因为我们所处的文化会阻碍我们对性的追求，而且相关的信息和指导严重不足，所以处于这一阶段的年轻人很有可能遇到严重的适应不良。这时如果父母还横加指责或者排斥的话，问题会加剧。接下来可能会出现两种情况。一种情况是青少年刚刚开始的与异性交往的尝试无奈地夭折了，导致他们的自尊心急速降低，甚至对异性冷漠，致使他们以后很难再对他人表现出积极正向的感情。另一种情况则是受挫的年轻人还是义无反顾地与那个他认为自己“爱”的人结合了，可惜这种关系与真正的幸福相去甚远，因为那个人很可能只是第一个激发出他“类似于爱 ”的感情的人，而并非真正适合他的伴侣。于是他们可能再一次受挫，对异性产生强烈的厌恶感和恐惧感，同时也可能导致独身、妄想、手淫等后果，从而无力去获得健康的异性恋情。

虽然青春前期的多数问题都与性有关，但沙利文并不把性方面的问题看作精神疾病的主因。他强调无法形成满意的人际关系才是藏于性问题之下的真正的症结所在。

（六）青春后期

沙利文认为青春后期（late adolesence）关注的是发展满意的性活动，承担日益增长的社会责任，同时在权利、义务等人际经验中学习成熟。沙利文指出，这一时期的良好适应，大多是靠机会的。如果个体能够幸运地进入大学，比别人多拥有几年观察和学习的时间，或者是获得其他一些有助于发展的工作机会，则能够比较顺利地步入成人期。

另外，这一阶段或之前几个阶段形成中的人格歪曲的后果此时也显露出来了，使个体没有能力去建立丰富的人际关系，发展事业的能力也严重受挫。

（七）成人期

经过上述的六个时期，个体就到达了人格发展的最后阶段——成人期（adult）。它代表着成熟和人格发展的完成，理想状态是个体已经拥有了丰富的人际关系资源，并具备真爱的能力（有另一个人和自己几乎同样重要的感觉），由原来动物性的有机体变成了真正的人类。

沙利文对于成人期的论述不多，事实上他对于个体能在所处的社会中达到理想状态并不乐观。他觉得对于大多数人来说，前青春期的生活最接近无忧无虑，而其后，沉重的生活压力就把人扭曲了。

第三节 研究主题

在各个研究专题中，沙利文最关心的是人格发展以及精神分裂症。他提出的人格发展阶段论已经在上一节中阐述过，接下来主要介绍他在精神病领域的研究。

沙利文长期从事临床实践，因为成功治疗了许多重性精神病患者而名噪一时。在各种精神疾病中，沙利文论述最多的是强迫性神经症（obsessive-compulsive neurosis）和精神分裂症（schizophrenia）。

沙利文认为，强迫性神经症反映了患者对焦虑的一种病态的敏感。症状的起因是个体在现实的人际关系中从来没有获得过真正意义上的比较突出的成功。这导致他使用一种仪式化的思维和活动来获取安全感，以免唤起更多的焦虑。比如，一个人际关系受挫的人，不敢再表露自己的真实情感，于是便不可控制地开始对他人吹毛求疵和求全责备，以此来保护自己。此外，强迫症状可能会带来一些额外补偿，也会使患者病状加剧。例如，沙利文曾经提到过自己的一个病人从来不敢上自己家的二楼，因为他有着强烈的强迫想法，即自己会从二楼的窗户跳下去自杀。而与此同时，他也十分享受妻子对他的同情和关注，不愿意改变这种强迫想法。直到几年以后，他的妻子终于厌倦了这一切，离他而去，他的症状反而因此有所减轻。所以沙利文认为改善或者调整患者的人际关系，是治疗强迫性神经症的关键。

至于精神分裂症，沙利文认为它与强迫性神经症在许多方面是相类似的，且强迫性神经症状常常是精神分裂症状的前奏或者尾声。精神分裂症的成因常常是早年不愉快的情绪体验（特别是极度的焦虑），或者是自尊在后几个发展阶段里受到了毁灭性的打击。比如，父母对于婴儿的性游戏有不合理的恐惧感，每当他玩弄生殖器的时候父母就如大难临头，导致婴儿产生极度的焦虑和恐慌。为了免于惩罚，孩子就会把关于生殖器的一切认识都排除在自我系统之外。这样，性冲动和性行为就与潜意识中的非我联系在一起，正常的自我系统中就产生了一个空洞或者说缺口。等到青春期的时候，这种空洞就不可避免地制造出许多的麻烦和严重的问题，导致个体精神分裂。除此之外，精神分裂症患者还会使用倒退回并列语言（parataxic speech）的方式来寻求安全感。这种语言按正常情况是出现于幼儿期的，所以别人听起来觉得不可理解，甚至认为是疯言疯语，只对患者本人有意义。因此，在沙利文看来，精神分裂症代表了一种向早前心理功能的回退，患者以此来试图避免强烈的焦虑感和自尊的毁灭感。

第四节 理论应用

一、精神病理学

沙利文也认为精神疾病只有程度的不同，没有种类的区分。精神病人与正常人没有本质的区别，甚至每一个精神病人的身上都有像精神病学家的部分，即便是他们的怪异行为也是与正常人的某些机制相关的。

（一）精神疾病的成因

在沙利文看来，所有非器质性的心理疾病（包括强迫性神经症和精神分裂症）都是由病态的人际关系造成的。这些病态的人际关系包含婴儿期母亲的过度焦虑，幼儿期的孤独、父母惩罚的标准不一和缺乏温柔，找不到满意的少年同伴群体或前青春期密友，青春前期异性恋和性欲上的问题，等等。这些都会导致自尊的显著降低，形成特别顽固与歪曲的自我系统，从而妨碍个体建立起一个成熟的人际行为资源库。例如，充满恶意的个体的自我系统被膨胀的坏我控制，使他过分依赖仇恨这个动力机制，对自己和他人都充满了贬抑。这种极为消极和有限的人际行为资源难以或者不可能发展成令人满意的人际关系。此外，低自尊还会慢慢引发一些偏差行为。

总之，沙利文觉得无论特定精神疾病的成因和形式如何，在治疗的时候都必须被当作人际关系的问题。同时他也注意到了社会力量的作用，他认同弗洛姆的病态社会导致病态人格的说法。他认为“西方社会是一个典型的病态社会，在那里的每一个人在某种程度上都是病态的”（Sullivan，1964，1971）。

（二）精神疾病的种类

沙利文对现行的精神疾病分类标准和命名方法是持批评态度的，因为他觉得各种病症之间并无本质区别。不过他在做临床诊断的时候还是使用了这些公认的名称，如躁郁症、歇斯底里症、疑病症和妄想症等。

二、精神疾病的治疗

（一）理论基础

在沙利文看来，精神疾病的治疗过程首先是一个学习的过程。他觉得在心理治疗中病人的好转，与他们在其他教育形式中获得的进步并没有本质的区别，因此他认为应该避免使用“看护（care）”这个词，它不适用于人格领域。

治疗的目标是使患者对他们选择性忽视的事物获得全新的认识，重新整合人格中互相分离的部分，在好我和坏我之间建立起适当的平衡，形成一个更为广泛和有效的人际行为资源库。举例来说，治疗可以帮助将性冲动从自我系统中分离出去的患者接受内在性驱力的存在，认识并消除伴随而来的羞怯和罪恶感，并发展出能适当满足这种需要的行为。又如，治疗可以使一个充满敌意的患者学习缩减过于膨胀的坏我，学会爱自己，形成更正确的人际知觉，对他人表现出温柔和爱。

沙利文还指出，虽然说对治疗效果起决定性作用的是个体天生趋向心理健康的力量，但个体要放弃各种表面上看起来能够获得安全感的行为，真实面对自身的软弱是一件十分艰难的事情。因此治疗者必须是人际关系方面的专家，要能够证明治疗的确是有效果的，并以此来消除患者的疑虑。

（二）治疗过程

沙利文式的治疗焦点是治疗者与患者之间的人际关系，治疗者既是观察者，又是积极的参与者。在与患者面谈时，治疗者要集中注意患者所说的“关于我……”和“我……”的部分，不要长时间地纠缠于不重要的部分。

在具体的治疗过程中，沙利文不使用经典精神分析治疗时使用的长沙发，他通常与患者坐成90度的直角，以便能立即觉察到患者姿势的细微变化，同时不受患者面部表情的干扰。他也很少使用自由联想技术，认为这会给患者带来更大的焦虑。在治疗过程中，沙利文不喜欢做笔录，他认为这样不仅会分心而且不能记录下行为的细微差别，因此他提倡录音。对于精神分析治疗最常使用的解释技术，沙利文主张相对简短地使用，以避免造成患者过度焦虑，导致患者加强对自我系统的防御。他还指出，这种解释的目标是帮助患者认识到现在的生活方式其实是不太令人满意的，有许多新的方式可以取代它，使患者宁愿焦虑也愿意去改变自我系统。

相对于霍妮和弗洛姆，沙利文对治疗应该如何进行提供了更多的指导和更细致的论述，他认为治疗可以分四个阶段进行。第一阶段是治疗的正式开始阶段，这一阶段患者首次与治疗者见面，并解释自己为何要参加治疗。沙利文认为治疗者在这一阶段的行为表现是相当重要的，因为即使是看上去很细小的错误，如握手时过于无力，寒暄时过于热情或者冷淡，对话时太过傲慢或者缺乏自信，都可能影响患者对治疗者以及治疗本身的认知，从而影响后续的治疗。

治疗的第二阶段，沙利文称之为勘察期，当治疗师对患者为什么需要专业帮助有了比较好的认识之后，这一阶段就开始了，一般要持续7.5小时到15小时。在勘察期里，治疗者需要对以下细节进行非结构化的访谈：患者的年龄、出生地、家庭排行、婚姻状况、教育背景、工作经历、父母职业、婴儿期和幼儿期时家中是否还有其他重要他人等。当治疗者对患者的各方面情况做出一个总结以后，这一阶段就算结束了。这时患者也一般都会认同一些重要的问题已经浮出水面，可留待下一阶段做进一步的分析。

第三阶段也叫细节调查阶段。治疗者此阶段的主要任务是对前两个阶段得到的信息做重新核查，因为无论治疗者多有经验，仅通过前面简短的谈话都不可能完整而准确地勾画出患者问题的全貌。许多患者为了降低焦虑，会刻意地设计自己的陈述以取悦治疗者，或者将自身的失败和困窘经历合理化，甚至避而不谈，而对自己的成功经历大肆渲染。因此，治疗者要注意检查一些细节，并了解患者的成长过程中那些比较重要的事件是如何度过的，如大小便训练、学说话、对于竞争和妥协的态度、学校经历、前青春期的密友、对性的态度、工作和婚姻经历等。此外，治疗者还要注意观察患者在与治疗者互动中表现出的焦虑状况。

最后是治疗的终结阶段，包含四个步骤：一是治疗者简单陈述在治疗过程中了解到了什么；二是描述患者应该采取什么样的行为，又应该避免什么样的行为；三是简述治疗的效果和预后，要注意不要做悲观的预后，因为患者可能会有预言实现的倾向；四是干净利落地结束，切忌拖泥带水，但也不要戛然而止，结束得过于突然。

沙利文一生都致力于精神分裂症的治疗工作。他创设了一套独特的方法管理病房，特别强调良好的人际关系的建立，认为患者在病房里的日常生活和社会互动甚至要比和治疗者在一起的治疗互动更加重要，因而也要求护士们对患者始终保持关心和亲切感。那时候缺乏现代的医药技术，沙利文就使用酒精饮料来代替麻醉药品，以放松患者的自我系统，使它们更加容易改变。

（三）释梦

沙利文同意经典精神分析所说的，人在深度睡眠时会在某种程度上放松对自我系统的防御，并提供了把清醒时压抑的紧张释放出来的机会。不过，沙利文并不认为梦是了解人格的丰富信息来源，因为他觉得患者一旦清醒过来，他的自我系统就再生了，所以解析梦的潜在内容是徒劳无益的。

（四）阻抗、移情和反移情

和霍妮一样，沙利文对弗洛伊德的阻抗概念也进行了重新定义。他同意自我系统在不断地阻抗治疗目标的完成，但他并不认为这是为了维护本我的不法冲动，而把它解释为一种降低焦虑的努力。对于弗洛伊德相当强调的移情，沙利文持反对意见。他认为移情关系根本就是一种错误的人际知觉，恰恰是患者应该学会抛弃的。他不曾提到过反移情，但是他认为治疗者持有某种刻板印象是很危险的，所以治疗者经常对自己进行分析是很有必要的。总之，沙利文强调，治疗者的基本义务是使患者在治疗中获益，而非满足自身的需要。另外，他也认识到当时的精神病学还远不够科学，临床工作者普遍缺乏理论和方法学的指导，因此要做出疗效显著的心理治疗是相当困难的。

第五节 理论评价

一、理论贡献

沙利文精神病学的人际理论强调人际关系和个体所处的社会和文化环境，将精神分析的研究重心转移到社会学的方向上，从研究个体内部走向了研究个体之间，超越了弗洛伊德精神分析的生物化倾向。

沙利文关于精神分裂症的阐述对于精神病领域的影响非常深远。他强调这种疾病的非器质性和人际方面的成因，并且成功地治愈了许多这类患者，改变了人们对精神分裂症的悲观态度，改善了患者的处境，寻找到了一条新的治疗途径，因而他被公认为是对这种疾病提出有说服力的心理动力学解释的第一人。

沙利文关于焦虑的论述明显比阿德勒的要完整和细致，说明他对焦虑带给人类极多痛苦的特性有着更好的理解。沙利文在人格发展的研究上花费了大量心血，他指出许多精神疾病的重要起因存在于青春期，相对来说弗洛伊德和阿德勒对这一阶段都不够重视。和霍妮、弗洛姆一样，沙利文抛弃了力比多理论，强调研究可观察的行为。这些都得到了现代人格理论学家的认可和赞赏。

二、理论缺陷

虽然沙利文声称自己并不喜欢精神病学的术语，但是他却提出了一大堆自己创造的深奥的术语，而且这些术语之间的相互关系并不清晰，如动力机制、自我系统和人格化等概念之间的关系就令人费解。缺乏理论的清晰性和朴素性，使他的著作可能比前面提到的任何理论家的著作都要难懂，这也的确影响了他的理论的更广泛的传播。

虽然前提并不相同，但沙利文的紧张降低模型还是和弗洛伊德的理论一样受到了批评。他的动力论也被指责为类似于弗洛伊德的性欲论和阿德勒的自卑论。

沙利文人格理论受到批评的地方还包括他将自我系统的形成归因于重要他人的赏罚，忽视了孩子自己的错误认知造成的歪曲。他的理论并没有衍生出很多实证研究。还有人批评他似乎太过于强调人格的人际部分。

沙利文传奇般的一生，谜一样的个人生活以及杰出的理论成就，都在以独特的方式影响着后人。或许他艰涩的行文和连篇术语的确令人头疼，但是如果你用心地去阅读他的著作，必定会在其中发现真正的智慧。

第四章　艾里克森的人格理论

第一节 生平事略

艾里克·艾里克森 1902 年 6 月 15 日生于德国法兰克福。他的父母都是丹麦人，原来住在哥本哈根。艾里克森的父亲在他出生之前就抛弃妻儿离家出走了，他的母亲随即迁居德国，三年之后改嫁给犹太医生瑟尔多·洪伯格。从小，艾里克森的母亲便告诉他，洪伯格是他的亲生父亲。不过随着艾里克森渐渐长大，他发现自己有着不同于其他犹太人的外貌特征：金发、高大。在犹太人眼里，他是一个非犹太人，而在他的德国同学眼里，他又是一个犹太人。就这样，艾里克森小小年纪便体会到

Erik Erikson（1902—1994）

了深深的“同一性混乱”。到了青春期，艾里克森已经隐约觉察到自己的父亲是谁。在第一次世界大战爆发的时候，他曾经在自己丹麦人的身份与对祖国（德国）的效忠之间苦苦挣扎。

艾里克森没有获得任何大学文凭，这或许说明他只是一个平庸的学生，又或许是由于他追求自我认同的渴望过于强烈。因为当他的继父要求他进入医学院学习时，他却决定要成为一个艺术家。其后的几年，艾里克森流浪于欧洲各地，以给孩子们画像为生。1927 年夏天，他终于在心目中的艺术圣地——维也纳落下脚来，任教于一所为弗洛伊德的朋友及病人的孩子开办的小学校。在那里，艾里克森认识了弗洛伊德的女儿——安娜·弗洛伊德。这位知名的精神分析师不仅帮助艾里克森继续学业，更给予他精神分析的训练，并以相当低廉的价格亲自对他进行个人分析。1930 年，艾里克森与舞蹈家塞森女士结婚，后育有两儿一女。无疑，从维也纳开始，艾里克森的人生改变了。

1933 年，由于纳粹的兴起，艾里克森从欧洲移居到了美国波士顿，并成为波士顿第一位开业的儿童心理分析师。同年，他成为亨利·莫瑞主管的哈佛医学院神经精神病学系的一名研究员。1936 年到 1939 年，他在耶鲁大学人类关系研究所从事研究工作，并在耶鲁大学医学院从事教学工作。从 1938 年起，艾里克森开始对两个印第安部落进行长达数年的研究。他深入印第安人的居住地，进行实地考察，收集到了大量的第一手资料。诸如此类的人类学研究，使艾里克森进一步意识到社会文化因素对人格形成的重要性，这种认知深深地渗透到了他的整个人格理论之中。1939 年，艾里克森把自己的姓名改为艾里克·洪伯格·艾里克森，显示出他在身份认同上的转变。

1950 年，因为拒绝在效忠誓词上签字，艾里克森被免去了加州大学的教授职务（后来加州大学又聘请艾里克森回去，但被他拒绝了），前往马萨诸塞州的奥斯汀里格精神医学中心工作。1960 年，艾里克森被哈佛大学聘为人类发展学和精神病学教授，直至 1970 年退休。退休之后，艾里克森居住在旧金山，他的卓越成就获得了大众的肯定，《时代》杂志将他评为最突出和最具影响力的精神分析学家之一。1994 年，艾里克森病逝。

艾里克森在后半生里笔耕不辍，著作颇丰。他的第一本著作《童年和社会》出版于 1950 年，引起了巨大的社会反响。艾里克森的其他主要著作还有：《同一性与生命周期》（1959）、《理解与责任》（1964）、《同一性：青春期与危机》（1968）、《新的同一性维度》（1974）、《生命历史与历史时刻》(1975)、《游戏与理性》(1977)、《生命周期的完成》(1982)。

荣格、阿德勒、霍妮、弗洛姆和沙利文等人都曾经因为抛弃了弗洛伊德的心理性欲学说而被经典精神分析界逐出门外，但是也有人选择了更加温和的方式，那就是保留并改造力比多理论。他们接受弗洛伊德理论的基本概念，如婴儿性欲、潜意识过程、心理冲突、三我结构模型等。同时他们也承认，弗洛伊德对于本我、内心冲突以及心理病态的过于强调，的确在某种程度上掩盖了相对健康的、适应性的心理功能的重要性，因此他们在弗洛伊德理论的基础上加强了对理性自我力量的重视。这种对经典精神分析的改造成就了著名的自我心理学（ego psychology）。虽然有许多理论家对自我心理学的发展做出了贡献，但其中有一个人取得了独一无二的专业成就并获得了广泛的认可。这个不平凡的人没有大学学位，但最终成为一位杰出的精神分析学家。他将“同一性危机”这个词带入了我们的日常语汇，并首先面对和解决了自己身上的这个难题。他就是艾里克森。

第二节 理论观点

一、人性观

艾里克森自认为是弗洛伊德学说的拥护者，但从人性观上来说，弗洛伊德是宿命论者，认为人受本能的支配；而艾里克森则是乐观主义者，认为人们有能力克服人格出现的危机，从而获得成长。从这个意义上来讲，危机是一个个使我们从逆境中获胜并主宰自我和世界的机会。

二、人格动力

艾里克森虽然也强调生理过程的重要性，但只是把它作为塑造人格的三个主要方面之一，他认为人由生到死受到生理、心理和社会三方面因素交互作用的影响。

（一）生理过程：力比多和性欲

艾里克森将经典精神分析的力比多理论纳入自己的基础理论框架之中。一方面，他高度赞赏力比多理论是射入黑暗心理世界的一道曙光；另一方面，他也小心地不去接纳那些连弗洛伊德自己都觉得仅仅是“假设”的概念。他还认为论述那些不能得到科学证明的所谓“能量”是没有意义的。

艾里克森对本能驱力重要性的看法也是有所保留的，他赞许弗洛伊德对于人格非理性方面的关注，也同意性欲是与生俱来的，但同时他也认识到我们天生的性本能和攻击本能也会受到家庭和文化因素的影响，因此他提出精神分析应该对人内在的适应性的力量多加关注。

总之，艾里克森虽然也保留了本能和力比多学说，但已并不是那么强调本能和力比多，他更愿意强调的是自我和社会力量在人格塑造中所起的作用。

（二）自我过程：同一性和掌握感

艾里克森虽然继承了弗洛伊德对于超

我、自我、本我的划分，但他对自我的理解不同于弗洛伊德。艾里克森认为自我是一个独立的力量，已远非需索的本我、严厉的超我、约束的环境之间的调节者这么简单。它的作用也不仅仅是防御不齿的本能和焦虑。在艾里克森看来，自我是一种心理过程，它综合了过去和现在的经验，相对独立而且强大，可以有意识地控制和引导心理性欲向着合理的方向发展，促使人们建立起自我认同感，获得对环境的掌握感，具有很强的自主性和适应性。

1. 同一性

在自我的诸多特性里，艾里克森最为重视的是自我的同一性（identity），他认为健康自我的最主要功能就是要维持一种同一性（也称自我同一性、心理社会同一性）。在人生道路上，人们可能经常对自己未来的方向感到不确定，不知该何去何从，或者对自我感到迷茫，甚至扪心自问："我是什么样的一个人？""我的人生有哪些意义？"这些可能困扰过每一个人的问题，便涉及自我同一性的概念。至于什么是自我同一性，艾里克森曾经提供过多种解释，如"一种熟悉自己的感觉""一种知道自己将会怎样生活的感觉""在说明被预期的事物时表现出的一种内在的自信"，等等。实际上，同一性是一种非常复杂的内心状态，意义非常广泛，简单说来，包括以下四个不同方面。

（1）个体性（individuality）。一种独一无二的，作为一个独立且与众不同的个体而存在的清晰感觉。

（2）整体性和整合感（wholeness & synthesis）。一种内心完整、不会四分五裂的感觉，这种感觉源于潜意识中对于自我的整合。成长中的儿童会形成各种各样的自我形象的片段，如可爱的、强壮的、独立的等。健康的自我能够将这些零碎的形象整合成一个有意义的整体。

（3）一致性和连续性（sameness & continuity）。这是指我们潜意识里想要追求一种过去、现在和未来之间的内在一致和连续的感觉，追求一种人生是延续的、目标是有意义的感觉。

（4）社会团结性（social solidarity）。一种内心的理想和价值观与某个群体相一致的感觉，一种受到社会支持和肯定的感觉。

艾里克森的同一性概念代表了每一个人都有的极为重要的需要。"在人类生存的社会里，缺乏自我同一性的生活是没有意义的。同一性被剥夺可能导致死亡。"（Erikson，1959，1963）同一性的对立面是同一性混乱（identity confusion），也称角色混乱（role confusion）或者同一性危机（identity crisis）。它包含着与同一性相反的内容：内心的支离破碎感，感觉人生没有目标，无法获取满意的社会角色或地位带来的支持。同一性混乱的个体会感觉像是一个被放逐的人，或者一个流浪者，再或者谁也不是，就像艾里克森自己在二十多岁时所体验到的那样。

艾里克森认为，同一性最初起源于婴儿时获得重要他人的认可，但一直要到青春期才能正式形成。另外，同一性同时包含积极和消极的方面，对某些特定的人群来说，例如，生活在家长制社会中的妇女以及受歧视的少数民族成员，要发展出一个积极的自我同一性是很困难的。但是艾里克森认为，即便是一个消极的自我同一性也要比同一性混乱好。在某些特定的历史时期，例如战争时期、社会动荡时期，较难获得积极的同一性。

艾里克森认为，同一性混乱是现代心理治疗中面临的主要问题。弗洛伊德时代的患者很清楚自己想要成为什么样的人，却苦于许多限制阻碍了他们达成目标；而今天的患者则是不知道该相信什么，不知道该为什么样的个人目标而努力。因此，艾里克森觉得就像在弗洛伊德时代主要研究性一样，这个时代也应该进行同一性的研究。

2. 掌握感

和阿德勒、弗洛姆一样，艾里克森也认为我们有一种掌握环境的基本需要。它与同一性都是自我的功能，它的满足能为个体提供一种类似于但又强于本我满足时的愉悦感，而它受挫时也会引发强烈的不满。掌握感（mastery）的获得依赖于社会的期望和支持，比如，孩子学走路的时候，愿意不断重复走的动作，不仅仅是为了生理上的熟练，或者是为了满足某种力比多需要，同时也是为了以“会走路了”来获得重要他人的赞赏，满足自尊的需要，并慢慢地确信自我可以有效地应对外部世界。此外，掌握感的获得也有助于提升积极的同一性。

（三）社会过程：社会和文化

除对人性持有更加积极和理性的观点之外，艾里克森还特别反对弗洛伊德对于社会的消极看法。我们已经知道同一性和掌握感的获得需要他人的支持，社会不仅可以帮助减少生活中的冲突，而且可以提供给个体社会角色，如教师、医生、工人等，来保证个体找到一个有效的生涯依靠。此外，由人际关系所提供的社会认同也可以确保个体获得一种存在感和意义感。

由于艾里克森认为社会在塑造自我的时候扮演着主要角色，因此他花费了大量时间和精力去研究不同文化对人格的影响。特别值得一提的是，艾里克森曾经深入到印第安人居住地，研究当地的原始部落（Sioux）的儿童为何表现出冷漠。经过一年的研究，他发现儿童在部落中受的教育是对人要慷慨大方，哪怕是资源不足，也要坚持与他人分享，绝不囤积。但他们到联邦学校以后，那里的白人教师教导他们的是西方个人主义的价值观。这些孩子因为没办法协调这种差异，只好退缩继而表现出冷漠。艾里克森认为，两种文化下的人之所以会形成明显不同的同一性，就是因为所处的社会中占主流的价值观不同，并不是本能或者性格本身造成的。

通过帮助个体在现有的社会秩序中寻找到可用的角色，社会文化自身也得到了丰富和永恒。不过社会的影响并不都是有益的，因为一个社会中常常存在着互相矛盾的价值观，如既强调竞争，也强调合作，这样要形成同一性就会有些困难，还有像生活在德国纳粹统治下的年轻人，他们也要被迫去适应强加给他们的消极的同一性。

（四）其他：身体区域与行为方式

艾里克森和弗洛伊德、沙利文一样，对一些与环境相互作用的身体区域表示了关注，如口唇、肛门和生殖器，同时他也列举了六种人们应对外部世界的方式。

1. 合并型之一（incorporative，type Ⅰ）：取（getting），被动接受。

2. 合并型之二（incorporative，type Ⅱ）：拿（taking），有目的的索取。

3. 排除型（retentive）：放弃自己所拥有的。

4. 干扰型（eliminative）：带有敌意的侵略环境，特别男性化。

5. 包容型（inclusive）：获得和保护，特别女性化。

6. 生殖型（generative）：生育。

在谈到区域与方式时，艾里克森借用了弗洛伊德的固着（fixation）概念，他认为固着的出现不是跟区域有关，就是跟方式有关，例如，一个孩子到了七八岁还在吮手指，这就是口唇区域的固着。若一个成年人期望不付出任何努力就获得成功，那就是合并型之一方式的固着。无论哪种固着，都意味着某个区域或方式的过度发展，同时也意味着其他区域或方式的发展不足，这些都会导致单一的、不成熟的人格。

三、人格发展

艾里克森认为，人的发展是按阶段依次进行的。如果人的生命是一个周期，那么可以划分为八个阶段。就像我们的身体器官是按照一个预定的遗传时间表发展的一样，我们的人格也按照一个遗传的心理时间表发展。在出生的时候，八个阶段都是未充分展开的，之后每一个阶段都呈现出一个新的整体，就像是从前面一个阶段脱胎进化而来的。这便是艾里克森的“胚胎渐次生成说”，他以此来类比人发展的原则。

这八个阶段是以不变的顺序依次出现的，而且具有跨文化的一致性，因为它们是由遗传因素决定的，不过每一个阶段是否能够顺利度过则是由社会环境决定的。社会环境不同，阶段出现的时间可能不一样，因此这种阶段发展理论也可称作“心理社会发展阶段理论”。

艾里克森认为，在心理发展的每一个阶段上都存在一种危机（crisis），这里所说的危机并非是灾难性的事件，而是指发展中的一个重要转折点。积极地解决危机可以增强自我的力量，帮助个体更好地适应环境，从而顺利地度过这一阶段，并且增加后一阶段危机积极解决的可能性。消极地解决危机则会削弱自我的力量，阻碍个体适应环境，并减少后一阶段危机积极解决的可能性。积极解决与消极解决之间并非是对立的关系，事实上每一次危机的解决都同时包含着积极的和消极的因素，积极因素较多则得以积极地解决，消极因素较多则只能消极地解决。如果完全没有经历过消极面，人格发展就会有弱点，因此在成长的过程中，有一点不信任、羞耻和罪恶感，并非坏事。不过每一次危机的解决都不是一劳永逸的，如果在之后某个阶段里出现了一个极严重的危机，也可能使之前解决了的危机再次出现。

在艾里克森所划分的八个发展阶段中，前五个阶段是与弗洛伊德划分的阶段一致的，他认为这是人格发展的必要条件和决定因素。不过他论述的重点放在了个体的社会经验上，而不是心理性欲的发展。弗洛伊德谈到成年期时就终止了，艾里克森把它扩展到了老年期，形成了一个毕生发展理论，下面将依次介绍这八个阶段。

（一）口唇期：基本信任—基本不信任

这一阶段大概从出生延续到一岁，相当于弗洛伊德的口唇期，这一时期的心理社会两极是基本信任和基本不信任（basic trust vs. mistrust）。对于新生婴儿来说，学会的第一件事就是接受和吸收，不仅仅是通过嘴去吮吸，而且也通过眼睛和其他感官去接触环境。弗洛伊德重视婴儿吃奶时口唇部位获得的快感和满足，而艾里克森则认为婴儿吃奶的经验是人际关系发展的基础，母亲的哺乳和拥抱是婴儿与他人第一次重要的相互作用。婴儿通过与母亲的互动，对自己和所处的世界会产生一种基本的态度。如果母亲对婴儿的照料总是充满了关爱，让宝宝的各种需要都能得到适时、适量的满足，婴儿就能获得基本信任感，认识到在他的需要和外界之间存在着一种可靠的联系。于是即使妈妈从他的身边离开，他也不会哭闹，因为他知道妈妈一定还会回来。这时母亲成为婴儿心目中一个必然、确定、一致的事物，这种信任感还会扩展到自己和周围的人，使婴儿感到人和世界都是可靠的。

相反，如果母亲经常忽略婴儿的需要，或者自己本身就充满了焦虑，无法有效地照料婴儿，婴儿就会感到害怕、怀疑，甚至觉得自己总是处于危险中，没有人可以依靠，这就是基本不信任感。长大后还一直持有基本不信任感的人会与人不和，孤僻退缩，拒绝友谊，封闭自己。

基本信任感和基本不信任感是可以同时存在并互相转换的，因为即便是最优秀的父母也不可能在任何时候都表现得绝对完美，所以每一个人的人格都在某种程度上同时包含信任和不信任。这并不一定是有害的，因为很显然，绝对地信任每个人每件事和什么都不相信一样，都不是适应性的行为。如果二者所占比例是不信任占了上风，自我就会遭到破坏，继而影响到下一个阶段危机的解决，但要是信任占据主导地位，这一阶段的危机得以顺利解决，人格中就能形成一种品质：希望（hope）。此后伴随着每一个危机的解决，人格中都会出现一个新的品质，并使自我的力量增强。获得希望品质的人敢于冒险，不怕挫折和失败。具有信任感的人不害怕自己的需要能否现在就被满足，因而能够脱离眼前的局限性，放眼未来。

（二）肛门期：自主—羞耻和怀疑

第二阶段相当于弗洛伊德的肛门期，大约从 1 岁持续到 3 岁，其两极是自主对羞耻和怀疑（autonomy vs. shame and doubt）。这时候的孩子慢慢学会了走路、说话。肌肉力量的发展也使他们能够不时地离开母亲的怀抱，自己去打开水龙头，或者推推自己的小车，干一些自己想干的事情。这时候父母或许会觉得小宝宝不像以前那样容易控制了，可是又必须在这一阶段里对孩子进行一些必要的训练，如大小便训练。这就要求父母要注意在不打击孩子刚刚萌芽的自主性的同时，坚定地改正孩子的不良行为，此外也要合理地容忍孩子所犯的错误。

如果父母很有耐心，能够体会孩子的处境，（例如，为孩子布置适当的活动空间，使他能够随意地活动并不至于碰坏东西而闯祸，或是在进行大小便训练的时候态度温和，孩子一时半会儿做不好也不大惊小怪）并且允许孩子用他自己的方式，在属于他自己的时间里做他力所能及的事情，那么孩子就能感觉到他是有能力控制自己和环境的。这就是艾里克森所说的自主感。相反，若是父母缺乏足够的耐心，只要孩子做错，就大声呵斥，或者过于保护、凡事都亲力亲为，不让孩子独立尝试，久而久之，孩子就会产生羞耻感，觉得自己经常犯错误，动辄得咎，什么都干不了，也就不敢有所作为了。羞耻感若是发展下去，超过信任感，就会导致个体产生对人和事的怀疑，觉得自己并不是独立的，对别人都充满了敌意。

和前一个阶段一样，每个人的人格中都不可避免地同时存在着自主和羞愧两方面，前者占主导地位则意味着危机的成功解决，从而产生一种自由实践、自主选择和自我控制的决心，即意志（will）。意志的出现也就标志着这一阶段的顺利度过。

（三）生殖器期：主动自发—罪恶感

第三阶段相对于弗洛伊德的性器期，其两极是主动自发对罪恶感（initiative vs. guilt）。3 到 6 岁的儿童已经能走、能跑、能跳，他们的活动更为灵活，语言更为流畅，想象力也更加丰富。甚至已经拥有了自己的思维、自己的主见，他们已经能够分辨什么事是可以做的，什么是不被允许的。他们开始用语言表达自己的意见和愿望。他们以无穷无尽的好奇心和创造性去探索世界。这时候通达开明的父母会积极地给予儿童表达自己的机会，小心地保护孩子可贵的求知欲，给他充分的自由去做想做的事情，同时也为他提供必要的指导和看护，以避免孩子受到不必要的挫折和打击。这样儿童将会勇于尝试，去学习、去实践，为自己的目标努力，从而获得主动感。相反，如果父母不能体会儿童的需要，对儿童的自主行为都持一种否定的态度，不但不愿回答他们的“为什么”，甚至还以轻蔑挖苦的态度对待儿童，嘲笑孩子的想法是荒谬幼稚的，那么儿童的自信心就会受到打击，并且当他回想起自己被父母嘲笑的行为时，就会有一种罪恶感，觉得自己一无是处，从而唯唯诺诺、不敢越雷池一步，过着循规蹈矩的生活。

如果主动自发感超越了罪恶感，个体就能获得又一个适应性的自我品质：决心（purpose）。这是一种敢于正视和追求有价值的目标的勇气，个体在这个过程中，即使受到了惩罚，也不会放弃。

（四）潜伏期：勤奋—自卑

6 到 12 岁的儿童处于潜伏期，这个阶段的两极是勤奋对自卑（industry vs. inferiority）。在弗洛伊德的心理性欲发展阶段中，潜伏期是青春期的暴风骤雨来临之前的相对平静期，因为性的欲望暂时隐而不见了。而艾里克森却指出这是儿童开始需要认真学习的时候，他们需要接受一些系统的知识学习和技能训练，为适应社会做准备，同时通过学业成就来证明自己的能力和价值。如果儿童在刻苦学习的过程中能时不时地获得老师和父母的支持和鼓励，让他们明白勤奋的结果将会是成功和奖励，他们就会把兴趣由玩耍转移到学习上来，去追求在圆满完成学习之后获得的愉悦，并由此产生勤奋感。相反，如果老师和父母一味地打压儿童的信心，或者对他们取得的成绩不闻不问，又或者对他们的期望过高，致使他们压力太大，则会导致儿童产生自卑感，令他们对于自己能否成为一个有用的人信心不足。

在这一阶段里，除了要避免儿童自卑之外，还需要防止走向另一个极端，那就是勤奋感过度发展，导致儿童过高估计学习和工作的意义，甚至把生活等同于学习和工作，致使他们成人以后沦为工作的奴隶，只知服从，不会思考。因此老师和父母要注意多多激发儿童的创造性，培养全面发展的兴趣，而不要把他们训练成只知道念书的机器。

勤奋感占优势的儿童能够发展出“胜任（competence）”品质，具有这一品质的人能够在工作中自由灵活地运用自己的才智和技巧。

（五）两性期：同一性—角色混乱

12 到 20 岁的青少年已经告别了儿童期，进入了青春期，这时他们的生理出现了巨大的变化，性成熟了，潜伏的性冲动也再次出现，包括弗洛伊德、艾里克森和沙利文在内的诸多心理学家都认为这是人格发展过程中相当重要的一个阶段，是一个人摆脱儿时的稚气走向成年的转折点。这一时期的关键是同一性问题，虽然同一性的形成是个终生过程，但由于青少年生理和心理的急剧变化，很容易在青春期出现同一性危机，就像是到了人生发展道路上的一个岔路口，要么获得自我同一性，要么走向内心的支离破碎，陷入危险的同一性混乱。因此，这一时期是同一性对角色混乱（identity vs. role confusion）。

经过前几个阶段的学习，青少年已经掌握了不少适合自己的角色和技能，也获得了一定的认同。在这一阶段里，青少年需要把前四个阶段不断变化的经历和体验统整起来，把自己眼中的“我”和他人眼中的“我”统整起来，形成一个完整且健康的自我同一性。处于这一时期的青少年有时候很尴尬，因为他们一会儿被看作是小孩，不许干这不许干那，一会儿又被看作是大人，要懂事，要负责任。这就是青少年常常遇到的困惑：“我到底是怎样的一个人？”“在别人的心目中，我到底是什么样子?”为了回答这些问题，个体必须将过去所获得的有关自己的资料，自己所学到的各种知识，连同父母、老师和朋友对自己的评价，一起综合起来，建立起一个自我认同的形象，然后以此为基准来判断自己能做些什么、将成为什么样的人，从而引导自己未来的发展方向。可想而知，如果个体在儿童时期正确地认识和了解自己，周围的人对他的评价都比较客观公正，且符合他的实际经验，同时他也能与他人建立良好的人际关系，那么他就能够比较容易地建立自我同一性，确定自己的发展方向，并充满信心地向着目标努力。

反过来，如果一个青少年，有着不幸的童年，生活困苦，找不到充分可靠的信息来认识自己，不知道自己是谁，来自何方，去往何处，应该扮演哪一个角色，那么他就会陷入一种混淆不明的状态，艾里克森称为“角色混乱”。被严重的角色混乱困扰的青少年会感到孤独、空虚，好似迷失了方向。其中一些人可能会远离他人和社会，通过排斥社会的常规和价值观来获得自尊，或者沉溺于歪曲的生活方式之中，然后很自然地“人以群分”，例如，拉帮结派，通过在那里获得一个角色来寻求归属感。因此，艾里克森认为，很大一部分青少年的适应不良问题都是由角色混乱造成的。由于从别人那里听到的评语都是不好的、负面的，使得一些青少年不能很好地悦纳自己。另一方面他们又不愿承认自己真的有那么不堪，于是他们采取投射的方式，把这些缺点、不好的特性全都投射到别人身上，认为是别人坏，而不是自己坏，这便是艾里克森所说的消极认同（negative identity)。消极认同会使个体疏远和敌视别人，还可能引起偏见、犯罪、种族歧视等。

寻找自己的确不是一件容易的事情，但如果成功地获得了积极的自我同一性，人格中就会出现忠诚（fidelity）这种新的自我品质。忠诚是一种能力，是尽管价值系统之间存在着不可避免的矛盾，但仍然能够忠于内心誓言的能力。它是形成连续不断的同一性的基础，其本质是对真理、对同伴的一种确认和坚持。

（六）青年期：亲密—疏离

青年期又叫成年早期，这一阶段大约相当于 20 到 25 岁，从这一阶段开始就无法与弗洛伊德的心理性欲发展阶段相对应了。艾里克森认为这一阶段的主要任务是要发展亲密感，避免疏离感，因此这一阶段的两极是亲密对疏离（intimacy vs. isolation)。青少年步入成人社会，拥有自己的工作，并且开始寻找人生的伴侣。社会角色的需要使他们承担越来越多的责任。刚刚获得的同一性也将面临考验，为了与他人建立亲密的关系，就必须牺牲自己的一部分同一性，从而与他人的同一性融为一体。如果个体之前获得的同一性相当坚定，个体就会敢于冒这个风险，因为他不用担心会失去自我，反而能够享受由此带来的亲密感。亲密是一种关心别人、与别人分享的能力，它不仅仅是指爱人之间的感情，也包含朋友之间的感情，还包括无条件地对他人利益的真诚关怀。拥有亲密感的人愿意主动亲近别人，与人合作，寻找友谊，他不怕暴露自己的弱点，相信自己终会被对方接纳。这样的人也有能力走进婚姻，向自己所爱的人许下永久性的承诺，并且有满意的性生活，在互信互爱的基础上享受美满的婚姻。

相反，如果一个青年没有获得同一性，或者只拥有脆弱的同一性，他就会不愿与他人建立亲密的关系，甚至退回到自己的小圈子里，陷入深深的孤独感之中，觉得没有人关心自己，没有人可以甘苦与共，只能维系一些泛泛之交，或者通过一些杂乱的关系来变相满足自己的需要。

如果亲密感超越了疏离感，则说明成功地度过了青年期的危机，随之发展出“爱（love）”这种心理品质。爱能够消除人与人之间自然的相互分离，使心灵交汇，帮助个体建立永久的相互献身的关系，并不断促进对方的成长和发展。

（七）成年期：生产—迟滞

这一时期从25岁延续到65岁，大约相当于一个人的壮年期和中年期，这一时期解决的主要问题是生产对迟滞（generativity vs. stagnation）。这时，青年成了父母，也发展了自己的事业。他们关心社会、关心年轻人的成长，希望把幸福充实的生活传给下一代，为孩子建立良好的成长环境，艾里克森认为这样个体就具备了生产力。生产就是具有创造力（creativity）和建设性（productiveness），不一定是要有子孙。

与生产相对应的危险状态是迟滞，迟滞源于无所事事和枯燥乏味的生活。这种人极度的自我中心，总是优先考虑自我，可是又没有能力来满足自己的需要，因而意志消沉，觉得生命没有意义。

如果关心（care）这种自我品质形成，则说明生产战胜了迟滞。关心表现为对他人的照顾，以及和他人共享知识与经验。具有这一品质的人能够真正地关心他人的疾苦，给人以温暖和爱，而且这一切都是自觉自愿的。

（八）成熟期：自我统整—失望

这一阶段相当于晚年，从65岁一直延续到生命的终结。这一阶段的两极是自我统整对失望（ego integrity vs. despair）。这时，人的工作基本上都完成了，正是颐养天年、回首追忆的时候。如果前七个阶段的危机都得以顺利解决，个体在回顾这一生时，会觉得大部分的经历还是比较满意，事业有些小成就，家庭还算幸福，对人类和社会也做出了一些贡献，虽然谈不上流芳百世，但也相当充实、有意义，没有太多后悔和遗憾。这样个体就能获得统整的感觉，从而心平气和地安度晚年，即便不久就要告别这个世界，也觉得不枉此生，可以从容面对死亡。如果个体在之前的阶段中遭受了许多挫折，在回顾过去时，看到的只是一连串的不幸，总结自己的一生，感觉一事无成，不仅对社会的贡献有限，自己的收获也很少，个体就会陷入深深的失望之中，恨不得有机会将生命重来一次。他们会非常惧怕死亡，最后只能带着悲伤和恐惧走向生命的终点。

如果一个人的自我统整胜过失望，他就能具有智慧（wisdom）。这是一种直面生活和死亡的超脱态度，能对后辈产生积极的影响，因为如果家中的老人不惧怕死亡，孩子也就不会害怕人生，从而很可能获得基本信任感。至此，艾里克森的心理社会发展的八个阶段就以循环的方式联系在一起了。表 3-3 是对艾里克森心理社会发展阶段的整体概括说明。

表 3-3　艾里克森心理社会发展八阶段

阶段	危机	年龄	相当于弗洛伊德的阶段	品质	
				成功解决危机	解决危机失败
1	基本信任对不信任	0～1	口唇期	希望	恐惧、不信任
2	自主对羞耻和怀疑	1～3	肛门期	意志	羞愧、自我怀疑
3	主动自发对罪恶感	3～6	性器期	决心	罪疚、无价值感
4	勤奋对自卑	6～12	潜伏期	胜任	自卑、无能感
5	同一性对角色混乱	12～20	两性期	忠诚	不真实、不确定
6	亲密对疏离	20～25		爱	泛爱、杂乱
7	生产对迟滞	25～65		关心	自我关注、冷淡
8	自我统整对失望	65～死亡		智慧	失望、无意义

学习栏 3-2

少年成名

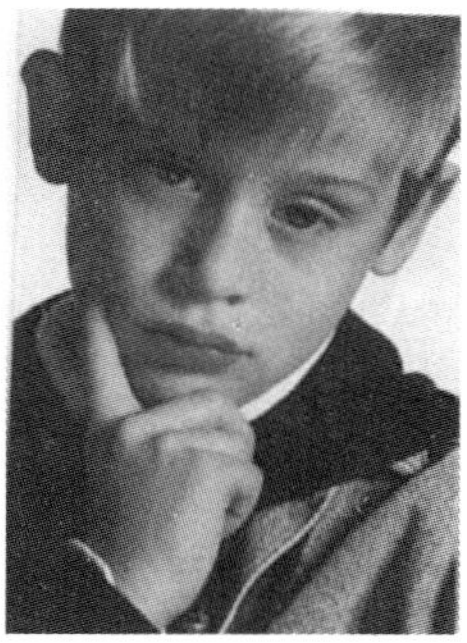

很难想象电影《小鬼当家》中那个顽皮可爱、把坏人整得团团转的小男星麦考利·卡尔金的脸上会呈现出如此的忧郁神情。因为在他身上发生的一切看起来都那么令人羡慕。试想有几人能在 10 岁时，就成了好莱坞最卖座的明星之一，天天享受着无数的鲜花、掌声和追捧，坐收扶摇直上的名气带来的财富。不过很可惜，如果能让小麦考利自己再选择一次的话，他也许宁愿从来都没有离开过学校，那样他或许已经成为一名虽然平凡却更快乐的大学生，不用像现在这样，忍受一蹶不振的演艺事业以及

混乱的青春期带来的无穷无尽的麻烦。

饱尝少年成名之痛的绝不止麦考利·卡尔金一人。珍妮弗·卡普里亚蒂13岁时以网球神童的形象初涉网坛，惊艳世界，不过她只坚持到了17岁。因为偷窃和非法藏毒，卡普里亚蒂逐渐在网坛销声匿迹。国际女子网球联合会也因此修改了章程，明文规定未满16岁的选手不得参加各项重大比赛。还有德鲁·巴里摩尔，这个有着甜美笑容，7岁就因在电影《E. T. 外星人》的出色表现而闻名世界的天才童星，同样也没有躲过青春期的噩梦。酗酒、吸毒彻底毁掉了她的表演天分。人们不禁要问，像这样的孩子究竟还会有多少？是否这就是少年成名所要付出的代价？

或许就像艾里克森所说，人一生的发展，无论是生理，还是心理，都有一个预设的时间表，我们只能按照这个时间表规定的，一个阶段一个阶段地完成我们的人生。跨阶段发展是危险的，因为在上一个阶段里没有解决的危机，将会被带到下一个阶段，从而引发更加严重的问题。

不过，依靠自我的力量以及逐渐改善的环境，前面阶段遗留下来的问题也有可能在后面的阶段中获得较好的解决。2002年时卡普里亚蒂又给了世界一个惊喜，她不但连续拿下多个职业巡回赛冠军，而且获得劳伦斯全球最佳女运动员称号。德鲁·巴里摩尔在写下《迷失的少女》（*Little Girl Lost*）一书之后以惊人的速度重返影坛，成为好莱坞炙手可热的一线女星。

第三节 研究主题

一、自我

在弗洛伊德的人格理论中，自我是居于次要地位的，一切行为的动力都来源于本我的驱力，自我只是在本我、超我和现实的三重夹击下，被动地借助防御机制来舒缓承受的压力和焦虑。艾里克森人格理论与弗洛伊德人格理论一个最明显的不同就是把关注的重心从本我转移到自我上。

在艾里克森看来，自我才是人格和发展的积极驱动力，它可以独立并且创造性地解决人生各个阶段的问题。越是遇到发展的障碍，自我越是能发挥出潜力，凸显出自我的强大和灵活性。此外，艾里克森还赋予了自我众多积极的特质，如信任、希望，自主、意志，主动、决心，勤奋、胜任，认同、忠诚，亲密、爱，生产、关心，统整、智慧，等等。在艾里克森主张的人格结构中，自我是本我、超我和外部世界的主人。

自我最重要的两个功能就是获得同一性和掌握感。艾里克森以此为基础提出了著名的人格发展渐成理论，因而也成为自我心理学当之无愧的领军人物。

二、心理历史理论

在艾里克森的研究中，还有一部分工作是别具特色的，那就是采用心理历史法，研究著名历史人物的生活史。心理历史法就是将心理和历史的方法合并起来，来研究个体或团体的生活。艾里克森先是在《童年和社会》一书中分析了希特勒的童年。接下来《少年路德》和《甘地的真理》两书的出版为他在心理传记领域赢得了一席之地，后者更使他获得了普利策奖和国家著作奖。之后他又写了《萧伯纳传》和《杰弗逊传》等书。在研究这些历史名人时，艾里克森站在一个心理学家的角度，以精神分析的方法，重建了这些人物的过去。也正是通过对这些名人一生的分析和思考，艾里克森更加坚信了社会文化因素对心理发展的重要作用。这些名人的自我发展又会反过来改变社会和人类的历史。

第四节 理论应用

一、精神疾病及其治疗

艾里克森和弗洛伊德一样，认为适应良好的个体是能够完成爱与工作这两件事的人。表现出精神症状的人也不是没有可能适应良好，他们至少可以通过对内心冲突的分析来澄清那些被掩盖了的正常的心理功能。

（一）精神疾病的根源

当正常的、胜任的自我因为社会性创伤、身体疾病和危机解决的失败而受到严重削弱时，精神疾病就会出现。艾里克森举过一个例子来说明精神疾病的这些成因。第二次世界大战时，一个年轻的士兵从前线归来以后，因为严重的头痛和焦虑而不得不住院治疗。这种情况之所以发生，一是因为他没能发展出足够强大的同一性来抵挡对于战争的恐惧；二是由于持续的高烧带给了他强烈的虚弱感；三是因为目睹战友牺牲让他感觉失去了社会支持。

除此之外，艾里克森还谈到一些可能阻碍成长危机有效解决的病态行为。例如，在口唇期里母亲突然强制给孩子断奶；在肛门期进行大小便训练时父母过于严厉或纵容；在孩子玩弄生殖器时父母反应过度，用权威、专制来打压孩子等，这些行为都可能导致孩子患上精神疾病。

（二）精神疾病的种类

艾里克森认为精神疾病表现出的只是症状程度的不同，而非类型的不同。但他还是会使用一些标准的精神病学命名术语，只是小心地不让这种标签成为患者自我验证的预言。也就是说，尽量避免患者遵从某种错误的期望，如把“强迫症”“病人”这种定义作为一种消极的同一性。

（三）精神疾病的治疗

艾里克森自认为是一个十足的精神分析学家，他所提出的治疗目标与弗洛伊德的类似，比如，要探求无意识和童年经历等。不过在艾里克森看来，病态症状代表的不仅仅是某种本能驱力没有得到满足，更常见的是代表着一种不顾一切地想要发展和维持同一性的努力。治疗就是要帮助患者用一种更具建设性的方式来获取同一性，从而减轻症状。对于精神分析式治疗的疗效，艾里克森也有比较清醒的认识。他认为标准的精神分析式治疗中含有暗示甚至是有失偏颇的成分，还指出这种治疗比较适用于相对健康且有能力改变的患者，如果让不适合的患者接受治疗，只会令他们更加痛苦。

在具体的治疗过程中，艾里克森也沿用了大量经典精神分析治疗的技术，如自由联想、释梦等。不过，他在设计治疗程序时还是会尽量去减少经典精神分析的神秘性和潜在的偏差，例如，他采纳了沙利文的治疗师既是参与者，又是观察者的观点；他与患者进行面对面的谈话，以强调治疗者与患者之间的平等关系；他避免一开始就讨论患者的过去，因为这样可能会支持患者进行合理化，即将自己的症状全部归咎于父母，而拒绝为现在的行为承担责任。

（四）阻抗、移情与反移情

艾里克森同意在治疗中存在着无意识的阻抗，如深深的沉默，或者回避那些相当重要但会引起不快的问题。不过他对阻抗的解释与弗洛伊德不同，他觉得阻抗是因为患者害怕自己那一点脆弱的同一性会被治疗师的强大意志故意地或是不小心地粉碎。因此治疗师需要想办法打消患者的这种顾虑。

对于移情，艾里克森的态度有一些矛盾，他既同意弗洛伊德提出的移情代表着一种信息和情感接触的说法，也同意荣格提出的强烈的移情会引发攻击性和依赖的观点。至于反移情，艾里克森认为是治疗者自己支配或爱上患者的愿望的表现。因此他觉得分析师的个人分析是精神分析训练中相当重要、不可或缺的一部分。

（五）释梦

对弗洛伊德著名的释梦理论，艾里克森也保留了下来并进行了改造。他同意梦是了解潜意识的重要渠道，其意义可以通过回忆和自由联想来解释，不过他不同意弗洛伊德认为的几乎每个梦都达成了某个儿时与性有关的愿望。他觉得梦可能与发展危机有关，梦或许是在提醒个体当前生活中存在着某些问题，如同一性混乱，并且提供一些可能的解决办法。艾里克森还认为，健康的自我即便是在睡眠中也依然有一定的力量，它不仅可以调节本我的冲突，而且可以制造出一些带有成功情境的梦，让我们可以带着完满感和成就感醒来。

不过艾里克森认为，要揭露儿童的潜意识内容，游戏比梦更有效。不少儿童能够在游戏治疗（play therapy）的过程中把内心的矛盾冲突表达出来。

二、教育和心理健康领域

艾里克森对于生命发展全程的重视，以及对每个发展阶段的特点和可能遇到的危机的详细论述，后来都成为教育实践领域的指导思想之一，并在一定程度上促进了生涯教育、毕生教育等现代教育理念的发展。

艾里克森在他的人格发展阶段理论中提到，处于中年期的成人面临着生产和停滞的冲突，如果解决不好就会陷入生活的无意义状态。有学者沿用艾里克森的思路，提出了中年危机（mid-life crisis）的概念，由此带动了中年期心理健康的研究和应用，中年危机这个词也开始为大众所熟知。

第五节 理论评价

一、理论贡献

艾里克森最突出的贡献就是拓宽了精神分析理论的范围。首先，他摈除了弗洛伊德的社会是挫折冲突之源的说法，强调人格发展中社会和文化影响的作用，将精神分析和社会学结合了起来；其次，他强调健康和适应性的自我机制，使精神分析不再局限于临床个案的研究，拓展到了正常个体的研究；最后，他把以自我为中心的人格发展阶段扩展到整个生命周期，突破了其他自我心理学家仅仅描述幼儿早期人格发展的局限性。正因为如此，一些评论家将自我心理学看作是精神分析理论自创立以来最为重要的新发展。从此以后，人们眼中的精神分析成为了一个可以持续发展的理论，而不再是僵化的教条。

艾里克森对历史人物的心理研究和人类学研究都颇具特色。自我同一性和同一性危机等概念已经深入到人们的日常生活中，成为一个常用语汇，同时也引发了对于青少年同一性危机问题的诸多思考和研究。除此之外，艾里克森还是第一个对儿童进行游戏治疗的分析师。他对于社会偏见的强烈反对态度，也使他成为最早的维护弱势群体利益的人之一。

艾里克森在他的人格理论上获得了巨大的成就。他敏锐的观察力、流畅的文字，以及对人类精神的深切关怀，也为他赢得了无限赞誉和尊敬。

二、理论缺陷

在某些理论批评家看来，艾里克森在理论立场上调和矛盾的态度无疑削弱了其自我心理学的影响力。一方面，他提出了完全不同于弗洛伊德的积极乐观的自我理论；另一方面，他又坚称自己绝对忠于经典精神分析，不肯放弃备受争议的力比多理论，使他的学说体系显得不够严密。虽然他不曾因为观点的分歧而像霍妮、弗洛姆、沙利文一样脱离经典精神分析学派，但观点之间的鸿沟还是真实存在和不容忽视的。

艾里克森提出的心理发展八阶段理论的思辨性多于科学性。虽然有的心理学家试图用一些方法去验证它们的存在，但到目前为止，这一理论还没有得到确凿的证据支持。也许它就不适合进行客观的检验。因为艾里克森自己使用的研究方法就是主观性强的传记和个案研究，所以他提出的诸如希望、意志这样的抽象概念也很难用实证方法去验证。

虽然艾里克森强调社会因素与人格发

展的关系，但他仍把本我作为人格的生物学根源，在论述人格发展动力的时候也认为是个体的同一性在起作用。实际上他对社会因素的重视是远远不够的，所以他也无法对社会的改革和创新提出切实可操作的建议。

第五章　客体关系理论

第一节 理论背景

精神分析理论在当代的重大发展主要体现在客体关系理论（object relation theory）上。客体的概念是从经典精神分析理论中遗留下来的，弗洛伊德用它来描述儿童早期与他的看护者（常常是母亲）之间形成的关系。这样的人就是婴儿的本能和欲望得到满足的客体。他们之间形成的关系逐渐内化成为婴儿的表象。如果一个人在婴儿时没有得到来自母亲的足够的关心和照顾，那么成年以后他就会从现实中寻找那种已经被他内化成为表象的客体关系，并极力满足他的各种需要，达到欲望的满足。从经典精神分析理论到客体关系理论的重要转变是将理论重心从以生理驱力为取向转向以人际关系为取向。这一理论由一组学者的观点构成，这些学者成为客体关系论者（object relations theorist）。其中主要代表人物是梅兰妮·克莱茵、玛格丽特·马勒、海因茨·科胡特等。他们认为一个人与他人的交往方式是在早期童年的人际交互作用中建立的，而这种交往方式将反复出现在其一生的社交互动中，成为一种稳定的人际交往模式。这一理论学派融合了自我心理学、发展心理学和认知心理学的观点，综合地描述了个体人格的发展机制。

Melanie Klein（1882—1960）

Margaret Mahler（1897—1985）

Neinz Kohut（1913—1981）

第二节 理论观点

一、基本概念

客体关系理论是从自我心理学中衍生而来的。它强调个体与他人形成关系的方式，认为这比本我、自我和超我之间的内在冲突更值得注意。婴儿对母亲和其他人的依赖，形成了自我的发展，并使个体由强烈的对母亲的依赖朝向一种比较独立自主的状态发展。在这个发展过程中，个体拥有了未来人际关系类型的基础。

所谓客体（object）是指我们身体以外的人、事物或观念。客体可以指一个被爱着或者被恨着的人物、地方、东西甚至是幻想（fantasy）。它只是用来指代一个被赋予感情的对象，不论是一个人，还是一件没有生命的物体。这最早是弗洛伊德在他的《性学三论》里探讨性倒错时引入的概念。他发现人们可以和一双鞋子、一件衣物之类的客体产生情感联系，把它们视作自己的亲密伴侣或者爱慕对象。例如，当一个人说自己爱国或者爱家时，他们其实是对某一种事物产生了感情，哪怕这个事物没有一个有形的存在，并且可以用多种方式来解释。比如，国家既可以是地理上的疆域，也可以是一种文化的象征，还可以是全体国民的集合，甚至是某个虚构的理想，所有这些与国家有关的观念都可以成为人们对其产生感情的客体。与此类似，人们的爱与恨都可以是一个心里的影像、表象或者概念，也可以是代表这些东西的某一部分。

通常婴儿第一个爱的客体是照顾自己的母亲或其他重要人物。克莱茵指出，研究内在自体幻想和内在客体幻想之间的关系，有助于我们了解许多先前不为人知的或者不清楚的心理状态。这些幻想可以是意识中的，也可以是深藏于潜意识中的。人和自己以外的世界中的各种事物都可以形成某种关系。这些内外关系都具有强大的力量来影响人的内在心理。从人一生的发展来看，婴儿期时，个体还不能把自己和外界环境区别开来，婴儿咬自己的手指和脚趾就和咬其他物品没有两样，这表明他还没有意识到自己是独立于外界而存在的。这种未分化的状态持续一段时间以后，婴儿就会逐渐发展出自己和他人之间关系的知觉。尤其是在与看护者之间的关系中逐渐认识到自己和他人的存在，并将自己和他人区别开来。

二、人格结构

客体包括内在客体和外在客体。内在客体是指一个心理表象（mental representation)，它是一个和重要他人有关的影像（image）、想法（idea）、幻想（fantasy）、感觉（feeling）或者记忆（memory）。外在客体则是指一个真正的人或者真正的物体。客体指被投注了感情能量的人物、地方、东西、想法、幻想或记忆。这种被投注的感情能量可以是爱，可以是恨，或者是爱恨交织的复杂情感。

自我（self）是一个难以确切定义的概念，它指“我”和“我”的各种经验。自体是属于一个人自己的，包括意识和潜意识的心理表象，它是一个人私密的内在影像，而且还有可能发生变化。一个小孩子要先学习区分开母亲和陌生人，然后才会分辨清楚自己和母亲也是不同的。因此母亲与他人的区分要比自体与母亲的区分出现得早。也就是说，分辨不同客体的能力要比了解到自体是一个独立个体的能力出现得早。

客体关系是自我与内在客体或者外在客体之间的互动。一个自我表象和一个客体表象之间需要以驱力（drive）或者情感（affect）来连接，比如爱或恨、饥饿或温饱。这样就形成了一个客体关系单元（object relations units）。心理学家发现，许多边缘型病人（borderline patients）的心目中存在很强烈的“全好”（all-good）和“全坏”（all-bad）的客体关系。这样的患者无论面对怎样的客体，都会把它们归结为单纯“好”的或者完全“坏”的简单关系。例如，一个建立了“全坏”客体关系的患者，见到他的家人就会觉得他们粗心大意，不懂得关心人，完全和自己作对，见到外人也会有各种不好的猜疑，这种患者表现为愤怒、忧郁的个体，他们所具有的自我和客体之间的关系就是以愤怒的情绪连接着的坏的自我和坏的客体。

三、人格动力

（一）建立关系是发展的动力

克莱茵是与弗洛伊德同时代的精神分析学家，她通过临床观察，发现儿童发展的动力是建立人际关系。她认为，儿童为建立人际关系付出的努力远远大于内在生理驱力的作用。婴儿对重要他人（如母亲或其他照料者）的依赖是一种单方面的依恋，称为婴儿期依赖，而双方交互的依恋是一种“成熟性依赖”。人格发展的关键是由“婴儿期依赖”过渡期进入“成熟性依赖”。费尔拜恩（Fairbairn，1952）也持相同观点。他认为基本的驱力就是追求建立关系的对象（object seeking），儿童需要被爱，也希望别人能接受自己给予别人的爱。一个人最大的恐惧是完全的孤独。在人格发展过程中，儿童须将“婴儿期依赖”逐渐转变为“成熟性依赖”，但转化时期儿童面临的最大冲突是：一方面想要改变与双亲的关系以朝向相互依赖的方向发展，另一方面又不敢放弃“婴儿期依赖”，担心会全部落空。马勒等人（Mahler et al.，1975）运用自然观察法直接观察亲子关系。她认为婴儿初期分不清“自我”（self）和“非我”（nonself），在心理上二者合为“共生体”（symbiosis）。婴儿最初是将自己和母亲融合为一的，6 个月左右，婴儿才能分辨出母亲的乳头不是自己身体的一部分。这时孩子会体验到一种矛盾冲突：一方面他希望继续和母亲保持依恋关系，受到母亲的照顾；另一方面他又盼望着自己能成为独立的个体，不被所爱的人控制。这时母亲的表现将是决定孩子今后能否适应的重要因素。总之，想与他人建立关系是人格发展的推动力，人格发展就是切断这种“混和”的关系，使自己成为一个独立个体的历程。

（二）内化机制

儿童最初与重要他人（多为父母）建立何种关系会影响到他今后建立的社会关系。儿童将童年初期的客体关系质量（温暖的或是冷漠的）内化为自己人格的成分，概化至其他关系中，成为他此后与人交往的基础，构成他终身人际交往的核心(Carver & Scheier，1996)。由于婴儿最先建立关系的人通常是自己的父母，同时与父母的关系又十分紧密，所以这时形成的关系对儿童的印象极为深刻，容易内化。

客体关系的内化（internalization）依赖于客体的表征（object representation）。当孩子依赖于母亲时，他尚未分出自己和母亲之间的区别，这时母子是共生体。当孩子开始学习区分自己和环境时，也就意味着他开始形成有关环境中重要他人或者物体的认知表征。随着分离意识的发展，孩子逐渐可以依赖客体的表征（如孩子头脑中母亲的表征），适应母亲不在身边，甚至可以接受一些延迟的满足。这种转变需要建立在个人对于某些重要客体（如母亲）的内化映像的基础上。当某个重要客体不在眼前，或者以不同的面目出现，孩子仍然可以对它产生映像和观念的时候，就促进了思考的发展。母亲既可以是温柔、可亲近的，又可以是在孩子做错事的时候表现烦躁甚至严厉的，虽然表情、神态和动作在不同的情境中会有所不同，但在孩子眼中她仍然是同一个人。

开始，婴儿必须依赖于照顾者的爱和养育来获得生理及心理的满足，并从中取得勇气和对世界的信任等。为了保护这种自我—父母关系（self-parent relationship），儿童开始时会把遇到的所有困难都归因于这个关系之外的事物。一直等到后来拥有了足够的关怀以后，儿童才变得够坚强、够自信来接受自己的软弱，接受“成为自己”的渴望，并且能够去照顾别人。从生命的早期到整个成人期，这个过程都一直延续着。个体开始接触到各种关系，了解各种关系，并把它们内化成为自己的一部分，也常常用过去积累下来的内在关系来归因外在的人和事。当个体精神健康时，这个过程会一直持续下去。但是当有精神疾病的时候，这个内化和外化的机制就会陷进重复或极端的形式里。例如，有些人对遇到的每一个人，都以一种固定不变的模式来对待，希望重演过去经验形成的内在关系，而根本不管现在别人的想法和意见是怎样的。有些人以封闭的态度对待别人，无法和他人发展任何关系，更加无法去照顾别人，他们就这样被困在自己的内在经验里。另外，也有些人太容易受他人的影响，以至于不管遇到怎样的人，都极力地想要模仿人家的特点，无视自己的特点和需要，似乎他们从来都不能建立一个稳定的自我认同（stable identity）或者稳定的自我（stable self）。

四、人格发展

克莱茵对俄狄浦斯前的早期经验的强调，是和弗洛伊德的想法有区别的。例如，她认为婴儿在一岁前会经历两个阶段。一开始，婴儿看不到事物的整体，如母亲，他只是和事物的部分打交道并形成依赖，只能注意到母亲的局部身体，如只对母亲的乳房有反应，并形成依赖。同时，克莱茵也强调攻击的重要性。她觉得孩子渴望母性物体，但同时也对它怀有敌意。这使得孩子把外在世界分为好的和坏的两种。在第二阶段中，婴儿逐渐将各个部分统合起来。这时他们可以完整地注意到母亲的整个身体，并视为一体，这种整体取代了原先的部分的集合体。他们开始了解到无论好与坏，都是同一个事物整体的一部分。这导致了孩子出现对母亲的冲突的感情，了解到自我独立于他人之外，但同时又不得不依赖这个和他不一样的母亲的整体。所有这一切在正常情况下都能被孩子顺利地解决。但在缺乏爱或者受忽视的情况下，孩子的这种矛盾冲突的情感体验就不能得到很好的调整，从而容易在日后表现出敌意、愤怒等。

从发展的角度来看，最早的客体关系单元是一个共生的（symbiotic）自我—客体。这时的自我和客体区别不明显。例如，婴儿对自己和母亲区分不开。这些未经过分化的经验发展下去就意味着要产生分离，即形成分化了的经验（differentiated experiences）。共生是没有经过分化的自我—客体，虽然它也可能与不愉快的经验有关，但一般认为主要是和满足需要的享乐原则有关。比如，爱、温暖、舒适、满足、愉悦，甚至是狂喜。所有的精神生活都从共生开始，人们真正的自体（our very self）就是从这个情感的海洋（emotional sea）中产生的。那是一种渴望回归的调和状态，有点像我们古人所说的“天人合一”，浑然忘我，这时自体和客体的界限就模糊了。

第三节 研究主题

客体关系理论非常重视自我心理学，因此，这一理论也被视为自我心理学的一个分支。客体关系论者更注重研究客体关系对儿童自我形成的影响。

一、关系自我

关系自我（the relational self）是自我在与“重要他人”的关系发展中确立起来的，它是在早期经验的基础上产生的。关系自我包括人我相互作用的模式、人际知识、自我认知等。自我认知包括所有自我发展的认知与情感，这些有关自我的认知和情感就储存在记忆系统中。这种知识表征与人生中“重要他人”的知识表征紧密结合在一起，当个体的重要他人的表征启动时，如思念母亲时，个体的自我表征也会在头脑中活跃起来。“重要他人”的表征就成为个体自我中的一部分。

二、自我中心人格

科胡特认为，儿童是在与母亲的关系中产生自我的。儿童最初是“自我中心”的，其主要任务是要发展一个统整的自我（integrated self），以期望能通过与他人的交往来了解自己，使自己以后的生命有方向性、意义性（Phares，1997）。科胡特认为“爱己之心”（narcissism）是与生俱来的，它是一种自我追求充分发展潜能的倾向，是一种正常的、健全的倾向，并非以往人“自恋”的意思。早期父母与孩子的关系，决定了孩子自我成长的方向。如果父母以正面、积极的态度接纳儿童，就会满足孩子“自大”感，孩子会认为自己是天下最重要的人。在随后健全的人格成长过程中，他们的这种“自大”心理会逐渐调整，形成符合现实的自尊心。倘若在儿童发展中遇到障碍，如失去母爱或体验到不健全的客体关系，儿童将不会建立适当的自我，从而形成“自我中心人格”（narcissistic personality）。

学习栏 3-3

自我中心人格的测量

自我中心人格是一种自我夸大的倾向，表现为过于强调自我的重要性，幻想着自己拥有超越他人的成功和权力。认为别人应该给予自己爱与尊重，认为自己应该被视为与众不同的特殊人物。测量自我中心人格的工具包括亨利·莫瑞的自恋量表（1938）和拉斯金与同事编制的名为自我中心人格问卷（Narcissistic Personality Inventory，NPI）。两个量表中包含了一些描述自我的题目，如下所列。

1. 我常会说到我自己、我的经验、我的感受，以及反对的意见。
2. 我常顾及我的外表和我留给他人的印象。
3. 我的感受容易因他人嘲弄或藐视而受伤。
4. 我对他人的期望很高。
5. 我嫉妒他人的好运。
6. 我的确喜欢成为大家注意的中心。
7. 我觉得我是一个特殊人物。
8. 除非我得到所有我想要的，否则我就不会觉得满足。

拉斯金及其同事在使用问卷时发现，在 NPI 上分数高的人，说话时总爱讲到自己，比较爱表现、有自信、喜欢控制和批判他人。John 和 Rabins（1994）发现自我中心分数高的人在评估自己的工作成就时会比同伴评得好些。同时，发现他们照镜子的时间比较多，也比较喜欢给自己录像。莫尔夫等人（1995）也指出自我中心者不仅具有夸大自己的特点，还常有简单的自我观念和对他人存有讽刺性的不信任态度。

三、依恋

依恋理论是由客体关系理论发展而来的，约翰·鲍尔比（John Bowlby，1969）提出了这一主题，最初依恋（attachment）描述了婴儿与母亲或其他人之间强烈的情感联系，产生于婴儿与其父母的相互作用过程中。之后，扩展至成人，是个体与某一特定对象之间的感情联结和纽带。美国心理学家玛丽·安斯沃思（Mary Ainsworth）设计了陌生情境实验来考察儿童与母亲之间的依恋，将儿童的依恋分为三种类型：

安全型关系（securely attached）。妈妈对孩子关心、负责。体验到这种依恋的儿童能够忍受与母亲的分离，在母亲离开后可以继续探索环境，并且会亲近陌生人。母亲回来后，也会很高兴地与母亲交流，然后继续进行他们的探索活动。

回避型关系（insecurely attached: avoidant）。妈妈对孩子不负责任。孩子则对妈妈疏远、冷漠。儿童在母亲离开时不感到担忧，母亲回来时也不感到高兴，甚至表现出回避母亲的倾向，就像母亲在与不在都和他们没有什么关系。

焦虑－矛盾型关系（insecurely attached: ambivalent）。妈妈对孩子需要不敏感，也不关心。儿童在妈妈离开后很焦虑，一分离就大哭。别的大人也让他们安静不下来，他们害怕陌生环境，很难平静地继续玩耍。而当母亲回来的时候他们又表现的十分矛盾，一方面想亲近母亲，一方面有生气母亲的离开，对母亲发脾气。

早期的母婴依恋关系类型，会形成内部工作模式（internal working models），影响到儿童之后的健康成长。

第四节 理论应用

一、主客体分离研究——感觉剥夺

如果说共生的状态是自体和客体在温暖、满足、爱和狂喜状态下的融合，那么如果把自体和客体完全隔离开来又会出现怎样的情形呢？于是人们设计了感觉剥夺实验来研究这个问题。志愿者被层层包裹起来，头上戴着头罩，用厚混凝土和软木制成的隔离室把外界的声音完全隔绝。志愿者处在没有任何触觉、听觉的感觉剥夺状态下（图 3-2）。在这样与世隔绝的环境中，这些志愿者经历了巨大的心理变化过程。他们失去了组织和思考的能力，出现逼真的想象和身体的错觉，有些人甚至出现了幻觉。他们的认同感消失，时间和空间的感觉也不存在了，容易接受暗示。他们觉得这样一种没有任何刺激存在的状态令人难以忍受。在感觉剥夺实验中，身体的错觉是自体感觉的改变，幻觉则是自体与客体的混淆。因此人们惊讶地发现，把人和外在客体隔离的结果，非但不是形成一个更加完美的不受外界影响的完整自体感（pure sense of self），反而是一个完全相反的类似共生的状态，使人把自己和客体混为一谈。消失的界限也导致消失了感觉，使人没有了稳定的自体感和现实感。最后志愿者们将难以忍受的感觉告诉了我们。如果没有内在和外在的客体，我们真正的自体将会崩溃，或者根本无法区分出自己和其他任何的东西，从而使人成为没有感觉的存在。精神病人正是以自体—客体的混淆（self-object confusion）为特征的，而正常人有时也会产生这样的混淆。但差别在于正常人可以根据当时情境的需要决定和控制自己是否有界限地混淆，而这却是精神病人做不到的。

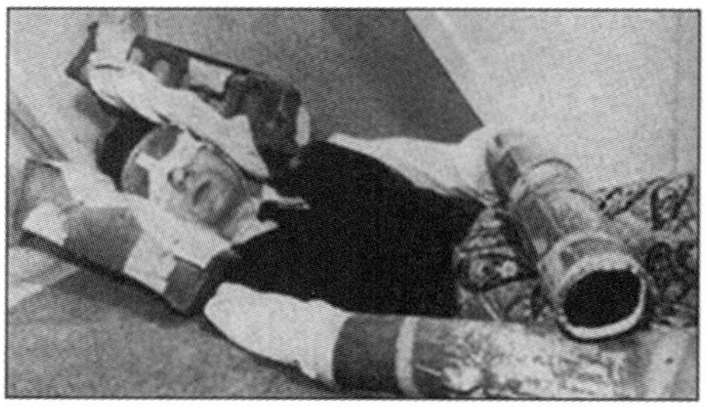

图 3-2 感觉剥夺实验示意图

二、心理异常的原因

如果没有发展出完整和谐的客体关系，就会造成很多人格失调，如自闭、精神分裂、躁狂、自恋、所谓的边缘型人格以及神经官能症等。其中，主要原因有以下几种。

（一）主客体界限不清

客体关系论者强调，一个正常的人需要有明确的主体与客体或他体的界限，而且要能正确看待人我之间的这种关系的重要性和彼此所处的地位。用具有建设性的、明朗清晰的互动过程来处理这种关系，才能有效地发挥自我的功能，面对各种情境中的各种问题。相反，主客体不能分离会引发个体许多心理问题。

（二）双极整合缺乏

克莱茵指出，儿童倾向于将世界分为“好”与“坏”两个维度，这种冲突有时会贯穿于人的一生，如爱与恨的冲突、善与恶的冲突，感激与挫折的冲突等，个体不能将对立极整合。如果到了成年期，还是处于分离状态，就需要进行心理治疗帮他进行自我整合了。克恩伯格（Kernberg, 1984）把母子关系视为“双极表征”（bi-polar representations），如果在母子互动中儿童的需求未满足，他就会给“双极表征”涂上消极情绪色彩；如果儿童的需求到了满足，积极的表征就会形成。早期客体关系的消极表征可能是个体日后心理失调或异常的基础。

（三）早期家庭亲情的缺乏

科胡特（1977）在分析 20 世纪的文化与家庭变化特征时指出，家庭变化由“过去体验着过分亲密的环境”转变为“现在体验着过多的疏离的环境”。弗洛伊德时代的患者都来自西方文化，生活在家庭单位中，家庭使孩子过多地沉浸在亲密情感互动中，这种过度的情感关系会导致个体产生内心冲突的精神问题，如俄狄浦斯情结。相反，现代化社会中的孩子只能在休闲的时间里看见他们的父母，亲子关系的疏离与情感剥夺使孩子沉浸在自恋需要中，孩子不能从“重要他人”那里感受到亲情的作用，他们就会担心自我毁灭。科胡特将这种状态形容为“心理氧气”的缺乏，从主客体关系中产生的亲情反应对自我生存非常重要，就像氧气对人类生存非常重要一样。科胡特指出：“导致人类自我毁灭的原因是生活在冰冷、毫无人性的冷漠、没有亲情的世界里。人最惧怕的不是生理死亡，而是生活在人性无存的世界中。”(Kohut，1984) 同样，科胡特并不认为弗洛伊德所提出的阉割焦虑是最大的人类焦虑，他认为孩子最恐惧的经验是看到没有照亮脸部的妈妈。

在科胡特的理论中，如果父母在孩子发展过程中不能给予孩子健康的亲情反应，孩子的自我就会产生缺陷。孩子就会发展出性幻想和残缺爱的倾向。同样，有残缺自我的孩子会发展出敌意幻想和缺乏肯定的特征。

总之，科胡特认为：“一个人不能在没有氧气的空气中生存，更无法在没有亲情的心理环境中生存。”(Kohut，1977)

三、治疗方法

以客体关系理论为基础的治疗方法主要有两个：科胡特的关系治疗和家庭治疗。

（一）关系治疗

关系治疗（relational therapy）以经典精神分析方法为依据，其焦点也放在无意识层面，主要针对心理冲突和心理防御。但是，此方法将问题产生归结于早期亲子关系中，在治疗过程中也强调关系的作用，其治疗目标是自我的重建（restoration of the self）。在这种方法的治疗过程中，患者与治疗者需要形成移情关系（empathic relationship）。治疗者积极地与患者建立亲密的治疗关系。这与弗洛伊德的自由联想不同，弗洛伊德的患者是背对治疗者靠在沙发上，而关系治疗中，医患是面对面的，积极地相互作用，治疗者提供移情支持与对质。

（二）家庭治疗

客体关系理论认为，孩子的一些问题常常是父母教养不良造成的，因此解决孩子的问题要在家庭互动关系中完成。家庭治疗（family therapy）就是将问题放在家庭互动的过程中来解决，而不是只针对孩子。这种家庭治疗方法在神经性厌食症的治疗中得到了很好的应用。治疗者要改变父母对孩子患病无能为力的家庭观念，将父母与孩子都引入到治疗过程中。针对有问题的家庭特征，治疗者也会用到特殊的治疗策略。例如，鼓励家庭成员说出自己的想法，选择自己的权利，学会处理问题。在治疗过程中，治疗者不会阻止家庭成员间的冲突，家庭成员要学会用健康的方式对待其他家庭成员。这种方法远远超出了弗洛伊德最初的想法，重点从个人心理动力学转移到作为社会系统的家庭动力学。

神经性厌食症常见于中产阶级的女性，个体会因为拒绝进食而将自己饿死。它经常发生于青少年时期，症状包括：体重减轻25%，月经停止，活动过度，体温偏低，否认饥饿，害怕体重增长，身体变形。这类病人中有10%～15%会死亡。一些治疗过这种病的心理学家报告的这类病人的家庭功能具有一定的相似性，其家庭特征会导致神经性厌食症。例如，家庭成员过分亲近，或关系太错综复杂，侵犯了个体的自主权，家庭成员很难察觉到他们自己与他人的不同。家庭的过度保护阻碍了孩子自主和能力的发展。之后，患病的孩子会用他的症状来控制家庭。与功能正常的家庭不同，这些家庭无法面对分歧。他们避免冲突，否认问题的存在。

客体关系理论是精神分析学派最近发展的新兴理论，仍处在不断地变化、发展、整合之中，并在治疗精神疾病的实践当中不断地总结经验。

第六章　对新精神分析理论的总体评价

第一节 理论特色

新精神分析并不是一个统一的整体，有许多持不同观点的代表人物。虽然他们在理论的侧重点和具体的内容上各有不同，但却有一些共同的特点。

一、强调自我的自主性及其整合与调节功能

经典精神分析重视先天自我的作用，而新精神分析则强调后天自我的价值。他们认为自我有自己的能量来源、动机及目的，并把自我看成一个理智指导下的系统和人格中最富于独立性的部分。例如，自我心理学的杰出代表艾里克森在承认他的自我心理学是建立在弗洛伊德学说的“磐石”之上时，就公开宣称他与弗洛伊德的主要区别就是重视自我。

二、强调文化和社会因素对人格的重大影响

经典精神分析坚持本能论和泛性论，

这是其反社会因素的生物学化倾向的集中表现。而新精神分析的先驱阿德勒就明确肯定社会生活逻辑决定着人的心理的发展，并主张应从社会环境中去寻找人类行为动机的根源。以基本焦虑说为代表的霍妮等人认为，恋母仇父的现象不是幼儿的性欲所致，而是父亲教管不严，母亲宽慈溺爱的结果。以人际关系说为标志的沙利文认为，人格并非单项图式的构成物，而是一个人在人际关系交互作用的动态过程中形成的一种相对稳定的完形或模式。

三、强调自尊心的培养和对未来的乐观主义态度

经典精神分析主张性恶论，认为人的潜意识里装满了不可告人的罪恶性欲，坚持先天生物决定论的悲观主义态度，认为人注定要成为自己性欲和本能的牺牲品，这是人生悲剧的根源。但是，新精神分析则不同，他们认为人的发展有弹性，相信自己有能力克服冲突和战胜挫折，不断地向积极的方面发展。沙利文明确主张，应当把患者当成“人”，注意培养他们的自尊心，消除焦虑，指出前景，使他们对未来有正确的看法。弗洛姆也指出，人的本质是善良的、具有弹性的，恶的轨迹来源于社会。真正的问题不是应对先天的破坏性，而在于对社会的改造，使社会能够更适合于正常的人性。

四、强调对儿童早期经验的观察与研究

精神分析出现了与实验心理学日益接近的趋势。经典精神分析十分重视运用自由联想法和患者对童年的回忆，而新精神分析则注意运用观察法与实验检验法直接对儿童发展过程进行研究。艾里克森和沙利文甚至提出，不仅要重视儿童的早期经验，而且要研究个体一生的发展。这是对经典精神分析的一种超越。

第二节 重要贡献

一、打造了潜意识理论开拓性研究的新的里程碑

迄今为止，潜意识理论的发展经历了三个里程碑。一是弗洛伊德冲破了漠视和否定潜意识领域的理性主义的禁锢，创立个体潜意识理论体系。二是荣格冲破了弗洛伊德的个体潜意识的狭隘观念，创立集体潜意识学说，打通了个体与群体在心理上的内在联系，肯定了人类世代经验的社会遗传和历史沉淀的重要功能。三是弗洛姆在吸收弗洛伊德的个体潜意识和荣格的集体潜意识思想的基础上，把精神分析潜意识移植于人类社会的结构之中，创立了社会潜意识的理论，强调了潜意识的个体所有性和群体共有性，突出了潜意识在产生和发挥作用过程中的社会性。可见，新精神分析在潜意识这一重要课题上，提出了研究的新视角，拓宽了研究的领域，加

深了研究的层次。

二、扩展了新的理论领域，加强了与相关学科的联系

新精神分析者创立了自我心理学和性格类型学的理论体系，促进了人际关系学、跨文化心理学、比较心理学、心理历史学的发展。这主要表现在以下两点。第一，经典精神分析属于本我心理学的范畴，美国机能主义心理学先驱詹姆斯、美国著名社会学家鲍德温、德国格式塔心理学代表人物柯勒等人虽对自我有出色的见解但是都不系统化，唯独新精神分析者把研究主要指向自我心理学。其中，安娜·弗洛伊德是自我心理学的奠基者，哈特曼是自我心理学理论体系的创建者，艾里克森是当代自我心理学的最大理论权威，并依照他的人格发展渐成说，把自我心理学发展成为“一生成长心理学”。第二，经典精神分析主要着眼于探索人的机体内部的完整性及其关系和冲突，从内向外地研究人的心理结构以及人类社会的某些历史和现实问题。而新精神分析则开始着重探索人与外部世界的关系和冲突，强调社会、文化因素的重要价值，开展一系列有关人际关系学的研究。原始土著人与现代人的比较研究、东西方文化的比较研究，进一步促进了文化人类学、比较文化学、心理历史学和人际关系学的建立和发展。

三、丰富了现代医学模式的内涵，发展了精神病学中心医学的理论和方法

虽然弗洛伊德创立了一套治疗神经症的理论和方法，成为现代医学模式的先驱，但是他毕竟因时代和科学的发展的限制而有其局限性。新精神分析学者则根据大量临床实践的经验和科学研究的成果，日益重视社会、文化因素在精神疾病中的作用，把生物—心理—社会这一现代模式更加具体化，进一步发展了精神病学中心医学的理论和心理治疗的技术。因此，新精神分析在医学特别是精神病学方面的贡献也是很大的。

第三节　主要缺陷

一、没有脱离精神分析的理论主体

新精神分析和经典精神分析虽有明显的区别，但两者又有内在的联系。这不仅表现在他们仍然沿用了弗洛伊德学说中的一些基本概念，如潜意识、压抑、抵抗、自由联想和防御机制等，还表现在他们所提出的一些基本理论和框架上。尽管具体说法不同，但归根结底仍坚持潜意识的驱力和先天潜能的主导作用。因此，新精神分析并没有超越潜意识心理学的范畴，最终也没有完全脱离精神决定论的唯心主义。至于他们所强调的社会、文化因素和人际关系，虽然和弗洛伊德的理论相比有进步的一面，但是也有根本性的错误。比如，他们强调自我时，往往过分强调了潜意识

自我的功能，贬低了自觉能动的意识的价值；过分强调了自我适应方式的作用，贬低了自我社会实践活动对人格形成的决定性的影响；过分强调了自我对社会过程的支配作用，否认了社会物质生产方式在社会发展过程中的决定作用。如果说经典精神分析的唯心主义主要表现在生物主义上，那么新精神分析则更突出地表现在心理主义上。他们没有用社会历史去解释心理学，而完全用心理学去阐述社会历史。

二、对未来社会的乌托邦式构想

新精神分析者弗洛姆的批判的社会理论确实对资本主义社会的弊端有所揭露，对未来社会的进步和发展有所构想，我们应当充分肯定其中有些观点是有进步意义的。但是，弗洛姆先后从经典精神分析、新精神分析、存在主义的立场和观点出发，因而他所提出的以“爱”的宗教为动力，以“心理革命”为途径，以实现“人本主义的社会主义”为目标的主张，实质上是一种乌托邦式的改良主义。

三、理论仍具神秘色彩

精神分析运动本来就带有半宗教的色彩，弗洛伊德把潜意识奉为神灵，对梦境、口误、笔误等过失行为的解释也表现出神秘主义的色彩。新精神分析依然大量沿袭这些方法，并在治疗中广泛使用，所以终究也没有离了神秘主义的窠臼。

思考题：

1. 分析新精神分析理论产生的历史背景。

2. 分析新精神分析理论与经典精神分析理论的异同。

3. 评述霍妮、弗洛姆、沙利文、艾里克森人格理论观点及特色。

4. 说明客体关系理论的理论依据与应用价值。思考早期依恋对人成长的作用有多大。

5. 运用新精神分析理论说明社会文化对人格的影响作用。

第四编　行为主义学派

行为主义（Behaviorism）是 20 世纪主要的心理学流派之一。所有的行为都是习得的是行为主义者共同的信念。因此，行为主义又被称为学习理论。行为主义关注外显的、可以直接观察到的行为，强调环境对行为的决定作用，主张使用科学方法研究人类的行为。

持行为主义观点的人格心理学家较多，各派的主张也不尽一致。他们不仅提出了各具特色的行为学习理论，而且为人格和行为的矫正、治疗等开辟了新的研究领域，提出了新颖独特的研究思路。华生是行为主义的开山鼻祖，斯金纳是行为主义的巨人，多拉德和米勒也是行为主义可圈可点的人物。下面首先阐述行为主义产生的历史背景，然后详细探讨各派的理论观点。

行为主义学派产生的历史背景

一、社会背景

（一）美国社会生活和生产实践的需要

行为主义的产生是当时美国社会生活和生产实践的需要。19 世纪后半期，美国完成了工业革命；20 世纪初期，美国已经进入机械化的社会，工业生产逐渐进入自动化阶段。在工业革命的同时，城市化运动开始。农业人口大量涌入城市，农民成为产业工人。一方面，从农村进入城市的人们只有学会新的生活方式和掌握新的生活技能，才能适应社会，为此国家需要加强对他们的训练；另一方面，工业革命的完成使社会生产在工业技术和机械方面已经达到了当时的最高的效率点，如果要再增加产量，就必须更透彻地了解工人。心理学家要帮助企业解决这些问题，从而适应社会发展的需要，就不能只着眼于人的内部世界，而必须研究人的行为规律，有助于控制人的行为。因此，当时不少心理学家开始从强调分析内部心理意识转向研究人的行为活动。

（二）进步主义运动的产物

行为主义的产生是美国政治生活中进步主义运动的产物。20 世纪初，美国正进行一场广泛的进步主义政治改革运动。这一运动试图撤换政治机构中的老成员，使用能够科学管理社会的贤人，以达到控制社会的目的。这就要求心理学提供能够合理、有效地管理社会的科学手段。

而当时占主流的构造主义心理学和机能主义心理学的纯理论、纯思辨的性质，使心理学不能解决现实生活中的任何实际问题，也不能实现控制人类行为的目标，因而不能满足美国社会的要求。一些心理学家呼吁改革心理学，行为主义正是在这一历史条件下应运而生的。

二、哲学基础

（一）实证主义

实证主义（Positivism）是行为主义的哲学基础之一。美国心理学史家黎黑指出："整个行为主义其精神是实证主义的，甚至可以说行为主义乃是实证主义的心理学。"（叶浩生，1998）实证主义是19世纪30年代到40年代初期法国哲学家孔德首创的哲学体系。孔德认为一切知识必须以经验为基础，实证主义的一切本质属性都概括在实证一词当中。实证具有六个方面的含义：第一，实证意味着必须是现实的；第二，实证意味着必须有用；第三，实证意味着必须是确实的；第四，实证也意味着是精确的；第五，实证还意味着是积极的或建设的；第六，实证意味着是相对的。实证主义以"被观察到的事实"作为科学知识赖以建立的基础，并认为实证方法才是最科学的认识方法。

实证主义哲学对西方心理学产生了深远的影响。华生等早期行为主义者受实证主义的影响，主张以可观察的行为作为心理学的研究对象而放弃对无法观察的意识的研究，以自然科学的客观方法作为心理学的研究方法而抛弃主观的内省法。

（二）实用主义

行为主义的另一哲学渊源实用主义（Pragmatism）强调行为、实践和生活。实用主义者主张要立足于现实生活，以确定信念作为出发点，以采取行动作为主要手段，以获得效果作为最高目的。华生否认无法证实的意识在心理学研究中的地位，并把人的实践活动简化为"刺激—反应"（stimulus-response，简称S-R）的行为模式，把心理学的根本目的确定为有效地控制人的行为，这都是深受实用主义影响的具体表现。

（三）新实在论

新实在论（Neo-realism）源于佩里对内省的、私有的、内在的性质的分析。传统观念认为，内省（introspection）是一种特殊的观察，它不同于对外界事物（包括人与动物）的观察。而佩里认为，内省与观察差别很小，内省的"内部心理"与在每日行为中所显示的"外部心理"没有本质区别。受其影响，行为主义者主张研究外部可观察的行为即可获知内部心理过程。

三、自然科学背景

生物学和生理学，特别是达尔文的进化论，是行为主义产生的自然科学背景。受达尔文进化论思想的影响，生物学家把反射看作是生物适应行为的基本方式，而生理学家将反射和本能及其神经过程联系起来。这样反射概念就成为生物学和生理学等自然科学中的重要概念。从华生提出的刺激—反应公式中，可以看出他对生理反射基本单元的重视。

（一）别赫切列夫的心理学思想

别赫切列夫是俄国精神病学家和心理学家，曾受命到莱比锡大学的冯特实验室学习，并于 1885 年建立了俄国第一个心理生理学实验室。别赫切列夫在从事大量的神经学研究之后，于 1910 年出版了《客观心理学》一书，主张用客观方法研究心理问题，并首创了反射学（reflexology）这一概念，把人有意识的行为看作是反射作用的总和。

（二）巴甫洛夫学说

Ivan Petrovich Pavlov（1849—1936）

巴甫洛夫是俄国著名的生理学家和与生理学有关的客观心理学的杰出代表。他先后从事血液循环、消化机能、神经系统的研究。曾因在消化生理学研究方面所做出的卓越贡献而获得 1904 年诺贝尔奖。他在接受谢切诺夫关于大脑反射的思想后，主要致力于高级神经活动的研究，利用条件反射方法，对动物和人类的高级神经活动进行了大量系统的实验研究，提出了高级神经活动规律理论并用以解释动物和人类的一切行为。巴甫洛夫还采用条件反射这一客观方法研究心理现象，他认为人的所有主观活动都是由客观外界决定的，坚持有机体与环境相适应、心理与生理相统一的观点。巴甫洛夫的理论与方法对华生创立行为主义产生了三方面的影响。第一，巴甫洛夫在实验中，用生理学术语描述高级神经活动表现出来的心理现象的做法给了华生以启迪。后者在阐释行为主义理论时，宣称以肌肉运动、腺体分泌和肢体反应等生理学名词代替传统心理学中的感觉、思维、情绪等概念。第二，条件反射的概念描述了行为具有操作性的单元，是有关行为最简单的模式。华生正是据此提出了刺激—反应的行为主义公式。第三，华生将条件反射法作为其研究方法之一。

由此可见，华生接受、吸收、利用了别赫切列夫的心理学思想和巴甫洛夫的学说，并使之成为其行为主义心理学理论与方法的基础。

四、心理学背景

除上面提到的客观条件外，行为主义的产生也是心理学自身发展的必然产物。具体地说，主要有以下四点。

（一）意识心理学的危机

科学心理学诞生初期，是以意识为主要研究对象的，所以被称为意识心理学

(conscious psychology)。当时的心理学家在意识、心理的界定及如何进行研究方面争论不休，内容心理学与意动心理学、构造主义与机能主义又针锋相对，使得人们对心理学到底有没有客观的研究对象，以及心理学能否成为一门科学产生了怀疑，从而形成了意识心理学的危机。

（二）心理学发展的客观化趋势

采用客观方法研究客观对象，是 20 世纪初心理学发展的客观趋势。华生正是顺应这一历史潮流，树起了行为主义的大旗。

早在行为主义产生之前，就有一些心理学家主张把心理学界定为一门研究行为的科学。例如，美国心理学家卡特尔（Cattell，1904）曾说：“我不信服心理学家应限于意识的说法……我钦佩内省分析的日益精密，但它在科学上的积极成就与近五十年来客观实验的积极成就相比，则显得寥寥无几。”英国心理学家麦独孤最早把心理学界定为一门研究行为的实证科学。他在 1905 年出版的《生理心理学》一书中指出：“心理学可以最恰当地和最广泛地定义为生物行动的实证科学。”麦独孤在 1908 年出版的《社会心理学绪论》一书中，明确地把行动一词改为行为，指出：“心理学家不应当再以意识的科学这一贫乏而狭隘的定义为满足，必须勇敢地断言心理学是……研究行为的实证科学。”美国心理学家皮尔斯伯里于 1911 年提出：“心理学可以最恰当地被定义为人类行为的科学。人与任何物质现象一样，是可以客观地予以研究的。”由上观之，将心理学定义为一门行为科学，是当时心理学发展的客观趋势。

（三）动物心理学的发展是行为主义产生的重要前提

华生曾经声称，他的行为主义是动物心理学（animal psychology）研究的直接结果。这说明行为主义与动物心理学的发展存在密切的内在联系。动物心理学提出了要客观解释动物行为的要求。1872 年达尔文在出版的《人类和动物的表情》一书中，论证了动物心理与人类心理的连续性的问题，引发了人们对动物行为进行了大量研究。英国动物学家和比较心理学家摩尔根在 1894 年出版的《比较心理学导论》和 1900 年出版的《动物行为》两本书中，提出了科学研究动物心理的简约原则（law of parsimony），又称摩尔根法则（Morgan’s Canon）。法则认为在研究动物心理时，应尽量避免以主观想法假定动物有什么心理状态，只要能用低级动物水平来解释行为活动，就绝对不能用高等的人类心理水平来解释。另外，摩尔根还提出了动物学习的原则——试误法（trial and error）。美国心理学家桑代克贯彻了摩尔根法则，他在对动物行为进行大量系统的研究后，提出了联结主义心理学（connectionistic psychology），宣称应该以刺激与反应之间的联结来解释动物的行为，联结主义的主张为华生的行为主义提供了理论模型。美籍德裔生物学家洛布比摩尔根的观点更激进，他提出“向性说”，主张用无机运动的物理化学规律来解释植物的运动

Edward Lee Thorndike（1874—1949）

甚至动物的运动。因为动物心理学研究有利于揭示人类心理活动的规律，所以动物心理学得到了迅速发展。到 1910 年，美国有 8 所大学建立了动物心理学实验室。华生承袭了动物心理学家的观点，他认为既然可以对动物的行为进行纯粹客观的观察和解释，那么同样可以对人类的行为进行纯粹客观的观察和解释。

（四）行为主义的产生是机能主义心理学发展的必然结果

华生是机能主义心理学集大成者安吉尔的学生，深受机能主义心理学的影响。机能主义心理学强调意识的适应机能，把人的心理、意识作为适应环境的工具，否认意识的认识机能。这一主张抹杀了人的有意识行为与动物本能行为之间的本质差异，把人的行为与动物的行为等同，从而为华生提出行为主义原则做了理论上的必要准备。华生剔除掉机能主义心理学残余的思辨遗迹，将其顺利地过渡到行为主义。所以华生说：“行为主义是唯一合乎逻辑的机能主义。”

第一章　华生的人格理论

第一节 生平事略

约翰·布洛德斯·华生 1878 年 1 月 9 日出生于美国南卡罗来纳州格林维尔城外的一个农民家庭。华生幼时非常顽皮，上小学时经常和同学打架，直到有人挂彩才罢手。中学时，华生曾经两次被捕，一次是因为装扮黑人打架，另一次是因为在城区内开枪射击。1894 年，华生考入格林维尔的福尔曼大学。大学期间，哲学教授穆尔对华生的影响很大。在穆尔的指导下，华生对哲学和心理学产生了浓厚的兴趣。他阅读了大量哲学和心理学著作，其中包括冯特的著作。正是大学期间对哲学和心

John Broadus Watson (1878—1958)

理学的涉猎，才使华生踏上了研究心理学的道路。大学毕业后，华生在一所小学工作，后来接受了穆尔的建议到芝加哥大学攻读研究生课程。在芝加哥大学，华生跟随安吉尔学习心理学，跟随唐纳森学习神经学，跟随洛布学习生理学和生物学，跟随杜威学习哲学。不过他很快就对哲学失去了兴趣。1903年，华生在安吉尔和唐纳森的指导下，以《动物的教育》一文获得博士学位，并留校任教。同年，华生与伊基斯结婚，育有一儿一女。在芝加哥大学工作期间，华生以小白鼠、猴子等为对象，进行了大量的动物行为研究，这些研究为他的行为主义观点的形成奠定了坚实的基础。

1908年秋，华生到约翰·霍布金斯大学哲学与心理系任教授，从事教学与研究工作。在霍布金斯大学工作期间，除了因为第一次世界大战爆发而应征入伍外，华生一直致力于发展他的行为主义。1908年，华生在耶鲁大学的演讲中首次提出了行为主义观点。1912年应卡特尔的邀请，华生在哥伦比亚大学做了一系列的演讲，初步阐述其行为主义的观点。1913年，华生在其主编的《心理学评论》杂志上发表了一篇极具影响力的论文——《行为主义者心目中的心理学》（*Psychology as the Behaviorist Views It*），正式宣告行为主义心理学的诞生。1914年，他出版了第一本系统阐述行为主义的专著《行为：比较心理学导论》。1915年，美国心理学会接受了行为主义的观点，华生被选为美国心理学会主席。1919年，华生出版了第二本专著《以一个行为主义者的观点看心理学》（*Psychology from the Standpoint of a Behaviorist*），对行为主义观点做了更加全面的阐述。

1920年，由于轰动一时的离婚案，华生被霍布金斯大学解聘，他辉煌的学术生涯戛然而止。之后，华生投身商界，应用心理学知识为广告公司发展业务，也获得了很大成功。在经商之余，华生依然坚持用大量时间通过各种途径向公众介绍他的行为主义。从1922年起，他为许多通俗刊物撰写大量文章介绍行为主义。他还应邀到纽约社会研究学院讲授行为主义心理学，并根据讲稿于1924年出版了《行为主义》（*Behaviorism*）一书，并于1930年对该书进行了修订。1928年，华生出版了《婴儿和儿童的心理护理》一书，主张把行为主义原理应用到儿童抚养实践。1947年，华生从商界退休，在康涅狄格州的一个农庄安度晚年。1957年，为了表彰华生为心理学所做的突出贡献，美国心理学会授予他金质奖章，赞扬他“发动了心理学思想中的一场革命，他的论著已经成为持久不变的、富有成果的研究路线的出发点”。1958年9月25日，这位行为主义的开山鼻祖逝世。

第二节 理论观点

一、人性观

行为主义倡导者华生把人看成环境中种种刺激（如声音、气味等）的反应者。他所持的人性观被称为“空洞有机体”（empty organism）人性观，即认为人性无所谓善与恶，性善或性恶乃是由于个体受到后天环境影响的结果，环境是人格的塑造者，每一个人的人格都取决于他从刺激与反应间学习到的联结。这与精神分析学派主张的性恶论以及人本主义所倡导的性善论（人的善是自然的、与生俱来的）截然不同。

二、人格界定

华生于1919年提出，人格是指一个人在反应方面的全部（包括现有的和潜在的）资产（assets）和债务（liabilities）。其中，资产包括两个方面：一是已组成的各种习惯的总体，社会化的、已被调整过的各种本能，已被锻炼过的各种情绪，以及它们之间的各种组合和相互关系。二是可塑性与保持性之间的高度协调。可塑性是指形成新习惯和改变旧习惯的能量，保持性是指已经建立的各种习惯在失去作用之后重新发挥作用的速度。个人所具有的资产能够使之适应当前的环境，与当前的环境保持平衡，同时也能够适应变化了的环境。所谓债务是指那些在当前环境中不发挥作用，并且会阻碍个人对已改变的环境进行适应的各种潜在的或可能的因素。1930年，华生又指出，人格是一切动作的总和，或者是各种习惯系统的最终产物。

华生认为，人们生来具有相同的素质，但是因为每个人的生活环境和所受的教育训练不同，所以不同的人就会形成不同的习惯系统。例如，数学习惯系统、宗教习惯系统、爱国习惯系统、消遣习惯系统、私人习惯系统、普通习惯系统、特殊习惯系统和父母习惯系统等。一个人在某一年龄时各种习惯系统或动作流[①]的横切面，就是他在该年龄时所具有的人格。华生指出，虽然人格是由一切动作组成的，但是其中总有一些占优势的习惯系统。根据一个人占优势的习惯系统，就可以判断他的人格特征。另外，还可以根据占优势的习惯系统对人格进行分类。

三、人格发展

人格发展是受遗传影响还是受环境影

① 动作流是华生针对詹姆斯的意识流提出的，他把人一生的全部行为编制成一个由简到繁的图表，认为人一生的行为是川流不息的动作流，从受精卵开始，随年龄的增长而日趋复杂。动作流为行为主义者观察人的心理提供了现实背景。

响？在这一问题上，华生强调环境因素的重要作用，属于典型的环境决定论者。他认为，只要对环境有足够的控制，心理学家就可以将儿童塑造成他想要的任何成人。因此，华生（1930）曾宣称："给我一打健康的、没有缺陷的婴儿，在我设定的世界里教养，我保证随机选出任何一个婴儿，无论他的能力、爱好、倾向、活动、种族等种种因素如何，我都能够把他训练成为我选定的任何一种类型的专家——医生、律师、艺术家、企业家等，甚至也可以把他训练成为乞丐或盗贼。"

华生认为人格并非一成不变，而是可以改变的。他特别强调童年期人格变化的重要性。他指出，幼年和少年是个体形成各种习惯系统的时期，也是人格变化最快的时期。随着儿童年龄的增长，新的习惯系统不断形成，而旧的习惯系统逐渐消灭，就好像蛇每年都要蜕皮一样。3 岁儿童应该具有组织良好的 3 岁的人格特点，即具有一套适合 3 岁的习惯系统。随着新情境的需要，4 岁儿童应该形成一些新的习惯，而废弃掉某些 3 岁时的习惯。例如，儿童到 4 岁时，说话不流利、尿床、吮吸手指等习惯都是大人不允许的，因而他就必须努力克服或消除它。如果婴儿以及少年时期的习惯系统没有消除掉，被带到了成年时期，便会妨碍人格的健康发展。一般说来，人长到 13 岁以后，习惯系统基本上已经定型，除非发生新的强烈刺激，否则一个人的人格不会再发生大的改变。

正是因为人格是在环境的影响下形成的，所以改变一个人人格的唯一方法就是改变他所处的环境。在新环境下，个体不得不养成新的习惯系统，改变旧的习惯系统。环境改变的程度越高，人格改变的程度也就越高。华生对这种人格改变的方法持乐观态度，他曾经设想通过建立心理医院来改变人格，并且相信通过这种重新安排生活的办法可以达到对整个社会的改造。但是，由于华生把人看作环境消极被动的产物，无视人的积极主动性，因此他找不到改造社会人格的真正途径。

四、人格研究方法

华生认为，人格是经过长时期的生活形成发展起来的，所以只有通过较长时间的观察，才能了解一个人的人格。

华生提出，从以下五个方面入手，就可以精确地了解一个人的人格。（张厚粲，1997）

第一，研究一个人受教育的情况，了解一个人是否读完了小学、中学或大学。大学教育能够使人形成良好的工作习惯，使人更加文明、更懂得尊重知识，使人学习如何思考问题。

第二，研究一个人的成就。一个人的职位升迁速度和薪金的增长速度是衡量他们成就的重要指标。例如，如果一个作家在 30 岁时每千字的稿费收入与他在 24 岁时相同，那么他肯定是一个三流作家。

第三，运用各种心理测验。使用心理测验，有助于了解一个人现有的知识与能力水平。但是，心理测验有一个缺陷，即不能揭示个体的工作习惯。

第四，研究一个人的业余爱好。各种室外或室内娱乐活动能很充分地展示一个人的人格。对某个人来说，有些娱乐活动是他的资产，而有些娱乐活动则是他的债务。因此，通过研究一个人在娱乐活动上的成就，也可以了解他的人格。

第五，研究一个人在生活情境中的情绪表现。尽管一个人在以上方面的表现都好，但仍不能确定其人格是否完备。例如，有的人教育程度高、成就大、智力水平高、业余爱好广泛，但他和人相处得不好，孤僻、易怒、对人冷淡。那就不能说他具备完美人格，而这些是需要通过长期的观察分析才能发现的。也就是说，上述四种方法可以使我们了解一个人的肢体习惯与语言习惯，但要了解其内在习惯，则必须在日常生活中加以考察。一个能力很强的人(即有很好的肢体习惯和语言习惯的人）有时也会失业，这可能是因为他缺乏良好的内在习惯，即缺乏情绪的平衡，比如，常表现出神经过敏、易怒、粗暴、专横或敌意。这些内在习惯只能通过观察他的日常生活来加以了解。

五、异常行为的形成与改变

华生是第一个提出异常行为是经过条件反射习得的学者。1920 年，华生和实验助手雷纳用小艾尔伯特与白鼠的实验证明了这一观点。艾尔伯特是一个当时只有 11 个月大的小男孩。实验开始时，小艾尔伯特在和一只白鼠一起玩耍时并不感到害怕。此后每当白鼠出现时，就同时响起一声骇人的巨响，这样几次尝试过后，即使在没有巨响出现的情况下，每当艾尔伯特看到白鼠，都会表现出害怕的反应（哭闹或急着爬走），甚至看见其他白色毛茸茸的东西（如白兔、白胡子）也会害怕。在本实验中，噪声（无条件刺激）引起恐惧反应属于无条件反射。白鼠原本是一种中性刺激，但与噪声同时出现时同样能引起艾尔伯特的害怕反应（属于条件反射)。所以，华生认为婴儿对白鼠的异常恐惧可以用条件反射来解释。进而，华生认为许多看似不合理的恐惧都是通过类似的模式发展出来的。总之，小艾尔伯特与白鼠的实验以科学的、实证的方式有力地支持了华生的观点，被行为主义者奉为经典。

之后，华生试图消除小艾尔伯特对老鼠的恐惧，但可惜的是，在实验开始之前，小艾尔伯特就被母亲带走了。这也成为华生被质疑的关键点——实验伦理问题。不过，1924 年，琼斯的一项研究正好符合华生的构想（Ryckman，2005）。在实验中，琼斯使一个跟小艾尔伯特一般大的男孩彼得（Peter）消除了已有的对老鼠的恐惧反应。实验初始，让彼得待在一间没有老鼠的屋里，当彼得感到有些饿想吃东西的时候，就给他一些巧克力。正当彼得开始吃时，琼斯将老鼠带到屋内并放到彼得的身旁。没想到彼得出现了强烈的恐惧的反应，哭泣着把巧克力扔到一边，实验无法继续进行下去。于是，琼斯改变了策略，她把老鼠放到离彼得 20 英尺远的角落里，慢慢地彼得停止了哭泣，又开始吃香甜的巧克力。之后在彼得开心吃巧克力时，琼斯一步步地将老鼠挪到与彼得越来越近的地方，最后彼得能与老鼠一起愉快玩耍。在这个实验中，琼斯将饥饿时吃巧克力这个愉快事件与看到老鼠这个不愉快事件联系起来，多次结合后，使得彼得不再害怕老鼠，从而消除了老鼠恐惧症。

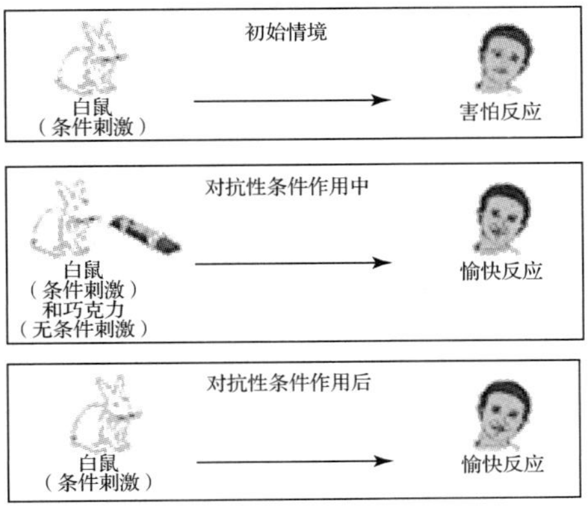

图 4-1　彼得的实验操作程序

第三节　理论评价

一、理论贡献

华生在对传统心理学进行批判之后，于 1913 年提出行为主义心理学，是心理学史上一场重要的革命，具有不可磨灭的历史意义。

1. 行为主义促使心理学走上客观化道路。传统心理学采用主观分析的方法研究意识，使心理学只能作为哲学的边缘学科存在。华生明确提出心理学要以客观的行为作为研究对象，否定内省法，强调客观的观察方法，主张从多方面收集资料，从而加强了心理学的科学性和客观性，使作为自然科学一个分支的客观心理学得以建立。

2. 行为主义扩大了心理学的研究领域。传统心理学只局限于对意识的研究，拟人论的倾向使动物心理学不可能在心理学领域取得合法地位，而以行为为研究对象的行为主义心理学使这一状况得到了改变。

3. 行为主义推动了心理学的应用。华生曾讲过，行为主义心理学的目的是要预测和控制人的行为。目前，以美国为例，心理学应用范围之广和涉及领域之多应当部分归功于当年行为主义对心理学实用性的大力推广。

二、理论缺陷

华生从机械唯物论的观点出发，矫枉过正地全盘否定意识和本能，贬低生理和遗传的作用以及脑和神经中枢在心理活动中的重要作用，片面强调环境和教育的作用，忽视人的主观能动性，使他在心理学的一些基本理论上陷入了困境。许多心理学家对这些都提出了批评。另外，华生对小艾伯特的实验研究的伦理性引起了学界的强烈讨论，之后，美国心理学协会制定了实验伦理规范。

第二章 斯金纳的人格理论

第一节 生平事略

Burrhus Frederic Skinner（1904—1990）

伯尔赫斯·弗雷德里克·斯金纳（B. F. Skinner，1904—1990）1904 年 3 月 20 日生于美国宾夕法尼亚州东北部的萨斯奎汉纳镇。其父亲是一位律师，母亲操持家务。斯金纳的家庭生活十分和睦融洽，他几乎从未受过父母的体罚。斯金纳很喜欢上学，各科成绩优异。他从小就对制造东西感兴趣，自己做过风筝、跷跷板、小雪橇、喷枪、马车、弹弓、摇椅，甚至飞机模型等，这和他以后喜欢实验研究有着密切关系。1938 年，他用灵巧的双手设计并制作了训练动物用的斯金纳箱（skinner box）。

中学毕业后，斯金纳进入汉密尔顿学院学习，主修英国文学。当时他的志向是成为一名作家，他曾经写了三篇短篇小说并寄给一位著名诗人，结果获得了诗人的鼓励，这令斯金纳信心大增。大学毕业以后，斯金纳花了两年时间蛰居家中全心写作，得到的结论却是自己没有什么话想说，不可能成为一名成功的作家。也正是在这一期间，斯金纳接触到了巴甫洛夫的《条件反射》一书，由此引发了对行为的兴趣。

于是，斯金纳进入哈佛大学心理研究所，改修心理学，他系统地阅读了巴甫洛夫、桑代克和华生等人的著作，并深受他们影响。特别是华生倡导的研究客观的可以观察的行为、否定内省法研究价值的观点，给他留下了深刻的印象。但是，斯金纳并不完全赞同华生的激进看法，他认为主观和内在的经验，如果是能够客观观察和量度的，仍然是可以接受的。他也不同意巴甫洛夫关于人在解释行为时要“从分泌唾液的反射而涉及于个体日常生活中的重要事件”的观点。但是，斯金纳认为巴甫洛夫给了他“了解行为之纲”。总之，在哈佛大学学习期间，斯金纳发展了他在动物行为方面的兴趣，力争不借助于生理机能而能解释动物行为。

1930 年，斯金纳提出“某些行为并不一定由经典条件作用引起，也可以由特定刺激引起”的观点。1931 年，他以反射行为的研究论文获得哲学博士学位，之后留校做博士后研究和研究员工作直至 1936 年。在这段时间的研究工作中，斯金纳发表了 20 多篇论文。1937 年，他在《普通心理学杂志》上发表了《两种类型的条件作用》一文，首次提出了操作（operate）一词。1938 年，斯金纳出版了首部著作《有机体的行为》（*The Behavior of Organism*），该书第一次系统地阐述了他的行为主义体系，包括研究对象、范围、任务及方法等主要观点，这部著作成为他以后不断深入研究和扩大影响的基础。

1936 年，由于哈佛大学不再提供奖学金，斯金纳转到明尼苏达大学任教心理学。1945 年，他受聘到印第安纳大学任心理学教授兼任心理系主任。由于斯金纳对文学的兴趣丝毫未减，1948 年他写了一部描写理想国度的小说《沃尔登第二》（*Walden Two*，或译《桃源二村》）。在书中斯金纳建立了一个以他提出的强化原则为基础的乌托邦式的乡村。此书完稿之后，斯金纳并未离开实验室，而是继续进行动物实验——训练鸽子打乒乓球。1948 年斯金纳重返哈佛大学，并在 1950 年到 1960 年期间完成了许多著名的实验研究，如教学机（teaching machine）、程序教学（methods of programmed instruction）、神经失常行为研究（the study of psychotic behavior）等。

斯金纳治学勤奋，一生硕果累累。他一共出版了 19 本著作，发表了 110 多篇论文。他的主要著作除了上文提到的两本之外，还包括：《科学和人类行为》（1953）、《自由与人类的控制》（1955）、《言语行为》（1957）、《强化程序》（1957）、《累积的记录》（1959）、《行为分析》（1961）、《强化列联：理论分析》（1969）、《超越自由与尊严》（1971）、《关于行为主义》（1974）和《关于行为主义和社会的沉思》（1978）等。其中《超越自由与尊严》一书引起了巨大的争议，因为斯金纳在书中主张将自由与尊严放置一旁，认为仅靠操纵环境条件与奖赏就能达到高效治国的目的。

斯金纳被誉为 20 世纪最伟大的心理学家之一。鉴于他对心理学做出的巨大贡献，1958 年，美国心理学会授予他杰出科学贡献奖；1968 年，他获得美国总统所颁赠的科学奖章；1971 年，美国心理学基金会颁给他一枚金质奖章；1990 年 8 月 10 日，美国心理学会又授予他心理学毕生贡献奖。不幸的是，在获得最后一个大奖之后仅 8 天，斯金纳就因白血病于美国麻州剑桥城逝世，享年 86 岁。

第二节 理论观点

一、人性观

与华生的观点一致，斯金纳认为人性无善恶好坏之分，是中性的。一个人出生时是没有善或者恶的，以后所获得的善或恶是行为的结果。每个人人格中所谓的意欲、倾向、素质等都是习得的，所以没有必要去寻求所谓的人性。

二、人格概念

斯金纳认为，人格只是通过操作条件反射而形成的一种惯常性的行为方式。如果能够认识、操纵和预测人的行为，那么就没有什么人格问题是不能解释和解决的。斯金纳的人格概念突出了行为的特征，包括如下内涵。

（一）操作性行为与反应性行为

斯金纳认为巴甫洛夫用条件反射的概念来解释行为是比较恰当的。但是，他不完全赞同“在条件反射形成的过程中，每一次对条件刺激的反应，必须由无条件刺激引发”的说法。他认为一个事件可能在没有任何能够观察到的刺激情境下发生。因此，斯金纳将有机体的行为分为两类：反应性行为（respondent behavior）和操作性行为（operant behavior）。反应性行为又称应答性行为，是指由某种特定的、可观察到的刺激引起的行为，即经典性条件反射下的行为。这类行为的发生和先前刺激之间存在着刺激—反应的直接联结。而操作性行为与反应性行为相对，是指在没有任何能观察到的刺激出现的情境下发生的有机体行为。斯金纳通过老鼠实验发现并研究了操作性行为。

斯金纳将老鼠放置在“斯金纳箱”内，箱壁上安装着一根能活动的横杆，它的下面正对着一只食盘和喷水口，只要横杆被压下，就会有食物和水送入箱内。同时，连接在箱外的一个设备就会画出一条线，自动记录下横杆被按压的次数。斯金纳观察到，一开始老鼠只是偶尔碰到横杆，结果获得了食物，此后它便会反复地按压横杆。老鼠习得了按压横杆的行为，这并不是对某种刺激做出的反应，而是由于行为的结果而习得的行为。斯金纳将这称为操作性行为，这一过程称为操作性条件反射。

斯金纳认为人类的大多数行为都是操作性行为。反应性行为往往不是随意的行为，是有机体被动地对环境刺激做出反应，如果没有先行的刺激就没有后继的反应。而操作性行为大多数是随意的或有目的的行为，代表着有机体对环境的主动适应，由行为的结果控制。与之相应，反应性行为和操作性行为具有不同的条件作用形成机制：经典性条件反射和操作性条件反射。后者是一种反应强度的变化受反应结果控制的条件反射。

（二）反应泛化与分化

泛化（generalization）又称类化或概括化，是指一种条件反射建立以后，个体不仅对条件刺激做出行为反应，而且也可能对与条件刺激相似的其他刺激做出行为反应。华生做的小艾尔伯特实验中就出现了泛化现象，小艾尔伯特不仅对白鼠出现害怕反应，而且对其他白色毛茸茸的东西也出现了害怕反应。斯金纳训练鸽子专啄一种红色圆盘，实验中鸽子也可能去啄橘色圆盘，这也是泛化现象。泛化有助于解释人格特质在不同情境中的稳定性。一个小孩由于对来访的亲戚有礼貌因而受到父母的奖励，他对其他新认识的陌生人也可能有礼貌，这种有礼貌的反应是由旧的刺激（亲戚）泛化到新的刺激（陌生人）形成的。一般说来，新刺激和原来刺激的相似性越大，发生泛化的可能性就越大。如果两个刺激之间的差异很大，泛化就很难发生。只要泛化反应受到强化，行为就可能一直保持下去。

如果鸽子啄橘色圆盘时没有得到奖励，那么它很快就能学会辨别有奖励和无奖励的刺激，从此以后只啄红色圆盘。同理，如果那个有礼貌的孩子对某些成人友善行为受到父母严厉的惩罚，那么他很快就会辨别应对哪些人友善，而对哪些人不友善。这种现象就是分化（discrimination）。分化又称辨别，是指个体能对不同的刺激做出不同的行为反应。分化与许多人格特征的形成有关，如礼貌、机智、热情等。分化原理经常被运用到动物和人类的行为塑造和行为治疗当中，上述斯金纳训练鸽子专啄红色圆盘就是成功的范例。

学习栏 4-1

语义泛化

泛化现象是条件反射理论中一个值得研讨的问题。这种现象是指人们会对与条件反射中情境相似（但不相同）的环境条件做出类似的反应。大多数动物会对灯光和声音做出泛化反应，而人类的泛化反应则更为丰富。其中就包括人们在生活中习以为常的语义泛化现象——对某一词语含义的泛化。

语义泛化和其他形式的泛化作用一样，在经典性条件反射以及工具性条件反射中均会发生（Diven，1936；Maltzman，1968）。以经典性条件反射为例，想象有这么一个人，他刚经历了一场离婚官司，那么他对“离婚”这个词必然存在着负性情绪，他也必然会把这种情绪泛化至其他语义相关的词语，像是法庭、律师、赡养费以及分手等。

语义泛化理论假设条件反射是作用在对刺激的认知结构上的，而非刺激本身。语义泛化发生的基础是人在大脑中建立起了意义相近的词语间的联系。

资料来源：Charles & Michael，2008。

三、人格的结构

每一派人格理论都很重视人格的结构，并用人格的结构来解释个体差异。例如，弗洛伊德认为人格是本我、自我和超我的结构，荣格认为人格结构有意识、个人无意识、集体无意识等成分。但是行为主义心理学家却强调情境的特殊性，比较重视外部环境中的刺激，认为个体的行为都是由外部刺激引起的反应，反应就是行为的结构性单位。因此，斯金纳并不热衷于探讨人格结构，他认为自我、特质和需求都是不必要的概念，只要用操作性的方法就可以预测和控制可被接受的行为。

四、人格的形成与改变

斯金纳认为人格形成与行为改变的关键成分是强化（reinforcement）。强化又称增强，源自通常所说的奖赏，它是斯金纳理论的核心概念之一。当有机体表现出某种行为后，如果紧随其后出现的某一事件或刺激能使该行为出现的概率增加，那么该事件或刺激就具有强化（或增强）作用，这一事件或刺激被称为强化物（reinforcer）。例如，小学生因为打扫卫生得到了老师的表扬，他以后会更多地表现出爱护卫生的行为，即他的行为受到了强化，老师的表扬就是强化物。由于强化能够提高特定行为反应的发生频率，所以斯金纳认为强化是人格形成和改变的关键。某个行为受到多次强化就会保存下来，久而久之将成为习惯反应，在斯金纳看来，人格就是依此方式形成的。同理，要想改变人格，也有赖于强化。艾伦等人（1964）报告了这样一个个案：一个 4 岁的小女孩，聪明且讨人喜欢，但具有不合群的性格特征。进入幼儿园后，她的不合群受到老师的特别关注。这种关注不经意间强化了她的不合群行为，并形成了恶性循环。后来，老师改变了强化对象，转而去强化她的合群行为，即只有当她和别的小朋友在一起时才去关注她，当独自一人时停止对她的关注。这样一来，小女孩与别的小朋友在一起的时间明显增加。12 天后，老师再次强化她的不合群行为，她独处的时间随之再次加长。在第 17 天时，老师再次强化她的合群行为，她又开始接触别的小朋友。这个实验表明，强化可以决定行为的形成、改变和消失。因此，只要控制了强化，就能达到塑造和改变行为，继而塑造和改变人格的目的。

（一）强化的类型

斯金纳根据强化的性质，将其划分为正强化和负强化。如果呈现某一后继刺激物，能够加强某种行为出现的频率，那么该刺激物就是正强化物（positive reinforcer），如食物、水、奖赏、金钱等。由于正强化物的出现而对个体行为产生的强化作用，称为正强化（positive reinforcement）。如果撤去某一刺激物，能够加强某种行为出现的频率，那么该刺激物就是负强化物（negative reinforcer），如电击、强光、噪声、批评等。由于负强化物的消失而对个体行为产生的强化作用，称为负强化（negative reinforcement）。正、负强化的区别在于：前者是在行为发生后给予一个愉快刺激，而后者是在行为发生后撤除一个厌恶刺激。但二者都可以达到使行为发生频率增加的效果。

对于不期望出现的行为，可以使用惩罚来使其发生的频率减少。同样，惩罚也有正惩罚和负惩罚之分。如果在一个行为之后给予一个厌恶刺激，结果该行为在将来再现的可能性降低，则为正惩罚（positive punishment）的过程，该刺激称为正惩罚物（positive punisher）。虽然负强化物和正惩罚物在性质上都是个体所厌恶的，但是前者会导致行为出现的可能性增加，而后者却导致行为出现的可能性降低。例如，小孩用手触摸滚烫的炉子，结果被烫伤，他以后就会避开烧烫的炉子。人们常说的“吃一堑，长一智”也是这个道理。正惩罚的目的是减少不适行为的再次发生。如果一个行为发生之后紧接着撤除了一个原来存在的愉快刺激，导致该行为在未来发生的可能性减小，这一过程就叫作负惩罚（negative punishment）。例如，孩子因为撒谎而被取消了零花钱。被撤除的刺激被称为负强化物（negative punisher）。

正、负强化及正、负惩罚反映了操作性条件作用的不同机制，服务于行为改变的不同需要。图 4-2 表现出了它们的联系与区别。

	愉快刺激	厌恶刺激
给予	正强化	正惩罚
撤除	负惩罚	负强化

图 4-2　强化与惩罚的类型

（二）强化物的来源

斯金纳按照强化物（这里主要指正强化物）的来源，把其分为一级强化物（或称初级强化物，primary reinforcer）和二级强化物（或称次级强化物，secondary reinforcer）。一级强化物是与有机体的生存密切相关的事物，如食物、水之类能够满足有机体基本生理需要的事物；二级强化物指那些原本不具有强化作用，但是由于经常与一级强化物结合而获得强化作用的刺激物。例如，母亲就具有二级强化的属性，因为她经常与一级强化的照顾关怀相联结。对于人类个体而言，微笑、赞扬、金钱、奖励、荣誉、地位、名声、成就等都可能是二级强化物。那些与多种一级强化物相联系的二级强化物，被称为概括化强化物（generalized reinforcer），如母亲、金钱等。金钱几乎与每一种一级强化物相关联，如美味佳肴、漂亮衣服、宽敞明亮的住房等，甚至会产生一种连锁反应（chaining）过程。其意思是，二级强化物经过配对后能够产生其他的二级强化物。例如，母亲与照顾关怀相联结，母亲可能又与跳舞相联结，因而跳舞也成为一种二级强化物。跳舞又与一些舞厅相联结，于是舞厅也具有强化了的属性，以此类推。这种连锁反应过程可以解释每个人生活中复杂的强化系统。

（三）强化的程序

强化程序（schedule of reinforcement）是指在建立操作条件反应时，对反应进行强化的不同方式。

根据强化的组织和实施方式不同，可以把强化程序分为连续强化（continuous reinforcement）和间歇强化（intermittent reinforcement）。连续强化是对有机体的每一次正确反应都给予强化。但是在日常生活中，个体并不是每次做出操作条件反应以后都会获得奖赏（强化）的，绝大多数时候个体只能获得部分奖赏（强化）。正如斯金纳所言：“当我们去溜冰或滑雪时，我们并不是总能找到好的冰地或雪地；当我们打电话给朋友时，朋友并不是总在家。因此，工业和教育方面几乎总是以间歇强化为其特征的。”所以，斯金纳着重研究了间歇强化。

所谓间歇强化又称部分强化（partial reinforcement），是根据时间间隔或一定的反应比例给以强化。因此，间歇强化可以分为间隔强化（interval reinforcement）和比率强化（ratio reinforcement）。

间隔强化根据时间间隔的安排，又可以分为固定时距强化（或定时强化，fixed-interval reinforcement，简称 FI）和变动时距强化（或可变间隔强化，variable-interval reinforcement，简称 VI）。固定时距强化指按照固定的时间间隔，对操作反应实施强化，如每隔 5 分钟或 20 分钟给予一次强化，而不管有机体在这一段时间内做出了多少反应。例如，每工作 3 小时付酬劳 100 元，便是一种固定时距强化。在动物实验中发现，强化的时间间隔越短，动物的反应越快；时间间隔越长，动物的反应越慢。另外，反应的频率随着接近强化点时间的长短变化，开始时反应的频率很低，甚至不出现反应，越接近强化的时间点，反应越快。由此，我们可以明白为什么计时付工资容易出现磨洋工现象。变动时距强化是指按照变化的时间间隔进行强化，如每 40 分钟内随机安排 5 次强化。例如，老板每隔一段时间给工人发红包，但每次间隔时间是不定的。由于不知道强化什么时候发生，个体需要一直保持着某一种行为。因此，变动时距强化能够避免固定时距强化的弊端，有利于行为反应的保持。

比率强化可以分为固定比率强化（或定比强化，fixed ratio reinforcement，简称 FR）和变化比率强化（或可变比率强化，variable ratio reinforcement，简称 VR）。固定比率强化指按照固定比例进行强化，如每 5 次正确反应之后就给一次强化。这种强化下反应出现的速度快。计件工资之所以比计时工资效果好就是这个道理。但是，由于比例是固定的，所以还是容易出现类似固定时距强化的弊端。变化比率强化则是按照变化的比例进行强化，例如每 80 次正确反应中随机安排 8 次强化。在这种强化程序中，不是每 10 次正确反应后就紧接着给予强化，而是平均每 10 次正确反应后才给一次强化。实验证明，变化比率强化的效果最好。例如，在斯金纳的鸽子实验中，在变化比率强化下，鸽子每秒钟的反应是固定比率强化下的 5 倍。这或许可以解释为什么人们对于赌博和彩票趋之若鹜，因为它们都是变化比率强化，虽然受到强化的概率微乎其微。

在斯金纳看来，强化程序并不是实验室实验的某种简单说明，也不是对少数简单的人类行为牵强附会的解释。他认为强化程序能够说明人类的所有行为，人格也不例外。总之，他认为个体的行为模式都是由强化程序决定的。

五、人格的发展

斯金纳认为人格研究必须符合科学的规则，要系统地探讨和研究个体所具有的特殊遗传背景和学习历史。在遗传和环境的共同作用下，个体可能会表现某种行为，如果该行为紧接着受到强化和惩罚，那么它就会继续保持或中止。因为每个人的遗传因素和生长环境不同，所以个体人格发展的个别差异性很大。

关于人格发展问题，斯金纳仍然强调强化程序在行为获得或表现中的重要性。儿童在发展的过程中，建立了条件反应，随之给予强化则能维持该行为。他特别强调受特殊环境强化物影响的特殊反应形态。与弗洛伊德和皮亚杰等不同，斯金纳不重视儿童行为发展的阶段性，认为强化就能说明人格发展的全部过程。

斯金纳学派所做的一个实验能够说明人格中的行为发展问题。有研究者（Azrin & Lindsley，1956）选取了 20 名 7 到 12 岁的儿童，随机分为 10 组。每组中的两名儿童坐在一张桌子的正对面，每名儿童的面前有 3 个洞和 1 支铅笔。如果两名儿童把他们的铅笔插进了正对着的洞里（合作性反应，也就是说只有两名儿童相互配合时，他们的铅笔插进的洞才是正对着的），就会有红灯亮起，并有一块软糖送到桌子上。他们插进的洞不是正对着的（非合作性反应），他们就不会得到奖赏。结果发现，有 8 组儿童很快学会了合作，而且都均分了奖品软糖。而在另外两组中，由于其中一名儿童独吞软糖导致另一名儿童拒绝合作。此时这两组儿童才意识到要使合作顺利进行就必须均分软糖。从这个简单的实验（儿童通过强化学会合作）可以看出，儿童的许多反应是如何通过简单的条件作用形成的。

六、人格异常

斯金纳认为，适应不良的行为既不是疾病造成的，也不是精神分析者所说的本我、自我和超我之间冲突的结果，而是因为不能产生适宜的反应。他认为所有的行为都是习得的，正常的行为是学习得来的，异常的行为同样也是学习得来的，而且它们都依据相同的学习原理。

下面以迷信行为为例说明异常行为是如何习得的。斯金纳在实验中发现，当他以固定时间间隔强化程序给鸽子食物，而不管鸽子做出什么反应时，许多鸽子会将碰巧被强化的反应和强化物联系起来。例如，如果有一只鸽子恰巧在连续拍动翅膀时得到奖赏，这个反应就可能被条件化，虽然它和强化之间没有因果关系。该行为的持续表现也会造成间歇强化，因此可以保持相当长的时间。由此可以看出，拍动翅膀行为的发展是由于反应和强化之间的偶然联结造成的。这同人类的迷信行为如出一辙。每一个文化环境中都有一些迷信行为，人们企图利用它达到消灾降福的目的。农民在天旱时，会利用各种方法求雨。在他们烧香拜佛以后，碰巧天下雨了，于是他们就将这两件事联系起来，认为下雨是烧香拜佛的结果。从此以后，每次求雨时就烧香拜佛。这样的解释明了易懂，但是许多心理学家却认为太简单了，并不足以说明整体的情况。

总结起来，斯金纳认为异常行为可能是由以下原因造成的：第一，不良的强化经历导致的行为缺失，即个体没有学会适当的反应，反而以不适当的社会化形式来反应，因而阻碍了个人对环境的适应。第二，有缺陷的强化程序造成各种适应不良行为。例如，抑郁症患者有时会做出正确的或令人满意的反应，但是环境并没有给他们适度的强化。第三，线索辨别（discrimination of cues）失败导致各种精神疾病。比如，适当的线索与惩罚相联结，而不适当的线索却与奖赏相联结。第四，人格异常的人习得了一套不适宜的反应。例如，一位强迫性神经症患者之所以强迫性地计数，如数心跳、数楼层、数脉搏等，是因为数数的过程阻止了一些令人不愉快的想法的产生，让他暂时回避了烦恼，得到了“好处”，因此这个计数行为就得到了强化，慢慢巩固了下来。

第三节 研究主题

强化是斯金纳理论的核心，也是他研究的主题。上面已经详细论述了强化的概念以及与强化相关联的人格塑造与改变、人格发展、人格适应等主题。下面将介绍与强化有关的另一研究主题：行为的消退。

斯金纳的研究发现，当老鼠通过食物强化学会按压横杆后，如果拆除食盘，使老鼠按压横杆后不再有食物出现（即撤销强化物），那么老鼠按压横杆的行为就会逐渐减少、消退，直至消退成和受到强化以前的偶然行为一样。这种现象就是行为的消退（decay），指的是如果操作条件作用被一种随后出现的强化物强化，当该强化物不再出现时，此操作性反应就会随之消失，直至恢复到最初没有被强化时的水平的现象，实际上就是不再给予强化。例如，一个孩子晚上上床后经常哭闹，母亲就到他的房间里安慰他。结果，这个孩子睡觉时哭闹得更频繁了。因为母亲的安慰成为一种正强化。这时如果不再给予强化，转而忽视孩子的这种行为，使行为得不到期望中的结果，这样可能会导致该行为的暂时增加，但过一段时间，没有强化后就会使行为自行消退。

图 4-3　斯金纳在做老鼠的行为实验

前面讲到过的惩罚也可以使原来习得的行为消失，但斯金纳主张，处理不期望行为的合适方式是消退而不是惩罚。原因有以下几点。

第一，惩罚不能指引正确的行为。也就是说，惩罚只能中止当前的不期望行为，降低不期望行为出现的频率，而到底哪些行为是社会赞许或期望的却没有给个体任何提示和指导。这样，个体可能以另一种更不合适的行为取代之前的不期望行为，或采取各种形式的攻击行为。例如，惩罚某一欺负同学的学生，不如教给这个学生与同学相处的技巧以及如何处理同学之间的矛盾、冲突的方法等。

第二，惩罚要有及时性。当不期望的行为发生以后，要立即予以惩罚。不要过了一段时间以后再旧事重提施以惩罚，这样惩罚就收不到效果。值得注意的是，惩罚强度必须适中，而且只要出现不当行为，就必须予以惩罚。如果孩子欺负同伴的行为有时受到惩罚，有时没有，那么孩子欺负他人的行为就难以改变。

第三，惩罚可能具有副作用。虽然父母和教师原本只是想制止孩子的某些不良行为，但是孩子可能将惩罚和其他行为联系在一起。例如，被父母打骂的孩子可能将挨打被骂的痛苦与父母相联结。惩罚的另一种副作用是儿童可能会模仿惩罚者的做法。例如，被父母打骂的孩子可能会效仿父母惩罚的方式打骂其他孩子。此外，惩罚可能会使被惩罚者产生负面情绪，如焦虑、恐惧和害怕等，这样反而会阻碍个体学习适宜的行为。

第四节 理论应用

一、行为评估

行为评估（behavioral assessment）是指确定某一行为和某个特定情境的关系，主要强调以下三点：第一，确定目标行为（target behavior）或目标反应（target response）；第二，找出引发或强化该目标行为的特定环境；第三，找出可以被操纵来改变该行为的特定环境因素。例如，要评估一个儿童发脾气的情形，应该包括：对该儿童发脾气行为给以清楚、客观的界定；完整描写引发发脾气行为的情境；完整描写可能强化该行为的双亲以及其他人的反应，并分析其他因素引发及强化发脾气行为的可能性。由此可见，行为评估的实质是确定某一行为是否由环境中某一特殊事件引起的，所以又称为行为的功能分析（functional analysis of behavior）。所谓功能，不是指行为的功能，而是指环境促成或引发该行为的作用。这种评估方法也称为ABC评估法（ABC assessment），因为它要评估行为的前提条件（Antecedent condition）、行为本身（Behavior）和行为结果（Consequence）。行为评估通常是在行为治疗的过程中，运用直接观察的方式进行的。

二、行为塑造

通过上面的论述不难发现，相当简单的反应（那些有机体自然做出的）是如何被强化使得反应次数逐渐增加的。然而那些由许多简单动作组成并且以前从未出现过的复杂行为又是如何产生的呢？斯金纳发现了被每一位优秀的驯兽师都运用纯熟的方法——行为塑造（shaping），即对逐步趋向目标的任何行为给以强化。例如，斯金纳训练老鼠在斯金纳箱按压横杆时，就运用了这种逐步接近目标的连续渐进（successive approximation）策略。当老鼠走向横杆时，就立刻给予食物，以强化它朝向横杆的方向的行动。当它有抬起前足的行动时，也以同样方式给予强化。这样逐步引导它接近目标行为，也就是塑造该行为。马戏团中动物所做的复杂、精彩的表演，就是利用这种方法训练成的。

上述训练方法，对人类而言同样有效。在教学领域和儿童教养中经常见到。因为人类某些复杂技能的学习必须经过长期的塑造，而且每次都要以小步子循序渐进的

训练方法才能习得。下面看一下赫根汉（Hergenhahn，1972）是怎样塑造一个儿童的阅读行为的（黄希庭，1998）

1. 备制一些儿童读物，把它们放在儿童最可能看到的地方。

2. 如果儿童避开书本，就奖赏其与阅读有关的活动，如注视各种符号，说出或指出各类事物的名称，等等。

3. 当在上述第二项中的活动得到奖赏时，儿童就会倾向于更经常地进行这类活动。在他做这些活动的过程中，必须对所期望的行为进行严格的要求，才能追加奖赏，例如，读出更长的文字符号和注意更详细的名称。

4. 接着，可以要求儿童为你拿取某本书，如那本红色的书，或者封面上印有鸭子的那本书，或印有 A、B、C 的那本书。当他这样做时，就给予奖赏。

5. 进一步使儿童更多地同书本接触，例如，要求他在书中找到红色手枪、狗等。同样，儿童这样做时就应以某种形式进行奖赏。

6. 继续进行上述程序，并不断完善，直到儿童能自己阅读。

7. 经过上述步骤，引起了儿童的阅读兴趣，那么，接下来重要的是儿童开始独立阅读时就继续对他进行奖赏，最起码也得在儿童最初开始独立阅读时注重奖赏他，以便使儿童保持阅读兴趣。最后，应当使所阅读的故事内容从一开始起就对保持儿童阅读兴趣起到足够的奖赏作用。

当然，行为塑造法也可能在不知不觉中训练儿童的不良行为。对此，斯金纳曾举例说明：当儿童的母亲很忙时，可能对孩子的轻声呼唤或要求置之不理，而只有当儿童提高嗓门叫喊时才做出反应。于是，儿童声调的平均高度可能由此上升一级。之后这位母亲可能就逐渐习惯了这一水平，因而儿童下一次只有更大声地叫喊才会引起母亲的反应。于是这种恶性循环导致了儿童越来越响的叫喊行为。

三、行为治疗

根据斯金纳理论发展出的行为治疗，实质上是直接运用操作条件作用原理来改变当事人的问题行为。治疗实施前，治疗者首先必须选定某种行为为“目标行为”，并给出明确的操作定义。在治疗过程中，当事人一旦表现出该行为就给予强化，而对其他不希望出现的行为则不予以强化。下面介绍两种常用的方法。

（一）代币制

代币制（token economy）是教养院和精神疾病医疗机构经常运用的行为治疗方法之一。所谓代币通常是一些小卡片，每当患者完成事先规定的行为或任务时，就发给他一定数量的代币，当患者积累代币达到一定数量时，就可以拿这些代币换取他想要得到的东西，如点心、糖果、香烟或某些特权。以精神病院的患者为例，如果患者起床后主动叠被子就给 1 个代币，帮忙端菜给 2 个代币，帮助病友进食给 5 个代币，主动参与治疗给 7 个代币……积累到 15 个代币可以换取一袋零食。当患者表现出不适当的行为时，就扣除一定数目的代币以示惩罚。研究证明，代币制对改善严重行为问题者和智力落后者在社会互动、自我照顾、工作表现等方面的行为均有明显效果。此外，代币制也能有效地减少儿童的攻击行为以及婚姻上的不协调问题。

（二）生物反馈法

生物反馈法（biofeedback）是利用复杂的仪器设备提供肌肉活动、皮肤温度、心跳速度、血压甚至脑电波等身体方面的信息。这些信息在正常情况下是无法觉知的，所以不易控制。例如，焦虑症患者可以借助仪器发现自己的面部和背部肌肉何时会紧张，何时会放松。通过几次由机器协助提供信息的放松训练后，患者可能学会自己做放松训练，进而消除焦虑。从操作条件作用的角度来看，患者由于产生降低肌肉紧张度的反应因而受到强化，而这必须依赖于机器所提供的信息。正如其他被强化的行为一样，患者很快就能学会放松的反应。生物反馈法的应用非常广泛，在临床上的使用包括高血压、头痛、癫痫以及其他许多疾病的治疗。

学习栏 4-2

评估你的人格：自我肯定

行为治疗者对于自我肯定（assertiveness）行为一向非常重视。许多人在维护自身权利方面会有困难，例如，他们在抱怨服务生差劲的态度时，通常会感到很不自在。以行为学派的用语来说，这些人在适当的情况下，必须增加自我肯定行为的频率。自我肯定训练通常包括仿效他人的自我肯定行为，角色扮演自我肯定反应，给予适当的自我肯定行为时立即强化。亚伯提与艾孟斯（1974）设计了以下的量表来测量自我肯定行为。如果治疗计划有效，个体在量表上的得分会增加。

《自我肯定量表》

以下的问题将有助于评估您的人格。请您真实作答。您所要做的，就是选出最能够描述您状况的数字。数字所代表的意义如下：0 表示从来没有，1 表示偶尔或有时候，2 表示中等，3 表示经常或时常，4 表示总是如此。

1. 当有人表现出不公正行为时，您会提醒他吗？ 0 1 2 3 4
2. 您觉得做决定是很困难的事吗？ 0 1 2 3 4
3. 您会公开批评他人的想法、意见或行为吗？ 0 1 2 3 4
4. 当别人插队时，您会用言语来保护自身权益吗？ 0 1 2 3 4

5. 您经常会为了避免尴尬而回避某些人或情境吗？ 0 1 2 3 4

6. 您是否经常对自己的判断具有信心？ 0 1 2 3 4

7. 您是否会坚持与配偶或室友公平分担家务？ 0 1 2 3 4

8. 您是否倾向于放弃主导权？ 0 1 2 3 4

9. 当业务员努力向您推销您不想要的货物时，您是否觉得说“不”是件很困难的事？ 0 1 2 3 4

10. 当某人总是迟到时，您是否会提醒他？ 0 1 2 3 4

11. 您是否不愿意在讨论或辩论中发表意见？ 0 1 2 3 4

12. 有人向您借钱（或书籍、衣物等有价值的东西）却迟迟不还时，您是否会提醒他？ 0 1 2 3 4

13. 当别人已经不耐烦的时候，您是否仍会高谈阔论？ 0 1 2 3 4

14. 一般而言，您是否会抒发自己的感受？ 0 1 2 3 4

15. 如果有人看着您工作，您是否会觉得受到干扰？ 0 1 2 3 4

16. 如果在剧院里或演讲厅中有人一直踢您的座椅，您是否会要求他停止？ 0 1 2 3 4

17. 与人交谈时，您是否觉得保持目光接触是很困难的事？ 0 1 2 3 4

18. 在高级餐厅中受到不当对待时，您是否会要求服务员改善？ 0 1 2 3 4

19. 当您发现所购买的货品有问题时，是否会要求退货？ 0 1 2 3 4

20. 当您遭受辱骂或猥亵时，是否会表现出您的愤怒？ 0 1 2 3 4

21. 在社交场合中，您是否会试着当朵“壁花”？ 0 1 2 3 4

22. 您是否会坚持房东（或技师、维修人员）尽其职责内的修缮工作？ 0 1 2 3 4

23. 您是否经常介入并为他人做决定？ 0 1 2 3 4

24. 您是否能够公开表示爱意或感情？ 0 1 2 3 4

25. 您是否能够要求朋友略施小惠或帮忙？ 0 1 2 3 4

26. 您是否认为自己总是有正确答案？ 0 1 2 3 4

27. 当您与所尊敬的人意见相左时，您是否能够表达自己的观点？ 0 1 2 3 4

28. 您是否能够拒绝朋友不合理的要求？ 0 1 2 3 4

29. 您是否觉得称赞或表扬他人是件困难的事？ 0 1 2 3 4

30. 如果有人在身旁吸烟使您感到不舒服时，您是否会说出来？ 0 1 2 3 4

31. 您是否会运用狮吼或胁迫的方式使他人顺从？ 0 1 2 3 4

32. 您是否会接话并为他人做结束语？ 0 1 2 3 4

33. 您是否会与他人打架，特别是陌生人？ 0 1 2 3 4

34. 在家庭聚餐时，您是否会主持谈话？ 0 1 2 3 4

35. 当与陌生人会面时，您是否会主动自我介绍并引起话题？ 0 1 2 3 4

注：1. “壁花”有旁观者之意，指在人际交往中害羞、不愿主动交往、社交退缩的人。

2. 自我肯定是指个体在实现外在或内在的目标时，独自从多角度进行分析，自行评价、反省自己的行为，为自己行为负责的个性特征（史清敏等，2003）。

第五节 理论评价

一、理论贡献

（一）强调环境与情境变量对行为的影响作用

斯金纳既重视控制环境条件的重要性，也强调行为评估时情境分析的必要性。这些正是传统的人格理论与评估所忽视的。虽然精神分析理论或特质论也曾注意到环境或情境的重要性，但是他们并没有积极地对此加以探讨。斯金纳的理论取向使学者们认识到，人们的大多数行为具有变异性与弹性，而且不同操作需要各种不同的技能才能完成。

（二）注重实验室实验与临床应用相结合

斯金纳的操作条件作用理论是建立在严格的实验研究之上的，依据实验研究发展并进一步修正理论。斯金纳既是个相当多产的实验者，也是个不断创新的发明者，能不断地发现新的技巧和装置来研究行为。单就这点而言，他对实验心理学的发展产生了巨大的影响。此外，斯金纳的研究还被广泛应用到临床治疗情境中。虽然斯金纳本人对临床应用的兴趣不大，但是他的追随者却努力探索操作条件作用在临床上的应用，并最终创造出一套经济高效的行为治疗技术。

（三）扩展了理论的应用范围

斯金纳以强化学说为基础的操作条件作用理论被广泛应用于许多领域，并取得了多方面的成就。特别是从 20 世纪 50 年代起，斯金纳扩大了他的研究领域，从只研究实验室内的动物行为，转向研究人类社会中的各种重大行为问题，如人口爆炸、环境污染、能源短缺以及核战争等。此外，在教育领域，自我调节学习、程序教学和教学机器等都被推广到军事、工业等领域的人员培训上。当然，斯金纳本人也曾推动心理学在社会上的应用，这也是他创作《沃尔登第二》的初衷。

二、理论缺陷

（一）忽视对人的内部心理过程的探讨

斯金纳将人看作一个空箱子，从环境中输入刺激，输出的是反应。但显然人们不会对相同的刺激做出完全相同的反应，简单的强化原理并不能圆满解释这一现象。

由于斯金纳忽视对人的内部心理过程（如意识、动机、情感、态度、思维、想象、回忆等）的探讨，以及未提及任何人格特征，致使他对人行为的描画偏于简单和模式化。他基本无视人类具有思考、计划、渴望和反应能力，也很少关注人们如何以不同的方式知觉客观上极为相似的刺激，这些刺激是如何被定义的，以及人们是如何以不同的认知方式处理信息的。人类既有外显的、可以观察到的行为，也有许多内隐的、肉眼看不见的行为，如果完全否认后者的存在，就像在处理一个只有空壳的有机体。

（二）由动物研究结论简单地推广到人类

斯金纳的实验只涉及简单的有机体和简单的环境刺激，为了实验的严谨性以及对相关变量的控制，有时甚至将被试置于单一变量中。实质上这种简单的实验情境在实验室之外的人类现实生活中是不可能发生的。因此，将实验室中对动物的简单、表层行为研究得出的结论类化到实验室外人类复杂的行为是不够准确的。

（三）行为治疗的局限性

行为治疗被提出以后，因为有具体的步骤可遵循，并有相当多的成功案例，所以颇受人们欢迎。但是，不久人们就对下列问题提出了质疑：行为治疗是否对所有患者都有效？行为治疗的成功案例中，由某情境类化到其他情境，由某反应类推到其他反应的可能性有多大？行为治疗结果能否持续一段时间？行为治疗是否对严重程度不同的行为问题都有相同的效果？行为治疗的效果是否因不同的治疗者而异？

虽然行为治疗在处理许多问题行为上相当成功（如可以缓解焦虑或减轻症状），但是由于行为治疗者只专注于可以观察到的行为，使这种方法显示出了局限性，从实质上扭曲了真正的治疗主题。例如，一名抱怨人生缺乏意义的患者，可能会被要求将这种抽象状态以可测量的行为频率加以定义。行为治疗师可能会计算患者参加快乐活动的次数，并设计治疗计划，针对参加宴会、与友人交谈、阅读书籍等行为给予酬赏。而事实上这种治疗并未针对患者的真正问题，只是让患者的生活快乐了一点，暂时分散患者对于生命意义的注意力。

行为治疗的效果也遭到了人们的批评。有些行为治疗只是肤浅、简单的，太注重短期效果。一旦治疗计划结束，患者的问题行为可能会再次出现。行为治疗效果的稳定性、持续性较差。另外，行为治疗的效果也难以类化到其他情境中。以代币制为例，在治疗机构中，由于很容易对患者实施控制，所以代币制通常非常有效。而患者一旦离开治疗机构，在缺乏代币诱因的情况下，原先治疗的效果就会停止，并且通常不能类化到新情境中。同样，也有研究证明生理反馈法并不像过去宣称的那样有效。

第三章 多拉德和米勒的人格理论

第一节 生平事略

John Dollard（1900—1980）

约翰·多拉德于1900年8月29日出生于美国威斯康星州的密尼萨。他1922年获得威斯康星大学文学学士学位，1930年和1931年先后获得芝加哥大学文学硕士和社会学博士学位。随后，多拉德以社会科学研究会研究员身份赴德国进修。他在柏林心理分析学会参加心理分析训练并进修精神分析，这对其日后的思想影响很大。由德国返美后，他加入新英格兰心理分析学会，1932年开始在耶鲁大学任教人类学。1933年，赫尔在耶鲁大学组建人类关系研究所。那是一个推动学科整合的研究单位，集合了人类学、社会学、心理学、精神医学等方面的优秀人才在一起进行研究工作。多拉德加盟其中，担任该所社会学副教授。1935年，他改任研究助理，1948年后任心理学教授，此后他一直在耶鲁大学工作到1969年，退休后他仍被该校聘为荣誉教授。

多拉德博学多识，除心理学、社会学和人类学外，还是一位心理分析医生。他对社会问题、黑人地位、军事心理等方面都感兴趣，并做了大量研究。多拉德终其一生致力于社会科学的科际整合活动。1937年，多拉德出版《南部一城市的阶级与文化》（*Caste and Culture in a Southern Town*）一书，是突破社会科学间界限的一部作品，很受学界的欢迎。此外，他和米勒长期合作，共同致力于弗洛伊德的精神分析理论和赫尔体系的整合研究。

Neal Elgar Miller（1909—2002）

尼尔·艾尔格·米勒1909年生于威斯康星州的密尔沃基，1931年毕业于华盛顿大学并获得理学学士学位，1932年获得斯坦福大学文学硕士学位，1935年在赫尔的指导下完成博士论文，获得哲学博士学位。博士毕业后，米勒到维也纳心理研究所跟随著名精神分析学家哈特曼学习精神分析法。1936年，米勒来到耶鲁大学人类关系研究所，并深受赫尔的影响。第二次世界大战期间，米勒主持一项空军团队的研究计划。1946 年，他重回耶鲁并一直工作到 1966 年。之后，他离开耶鲁转赴洛克菲勒大学任心理学教授并担任生理心理学实验室主任。米勒长期致力于运用严密的科学方法研究语言和潜意识等人类经验中比较主观的问题。他在心理学方面的成就备受认可和推崇。1951 年米勒当选为美国心理学会主席，1965 年他获得美国总统颁赠的学术奖章。米勒退休后仍继续研究和著书立说，晚年他的研究兴趣主要集中在生物反馈和行为医学方面。1979 年，米勒曾邀请我国心理学者赴美参加第 87 届美国心理学年会，翌年他率领美国心理学代表到北京、上海等地访问，大大促进了中美心理学学术交流。

在耶鲁大学共事期间，多拉德和米勒合作进行了一系列与刺激—反应论有关的实验与理论发展工作。在人类关系研究所极富刺激的环境下，他们把赫尔的学习理论、精神分析理论、人类社会学观点和实验心理学的方法结合起来，提出研究人格的新主张。1939 年，他们合作出版《挫折与攻击》(*Frustration and Aggression*) 一书，试图根据“攻击是挫折的反应”假说发展出一套有关攻击行为的科学理论。1941 年他们合著的《社会学习与模仿》(*Social Learning and Imitation*) 问世，试图将赫尔的学说应用到人格与社会心理学领域。在此书中，他们提出人类的大多数行为是习得的，即不仅简单的、外显的行为是习得的，而且语言以及弗洛伊德所说的压抑、移置和冲突的过程等复杂机制也是习得的。所以，要理解人类的行为，就必须懂得学习原理。1950 年他们又合作出版第三本著作《人格与心理治疗》(*Personality and Psychotherapy*)，该书的主要目的是将精神分析与巴甫洛夫、桑代克、赫尔及其他心理实验者的工作与强调社会变量的社会科学整合起来。他们还试图将学习的基本原理应用到复杂的人格功能、精神官能现象以及心理治疗上。

学习栏 4-3

习得性恐惧

1948 年，米勒以老鼠为被试做了一个著名的习得性恐惧的实验。他在一个长方形的箱子内设置了黑色和白色两个隔间，两个隔间之间有一扇门互通。当把老鼠放进白色隔间时，老鼠并未表现出害怕的迹象。然后给老鼠以电击，老鼠在受到电击后，表现出强烈的逃跑反应，很快逃窜到黑色隔间中。在此后的 60 分钟内，实验者以不规则的时距重复上述程序，发现老鼠逃离白色隔间的时间越来越短。后来，实验者发现老鼠被放进白色隔间时，不管有没有受到电击，都会表现出害怕的迹象——跑到黑色隔间去。这说明老鼠已经学会了对白色隔间的恐惧。以此实验为例，多拉德和米勒（1950）详细说明了学习的四个要素：内驱力（drive）（老鼠要逃避电击）、线索（cue）（老鼠注意到相邻的黑色隔间）、反应（response）（逃到黑色隔间）和奖赏（reward）（解除了电击的痛苦）。

第二节 理论观点

一、基本概念

（一）学习的四要素

多拉德和米勒认为人格是习得的，而学习是由以下四个要素组成的。

1. 内驱力

内驱力是促使有机体行动的任何一种强烈刺激。内驱力可以是内部的，如饥饿、干渴、恐惧等，这称为内部驱力（internal drive）；驱力还可以是外部的，如炎热、寒冷、吵闹等，这称为外部驱力（external drive）。某些内驱力与有机体的基本需要有关，如饥饿、渴、性、排泄、疼痛等，这些内驱力是与生俱来的，并且和维持有机体的生命有关，所以称其为基本内驱力或原始内驱力（primary drive）。有些内驱力是后天习得的，如恐惧、焦虑、荣誉、金钱等，称为二级内驱力（secondary drive）或习得性内驱力（learned drive）。多拉德和米勒认为基本内驱力是建构人格的主要基石，是所有二级内驱力的基础和条件。二级内驱力是在基本内驱力的基础上发展起来的，由社会文化所决定。可见，在多拉德和米勒的理论中，内驱力是一个动机概念，是人格的能量源泉。刺激越强，内驱力越强，动机也就越强。

2. 线索

线索是决定有机体何时、何地做出反应，以及做出何种反应的刺激。内驱力驱使行为，线索则指导行为采取适当的方向。线索可以是外界的事件或刺激，也可以是有机体内在的情况或刺激。由此可见，线索不仅是引起人格变化的内外部刺激，而且也是人格变化发展的指南针。事实上，内驱力不仅能激发有机体的表现活动，而且也能成为某种性质的线索。例如，饥饿的内驱力促使个体去吃饭，同时他内在的感觉也决定他准备饱餐一顿。任何一个刺激（不论内在的或外在的），只要有机体能将它与其他刺激辨别开来，就能够被当作一种线索。任何一种刺激是否具有内驱力的性能，取决于它的强度，而是否具有线索的性能，却取决于它的特异性。

3. 反应

反应是人格主要的结构性概念，它是由内驱力和即时的线索诱发出来的，旨在降低或消除内驱力的行为或心理活动。例如，一个饥饿（内驱力）的人，看见一家餐馆（线索），在饥饿的内驱力降低以前，他一定会走进这家餐馆（反应）。在斯金纳的理论中，所有的反应都是外显的。而多拉德和米勒认为，反应既可以是外显的动作或行为，这是降低内驱力的直接手段；也可以是内部的心理活动，如思维、计划、推理等，其最终目的是降低内驱力。他们称这种内隐的反应为线索性反应（cue-producing response），因为它们通常决定随后的反应是什么。

4. 奖赏

奖赏就是强化，指任何能够使得某一特定刺激或线索所引发的反应频率增加的东西。强化物可以是原始的，是与满足有机体的生理和生存需要有关的刺激，也可以是二级的，由那些经常和原始强化物配对出现的中性刺激物转化而成。

多拉德和米勒认为，只要同时具备了上述四个要素，学习就会发生。所以他们说："只有当一个人想要些什么（内驱力）、注意些什么（线索）、做些什么（反应）以及获得些什么（奖赏）时，学习才会发生。"而唯有如此，个体的人格才会有所发展、变化。

（二）潜意识的意义

与弗洛伊德一样，多拉德和米勒也强调潜意识对行为的决定性作用，并且将潜意识分为两类：非文字符号化的经验和被压抑的经验。前者主要是指个体在童年时期，尚未学会语言文字之前的经验，虽不能被回忆，但却对个体之后有意识地生活产生深远的影响。后者则同大多数精神病患者的行为有着因果关系。不过在多拉德和米勒看来，所谓的潜意识或者压抑，都是习得的。压抑就是潜在的痛苦思想在进入意识之前被消退了的习得反应。

二、人格结构

与斯金纳的观点一致，多拉德和米勒认为反应是人格主要的结构性概念。只是斯金纳不重视诱发反应的刺激，而多拉德和米勒认为刺激和反应之间有联结并且彼此形成刺激—反应联结物。他们将刺激和反应之间形成的稳定联结称为习惯（habit），认为人格结构大部分由习惯或刺激—反应联结物构成，如果有机体习得这些习惯间的关系就形成了人格结构。

三、人格发展

多拉德和米勒认为人格发展就是习惯的习得，而这些习惯彼此相互关联，形成一种有层次的组织或重要性次序。他们对人格发展的性质提出了自己的观点。

多拉德和米勒认为，婴儿具有三个基本特性：第一，每个婴儿生来具有一套特定的特殊反射（specific reflexes），使婴儿对所处任何情境中的每种有限范围内的刺激做出反应。第二，婴儿具有天生的反应等级（innate response hierarchies），这是由遗传而来的，某些反应在特定情境下似乎比其他反应更容易发生。第三，婴儿具有一套原始内驱力。那么，一个仅具有上述三种特性的婴儿是如何成长为一个非常复杂的成人的？多拉德和米勒的解答就是学习。通过既存的内驱力降低机制，已有的反应与新刺激相联结，新反应被强化，从而由基本内驱力衍生出二级内驱力，而较高级的心理过程和行为则通过刺激类化发展起来。由于这些心理过程的剧增，婴儿就慢慢地、不知不觉地发展为成人。

然而任何学习都是在一定的情境中发生的，不了解一个人的家庭环境和文化背景就无法预测其学习结果。例如，一个小孩富有攻击性是由环境提供的强化的结果。行为的改变是新奖赏代替旧奖赏的结果。

四、人格适应

精神分析理论认为冲突是适应不良的主要特征，多拉德和米勒也赞同这一观点。他们用实验方法和严谨的数学推理来深入分析和证实弗洛伊德和勒温理论中的冲突概念。同时存在两种或两种以上相容的反应趋向相互竞争时，就会出现冲突。

（一）冲突类型

他们利用动物研究的结果主要分析了四类冲突：

接近—接近冲突（又称双趋冲突，approach-approach conflict）指个体必须对同时出现的两个具有同等吸引力的目标进行选择时产生的冲突。鱼与熊掌不能兼得，周六晚上去参加舞会还是看足球比赛就是接近—接近冲突的例子。

回避—回避冲突（又称双避冲突，avoidance-avoidance conflict）指个体对同时出现的两个具有同等强度的否定性目标进行选择时产生的冲突。例如，儿童发烧了必须吃药，否则就要打针；一个人必须做他不喜欢的工作，否则就要失业等。回避—回避冲突可能产生两种后果：要么犹豫不决、优柔寡断，要么逃避。逃避既可能是行动上的，也可能是心理上的。

接近—回避冲突（又称趋避冲突，approach-avoidance conflict），指当某一目标物对个体既有吸引力，又有排斥力时，个体产生的冲突。例如，生产假冒伪劣产品可能会赚很多钱，但是因为坑害消费者，所以一旦被查到便会被绳之以法。米勒对接近—回避冲突进行了广泛而深入的研究，结果发现：当个体面临接近—回避冲突时，常常在接近目标和回避目标之间摇摆不定。

双重接近—回避冲突（或称双重趋避冲突，double approach-avoidance conflict），指当两个目标各自对个体既有吸引力，又有排斥力，个体难以抉择时产生的冲突。例如，毕业求职时找到两个各有利弊的工作，一个工作工资高但与所学专业不符，一个工作能发挥个人所长但工资很低。

（二）冲突原则

多拉德和米勒（1950）提出以下五项原则，认为据此可以预测冲突情境的结果。

1. 越接近目标，趋向正向目标的倾向越强烈。

2. 越接近目标，避开负向目标的倾向越强烈。

3. 随着目标的接近，避开负向目标的倾向比趋向正向目标的倾向强烈。

4. 驱力强度的增加，将加强趋近或避开某一特殊目标的倾向。

5. 任何时候当两种反应竞争时，较强的反应都会出现。

多拉德和米勒认为大多数冲突是潜意识的。例如，儿童可能因为性活动而受到父母的训斥和严厉的惩罚，这迫使他像成人那样压抑性行为和性观念。一方面强烈的性驱力驱使着他的性活动；另一方面，他又害怕受到惩罚，所以不得不压抑性活动的观念。这种被压抑的强烈的趋避冲突就会留存在潜意识中。

第三节 研究主题

一、挫折—攻击假说

弗洛伊德早期著作中曾经提出挫折与攻击相联系的观点，受弗洛伊德理论的启发，多拉德和米勒在实验的基础上，于1939年提出了挫折—攻击假说（frustration-aggression hypothesis）。

所谓挫折（frustration）是指目的性行为受到阻碍时的伴随状态；攻击（aggression）则是指以伤害某一有机体或有机体的替代物为反应目标的行为。挫折—攻击假设的基本观点是攻击是挫折的一种后果，攻击行为的发生总是以挫折的存在为先决条件。反之，挫折的存在总要导致某种形式的攻击。

那么，挫折到底在多大程度上能够引起攻击行为？多拉德、米勒根据实验结果，总结出以下几点。

1. 挫折感的强度。如果个体的挫折感越强烈，那么个体越容易产生攻击行为。例如，受他人嘲笑、讽刺比国仇家恨更容易引发个体的攻击行为。

2. 受挫折的范围。目的性行为是部分受阻还是整体受阻，会引发程度大小不同的攻击行为。可以想象，目的性行为部分受阻后所产生的攻击行为远小于整个目的性行为受阻后所产生的攻击行为。

3. 遭受挫折的次数。许多以前遭受的挫折累积起来，会使个体产生强烈的挫折感，从而导致个体产生攻击行为。例如，一位经理由于晚上加班休息得比较晚，第二天醒来发现到上班时间了，便抓起公文包急匆匆去上班。走到半路时，他突然发觉自己忘记带一份重要文件，于是只得打道回府去取。出门后，为了节省时间，就打的去上班。不料，道路前方发生了一起交通事故，交警正在处理此事，致使交通阻塞。无奈之下，出租车只好绕路而行。折腾半天，这位经理总算到单位了。他健步如飞，往办公室狂奔，一摸口袋，“糟了，办公室钥匙掉了”。至此，大家可以预料到，这位倒霉经理与从从容容到达办公室发现钥匙丢了的人相比，更可能会产生攻击行为。

4. 对攻击行为后果的预期。如果直接攻击阻碍自己实现目标的对象，所受到的惩罚比较大或要付出非常高的代价的话，受挫者可能转而攻击力量比较弱小、地位低下或威胁程度比较小的其对象。多拉德和米勒认为，直接攻击抑制程度越高，转向间接攻击的可能性就越大。

挫折—攻击假设提出以后，在心理学界激起轩然大波，受到了很多批评。一个显而易见的事实是，且许多人受到挫折以后并不一定产生攻击行为，许多攻击行为与挫折毫无联系。例如，一个拦路抢劫者，为了夺取他人财物而杀人灭口。可见，抢劫者并不是由于受到挫折才攻击他人的，而是为了达到特定目的采取的攻击性手段。

面对批评和指责，多拉德和米勒不得不重新审视和思考挫折与攻击之间的关系问题。经过进一步研究，米勒于1941年修正了自己的理论，认为攻击并不是挫折后的唯一反应，人们在遇到挫折以后既可能产生攻击行为，也可能产生退缩、退让、冷漠、固着等各种反应。实质上，攻击只是个体遭受挫折以后产生的一种主要反应。个体遇到挫折以后引起的反应可以分为两类：一类是情绪性反应，如攻击（分为直接攻击和间接攻击）、冷漠、幻想、退化、固着、自虐等。另一类是理智性反应，如吃一堑长一智、奋勇向前，改变行为目标、调整志向水平等。挫折是否会引起消极情绪反应，取决于两点：一是挫折性质，二是人们对挫折的认识（例如，人们对挫折的想法、解释、评价等）。也就是说，挫折是否导致攻击是以认知为中介的。此外，挫折与攻击之间的关系既可以是先天的，也可以是后天习得的。

二、模仿

多拉德和米勒认为，模仿（imitation）是一种社会学习，这一学习过程离不开报酬或强化，是以强化为基础的。模仿有三种表现形式：相同行为（same behavior）、仿同—依附行为（matched dependent behavior）和翻版行为（copying behavior）。

相同行为是指同一情境下，两个或两个以上的人所做的行为反应相同。例如，演唱会上某一个歌迷欢呼雀跃，其他的歌迷也跟着高兴起来。这些人彼此可能并不认识，但是在歌手深情的歌唱下，他们不约而同地采取了相同的行为反应。

仿同—依附行为是指观察者盲目重复他人（尤其是威望高、令人尊敬的人）的个体行为。例如，少男少女看见自己心中的偶像穿某一款式衣服或留某种发型，于是，他们也效仿偶像们的穿着打扮。

翻版行为是指在他人指导或示范下，做出某一行为。例如，教师教儿童学习广播体操，并给予指导，这种翻版行为因而逐渐被强化。翻版行为必须与指导或示范的行为一致，否则不仅得不到报酬的强化，反而会受到惩罚。在某一情境中习得的翻版行为可以类化到其他类似的情境中。

那么，究竟哪些人是人们模仿的对象呢？米勒和多拉德认为以下四种人最容易成为人们效仿的对象：

1. 年龄较大的人；
2. 智力高、能力强的人；
3. 社会地位或等级较高的人；
4. 各领域的权威或专家。

多拉德和米勒认为，模仿学习只是操作条件作用的一个特例。如果模仿行为受到强化，它就会像任何其他行为一样，得以巩固；而如果模仿行为得不到强化，那么个体就不可能习得该行为，也就是说，仅仅依靠观察而没有强化的话就不能引发模仿学习。

第四节 理论应用

一、早期教育

多拉德和米勒赞同弗洛伊德关于童年期经验对成人人格发展有重要影响作用的观点。他们认为儿童最初六年的经验对其成年后的人格发展具有深远的影响。因为儿童在这一时期，几乎没有能力来控制他的环境，要依靠父母来满足自己需要，受成人掌控。因此，儿童习得什么行为在很大程度上取决于成人提供的训练情境的性质。

多拉德和米勒（1950）认为下列四个情境容易引起儿童的心理冲突和情绪困扰，所以成人要予以特别关注，以期对儿童今后人格的发展带来良好的影响。

（一）喂食情境

饥饿是婴儿最早体验到的强烈内驱力之一。儿童如何应对这些刺激及反应结果，将成为他在成人期应对其他驱力的模板。“如果婴儿发现哭就可以引发成人来喂奶，体验到自己的行为有一些效果，那么会使他倾向于主动地去控制环境。如果婴儿发现哭或不哭与奶瓶（或奶头）的出现没有关系，那么他可能学会以被动的方式来应付那些驱力。如果婴儿饥饿时经常没有人理会，那么他将发现轻微的刺激终究会是强烈的、痛苦的刺激的先导，他可能因此学会对轻微刺激表现出过度反应。换言之，原本的轻微刺激也就相当于强烈刺激的强度了。”

婴儿进食经验对其将来人际关系的发展，具有重要的影响。婴儿是比较软弱无助的，自己不能取得食物消除饥饿的内驱力，必须有人喂养他，于是进食使婴儿和另一个人发生了关系，而这个人通常就是他的母亲。婴儿常常是在母亲爱抚时吃到奶的，虽然他还不知道自己和这个人的关系，但是他却能感受到被爱抚的愉悦、安全与满足，他也会觉得对方是一个友善、可爱的人。这样，婴儿就会将愉悦、满足的经验与母亲联结在一起，对母亲形成慈爱和关怀的印象。这个正面印象能产生类化作用，使婴儿觉得所接触的其他人也是友善、可爱的，并且乐于与他们交往。

然而，以下情况都会使婴儿对哺乳者产生负面印象：婴儿饥饿时被单独丢在一旁很长时间，婴儿在冷漠或被动的状态下被喂食，母亲在喂食时严厉地对待婴儿，母亲在喂食时没有耐心，母亲没有规律地按时喂奶，在婴儿进食时制造紧张或不愉快的气氛等。这些负面经验类化的结果，使儿童不太喜欢周围的人，进而可能对社会交往有退缩和冷淡的反应。总之，婴儿进食的经验，不仅会影响他的成长发育，而且会影响他成人后人际关系的发展。

（二）大小便训练

多拉德和米勒认为大小便训练对儿童人格的发展极为重要。对婴幼儿来说，学习控制大小便是一件比较复杂和困难的事情，因此许多父母都非常重视此项训练。当偶然失误而被父母责备和处罚时，儿童就可能产生父母与处罚之间的关联，从而会躲避父母以减少焦虑。由于类化作用，这种躲避的倾向可能推广到其他人，从而形成与人疏远的情况。另外一种可能的情形是，儿童觉得父母无时无刻不在监视他们，好像父母能完全洞悉他们的内心。这种情况下，儿童会变得唯命是从，长此以往，可能出现强迫症的倾向。

（三）早期的性教育

多拉德和米勒认为应该让儿童尽早学会正确的性观念，因此应对儿童进行早期性教育。例如，通过管束使儿童逐渐形成性别观念。儿童会注意到自己的身体与弟弟（或妹妹）的不一样，而差异部位正是父母禁止抚弄的部位。此外，儿童也会发现父母对自己的管教方式（从服饰、玩具到游戏活动）与弟弟（或妹妹）不同。所有这些都会引起儿童的心理冲突和情绪困扰，父母需要进行正确的疏导。其实，性驱力是先天的，但是对性观念和性活动的恐惧和过分的羞耻感却是在童年期学会的。

（四）愤怒—焦虑冲突

随着儿童年龄的增长，他们希望按照自己的意见和愿望做事，但是这可能会违背父母的规定与管教。因而他们可能产生挫折感。另外，兄弟姐妹之间的冲突和争吵也会使儿童因受挫而生气，然后儿童就会产生一些攻击性的观念和行为，但是由于害怕遭到父母的反对和惩罚，因而儿童会产生焦虑。这时如果父母的管教宽严适度，就能引导儿童学会控制自己的愤怒和降低焦虑。如果父母的管教过分严格，当儿童表现愤怒和攻击性行为时，就给以责备或惩罚，那么可能会使儿童今后压抑这些行为。然而，这样的做法是不适当的，因为某些愤怒能力似乎是积极的人生所需要的，并且有利于人格的健全发展。

二、神经症的形成与治疗

由于多拉德和米勒都受过精神分析训练，因此，他们非常关注神经症的产生与治疗，但是他们倾向于用学习理论来解释。他们认为不仅正常行为是习得的，适应不良行为也是习得的，且二者的学习原理完全一样。

（一）神经症的形成

多拉德和米勒认为，神经症起因于潜意识中的冲突，而且这些冲突大多数是在儿童时期形成的。如前所述，儿童一方面想表达自己的愿望，满足自身的需要；另一方面，要听从父母的管教。有时儿童不愿服从管教，有时又觉得应该顺从父母，由此引起焦虑和罪恶感，这种矛盾的心理可能会一直延续至成人期。

米勒的实验显示，老鼠为了躲避电击的痛苦而逃到黑色隔间去。同理，人们为了消除内心的焦虑和罪恶感，也可能习得某种反应。压抑可能是人们习得的一种方式。人们努力不去想它，不让自己觉察那些冲突的存在等。但是压抑并没有彻底消除那些焦虑和罪恶感，因此某些症状就会随之出现。例如，有些人存在强迫性爱好整齐或清洁的倾向，这往往是幼年时期父母管教的结果。幼年时如果孩子有整齐、清洁的表现，就会得到父母的表扬和鼓励，这激发了孩子服从父母的管教，努力做父母的乖孩子，从而减轻自身的焦虑和罪恶感。久而久之，这就会进一步增加孩子整齐、清洁行为的出现频率，致使其强迫性症状保持下来。

（二）神经症的治疗

多拉德和米勒认为：既然神经症是习得的，那么就能够通过学习的方式让它被遗忘。神经症治疗就是要提供一种能够忘却神经病症的情境。他们在《人格与心理治疗》一书中指出："如果神经症患者的行为是习得的，那么，患者当初赖以学会这些行为的全部原理，都应该被用来使他忘却这些行为。对这一点，我们是深信不疑的。精神治疗提供了能够在忘却神经病态的行为习惯的同时学会正常的行为习惯的条件。因此，我们视那些治疗专家为教师，视病人为学生。众所周知，一个优秀的网球教练能够改掉运动员身上不好的动作习惯，同理，一个治疗专家也能纠正患者身上那些不好的精神和情绪习惯。当然，区别也还是有的，世界上只有少数人想打网球，然而全世界的人都希望有一个清楚的、自由的和有用的头脑。"

神经症治疗者要以共情和有耐心的态度，鼓励患者自由表达他的想法和感受，然后治疗者要帮助患者了解他的思想和情绪产生、发展的过程，并且让患者知道，由于他一直在使用一些防御机制去防止引起情绪的波动，因此他的焦虑和罪恶感就没有机会消除。治疗者需要鼓励患者表达他所压抑的思想和情绪，并体会患者的焦虑与罪恶感。由于在治疗情境中，患者原来焦虑担心的后果并没有出现，因此就会减轻恐惧的反应，压抑的必要性也就不存在了。患者的恐惧不但没有被强化，反而会逐渐消除。

然而，要说服患者讲出被压抑的思想并不是一件容易的事情。多数情况下，需要运用斯金纳提出的逐步接近目标的连续渐进策略。例如，有一位患者非常害怕他的母亲，而且这种恐惧感非常强烈，以致他不能谈论她或与她有关的任何事情。治疗者在治疗开始时，先不正面涉及他的母亲，而只是间接地谈及他母亲。至于间接的程度，要视患者对他母亲回避趋向的大小而定。由于治疗者和患者是在毫无恐惧的情境中，谈论与患者母亲间接的、有一点点联系的事情，因此能够消除一些患者对母亲的惧怕。然后在保证安全的情况下，治疗者把话题引向同患者母亲稍微接近的话题，这样，患者的回避反应会进一步降低。多次谈话之后，患者的大部分回避反应消失，最终学会不再害怕母亲并能正常地谈论他的母亲。

一般情况下，压抑得到释放，并不意味着治疗就终止了。因为患者已经带着压抑的思想度过了一段漫长的岁月，要完全弄清楚被压抑的东西是不可能的。因此，即使在成功治疗以后，患者的生活还会存在重大缺陷，这就需要给他一些如何调整行为的指导。多拉德和米勒把这种指导看成治疗过程的重要部分。

学习栏 4-4

一位飞行员的恐惧症

多拉德和米勒（1950）描述了恐惧症是如何被习得的，其方式上与其他许多行为的习得并无二致。第二次世界大战期间，一位飞行员接受了一项极端危险的任务。在空袭精炼油厂的途中，他的飞行中队遭到了敌人炮火的猛烈攻击。此外，他必须以仅及屋顶的高度低空掠过空袭目标。油槽爆炸了，炮弹到处崩裂，许多飞机在层层火焰中失踪不见了。由于飞机受损，飞行员必须减速返航。他们又遭到敌人炮火的数次攻击，他的一些同伴因此丧生了，他最终不得不将飞机迫降于地中海。在救生筏上漂流数日后，这位幸存者终于获救。此次任务之前，这位飞行员从未显现出任何害怕飞机的迹象，然而在返回基地不久之后，他开始显现出恐惧症的所有典型症状。他变得非常害怕飞机。这是为什么呢？

多拉德与米勒的分析是这样的：在那次飞行中，该飞行员一次又一次地暴露在恐惧与引发恐惧的刺激中（爆破、战火、战友的死亡等）。在当时情境下呈现的线索与强烈的恐惧联结，飞机本身、引擎的声音，甚至有关飞机与任务的想象或想法都会唤起他的恐惧。然后，一种强烈恐惧的驱力被学习来对所有这些线索做出反应。但是，不幸的是，这样的恐惧并没有只局限于某组特定的线索，而是类化到其他相似的线索与情境中。它如影随形，当飞行员靠近其他飞机，想到飞机，被问及飞行之类的事，都成为刺激恐惧的线索。

但是当我们离开使我们恐惧的事件，恐惧就消失了。因此，这位飞行员很快就发现只要避开飞机他就觉得较舒服。当他谈论起飞行时，焦虑就又出现了；当他改变谈论主题时，焦虑则会减轻。这些逃避反应被学习成为习惯，任何可减轻恐惧的事物都变成一种学习来的逃避反应。

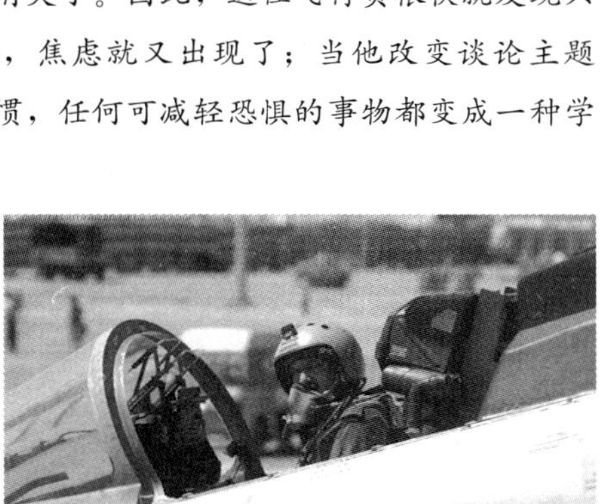

多拉德与米勒的分析让我们了解到学习的过程如何影响人格的功能。然而，有些人可能会觉得这个飞行员的案例仍然遗漏了些什么，举例来说，为什么不是每一位飞行员有此经历后都产生恐惧反应？在此特殊的飞行任务中，得恐惧症的飞行员的经验要素是否与那些未得恐惧症的飞行员不同？或者回到先前熟悉的人格主题，也就是，用学习来解释是否能让我们忽略先前存在的人格差异？

资料来源：Phares，1991。

第五节 理论评价

多拉德和米勒试图整合精神分析和赫尔的学习理论，提出比这两个理论更高级、更实用的理论。他们使弗洛伊德的概念客观化，主张必须用操作性定义来界定概念，这样他们就把精神分析概念实际转化为可以用实验检验的术语，如，以强化原则取代快乐原则；以使个人与外界发生关系的高级心理过程、学习驱力和技能的精确描述，取代了广泛的自我强化概念；以传递思维和推理由暗示产生反应的抑制来定义诱因动机；把治疗过程的迁移作为泛化的事例；按照学习的基本原理解决内部心理冲突；以物理和社会变量更精确地说明现实的性质。

多拉德和米勒用学习原理来说明心理动力过程，搭起了动物学习实验和临床心理治疗之间的桥梁。他们重新界定了刺激、反应，同时还加入社会文化变量和文化人类学的资料，产生了一种最后得以改变人格理论本质的融合体。他们不仅提出人格是习得的，而且对人格发展及适应等问题都做了详细的说明。另外，他们既详细分析了神经症发展过程中的各种变量，也详细分析了神经症治疗过程必需的各种因素，从而推动了行为治疗的进一步发展。

但多拉德和米勒因为使用老鼠来研究人类的行为，所以经常受到人们的批评，如动物和人类的学习是否可以用同样的理论来解释和说明？所有的行为是否都可以在实验室控制的情况下进行研究？对人类而言，实验室内外情境的意义是否相同？等等。他们过分强调原始驱力在人类行为中的决定作用，相对忽视了自我意识对行为的重要影响。此外，他们还过分强调受环境刺激规范的习得性行为，轻视遗传因素的作用。

第四章　对行为主义学派的总体评价

行为主义自 1913 年进入心理学界之后，持续占据心理学的主流地位，“称霸”数十年之久。以上三章详细论述了行为主义各派的理论观点及应用等，下面将仔细梳理和审视一下行为主义总体的理论特色、重要贡献以及存在的主要问题与不足。

第一节 理论特色

人格心理学有三种不同的研究取向：人格的临床取向、人格的相关取向和人格的实验取向。可以说，人格的实验取向是行为主义的一个重要的理论特色。

实验取向的研究操纵系统、控制变量以建立起自变量和因变量之间的因果关系，而临床取向和相关取向的研究却不控制变量。与临床取向和相关取向的研究相比，实验取向的研究具有以下三个特色：第一，可以研究许多被试；第二，强调可适用于所有人的心理机能的普遍规律；第三，研究者可以直接操纵、控制自己感兴趣的变量。

华生在他的第二本专著《以一个行为主义者的观点看心理学》中，强调对外显行为进行客观研究，反对使用内省法和对内部事件的研究。他认为心理学就是要研究刺激和反应之间联系的形成问题。

华生所倡导的行为主义和刺激—反应心理学对当时整个心理学界，特别是对 20 世纪 40 年代和 50 年代早期的人格心理学有深远的影响。“那时人类机能的普遍模式是电话交换台模式：插入刺激，反应便出来。刺激—反应模式不但应用于动物学习，也应用于儿童发展和社会心理学，当然还应用于人格领域。这既体现在对人格心理学家感兴趣的现象的实验研究中，如对老鼠的趋近—回避冲突的研究，又体现在用刺激—反应阐释精神分析这类临床理论上。”

斯金纳操作条件作用理论不仅非常注重使用各种强化来影响可观察到的反应，而且也重视对影响外显行为的变量的实验研究。这对 20 世纪五六十年代的临床心理学产生了重要的影响。

第二节 重要贡献

从华生倡导行为主义开始，在随后的半个世纪，行为主义不断发展、壮大，在心理学领域形成燎原之势，被誉为继精神分析学派之后，心理学中的“第二势力”。行为主义之所以能风靡一时，广为人们称颂和赞誉，主要基于以下几点。

一、行为主义奠定了心理学的科学地位

尽管行为主义各学派的理论有差异，但是观点仍然存在共同之处：实证研究是行为主义理论的基石，心理学只能对外显的、可以观察到的行为进行科学研究。相比之下，人们头脑内部的东西是我们肉眼所无法观察的。思想、愿望、意图等都是内隐的，只能从行为去推知。因此，如果想要使心理学真正成为一门科学的话，必须从事行为的研究，抛弃对意识状态的推论。正因为如此，行为主义非常重视概念的可操作性、实验操纵以及变量的控制。与精神分析理论相比，行为主义以其客观严谨的研究方法为心理学作为一门独立的学科步入科学殿堂做出了卓越的贡献，奠定了心理学的科学地位。

二、行为治疗的实用性

在实用主义的影响和指导下，许多重要的行为治疗方法得以发展，如系统脱敏法、厌恶技术、代币制等。这些较新、较直接的技术表明，心理治疗不再是富裕的中上阶层的专利。与其他学派的治疗方法相比，行为治疗有其独特之处：第一，行为治疗利用行为基准线和客观标准来评估治疗效果。而其他学派的治疗通常是在没有确定患者问题程度的情况下就开始实施治疗计划，所谓的治疗成功只是由治疗者和患者共同认定的。第二，行为治疗技术容易操作，治疗周期短。一般说来，精神分析疗法治疗时间往往比较长，少则耗时数月，长的甚至几年。与之相比，行为治疗周期比较短，通常只需要花费几周时间。父母、教师、医务人员等都能很快学会基本的治疗方法，而且可以在治疗师不在场的情况下，执行治疗计划。这就意味着，有更多的人可以在花费比较低的情况下接受治疗，而这是大多数其他治疗方法难以做到的。简言之，虽然行为治疗技术由于主张控制人类行为因而引起人们对道德与伦理的争论，但是从整体上讲，行为治疗对人们的帮助与贡献是不可抹杀的。

三、行为主义研究领域的广泛性

行为主义学派研究的领域非常广泛，如简单的反射活动，人们日常生活中的迷信行为，以及适应不良行为的习得和消除，等等。所有的这些研究领域，看似纷繁复杂，其实都可以用一个理论来解释，即所有行为都不是先天的，而是习得的。

四、行为主义理论简洁明了

行为主义应用操作条件作用、强化以及习惯的形成等来说明学习的过程，比较简单明了，毫无晦涩难懂之感，容易被人们理解。此外，整个学习过程都在可以客观观察的实验情境中进行，在重视实验研究的年代，行为主义自然备受人们推崇。

第三节 主要缺陷

客观地说，由于人们认识能力的局限性，每一种理论都不是完美无缺的，总会存在这样或那样的不足和缺陷。与其他理论一样，行为主义理论也受到了人们的批评、指责，其中比较重要的非议，有以下几点。

一、错误地将人类等同于动物

行为主义者对人类心理的研究，往往以动物（如老鼠、鸽子）作为研究对象。一个无可争辩的事实是，人类是不能简单地等同于动物的。因此，无论多拉德和米勒如何辩解，批评者仍然认为像老鼠逃到安全隔间之事与其说是模拟人类的情况，不如说像一场滑稽剧；斯金纳依据鸽子啄取彩色键盘的研究结果，来解释、推论人类的行为，也是非常可笑的。如此微观、表面、简单的行为怎能和复杂、多变的人类行为同日而语？实质上，人类的行为更多地受自我意识支配，人有自由意志和选择的权利。人是理性的，而不是仅仅受初级需要、内驱力所驱动的简单的有机体。

二、行为评估信度、效度的质疑

行为主义者常常以行为评估的科学性和严谨性为荣。事实上，行为评估本身非常复杂，包括许多技巧，与所谓严谨、客观或心理测量的可靠性、有效性相差甚远。例如，行为评估的信度就值得怀疑。不同的人对行为评定或记录的方法各不相同，这点势必造成行为评估缺乏稳定性。另外，行为评估过程是否真正测量出了所要测量的事物？这点尤其值得关注。角色扮演情境中攻击行为的次数是否就是一个人一般敌意水平的一个有效指标？观察员对一个人在家里表现出的依赖行为的评分，是否就能准确地反映出这位观察员不在场时的依赖情形呢？显然，我们必须考虑观察员对被观察者的影响以及被观察者表现的真实性等问题。此外，行为评估者往往只依据较少的行为样本就得出某一结论，那么研究的生态效度到底有多高？那么研究结果是否具有普遍性和代表性？其研究结论推广的价值又如何呢？

三、行为主义对人格的描述过于简化

行为主义对人格的看法过于简化，因而不可避免会忽略许多重要现象。行为主义者虽然也曾谈及思考、情绪以及意识水平等，但是他们对其关注的程度是微乎其微、非常有限的。斯金纳学派一直否定内在情感与直觉，行为主义还忽视遗传和先天行为倾向在人格发展中的作用。此外，新近的研究表明，操作条件作用有其局限性。例如，为了使动物对食物产生恐惧感而将食物与电击相匹配，还不如将食物与呕吐相匹配，更容易使动物回避食物（Garcia & Koelling，1966；Seligman & Hager，1972）。

四、忽视人格的稳定性

由于行为主义强调环境的作用，认为人格具有可塑性，致使他们过于强调人格的可变性而相对忽视人格的稳定性。人格固然能够改变，但是当一个人的人格已经发展到稳定的阶段，难以改变时，我们似乎应该更多地考虑怎样让既有人格最大程度地发挥作用，对于这一点行为主义者鲜有研究。此外，他们还忽视了年龄等因素对个体人格的影响。

思考题：

1. 行为主义是在怎样的历史背景下产生的？
2. 华生人格理论的主要观点有哪些？
3. 述评斯金纳的人格理论。
4. 谈谈斯金纳人格理论的应用价值。
5. 简述多拉德和米勒的人格发展观。
6. 举例说明行为训练对儿童人格塑造的作用。

第五编　人本主义学派

20世纪四五十年代，心理学界的精神分析和行为主义两大流派占据着主导地位。到了20世纪60年代，美国出现了一种全新的理论流派——人本主义心理学（humanistic psychology）。人本主义心理学在20世纪六七十年代迅速发展，成为现代心理学的第三势力（third force）（也称第三思潮）。之所以称其为第三势力，是因为人本主义心理学是打着反对精神分析的性本能决定论和行为主义的环境决定论的旗帜崛起的。

人本主义心理学是一个多学派的松散团体，人本主义心理学派由许多具有类似观点的心理学家组成，如霍妮、弗罗姆、戈尔德斯坦、布根塔等，其中最主要的代表人物有马斯洛、罗杰斯和罗洛·梅等。他们虽然有着各自独特的观点，但都强调个人的责任、此时此地、个人的现象场、个人的成长。

人本主义心理学产生的背景

一、社会历史背景

人本主义心理学是在20世纪五六十年代的美国产生和发展的，这与美国当时的社会历史条件有着密切的关系。

首先，第二次世界大战后，美国的科学技术和社会经济发展迅速，人们的物质生活越来越好，人们的基本生活需求大多得到了满足。在这种情况下，人们开始追求更高级的需要，希望实现自我价值。所以，人本主义心理学探讨的主题，如人性、意义、自我实现等，反映了在美国物质生产高度发展背景下的社会需要。

其次，社会问题越来越严重，如精神空虚、道德堕落、青少年犯罪、吸毒、种族歧视和高失业率，社会内部的各种矛盾表现得非常尖锐。也就是说，一方面是高度发达的物质文明，另一方面是生命意义和价值的丧失。在20世纪五六十年代，美苏军备竞赛和核战争的威胁也给人们带来了更大的压力。

再次，青年人对现状的不满，到20世纪60年代发展为一场反主流文化运动。这表明，只是经济的繁荣、科技的发达，并不能解决人类对精神生活和价值的追求。这些正好与人本主义心理学强调的某些东西一致，如注重自我，提倡人的完善，注重行为的此时此地性，重视直觉和高峰体验等。

最后，美国社会生活的这种异化，导致了青少年价值观的危机，学校教育面临着严峻的挑战。社会各界强烈要求改革当时的教育，反对传统的灌输式教学，要求开发人的潜能，重新发现自我和尊严。

这些问题是传统的精神分析和行为主义不能圆满解释的，于是，一场强调人的自身价值的人本主义心理学运动，在马斯洛等人的号召下应运而生了。

二、哲学背景

人本主义心理学的基本观点以存在主义哲学作为理论的渊源，以现象学作为方法论的基础。

（一）存在主义

存在主义（existentialism）是一种人生哲学，是20世纪西方哲学中非常重要的一个流派，影响非常广泛。存在主义对心理学的影响很大，罗洛·梅是最具存在主义取向的人本主义心理学家。

存在主义的中心主题是人的自由、选择、价值，关注人们的思想，强调对人生意义和人生价值的研究，强调真实的、内在的自我。受这种思想的影响，罗洛·梅重视研究人的存在感，重视发现人的存在价值。

存在主义反对用客观的方法去研究表面的东西，反对把人看作冰冷的机器或者简单的动物，也反对脱离实际、忽视人性的研究取向。

（二）现象学

现象学（phenomenology）是20世纪德国哲学家胡塞尔创立的。现象学研究主体的直接经验，采用内省报告的研究方法，强调自我的内部感受，“把人的心理活动和内部体验作为自然呈现的现象来看待，重在现象或直接经验的审视和描述而不是因果分析或实证说明。”（车文博，1998）

现象学的核心主题是意向性（intentionality）。意向性是个体试图去做或者个体努力的方向。人的主观价值观的态度是意向性的基础。意向性包括人们的愿望、需要以及意志的参与，它是一个人为自己行动负责的过程。

（三）心理学背景

人本主义心理学是在对行为主义和精神分析学派的批判的基础上产生的，当然，也受到了德国的整体心理学、完形心理学和美国人格心理学的影响。

人本主义心理学家反对行为主义，认为它没有恰当地研究人类的思维、情感、内心体验等问题，过于关注严格的研究方法，忽略了人的实质性的东西。

人本主义心理学家批评精神分析学家只关心那些有心理障碍的人，而不去研究心理健康的人，反对他们只看到了人性的阴暗面，过于悲观。但人本主义心理学家主张像精神分析学家那样，采用个案研究方法。此外，他们对古典精神分析学家的潜意识、自我概念等发现持肯定态度。

在整体心理学（holistic psychology）的影响下，人本主义心理学家认为心理学应该研究完整的人，而不是把人的各个方面，如行为表现、认知过程、情绪障碍等分开加以分析。

第一章 马斯洛的人格理论

第一节 生平事略

Abraham H. Maslow（1908—1970）

亚伯拉罕·马斯洛，1908年4月1日生于美国纽约的布鲁克林区，排行老大，有六个弟弟妹妹。父母是由苏联移民到美国定居的犹太人，没有受过学校教育。马斯洛是这个地区少数的犹太儿童，而且还是学校里少数的犹太孩子。他没有朋友，童年和少年时代总是感到孤独、寂寞、苦难、隔绝、痛苦和无助，他认为自己没有得精神病简直就是一个奇迹。和罗杰斯一样，他把大部分时间都消磨在图书馆里，是在书堆中长大的。马斯洛的家庭非常不幸，父亲喜好酒色，爱打架，总认为自己的孩子又蠢又笨，甚至公然在家人面前嘲笑马斯洛，说他是最丑陋的男孩子。这对马斯洛造成了严重的伤害，他感到非常自卑，甚至在乘坐地铁时，经常一个人跑到空车厢里，以免被别人看到。不仅如此，马斯洛更不喜欢自己的母亲。他把母亲描述为一个残忍的、无知的、充满敌意的、会将子女逼疯的女人。母亲非常吝啬，马斯洛的朋友到家里来时，她会把冰箱门上锁。马斯洛从来没有表露过对母亲的正面感情，甚至拒绝参加母亲的葬礼。童年的不幸经历对他以后的思想和心理学研究有很大的影响。马斯洛还曾经当过报童，暑假时在父亲的店里做过工，有人认为这是成熟以后的马斯洛重视实际的原因。

由于父亲望子成龙，希望他成为律师，1926年在父母的要求下，马斯洛进入纽约市立学院学习法律。但是仅仅学了两个星期，他就认定自己对法律没有兴趣，于是就退学了。马斯洛先到了康奈尔大学，两年后又转入威斯康星大学学习心理学，并于1930年获学士学位，1931年获硕士学位，1934年获博士学位。

最初使马斯洛对心理学产生兴趣的是华生，他到威斯康星大学就是因为仰慕华生的大名，并相信行为主义心理学有助于社会改造。在威斯康星大学时，马斯洛在当时著名的实验心理学家哈利·哈洛的指导下，研究猴子的性生活及其支配性的特点，他的博士论文是关于猴群中支配地位的建立的。他注意到支配似乎是源于一种内在的“自信心”或“优越感”，而不是通过肉体攻击取得的。马斯洛后来还从事了关于人类的“性与支配性”的研究，尤其是同性恋，希望有助于对人性进行深入的了解。马斯洛认为实验室的方法不适合于研究人格问题，转而使用整体分析法进行关于人类的研究。从这段经历可以发现，马斯洛从一开始就关注了一些健康的、支配性的群体。

马斯洛 20 岁时与高中时代的恋人伯莎结婚，并生育了两个孩子。随着第一个女儿的出生，他经历了一种神秘的体验，这与他后来所研究的高峰体验类似。看着女儿，他发现行为主义对他的孩子不适用，而且任何一个有孩子的人都绝不可能是个行为主义者。他认为行为主义对老鼠、猴子的研究，无法解释婴儿经验的神秘；刺激和反应理论只能解释实验室里观察的事物，不能说明人类的经验。随着研究的不断深入，马斯洛感到华生的行为主义训练成了他理解人类积极品质的障碍，他对行为主义失去了信心。

20 世纪三四十年代，欧洲大批受希特勒迫害的犹太学者逃到美国，马斯洛因此有机会接触到了凯伦·霍妮的社会文化精神分析理论、弗洛姆和阿德勒的新精神分析理论等，他说，自己有世界上最好的正式和非正式的老师。其中，美国人类学家本尼迪克特和格式塔心理学创始人韦特海默是马斯洛最钦佩的两个老师。这些人都对他的理论产生了重大而深刻的影响，促使他逐渐形成一种动力的、整体的人格观。有趣的是，正是由于对这两位老师的钦佩，马斯洛开始思考和研究“最健康的人”。在此过程中，他突然意识到可以从这两种人格的典型模式中概括出许多共同的特征，并且认为他们似乎是一种人。最终，马斯洛从事了有关人格理论和自我实现者的研究。

1931 年至 1951 年，马斯洛在布卢克林学院执教，他把大部分时间都用于人类支配性的研究。他发现具有强支配性的人倾向于创新，较少尊奉宗教，具有外倾型性格，而且不容易焦虑、嫉妒或患神经症。马斯洛还发现，强支配型的女人总是被那些有男子气、自信的，以及有正当的攻击性和强支配性的男人吸引，弱支配型的女人总是被那些和善的、文雅的、亲切的男人吸引。

1941 年，第二次世界大战期间日本袭击了珍珠港后的几天，马斯洛在从布卢克林讲学回家的路上，目睹了一次极为哀伤的市民游行。这使他深刻意识到战争带来的灾难，也使他下决心要证明人类有能力去做更崇高的事情。第二次世界大战影响了马斯洛的思想，改变了他生活的方向，他开始全力以赴地去研究人格，研究可以改善人类经验的因素。

1951 年，马斯洛到布兰迪斯大学工作，并担任心理系的系主任，他在这里一直工作到1969年。在此期间，他始终继续发展和提炼他的人格理论，专注于心理最健康的个体研究，并成为美国人本主义心理学运动的领导者。马斯洛曾于20世纪50年代与哈佛大学著名社会学家索罗金共同召集了关于人类价值新知识的专题研讨会。

1961年，马斯洛请假出任加州洛林慈善基金会的常驻会员，自由地研究人本主义心理学对政治学、经济学和伦理学的意义。

1962年，马斯洛和其他一些人本主义心理学家，其中包括罗杰斯，一起成立了美国人本主义心理学会。随后又联合戈尔德斯坦、奥尔波特、弗洛姆、罗杰斯等著名心理学家一起创立了人本心理学会。他们的宗旨在于强调人的天赋本性，力图证明人的个性及不断向前发展的能力，人经常要求去实现自己的全部潜能或需要。这就是马斯洛自我实现理论的基本观点。

1967年到1968年，马斯洛当选为美国心理学会会长，1969年退休。1970年6月8日，马斯洛因心脏病突发去世。马斯洛一生发表了许多论文和著作，他是美国心理学著作中被援引最多的心理学家之一。他最著名的论文《人类动机论》于1943年发表，后被收入著作《动机与人格》(*Motivation and Personality*，1954)，这篇论文曾被翻译成多种文字进行多次转载。马斯洛其他的著作有《宗教、价值和高峰体验》(*Religion，Value and Peak Experience*，1964)、《存在心理学探索》(*Toward a Psychology of Being*，1962)、《人性能达的境界》(*The Farther Reaches of Human Nature*，1971)。

图5-1　马斯洛的不幸童年经历并没使其形成消极的心态，其人格观点充满了积极的论述

第二节　理论观点

马斯洛关注心理健康的人，认为人有积极向上的潜能和能力，可以形成一个良好的人格结构。马斯洛的研究对象全部是正常的、健康的、优秀的人。他用积极的、乐观向上的语言，描述了人格中的积极层面。他用了一生的大部分时间，了解心理学如何促进人的快乐和健康。他说："弗洛伊德提供了心理病态的一半，而我们必须补上健康的另一半。"

一、人性观

马斯洛对于人性的看法非常乐观、极

富人道主义味道。他对于人性有很多假设，其中最重要的是，他认为人的天性是善良的，人是好的、端正的、仁爱的，每个人都有对美、真理和正义等的本能需求。人性至少是中性的，不是生来就坏的。马斯洛也指出（1968）：人的这种天性没有动物的本能那样强而有力，而是非常娇弱的、容易受到习惯、社会风俗、文化压力或者不恰当态度的抑制，容易受到学习的影响。但是，无论在什么人身上，这种天性都很少会消失，即使这种天性被忽略了，它也会不断地努力发展。

虽然马斯洛承认世界上有邪恶和神经症，但他认为这并不是人的本性，而是由不好的、不合适的环境造成的。暴力以及破坏性的行为，并非人的天性，而是由于人的天性被不好的环境扭曲和阻挠了。马斯洛认为在良好的环境下，人们都会希望表现出好的品质，如友善、爱、诚实等，这一点与我国古代思想家孟子的“性善论”较为接近。所谓好的环境，就是那些有助于人的内在本质实现的环境；否则就是坏的或变态的环境。马斯洛从小的经历也可以说明这一点，他少年时代虽然是痛苦的、与世隔绝的，但他并没有患精神病。马斯洛认为这是一个奇迹。这表明环境的糟糕并不一定使人出现精神疾病，因为人的本性有一种积极、向上的倾向，这种倾向会使人健康发展。所以马斯洛在进行心理研究时，从一开始就关注那些健康的、支配性的个体，后来做了杰出人物的研究分析工作。他一生都在开拓心理学领域，对健康人进行研究。

二、人格动力——需要理论

马斯洛强调人类所有的行为都是由需要引起的，而不是由性本能引起的。他从个人生活的角度出发，提出了动机理论，也叫作需要的层次理论（hierarchy of needs）。他认为人类是由一系列具有生命意义的和满足内在的需求驱动的。动机理论是马斯洛人格理论的核心，他的动机理论是以他对人类基本需求的理解为基础的。这些需求使人处于不满足的状态，也就是说，没有人是可以长期满足的：一种需求获得满足之后，另一种需求就接着要求被满足。马斯洛认为人格出现病态的最重要原因是因为基本需要受到挫折，得不到满足。

（一）需要的种类

马斯洛把人的需要分为三类。

1. 基本需要

基本需要（basic needs）也叫缺失性需要（deficiency needs）。如果缺失，可引起匮乏性动机，为人和动物所共有；如果得到满足，紧张就会消除，兴奋就会降低，便失去了动机。它与人的本能相联系，其满足依赖于环境。

2. 心理需要

心理需要（psychological needs）也叫成长性需要（growth needs），可以产生成长性动机，是一种超越了生存需要之后，产生的发自内心的希望发展和实现自身潜能的需要。它不受本能的支配，为人类所特有。其满足可独立于环境，满足了这种需要，人就会产生出强烈、深刻的幸福感，这就是马斯洛所描述的“高峰体验”。

3. 马斯洛晚年提出了心理学第四思潮——后人本心理学（Maslow，1969）。前二个类别涉及的是个人发展需要，而人类还有更高层次的需要，超越于个体自利的动机——自我超越需要。

（二）需要的层次

马斯洛最初将需要分为七个层次：生理需要、安全需要、归属与爱的需要、尊重需要、认知需要、审美需要和自我实现需要。后来，他把认知需要和审美需要归入自我实现的需要，形成了五层次说。认知需要指对于知识、理解的需要，包括认识自己和周围世界的需要。在其晚年审美需要指对于美、对称、简洁、完满和秩序的需要。

马斯洛认为这些需要是有层次的，是一种由低到高的逐级上升的过程，呈金字塔形排列。处于最低层的是生理需要，依次上升的是安全需要、归属与爱的需要和尊重需要，最高层是自我实现需要。马斯洛认为在满足较高层次需要之前，必须先部分满足较低层次的需要。只有低级需要满足之后，才能产生高级需要，以此类推。例如，在原始社会时期的人们，不太关注他们自我实现的需要，因为他们的生活总是被生理需要和安全需要占据。而在现代社会中，人们的尊重需要和自我实现需要则变得非常重要。

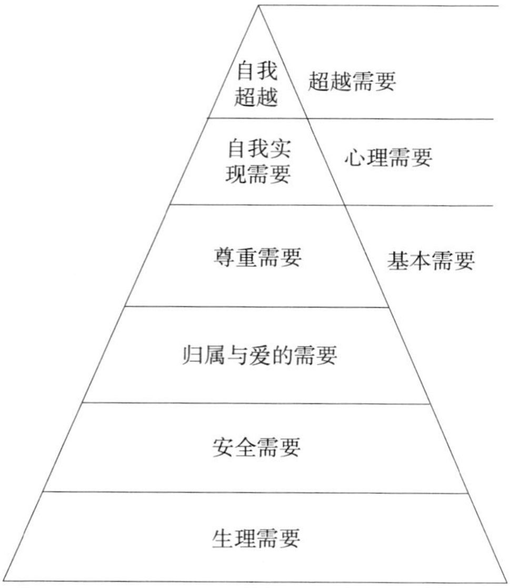

图 5-2　马斯洛需要层次说

这些需要是相互联系的，并且组成了一个优势层次。一般来说，占优势的需要将支配人的意识，并自动组织、补充机体的各种能量；不占优势的需要就会被消减、被遗忘或者被否定。当一种需要得到满足后，就不再是积极的推动者；另一种更高级的需要就会出现，并支配人的意识，成为行动的组织者。人总是不断被各种需要困扰，是不断需求着的动物，除了少数时间外，很少能达到完全满足的状态。人的一个欲望得到满足后，另一个欲望就会迅速出现；一个欲望被满足了，又会有一个新的欲望站到突出的位置上来。“人几乎总是在希望着什么，这是贯穿他整个一生的特点。”（马斯洛，1987）

1. 生理需要

生理需要（the physiological needs），指与有机体生存、繁衍有关的需要，是人和动物共有的，如对于食物、水、氧气、性、排泄和睡眠的需要等。这些需要在所有需要中占绝对优势，是人的需要中最基本、最强烈的，它们优先于任何其他需要。如果一个人的基本生理需要没有得到满足，其他的需要就会处于次要位置。例如，一个极度饥饿的人，只对食物感兴趣，动机就是要填饱肚子，这时候他不会去关注其他的东西，如读书、听音乐等。凡是人们能感觉到的需要一旦被满足人们就会产生愉快的感觉，所以吃、喝、痛苦的减轻、性的满足，都会使人愉快。

马斯洛认为人类机体有这样一个特征：当机体受到某种需要支配时，对事物的看法会改变，一个长期处于极度饥饿状态的人，他的理想就是有丰富的食物。他会认为，只要有了充足的食物，便是最幸福的人，不会再渴求其他东西。但是，马斯洛认为当一个人真的有了充足的食物，并且食物总是能有所保障时，个体就会产生更为高级的需要，“需求某种东西本身就意味着已经存在着其他需要的满足”。(马斯洛，1987)

如果一个人的生理需要长期得不到满足，如常年的饥饿、口渴或其他生理需要被剥夺，将会使个体产生强烈的紧张，这种状态会控制他的注意力。但是马斯洛并不赞同有些人过分沉溺于生理需要的满足，如吃得过饱、饮酒过度、性行为泛滥等，认为那样是为了作乐，而不是为了维护生命，所以不是一种理想的生活状态。

2. 安全需要

一旦生理需要得到满足，就会出现安全需要 (the safety needs)。安全需要指生命对于稳定、安全感、依赖、秩序、法律、界限、避免痛苦和恐吓、受保护等的需要。安全需要是个体寻求一个环境，使生命避免受到威胁。当未来不可预测时，或者当社会处于动荡不安时，人们的安全需要会更加明显，如人们会参加储蓄和保险，会选择一个稳定的工作，放弃收入高但有风险的职位。同样，人们可能会愿意承担一个并不幸福的婚姻，如果它可以提供一种稳定性和安全感。

这种需要的重要性在儿童和某些神经官能症（如感到有被害危险的妄想症）患者身上表现非常明显。儿童在遇到威胁时，会不加掩饰地表露出来，而成人却努力压抑这种反应。所以，成人的安全受到威胁时，不一定能从外表观察出来。儿童的安全感还有另一个表现，那就是希望一个有规律、有秩序、有组织、有结构、可以预测的生活。例如，儿童对于陌生的、新奇的环境会感到紧张和恐惧，他们需要一个可以把握的世界。家庭环境不稳定的儿童(如父母吵架、分居、死亡、离异等)，如果缺乏安全感，也容易紧张、焦虑不安及受到惊吓等。家庭出现危机时，受到影响和伤害最大的就是孩子。所以应妥当处理家庭关系，尽量给予孩子一个稳定的环境，满足他们的安全需要，使他们健康成长。另外的一种情况也能引起孩子的恐惧，如父母亲训斥、恐吓，或者体罚孩子等。

一些患有神经官能症的成年人，对于安全感的需要情况与感到不安的儿童一样，只是表现不同，他们试图遵循一种固定不变的行为方式或观念，让生活非常有秩序。某件事情必须在某个特定的时刻进行或以某种特定的方式进行，否则他们就会感到不安。他们几乎每时每刻都好像在准备应付即将来临的威胁，他们往往会寻找一个可以依赖的人或者一个更强大的人作为保护人，可以说他们是保留着童年时代特点的成年人。

3. 归属与爱的需要

当生理需要和安全需要都得到满足后，爱、感情和归属的需要就会产生。归属与爱的需要（the belongingness and love needs）指渴望在生活圈子里与他人建立亲密的感情联系，渴望被别人接纳，能够给予爱并获得爱，并被认为很有吸引力。比如，希望有知心的朋友、有亲密的爱人和可爱的孩子。

马斯洛认为爱有两种形式。一种是匮乏之爱，如占有他人，这是一种自私的爱，是为了获取而不是给予。另一种是存在之爱，如关怀他人，这是一种基于成长的不是占有的爱，是不自私的爱。马斯洛相信人是一种社会性动物，每一个人都有他愿意参与和愿意从属的团体。成熟的爱是两个人之间健康亲密、相互信赖的关系。在这种关系中，两个人会没有恐惧、没有戒备。如果其中一方害怕自己的弱点会被发现，那么爱就受到了伤害。马斯洛所说的爱不是性，性是一种生理需要。爱是对另外一个人的一种深深关注的态度，包含着强烈的帮助，包括给予他人爱和接受别人的爱。爱的需要如果得不到满足，人们就会感到孤独寂寞和空虚无助。如果儿童缺乏爱，就不能健康成长。如果爱的需要受到挫折，人们会容易心理失衡，出现心理疾病，产生慢性的人格困扰问题。人们需要爱就像需要碘、需要维生素一样。

许多人都在抱怨他们没有得到足够的爱。夫妻抱怨对方冷淡、没有足够的温柔；孩子们抱怨父母不关心他们；员工抱怨老板对他们不够重视。有些人甚至由于归属与爱需要长期得不到满足，永远无法与人建立亲密的关系。人们对浪漫的爱情的向往，不仅仅是由于归属与爱的需要的影响，还由于强烈的性的驱力的作用，而这是一种重要的生理需要。

现代社会生活中，爱的需要的威胁是最普遍的。由于生活节奏加快，人口流动增加，家庭破裂，人们之间的交流减少，隔阂增大，所以人们对于归属、接触和爱的需要更为迫切。一切有助于建立亲密关系的小组或成长团体都会令现代都市的人们向往。

4. 尊重需要

当归属与爱的需要得到满足之后，人们会把注意力指向尊重需要（the esteem needs），尊重需要包括自尊和来自他人的尊重两方面。自尊包括对自己有力量、有成就、有信心以及要求独立自由的渴望，即感觉到自己是有能力的、有价值的；来自他人的尊重指需要别人承认自己是有能力和有价值的，包括希望自己有名誉、威望、地位，得到他人的认可和赏识。

一个健康的人希望自己有一定的社会地位，能获得别人的积极评价，需要自尊、并为他人所尊重。如果自尊需要受到挫折，个体就会认为自己缺乏价值，即使拥有金钱、爱人和朋友，也会产生自卑、无能、沮丧和软弱的感觉，丧失基本的信心，祈求得到其他补偿，或者会有神经病态的趋向。不仅是儿童在与成人的较量中会感到自己的渺小和无能，许多成年人也会有类似的感受。拥有强烈的罪恶感和羞耻感的人，都是低自尊的牺牲者。尊重需要一般来自所从事的社会活动。马斯洛认为，最健康、最稳定的自尊是建立在当之无愧的来自他人的尊敬之上的，而不是建立在外在的名气或虚伪的奉承之上的。

5. 自我实现需要

当人们所有的较低层次的需要都得到满足后，人们就开始问自己：我想要什么，我的生活要往哪里去，我想要达到一个什么样的目标。每个人都会有不同的答案，但是多数人都会朝着目标努力。

自我实现需要（the needs for self-actualization）是最高层次的需要，是人类特有的需要。自我实现需要是指促进个人发挥自身最大潜能的需要，是促使潜在能力得以实现的趋势，这种趋势促使个体成为他所能成为的人。

自我实现需要是实现生命价值的需要，其目的是扩展经验，充实生命，而不是补偿不足。马斯洛认为人性的主要动机是自我实现而不是生物性需要的满足；在追求自我实现的过程中，人们会朝着成长的方向，完成与自身能力相符的事情。例如，音乐家必须演奏音乐，画家必须绘画，这样他们才能感受到最大的快乐。马斯洛认为，每个人为满足自我实现需要所采取的途径是不一样的，并非必须是重大的发明或艺术创作，只要一个人尽力做自己的事情，也可以实现潜能，如一个母亲尽力照顾好家庭和孩子。

马斯洛认为能达到自我实现需要的人并不多，仅为百分之一，而且是一些年龄较大或者心理发展比较成熟的人。

与较为低级的需要不同，如幼儿在几个月的时候就可以表现出来爱的需要，而自我实现需要的产生，依赖于生理需要、安全需要、归属与爱的需要、尊重需要的满足。马斯洛假设这些需要得到满足的人具有充分旺盛的创造力。马斯洛认为，一个人的童年经验与自我实现有非常密切的关系。如果一个人在童年时安全需要、尊重与爱需要没有得到满足，那么他是很难达到自我实现的。

6. 超越自我

自我超越是对自我界限的扩展，处于自我超越需求层次的个体不再仅限于追求个人利益，同时会追求比个人利益更崇高的事业，关注人类，奉献社会，致力于推进国家进步，帮助他人，追求理想（如真理、艺术）或事业（如社会正义、环境保护主义、科学追求，甚至是宗教信仰）。

自我超越者通过将个人目标与更大的目标相结合，例如家庭、社区、人类、民族、地球或宇宙的福祉，以超越个人限制的界限”（Csikszentmihalyi，1993）。自我超越者的特征具有社会使命感，亲社会行为，能够奉献与自我牺牲精神，贪婪动机少，可促进团队合作。自我超越有特质与状态之分。

以上这些需要在一般人的身上，通常是无意识的。马斯洛认为，越是高级的需要，对于维持纯粹的生理需要就越不迫切，需要的满足就越能更长久地推迟，且这种需要的满足也就越容易永远消失。此外，高级的需要不易被发现、被察觉，但是满足后能引起更强烈、更深刻的幸福感、满意感和充实感，个体能够体验到内心的宁静与丰富。例如，比起安全需要带来的踏实和如释重负，爱的需要的满足会使人体验到一种强烈的幸福、狂热和心醉神迷。

虽然需要是按照从低级到高级的顺序排列的，但并不是说只有满足了低级需要才会有高级需要，也可以是在低级需要部分地满足时，就产生高级需要。越是低级的需要被剥夺，引起的反应就越是强烈和迫切。马斯洛认为一种需要得到满足后，就会出现新的需要。这种满足是相对的，新需要的出现也是逐渐发生的。马斯洛曾做过这样的说明：如果需要 A 只满足了 10%，需要 B 也许还不会出现；但当需要 A 满足了 25%时，需要 B 可能会出现 5%；当需要 A 满足了 75%时，需要 B 可能会出现 50%；等等。一般人的欲望总是部分得到满足，部分得不到满足。

虽然马斯洛所描述的需要层次具有世界范围的普遍性，但他也承认，在不同的社会，不同的文化背景下，满足某种需要的途径和方式是不一样的。例如，在有的社会里，成为一名大学教授就可以获得别人的尊重，而在有的社会里，能捕到猎物就能赢得相应的尊重。马斯洛认为这只是形式的不同而已，内涵都是一样的。

马斯洛认为对大多数人而言，最常见的是各种不同程度的动机结合起来，同时发生作用，而并不是单一的动机。也就是说，人的行为往往是由几种基本需要共同决定的。例如，任何科学家的研究工作都不仅仅是出于喜爱，同时也有好奇心在起作用；不仅仅是出于对威望的需要，也是为了生存的需要而工作的。而且，马斯洛承认，不是所有的行为都是由动机引起的。除了动机之外，决定行为的另一个重要因素是现场决定因素，甚至行为可以由单一的外部刺激决定。例如，对刺激物“桌子”的反应，如果人想到桌子的记忆表象，那么这个反应就与人的基本需要没有关系。

第三节 研究主题

一、自我实现者的人格特征

(一) 对杰出者的研究

自我实现的概念最初是由戈尔德斯坦提出的。他曾通过对脑伤士兵脑功能自我调整进行研究，论证了机体内部潜能的自我实现。马斯洛在动机论中再次论证这一概念，提出了系统的自我实现理论。自我实现理论是马斯洛人格理论的核心内容，该理论基于他对最有创造力、最健康和最成熟的人的研究。他认为，自我实现是一个人努力变成他能成为的样子，是充分发挥潜能，是超越自我、为某一事业忘我献身的人的最高动机。马斯洛假设，原则上每一个人都会达到自我实现的境界，基本需要的满足是通往自我实现的途径。

与其他心理学家不同的是，马斯洛不关注那些心理疾病患者，他从一开始就选择了心理健康的优秀人士作为他的研究对象，他最关心的是人类最高层次的潜能实现。前面提到马斯洛对自我实现的人的调查研究是从对两位他尊敬的老师——韦特海默和本尼迪克特开始的，马斯洛最初并不是为了研究，只是为了更好地了解两位老师的人格特点。当马斯洛发现这两个人身上有许多共同的特征时，他非常兴奋，开始寻找具有相同特征的人——那些能够充分发挥自己潜能的人。马斯洛对许多当时在世的和历史上的人做过调查研究，包括爱因斯坦、贝多芬、罗斯福、赫胥黎、林肯、歌德、杰弗逊、斯宾诺莎等 48 位杰出人士。

马斯洛认为，虽然人都是具有自我实现倾向的，但是只有很少的人能达到真正的自我实现（大约只占人群的百分之一）。此外，自我实现只能出现在一些年龄较大的人身上，这些人一般都在 60 岁以上。

（二）自我实现者的特征

通过调查研究，马斯洛概括出自我实现者的 15 个典型特征。

1. 能完整准确地知觉现实

他们能认清现实，对现实有更好的洞察力，对现实采取客观的态度，不是按照自己的愿望和需要，而是按照现实的本来面目去理解世界，较少受焦虑和恐惧的影响，可以有效地预见未来。自我实现的人可以与现实保持一种融洽的关系，且这个特点可以渗透到生活的各个方面。“自我实现者可以在杂乱、不整洁、混乱、散漫、含糊、怀疑、不肯定、不明确，或者不精确的状态中感到惬意，以满足客观环境的需要。”（马斯洛，1987）

2. 悦纳自己、他人和周围世界

他们接受自己和他人的优缺点，不会受到罪恶感、羞耻心以及焦虑的影响。他们接受一切事物好坏两个方面，接受事物的本来面目，没有抱怨和挑剔。他们像孩子一样，用纯真无邪的眼光看待世界。他们可以接受随成长发生的生理变化，如对于衰老、怀孕、生育、死亡等不觉得苦恼，也不会沉溺于往日的欢乐。但是，他们对于自己身上妨碍人性发展的缺点，如妒忌、偏见等非常敏感，一旦发现就力求改正。

3. 内心生活、思想、行为自然率真

自我实现者的内心非常自由，行为率真自然，不矫揉造作，也不弄虚作假，一切发自本性。他们比较容易超脱习俗的影响，不隐藏自己的观点，行为不受制于社会期待的角色要求；天性纯真，自然流露真实的感情，忠实于自己。

4. 以问题为中心，而不是以自我为中心

他们能心平气和地处理自己的问题，把自己的问题看得和其他问题一样，喜欢解决问题，因此他们都热爱自己的职业。他们愿意献身于事业，全力以赴地做事情，包括工作和养育孩子。

5. 有独处的需要

他们既不回避与人交往，也喜欢独处的感觉。他们不愿意依赖别人，喜欢自己做主，所以不需要频繁地与人接触。

6. 具有独立自主的特征

自我实现者能够自我约束、自我管理、自我调节，不受自然条件和文化环境的制约。他们不需要靠他人的评价来获得支持，不需要依赖他人而得以生存。

7. 接受并欣赏新事物且不厌烦平凡的事物

自我实现者能以兴奋的、惊奇的、愉快的心情体验每一天遇到的事情，而这对于普通人来讲却是熟视无睹的。“对于自我实现者，每一次落日都像第一次看见那样美妙，每一朵花都温馨馥郁，令人喜爱不已，甚至在他见过许多花以后也是这样。他所见到的第一千个婴儿，就像他见到的第一个一样，是一种令人惊叹的产物。”(马斯洛，1987) 他们从日常生活中获得了巨大的灵感，体验到了心醉的感觉。

8. 具有高峰体验

高峰体验（peak experience）是在一瞬间发生的，是一种喜悦的、极度兴奋和广阔、松弛、平静的感觉。它是完整的、和谐的、无忧无虑的体验。人们没有压抑和防御，无所畏惧，不再焦虑，更加努力地追求，因而更容易获得成功。高峰体验是一种与宇宙融合的瞬间的奇妙而美好的感觉，是成长的体验，有了这种体验之后，人们会感觉更加自由，更加欣赏生命。自我实现的人有比一般人更多的高峰体验，他们几乎每一天都能有这种体验。高峰体验并不一定都是特别的强烈，也可以较为平和。

9. 热爱人类并具有帮助人类的真诚愿望

他们对于各种人都非常关心，甚至是那些有攻击行为的人。他们愿意帮助全人类。

10. 与志同道合的人建立持久而深入的人际关系

虽然他们几乎对每个人都很友善和关心，但他们的交往是有选择的，只有少数几个知心朋友。共同的价值观是发展友谊的基础，他们倾向于寻找其他自我实现者做朋友，并建立深厚的友谊。

11. 有民主的性格，能尊重他人人格

他们宽容，能接受各种各样的人，不管是什么种族、宗教、家庭、性格、职业或者肤色，都能平等地对待、不歧视。

12. 道德标准明确，能分辨目的与手段的区别

他们有强烈的道德观念和明确的行为准则，有自己心目中的是非标准。他们非常清楚自己的目标是什么，也知道达到目标的手段，绝不为达到目的而不择手段。

13. 有卓越的幽默感

自我实现者的幽默是善意、没有优越感的，他们不会说出伤害他人感情的幽默，如讽刺挖苦。他们更倾向于自嘲。一般人喜爱的猥亵淫秽的幽默，是他们所不屑的。他们能在有意义的生活事件上，找到幽默的题材，并且富有哲理。

14. 富有创造性，不墨守成规

这种创造性不仅反映在某些艺术活动中，也反映在一般活动中。这不是因为他们有超人的才能，而是因为他们的心灵像小孩子那样天真，会因为想出一套新奇的方法而兴奋不已。这种创造性来源于更开放的经验和更自然的感情。

15. 具有批判精神，不容易被社会诱惑

他们能顶住环境的压力，倾向于做一个与众不同的人，不受文化的影响和束缚。他们注重内心的体验，依据自己的内心感受做事，不会遵守与个人价值相违背的文化规范。

虽然自我实现者具有许多的优秀品质，但他们也有一些缺陷。马斯洛指出，他们也有愚蠢、轻率、挥霍和粗心的习惯。他们会顽固，刚愎自用，固执己见，令人厌烦甚至恼怒。他们并没有完全摆脱浅薄的虚荣和骄傲，当涉及他们的作品、家庭或孩子时更是如此。他们也经常发脾气，例如，偶尔会表现出难以想象的冷酷无情。虽然他们非常强硬有力，但是也会有自责、怀疑、焦虑的痛苦感受。

因此，马斯洛认为人不可能是十全十美的，人类的心理具有非常大的成长潜能。尽管这些特征是从对杰出人物的研究中得出的，但马斯洛认为这些特点可以推广到普通人身上，因为每个人都有自我实现的倾向，这是人的本性。

（三）建议

马斯洛给那些希望自己也能达到或趋于自我实现境界的人提出了一些建议：

1. 要坦白自己的感情，不要让心胸像瓶颈一样狭窄。

2. 在任何情况下，都要试着从积极乐观的角度看问题，从长远的角度考虑问题。

3. 对生活中的一切事情都要多一份欣赏，少一份抱怨；即使有不如意的地方，也要尽力想办法解决；多一份实干，少一份空谈。

4. 确定积极可行的生活目标，并且要全力以赴，但不要期望一定成功。

5. 要坚持真理，即使众人反对，也要挺身而出，为正义而奋斗。

6. 不要使自己的生活僵化，为自己留一份宽松的空间；偶尔的身心放松，有助于潜力的发挥。

7. 与人交往要坦诚，既要让别人了解你的优点和缺点，也要与别人分享心中的快乐和痛苦。

二、高峰体验

高峰体验是马斯洛在他的需要层次理论中创造的一个名词，指人们在追求自我实现的过程中，基本需要获得满足后，达到自我实现时产生的短暂的、豁达的、极乐的体验，是一种趋于顶峰、超越时空、超越自我的满足与完美的体验。在高峰体验时，人会产生一种存在认知（being cognitive），与一般的认知不同，这种体验仿佛与宇宙融合了，是人自我肯定的时刻，是超越自我的、忘我的、无我的状态。

马斯洛（1962）在要了解高峰体验的意义时，请190位大学生做被试，要求大学生们根据下列指导语写出他们的反应：

我希望你去想想在你的生活中最奇妙的经验，最快乐的时刻，狂喜的时刻，全神贯注的时刻，可能是因为谈恋爱，或倾听音乐，或突然被一本书或一幅画所打动，或一些伟大的创作时刻。首先，把这些记下，然后试着告诉我在这尖锐的时刻你感觉如何，和你在其他时刻感受到的方式有什么不同，在这个时刻你在那些方面是怎样不同的一个人（对其他的受试者则问这个世界看起来有什么不同）。(Phares, 1995)

马斯洛认为高峰体验是一种自发的、不需要努力可达到的、非自我中心的完善和达到目标时的体验和状态。不同的途径、不同类型的活动，都可以获得高峰体验，如做父母的感觉，欣赏大自然的体验，对艺术的感受，创造性的活动，情欲高潮的体验，运动时的感受，顿悟体验等，这些最高快乐实现的时刻都是人的高峰体验时刻。

在这一时刻，人们丧失了时间和空间的定向能力。例如，艺术家在进行艺术创作时，常常忘记了时间和周围的事物。在科学和艺术创作中，高峰体验更容易被激发出来。例如，大画家凡·高往往就是在这种体验中，画出了好的作品。他把生命的最后几年完全献给了艺术，就像被某种东西支配着，牺牲了一切，包括自己的健康甚至生命去绘画。这当中支撑他的“某种东西”就是人的高峰体验。

高峰体验时，人们会觉得自己处在能力的顶峰，能最好地、最完善地发挥自己的全部才能。这在哲学家中体现得尤其明显，例如，萨特、尼采和叔本华等人，他们都曾无数次有这种体验。一个人在高峰体验时，会更加觉得自己在活动和感知中是负责的、主动的，是创造的中心。例如，海明威、川端康成、莫泊桑和马尔克斯等一大批文学家，都常常有这样的体验。

马斯洛认为不仅仅是伟人才能感受到高峰体验，其实多数人都有高峰体验，有些人可能没有察觉到它的存在，或者不接受这一体验。自我实现者的高峰体验比普通人更频繁，更强烈，更纯粹。高峰体验的产生有很多原因，但马斯洛认为，只要人们日趋完善，凡事顺心，便能不时产生高峰体验。他承认每个人的高峰体验是不同的，马斯洛比喻说“到自己定义的天堂一游”（Burger，1997）。这种体验不会经常出现，时间也不会很长。但如果能够充分利用它，就会有新的创作和新的发现。

当然，高峰体验更多是一个人孜孜奋斗和拼搏的结果。它是一种冲动，一种情绪，一种灵感。一个人抓住了这种体验，并充分利用这种体验，是会有收获的。

第四节 研究方法

一、整体分析方法

马斯洛认为，在心理学研究中，当涉及人格、伦理价值观念和高级心理过程时，整体分析的方法要比因素分析更有效。整体分析方法把人格的综合特征看成一个复杂的结构整体，研究的目的在于理解各个部分间的关系，以及各部分与整体的关系。

马斯洛强调人是一个有组织的整体，受到动机推动的是一个完整的人，而不是身体的某一部分。如果一个人饿了，指他的整个人饿了，而不是他的肚子饿了。因为这时候，他身体的许多方面都会有所变化。他的感觉变化了，会更容易发现食物；他的记忆变化了，会更容易回忆曾经吃过的美餐；他的情绪变化了，会更容易紧张和焦虑；他的思想内容也变化了，会更倾向于思考如何获得食物，而不是做数学题，这些变化可以影响到生理和心理的各个方面。也就是说，当个体饥饿时，他被饥饿主宰，这时的他不同于其他时候。

由于有这样的方法做指导，马斯洛非常关注对个案进行研究，主要使用包括访谈法、问卷调查法、历史传记研究法、人格测评法等。他认为通过个案研究得到的结论非常重要，可以概括出一般的规律。

二、问题中心法

马斯洛反对以方法为中心，强调要以问题为中心。他说，许多科学家经常在研究一些实验简单的、意义非常小的问题，而不去研究实验困难、意义重大的问题，如关于人格和道德领域的研究。他认为选择健康的、能够实现自身潜能的人进行研究，才是非常有价值、有意义的。心理学不能依据对一般人的研究提出理论，只有对身心健康、有力量的人进行研究，才是对人类进步有意义的。

三、自我实现的测量方法

自我实现是人本主义的重要概念，测量具有自我实现特质的人的自我实现程度更令人关注。

个人取向量表（The Personal Orientation Inventory，POI）就是为此目的而编制的工具（Shostrom，1964，1974；Knapp，1976），这种量表由两两配对的句子组成，人们从两者中选择一个更符合他们的句子。POI 有两个衡量指标，其中一个是时间能力，表现在人们对现在生活的肯定程度，以及如果过去和未来发生改变，人们的不适程度。在这里能力一词有着更复杂的含义，对于有时间能力的人来说，他们能够有效地将过去、未来与现在联系到一起，并感受到这三方面在时间上的连续性。第二个衡量指标是人们在追求价值观和生命意义的时候的内部指向趋势，相对于较少自我实现的人来说，高自我实现者在决定他们的价值观的时候有着更强的内部指向趋势，这一点是在人们经过团体治疗后变高的 POI 分数上发现的（Dosamantes-Alperson & Merrill，1980）。

琼斯和克兰德尔（Jones & Crandall，1986）发明了另一种测量自我实现的方法。他们的衡量指标包括：自我引导、自我接受、情绪接受能力以及人际交往关系中的信任度和责任心。和 POI 量表一样，研究表明人们在接受团体治疗后做这个量表的分数有所改变（Crandall，Mccown & Robb，1988）。

第五节 理论应用

一、在教育中的应用

马斯洛的人本主义思想强调积极的人性观，重视人的独特性，认为每个人都有积极的一面，都有自我实现的倾向。

他提出了新的学生概念：学生是自由的、能够自我选择的，能够成长和自我实现的。根据这一概念，教师必须改变传统的教育模式，以学生为中心，帮助学生去发现自己的禀赋与天性，让学生意识到每一门学科都有有趣的地方，从而找到自己真正喜爱的东西。教师应以此促进学生成长和成熟，达到自我实现的目的。

马斯洛认为教师要照顾学生，使学生的基本需要得到满足，使他们快乐，意识到生命的美好。

马斯洛强调要创建好的环境，因为他相信“近朱者赤，近墨者黑”，不好的环境会污染人的心灵，而良好的环境会使学生受到激励。教师要帮助学生学会鉴别环境的优劣，并学会如何做正确选择。

综上所述，教育界应当重视、提高学生的精神生活，尊重每一个学生的特点，为学生提供条件，发展和满足学生的高层次需要，从而帮助学生达到自我实现。

二、在管理中的应用

马斯洛的需要层次理论不仅成为行为科学的一个理论基石，而且也成为西方管理科学和管理心理学的一个重要的理论支柱。现代新的管理科学，不是像传统管理学那样，把人作为物和机器来看待，而是要把人作为人来管理。人不同于物的根本之处，就在于人有自己内在的精神世界，有物质需要之上的主观需要。

马斯洛强调，人有多种需要，高层次需要的产生有赖于低层次需要的满足。因此，在管理中，管理者必须考虑到员工多方面的需要。不仅仅要满足低层次的需要，更重要的是，要努力满足员工的高级需要，这有利于企业保持持久的活力。

在管理中，管理者可以依据马斯洛的需要理论，采取一些相应的管理措施。例如，针对生理需要，管理者可以提供薪水、医疗保健、福利条件、住宅等；对于安全需要，管理者可以提供退休金、失业险、健康险、意外伤害险等；对于归属与爱的需要，管理者可以与下属谈话、协商、提供团队活动和娱乐项目等；对于尊重需要，管理者可以通过考评、表彰、选拔、晋升以及让员工参与决策的制定等方式满足员工；至于自我实现需要，管理者则要提供有助于发挥员工个人潜能的环境，给予富有挑战性的工作等。有些研究表明，几乎所有的人都具有马斯洛需要层次理论中的各种需要。每个人都有他独特的需要，马斯洛认为某一需要未被满足的程度越高，满足这种需要就越是一种重要的激励手段。每个人在某一时期，都有着自己的主导需要。因此，管理者要因人而异，选用恰当的激励手段，采取多种激励方式，使所有的员工都能发挥自己的潜能，从而帮助他们达到自我实现。

霍尔和诺加姆（Hall & Naugaim，1972）的研究发现，当管理者的地位在组织中得到提升的时候，其生理需要和安全需要的重要性会越来越低，而归属与爱的需要、尊重需要以及自我实现需要，却会越来越高。他们认为导致这种现象的原因是职位的上升，而不是低层次的需要已经满足。

第六节 理论评价

一、理论贡献

在人本主义心理学阵营中，有许多著名的心理学家，其中，马斯洛是人本主义心理学的主要发起人，对人本主义心理学的发展做出了无可比拟的贡献。人本主义心理学能在短短的二三十年成为心理学的第三势力，马斯洛积极的、乐观的、健康的人格理论功不可没。他的理论包含的层面非常宽泛，他是一位站在时代前沿的敏锐的观察家。

马斯洛是社会心理学家、人格心理学家和比较心理学家，他和罗杰斯一同发起了美国心理学的第三思潮，代表着当代心理学的最新发展方向。他把发展人本主义心理学作为一项事业去做，并怀着极大的热情为之奋斗。

马斯洛一方面反对以研究病患为基础的精神分析理论，另一方面反对以动物和幼儿的简单行为为研究基础的行为主义。他认为这两种理论关注人类的黑暗面、消极面、疾病和动物性。马斯洛想创立一门研究人类积极本性的心理学，他寄希望于人本主义心理学。他的目标是把心理学的注意力集中在许多年来一直被忽略的领域上，使心理学完善起来。这一领域就是研究心理健康的、机能健全的人类个体。这种努力很快就形成了心理学的第三势力。

马斯洛的理论是建立在对健康人的研究基础之上的，这是对当时心理学界流行的以病人为研究对象的精神分析理论和以动物为研究对象的行为主义理论的极大超越。马斯洛主张要以正常人为研究对象，研究人的经验、价值、欲望、情感、生命意义等问题，从而促进个人的健康发展，提升个人的尊严和价值以达到自我实现。马斯洛提出人类存在着对真理、善良、美好事物的追求倾向，对于改变当时只对人性阴暗面进行研究的现状，具有很大的积极意义。他的人格理论肯定人生的价值，并认为人有能力拥有一个快乐、健康和幸福的人生。马斯洛反对精神分析学派对人性持有的悲观消极观点，假定每一个婴儿都有积极的意志，都朝着健康、成长、自我实现的方向前进。这种观点与他小时候的生活经历有关，从一个地位低下的儿童成长为令人敬重和仰慕的声誉显赫的心理学家，使马斯洛相信这是因为人性中有一种积极向上的倾向，这种倾向使人能够健康地发展。

马斯洛的需要层次理论关注人们的需要，这与他的成长经历也有着密切关系。年少时，马斯洛的家境贫寒，生活的基本需要是一家人最为关注的事情，而孤单没有朋友的生活，也使得马斯洛特别重视归属与爱的需要以及尊重需要。马斯洛的自我实现理论，关注人的潜能发挥，对于教育界和企业界都有很大的启发和借鉴作用。目前，他的理论已经被广泛应用于学校、咨询辅导和企业。

二、理论不足

虽然马斯洛调查了许多成功人士，但是他的需要层次理论和自我实现者的特征都是经验的概括和构想，缺乏严格的实证研究。有人认为，马斯洛的整体研究方法不够科学，不精确，仅仅从很小的样本就得出结论，缺乏严谨的论证。虽然许多其他心理学家用一些实验数据初步支持了马斯洛的理论，但是他的理论仍然是不完整的。人们认为他的许多概念有些模糊、难懂和玄乎，如自我实现和高峰体验。人们会问，如何知道自己到底是经历了高峰体验，还是仅仅是经历了一段愉快的过程？如何判断一个人是否达到了自我实现？

一种比较客观的评价是："马斯洛的动机结构和他的自我实现者的特征都是比较广泛的概念，不可能经受一般的实验分析。然而，大多数心理学家会同意说，他以唤起对一系列曾被传统心理学家忽略（甚至可以说轻视）的人类行为的注意。……马斯洛的开拓研究有较深的、渊博的传统，足以和实验家的工作媲美，并作为后者的补充。"（查普林 & 克拉威克，1984）

有人认为马斯洛"人性是善"的假设，有些过于天真，无法解释现实生活中的丑陋现象。究竟是人性善，还是人性恶，是一个始终在讨论的问题。此外，马斯洛的理想社会的构想有些不切实际。

第二章　罗杰斯的人格理论

在马斯洛之前，罗杰斯就阐述了自己关于心理学的人本主义观点。马斯洛去世之后，罗杰斯成为人本主义心理学的主要代言人，对心理学做出了重要的贡献。人们之所以给马斯洛人本主义心理学的首要位置，主要是考虑他对人本主义心理学所做的组织工作。

第一节 生平事略

卡尔·罗杰斯，1902 年 1 月 8 日生于美国伊利诺伊州的芝加哥郊区的橡树园。他出生在一个温暖和睦的大家庭里，家中有六个孩子，他排行老四。罗杰斯一家人的关系非常融洽，罗杰斯认为他的父母亲都非常有爱心，非常尽职，而且都很实际。他的父母亲都是大学生，父亲是一位很有

Carl Ransom Rogers（1902—1987）

成就的土木工程师和承包商，工作勤奋，家境富裕。父母亲都是教徒，家庭宗教氛围非常浓厚，母亲更强调传统。

罗杰斯父母的思想刻板保守，尤其是对社交生活的限制非常严格。因为他的父母坚信自己一家与周围的人不同，周围人与他们格格不入。父亲认为周围的许多人不晓事理，会做出“出人意料的事情”，所以不允许孩子们与别人交往。罗杰斯在这种环境中长大，没有朋友，心灵非常孤独，所以他把大量的时间和精力都用在阅读一切能搜集到的书籍上。罗杰斯孤独的个性特点一直持续到中学毕业。

12 岁时，罗杰斯全家搬到了郊外的一个农场，父母这样做的目的是要让孩子们远离城市生活的“邪恶”。这种农场生活一直持续到罗杰斯中学毕业。在那里，父亲坚持用科学的方法来管理农场。罗杰斯第一次对科学产生了兴趣，并阅读了许多有关农业的书籍，成了当地的农学专家。父亲这种对科学的态度一直影响了罗杰斯的一生。从罗杰斯的成长经历中可以看出，重视伦理与道德观念以及尊重科学方法，都对他后来的成就产生了重大的影响。

1919 年，罗杰斯进入威斯康星大学，主修农业，同时对宗教活动也很有兴趣。在大学里，他参加了许多活动，结交了许多朋友，第一次感受到了“朋友”的含义。1922 年，他随同世界基督教学生联合会来亚洲访问，到了中国北京和菲律宾等地，接触到了不同信仰和不同文化的人们。他意识到，这些不同的人一样可以真诚、和睦地相处和交流。这次旅行使他对宗教的态度产生了改变，摆脱了父母的正统宗教信仰观念。旅行中，罗杰斯结识了后来成为他妻子的海伦小姐。在与海伦的交往过程中，他意识到，个人的想法、感受以及对未来的憧憬都是可以分享和交流的。回到威斯康星大学后，为了从事宗教研究以及牧师职业，他转而主修历史，1924 年获历史学学士学位。

大学毕业后，罗杰斯与海伦结婚（父母非常反对），并迁居到纽约，进入当时比较自由的纽约联合神学院就读。开始接触到一些临床工作后，罗杰斯发现自己对咨询更感兴趣，而且不想被束缚在某一种宗教学说上。他随后转入哥伦比亚大学师范学院学习临床心理学。1928 年，他获得硕士学位。毕业后，他成为纽约的罗彻斯特市一家儿童指导诊所（后改为儿童指导中心）的临床心理学家，他在这里工作了 10 年。1931 年他获得哲学博士学位，博士论文是关于儿童人格适应的测量。

博士毕业后，罗杰斯到罗彻斯特担任社区辅导治疗工作，主要工作是帮助禁止虐待儿童协会做一些犯罪儿童和贫困儿童的指导工作。1938 年，他担任罗彻斯特儿童指导中心主任。1939 年，罗杰斯出版了很有名的《问题儿童的临床处理》（The Clinical Treatment of the Problem Child）一书，在书中提出了“非指导性原则（nondirective therapy）”，对传统的指导性疗法提出了质疑。他认为，人有理解自我，不断趋向成熟并积极改变自己的巨大潜能，心理治疗的任务就是要启发和鼓励这种潜能的发挥，促使其向健康的方向发展，而不是包办代替式的解释和指导。部分由于自身的工作成就，罗杰斯从临床部门转到学术部门，被聘请到俄亥俄州立大学心理系任教，此时罗杰斯名声大振。在那里，罗杰斯以在辅导治疗方面得到的资料为教材，开始形成和完善他的治疗方法，使其理论日趋成熟。

1942 年，罗杰斯出版了他最著名的《咨询与心理治疗：实践中的新概念》（Counseling and Psythotherapy: Newer Concepts in Practice）。在书中，他主张在咨询和心理治疗中采用非指导性治疗方法，后来改称为来访者中心疗法。到 1961 年为止，这本书的销量已经达到 11 万多册，而且销售势头仍然非常好。

1945 年，罗杰斯到芝加哥大学担任心理系教授和辅导中心的主任，推出了他的来访者中心疗法，1957 年出版了目前被认为是其代表作的《患者中心治疗：目前的实践、含义和理论》（Client-centered Theory: It´s Current Practice, Implications and Theory）。这种方法不久就成为心理辅导界的主流技术。他提出了“自我理论”，即关于人格及其变化的理论，主张用现象学解释人格的发展，提出了人的实现的倾向。1957 年罗杰斯又回到威斯康星大学担任心理系和精神医学系教授，在这里形成了来访者中心疗法的完整理论体系。他努力将他的理论与治疗方法应用于精神分裂症患者的治疗，但效果不如在大学生中那么好。此外，他没能找到学术研究机构接受他对研究生教育采取的人本主义观点。

1963 年，罗杰斯离开威斯康星大学，来到了加利福尼亚州，成为西部行为科学机构的常务研究员。1964 年以后，罗杰斯始终致力于把他的来访者中心疗法的理论应用到教育和其他领域。从罗杰斯的事业发展来看，他一直不断地努力把客观的科学方法应用到最基本的人性上。这与他的成长经历有很大的关系。罗杰斯说：“治疗是一种我可以释放自身主观意识的体验。研究使我可以远离这种体验，尽力用客观的态度去观察这种丰富的主观体验，采用一切精确的科学方法去测定我是否一直在欺骗自己。我深信，我们必将会发现像万有引力定律或热力定律那样能对人类进步或人类理解产生深远意义的人格和行为的规律。”（赫根汉，1988）

1968 年，罗杰斯和一些更具人本主义倾向的热心成员成立了关于人的研究中心。该中心的发展表明罗杰斯的工作重心已有多方面的变化：由典型的学术机构转移到志同道合者组成的团体；由对行为困扰者的工作转移到对正常人的工作；由个别治疗转移到团体活动；由常规性实证研究转移到对人的现象学研究。

1974 年，罗杰斯在加利福尼亚州举行了大型的成长团体活动，发现一切活动的进行和小团体一样的顺利，一样可以处理团体成员个人的问题。于是罗杰斯认为，来访者中心理论可以应用到一般的成长性团体。

罗杰斯在心理学方面的贡献被世界公认，在心理辅导界的威望更是令人敬仰。他曾于1964年到1967年担任美国心理学会的主席，1956年和1972年分别获得了美国心理学会授予的杰出科学奖和杰出专业贡献奖，1987年逝世。根据吉尔森的一项调查，罗杰斯在第二次世界大战后最有影响的100名心理学家中名列第四。除了上面提到的著作外，他还著有《论人的形成》（On Becoming a Person，1961）、《自由学习》（Freadom to Learn，1969；1983）、《卡尔·罗杰斯论交朋友小组》（Carl Rogers on Encounter Groups，1970）、《卡尔·罗杰斯论个人权力》（Carl Rogers on Personal Power，1977）以及《一种存在的方式》（A Way of Being，1980）。

第二节 理论观点

一、人性观

罗杰斯对人性的看法与我国的孟子非常相似，认为人性本善，而且是朝着自我实现、成熟和社会化的方向发展。罗杰斯认为宗教信仰，让人们相信人是有罪的。罗杰斯认为，人也许有时候会犯错误，但这时候个体没有将完全的个人功能发挥出来。当人能自由地发挥个人功能，自由地去体验，实现他的基本人性时，人就是一个善良的、社会性的动物，是一个可以信任的具有建设性的人。

罗杰斯认为狮子也有许多优点，他说虽然狮子被人们视为一种凶猛的野兽，但它只是在饥饿时才会杀生，并不是为了残害其他动物而杀生。它也是从无助和依赖中长大并学会独立的，从幼时的自我中心转变成为成年期的合作、保护幼仔。在罗杰斯看来，狮子基本上是一种富有建设性的、可以信赖的动物。

人到底是性善还是性恶，这是一个一直在争论而又无法得出结论的问题。罗杰斯指出，他的观点是根据20多年的心理治疗经验提出的。他曾说过，对人并非持极端乐观的态度。他承认人由于内心的防御和恐惧，会做出穷凶极恶、不成熟、反社会的事情来。但是在对这种人进行心理治疗时，人们会发现他们内心深处存在着强烈的向上的力量。这是最令人鼓舞、振奋的事情。

这段话包含了罗杰斯对人深深的尊重，同时也包含了罗杰斯的人格理论及其来访者中心的治疗方法中对人性的假设。罗杰斯假定人的内心都存在一种自然成长的力量，会朝向健康、自我了解、自我实现的人格前进。就因为人性是善的，所以不需要对人类进行控制，而且正是企图控制人类的欲望才使人“变”坏了。

罗杰斯认为恶来源于社会，文化的影响才是造成恶行的主要因素。罗杰斯说，我们的文化，越来越依赖于对自然的征服和对人的控制，因此正处于衰落中；在废墟上涌现的将是新人，是高度觉醒的、自我指导的。

二、人格界定

罗杰斯认为每个人都有一种力求使自己得到最大发展的心理倾向，这是生物进化过程中遗传的内容。人不仅要实现其生物的潜能，还要实现其心理潜能。每个人都有自己独特的潜能、个性和价值观，所以要尊重个人的经验和感受。人会受到环境的影响，所以罗杰斯主张人与人之间正向的关怀和充分的尊重，使人的个性能够得到正常的发展。

三、现象场

罗杰斯被称为现象学派的学者（phenomenologist）。现象学强调个人的经验，认为个人的世界是经验的世界，经验就是现象场（phenomenal field），是一个人在某一时刻的整个意识范围。对于个人而言，现象场就是现实。现象学认为每个人对于周围的世界，都各有独特的知觉，一个人的所有行为反应都与他经历过的和感受到的现象场有关系。要想知道一个人行为的原因和意义，不仅要知道他面临的刺激是什么，而且必须要知道他对这些刺激的解释，尤其是对主要刺激的解释。知道了一个人对现实的知觉，就可以解释他的行为，因此没有必要去了解过去，这一点与精神分析的观点是背道而驰的。

罗杰斯认为行为的原因不是事件，而是主体对事件的知觉，由于个人对事件知觉的变化，行为会随之变化。每个人都存在于一个以自己为中心的不断变化的经验世界中。即使是在同一环境中，每个人的知觉经验也不会相同，所以每个人的反应也是不一样的。例如，当面对失败的时候，有的人会越挫越勇，从哪里跌倒，就从哪里爬起来；有的人则会唉声叹气，悲天悯人；甚至还有的人会从此一蹶不振。所谓“仁者见仁，智者见智”说的就是这个道理。

每个人都生活在自己的主观世界里，这个主观世界可能和当时的客观环境保持一致，也可能与客观环境有较大的距离。这个主观世界包括当事人有意识的和无意识的知觉。行为的最重要的原因就是那些有意识的知觉，或者是可以成为有意识的知觉。按照罗杰斯的说法，虽然每个人的主观世界只有当事人自己能觉察到，但是其他人也可以设身处地地体会他的感觉，从当事人的立场、角度、观点出发，去了解他所处的环境的状况，理解他的行为的意义，这也是罗杰斯非常注重自我报告的假设。

四、人格结构

罗杰斯将“自我”视为人格的主要结构。罗杰斯最初是反对自我概念的，认为它不是一个科学的概念。但是，在大量的临床实践中，他发现病人经常使用自我一词来表达内心的体验。于是，他逐渐接受了自我概念，并以此建立了他的自我理论。在罗杰斯的人格理论中，有两个重要的概念，一个是自我（self），另一个是理想自我（ideal self）。

(一)自我

按照现象学的说法,每个人对其周围环境和事物的知觉构成了他的现象场,即这个人的主观世界。其中关于自己各个方面的印象就是他的自我,或自我概念(self concept)。例如,我是一个优秀的人,我的身体非常健康,我的心地非常善良,我的努力总会有收获,我长得不漂亮,我确实有独特的地方,等等。这些或正面或反面的印象,就形成了一个人的较为稳定的自我。自我是一个具有组织性、一致性和整体性的知觉模式,虽然自我会变化,但它总是维持这个组织的特性。自我不是个人头脑中的另一个小人,自我无法做任何事情,也不能指挥个人的行动。罗杰斯的自我概念,与弗洛伊德的自我概念不同,弗洛伊德认为自我是可以支配人的行动的。罗杰斯则认为自我只是那些与自己有关并能被个体意识到的经验。个体所做的各种事情,都是以自我为出发点的。如果个体认为自己的舞姿优美,就会找机会在人前显露一下;如果认为自己形象特别差,就会尽量避免在公开场合抛头露面。自我是个人经验中很重要的一部分,每个人的行为都是和他的自我相匹配的。

罗杰斯非常重视自我概念和行为适应之间的关系。一个成熟健康的人的自我概念应当是与他本身的情况相符的,也就是与他的真实自我(real self)相符合或者相接近的。这说明他对自己有比较准确的认识。

(二)理想自我

理想自我是个体希望自己能够成为的样子。理想自我所具有的品质是个体认为重要的和有价值的东西,可以是生理方面的,也可以是能力、财产或社会地位方面的,这些都是个体努力追求的发展目标。罗杰斯认为个体的自我概念也应当与理想自我接近,这就表示个人对自己本身的知觉和希望成为的形象相符合,这样人们就会对自己感到满意。当然,罗杰斯还认为,心理健康者的真实自我和理想自我是相当接近或相互符合的。这是因为他们已经了解和接受了自己,不会再给自己设置一些无法实现的目标。

五、人格发展

罗杰斯很少谈到发展阶段,与精神分析学派不同,他认为人的发展受到他人评价的影响。在罗杰斯的理论中,自我是人格的核心部分,自我的充分发展是个体生长和发展目标,人格的形成与发展其实就是自我的形成和发展。罗杰斯认为影响自我发展的因素有以下几个方面。

(一)积极关注的需要

自我概念不是天生就有的,是在社会化的过程中形成的,它依赖于环境中的许多因素。一个人在与生活中的重要他人,如父母、兄弟姐妹、老师、朋友等交往时,会逐渐形成建立在周围人评价基础上的自我概念。积极关注的需要(need for positive regard)就是指在生活中得到周围人的关心、同情、尊敬、认可、温暖等情感的需求。每个人都有获得他人积极关注的需要，这种需要的满足来自他人的赞许。这种需要非常强烈和迫切，以至于连小孩子都会为了这种需要的满足，放弃某些其他事情或者需要。

（二）价值的条件

孩子在寻求积极关注的过程中，会慢慢地明白有些事情是可以做的，有些事情是不可以做的。一般来说，大多数父母总是表扬孩子的好行为，如合作、讲礼貌等，对这些好行为给予积极的关注；父母不表扬不良的行为，并不给予积极的关注，如退缩、敌对等。这样，孩子就会知道得到父母的积极关注是有条件的，需要做某些事情才可以得到，如果做另一些事情，就得不到这种关注，这就是价值的条件(conditions of worth)。当我们能做到这些条件时，提升我们自尊的可能就会增加。价值的条件被孩子内化后就成为他们自我的一部分，就可以指导儿童的行为。

这种价值的条件在儿童的社会化过程中起着重要的作用，但同时也有负面的作用。许多父母在日常生活中，经常会通过言语或行为，有意无意地提示孩子：“如果你能考出优良的成绩，妈妈就会非常高兴”“如果你能在比赛中得奖，爸爸会以你为荣”。

不可否认，这样的语言会有一定的激励作用，但同时也可能给孩子带来压力，孩子甚至可以认为“如果我不能考出优良的成绩，妈妈就会不高兴，会不喜欢我”。在这种情况下，孩子为了获得父母积极的关注，会尽量让自己去达到父母的期望，不去认同自己的感受和经验，这样就可能会阻碍儿童的成长和自我实现。

（三）无条件的积极关注

罗杰斯认为，每个人都是有价值的，都应当得到爱。如果父母的言语或行为表示孩子做了某个事情，成了某个样子，符合了父母的期望时，就可以得到父母的爱，那么这个孩子就不能达到完全的自我实现。

罗杰斯认为，孩子需要的是父母无条件的积极关注（unconditional positive regard)，是什么样子，做了什么，无论孩子胖或者瘦，高或者矮，聪明或者愚笨，顺从或者不听话，都能获得父母的全部的、真正的爱，父母会无条件地尊重孩子。也就是说，孩子不会担心自己会失去父母对自己的爱和喜欢，罗杰斯认为这对孩子人格的发展非常重要。

如果个体体验到的是无条件的积极关注，就不会形成价值条件，积极关注和自尊的需求就不会与个体的评价过程相冲突，个体就可以成为功能完善的人。

罗杰斯认为，成人不必对儿童的任何要求都给予满足，但是，父母必须将孩子的某个行为与孩子本身区分开来。例如，父母可以说：“爸爸和妈妈非常爱你，但是我们不喜欢你总去游戏厅打游戏，因为……”于是，孩子可以明白父母是爱自己的，父母只是不喜欢他去游戏厅打游戏的行为。这样，孩子的自我形象不会受到影响，他的整个的人格发展也不会受到影响。

六、人格适应

（一）自我的一致性

罗杰斯认为个体的功能是要维持各种自我知觉之间的一致性，并且在自我概念和经验之间起到协调作用，也就是说，个体采用的行为方式，多半与自我概念相一致。

个体愿意表现与自我概念相一致的行为，目的在于使获得的经验能与自我概念相符合，维持自我概念，而不必做任何的改变或修正。

罗杰斯认为一个心理健康的人，应该具有自我一致性（self-consistency），采取开放的态度，接受自己所有的经验，能够将他的经验同化到自我的结构中。也就是说，自我与经验是完全相符的、协调一致的，对经验是开放的，没有防御的。这样个体就能对环境有一个完整、准确、客观的认识，而且可以合理地运用环境中的情况和事物促进自我的充分发展。这就是罗杰斯所说的功能完善的人。

（二）自我不协调

当个体感受到自我概念与实际经验之间出现差距的时候，个体就处于不协调的状态，这是一种内心紧张、纷乱的状态。个体自我概念与经验之间的差距会使他产生强烈的焦虑。

凡是与自我概念不一致的经验，都会对自我概念产生威胁。自我是保守的、具有保护性的，当事人会采用一定的防御（defense）行为使自我不受到威胁。人们常常会采用否认和曲解的防御方式来应付现状。

否认是拒绝把有危险的经验纳入自我概念中，使自我概念免受威胁。自我具有筛选功能，会将自我期待之外的经验阻隔在意识之外。凡是与自我概念不协调的经验，都不为当事人意识到，不会出现在当事人的语言和思想之中，形成视而不见、听而不闻的现象。也就是说，人们会拒绝接受与自我概念不一致的知觉和经验。

既然有威胁的经验不会被个体意识到，那么个体如何能够觉察到它的威胁，从而采取自我防御呢？为此，罗杰斯提出了潜知觉（subception）的概念，即阈下视觉。他认为，有威胁的经验在进入意识之前，会先经历潜知觉过程，为当事人所觉察。比方说，他可能会感到呼吸急促、心跳加快或者紧张不安，虽然并不知道原因，但这种焦虑的状态会促使他去采取防御的行为保护自我。

曲解会让经验进入意识层面，但是会扭曲经验的含义。例如，一个自认为很聪明的学生，如果成绩不理想，就会认为原因是“自己没有像别人那样用功”“老师教得非常差劲”“测验不公平”“别人用了不正当的手段取得了高分数”等。

罗杰斯认为心理不健康的人的自我概念与自身的经验是不协调的。虽然这种否认或曲解的防御可能是在不知不觉中进行的，但是由于拒绝或排斥了对自我具有威胁性的知觉和经验，不愿意意识到这些经验，个体就无法认识到客观环境的真实情况，就会妨碍自我的发展。

自我不协调是造成适应不良和病态行为的根源。知觉到的威胁越多，就越有可能去否认和歪曲事实。中等程度的不协调可能会产生神经官能症；极端的不协调，会造成精神分裂。适应不良是对自我的一种否认。

由此可以看出，人格改变的困难非常大，因为改变本身就包含威胁。

学习栏 5-1

自我不协调与情绪

罗杰斯认为任何种类的不合理观念都会导致焦虑的产生。这一观点受到了托里和他的同事的挑战，他们认为实际情况更加复杂。

希金斯认为应该考虑到自我的三方面：现实我、理想我和责任我。他认为“理想我”是你想成为的那个人，是你敬佩的那个人。“责任我”由义务或者责任决定，责任意味着有些事情你是被强迫而不是自愿去做，因此听起来有点像价值条件。希金斯将理想和责任归为自我的向导，因为它们都和“现实我”进行对比并且指导着人们的行为。

希金斯和罗杰斯一样，假设自我的向导和“现实我”的不一致会产生自我否定的感觉，但和罗杰斯不一样的是，希金斯又进一步分为两种不同的感觉，认为“现实我”和“理想我”之间的差异会产生悲伤和沮丧，“现实我”和“责任我”之间的差异会导致焦虑的产生。

很多研究都支持了这一观点（Higgins，Bond，Klein，et al.，1986；Strauman，1989；Strauman & Higgens，1987）。大多数的研究都通过以下方式来评定自我概念：让人们列出10项“现实我”的属性，10项“理想我”的属性，10项“责任我”的属性，通过计算两个列表中相匹配的项目和相左的项目的个数来评定“现实我”和“理想我”之间的差异程度，相同的评定方法也被应用于评定“现实我”和“责任我”之间的差异程度。在面试中或者其他时候，被试也会报告他们的情绪，包括沮丧和焦虑。

一般研究表明“现实我”和“理想我”之间的差异程度只与沮丧有关，与焦虑无关。“现实我”和“责任我”之间的差异程度与焦虑有关，与沮丧无关。根据焦虑和沮丧会同时发生这一现实，这一结论让人印象深刻。事实上，很多心理学家将它们看作一件事物的不同方面，但是把它们区分开来并不是一件容易的事情。

有趣的是“责任我”似乎在概念上和价值条件联系在一起，也就是说，责任就是义务。相反，“理想我”就没有和价值条件联系在一起，这项研究的主体与罗杰斯的立场相对比有所改变。由失败到为了满足价值条件之间的不一致导致了焦虑的产生，而失败和自我实现之间的差异反映在了沮丧上。

资料来源：Charles & Michael，2008。

七、人格动力

罗杰斯认为个体的基本动力就是谋求自我的充分发展，即自我实现的倾向（actualizing tendency）。换句话说，个体有一种基本的驱力：实现自我、维持自我并提升自我。在罗杰斯看来，不仅是人，所有的有机体，都具有求生、发展和提高自己的天生的需要。“对有生命的有机体而言，他们只有一种动机，一个最重要的目标，那就是维持生命并将潜能充分地发挥出来。对一个人来说，这就涵盖了所有动机，包括进食、性、地位等。这是一种与生俱来的倾向，推动每一种有生命的有机体朝向生长与发展的方向，人类如此，植物也是如此。”（黄坚厚，1999）

自我实现的倾向会促使个体发展，不仅仅指有机体生理方面的成熟，还包括其他方面的成长。罗杰斯认为这种倾向会促使个体从一个简单的组织成长为一个复杂的组织，从一个依赖的个体成长为独立的个体，从固执、呆板的状态发展为可以变化的、能够自由表达的状态，就是说，使个体更加复杂、独立、有创造性和有责任感。

罗杰斯曾在诗中描述人生是一个积极主动的过程，就像长在大海岸边的一棵大树，笔直、坚强、活泼，不断地茁壮成长。

学习栏 5-2

内发性动机：付的钱越多，对工作的兴趣反而越少？

你认为画画受到奖励的小孩与没有受奖励的小孩相比对画画的兴趣会提高还是降低？猜字谜得到奖励的大学生，与没有得到奖励的大学生相比对继续猜字谜的兴趣会增高还是减少？研究结果与罗杰斯强调自我实现的看法一致，与强化理论矛盾：表现受到奖赏后，内发的兴趣以及进行该活动的动机均降低了。

凡是能让个体得到挑战、竞争与自我决定的感受的条件、情境，似乎均有助于内发性动机的发展。因此，父母的育儿方式如果采用自主取向，而不是控制取向，会更有助于内发性动机的发展。

内发性动机取向的人偏好于挑战性工作，失败后能持续努力，较具创造性与表现性，自我评价也较高。在鼓励内发性动机的情境下，运动员和学生都表现得比在强调外在奖励或控制的情境下更好。

这个研究结果并不表示薪水越高，越会降低个人在工作中的乐趣，但是却显示了“金钱不是万能的”。

第三节 研究方法

罗杰斯强调实证性方法，采用的方法包括 Q 分类法、语义分析法、个案研究等，这些研究介于质的分析和量的研究之间，表现出现象学方法的特点。

一、Q 分类法

20 世纪 50 年代初，史蒂文森（Stephenson，1953）发展出一种称为 Q 分类（Q-sort）的方法。罗杰斯认为，这个方法与他早年对儿童进行研究时所采用的评量方法相似，于是他很快接受了这种方法，发展出一套改造而成的 Q 分类法，并应用于自我概念的研究。

Q 分类法是一种自我评定测验的方法。测验过程中，要求被试将写有描述自我特征的一系列卡片，根据卡片中符合个人的程度分为若干类，然后要求被试按照正态分布的方式来选择卡片，最后研究者按照被试分类的结果进行分析，以了解被试的自我特征。

Q 分类法需要的卡片一般是 100 张左右，然后根据被试认为的最适合他的描述或最不适合他的描述分类，从“极为符合”到“极不符合”共分为九个等级，在分配这些卡片时，要求被试按照正态分布的原则确定各个等级应分配的卡片数目。

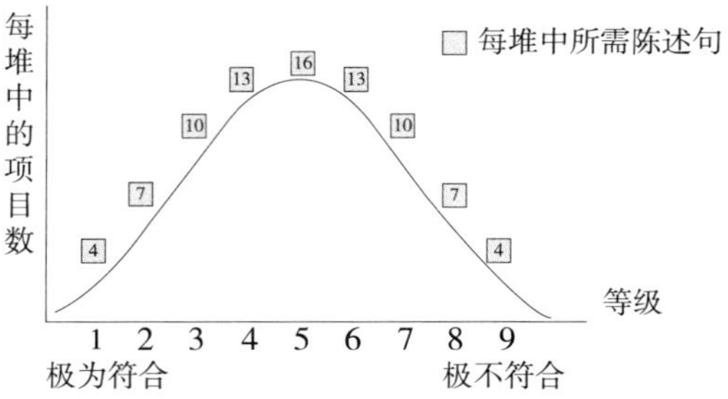

图 5-5 自我陈述的一种强迫性 Q 分类

表 5-1 Q 问卷中常用的语句

我很聪明	我有野心
我常常有负罪感	我是个冲动的人
我是个乐观的人	我很容易焦虑
我很自由地发泄我的情绪	我对自己的要求很高
我了解我自己	我很容易和他人相处
我很懒	我常常感到被强迫
我常常感到开心	我独断专行
我喜怒无常	我对我自己的问题负责

（摘自：Charles & Michael. Perspectives on Personality，2008，p. 341.）

自我和理想自我之间的比较常常可以运用 Q 分类法，以检验在治疗开始时、治疗期间、治疗结束时的真实自我与理想自我之间的关系。罗杰斯的一个个案（1961）可以说明在心理治疗中如何使用 Q 分类追踪来访者的进步。在五个半月期间来访者进行了 40 次的治疗，几个月后又回来做了几次治疗。她在治疗开始、治疗中的不同阶段以及治疗结束后都进行了 Q 分类。其中各个时期的相关系数显示在图 5-6 中（Burger，1997）。

这个妇女在治疗前，她的真实自我与理想自我的差距非常大，相关为 0.21。也就是说，当她第一次来到咨询室的时候，她认为自己不是自己想要成为的那种人。随着治疗的进程，来访者的自我概念逐渐与理想自我接近，这种倾向在治疗后仍然存在。这个案例很好地说明，罗杰斯的治疗使当事人的真实自我与理想自我更接近，她比接受治疗前更能体验到生命的意义，成为较完整的人。

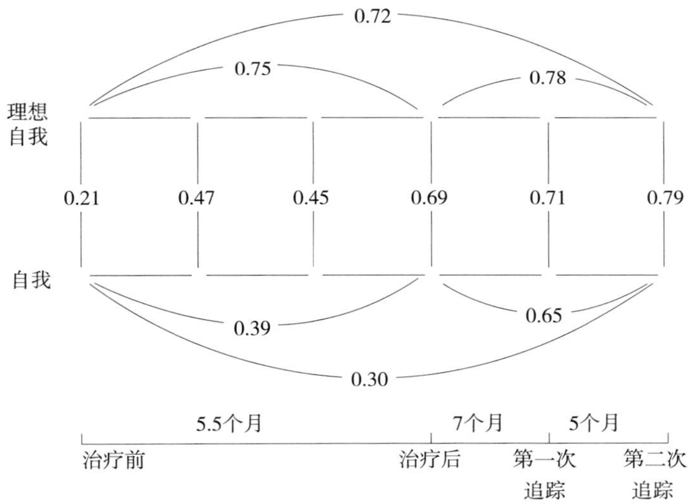

图 5-6　一个四十岁女性来访者改变真实与理想自我的 Q-SORT

二、语义分析法

语义分析法（method of semantic differential）是运用语义量表来研究事物意义的一种方法，最早是用来测量态度和概念的意义的，后来成为人格的测量工具。这种方法以纸笔形式进行，要求被试在许多个 7 点量表上对某事物或概念进行评价，以了解该事物或概念在各评价维度上的意义和权重，每一个评价维度的两端都是意义相反的形容词，如好—坏，主动—被动，乐观—悲观，强壮—衰弱，等等。

语义分析法可以用来测量人格，20 世纪 50 年代有两位精神医生辛篷和克莱克利曾做过一个著名的治疗个案——“三面夏娃”。

图 5-7 《三面夏娃》中的白夏娃和黑夏娃剧照

“三面夏娃”是一个有三重人格的女人，在某一时期，其中的一种人格就会占优势，她在三者之间变换。三种人格分别称为白夏娃、黑夏娃和珍妮。当每一种人格出现的时候，精神医生都让她对几个概念做语义分析的评价。然后将评价的结果交由两位心理学家做量的和质的分析，他们两位都不认识这个女人。心理学家的分析包括描述性的评语（见表 5-2）和客观资料以外的人格解释。例如，白夏娃被描述为没有摆脱社会带来的心理压力，黑夏娃已经脱离社会现实，但是相当有自信，珍妮表面上很健康，但是相当拘谨、呆板。语义分析测验的分析结果和两位精神医师提供的描述相当符合。（Osgood & Luria，1954）

表 5-2 根据语义分析法对多重人格案例进行的简要人格描述

三面夏娃	语义分析
白夏娃	基本上以相当正常的方式来觉知世界，有正常的社会化，但是对自己很不满意。人格困扰的证据主要在于“我”概念（自我概念）的评价结果，“我”有一点坏，有一点被动，非常软弱。
黑夏娃	黑夏娃采取的是一种极激烈的适应，她看自己好像是很完美，因为她以完全曲解的方式来觉知世界。如果黑夏娃看自己是好的，那么她也得承认憎恨和诈骗是好的。
珍妮	表现出最“健康”的特点。她接受一般社会对概念的评价，而且对自己也有相当满意的评价。自我概念中的“我”，虽然不是很强，但也不弱，在语意空间上较接近好的、主动的一端。

三、个案研究

在心理治疗领域，罗杰斯非常注重个案研究（case study）方法的使用，他也是第一个对个案进行有计划研究的人。罗杰斯不仅第一个坚持对心理治疗进行连续的研究，而且还对治疗的过程进行了详细的记录。在征得来访者同意的情况下，他将治疗的面谈过程录音并拍成影像，把治疗过程的档案资料保存下来，以供研究之用。罗杰斯开创了研究心理治疗的先河，在他之前，没有人把心理治疗当作一项科学研究来对待。他还是第一个对治疗的有效性或无效性进行测量的治疗师。

第四节 研究主题

罗杰斯将研究重心放在研究功能完善的人。罗杰斯认为，心理治疗的目的是消除自我和经验间的失调，是塑造功能完善的人或功能完全发挥的人（the fully functioning person）。

罗杰斯说："美好的生活是一种过程，而不是一种存在状态，它是一个方向，而不是一个终点。"（马斯洛，1987）他认为人有自我实现的驱力，这使人努力达到最佳的状态和生活的满意度，成为一个功能完善的人。功能完善的人好像一个没有经过社会化的婴儿一样，不依赖于外部的价值条件，而是按照机体内部的评估过程生活，他们忠实于自己。功能完善的人的生活会随着经验变化。他不给自己制定一套固定的程序或方式，而是跟着感觉走，让经验引导生活。

罗杰斯认为，功能完善的人具有如下人格特征。

1. 向经验开放

罗杰斯认为，一个功能完善的人，向经验开放（openness to experience）时，能更深刻地意识到人格的内涵，并开放吸收外界信息的通道。他们对任何经验都是乐于接受的，也就是说不需要防御机制。不论什么样的刺激，不论刺激来自何处，他们都去体验它，使它完全达于意识层面。

功能完善的人更能倾听自己，对于自己的恐惧、痛苦都更加开放；对于自己的勇气、柔情和崇敬的情感也更为开放。无论是正面的或负面的感觉，他们会尽情地体验生命。他们会感激经验的独特性，而不是把经验关在意识之外。功能完善的人会过自己的生活，而不只是让日子就这样的过去。

2. 重视此时此地

功能完善的人有一种倾向：在每一时刻都充分体验生活。罗杰斯认为，如果一个人对他的新经验充分开放，完全不加防御，那么，每一时刻对于这个人都是新鲜的。他们会睁开眼睛看此时此地发生了什么事情，他们活在此时此地。

3. 信赖自己

功能完善的人不信任外界的权威，而是尊重自我的感受。罗杰斯认为，一个人应该充分信任自己的直觉和感受，相信自己可以依赖直觉和感受来做事，并做自己觉得正确的事，而不被以前的标准或他人的标准所左右。

有时候，人们不仅是要做出理性的、权衡利弊后的决定，而且更应该相信自己对某一情境做出的整体的反应。这种反应出现在脑海时，可能会让个体感到意外，但却更接近个体在没有完全意识到的情况下得出的结论。人类创造的历史上已经有很多这样的记录。当个体处于充分发挥自身功能时，整个的有机体比认知功能本身更富于智慧。

功能完善的人不倾向于顺从社会的要求，他们对自己的兴趣、价值和需要比较敏感。无论是正面的或者负面的，他们体会自身感觉的能力都比一般人更加深入而且强烈。他们更了解愤怒和害怕的感觉，同时他们也能更强烈地感受到爱和喜悦的感觉。可以说，功能完善的人在生活中的体验更加丰富。

当然，人有时候是有敌意的，是残酷的。罗杰斯认为，如果有机会让我们成为我们自己，没有生活的负担，所有的人都能实现自己的潜能，成为可以信赖的、可爱的人。功能完善的人也会接受并且表达他们的气愤。

第五节 理论应用

一、来访者中心疗法

罗杰斯的人格理论来自他的治疗实践。1942 年，罗杰斯在《咨询与心理治疗：实践中的新概念》一书中提出了一种新的理论和治疗方法——非指导式疗法，1951 年，改成来访者中心疗法，到了 1974 年，又改成个人中心疗法或来访者中心疗法(client-centered therapy)。名称虽然发生了改变，但基本理论和实施过程大致没变。罗杰斯认为：“心理治疗是释放一个有潜在能力的个人的一种已经存在的能力，而不是专家操纵的被动人格。”

(一) 治疗目标

罗杰斯的治疗目标在于帮助当事人减少人格的内部冲突，整合自我与人格，发展积极的生活方式，变成一个功能完善的人。

(二) 治疗技术

罗杰斯从现象学出发，认为心理治疗的中心是当事人，来访者中心疗法强调要相信当事人找到人格力量，充分尊重当事人的个性。来访者中心疗法的基本假设是，来访者是自己最好的专家，他们有能力找到解决自己问题的办法。治疗者的任务是促进来访者对自己的思想和情感进一步地了解，以找到解决办法。来访者中心疗法强调引导当事人找到方法，而不是指示或者灌输。治疗者的任务不是改变来访者，而是要努力启发来访者的自我指导能力。

在整个面谈的过程中，治疗者不给劝告、不做评价、不给资料，也不给予指导或劝说，只是倾听。治疗者要不断地问自己一些问题，例如，他到底在说什么？他要表达的最特殊的信息是什么？在当来访者语言中断时，治疗者要给予鼓励，支持对方继续下去。治疗者要避免做解释、做批评。治疗者的主要工作就是帮助当事人澄清（clarify)、反映（reflection）自己的认知特点和感情，使他们能发现被扭曲、被束缚的自我。

罗杰斯相信将模糊的感觉变成精确的文字，可以帮助来访者更加了解自己。这种技巧就是重述来访者的叙述，但并不是逐字地重复。下面这个例子，面对的是个人认同感挣扎的女性来访者。

来访者：我想，我只希望知道要做什么，但是可能没有人能给我那个东西。

治疗师：你了解你大概在寻找别人无法立即给你的答案。

来访者：我真的不知道，我不知道我

在寻找什么。只是有时候我在怀疑我是否神志不清，我想我是个疯子。

治疗师：这只是提醒你，你并不是像自己所想的那样正常。

来访者：对！让我不要担心是愚蠢的。因为我真的担心。这是我的生活啊！噢！我不知道如何能够改变我对自己的概念，因为那正是我所感觉到的。

治疗师：你觉得与别人大不相同，而且你不知道如何修正。

来访者：当然，我了解这在很久以前就开始了，因为每一件事都有一个开端。我不只是某些地方或有些事有点做不好。况且，我猜我们多少都要看得出来，这是一种再教育。但是，我不觉得我自己能够单独做到。

治疗师：你了解这根源必须回到很久以前，在许多方面，你将必须重新开始做，但是你不确定自己是否能做到。

来访者：对！这只是一个想法，这是我看见自己在生活中经历的方式，到了五十岁、六十岁，甚至七十岁时，仍然思考这些恐怖的想法。只是这似乎不太值得。我是说，多可笑啊！当每个人在过他们的生活时，我在旁边观看，这好像不太对。

治疗师：当你用这种方式看的时候，这种未来看起来好像不是很光明。

来访者：对！我知道我缺乏勇气，那是我最缺乏的东西。这就是了！因为其他人不是那么容易动摇……要解释这些事是件困难的事。只是这好像是真的，但是我有点嘲笑它……这是非常混淆的感觉。

治疗师：逻辑上来说，你明白缺乏勇气是你的一个缺陷，但是在你的内心，你发现自己在嘲笑这种说法，而且觉得这真的和你一点关系都没有。是吗？

来访者：对极了！我总是使我自己与众不同。这就对了！

（三）治疗条件

罗杰斯非常强调来访者与治疗者之间的心理气氛。良好的心理气氛对来访者的意义比治疗技巧更为重要，因为在这种气氛下，来访者没有防御心理，只有这样才能接触到潜在的自我。要想达到理想的治疗效果，必须给来访者提供三个条件。

1. 真诚一致

治疗者要真诚、坦白、开放地对待来访者，表现出真实的自己，没有虚伪的面具，不去扮演学到的治疗者的角色。罗杰斯曾这样论及真诚：在咨询关系中，真诚的主要功能就是使来访者对治疗者产生信任，这种信任再进一步可以引发改变。在这种真诚的人与人的关系中，治疗者能坦白地与来访者分享自己的感受，甚至包括负面的感受。罗杰斯相信来访者能够分辨出治疗者对他是否真诚。

2. 无条件的积极关注

无条件的积极关注，就是治疗者对来访者的无条件的尊重和认可。治疗者要积极地看待来访者，将他看作一个有价值的、能够成长的人，给予完全的、无条件的关怀。无条件的积极关注能够创造一种没有威胁的情境，在此情境下，来访者能够自由地表达并且接受自己的感受，不担心会被拒绝。

无条件的积极关注并不表示治疗者必须赞同来访者所说的每一件事，特别是可能对来访者本人或其他人造成伤害的事，但是要能够承认、接受这些层面的东西。

3. 设身处地的理解

设身处地的理解指治疗者在心理治疗中，能够感知来访者的经验、感受以及这些对他的意义。这不是对他的经验做诊断式的陈述，也不是简单的重复，而是与来访者有同样的感受。罗杰斯曾这样描述：感受来访者的私人世界，就好像那是你自己的世界一样，这就是共情。它对治疗是至关重要的。感受来访者的愤怒、害怕和迷乱，就像那是你的愤怒、害怕和迷乱一样，然而并不将你自己的愤怒、害怕和迷乱卷入其中，这就是我们想要描述的情形。

用两句中国成语来表达这种意思就是“设身处地”和“感同身受”。它的治疗功能表现在，共情能够极有力地帮助当事人厘清他的思想、感受，也就是一种澄清作用。按照罗杰斯的说法，先是来访者开始学会倾听自己，逐渐接受来自他内部的消息，包括那些他以前总是否认和压抑的感受，同时他也变得更能接受自己，采取像治疗者一样的态度来对待自己，接受自己的本来面目，从而走向更协调统一的状态。于是改变就发生了。

（四）治疗结果

如果治疗有效，在来访者身上会观察到下列变化：

1. 来访者会更加无拘无束地表达对生活的感受。

2. 来访者将更准确地描述他们自身以及周围的各种事件。

3. 来访者开始察觉到自我概念和某些经验之间的不协调。

4. 当来访者体验到不协调时将会感受到威胁，但是治疗者的无条件关怀使他能继续体验不协调的经验而不去曲解和否定它们。

5. 来访者最后将能准确地用符号表示，意识到过去被否定的或曲解的各种情感。

6. 来访者的自我概念被认识，从而能纳入那些以前曾被拒绝认识的经验。

7. 当治疗继续时，来访者的自我概念增强了与经验的协调，也就是说，现在包含了许多以前感到威胁的经验。当他们很少受到经验威胁时，他们就变得较少防御了。

8. 当治疗继续时，来访者越来越多地像他们生活中最有权威的评价经验那样体验他们自己。

9. 如果最后来访者是按照他们机体评价过程，而不是按照价值条件来评价他们的体验时，治疗就获得成功。

要使这一切成为可能，只有通过来访者对治疗者给予的无条件关怀的理解和治疗者努力了解来访者如何看待事物才能实现。

总之，在罗杰斯看来，治疗过程就是使来访者在生活中使用他们自己的机体评价过程。治疗的结果就是让来访者卸下平时应付生活的各种伪装、假面具，真正成为他们自己。

学习栏 5-3

机场里的自我表露

你有没有这样的经验：在机场的大厅里等飞机的时候，一个陌生人坐在你的身边，并开始与你谈话。你认为这种谈话大致会达到什么样的亲密程度？

一般来说，大多数人有这样的原则，那就是不会对刚认识的人透露太多个人的信息。人们自我表露的程度可能会视对方的表露程度而定。研究认为，表露的相互性规则非常明显，在这样的情境下，亲密的表露会引发更多的表露。

为了验证这种说法，学生实验者与单独坐在波士顿洛根国际机场的成人进行了接触（Rubin，1975）。学生向被试解释说，他们要做一个作业：收集手写样本来和自己的手写样本做比较。学生们给被试一张纸，纸上有两个空格，一个空格是学生的手写样本，另外一个空格是留给被试写的。

学生实验者先写下他们的名字和年级，然后会将亲密程度不同的信息写在纸上。有的学生写了一个低亲密性的信息："为了完成学校的作业，我正在收集手写样本。"

有的学生写了一个中等亲密性的信息："我最近在考虑自己与其他人的关系。在过去几年中，我交了几位好朋友，但许多时候我仍然觉得很孤单。"

还有一些学生写了较为亲密的信息："我是个适应良好的人，但是我存在一些性方面的问题。"接下来，学生将纸交给被试，告诉他们将所想的写在纸上。

将信息进行统计计分时，研究者发现得到的结果与预期的一致。学生提供的信息越亲密，被试的回应就越亲密。比如，有人写道："我是一个祖母，但是我也曾经怀疑自己的认同。"还有人提出了一个建议："我是一个职业妇女，对于家庭和工作都能兼顾得很好。我们都有关于性方面的问题，但是爱和生活中有其他更多东西比性更为重要。"还有一名被试透露了这样的信息："我应该算是一个，准备回到我那无能的丈夫那里。"

可能因为那些被试知道以后将不会再看见实验者，所以会尽情地表露。研究者把这种现象称为"过路的陌生人"（passing stranger）或"公车上的陌生人"（stranger on the bus）效应。

二、在教育领域的应用

罗杰斯的来访者中心疗法不仅在心理治疗界受到了广泛的应用，而且在教育界形成了“以学生为中心”的教育观念。他的自我指导理念适用于咨询人员和来访者、教师和学生、父母和子女、丈夫和妻子，以及一般的人际关系。

（一）教育目标

罗杰斯认为教育应该关注学生成长的目标，而不是教学方法，这一点与心理治疗的观点是相同的。他认为教育的目标是要促进学生的发展，使他们成为能够适应变化、知道如何学习的“自由人”。罗杰斯所说的自由指敢于涉猎那些未知的、不确定的领域和能够自己做出抉择的勇气，他认为按照这种教育目标培养出来的人就是功能完善的人。罗杰斯认为，只有学会如何适应变化的人，只有意识到没有任何可靠的知识，唯有寻求知识的过程才可靠的人，才是有教养的人。变化是确立教育目标的唯一依据。这种变化取决于过程而不取决于静止的知识。

（二）实现目标的条件

1. 帮助学生形成自我——主动学习(self-initiated)。教师要帮助学生学会面对生活，正视生活中的问题。

2. 教师对学生要有真诚的态度。罗杰斯强调要尊重和爱护学生，教师只有做到真诚地面对学生，才能取得理想的教育效果。

3. 对学生产生共情式的理解。教师要了解学生的感受，包括对学习的看法，这样就可以理解学生的行为反应，还要欣赏学生，欣赏学生的感情与人格。罗杰斯认为促进意义学习的关键不在于教师的教学技能，或者教学资源和设备，而在于教师对学生的态度。可见，罗杰斯对于教师与学生关系的强调到了无以复加的程度。

（三）以学生为中心的教学原则

罗杰斯强调以人为中心，突出学习者在教学过程中的中心地位，提倡非指导性的教学原则。他强调教师要信任学生，并被学生信任，要相信学生能够发展自己的潜力，让学生在教学情境中感到自信。这是实现以学生为中心的教学前提，具体如下：

1. 教师与学生共同分担学习过程的责任，一起确定课程计划和管理方式等方面的内容。

2. 教师给学生提供各种各样的学习资料，鼓励学生把个人的知识、经验纳入这种学习资源中。

3. 让学生自己制订学习计划，或者与别人共同制订，探寻学习的兴趣。

4. 创造一种促进学习的良好气氛，使学习更加深入，进度更快。

5. 学习的重点在于学习过程的连续性，学习内容则是次要的。

6. 学习目标应该由学生自己确定。

7. 对学生学习的评价应由学生做出。

8. 使学习以更快的速度进行下去，并渗透到学生的行为中去。

第六节 理论评价

一、理论贡献

罗杰斯作为人本主义的代表人物，是继弗洛伊德以后，对心理治疗产生影响最大的一位心理学家。他推崇现象学的观点，重视自我概念和行为之间的关系。一般来说，罗杰斯本人和他的理论受到了人们的推崇，是中国人最熟悉的理论。他认为人的本性是善良的，这与我国儒家思想“性本善”的观念类似，强调每个人都有自我发展的倾向和潜能。

罗杰斯是世界上第一个对心理治疗进行科学研究和分析的心理学家。在研究方法上，罗杰斯非常重视当事人的主观经验和自我报告。目前许多心理学家都非常重视来访者自我报告的资料。他运用Q分类技术，把主观描述变为定量的评估。Q分类技术确实可以客观地衡量治疗的效果。

来访者中心疗法长期以来在治疗界一直很流行。一部分原因是这种疗法不是以技术为中心，所以比较容易学。此外，它也不需要对人格理论有太多的了解。比起传统的心理分析派的技术，它不需要冗长的训练，而且可以在较短的时间产生效果。因此，这种疗法吸引了各类人，包括治疗师、教师、律师、父母。在危机干预中心、咨询机构等处应用得非常广泛。它最适合于治疗焦虑症和适应性障碍，常应用于以促进良好人际关系为主的机构和团体中，如学校、商业团体等。

罗杰斯对治疗过程的气氛非常重视，他十分强调对来访者的真诚、无条件的积极关注和同感的理解。我国心理辅导界人士也都遵循他的理论和辅导原则。

罗杰斯的贡献主要表现在人格的自我理论的提出，来访者中心疗法的创立以及以学生为中心的教育思想的倡导。罗杰斯强调个人经验，以及成为“功能完全发挥的个人”（fully-functioning human being）的重要性。对辅导员、教师及商业管理人员的训练产生了很大的冲击，这种影响持续至今。

二、理论缺陷

人们对罗杰斯的人性观提出质疑，因为人性究竟是善还是恶，到目前为止还没有科学的办法来加以验证。他回避了讨论攻击性、自私等人性的另一面，人们认为罗杰斯的想法有些过于天真。另外，罗杰斯把人类所有行为的动力都归因于自我发展的倾向，这有些牵强。

罗杰斯对当事人的主观经验和自我报告非常重视，有人认为他过于依赖个人的自我报告，所得到的不一定可靠。有人批评来访者中心疗法的治疗师太缺少训练，而这是无法用热情弥补的。即使治疗师做到了以来访者为中心，是否就能真正消除来访者扭曲的认识和经验，这有待于进一步的研究。

第三章　罗洛·梅的人格理论

第二次世界大战后，存在心理学开始从欧洲向美国流行，并形成了相当的规模。其中最著名的代表人物当属美国人本主义心理学家罗洛·梅。

罗洛·梅是美国著名的存在分析心理学家、存在主义精神分析的先驱、美国存在心理学运动的主要领导者，被称为存在主义心理学之父。同时他还是一位职业的精神病治疗医师，以及美国人本主义心理学三位创立者之一。他把心理治疗的经验与存在主义哲学的观点结合起来，开创了存在主义心理学的先河。因为存在主义哲学发源于欧洲，所以对于一个地道的美国人来说，这是一个了不起的成就。

Rollo May（1909—1994）

第一节　生平事略

罗洛·梅，1909 年 4 月 21 日出生在美国俄亥俄州的艾达，童年在密歇根州度过。他的父母亲都没有受过良好的教育。他有五个兄弟，一个姐姐。他的童年并不快乐，生活在不愉快的家庭气氛中，姐姐患了精神分裂症。在罗洛·梅的眼中，父母关系不和，而且经常吵架。他的父母最终离婚，所以他早期的家庭环境并不理想。这也是他有兴趣投入心理学与心理辅导的原因，但这个经验也给他日后不美满的婚姻埋下了伏笔。

罗洛·梅从小就对文学和艺术有着浓厚的兴趣。1930 年，他获得奥柏林学院文学学士学位，后来以巡回艺术家和教师的身份游历欧洲。在维也纳期间，罗洛·梅曾进入阿德勒举办的暑期研讨班，这是他的兴趣转向心理学的一个重要转折点。

1934 年开始，罗洛·梅担任密歇根州立大学的学生辅导员。后来又到纽约联合神学院学习，他并不是想当一名牧师，而是对人类存在的基本问题感兴趣。在这里，他与他的老师——为逃避纳粹迫害而逃亡美国的德裔存在主义哲学家保罗·蒂利希成了好朋友，并深受其影响。他接受存在主义哲学的影响，确立了人类存在的一些基本观点。1938 年罗洛·梅获得神学学士学位，并于同年结婚，育有一子二女。

20 世纪 40 年代，罗洛·梅发现自己对心理学的兴趣要高于宗教，于是到怀特心理研究所专门研究精神分析。在这里，他受到了弗洛姆和沙利文的影响，接受了新精神分析的训练。40 年代后期，罗洛·梅得了严重的肺结核，在疗养院里待了 3 年，这也许是他人生的转折点，对他的思想趋向于存在主义有着重大的影响。在疗养院里，因药物治疗不见起色，他天天焦急地盼望康复。即使是面临死亡的威胁，罗洛·梅也用读书来填补时间。存在主义者祁克果写的书，激发了罗洛·梅的理论灵感，他发现焦虑对于缓解死亡的恐惧是无济于事的。

1946 年，罗洛·梅从事心理治疗方面的工作，由此积累了大量的临床案例和丰富的临床经验。1949 年，哥伦比亚大学授予他临床心理学博士学位，他论文的题目是《焦虑的意义》。

1948 年，罗洛·梅为怀特心理研究所成员，1958 年任所长。50 到 60 年代，罗洛·梅曾在多所大学任教，曾任纽约大学、哈佛大学、普林斯顿大学、耶鲁大学的兼职或专职教授。他曾担任存在心理学与精神医学协会会长，纽约心理学会会长，高等教育中的全国宗教委员会委员，并在许多著名大学开专题讲座。罗洛·梅生命的最后的时间是在加利福尼亚州的第布隆度过的，直到 1994 年 10 月去世。

罗洛·梅一生著作颇多，最著名的是 1969 年的《爱与意志》（*Love and Will*）。这本书是美国的畅销书，并且使他因此获得爱默生奖。1958 年，他出版了《存在：精神病学与心理学的新方向》（Existence: A New Dimension in Psychiatry and psychology)，全面介绍存在主义心理学，这本书被认为是美国存在主义学方面的权威书籍。另外，《自我的追寻》（Man's Search for Himself，1953）、《存在心理学》（The Psychology of Existence，1961）、《心理学与人类的困境》（Psychology and the Human Dilemma，1967）、《权利与纯真》（Power and Innocence，1972）等著作也有很大的影响。

第二节 理论观点

一、人性观

罗杰斯认为人性本善，恶是不良的社会文化背景造成的。罗洛·梅则认为文化是由人创造的，文化中的善与恶都是人类本性的真实反映。他认为，文化有善和恶是因为构成文化的人有善和恶。文化之所以具有破坏性，是因为生活在文化中的人具有破坏性。

罗洛·梅认为人有善、恶两种潜能，潜能既可以是建设性的，也可以是破坏性的。也就是说，人性既是善的，也是恶的，这都是人类的潜能。原始生命力（daimonic）是人性的基本潜能，如果受到自我增强的欲望驱使，就会成为建设性的源泉。如果这种自我增强的欲望与人格结合，就会产生创造性，也就是建设性的；如果对这种欲望失去了控制，它就可能支配整个人格，产出破坏性活动。

当某种原始生命力充满了整个人格，没有考虑到自我的整合，没有照顾到其他因素和欲望及其对整合的需要，它就表现出过分地具有攻击性、敌意、残酷等平时最令我们害怕的并被尽量压抑的形式。我们经常把这些东西安插到别人身上。

二、存在主义理论

罗洛·梅是人本主义流派中最具有存在主义倾向的心理学家，是存在主义心理学的代表人物，也是当代心理分析大师。虽然他受到存在主义哲学的影响，但他并不是存在主义哲学家，也不属于某一个存在主义哲学流派。他把存在主义哲学的许多内容进行吸收和改造，形成了他独特的存在分析理论。

（一）存在的含义

在存在主义哲学中，“存在”一词是用“此在”（dasein）一词来表示的，是“在那里”的意思，强调在某一特定的时间和地点，对世界的某种独特的个人体验和解释。个体是世界上的一个存在，世界与个体同时存在，彼此不能分离。

罗洛·梅把个体对存在的体验称为存在感，存在感与自我意识联系在一起。一个人的存在感越强烈，他的自我意识越深刻，就越能够对自己有一个全面的认识，进行自由选择的范围就越大，对个人命运的控制能力也就越强。存在感把个体联结为一个整体，有存在感体验的人，能够灵活地运用语言进行人际交流。这样的人能够发现生活的意义，是活生生的、健康的人。

一个人丧失了存在感就会患上心理疾病，感到生活失去了价值和意义。因此，心理治疗的主要目标就是要发现存在感，帮助个体找到失落的存在。

（二）存在于世界上的三种方式

存在主义哲学家认为存在有三种形式：自然界、社会和自我。每个个体都同时存在于这三种世界中，个体不能单独以其中一种或两种状态生活，必须同时生活在这三个状态中。只有把这三种状态世界结合在一起才能全面地解释人类存在。

罗洛·梅同意三个世界的观点，他认为个体要有健康的人格，必须同时处于上述三种世界中，如果只重视其中的一种或两种，人的存在就会受到破坏，导致形成不健全的人格。罗洛·梅把这三个世界称为个体存在于世界上的三种方式。

1. 人与环境的世界

罗洛·梅将人与环境的关系方式称为人与环境的世界（Umwelt）。他把环境描述为一种“自然的世界”，环境有自身发展变化规律，是一个生生不息、不断循环的世界，有睡眠和醒觉，有冷、热、饥、渴，有生老病死。个体生存于这一环境中，会碰到各种自然现象，遇到各种自然力量，个体必须努力处理好与自然的世界的关系，做到适应环境。

2. 人与人的世界

罗洛·梅将人与他人的关系方式称为人与人的世界（Mitwelt）。个体不是封闭的、完全的自我生活，而是处于社会中的。个体免不了要和社会发生联系，群体与个体是相互影响的。没有个体的参与，也就没有社会这一概念。个体之间不同的关系水平依赖于个体所做的选择和采取的行动。在社会里，个体不仅仅是进行适应，被动地处于社会的影响之下，而且是自主自发的，努力与别人建立创造性关系，主动进行社会整合，主动融入社会当中。

3. 人与自我的世界

罗洛·梅将人与自我的关系方式称为人与自我的世界（Eigenwelt）。个体参与环境和社会以自我归属和自我意识为前提，是主动性的发挥。个体必须对自我有足够的了解和认识，并把这种认识作为观察别人的基础。自我意识在个体参与环境和社会中起到了重要的作用。如果没有很清醒的自我意识，个体建立人际关系就没有了动力，建立的人际关系也是随意的、被动的、苍白的、平淡的、缺乏活力的、不能持久的。个体只有充分地认识自我，清醒地把握内心需求，较完整地了解内心世界，才能理解周围的世界的意义、与周围的环境和人的关系以及现在和将来的行动等。

三、人格定义

罗洛·梅认为，人格是不断变化的，紧张感是人格发展的动力，保持人格健康的关键不是消除紧张，而是把负罪感导致的破坏性紧张状态转变到建设性的方向上。

（一）人是自由的

罗洛·梅认为，个体具有自我意识，有进行自我选择的意志自由。人之所以为人，就是因为他有选择的自由。自由是个体存在的基础，是个体存在的基本条件。一个人只有相信自己是自由的，才能有创造的意愿。

（二）个体性和社会整合

个体性（individuation），指一个人自我的独特性。健康的个体能够意识到自己是独特的，能够接受和发现与众不同的自我。反之，个体就丧失了自我，会产生心理疾病。

社会整合（social integration），指个体在保持个体独立性的同时，积极参与社会生活，保持良好的人际关系。整合表示相互作用，即个体是和社会互动的，社会能影响和改变个体，个体也有能力影响甚至改变社会。人格和社会不可分割，离开社会就不能正确理解人格。健康的人格是在个体同社会实现整合后形成的。

（三）宗教紧张感

宗教紧张感（the sense of religious tension），指人格中的紧张和不平衡的状态。个体拥有自由，便有创造的欲望和条件，因此个体经常得做出抉择，采取行动。当个体面对抉择和行动的挑战时，就会产生紧张感，处于紧张状态。个体完美的欲望和不完美的现实，使有知觉的个体产生类似于宗教体验的一种紧张感（负罪感），这成为个体改善自我行为的动力。宗教紧张感是个体深刻的、发自内心的基本道德体验，这种感觉强烈地促使个体从不完善逐步走向完善。

四、人格结构

罗洛·梅通过临床心理治疗来研究分析人格结构，并得出结论：人格有六大特征。他把这六大特征视为存在的六种本体论特点。

（一）自我中心

罗洛·梅认为，存在就是以自我为中心（centeredness），每一个存在着的个体都是以自我为中心的。每一个人都是一个与众不同的独特个体，谁也不能占有别人的自我。攻击个体的自我中心，就意味着攻击个体的存在。神经症就是患者为了保护自我中心免受外界威胁而采取一种适应方式。

（二）自我肯定

个体为了形成独特的自我会对自己不断地督促、鼓励与鞭策。自我肯定（self-affirmation）指个体保持自我中心的勇气，罗洛·梅把自我肯定也称为成为自我的勇气（the courage to be oneself）。个体的自我中心必须在不断地督促和鼓励中发展、成熟。罗洛·梅认为，个体有保持自我中心的需要，个体的存在依赖于自我肯定的勇气，如果由于外界的影响，个体失去了这种勇气，那么他的存在就会逐渐消失。个体有了自我肯定的勇气，才能在自我选择的过程中实现自己、实现潜能。罗洛·梅把这种自我肯定的勇气分为以下四种。

身体勇气（physical courage），指个体对自己身体力量的肯定。

道德勇气（moral courage），指与同情心有关的勇气。

社会勇气（social courage），指与人交往，建立亲密人际关系的勇气。

创造勇气（creative courage），也称为艺术勇气，指促使个体不断发展、变化的勇气。这是最难得的勇气，只有有勇气去创造，个体才能乐于接受改革，人格才能不断发展和变化。

（三）参与

虽然个体必须保持自我中心，但个体不是与世隔绝的，如果没有参与（participation），自我不能单独存在于世界。个体必须融入周围的环境，和周围环境发生联系，在各种各样的联系中，分享世界，发展自我。

有些神经症就是参与不当造成的，如拒绝见任何人，或者过分参与，丧失了自我。因此，必须把握好参与和独立的关系。既要维护自我中心的独立性，又要积极参与到世界中去。过分独立或过分参与，都是不合适的。

（四）觉知

觉知（awareness）指个体与外界接触时，发现外在威胁的能力，是个体关于感觉、愿望、身体需要以及欲望的体验，这种对个体的存在的体验比自我意识更加直接，是个体与外界接触时一种更直接的感受，它可以转变为自我意识。心理治疗就是要帮助病人体验到自己的存在，恢复自我觉知。

（五）自我意识

自我意识（self-consciousness）是自我观察的能力。觉知是人和动物共有的，而自我意识则是人特有的能力。自我意识可以觉知外部的危险，也可以对自我进行认知。研究个体的存在，必须研究个体的自我意识。

（六）焦虑

焦虑（anxiety）指个体的存在面临威胁时产生的一种痛苦的情绪体验，是个体对威胁自身的存在的反应。个体经常面临威胁，因此经常焦虑。焦虑是个体的基本人格特征之一。

五、人格发展

罗洛·梅依据人格发展特征将个体的成长划分为四个阶段。

（一）天真的人格

罗洛·梅认为，两三岁以前，个体还没有形成自我意识，人格处于朦胧状态。在这一阶段，个体的各种潜能尚未被发掘出来。虽然这只是最初的发展阶段，但它奠定了儿童人格发展的基础，对以后的人格发展具有十分重要的作用。在这一阶段过分依赖的个体，长大后也很难发展出独立性和创造性的人格。

（二）内在力量的反抗

个体在两三岁和青少年时，会对父母或某些规则表示出不满、忽视，甚至拒绝，这是个体自我意识发展的必经过程。孩子想表现自己的力量，摆脱对成人的依赖，获得某种自由，这就是平时所说的“心理断乳”。

人格的发展是缓慢的，反抗本身也会带来冲突，这主要表现为儿童的不成熟与渴望成熟之间的冲突。一方面，儿童希望摆脱对他人的依赖，成为独立的人；另一方面，由于自身发展不成熟，儿童又不得不依赖他人。因此，在这一阶段，恰当地调整好依赖性与独立性之间的矛盾关系，才能保证人格的顺利发展。

（三）寻求发展的自我意识

从婴儿期到青少年后期，个体的心理平衡地发展。个体能够明白很多事情，学到很多东西，能够为自己的行为负责。但是，这一阶段自我意识状态不是真正意义上的存在，也不意味着真正的人格成熟。这一阶段出了问题，就会导致心理不健康或人格变态。

（四）创造的辉煌

罗洛·梅把最后一个阶段叫作创造性的自我意识阶段，达到了这一阶段意味着人格的成熟。他对这一阶段做了特别的描述：当我们意识到这些快乐时，我们就获得了成熟，接近了自我实现。这一阶段超越了主客体之间的分离，使个体暂时地超越意识人格的一般界限，通过灵感、直觉等创造性活动，对客观真理产生转瞬即逝的认识。

可以看出，罗洛·梅所描述的这种创造性自我意识阶段与马斯洛的高峰体验非常相似。可以说，这一阶段指的就是人的自我实现，只是用的术语不同。罗洛·梅认为这种创造的辉煌只有圣人以及创造性的人才能达到。同时，他也承认，普通人在闲暇和放松消遣的情况下也会体验到这种创造性意识。可以看出，他指的人格健康发展，其实就是自我意识的健康发展，是个体朝着自我实现的方向发展。

第三节 研究主题

一、爱与意志

罗洛·梅最重要的著作是《爱与意志》，这本书曾经被译成多种文字在世界许多国家发行。他在这本书中表达了对爱的心理学意义的看法，阐述了人类原始生命力和意向性的信念以及这些内容在治疗中的作用。罗洛·梅认为对健康的人来说，爱与意志是统一的，要做出意志的选择，两者都要有所行动，都要有责任。

（一）爱

罗洛·梅认为，爱（love）是一种创造性的活力，是人存在的基本方式。自由是爱的前提条件。爱需要勇气，因为爱是要奉献自我的。健康的爱是健康人格的一部分。

爱是这样一种心理体验：非常喜欢另外一个个体，是发自内心的持久感觉，这种喜欢包含着高度的认同，认同对方的价值，把对方的价值和未来发展视若自己的，肯定对方，鼓励对方。这种爱不是单纯意义上的性爱，它是与个体的独立能力相对应发展起来的，个体只有具有独立自主的意识，才能产生爱。个体只有在产生愿望、有强烈的意向性时，才能真正爱对方，在爱中加深自己的意识，感受到人生的价值和意义，并在付出的同时也获得对方的爱。罗洛·梅所说的爱是一种广泛的爱，也可称为博爱。罗洛·梅把爱分为四种，凡是真正的爱都包含这四种爱。

1. 性爱

罗洛·梅认为性（sex）是生物驱力之一，是与生俱来的，它可以通过性交活动得到满足，使原始生物驱力减低，解除紧张，产生本能上的快乐。这种爱属于生理学范畴，是个体身体感到紧张并通过性爱释放这种紧张的过程。爱不仅仅表现为性，但性是爱的一种表现形式，性不等同于爱。

2. 爱欲

爱欲（eros）也叫厄洛斯，这是个体从心里愿意与对方结合，并建立持久的婚姻关系，目标是用性来达到终结、满足和放松。它与性爱是不一样的，性是一种生理需要，爱欲是一种心理的欲望和需求。爱欲是建立在温情和关怀之上的，寻求与对方的永远的结合，双方都可以体验到快乐和激情。爱欲是温柔的根源，使个体渴望建立一致、和谐、全面、分享的关系，彼此取悦、欣赏。它对双方都有吸引力，双方都处于强烈爱慕的磁场之中。爱欲使个体寻求一种性体验情境中温柔的感觉，建立一种创造性的关系。它唤醒并加深个体与自然、社会的协调关系。它是个体追求的一种生活方式，也是个体加强自我意识、加深自我意识的体验幅度、完善个体体验和保持双方关系的一种内在动力。性关系仅仅是爱欲的一种简单、低级的表现形式而已。

罗洛·梅指出，在人的心灵深处有一种原始生命力，它是人性恶的潜能。由于它的存在和影响，爱欲变得复杂了。罗洛·梅认为这些力量既能促进个人成长和创造性，又具有很大的破坏性。一个人想分享温柔而追求对方，同时也隐含着一种对对方不公平的倾向，即获取要多于给予，这是原始生命力在作祟。

由于原始生命力的存在，人性既是善的也是恶的，是善恶不定的。一方面，原始生命力在人的理性意识支配下，能把爱欲指向人性善的方面，消除个体不公平的倾向，从而建立一种和谐的爱的关系；另一方面，原始生命力的存在又为残酷的、非理性的、非人的行为提供了潜能，人类不可能摆脱掉这些力量，它们构成了人性恶的方面。

3. 菲利亚

菲利亚（philia）这是友谊之情或兄弟之爱。罗洛·梅认为，这是见到喜爱的人时的一种放松，个体乐意见到自己喜欢的人，喜欢和他在一起。菲利亚对个体无所求，只是表现为个体接受对方，使对方高兴。菲利亚就是我们平常所说的“友谊”。对于甜蜜恋人来说，伴侣除了寻求一种与创造性的结合之外，还必须真正地把对方作为最喜爱的人，真诚地说喜欢对方。罗洛·梅认为这是真诚的爱的一个重要组成部分。

4. 博爱

博爱（agape）是把个体的自我无私地奉献给另一个人，乐于付出自我，不考虑能得到什么回报的爱。个体提供给对方的爱是没有条件的。这是一种利他的爱、无私的爱，尊重对方、关注对方的爱，不从中获得什么，没有丝毫的保留和功利主义倾向。这种爱类似于母亲对子女的爱。

（二）意志与意向性

罗洛·梅认为，意志（will）是人类存在的一种基本意向性，是一种独立的、完全自我中心的活动，是个体的自我在与世界复杂的象征关系中的基本结构性认识。

意志是人对行动的一种决定性选择，这种行动以当前的认识结构以及个体可能意识不到的某些过程为基础。例如，我们天生就关注同伴，天生就具有未来倾向。因此，除了以我们目前的意义结构为基础之外，我们的意志总是非常关心别人，总是投射到未来。

意向性是人类意志的核心成分，是一种存在的倾向，是人类向自然界中的事物施加意义的倾向。意向性是一种意义结构，一种和价值观、意志及愿望密切相关的意义结构，是个人用来同自然环境进行交流的一种意义结构。意向性是个体认识世界的方式，个体会根据意向性对某些经验做出反应，这些反应可能是多种多样的。例如，对于同样的环境事件，由于建构的意义结构不同，赋予的意义不同，个体就会表现出不同的反应。意向性是心身关系中的心的方面，人通过感官体验到的自然界是身的方面。意向性是自然界的认知表征，它向人提供了一种关于环境的认知地图。“正是在意向性中，在认为朝向意义、决定和行动的过程中，在愿望、意志决定和责任感的完整整合与一致性之中，一个人才真正体验到他的存在，感受和决定他的同一性。”（杨韶刚，1999）罗洛·梅认为意向性是引发健康发展的愿望、形成意志、决定行动方向以及为行动负责的基础。

综上所述，意志和意向性是罗洛·梅理论中的两个最重要的概念。正是在意志和意向性中，在广泛地达到朝向意义、决定和行动的这种人类倾向中，在对感受到的各种可能性加以掂量、做出决定和付诸行动的过程中，个体才会体验到同一性，实施自由、感受到自身存在。

二、焦虑

罗洛·梅在心理治疗过程中发现，许多人由于各种各样的原因，都有着焦虑不安的心情。罗洛·梅本人也曾亲身体验过焦虑的感觉，再加上他的理论背景，罗洛·梅对焦虑做了独到研究，形成了他的焦虑理论。

罗洛·梅认为焦虑是个体感受到自身的存在受到威胁时的反应，是一种无依无靠、孤独、不确定的感觉。当个体的自由受到威胁时，焦虑便产生了。人的一生会面临许多新的体验和选择，当个体面临这些情境时，会感到前途无法预测，也不知道会有什么威胁，这时就产生了焦虑。

焦虑是人的基本价值受到威胁时的反应，是对死亡的恐惧。个体的生存价值或者价值观受到威胁时，个体就会产生焦虑。罗洛·梅把死亡看作个体对拥有的价值观的放弃。他说：“死亡是导致焦虑的最明显的威胁，因为除非一个人坚信永生……否则死亡便代表着把作为自我的存在最终抹杀了。但是，我们马上便注意到一个非常古怪的事实，有些人宁愿死亡，也不愿意向另一种价值观投降。在欧洲专制下，心理的和精神的自由的取缔往往并不比死亡对个人的威胁更大。‘要么给我自由，要么让我去死’，这并不一定是戏剧表演或神经症患者的一种态度的证据。的确，人们有理由相信……它可能代表着与众不同的人类行为的最成熟形式。”（杨韶刚，1997）

焦虑是个体内部发生冲突的标志。弗洛伊德认为冲突总是与性有关，而焦虑就是由于性心理的冲突产生的，罗洛·梅则认为，产生焦虑的内部冲突位于存在和非存在之间。个体在面对前进或后退的选择情境时，会产生冲突。前进虽然可以实现个体的存在，但会对当前的安全造成威胁；后退虽然可以获得暂时的安全，却阻碍了潜能的实现，走向了非存在。无论前进还是后退，无论选择存在还是选择非存在，都会使人产生心理冲突，引起焦虑。

由此可见，焦虑是不可避免的，是个

体的防御机制。焦虑既能使个体产生勇气，也能把个体引向失望。在如何对待焦虑问题方面，罗洛·梅认为存在着两种不同的态度，有两种不同的焦虑。

（一）正常焦虑

罗洛·梅认为，正常焦虑是个体成长的一部分。个体在成长过程中，必须经常向意义结构发起挑战，这种挑战必然会引起焦虑，因为意义结构是个体的存在的核心。此外，个体成长的过程中必须要有扩展自己意识的欲望，这样做也会引起焦虑。罗洛·梅认为这样的焦虑不仅是不可避免的，而且是正常的和健康的。

（二）神经症焦虑

神经症焦虑是一种与威胁不相称的反应，它包含着压抑和其他形式的内部心理冲突，并受到各种活动和意识障碍的控制。正如罗洛·梅所说：当一个人出现了实际的成长危机并且威胁到他的价值观而无法面对正常焦虑时，就会出现神经症焦虑。神经症焦虑是以前从未遇到过的正常焦虑的最终结果。罗洛·梅认为心理治疗的目的就是要把这种神经症焦虑转化为正常焦虑。

罗洛·梅认为现代人焦虑的原因是价值观的丧失以及空虚与孤独。人们身处巨变的时代，每个个体的价值观、目标乃至整个思想体系时时受到时代的冲击和挑战，以前的传统往往不能适应改变的世界。这造成个体无所适存，茫然、迷离以及不确定性充斥大脑，个体发现在世界上定位自己特别困难，于是便产生焦虑感。价值观是如此重要，当个体失去时，他就像一个迷途的羔羊，四顾茫然，心生焦虑。罗洛·梅认为20世纪的人失去了三种传统的价值观。

第一，失去了健康的竞争观，代之以不健康的卑鄙掠夺式的竞争方式。这造成了人和人之间的敌意和仇恨，以及个体之间的疏离和不满。同时个体产生虚假的合作，使个体丧失了自主性，个体对自我也逐渐陌生。焦虑就在这时出现。

第二，失去了理性解决问题的理性功效信念。人们过多地注意理性的社会道德，压抑非理性的情绪和情感，在这种情况下，人格分裂，产生痛苦和焦虑。

第三，失去做人的价值感和尊严感。个体在社会面前无能为力，战争、灾难、经济危机等使个体产生无力和无助感，使个体脆弱的心灵受到冲击，个体找不到价值感和尊严，从而产生焦虑。

另外，罗洛·梅认为人们失去与大自然的和谐发展、成熟的爱以及和别人建立联系的能力时也会产生焦虑。空虚与孤独源于社会进步。空虚使人丧失朝气，孤独使人更加疏远。个体经历这些，产生了焦虑。

罗洛·梅还对罪疚（guilt）进行了阐述，认为当人类意识到不能实现全部潜能时，个体就会体验到罪疚感。他把罪疚也分为正常罪疚和神经症罪疚。他认为，罪疚感和焦虑一样，都是不可避免的，都是一种宗教体验。

第四节 理论应用

罗洛·梅从 20 世纪 30 年代开始就从事心理辅导工作，40 年代开了私人诊所，进行心理治疗。他有着几十年丰富的治疗经验，深刻地分析了各种心理疾病患者的心态和内在潜能，并以存在主义哲学为理论基础，提出了一套独特的存在心理治疗理论。

存在主义治疗学派认为每个人都是独一无二的个体，心理治疗的基本工作就是要进入当事人的主观世界。唯有进入当事人的主观世界，参与当事人的现实，从当事人的观点来了解当事人，共享当事人的信念，才有可能真正帮助他们。他极为关心人与人的经验结构，因此在辅导与治疗上强调与当事人的共情关系。

一、心理治疗的目标

存在主义心理治疗是一种非指导式的模式，治疗的目标不是消除焦虑，而是把神经症焦虑变成正常焦虑，帮助当事人发展使用正常焦虑的能力。这是个体的成长所必需的。在治疗中应该关注人的潜能，让当事人去体验自身存在的真实性，从而了解其存在和潜能，及如何开启和实现其潜能。治疗者要帮助当事人学会自由选择，认识到自我的内在力量，也就是说，帮助当事人形成更有力的存在感，唤起当事人潜在生命力。

存在主义的心理治疗目标大致可归为以下四点。

第一，使当事人明白自己目前的处境；

第二，协助当事人选择自己认为有意义的生活方式；

第三，使当事人对自己的选择负责；

第四，协助当事人面对抉择时的焦虑。

存在主义治疗方法相信当事人自身成长和解决问题的能力，不代替他们选择未来的方向和做决定。治疗者将治疗视为一种对当事人的邀请：请他们认清一种他们不曾真诚了解过的生活方式，请当事人做选择，使他们成为自己所能成为的存在。罗洛·梅认为人们前来治疗是因为他们怀有一个内心被奴役着、希望治疗者能拯救他们的幻想。因此，心理治疗的目的并非如传统所言要去医治当事人，而是要协助当事人了解他们正在做什么，使他们摆脱受害者的角色。

二、心理治疗的原则

（一）理解性原则

理解性原则（principle of understanding）强调心理治疗者的任务就是要理解患者在世界上的存在，治疗的技术要随着不同的患者、不同的治疗阶段变化。罗洛·梅强调心理治疗的重点是理解而不是技术。

（二）体验性原则

体验性原则（principle of experience）强调治疗者要帮助患者体验到他自己的存在，心理治疗的关键就在于患者能获得积极的心理体验。

（三）在场性原则

罗洛·梅认为要把治疗者与患者之间的关系看作患者的心理场（psychological field）的一个部分，治疗者只有进入患者的关系场，才能真正理解患者当前存在的情境。这就是在场性原则（principle of presence）。

（四）付诸行动原则

付诸行动原则（principle of commitment）强调只有当患者选择了正确的生活方向，并付诸行动时，他才能获得治疗的真谛。

三、心理治疗的过程

罗洛·梅认为心理治疗是一个完整的过程，它包括愿望、意志和决定这三个维度，每一个维度代表一个治疗阶段，一个阶段可以被另一个阶段所超越，但不能被取代。罗洛·梅把意向性概念引入心理治疗，认为意向性是一种存在状态。个体有了明确的意向性，才能朝着健康的方向发展。治疗者不仅要意识到患者的意向性是什么，而且还要理解和阐明这种意向性，更重要的是帮助患者认识和理解自己的意向性。意向性存在于以下三种阶段中。

（一）愿望阶段

愿望阶段和人的觉知（awareness）有关，并且为意志和决定提供内容。童年的愿望、性的欲望等，都属于愿望。罗洛·梅认为，这一阶段的目标是使病人体验到自己的愿望，认识到自己想要获得一件东西。唤醒患者愿望，使他们注意自己的全部自我，从而获得满足愿望的能力，获得与周围环境交流联系的能力，得到某种情感上的活力与真诚。这是治疗的真正开始。

罗洛·梅发现，患者对自己愿望的高度敏感有可能使脆弱的焦虑更加强烈，但也可能会增加患者欢乐与幸福的希望，从而降低对视觉、听觉的意识。反之，为了避免受到伤害或失望而压抑和否认自己的愿望，也会降低创造性生活的可能性。

（二）意志阶段

意志阶段与人的自我意识有关系，治疗就是要使患者产生自我意识的意向，充分激活个体愿望，努力把上一阶段的愿望提到更高的意识水平上。罗洛·梅认为，要让患者承认自己是一个具有某种愿望或欲望的人，一个拥有世界的人，一个能为自己及世界做点事情的人，一个能够传达所感、所思的人，这样个体才会有创造性。

（三）责任感阶段

责任感阶段是决定性的阶段，这一阶段的目标是要使来访者从心底产生责任感，使个体达到自我实现、自我整合与成熟。这一阶段超越了前两个阶段，并创造出一种行动与生活的模式。当患者开始对自我世界关系中的愿望、意志行动和决定表现出关注和负责时，也就是说，当他不仅关心自己和他人，而且积极地看待与关心有不可分割关系的双方时，第三阶段的治疗目标才算达到。

四、心理治疗的方法

罗洛·梅强调整体治疗，强调医患之间的相互交往，治疗者和患者之间要真诚合作，建立真诚的医患关系。他认为治疗者的工作就是要去开放患者的世界，运用各种可能的手段，帮助患者看到自己的潜能以及接近潜能的方式。

治疗者必须接纳、理解患者的生存状态，了解患者的成长背景。通过这种共情理解，治疗者才有可能走入患者心灵的深处。有一点必须注意：共情理解并非是治疗者把自身的经验投射到患者身上。

例如，有时治疗师会说：我以前也曾经有过类似的经验……治疗师开始了以自我为中心的回忆，而共情是完全反自我中心的，治疗者先前的经验不能带入辅导的过程中。存在主义治疗法追求的目标是以患者本身独特的方式来了解他。假如治疗者认为，自己也有过相同的经验，并以一种不良的方式把自身的经验投射到患者身上，这样就限制了患者自我发展的可能。

存在主义治疗的历程是一场患者和治疗者共同参与的旅程，在这场旅程中，治疗者暂时忘记了自我的存在，以近乎空白的状态深入地探索患者经验和觉知到的世界。

第五节 理论评价

罗洛·梅的存在分析心理学是以存在主义哲学为理论基础，以现象学方法为手段，吸收了精神分析的观点，并结合自己的治疗经验发展起来的，是人本主义心理学中的重要力量。

一、理论贡献

罗洛·梅创建了美国存在心理学，他的理论打破了精神分析和存在主义的桎梏，建构了一个庞大的存在心理学理论体系，开辟了人本主义心理学中的新取向，壮大了人本主义心理学的实力。

罗洛·梅的理论促进了现代人格心理学的发展，丰富了人格概念，开创了新的视角。罗洛·梅提出存在、意向性、个人责任、焦虑、爱、意志自由等概念，并能对人格做个别描述。

罗洛·梅开创了美国存在心理治疗理论，重视心理治疗中的人性和理解，确立心理治疗的原则和标准。他提出“存在神经质”（existential neurosis）一词来说明长期疏离感与无意义感，为临床医师的诊疗提供了帮助。他强调个体“对死亡恐惧的压抑”也是一大贡献。他对严重精神病（psychotics）的研究，增进了对精神病理的了解。

他的畅销著作《爱与意志》探讨意向性与个人责任，指出现代人生活的危机，影响颇为深远。他强调意识性、人与人、人与物之道、生命的意义与价值，鼓励人去发挥潜能、追求目标。他的理论是重视人性发展与社会健全的乐观理论，对工业社会的人类生活颇有启示与帮助。这有着积极的现实意义。

二、理论缺陷

罗洛·梅的学说并不是完美无瑕的，许多学者都对它进行了批评。它主要的缺点如下。

理论结构不是很清晰，著作体系也较杂乱，主要理论存在不确定性。这表现在他所用的概念和术语没有严格的定义，在不同的著作中任意使用。如“存在”“意向性”等概念在不同的场合有不同的解释，易产生歧义。再如“原始生命力”等含义模糊，无法明确下定义。他的理论结构非常松散，使人无法系统进行科学分析，缺乏信服的科学依据、可证实性和可检验性。

他的学说具有明显的非理性特征。他强调非理性的存在对人的支配作用，强调原始生命力对人格的统摄作用。然而原始生命力是不具有理性特征的。他所强调的意向性也是一种非理性的潜在结构。

他的著作具有浓厚的宗教色彩。他的很多主张都来自基督教，把现世生活与基督教的教义联系得过于紧密，而且还试图从基督教的教义中寻找解决问题的答案。

比起其他人本主义的心理学者，如罗杰斯等，罗洛·梅对精神病成因讨论较模糊。他对弗洛伊德的压抑和潜意识等传统的人格概念仍不能圆满地调和与阐释。他的理论与阿德勒、罗杰斯等很相似，缺乏创造力。

他的理论只是概括的陈述，缺乏数据，故被认为缺乏科学的严谨性。他否定科学实验，喜欢分析现象，试图以此来理解人和行为，这实际上是心理学的一种倒退。

很多学者认为其理论是哲学而不是心理学。存在心理学使心理学的科学地位受到质疑。他假设人类有自由意志，动摇了以决定论为假设的大多数心理学家的理论基础。他否定动物心理学研究的价值，忽略了心理学的一个重要研究领域。

他和弗洛伊德一样强烈地批评社会，认为社会造成了病态的心理，因此带有一定的反社会倾向。

从方法论上说，他反对割裂整体心理，坚持从整体出发研究心理，避免对人格做零碎机械的分析，但有些矫枉过正，过分注重整体综合而缺乏深入分析，这使他的论述显得肤浅和缺乏系统性。

第四章 对人本主义理论的总体评价

20 世纪六七十年代，人本主义像风暴一样席卷了心理学界。各流派都转而采用以当事人为中心的治疗，人本主义倾向的研究学习小组和互助小组在各地不断涌现，心理学家们把马斯洛和罗杰斯的观点应用到了教育和工业领域。然而，几乎和出现时一样迅速，第三思潮在 20 世纪 70 年代又减弱了。像风暴一样，辉煌过、震撼过，总会留下痕迹。尽管人本主义从来没有代替根深蒂固的精神分析和行为主义理论，但是它为心理学家提供了另外一种看待人性的方法。从这一思潮的起落沉浮中，我们可以看出人本主义理论和其他人格理论一样，是既有贡献，又受到批评的。

第一节 理论特色

一、人的责任

人本主义人格理论与其他人格理论的最大区别就在于人本主义心理学家认为，人可以为自己的行为负责，有能力决定自己的行为和命运，也就是说，人有自由的意志。

人最终要对发生的事情负责，这是人本主义人格理论的基础。人本主义心理学家把人看作生活的主动建构者，人能主宰自己。人本主义理论强调以人为中心，人是有尊严和价值的，强调人格的完整和自我的充分发展。

二、此时此地

人本主义心理学家强调目前和现在。他们认为现在决定了人的行为，过去已经永远消失了，只有作为当下的知觉解释时才是存在的。他们反对对过去穷追不舍。人本主义心理学家认为人们不是被过去推动的，而是被未来拉动的。

根据人本主义心理学的观点，人只有按照生活本来的面貌去生活，才能成为功能完善的人。对过去和将来的某些思考虽然有益，但是，多数人花费太多的时间去反省过去和计划未来。这实际上是浪费时间，因为只有生活在此时此地，人才能充分享受生活。

三、人的成长

人本主义心理学家强调人有积极成长的能力，多数人本主义心理学家认为人的本性是善良的，恶是在不好的环境下产生的。他们相信人是可以通过教育改变的，人能够通过不断地努力克服自身的不足。

人本主义心理学家注重人性中积极的一面，关注健康人格，认为人格的发展是无限的，应当从最健康、最高大、跑得最快的人中取样，以便说明人能够成为什么人以及应该成为什么样的人。其实，他们对健康人格的研究，表达了他们对于人应该怎样生活的一种看法。

四、个体的现象学

人本主义心理学家反对用动物学和物理学的原理和方法去研究人的行为，主张用现象学的方法对人进行研究。人本主义心理学认为，不能把人还原为一系列的数字。如果根据分数把某一个人放在特质连续体上的某一位置，就抹杀了人的独特性。一套人格测验的得分不能反映一个人的内部力量、情感和特性。

人本主义心理学家认为人是统一的整体，是不可分割的。他们重视人的主观经验，对人的主观世界有强烈兴趣。人不是一个只会对驱力或刺激做反应的机械的人，而是会解释自己的经验、会做选择，并努力改变自己的、有能力的人。

第二节 理论贡献

一、关注积极方面

人本主义人格理论的主要贡献，在于关注人格的积极方面，把许多人格研究者的注意力吸引到健康人格的方面，扩大了关于人的切身问题的研究领域，如死亡、成长、幽默、亲密感、孤独等。人本主义心理学家第一次把人的本性、潜能和自我实现作为心理学的研究对象。

二、应用广泛

（一）对心理治疗方法产生了重大影响

许多治疗师都认为自己是人本主义倾向的，更重要的是，许多持其他理论观点的治疗师也受到人本治疗思想的影响，接受罗杰斯强调的以患者为中心的治疗观。

许多治疗师在实际当中采用了罗杰斯的方法，如治疗师的共情、对来访者的积极关注、让来访者对自己的行为负责以及来访者和治疗师的自我剖析等。此外，人本主义理论促进了互助小组的兴起，在今天的自我改进和个体成长的治疗及团体治疗中还存在着大量的互助小组。

（二）在管理和教育改革中的应用

人本主义不仅应用于心理学和心理治疗，在教育、沟通和工商管理等领域，人本主义也成为必修之课。许多组织管理者关注如何满足员工的需要来提高工作满意度。许多教师和家长在教育孩子方面接受了罗杰斯的建议，关注人在生活中都会面对的问题，如发挥个人的潜能、生活在此时此地、寻找生活的意义和幸福。

第三节 主要缺陷

一、概念模糊，缺少实证的研究

人本主义心理学家过分强调主观经验，许多概念较为模糊，科学性不强，很难定义。例如，什么是“自我实现”和“自我完善”？虽然人本主义心理学家用大量研究结果来支持他们的观点，然而，这些研究的大部分资料遭到实验取向心理学家的质疑。有人批评该方法缺少扎实的研究，没有提供可以验证的假设和可以执行的、可靠的研究方法，治疗家的临床观察不能替代可靠的评价过程。

人本主义新近的一些研究就是要克服这些缺点，使以马斯洛、罗杰斯为代表的人本主义学家提出的具有启发意义的理论得到实证研究的支持。大部分较好的实验工作是由人本主义学派以外的注重实验的心理学家们完成的。

二、过分强调人的天赋潜能，忽视了社会与教育的力量

人本主义的自我实现理论虽然具有积极的意义，但是过分强调自我，强调先天的潜能，忽视了社会和文化环境的作用。这是一种片面强调遗传决定发展的观点，忽视了社会发展对人的意义。其实，个人必须依靠社会的支持，才能完成自我实现。

思考题：

1. 评述马斯洛、罗杰斯和罗洛·梅的人格理论的观点。

2. 人本主义理论的人性观是什么？阐述自我与环境的交互作用。

3. 说明来访者中心疗法的理论依据与应用价值。

4. 阐述人本主义理论的特色。

5. 结合现实生活，说明人本主义思想在社会中的应用。

心理学 人格

第六编　人格特质理论

人格差异的描述以类型论和特质论为主要理论，区分这两种理论依据的是人格描述的变量或单元是独立的、不连续的类别还是连续性的向度。类型论（typology）主要涉及的是一类人与另一类人之间的人格差异，反映群间的人格差异，是以一组独立的类别将人分类。例如，内向型、外向型或兼具内外向性格的中间者。而特质是一个个体与另一个个体表现出的人格差异，反映个体间的人格差异，是以连续性的向度来表现的。例如，不同人具有的聪慧性特质是不同的。每个人在人格上有质与量的差异，类型反映了人格中质的差异，特质反映了人格中量的差异。人格差异还表现在层次上，特质是人格构成的元素，类型中往往包含着特质，是高概括性的上位人格层次。当人格的类型理论在欧洲大陆流行的时候，在英美兴起了人格特质理论。

特质理论产生的历史背景

类型学起源于古希腊，人们运用分类学（characterology）将人区分为种种不同的类型。希波克拉底提出的四种气质（temperament）类型的原型，也被称之为人格的体液说。每一种气质类型的界定是依据哪种体液占优势来确定的，如表 6-1 所示（Phares，1991）。

表 6-1　希波克拉底的人格的体液说

体液	相关气质
血液	乐天型的（乐观的）
黑胆汁	忧郁型的（忧郁的）
黄胆汁	暴躁型的（暴躁的）
粘液	冷静型的（冷淡的，冷静的）

我国教育学家孔子也用类型说将人分为“狂”“狷”“中行”三种人格类型，狂者积极进取，狷者谨畏不为，中行介于二者中间，是依中庸而行的人。孔子还将人划分为“知”“仁”，认为：“知者乐水，仁者乐山，知者动，仁者静”。

20 世纪 30 年代到 40 年代，德国开展了性格学的研究，形成了三种不同类型的研究阵营。其一是精神医学者的研究，如德国精神医学者霍夫曼从生理学的角度对历史上各种人物性格进行了考察，试图分析性格结构影响因子。最具影响力的是德国精神科医生克瑞奇米尔在《性格与性格》(1921）一书中，提出了体型类型说。他通过对精神病患者体型的观察和测定，认为体型与气质有关（见表 6-2)。

其二是心理学家的研究，如施特恩的《差异心理学》，彦休的《融合类型论》。彦休兄弟携手研究了遗觉像与性格的关系(见表 6-3)。

表 6-2 体型与气质的关系

体 型	相关气质	人格特征
肥胖型	躁狂气质	善交际，表情活泼，亲切热情
瘦长型	分裂气质	不善交际，孤僻，神经质，多思虑
筋骨型	黏着气质	固执，认真，冲动，理解问题缓慢

表 6-3 遗觉像类型

遗觉像	认知风格	心理特点
非融合型（知觉）	T 型直觉像	内心缺乏活力，但具有真实性
融合型（表象）	B 型直觉像	性格明朗轻快，缺乏坚持性

其三是哲学家和教育学家的研究，如底尔太和斯普兰格。他们用哲学思想方法来讨论人格类型。斯普兰格依据人类社会文化生活的六种形态将价值观分为理论的、经济的、审美的、社会的、政治的和宗教的六种类型。

20 世纪三四十年代，以德国为中心开展了类型学研究；40 年代，以美国为中心开展了特质学的研究。奥尔波特是人格特质理论的先驱，他提出了特质的基本概念、特质的特点，并进行了人格的整体探索和个案探索。卡特尔应用因素分析的方法，制定出著名的心理元素周期表。艾森克应用效标分析的方法，得出了人格的三种特质（内外向性、神经质和精神质)。之后一些特质理论学家将特质理论发展成大五(The Big Five）人格因素模型。20 世纪 80 年代，世界范围内进行了特质理论的广泛研究。由于特质理论的影响力远远超过了类型论，同时它具有很多应用价值，如人格诊断、临床治疗、人员选拔等，因此特质理论价值重于类型论。

第一章　奥尔波特的特质理论

第一节 生平事略

一、生平简介

Gordon Willard. Allport（1897—1967）

高登·威拉德·奥尔波特，出生于印第安纳州的蒙特苏马。奥尔波特的父亲做过许多冒险的投资生意，大约在奥尔波特出生时转而做了一名医生。由于缺乏到外面开诊的医疗设备，奥尔波特的父亲只能将自己的家改成医院，因此，家中常住着很多的病人和护士。年幼的奥尔波特承担着他自己的那一部分工作：打扫整理门诊室、洗瓶子和照顾病人。他的母亲是一名小学教师，是一个非常虔诚的女人，宗教在她心中占有举足轻重的地位，她也经常鼓励孩子们进行哲学与宗教的探索。这些早期经验对奥尔波特开创特质研究领域并重视宗教的作用产生了很大的影响。他有三个哥哥，一家人过着平淡、虔诚、勤奋的清教徒生活，家庭充满了浓厚的爱与信任。

奥尔波特从小就表现出了学习天赋，学习成绩非常突出。由于年纪太小，奥尔波特无法成为哥哥们的玩伴儿，在外和同伴们的相处也并不好。班里的一位同学甚至曾经用轻蔑的口气嘲讽他："哇，那个家伙吞掉了一本字典……"（Allport，1967）。

由于童年的孤独和排斥，奥尔波特有些自卑并不断超越。虽然在高中时，奥尔波特在同年级的100名学生中排名第二，但他坚持认为自己只是"一个一般意义上的好学生，不具有超出一般青少年的卓越创造性"（Allport，1967）。后来，奥尔波特开始追随他最年长的哥哥弗雷德。弗雷德毕业于哈佛大学，奥尔波特受到兄长的鼓励，1915年也考入哈佛大学，主修经济学和哲学。那时弗雷德已经毕业两年并在哈佛大学担任心理学助教。这是奥尔波特学术生涯的开始，显然，他因此而异常兴奋。在自传中他写道："几乎一夜之间，我的世界改变了。现在展现在我眼前的是一个全新的智慧和文化领域，它引起了我探索的热情"（Allport，1967）。大学期间，他还没有确定毕业以后从事什么职业，在哥哥的引导下，他选修了心理学与社会伦理学两门课程。这两门课程对奥尔波特职业生涯的发展，无疑是启蒙性的。

1919年大学毕业后，奥尔波特受邀到伊斯坦布尔的罗特大学教英语和社会学，在此期间，他获得了哈佛大学的研究生奖学金。另外，他还受到哥哥费耶特的邀请前往维也纳。这给了奥尔波特拜访弗洛伊德的机会，也正是由于这次机会，使奥尔波特坚定了要走意识层面研究的道路。

那次会见时，奥尔波特还是一个 22 岁的毛头小伙子。他进入弗洛伊德办公室后，不知交谈从何开始，于是就开始描述此次旅途中的一则见闻。他告诉弗洛伊德，在火车上，一位 4 岁男孩有明显的洁癖，他不断地对母亲说："我不想坐在那里……别让那个肮脏的男人坐在我旁边。"奥尔波特认为，这个男孩对脏东西的厌恶，和他的母亲自身的洁癖有关，因为他母亲看起来也是一个洁净高雅的人。他认为弗洛伊德会很快看到事情之间的联系——男孩对肮脏的厌恶是他母亲洁癖的结果。可是，当他叙述完后，弗洛伊德却用仁慈的、治病救人的眼神看着奥尔波特说："你就是那个男孩吧?"奥尔波特目瞪口呆，只好换了个话题。奥尔波特被弗洛伊德的问题震惊，这一次经验使得奥尔波特觉得心理分析学者往往从深处去发掘病人的潜意识内容，却可能忽略了更重要的东西。他觉得自己去拜访弗洛伊德的意图很简单，却让对方有了误解，也许这正是奥尔波特一直不太喜欢心理分析学的原因之一。这一逸事尤为有趣的印证是：奥尔波特本身确实是一位整洁、规律、守时的人——具有弗洛伊德所谓强迫性人格者的许多特征。

返回哈佛后，奥尔波特进入研究生院主修心理学，并于 1922 年获得了心理学博士学位。在他的博士论文中，他第一次对人格特质进行了论述。他的博士论文题目是《适用于社会诊断问题的人格特质实验研究》，从论文中可以看出当时特质理论仅处于萌芽阶段，研究趋向与对人格的基本看法还深受华生行为主义人格观的影响。在拿到学位后不久，奥尔波特经历了一个对他今后生活与事业都有深远影响的事件。在克拉克大学召开的实验心理学会议上，著名心理学家铁钦纳给在场的每位研究生三分钟时间阐述自己感兴趣的研究课题。在奥尔波特报告完他对特质的研究后，全场一片静寂，后来铁钦纳质问奥尔波特的导师："你为什么让他研究这个课题?"奥尔波特十分郁闷，但导师安慰他说："你不必在意别人怎么想。"此次经历使奥尔波特认识到，要开创一个研究新领域，就不能在乎外界的非难与轻视。之后的两年，奥尔波特又来到了欧洲，受教于伟大的德国心理学家马克斯·韦特海默、沃夫·苛勒以及柏林大学和汉堡大学的其他心理学家。在英国的剑桥大学，奥尔波特度过了旅欧生涯的最后半学年。

1924 年，他又回到哈佛大学任教，并一直跟随他的哥哥弗雷德进行心理学研究。虽然与哥哥都在心理学领域里从事研究，但是奥尔波特很快就发展出了不同的观点。弗雷德是个社会心理学家，并在社会心理学领域中获得了相当的肯定。奥尔波特深信，要了解人类的人格，必须突破现有的研究方法。事实上，早在研究所时期，这位萌芽中的人格心理学家就已经发现自己和其他心理学专业学生非常不同。他写道："和大多数同学不同的是……我缺乏自然科学、数学、机械学（实验室操作）的天分，也没有生物学或医学方面的本事。”当他向某位教授如此倾诉之后，得到的答案是“不过，你知道心理学有很多分支”。“我想，这个闲聊救了我”，奥尔波特又写道，“他的确鼓励了我在心理学领域中找出自己的路”。(Allport，1967)

除了1926年到1930年在达特茅斯任教的四年之外，奥尔波特在哈佛度过了他整个学术生涯。在这里，他不仅开设了第一门人格心理学课程，还发表了一系列理论文章与研究报告，内容涉及偏见、行为表达、谣言、态度、宗教以及价值观等许多方面，而且很多思想都是开创性的。他还出版了许多专著，包括《人格：一种心理学诠释》(*Personality*：*A Psychological Interpretation*)(1937)、《个人及其宗教：心理学的解释》(*The Individual And His Reliegion*：*A Psychological Interpretation*)(1950)、《生成：人格心理学的基本考虑》(*Becoming*：*Basic Consideration for a Psychology of Personality*)(1955)、《偏见的本质》(*The Nature of Prejudice*)(1958)、《人格类型和成长》(*Pattern and Growth in personality*)(1961)。

1925年，奥尔波特与亚达·鲁弗金·古尔德结婚。她在哈佛大学获得临床心理学硕士学位，并在奥尔波特对个案分析的研究中做了很多有益的工作，丰富了奥尔波特的研究方法。

奥尔波特一生获得过许多荣誉。1939年，他当选为美国心理学会（APA）主席；1963年获得美国心理学会金质奖章；1964年获得美国心理学会杰出科学贡献奖。奥尔波特烟瘾特别大，在1967年10月9日死于肺癌。

二、理论产生背景

奥尔波特的思想理论深受格式塔心理学的影响。格式塔心理学强调整体和意识经验，关注现象场，重视对现象场的直接描述，反对任何将整体拆分为部分的还原主义研究趋向，完全否认无意识。奥尔波特说格式塔心理学是“那种我一直寻找而又不知其存在的心理学”(Allport，1967)。

奥尔波特还深受美国心理学之父威廉·詹姆斯的影响。与詹姆斯一样，奥尔波特关注自我，关注意识，是一个热情的人文主义者和折中主义者。在解释不同层次、不同侧面的心理生活时，他应用了各种心理学理论，博取各理论之长，也批评了各理论的弊端。他甚至应用了哲学和文学的材料。

奥尔波特还受到人本主义、存在主义的影响，强调人的潜能发展，人的独特性、尊严与价值，以及此时此地的存在对人行为的影响。另外，他强调人格的结构性和组织性，强调人格是具有独特结构的整体而非特质的散乱结合，这无疑受到了结构主义的影响。

弗洛伊德的古典精神分析作为奥尔波特批评的对象，对特质论的产生起到了反向的推动作用。奥尔波特在许多观点上均与弗洛伊德相左，概括起来有以下几个方面：首先，奥尔波特批评弗洛伊德过于强调无意识，他相信一个正常、健康的人具有理性和意识功能，能了解并控制自己的行为动机，至于潜意识只有对偏态的人才发生作用。其次，他反对以病态的人格作为主要研究对象。他认为正常与不正常，老人与儿童并非是连续的序列，而是截然不同的类型。因此，无法以偏态推论常态。再次，他认为人类目前的行为并非受制于童年时的经验或冲突，转而强调此时此刻的影响。最后，他同意弗洛伊德的本能对幼年期的行为动机有相当的解释效力，但不相信本能论可以解释变化的、独特的、即时性的大多数成人动机。

早期行为主义是奥尔波特的又一批评对象，虽然奥尔波特最初接受的心理学思想中行为主义占据着统治地位。一旦进入人格这一领域，行为主义视人格为一切动作的总和、各种习惯的最后产物这种解释就变得极其苍白无力。奥尔波特反对行为主义将人视为一个纯粹的反应机器，事实上，人是更为积极的，在很大程度上是主动的，是由自己的目的、意图和道德价值观驱动的。他对行为主义强调动机经由学习历程而渐趋分化的说法颇为赞赏，却反对其机械、被动与回归驱力的观点。

奥尔波特生活在行为主义盛行的心理学时代，在行为主义将意识从心理学研究领域踢出去的同时，他却坚信意识是心理学研究的主要目标，认为特质是人格的元素。他强调人是自主的，并非全由无意识活动所决定，因而他也是人本主义者。他重视自我的功能，并提出自我发展的阶段，因而也被视为一个自我心理学家。

第二节 理论观点

一、人性观

奥尔波特的人性观表现在对以下问题的回答上。

1. 人生是充满希望还是注定是一场悲剧？

奥尔波特极力反对弗洛伊德的悲观主义论调，也并不赞同行为主义机械论的主张。他相信人的命运并不完全决定于早期的童年经验以及无意识的本能冲动，也不完全是由外部环境刺激决定的，人不是只对奖励和惩罚驱力做出盲目反应的机器人。相反，人能够主动作用于环境使之发生改变，能够主动选择自己的生活道路。人们不仅寻求减少紧张，也会寻求新异紧张刺激。正是人的前摄动机及其对环境主动选择的建构能力，使得奥尔波特相信人能够找寻到生命的价值和意义。

2. 人格是在不断发展和完善还是到一定阶段就固着不前？

奥尔波特坚信，人有潜能学习许多反应，因此人格在一生都在不断发展。人格不是在童年早期就被决定了的。对个体而言，安全感的形成固然重要，但儿童需要的不仅仅是爱，他们还需要环境提供个体潜能发挥的条件，需要成长成为一个自由的、自我指导的个体。换而言之，安全与发展是个体心理生活的两大主题。当个体逐渐成长为一个独立的个体之后，自我选择就开始发挥越来越重要的作用，并指导着个体人格的不断发展。

3. 人是完全自由的还是完全被动的?

奥尔波特主张自由是相对的，他既反对那种抱有绝对自由想法的人，又批评精神分析和行为主义抹杀了人的主动性与自由意志。奥尔波特承认自由意志，同时又认为任何人之间都存在着差异。健康个体较之于神经症患者或者精神病患者、聪明的人较之于愚钝的人、受教育程度高者较之于受教育水平低的个体，会有更强的能力进行自由选择。另外，奥尔波特坚信对于个体而言，自由是可以扩展的，只要个体坚持理性，尽力开发自己的自知力，那么自由选择的空间就会更大。

4. 人格是受过去经验影响更大还是受未来目标影响更大?

奥尔波特是一个目的论者，他深受存在主义的影响，强调自我决定和自我选择，认为一个健康的人格能够确立并追求未来的目标。

总之，奥尔波特对人性持乐观态度。人们具有一定的自由。人受目标定向，具有前摄动机并受多种力量驱使，其中多数驱力来自意识层面。早期经验中，只有那些依然影响个体现实现象场的部分才有意义。

二、人格界定

在人格研究历史上，很少有人像奥尔波特那样为了精确界定人格这一概念而不遗余力。在综合了神学、哲学、法律、社会学和心理学领域中有关人格的 49 种界定之后，奥尔波特对人格定义进行了比较分析，归纳了六类人格定义：集合式定义（omnibus definition），整合式和完形式定义（integrative and configurational definitions），层次性定义（hierarchical definitions），适应性定义（definitions in terms of adjustment），个别性定义（definitions in terms of distinctiveness），代表性定义（definitions in terms of the essence of the person）。在此基础上，他提出了自己对人格的界定：“人格是个体内在心理物理系统的动力组织，它决定一个人对其环境独特的适应。”（allport，1937）1961 年奥尔波特把对环境独特的适应改为独特的行为和思想，这是因为适应环境可能意味着个体仅是顺应环境，未能体现个体的主动性。因为在奥尔波特看来，个体的行为既可以是顺应的，又可以是前摄性的。换而言之，个体不仅仅能够适应周围的环境，还可以影响环境并与其相互作用。

在上述界定中，每个短语都经过了奥尔波特的深思熟虑，都表达了丰富的内涵，具体解释如下。

动力组织（dynamic organization）。人格不是一个由彼此无关的人格碎片组成的集合体，而是一个有动力的组织。组织意味着各组成元素间相互联系、彼此作用，构成一个整体；动力意味着该组织处于一种生成（becoming）状态之中，是个体行为的驱动力量。奥尔波特认为，即使是看似由外力驱使的行为，实际上也是由人的内部力量操纵的。

心理物理系统（psychophysical systems)。这强调人格是心理与生理两方面的统一体，人格与心理和生理两方面都有关系，并不能由其中的一方决定。

决定倾向（determine)。这是指“人格是某种存在的东西并且做着某些事情”(Allport，1961)。人格不是虚构的、抽象的。虽然它不同于外显的行为，但却是真实的存在，它隐藏于行为背后。一旦给予个体适当的刺激，就会唤醒相应的行为。

独特性（unique)。这是指个别性，也就是任何人都表现出其独有的人格特征。

行为和思想（behavior and thought)。人格不仅包括外在行为，也包括思维、意识、情绪等主观心理。

奥尔波特的人格界定极其全面，它表明人格差异既表现在外部行为上，也表现在主观心理活动上；人格虽然看不见，但却具有决定倾向；人格固然复杂，却是一个系统的组织；人格具有共同性，更有独特性。

三、人格结构

奥尔波特认为特质是人格的结构单元。他首次对特质进行了系统描述与分类。

（一）特质概念

奥尔波特认为：“特质（trait）是一种概括化的神经生理系统（是个体所特有的)，它具有使许多刺激在机能上等值的能力，能诱发和指导相等形式的适应性和表现性的行为”(Allport，1937)。

奥尔波特认为特质有以下内涵。

1. 特质是一种潜在的反应倾向，它能使个体对各种不同的刺激以相同的方式进行反应。或者说，许多反应（知觉、情感、行动、理解）从特质的术语上来说是等值的，其意义是相等的。图 6-1 显示出，焦虑特质这种内在结构使得人们在不同的刺激情境中（如考试、独自走夜路等)，表现出功能上等同的反应（如出冷汗、情绪不安等)。

2. 特质具有可推测性。特质被看作一种神经生理结构，它不是具体可见的，不能被直接观察到，但它真实地存在于我们每个人身上，可以由个体的一贯的外显行为推知它的存在。奥尔波特推测特质的存在有三个标准：一是个体采取某一行为模式的频率，二是个体采取同样行为模式的情境范围，三是个体在保持这种行为模式中的反应强度。因此，特质可以由经验来证明。通过观察一个人一段时间内的行为，在这个人对相同或相似的刺激做出的连续的一致的反应中推论特质的存在。例如，由某位学生每次遇到考试就紧张不安，可以推论这位学生存在考试焦虑特质。

特质具有概括性和稳定性，个体稳定的特质诱发行为跨情境的一致性。例如，一个害羞的学生，在陌生人面前会缄默不语，在同学聚会时也沉默寡言，在老师面前更是不敢言语。

特质不是处于睡眠状态的，不用等外界刺激来激活。实际上人都在活跃地寻找刺激情境，使特质有所表现。奥尔波特主张特质和情境的相互作用产生行为，而后者决定两个组成部分的功能关系。

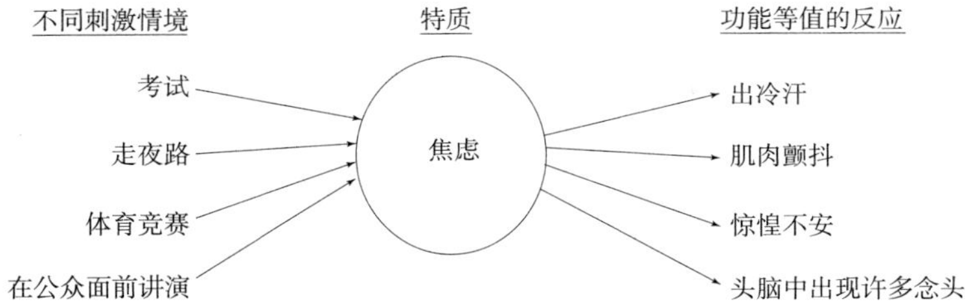

图 6-1　焦虑特质对不同刺激所引发的功能等值的反应

特质具有独特性。没有两个人有相同的特质，所以每个人对环境的经验和反应是不同的。即使两人同有热情这一特质，热情的强度及表现形式也会有所不同。奥尔波特有一句名言"同样的火候使黄油融化，使鸡蛋变硬"（Allport，1965）。由于个人的特质不同，因此虽然面临相同的情境，人的反应也是不同的，正如火候一样而结果不同。

特质间可能具有关联性。特质之间可能是重叠的，即使是表现出不同特征的特质，也会出现不同特质伴随性出现在一个人身上的现象。例如，攻击性和敌对性是不同的，但却是相互关联的特质，且经常可能看到它们在一个人的行为中同时出现。

（二）特质类型

奥尔波特首先提出了两种特质(1937)：个人特质和共同特质。个人特质(individual traits)，是一个人所特有的特质。共同特质（common traits)，指许多人共有的特质，就像一种文化。也就是说，不同文化背景下的人会有不同的共同特质。共同特质像社会标准和价值观一样可能在一段时间后改变，是受社会、环境和文化的影响的。

奥尔波特不久就修改了他的术语，仍将共同特质称为特质，而将个人特质改称为个人倾向（personal disposition)，不同人的个人倾向并不是都具有相同的强度和显著性。奥尔波特依据特质表现的优势和普遍性将个人倾向区分为三种：首要倾向、中心倾向及次要倾向。

1. 首要倾向

首要倾向（cardinal dispositions）也叫显著特质（eminent trait)，表现为一种占绝对优势的行为倾向，这种倾向的渗透性极强，几乎所有的行为均可受此倾向的影响。有时候我们可以用某个形容词来描述文学作品中的某个人物的典型人格，这就表示他具有某个首要倾向。《三国演义》中关云长的"忠义"与曹操的"奸诈"以及《红楼梦》中林黛玉的"多愁善感"，似乎就是很好的例子。不过，一个人身上只有一个首要倾向，且只能从少数典型人身上看到这类倾向。首要倾向十分强大，像一种具有统治性的特征，但并不是每个人都有这种统治性的特征，它们也并不是在每个情境下都能表现出来的。

2. 中心倾向

中心倾向（central dispositions）也叫核心特质，指普遍性与渗透性略弱于首要倾向的重要人格特征。每个个体都有几个中心倾向，奥尔波特认为一般人具备的中心倾向大约在五项到十项之间。通常我们要用几个词或几句话来描述或介绍一个相当熟识的人的时候，列举出来的往往就是他的一些中心倾向。当然，那些被列出的中心倾向对当事人的影响可能有轻重之分。中心倾向包括的情境范围要比首要倾向有限。林黛玉的中心倾向有清高、率直、聪慧、孤僻、内向、抑郁和敏感。

3. 次要倾向

次要倾向（secondary dispositions）则代表那些最不显著、最不具概化性与一致性、渗透性最弱的特征。与前述的首要倾向与中心倾向相比，次要倾向则更少地体现出来。如林黛玉在某些情境中的“冷漠”。某些次要倾向可能只有个别的亲密朋友才能发现，比如一个人喜欢某一类音乐，喜欢某种口味，等等。

四、人格动力

（一）倾向与动机、风格

所有的个人倾向都具有动机力量（如攻击、热情等），但力量的强度却有所差别。奥尔波特将个体倾向中最强烈的部分称为动机倾向，不太强烈的部分称为风格倾向。动机倾向激发个体的行为，而风格倾向则表征着个体的独特性。举例来说，就餐是受基本需要驱使，人们都会摄入食物以满足自身基本需要，然而进食方式却受到风格倾向的影响。

（二）动机理论

奥尔波特认为，个体的人格既可以是反应性的，也可以是前摄性的。前者是对外部刺激的反应，个体主要受缓解紧张和恢复平衡状态的需要驱使；而后者主动塑造环境并使环境对他们做出反应，个体主要受追求紧张与打破平衡状态的需要驱使。适应与改造环境是个体反应的两大主题，一个完备的人格理论必须予以考虑。奥尔波特反对精神分析和各种学习理论重反应轻前摄的观点，认为一个健康的个体定会以一种有益于心理健康的方式作用于他们周围的环境，而不单单是周围环境的适应者。在这一思想指导下，奥尔波特提出了完备的动机理论的四条标准与机能自主这一重要概念。

1. 完备的动机理论的四条标准

（1）动机的当前性

“应该承认动机的当前性。”换句话说，“凡是驱使我们的动机，现在必然是活动的”（Allport，1961）。个体的行为不由过去早期经验所决定，只有当前的动机才能解释现实的行为。

（2）动机的多元性

“必须是一种多元动机理论，允许多种动机并存。”（Allport，1961）奥尔波特强烈反对将所有人的动机还原为一种或者有限的几种驱力，如弗洛伊德本能论、阿德勒追求卓越假说以及人本主义的自我实现的终极动机。他认为“动机的种类是如此的广泛以至于难以发现普遍的共同特性”（Allport，1961）。就不同群体而言，成人的动机基本不同于儿童，健康人的不同于神经症患者，男性与女性亦有差别。就动机种类来说，有意识层面的，也有无意识的；有转瞬即逝的，也有持续不断的；有强度微弱的，也有核心的；有追求紧张的，也有维持紧张的。总而言之，要了解个体的动机必须承认多种动机是并存的，是不能简单合并的。

（3）动机的认知特征

“它把动力归因于认知过程——如计划和意向。”（Allport，1961）奥尔波特是重视动机中认知作用的第一人。他认为要了解个体的动机，最重要的是了解他的意图和计划。健康的个体把生活指向未来，未来的理想或目标指引着个体的行动，然而许多心理学家并未注意到这一点，他们多是“关注个体的历史，当我们每个人似乎都认为我们自发积极的行动时，许多心理学家告诉我们，我们仅仅是被动的反应而已”（Allport，1961）。

（4）动机的具体性

“必须考虑具体的、特别的动机”（Allport，1961），心理学家没有必要将一个明显的、具体的、特别的动机上升为隐蔽的、抽象的、概括性的动机。以踢足球为例，一个人选择从事此项运动仅仅是出于对足球运动的兴趣，精神分析将其归因为被压抑性能量的升华是荒谬的，同理，将其视为在初级驱力基础上习得的次级驱力也显得多余。

总之，奥尔波特的动机理论标准丰富了原有的动机理论，为正确合理地理解人类动机打开了一扇新窗。然而，被奥尔波特批判的动机理论并非一无是处，弗洛伊德的本能决定论虽有偏颇，但个体的些许行为确实有本能驱动的成分。奥尔波特重视动机的多元性，但对多元动机进行归纳不但是可行的，也是动机理论研究所必需的，如霍妮将众多动机归纳为安全与满足两种驱力，阿德勒归纳为追求卓越，人本主义者归纳为自我实现潜能，确实能使心理学家对动机的认识更深一步，也更容易把握人类复杂的行为。另外，人类行为不仅有前摄性的，也有反应性的。次级驱力的解释仍然会与许多行为吻合，毕竟，并非所有人类行为都指向于未来。因此，一个完备的动机理论，应该是多种动机理论的综合，应该建立在对人类复杂行为的准确分类与理解之上。

2. 机能自主

机能自主（functional autonomy）是奥尔波特人格理论中最具特色，对动机理论贡献最大，同时也是争议最多的一个假说。“任何习得的动机系统中，其所含有的动力不是该习得系统发展时原有的动力，就可称之为机能自主作用。”（Allport，1961）换而言之，人类的有些动机（并非全部），在机能上是独立于行为起源的原始动机的。奥尔波特认为，如果一种动机在机能上是自主的，那么它本身就是对行为的解释，人们无须在其之外去探查隐蔽的动机，或者追根溯源去寻找最初的原因。换句话说，如果攻击是一种机能自主动机，那么施虐者的行为就无须追溯到童年时期的创伤经验或者惩罚经验。也就是说，攻击特质本身就是攻击行为最好的、最直接的解释。奥尔波特用下面的例子阐述了这一概念：

一个当过水手的人向往大海，一位音乐家在被迫同乐器分离后渴望回到它身边，一位吝啬鬼多年来不断地积累钱财。水手开始是为了谋生才去航海的，海成为他饥饿内驱力的第二强化物。水手现在可能已经成为一个富有的银行家，没有再继续航海的必要，但他仍然喜欢航海。音乐家可能开始时因为人们对他演奏的不认可而奋发图强，而现在，他热爱自己的音乐胜过了其他一切，这成为他演奏的直接动力。吝啬鬼原本可能因贫穷而变得节俭，但在贫困过后的岁月里，吝啬得以保持下来并表现得更为强劲。（Allport，1961）。

奥尔波特之所以提出机能自主这一概念，是因为他看到了儿童行为与成人行为之间的巨大差异。儿童以反应性行为为主，受外周动机（peripheral motives）驱使，健康成人发展出更多的前摄行为。奥尔波特认为，机能自主在这种转变过程中起到了中介的作用，并且这种转变根源于生物学基础，不过目前还没有来自神经生物学方面的具体有力的证明（Allport，1961）。

奥尔波特认为机能自主性有两个水平：持续机能自主与统我机能自主。

（1）持续机能自主

持续机能自主（perseverative functional autonomy）是两种机能自主中层次较低的一种，指先前经验对之后行为的持续影响。它涉及个体的习惯方式，与个体兴趣、爱好无关。持续机能自主在动物与人类中都存在，比如，一只为了获得食物而学会了走迷宫的白鼠，在撤销食物强化之后，走迷宫的行为仍然继续保持，显然，后来的行为动机已与前者的有所不同。对人类个体而言，酗酒、吸毒、抽烟均是持续性机能自主的表现。著名的蔡加尼克效应是持续机能自主的典型例证，即个体未完成的任务会诱发个体继续完成的动机。奥尔波特举例说，给一个大学生 500 块拼图，每拼成一片付给他 1 角钱的报酬。假定他原本对拼图并无兴趣，只是为钱而来，又假定总报酬只有 45 元，也就是说在拼完 450 片之后报酬消失，那么在没有奖励的情况下他会完成剩下的 50 片吗？许多研究发现拼图行为将会继续，新产生的紧张促使个体完成未完成的任务，此时行为的动机已与报酬无关，是机能自律的。

（2）统我机能自主

统我机能自主（propriate functional autonomy）是较为高级的心理过程，是由兴趣、爱好、态度、生活方式等高级过程组成的自主系统，指的是那些与统我有关的自我维持的动机。如能力转化为兴趣，获得的兴趣和价值又具有选择新兴趣、价值的功能。例如，一位科研工作者最初进行科研仅仅是为了生计，他对科研毫无兴趣，但后来的几年，他发现了科研的价值与意义，并对科研产生了浓厚的兴趣，这时虽然他不再为生计忧虑，科研却已成为他生活的重要部分。

当然，机能自主并不能解释所有的人类动机。奥尔波特也列举了 8 种非机能自主过程：①生物学驱力，如吃饭、呼吸和睡眠；②与基本驱力降低直接相关的动机如交友；③反射动作，如吞咽反射；④体质特征，也就是体格、智力与气质；⑤正在形成的习惯，如酗酒形成初期；⑥需要初级强化的行为模式；⑦与童年性欲有联系的升华作用；⑧某些神经症与病理症状。

五、人格发展

奥尔波特在论及人格发展时，是围绕着自我（self）这一概念展开的。自我在心理学界是一个被广泛使用但含义并不统一的概念。很多著名的心理学家反对使用它，因为在他们看来，自我过于模糊而难以捉摸。心理学家冯特就认为自我、本我或灵魂的说法是心理学前进中的障碍，宣称应该建立“无灵魂的心理学”（Allport，1955）。后来的行为主义坚持了冯特的这一主张，将心理学彻底改变为行为科学，行为成为心理学唯一的研究对象，刺激反应联结变为解释各种心理活动的全能公式。即使是在这种背景下，奥尔波特仍然不忘研究自我，因为他意识到，自我是个体意识到自己存在的标志，是人格这一动力组织中的核心成分。人格由众多特质单元组成，而自我将众多特质单元协调为一个有机的整体。只不过为了不与其他心理学家的自我概念混淆，奥尔波特提出了统我（proprium）这一概念。统我包括使个人具有独特性的所有事实，“包括人格中导向内心统一的所有方面”（Allport，1955）。在奥尔波特看来，统我从个体出生到终老，经历了一系列发展阶段。

（一）躯体我的感觉阶段

躯体我（sense of bodily self）是统我发展的第一阶段。最初婴儿不能区分自我与周围的世界，在15个月左右时，婴儿逐渐认识到自己身体的存在，能够将自己的躯体与外部事物区分开来。躯体我的感觉产生于婴儿与外部环境直接的相互作用。当婴儿饥饿、疲乏、受伤、病痛时会体验到躯体的自我感。奥尔波特认为，这种感觉为个体的自我觉知提供了一个固着点（anchoring point）。我们在健康时几乎不能注意到这些感觉，我们生病时才深刻地意识到我们的躯体（Allport，1961）。奥尔波特举例说：“想象着首先吞咽自己口腔中的唾液，再把唾液吐到容器里，然后喝下它。那么，看似自然的或者我的东西瞬间就会变得生疏恶心。”物质在躯体内则属于我，流于外则属于非我的这种感觉就是躯体我的感觉。

躯体我的感觉一直伴随个体一生，只是这种感觉随年龄不断变化，从起初的只是将自己与外部客体简单区分，逐渐到对自身躯体做出评价进而产生躯体自尊，再到有意改造躯体形态调节自尊水平，个体的躯体感逐渐丰富，不断发展，与自我的其他方面紧密结合。在自我结构中，躯体自我居于基础地位，与多种心理现象有关。

（二）自我认同感阶段

自我认同感（sense of self-identity）在2岁左右出现，儿童开始意识到他作为一个单独的人的持续同一，即认识到自我在时间上的延续性。“今天我记得我昨天的一些思想，明天我会记得我昨天和今天的一些想法；我敢肯定他们都是同一个人——我自己。”（Allport，1961）儿童认清了今天在镜子中的映象同昨天看到过的映象是同一个人。奥尔波特认为自我认同最重要的方面就是自己的名字，一旦儿童学会了自己的名字并能认识到名字的性质和意义，也就形成了自我认同感。因此，个体的名字是自我认同感的重要支撑点。

随着个体人格的发展，自我认同的内容逐渐丰富，到了青春期，个体主要的发展任务就是建立更丰富的自我同一感，否则就会产生同一感混乱。

（三）自尊感阶段

自尊感（sense of self-esteem）是人格发展的关键阶段，大约出现在 3 岁时。儿童希望独立去做事、去探索，满足好奇心，从中体验到自豪与自尊。如果父母阻挠儿童的探索需要，就可能毁掉儿童的自尊感，取而代之的是儿童的羞辱和愤怒感。到六七岁的时候，自尊则以与同伴竞争的形式更明确地表现出来。

（四）自我扩展感阶段

自我扩展（sense of self-extension）出现在 4 岁左右。儿童将自我概念由自身扩展到外部事物，他们不仅会认为自己的身体属于自己，而且玩具、宠物、文具、房间也是属于自己的。这时儿童会说“我的家”或“我的学校”，正如体现在“我的”这个奇妙的词中那样，儿童正在认识着“占有”的意义和价值。这个时期的儿童是自我中心的。奥尔波特举了一个十分生动的例子：

托米和他的母亲走进了教堂，看到圣坛上的十字架。托米问道：“那是什么?”“是十字架。”妈妈回答。“哦，我明白了，T 代表托米。”要在很多年之后，托米才会明白这个符号的真正含义：剔除自我（the I，crossed out）。（Allport，1950）

（五）自我意象感阶段

自我意象（sense of self-image）出现在 4 到 6 岁。儿童开始可以通过头脑中的自我意象来行事与评价。奥尔波特认为自我意象有两种成分：要求儿童所扮演角色的习得性期待以及儿童所寻求的未来抱负（Allport，1955）。自我意象的发展来自父母与孩子之间的相互影响和作用，通过父母的赞扬和惩罚等，孩子学习到了父母的期望，形成了关于“好的自我”和“坏的自我”的认识，发展出了道德感与责任感。

（六）自我理智调适感阶段

自我理智调适感（sense of the self as a rational coper）出现在 6 到 12 岁期间，在儿童上学以后开始形成。儿童开始学会理性地解决问题，他们喜欢思考解决问题的策略，检验自己的技能。他们可以通过自己的智能和技能来思考和解决现实中的问题，达到自我与环境的有效互动，从而更好地适应环境。

（七）统我追求阶段

统我追求（propriate striving）出现在青春期。个人的未来理想出现了，这时“我是谁?”的问题是首要的，这种对同一性探索的最重要的方面就是对生活目的的确定，这种探索的意义是人第一次关注未来，关注长远的目标和理想。奥尔波特将动机分为两类：外周动机（peripheral motives）和统我动机（propriate motives）。外周动机要求满足基本需要以降低紧张，而统我动机则驱动个体追求目标，维持紧张。奥尔波特说："长远目标的追求，被视为个体存在的中心，它使人与动物、成人与儿童、健康者和病人区分开来。"（Allport，1955）

（八）知者自我显露阶段

知者自我显露（emergence of the self as knower）出现在成年期。正常成熟的成年人具有机能自主性，不依赖于童年的动机，自我达到了统合，他们理智地把握现在，有意识地去创造他们自己的生活方式。

上述自我统一体八个阶段中的任何一个阶段的挫折和失败，都会削弱下一阶段的出现，并阻碍它们协调地整合进自我统一体中。奥尔波特认为，虽然统我中的不同部分产生于不同的阶段，但一旦该成分发展起来，就会与其他成分相互作用并持续发展。同时，统我中的各种元素在同一情境下可同时发挥作用，比如：

当你面对一场关键的考试时，你会意识到自己情绪紧张（躯体我感觉）；还会意识到此次考试对自己过去、未来的意义（自我认同感）；意识到你自信的参与（自尊感）；意识到考试结果对自己家庭意味着成功或失败（自我扩展）；意识到自己的希望与抱负（自我意象）；意识到自己在考试中成为问题解答者的角色（自我理智调适感）；意识到未来的目标（统我追求）。在现实中，统我的各个方面是融合到一起的。（Allport，1961）

六、人格成因

奥尔波特从遗传、学习过程，无意识基础，文化、情境和角色，动机的发展与转化和认知与人格等方面描述了人格发展的成因。

（一）遗传

遗传是人格的基础。奥尔波特说："新生儿很难说有人格，因为他缺乏心身系统的独特组织，但婴儿有潜在的人格。"体格、气质与智力是人格的"原料"，受到遗传的极大影响。

（二）学习过程

人格的发展过程基本是学习的过程。奥尔波特反对行为主义人是被动的学习者的观点，认为人类的学习非常复杂，不只包括条件反射与强化。人格的发展可以看成分化与整合的过程，不但需要刺激—反应学习原理，也需要认知学习、顿悟、认同、模仿等参与学习。

（三）无意识基础

奥尔波特批评弗洛伊德的被动自我观，认为他的理论较适于某些异常行为，作为正常人格的理论似乎不适合。但是，奥尔波特接受了弗洛伊德对自我防御机制的描述，认为他对抑制、否认、合理化、投射、移情、倒退等自我防御机制分析得非常巧妙。这些概念使我们知道人们怎样保护自己的自尊。它们在所有人中都会存在，而且正常人会创造性地使用这些防御机制。

（四）文化、情境和角色

奥尔波特认为人格是一个系统，它植根于外部结构和与之相互作用的内部结构。精神分析、存在主义、人本主义等忽略了外部系统；社会学中的角色理论、文化论者以及一些社会学家的观点则忽视了人格内在结构。在人格的整体发展中，要考虑到内外结构的有机融合。

（五）动机的发展与转化

动机指引起个人行动或思考的内部条件，是人格“行”的方面，然而动机不是不变的，它是发展变化的。想通过追寻成人动机的儿童起源来理解成人动机是无法实现的，因为成人的动机已发生了很大的转化，这种转化现象就是机能自主。奥尔波特不赞同弗洛伊德对儿童人格与成人人格之间关系的看法。根据弗洛伊德的说法，成人人格发展的根在儿童时期就扎下了，尽管它显现出来的可能有所不同，但隐藏于成人人格之下的动机，是对孩童时代就影响着行为的那些动机的反映。奥尔波特认为，虽然儿童的行为可能有点像长大后的行为，但它们所反映出的内在动机却不一定相同。例如，有许多在父母的督促下经常阅读的儿童，他们成年后可能会成为废寝忘食的读书人。但这并不意味着这些成年人读书的原因与童年时读书的原因相同。这种行为曾经是为了达到某一目的的手段（如好好学习只是为了取悦父母），而后来则成为机能性的自主行为，即阅读现在成了这个人的乐趣。同样，需要靠薪水生存的新职员有可能努力工作以保证不被淘汰，并提升薪水。但他们中的许多人在获得了稳定的工作和满意的薪水后仍然继续努力工作。这种曾经受挣钱驱使的行为在没有了原初的动机之后仍然持续了下去。奥尔波特认为，人们经常把成年人的某种行为追溯到他的人生早期，但成年人的行为与早期行为并不一定出于相同的动机。

（六）认知与人格

奥尔波特认为所有动机都是认知与感情的混合，动机源于认知与情感趋向，这些趋向指引着我们对个人世界的知觉、想象与判断，每个人都形成了自己的认知风格。在某种程度上文化影响了这种风格，使人们的思想与行为趋向一致，但最终每个人都以自己独特的方式把文化与自己的存在统合起来。成熟、健康的人格的重要标志就是宽容、自信、灵活的认知风格。

第三节 研究方法

奥尔波特在人格研究中有自己的特点，特别是在研究对象上，是以正常的健康人为研究对象。与弗洛伊德等早期人格理论学家不同，他认为紊乱人格与健康人格没有机能上的类似性，应该以健康的正常人为研究对象来建立人格理论。

一、合理研究人格的方法

奥尔波特视个体的人格为独特的、复杂的动力系统，要了解人格的全貌，尤其是每一个个体的独特人格结构，单用一种方法，仅对其一两个侧面进行研究是远远不够的。人格研究必须采用“合理的方法”(Allport，1961)。所谓合理的方法必须在客观系统地观察研究对象的基础上，运用高信效度的评鉴程序搜集资料，并对结果的意义加以解释。观察和对意义的解释是人格研究的中心。评鉴则是对观察对象做出科学解释的重要一环。没有观察，人格研究就成了无源之水；没有科学的评鉴技术，观察得到的结果也只能止于思辨；没有对结果意义的解释，人格研究将无法上升到质的层面。观察、评鉴和解释是人格研究的三个重要环节，缺一不可。

二、人格研究的侧重点

(一) 一般规律研究法和特殊规律研究法

奥尔波特把研究人格的策略分为两种基本类型：一般规律研究法（nomothetic）和特殊规律研究法（idiographic)。一般规律研究法试图在普遍意义上理解人的行为和人格，了解群体中某一人格特点的分布，以及个体这一人格特征在群体中的位置。一直以来，人格测量和描述的一般规律研究法被广泛采用，这是根据共同特质来从事人格研究的一种方法。特殊规律研究法则是为了了解某个特定个体的行为，以理解特定个体的机能为主要目标，研究人格的特殊规律。奥尔波特更推崇这种个案研究法。这种方法更注意每个人的独特性，试图确定各种特质在不同人身上的独特组合，通过这种组合来说明一个人独一无二的人格。如果让你和你的朋友同时列出 5 到 10 个特质词来形容你自己，你会发现，朋友的描述与你的描述不尽相同。因此，他认为研究者有责任去选择适当的研究方法，不至于掩盖一个人特有的行为倾向。尽管如此，奥尔波特进行的研究中，却仍然是一般规律研究法居多。

学习栏 6-1

人格研究的方法汇总

奥尔波特归纳了 52 种合理的人格研究方法，共分 14 类。他认为心理学家应该综合运用多种方法，避免单独使用一种方法搜集资料。当然，下面的分类是人为的，类别之间可能会有重叠。

一、文化模式研究

1. 社会规范分析　2. 成语、格言、文艺作品分析　3. 语言分析　4. 心理描述（形容

词核对、量表分析）

二、生理记录

5. 遗传分析　6. 生物化学相关物分析　7. 内分泌学研究　8. 体形研究　9. 面形、动作分析

三、社会记录

10. 个人档案记录（学校、医院、工职、资历、组织等）　11. 工作分析　12. 时间分配　13. 行为频率分析　14. 社会测量学　15. 拓扑心理学（对人、对阻碍物的反应）

四、个人记录

16. 日记　17. 自学系统指导　18. 个人信件　19. 主题写作

五、表情活动

20. 第一印象　21. 外表过细分析（快速摄影分析）　22. 外表模式分析　23. 字相学　24. 风格分析

六、量表

25. 等级量表　26. 记分量表　27. 心理图示

七、标准化测验

28. 标准化问卷　29. 心理测量（动作测验、迷津测验、语言测验等）　30. 行为量表（想象、联想、情境测验）

八、统计分析

31. 差别心理学　32. 因素分析　33. 内部因素分析

九、生活情境微型

34. 时间样本　35. 职业微型　36. 欺骗性情境

十、实验室实验

37. 一元记录　38. 多元记录

十一、预测

39. 外观预报　40. 趋势预报

十二、深层分析

41. 精神科晤谈　42. 自由联想　43. 猛地分析　44. 催眠术　45. 潜意识书写　46. 幻想分析

十三、理想型

47. 理解的图式　48. 文艺性格分析

十四、综合法

49. 辨别法　50. 匹配法　51. 全过程分谈　52. 个案分析

资料来源：陈仲庚，张雨新，1986。

(二) 个人档案技术

奥尔波特推崇的特殊规律研究方法体现了他注重人格独特性的理念，其目的是要研究一个完整而真实的个体，防止平均数分析对个体特殊性的掩盖。怎样才能研究某一特定人的人格呢？奥尔波特提出了许多方法，其中，个人档案技术是最典型的方法，这是通过个人日记、自传、信件、作文或采访报道等资料来确定人格特质的数量和种类的技术。例如，采用逐字记录的第一人称叙述法、谈话、日记和信件、开放式问卷等，此外，还可能是个体创作的文学作品、美术作品、雕塑、书法、信手涂鸦、握手、言语表情、笔迹、步态和自传等。

奥尔波特最经典性的案例就是珍妮信件的分析研究。他对于珍妮信件的分析研究（letters from Jenny），是个别性研究中非常有名的，成为人格特殊规律研究方法的样板。

珍妮（假名），1868 年出生于爱尔兰，5 岁时移居到加拿大，她有五个妹妹和一个弟弟。珍妮 18 岁时，父亲去世，弟弟和妹妹从此就很依赖她的照顾，因此当她与一位铁路视察员结婚时，家里人很不高兴。1897 年，她的丈夫去世。不久，珍妮的独生子罗斯出生，她辛苦工作，并全心照顾罗斯。为了儿子她拒绝了再婚，母子相依，直到罗斯去普林斯顿求学为止。在大学二年级时，罗斯从军服役，在他被派往法国的前夕，珍妮往普林斯顿去探望他，在那里她遇到了罗斯的两位朋友：格伦和伊莎贝拉，此二人就成了珍妮以后通信的对象。从 1926 年 3 月开始到 1937 年 10 月珍妮去世为止。11 年间，珍妮共给两人写了 301 封信（Hergenhahn，1990）。

当罗斯由海外回来后，他几乎完全变了。除了在普林斯顿完成了学位以外，他遭遇到的是一连串的失败。罗斯爱上了一个女人，并经常与母亲吵架，主要的原因是罗斯瞒着母亲秘密结婚了。珍妮狂怒之下，将罗斯赶出家，并表示不要再见到他。此事之后，珍妮与格伦和伊莎贝拉联络（两人均已结婚，在美国东部某城任教），她们同意和珍妮通信。后来，罗斯抛弃了妻子与另一个女子相好，使得母子关系变得更僵。但是，罗斯的身体也变得很糟并早逝。

另据温特（Winter，1993，1997）的报道，实际上罗斯是奥尔波特大学时的室友，而奥尔波特和珍妮也非常熟悉。她的那些信就是写给奥尔波特和他的妻子艾达的，也就是上述的格伦和伊莎贝拉，但在原有资料中全用了假名。

奥尔波特请了 36 位评定者来阅读珍妮的所有信件，每个评定者依据信件写出珍妮的人格特质，共计获得了 198 个特质来描述珍妮的人格特征。再将 198 个特质进行归纳后得出 9 个中心特质。

后来，鲍尔温（Baldwin，1942）曾用统计学方法分析了奥尔波特的资料，结果证实了 9 个中心特质。1966 年，奥尔波特的一位学生培杰用电脑对珍妮的信件进行了内容分析以及因素分析，结果得出了 9 个因素，值得注意的是，培杰所得结果和奥尔波特所获得的，除了其中一、两项之外，其他都十分接近。比如两人都评定珍妮具有攻击倾向、具有独占性、感情用事、具独立性及自主需求、重感官的享受、有自怜的心理等。奥尔波特觉得电脑的运用并没有提供更多的资料。事实上他认为那些评判者根据主观印象所做的分析，更能有助于对珍妮的了解。

表 6-4　不同方法对珍妮中心特质的分析结果的比较

特质数量	描述特质（奥尔波特）	因素特质（培杰）
1	好争吵的——多疑的，攻击的	攻击性
2	自我中心（占有欲的）	占有欲
3	感情用事	归属需要，家庭认可需要
4	独立的——自主的	自主需要
5	美学的——艺术的	感觉性
6	自我中心的（自怜的）	殉道性
7	（无比较项）	性欲
8	怀疑人生价值的——病态的	（无比较项）
9	戏剧性的——紧张的	（“爱夸张”）

第四节　理论应用

一、健康、成熟人格的标准

奥尔波特是第一个研究成熟的、正常的成人，而不是研究神经病患者的人格理论家。他认为成熟的人就是那些能够摆脱对早期的外周动机过分依赖的个体。他把异常人格与健康人格之间、成年与童年之间的差距理论化。他是唯一断言异常人格与健康人格没有机能上的类似性，而是各自独立实体的人格理论家。他提出健康、成熟的成年人应具备下面的几个条件（Allport，1961），并将这些条件作为衡量健康成熟人格的指标。

（一）具有自我扩展的能力

健康、成熟的个体应具有自我扩张（self-extension）能力，能够将自我的感觉扩展到自我周围的人和活动上。“从事超越自身的活动为个体指明了生活的方向。成熟意味着脱离原来以自我为中心的，以满足基本需要为重心的生活。”（Allport，1961）

（二）能与他人建立温暖的相互关系

奥尔波特区分了两种温暖：爱与同情。健康、成熟的个体能够与他人建立友好的关系（warm relatedness to others），尊重他人的需要和要求，不抱怨、指责、讽刺他人，对他人富有同情心，能接纳或忍耐与自己价值与信仰不同的人。成熟的个体遵循这样的原则行事：“不污染别人也要呼吸的空气”。（Allport，1961，p. 285）

（三）情绪安定和自我接纳

健康、成熟的个体能够接纳自己（self-acceptance），有较高挫折耐受力。他们知道挫折和烦恼是生活中的一部分，情绪安定是健康人格的一个重要特征。

(四) 具有实际的现实知觉

健康、成熟的个体能够对外界进行准确的知觉，具有实际的现实知觉（realistic perception of reality）。他们不歪曲或曲解事物以迎合他们的知觉。他们能够以问题为中心，而不是以自我为中心。

(五) 对自身具有客观的了解

健康、成熟的个体能够客观地认识自我（self-objectification），洞察自己的优势与不足，正确看待自己的过错，而不以伪装来欺骗自己。他们还有幽默感，能自嘲，很少靠一些性或攻击方面的话题惹人发笑。奥尔波特（1961）认为自知力与幽默是密切相关的，很可能是自我客体化的两个方面。

(六) 具有统一整合的人生观

健康、成熟的个体应该具有统一整合的人生观（unifying philosophy of life），会“深刻领悟生活目的”（Allport，1961）。他们有清晰的自我意象和行为准则，具有统一的生活哲学，能指导人格朝向将来的目标。

二、价值观研究量表

奥尔波特非常强调个人的价值系统，他和弗农（Allport & Vernon，1931）编订了《价值观研究量表》（*Study of Values*）。此量表的目的是了解人们价值取向中的偏重倾向。此量表流行至今，目前通用的是第三版，是由奥尔波特、弗农和林赛（Lindzey，1960）三个人合编的。价值观研究量表包含六种价值类型。理论型（theoretical）：偏重理论价值的人，比较重视真理的追求。经济型（economic）：偏重经济价值的人，比较重视事物的实用价值，是实事求是者。审美型（aesthetic）：重视美感和艺术化的经验，欣赏形体的美与和谐。社会型（social）：这方面得高分的人比较重视人际关系，喜欢与人接触的工作。政治型（political）：分数高者倾向于对权力的追求，热衷于影响和控制他人。宗教型（religions）：比较重视形而上的价值和宇宙的统一和谐。该量表共分成两个部分：第一部分包含30个迫选式问题，让被试在两个陈述句中选择自己更赞同的一个。第二部分包括15题，每题列有四种事物或情况，被试依照它们的相对重要性，在四点量表上评分（1～4分）。计分时采用规定的计分纸，将各题分数分别配置在上述六种价值类型内，当即可了解被试对此六种价值取向中偏重的倾向。

目前，在世界各地，《价值观研究量表》仍然在许多领域里被广泛应用。

第五节 理论评价

奥尔波特是研究特质的先驱者，是西方现代人格心理学的创始人之一，也是一位很有智慧的人格心理学家。他的作品现在读来仍然有很大的价值。

一、理论贡献

（一）重视研究成熟、正常的健康人

奥尔波特是第一个研究成熟的、正常的成人的人格心理学家。弗洛伊德及其他早期的人格理论家以观察异常人格为基础来建立他们的理论，使得理论在推论到正常人身上时会出现偏差。奥尔波特研究正常的个体，发展起来的理论更具有广泛价值。

他把异常人格与健康人格之间、成年与童年之间的差距理论化。他是唯一断言异常人格与健康人格没有机能上的类似性，而是各自独立实体的人格理论家。弗洛伊德等提出人的特质是童年体验的产物只适用于心理患者。奥尔波特不否定童年影响的重要性，它的确可导致出现异常心理，可是健康人格一旦形成就会摆脱了过去。奥尔波特认为心理健康是积极的前瞻性的，个体的生活更多的受现在的事件和对将来的看法的影响，而不是过去的经验。这使个体可以自觉、审慎地规划未来。这是健康认识的增加而不是紧张度的减少。每当达到个人目标和理想时，人们就会积极寻求新的动机与目标。

（二）整合人格理论

奥尔波特的理论兼容并包，成功地调和了不同学派的观点，不偏不倚。奥尔波特在人格心理学方面有两大贡献：一方面，奠定了人格心理学的学术地位，使人格心理学成为科学心理学的主流；另一方面，建立起了一套人格心理学理论。奥尔波特从来没有打算创立一个全新的、包罗万象的理论。他所发展出的新概念并不多，相反，他积极借鉴一些旧理论中与其观点一致的元素。他虽然反对精神分析的基本理念，却并不拒绝使用无意识、防御、本我等精神分析术语。

奥尔波特勇于破除传统，开创人格研究的新领域，敢于批判精神分析与行为主义的人格观。其他心理学家很少有人像奥尔波特那样竭尽全力地去研究人格理论，也很少有人像他那样对人格的定义字斟句酌。今天，奥尔波特开创的特质研究、特殊规律研究法、宗教与价值观的研究方兴未艾，足以说明他的远识和睿智。

（三）对人本主义与自我心理学的产生起到了积极的推动作用

虽然在人格心理学史上，没有一位心理学史专家会将奥尔波特视为一个人本主义与自我心理学家，但毫不夸张地说，奥尔波特提出的心理健康标准与统我发展阶段理论与人本主义的健康观以及埃里克森的人格发展阶段论差异不大。从另一方面来说，在行为主义盛行的心理学年代，坚守意识与自我的阵地，坚持被铁钦纳等视为异类的特质研究，为人本主义及自我心理学的萌芽与发展奠定了坚实的基础。

二、理论缺陷

虽然奥尔波特的著作因生动第一，结构第二，可读性高而受欢迎，但其理论体系并不完善，具体表现在以下方面。

（一）理论可检验性较差

除了几种价值观趋向可以被证实或者证伪之外，奥尔波特的其他大多数见解已经超出了科学检验的范围，在这一点上，奥尔波特和弗洛伊德的理论可以归为同类。

（二）理论的解释范围较窄

奥尔波特的动机理论仅仅对成人行为中的部分动机做了富有意义的解释。那么儿童的动机如何？神经症、人格障碍、精神病患者的动机又是怎样的？是什么驱动他们的行为的？一般的成人与健康成熟者行为动机有何差异？在奥尔波特的理论中均未给出解释。虽然他也承认精神分析提出的本能论、行为主义的强化论以及人本主义者的潜能论，但他并未对各种动机理论加以整合。

（三）有循环论证的倾向

奥尔波特重视表面动机，主张动机的多元性和多样化，极力反对将动机归类并挖掘众多行为背后深层次的原因。这种主张虽然与日常生活一致，如对一个吝啬鬼的解释，无须说其人格来源于童年期的排便训练，只需要解释为积累钱财的兴趣和习惯使然即可。毋庸置疑的是，这种解释极其简单方便，然而，这种解释和没有解释又有多大差别呢？一门科学的首要任务，就是从大量表面现象中归纳出深层机制，简单罗列违背了科学研究的宗旨，是不可取的。

（四）忽略了外在因素与潜意识动机对个体的影响

奥尔波特过度重视个体意识活动尤其是自我自主性对行为的影响，较忽略外在因素对个人行为的影响。奥尔波特强调人类行为中积极正常的一面，忽略潜意识或生物性动机的影响。大多数社会科学家以“独特的人格谬论”来对奥尔波特进行反驳。他们认为从共同或普遍性的角度，也可以说明人，如果心理学将焦点放在个人与独特性上，会使心理学的发展枯燥乏味。

（五）折中倾向使得启迪性不够

人格理论的激发性是指该理论能够在多大程度上激起后来研究者去研究该理论衍生出假设的热情和兴趣。以此标准，奥尔波特的理论只能得到中等评价。他的特质理论、价值观研究和对偏见的兴趣激发了多种多样的后续研究，但与精神分析与行为主义两大学派的启迪性相比，奥尔波特的理论稍显不足，其中重要的原因是奥尔波特的折中倾向。

第二章 卡特尔的特质因素论

第一节 生平事略

一、卡特尔生平

Raymond B. Cattell（1905—1998）

雷蒙德·伯纳德·卡特尔，1905年生于英格兰的德文郡。16岁时，卡特尔进入伦敦大学，主修物理和化学。19岁时，他以优异的成绩毕业。大学期间，卡特尔越来越关心社会问题，逐渐认识到他的自然科学知识对解决这些问题的作用不大。这种认识使他进入伦敦大学研究生学院攻读心理学，在那里他获得了硕士学位和博士学位。在读研究生期间，他受聘担任当时著名的心理学家和统计学家查尔斯·斯皮尔曼的助手。斯皮尔曼发明了因素分析法，并把它应用于智力研究。卡特尔受其影响，在人格理论中广泛使用了因素分析法。

在获得博士学位以后，卡特尔在1927—1932年期间在英国斯特大学做讲师，1932—1937年，他创办英国莱塞特学校的系统心理学诊所，并任主任。1937年，他应美国著名心理学家桑代克的邀请，到美国哥伦比亚大学担任桑代克的研究助理。

1938—1941年，卡特尔任麻省沃斯特克拉克大学心理学家克拉克·莱纳德·赫尔教授的助理，1941年他转到哈佛大学任讲师，一直到1944年。1945年，卡特尔任伊利诺伊大学教授和人格测量实验室主任。在此期间（1945—1973），他的专业成果多得令人难以置信。

卡特尔一生努力工作，从不浪费时间。卡特尔发表了300多篇文章，出版了20多本书。卡特尔的第一篇文章发表于1928年，当时他23岁。这意味着50多年来他每隔一月就发表一篇文章或者写一本书。卡特尔以著作数量之多给人以深刻印象。此外，他的著作质量也是极高的。他在人格研究实验室的工作使他被公认为著名的人格心理学家。

1953年，卡特尔的一篇心理学研究论文获得了纽约科学协会颁发的华纳格兰奖，他也取得了“杜威遗传学研究会”会员资格。卡特尔的研究成果已在美国、英国、澳大利亚、日本、印度等国家的杂志上发表。

1973年，卡特尔在科罗拉多州建立了道德和自我认识研究院。正是在这里卡特尔确立了终生研究的问题。

他的主要著作有《多元实验心理学手册》《人格的种类和测量》《人格研究导论》《人格》《一个系统的理论与事实研究》《人格和动机：结构与测量》《人格和社会心理学》《人格的科学分析》《人格和学习理论：一个有关成熟和结构学习的系统理论》和《人格和学习理论：环境中的人格结构》等。

二、理论产生背景

影响卡特尔的一生及其成就的因素有许多。第一，卡特尔使用因素分析法研究人格，并发展出一套人格组成的层次理论，跟英国心理学家斯皮尔曼不无关系。第二，卡特尔对动机的看法似乎受英国心理学家麦独孤的影响。第三，他在离开英国之前的几年里，从事了人格方面研究，同时积累了临床经验。他很可能因此对临床和实验研究二者的利弊得失特别敏感。第四，卡特尔早期从事的化学研究对他以后在心理学上的思考有很大影响。化学家门捷列夫于 1869 年创立了化学元素周期表，对整个科学实验领域有重大的影响。卡特尔似乎也受到了他的影响，好像要仿照门捷列夫的化学元素分类法对人格的实验研究变项予以分类。唯有因素分析法才能使心理学找到组成元素的周期表。与奥尔波特和莫瑞不同，卡特尔不是先对构成人格的要素有了深刻认识，然后再对这些要素进行测量。他在大学里得到的第一个学位是化学方面的。化学家在研究之前并不首先猜测一定存在哪些化学因素，因此，卡特尔强调心理学家在研究之前也不应该先入为主地提出一套人格特质的清单。他主张使用实证的方法来揭示人究竟有多少不同的人格特质。在研究人格特质的过程中，他主要采用了因素分析的技术。

第二节 理论观点

一、人格界定

卡特尔并没有像奥尔波特那样殚精竭虑地为人格寻求一个完美的心理学界定。他只是做了如下描述：“人格可以容许我们预测一个人在某一个情境中将要表现的行为，人格研究的目标就是要建立有关不同的人在社会和一般环境下将会做些什么的法则。”（Cattell，1950，pp. 2-3）卡特尔认为人格是对一个人在特定的条件下将做出什么样的反应的一种预测。他对人格的定义可通过他对种种特质的描述进行理解。特质是形成人格结构的要素；更精确地说，特质是由行为推论而来的心智结构，是特质使得个体在不同的情境中表现出前后一致的作为。

他同意奥尔波特的特质是相对稳定并且具有预测性的观点。然而，卡特尔在另外四个方面却有不同的理解。

第一，他认为人格当中的基本的元素（根源特质）只有通过因素分析的方法才能够被区分出来。

第二，卡特尔认为只有少数一些特质是独一无二的。大部分的共同特质在不同的人身上将会发生不同程度的变化。

第三，他特别地推崇心理分析理论。

第四，卡特尔非常明确地对人格的动力与人格的结构进行区分，认为两者间有明显界限。

二、人格结构

卡特尔非常重视人格结构，他认为人格的基本结构元素是特质。因此，特质结构也就是人格结构。他对特质的分类继承并发展了奥尔波特的特质分类，提出了心理元素周期表。

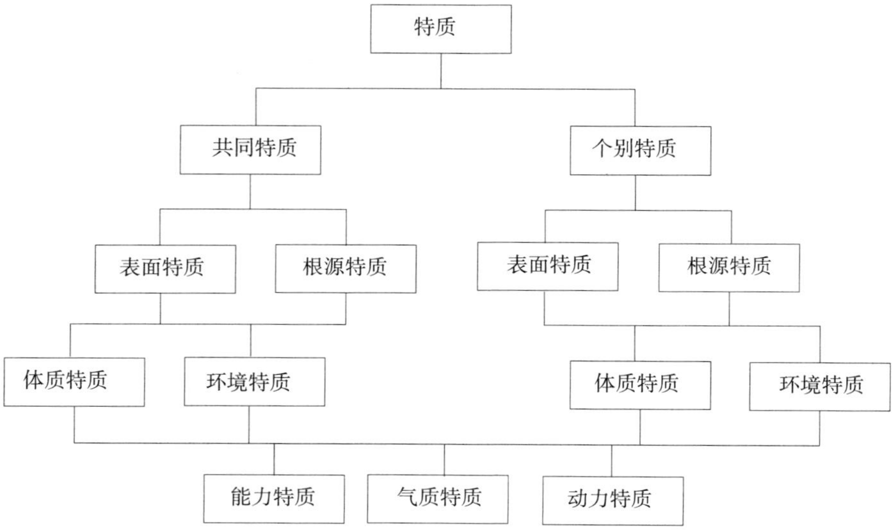

图 6-2 卡特尔的心理元素周期表

（一）个别特质和共同特质

卡特尔同意奥尔波特的观点：存在着所有人共有的特质（共同特质）和个别人具有的特质（个别特质）。卡特尔相信所有的人都具有共同特质，但这些特质在不同人身上的强度不同。共同特质（common traits）是某一地区、某一群体、某一社会中各成员所共有的特征。个别特质（unique traits）是个体所具有的独特特征。

（二）表面特质和根源特质

表面特质和根源特质是卡特尔理论中最富有创意的。表面特质（surface traits）是彼此关联的、可以观察到的特质，不是一种解释性概念。根源特质（source traits）是行为的内在根源，它们是个体人格结构最重要的组成部分，支配个体的一贯行为。卡特尔认为，每一个表面特质由一个或多个根源特质引起，一个根源特质能影响几个表面特质。表面特质是根源特质的表现形式。根源特质可看作人格的元素，人们所做的一切都受其影响。卡特尔认为，每个人都拥有同样的根源特质，但程度不同。卡特尔概括出了 16 种根源特质。他根据这 16 种根源特质设计了著名的 16 种人格问卷（Sixteen Personalility Factor questionnaire，16PF）（1950）。

表 6-5　卡氏 16PF 量表中的 16 种主要因素

	高分者的特点	低分者的特点
因素 A 乐群性	躁郁性气质，社会调试，随和的，热心的，直率的	精神分裂性情感，社会敌意，冷淡的，不直率的
因素 B 聪慧性	聪明的，活跃的，富于幻想的，富于思考的	不聪明的，不活跃的，愚蠢的，缺乏想象的
因素 C 稳定性	自我强，不慌不忙的，成熟的，禁欲主义，坚韧的	自我弱，忧虑的，幼稚的，担忧的，无耐心的
因素 E 恃强性	支配性，自信的，自负的，好斗的，坚强的	服从性，缺乏自信的，谦虚的，自足的，胆怯的
因素 F 兴奋性	逍遥，健谈的，友好的，快乐的，敏感的，活跃的	清醒的，安静的，郁郁沉思的，压抑的，爱隐居的
因素 G 有恒性	超我强，认真的，负责的，不屈不挠的，忠诚的	超我弱，不谨慎的，轻浮的，优柔寡断的，不可靠的
因素 H 敢为性	大胆，粗心的，对性特别感兴趣，勇敢的	胆怯的，小心的，对性特别不感兴趣，胆小的
因素 I 敏感性	温柔，内省的，敏感的，多愁善感的，直觉的	固执，不敏感，注重实际的，逻辑的，自足的
因素 L 怀疑性	猜疑，多疑的，戒备的，怀疑的，警惕的	安全感，轻信的，过分信任的，不猜疑的，易上当的
因素 M 幻想性	想象，古怪的，温和的，自满的，自我陶醉的	实际，注重实际的，常规的，踌躇的，认真的
因素 N 世故性	精明，社交活跃，对别人有洞察力，精确的，精打细算的	天真的，社交不圆滑，粗略，幼稚的，冷淡的
因素 O 忧虑性	犯罪倾向，缺乏自信，忧虑，压抑，忧抑	抵制犯罪，自信，快乐，无所害怕，自足
因素 Q1 实验性	激进主义，喜欢变化，拒绝习俗，自由思想	保守主义，拒绝变化，厌恶下流话，守惯例的
因素 Q2 独立性	自足，气质独立，喜欢与几个助手一起工作，而不喜欢与一个委员会一起，喜欢到课室读书，喜欢读教科书而不喜欢小说	依附集体，寻求社会赞同，依赖集体，喜欢和别人一起旅行，相信好人多于坏人

续表

	高分者的特点	低分者的特点
因素 Q3 自律性	控制意志，相信保险而不相信好运，对非必然的事敏感，不说他后来后悔的事	不能控制意志，粗心的，兴趣容易变化，对同一问题试几种方法，面对障碍未能坚持
因素 Q 紧张性	伊底明显，自由浮现焦虑，不计较记忆中的小错，由于不能满足心理上的需要而经受挫折	伊底不明显，松弛的，镇静自若的，很少压抑，不表现出着急

(三) 体质特质和环境特质

在根源特质中，由遗传的身体内部条件构成的特质叫作体质特质（constitutional traits）。来源于环境与后天经验的特质叫作环境特质（environmental-mold traits），它们是由社会环境和文化模式的客观现实造成的。如果通过因素分析找到的根源特质是单纯的、独立的，那么此根源特质就不可能既是遗传的又是环境的，只能来自其中之一。

(四) 能力特质、气质特质和动力特质

1. 能力特质

个体拥有的根源特质中决定他如何有效地完成预定目标的特质叫能力特质（ability traits）。智力是最重要的能力特质之一。卡特尔区分出两类不同的智力，晶体智力和流体智力。他把晶体智力（crystallized intelligence）定义为："一种一般的因素，大部分是在学校学到的能力，代表流体智力被应用的效果，以及正规教育的数量和程度。它表现在词汇、数学等能力测验中。"（Cattell，1965，p. 369）流体智力（fluid intelligence）被定义为："一种智力的一般形式，它大部是先天的，并能适应于任何资料，与以前的经验没有联系。"（Cattell，1965，p. 369）

卡尔尔认为，不应把人的智力等同于晶体智力，大多数传统智力测验测的是晶体智力。他创造了文化公平测验（fair intellience test）来测量流体智力。卡特尔的研究使他相信一个人的智力 80%是由遗传决定的。他认为我们所说的智力的 80%是遗传决定的能力倾向（流体智力）和 20%经验决定的成就（晶体智力）。使卡特尔惊愕的是，标准化的智力测验测量的是后者而不是前者。

2. 气质特质

气质特质（temperamental traits）指人们存在着的遗传决定的特性。它决定人的一般风度和速度。气质特质决定一个人对情境做出反应的速度、能量和情绪。它决定一个人的举止、脾气和坚持性的程度。因此，气质特质是决定一个人的情绪的体质根源特质。

3. 动力特质

动力特质（dynamic traits）指个性结

构中使人趋向于某一风格的行为动力，是一种积极成分。它是人格的动因。卡特尔划分出不同的动力或动因特质：能，外能(情操和态度)，辅助。

(1) 能

能（ergs）是一种动力的、体质的根源特质。卡特尔对能的定义如下："一种先天的心身素质，具有这种素质的人对某些类别的物体比对于其他物体更容易有反应(注意力，识别力)，即对这些物体有一种特殊的情绪体验，并能开始这一活动，这一活动在一种特定的目标下比在其他目标下更能彻底地完成。" （Cattell，1950，p. 199）

从上述定义可以看出，能包括四个方面：一是产生选择性知觉，即它使得某些事物比另一些事物更易受注意；二是激发对某些事物的情绪反应；三是激发目标定向行为；四是完成这些反应。

卡特尔受麦独孤本能论社会心理学思想的影响，认为能有 11 种：好奇、性、合群、保护、自信、安全、饥饿、愤怒、厌恶、吸引力和自我屈服。

(2) 外能

外能（metaergs）是来源于环境的动力根源特质，它是一种环境形成的动力根源特质。外能分为情操和态度。按卡特尔的观点，情操（sentiments）是习得的动力特质结构，它以某种方式对一类事物或事件做出反应。它可以使具有这种特质结构的人注意某些对象。卡特尔认为情操通常集中在诸如一个人的事业、专业、体育运动、宗教、父母、孩子、配偶或自己等方面。所有这些情操中最有力量的是组成整个人格的自我情操（self-sentiment）。态度（attitudes）是在特定的情境中以特定的方法对特定的事物做出反应的倾向。态度是情操的衍生物，是在某种情况下以某种方式去做某件事的兴趣强度。如不同的人对电影、衣着的态度强度是不同的。

(3) 辅助

辅助或派生（subsidiation）是说明动力特质间的关系的。动力特质具有层层从属的辅助作用，例如，情操是能的辅助者，由能而来；态度是情操的辅助者，是情操的衍生物。人格系统的这种层次关系也被称为动力格状（dynamic lattice），说明了能与情操、态度的关系，能的欲望常常不能直接满足，经常要通过外能来间接满足。

三、人格动力

卡特尔主张，心理学家不仅要描述和测量个体的特质结构，而且还要说明这些特质之间是如何相互联系的（Cattell，1950，p. 156）。卡特尔假定动力特质以复杂的方式组织起来，形成了一种动力格状(意指人格中能、情操和态度等动力特质复杂的动力关系)。卡特尔用派生概念来解释动力特质间是如何相互联系的，他认为某些动力特质派生于或者依赖于其他特质。如，情操依赖于能，而态度则是从情操中分离出去的，依赖于情操。

一个人可以表现出多种多样的态度，如对一部电影脚本、同伴的衣着、一座城市、一个具体事件、一个具体的人等。一种态度可能和多种情操相联系，如对妻子的态度可能和家庭情操、宗教情操、事业情操等相关。同理，一种情操也可以产生多种态度，如由国家情操衍生而来对自己国家与其他国家的不同态度。最后，情操和能之间也存在复杂的关系：一种情操可以和多种能相关，一种能也可以表现在多种情操之中。例如，对妻子的情操可能和性、合群、保护、自信的能有关；自信这种能可以表现在对妻子、事业、国家、政党的情操之中。

从动力格状的概念可以看出，卡特尔试图说明人类行为与人格的复杂性。虽然重视了情操和态度等环境形成的动力根源特质在人格结构中的作用和地位，但卡特尔还是将情操和态度的根源归结为能这种动力的、体质的根源特质。本质上，卡特尔的观点与麦独孤及弗洛伊德的本能决定论并无二致，只是在方法论上，卡特尔更强调科学测量与统计分析技术的重要性，在实践分析中，更注重环境形成的动力特质的作用而已。

四、人格成因

（一）学习因素

与大多数理论家一样，卡特尔相信人格的发展是动机和学习的函数。知觉和行为能力方面的许多变化都与动机有关。学习使这种变化以某种形式满足了能，也就是说，情操和态度的发展与学习有关。

卡特尔认为有三种类型的学习：经典性条件反射学习，工具性条件反射学习和统合学习（integrative learning）。卡特尔认为，经典性的和工具性的条件反射对人格发展是不重要的，因为它们只是对一种刺激做出一种反应。他认为第三种学习——他称之为统合学习或人格学习（personality learning）是更重要的。在卡特尔看来，学习过程由于是发生在现实生活中的，因此不能划分为各种条件反射。此外，学习对一个人的整个特质群的影响是变化的。也就是说，当学会某些东西时，它以这样或那样的方式影响了整个人格结构，因此叫作“结构学习”（structured learning），表示在学习发生之前存在一种人格结构，在学习发生之后存在另一种人格结构。

统合学习是怎样进行的呢？卡特尔用动力格状来说明统合学习的机制。动力格状指各人格结构间的关系。例如，态度、情操和能有错综复杂的关联，一种态度可以对应于不同的情操，不同的态度也可以对应于一种情操；同理，情操又与能发生着不同的连接；这样就形成了一个动力交叉网络，也就是动力格状。如果一种能没得到满足，就会出现许多种可能的调整。一个人的特质在某种程度上因经验而改变，这就发生了统合学习。

（二）社会文化

对于社会文化因素的影响作用，卡特尔是用团体意识来表述的。他认为由于人的许多行为是由团体交往决定的，因此，要准确地把握一个人的人格就要尽可能多地了解个体所属的团体特征。团体意识

(syntality) 一词概括了某一团体的特质群结构，如学校、民族、国家等团体的特质群。因此，不同团体所具备的特色特质群，可以说明社会文化在人格形成中的作用。

卡特尔用研究个体的方法来研究团体，用了 72 个变量来评价 40 个国家。所有的测量都用相关计算和因素分析，结果发现，两个国家之间的主要区别可用下列 4 个因素解释：因素 1 是文明富裕—狭窄贫困，因素 2 是强有力的秩序—不适当的僵化，因素 3 是文化压制和复杂性—直接的本能表达，因素 4 是范围。

比肖夫（Bischof，1983）曾概括了卡特尔在团体意识研究中的几个结论性特点。

1. 各种晶体智力和液体智力显然存在差异，晶体智力在学校系统的文化方面可能较少变化。

2. 在对夏威夷儿童（其中约有一半是日本移民）的研究中，卡特尔发现美国和日本移民的儿童存在基础人格因素的共性或一致性。

3. 其他资料表明美国居民比其他国家居民有较低的情绪分数。

4. 比较美国和英国的大学生发现，美国大学生焦虑水平显著较高，且看起来比英国大学生更为外向。英国大学生比美国大学生表现出更高的自我力量，美国大学生比英国大学生表现出更高的超自我发展。进一步研究表明美国大学生比英国大学生情绪更敏感、更激进，英国大学生看起来更少焦虑和更保守。

5. 发现不管是大团体或小团体，在一些试验以后，提供一些工作，不管需不需要领导，他们总是决定选一个领导。卡特尔不关心他们怎样或什么时候选一个领导。他发现在他研究的团体中选择领导的方法很差。

因此，团体也有特质结构，这些特质群可用因素分析得出。一旦找出团体和国家的特质，就可以做出各种各样的比较与分析。这类研究也是卡特尔最重要的贡献之一。

（三）遗传与环境的交互作用

卡特尔既重视环境对人格发展的作用，也看重遗传对人格的影响，他认为人格是遗传与环境交互作用的结果。但是，与其他研究者不同的是，他创造了一种统计方法来推断遗传与环境的交互作用，这种方法叫作多重抽象变异数分析法（multiple abstract variance analysis method）。多重抽象变异数分析法是通过人格测量获得的数据，来确定遗传与环境的影响在每一个特质中各自占有的比率的。卡特尔发现，遗传对智力特质的影响大约占 80%，而就整个人格来讲，三分之一取决于遗传，三分之二取决于环境。由此他提出了生物社会性均数的强制性原则（principle of coercion to the biosocial mean），这一原则说明的是遗传造成的人格差异与环境造成的人格差异呈负相关，即社会环境对先天不同的人施加的影响是使个体趋向于社会上的大多数人。例如，对于一个极为外向的人，社会环境会调整他，使他表现得略微内敛些；对于那些极为内向的人，社会环境会鼓励他勇于展现自己。总之，社会环境依据人的先天特质，把人的人格调整到一个均数水平，形成一种趋中式社会调节规律。

五、人格预测

像奥尔波特一样，卡特尔的主要兴趣是正常人。他感兴趣的是准确预测人们在不同情境下做出的反应。卡特尔是一个十足的定数论者，他相信行为是一个特定变量的函数。如果变量完全一致，人的行为也可被准确预测，这样一种信念使他成为定数论者。当然，卡特尔和其他定数论者都认识到，不是所有影响行为的变量都能被知道，因此对行为的预测带有或然性。认识到这一点，定数论者说，对影响人的行为的变量知道得越多，对人的行为的预测更准确。

卡特尔认为："人格就是让我们预测一个人在某种特定情境中所作所为的东西。人格心理学研究的目的是建立有关不同人在各种社会的一般情境下怎样做的规律……人格涉及个体的所有行为，包括外显的及内部的行为。"（Cattell，1965，pp. 117-118）卡特尔的这一观点可用公式表示如下：

$$R=f\ (P,\ S)$$

式中：R＝个体的反应

P＝人格

S＝情境

也就是说，一个人的行为是这个人的人格和特定环境刺激的函数。显然，这一公式对概括卡特尔的观念仍过分简化。为准确地预测一个人的行为，应更详细地描述 P（人格）。人格究竟是什么？按照卡特尔的观点，人格是人所拥有的全部特质。这样，公式中必须包含每个人的人格特质的测量。因为主要的人格特质随环境的变化而变化，所以必须弄清不同环境中每一种特质的比重。这称之为特质的因素负荷（factor loading）。除了一个人的固定特质外，有时候其他有关的条件也会影响行为。同样，有些情境要求人扮演一定的角色，这样也会对行为产生较大的影响。当前的身体状况如疲劳、生病、焦虑和所要求的社会角色等都称为环境调节者（situational modulators），因为它们被认为是调节行为表现的。

因此，要预测一个人的行为，难度是显而易见的。我们必须知道一个人拥有的特质，在某一情境中它的重要程度，这个人目前的身体状况，他在特定情境中扮演的角色。上述的一般公式可扩充为下面的公式，卡特尔称之为特征公式（specification equation），是表示一个人的各种人格因素在特定情境中的行为表现。（Cattell，1966，p. 265）

$$P_j=S_{jA}A\cdots+S_{jT}T\cdots+S_{jE}E\cdots+S_{jM}M\cdots+S_{jR}R\cdots+S_{jS}S$$

式中 P_j＝在 j 情境中发生的活动

A＝能力特质

T＝气质特质

E＝本能张力

M＝外能（情操和态度）

R＝在特定情境下所要求的角色

S＝当前身体状况如疲劳、疾病和焦虑

S_j＝在 j 情境中各种特质和状态所占的比重

如果你想知道一个人对某一特定情境怎样反应，那么请列出他的特质和它们在情境中的比重。这样这个人的行为就能够被预测了。

第三节 研究方法

一、理论建构的方法：归纳—假设—演绎法

卡特尔反对“一切不切实际的思索”，主张所有的科学进步都有赖于精确的测量（Cattell，1950），精确的测量是人格理论建构的前提和基础。卡特尔坚持认为科学研究应该起始于实验观察和描述，并且以此为基础提出试验性的粗略假设。研究者从这一假设出发设计一系列实验对其进行实证检验，然后再对实验过程及结果进行科学的分析，提出更加准确、更进一步的假设。归纳出的假设经过进一步实验或者观察研究之后，研究者就可以据此对研究结果进行演绎，演绎后的结论又可以形成下一层级的假设，接受下一步实验或者观察研究的检验，这样，归纳、假设、演绎就可以形成一个循环，最终建构出科学的人格理论。因此，这种研究模式也被称之为归纳—假设—演绎螺旋式方法（inductive-hypothetical-deductive spiral）。

卡特尔反对用假设—演绎模型建构人格理论。因为在假设—演绎模型中，研究者是从一系列一般命题入手的，演绎出一种假设，然后通过收集材料对其进行检验。这种模型忽视了形成假设前观察归纳的重要性，要求研究者在研究初始阶段就应该提出正确完善的假设。它不能使研究者将科学研究视为一个探索过程。一旦没有探索和初级观察，主观形成的假设极有可能囿于某些因素而不能反映现象的全貌。换句话说，主观形成的假设多是考虑少数几个影响因素而未能综合考虑多变量综合作用会产生何种影响。据此，卡特尔虽然并不反对双变量研究，却更支持多变量研究，强调应该理性看待双变量研究结论的可推广性。

二、双变量、多变量与临床研究策略

（一）双变量研究策略

卡特尔的双变量（bivariate）研究策略由来已久，可以追溯到冯特与巴普洛夫。这种方法每次只考虑两种变量，实验者操作自变量，然后观察在因变量上产生的效果。举例来说，可以控制一件工作的成或败（自变量）以得知此种经验对被试焦虑程度（因变量）的影响。仅仅只对人类如何产生焦虑进行研究，每一次处理一个自变量，就可能要执行上千次的双变量实验。每一种双变量研究都是一种分立的研究，一次只有一种条件改变，这使得我们观察到的人类现象呈现支离破碎的面貌。不仅有机体的整体形象被破坏，而且这些分立的研究结果之间如何共同作用也不得而知。此外，将焦虑与其他变量，如能力、适应、

信心，分开来考虑，使得我们对这些其他变量存在时如何影响焦虑，或者它们与早先提到的成败变量之间有何关系毫无概念。卡特尔深信用双变量研究此种人为的实验特性是存在很大局限性的。

（二）多变量研究策略

多变量（multivariate）策略的研究取向是针对同一个人的种种方面进行测量，取代一次只观察一种变量。这种方法没有实验上变量的操作，因而情境的人为因素也被降低。由于同时可以得到多方面的测量结果，个体的整体性也被保留下来了。

（三）临床研究策略

第三种策略是临床（clinical）法，卡特尔声称此法基本上与多变量研究属于同类。也许卡特尔本人的话最能传达他对此事的看法：多变量法强调整体性，这实际上与临床法相同。多变量法是量化的，应用明确的计算法则，得到一般性的结论。临床工作者通过实际的接触来界定整体形态，并且尝试从个人的记忆经验累积中获得归纳的通则；而多变量实验者测量所有的变量，然后利用统计分析技术抽取存在的规律性，以取代信赖人类的记忆与归纳事物的通则。因此，人格的临床研究取向可说是没有仪器辅助的多变量实验。不足之处在于，它产生人格理论所依据的资料来自异常的病理过程而非常态。

卡特尔是多变量研究取向的忠诚拥护者。这种方法的客观性、同时处理与测量许多变量的能力、对自然发生现象的适用性、处理重要的人类论点的能力，使得它在研究人类的复杂行为时成为较占优势的策略。为了研究多变量问题，卡特尔主要应用了因素分析技术。

三、因素分析技术

因素分析（factor analysis）是一种高级统计技术，其本质是通过统计处理，从大量的相关变量中抽取出最基本的因素。虽然因素分析法始于斯皮尔曼（Spearman，1904）对智力的研究，但将其用于人格领域并使该方法进一步扩大影响的心理学家，在美国是卡特尔，在英国是艾森克。在卡特尔的大部分工作中主要运用了两种技术：R技术和P技术。

（一）R技术

R技术是因素分析中最普通的形式，通常是对很多被试进行多种人格测量，然后求出被试在这些变量上得分间的相关系数，利用因素分析萃取相关变量背后的共同因素。很显然，利用该技术只能用于确定大多数人共有的共同特质。这遭到了奥尔波特的批评，因为奥尔波特坚持人格研究要更关注个体差异而非共同特质。因此，卡特尔又发展出一种新的技术：P技术。

（二）P技术

P技术是在一定时期、不同场合下，对同一个体的一些人格特质进行重复测验，以了解单个个体独特特质结构及其变化过程的因素分析技术。卡特尔曾经应用P技术对一名 24 岁的戏剧毕业生 40 天内 8 种特质的变化过程做过追踪研究。他要求这名学生每天写日记，通过对日记（还包括其他资料）分析 8 种特质（自恋、自我情操、恐惧—焦虑、疲劳感、自信、魅力、性爱、父母爱）随生活事件的变化趋势。这名戏剧毕业生 40 天内经历的事件有：排练了一个剧本，他自己出演主角；排练期患了感冒；演出；父亲骨盆折裂；因没有照顾好家受到姑妈的批评；因专业指导老师对其有明显的敌意而烦恼。卡特尔发现，演出前一个月中该生疲劳感持续增强，演出过后一段时间才开始减弱；由于担心排练花费很多时间而耽误学习，他的焦虑水平在排练期较高；父亲的骨盆折裂使他对父亲的爱开始增强；频繁地与异性约会使他性冲动明显并持续增强；演出当晚，他的自恋情感和自重情绪暂时急剧增长。(Cattell，1957)

虽然 P 技术满足了奥尔波特研究单一个案的要求，但局限是从个案中得出的结论推广性不够，不适用于解释他人的人格构成。显然，只有 P 技术和 R 技术相结合，才能完整地透视个体与群体的人格结构。

在卡特尔的理论中，因素这一个术语可以等同于特质这一个术语。对卡特尔来说，因素分析是用来发现特质的一种方法，他把它当作砌成人格的砖石。卡特尔因素分析的程序可以概括如下：

1. 用各种方法对大量受试者进行测量。

2. 用各种测量获得的资料计算个体测量间的相关，得出一个相关矩阵。

3. 决定需要假定哪些因素，以便解释在相关矩阵中找到的各种相关群。

四、数据资料的来源

卡特尔的程序是尽可能多地测量大量的个体，他通过三种资料来进行因素分析：L 资料、Q 资料和 T 资料。

L 资料称为生活记录材料（life record-data）：对实际的、日常情境中的行为进行测量。L 资料来源很广，包括学校的分数记录、健康记录、档案记录、参加几个社会团体、发生过多少起事故、外出旅游次数等。在实际研究中，研究者可能发现得到这些资料并不容易，卡特尔认为，可以通过熟悉这个人的他人的评定获取第二手资料。

Q 资料称为问卷资料（questionnaire-data）：是从问卷中得来的信息。研究者通过要求被试判断问卷中的项目与自身相符合的程度搜集人格信息。因为 Q 资料来源于被试自身判断，且被试容易受到社会称许性的影响，所以会影响资料的可靠性。因此，卡特尔要求在搜集 Q 资料的同时，必须用相关的行为数据作为佐证。卡特尔把未经考证的自我报告数据称为 Q 数据，只有那些经过客观行为衡量证明有效的数据，才是真正的 Q 资料。

T 资料又叫作客观测验数据（objective test-data）：所谓客观指的是被试对测验的目的并不知晓，被试无法伪装，或者是对被试行为反应的记录。比如，通过各种心理测验（如联想测验、注意广度测验、动作反应时、投射测验等）收取数据，进行分析。

根据卡特尔的假设，如果因素分析法的确能找出人格的基本结构，那么这三种资料的因素或特质应该相同。卡特尔关于人类根源特质种类的研究显示，利用生活记录资料可以获得 12 种因素，而运用同样的因素分析技术，通过 Q 资料可以获得 16 种因素，其中 12 种与利用 L 资料得出的因素大致相同，其余 4 种是问卷资料分析所独有的；利用 T 资料发现了 21 种根源特质，这些特质与前两种资料得出的因素之间的关系较为复杂（Cattell & Johnson，1986）。

第四节 理论应用

在异常人格的研究与治疗上，卡特尔是个折中主义者，他吸收了精神分析与行为主义的很多观点，将它们与自己的心理测量视角结合起来，提出了一些新的见解，并且运用测量方法对神经症与精神病进行了更多的测量学研究，得出了很多有价值的结论。

一、神经症与精神病的病因与特征

和弗洛伊德一样，卡特尔也认为神经症与精神病源于个体内部无法解决的内心冲突。不同的是，卡特尔对神经症和精神病的定义是操作性的，并对两者做了特质层面的测量分析。神经症是“那些感到自己处于情绪困境中而到诊所寻求帮助的个体所表现出来的行为方式，他们没有精神病学家所认为的那种精神症失调”（Cattell，1965）；而精神病则是“不同于神经症的一种心理失调形式，在这种症状中个体失去了同现实的联系，需要住院获得自己及他人的保护”（Cattell，1965）。卡特尔认为，神经症与精神病不仅在程度上而且在疾病种类上并不相同。（Cattell，1965）

通过对神经症和精神病患者大量的因素分析研究发现：神经症患者具有低自我力量和情绪稳定性，高抽象性和幻想，低支配性，高焦虑与高敏感性。神经症患者通常更为羞怯和内向（Cattell，1965；Meyer，1993）。16PF 研究结果显示：精神分裂症患者缺乏自我力量，悲观、好孤独、喜隐居、羞怯、内向、冷漠、自负（Meyer，1993）。

二、治疗方法

（一）量化精神分析法

卡特尔非常重视测量技术在病态人格诊断中的作用，甚至提出建立一种“量化精神分析法”以求对病态人格水平做出预测。卡特尔鄙视那些“先于测量和实验就提出空想的自以为是的理论”的理论家（Cattell，1965）。因此，从这个意义上说，把卡特尔视为一位“人格测量学家”而不是“人格理论家”更为合适。

(二) 综合治疗方法

卡特尔主张综合的治疗方法。究竟是采用精神分析的、行为主义的，还是生理的药物疗法，应视具体案例来定。卡特尔呼吁人格治疗专家将关注点放宽，不要仅仅专注于行为或人格改变等有限的领域，要把视野扩展到影响范围更大的体质性特质以及特质、情操、能之间的交互作用上。

第五节 理论评价

一、学术贡献

(一) 研究范围广博

在当代的心理学家中，卡特尔研究的成果，可以说是极为丰硕的，他曾出版 55 本著作，约 500 篇论文以及 30 项标准测验，研究的范围“涉及人格心理学中我们所列举的每一方面”（Pervin，1993）。他曾论及人类行为的各种现象，包括正常的和异常的行为；也深入地探讨了生物因素和社会文化因素对于行为的影响。卡特尔充分了解人类行为动机的复杂性，他虽不排斥双变量的实验研究，但认为多变量的研究是更适当的，因而极力地倡导后者。威格尼斯也强调：“卡特尔的理论看来是远比一般人所了解的有更动人的成就。”（Wiggins，1984）卡特尔给人留下的最深刻的印象，莫过于他广泛的兴趣以及从事艰巨任务的不懈努力。

(二) 以统计资料为基础建立理论

在所有的人格理论中，卡特尔最致力于应用明确的测验结果来建立理论。他应用因素分析方法来确定他的概念，一方面能够不流于空泛，另一方面显得很精简。他利用因素分析发现了正常行为与异常行为的主要根源特质，为解释人类复杂的行为与人格奠定了基础。

(三) 对临床研究和工商心理学的贡献

卡特尔在心理计量上的成就卓越。他所编订的测量工具有很多，对心理疾病的诊断与治疗效果的评估极有帮助。同时在职业辅导方面，为职业的选择以及人员的甄选，都提供了有价值的资料。

(四) 为行为遗传学的产生做了开创性的贡献

卡特尔注意将遗传与环境区分开来，将体质性特质与环境影响特质区分开来。他也非常重视将遗传与环境变量区分开来的研究方法，这为行为遗传学的产生提供了实践经验。

二、理论不足

从上面的陈述中可以看出卡特尔的具体贡献，然而卡特尔的理论并未对心理学界的思想与研究产生重大的影响。原因可能有下面几点。

1. 卡特尔的研究报告，常常充满了许多统计资料，偏重研究中的技术性。他喜欢应用一些新的字词，这些字词看起来颇为生涩，因此不大受欢迎。

2. 卡特尔经常应用因素分析方法。它固然是相当客观而明确的统计方法，但是有人认为因素分析所运用的资料，仍然是研究者放进去的，并不能完全免除研究者偏见的影响。若是收集的资料不适当，更可能遭受“进去的是垃圾，出来的仍不过是垃圾”之讥。同时，因素命名过程本身就充满了主观性。

3. 卡特尔的研究工作相当认真，因此他对自己努力所获得的成就，难免有过分珍视的倾向。相反，他对于其他学者的研究，就没有给予适当的重视，这样自然会影响别人对他的反应。

4. 卡特尔一直致力于人格特质的探究，直到晚年，才将环境因素的影响纳入其对行为预测的公式里。对于那些强调环境因素的学者来说，卡特尔的这种态度是很难受到欢迎的。

5. 理论启发性不够。虽然卡特尔身上并不缺乏一位人格理论家所必备的智慧、好奇、勇敢和孜孜以求的精神，可是追随卡特尔的学者并不多。究其原因，除了其学术著作晦涩难懂之外，他所做的研究更多是实证性的，鲜有新创的理论观点是另一主要原因。从这个角度看，卡特尔远不如奥尔波特的理论启发性更强。

第三章　艾森克的人格理论

当心理学界的传统观念还认为人们的人格特点来自经验时，艾森克就提出，人格特点受生物学特性的影响要比受父母教育行为的影响大。尽管艾森克的理论在本领域中已经很受人尊重，但是，最初人们对于他提出的人格在很大程度上由生物特性决定的这一理论的态度却是怀疑与容忍并存的。现在，艾森克强调的个体差异中的生物学方面，与渐渐被认识到的生物学对人格影响的观点越来越吻合了。

第一节 生平事略

汉斯·艾森克，1916 年出生于德国柏林，父母均为有名的演员。艾森克两岁时父母离婚，随即与祖母居住在一起。希特勒执政后，艾森克被告知：除非他参加纳粹的秘密的警察队，否则将不准他进入大学。于是他于 1934 年离开了德国，在法国稍做停留后，转往英国，入伦敦大学学习心理学。

当时在伦敦大学执教的知名学者很多。心理测验方面有波特和斯皮尔曼，遗传学

Hans J. Eysenck（1916—1997）

方面有汉德森和彭罗斯，统计学方面有皮尔逊。艾森克从这些名家身上学到了很多，这对他以后研究的方向影响很大。他拿到学士学位后继续研读心理学，在1940年拿到了博士学位。

第二次世界大战期间，英国和德国交战之际，艾森克因具有德裔移民身份，不仅在申请参加英国空军时未获准，连求职也相当困难。后来，艾森克总算在一家急救医院觅得一份工作，一些罹患压力反应心理症的军人被送到这里接受治疗，这个工作机会使得艾森克对人因压力而产生异常反应的前致因素发生了兴趣。就在此时，他应用因素分析法，对病人的症状进行大规模的研究，发表了他的人格两维度理论。他的第一本著作《人格的维度》（*Dimensions of Personality*）在1947年出版。

第二次世界大战结束后，艾森克转到伦敦大学精神医学部的教学医院担任心理学部主任，负责临床心理师的训练工作。在这一方面，他提出三项主张：一是临床心理学应成为一个独立的学科，而不能视为附属于精神医学的一部分；二是临床心理学者不应完全因循精神分析理论；三是临床心理学应建立以科学取向为基础的临床与实验的研究。由于艾森克的努力，他的这些主张都得以实现，获得了颇为辉煌的成就。他去世前是伦敦大学精神医学研究所的荣誉退休教授，当时他仍继续致力于著述和研究工作。艾森克著有书约40本，研究论文达600篇，真可谓著述等身。1994年美国心理学会把“威廉研究员奖（Willian James Fellow Award）”颁赠予艾森克，以表扬其在学术上的成就和贡献。艾森克于1997年9月逝世。艾森克的夫人和儿子均为心理学家。

艾森克以多产的著作与研究而闻名于整个欧洲及美国，但他也同时拥有相当好辩的名声。艾森克的好斗风格被形容为“知识界的斗士”，因为他经常站在现有理论的对立面，反对这些理论，如与弗洛伊德、与投射技术对立，提倡行为疗法和遗传研究，等等。20世纪50年代中期，艾森克与精神分析治疗家展开了一场论战，他认为没有证据表明心理治疗比自然缓解更有效。简而言之，那些没有经过治疗的病人可能会像那些接受训练有素的精神分析专家昂贵、痛苦、漫长心理治疗的病人一样恢复健康（Eysenck，1952）。艾森克并不害怕自己所持的观点与大多数人不同，《智商论》一书的基本主张就是智力基本上由遗传决定的，后天的良好教育并不能使其显著提高。这一观点引起了轩然大波，遭到了来自种族平等主义者的极力反对，甚至有美国人威胁说：“如果书商们胆敢购进这本书，他们就要放火予以报复。”结果，在美国不大可能买到这本书（Eysenck，1980）。

第二节 理论观点

艾森克的人格理论深受波特、斯皮尔曼和巴甫洛夫的影响。前两者是艾森克的老师，而巴甫洛夫虽未曾与艾森克谋面，但其经典条件反射理论使艾森克认识到了解人格结构生理基础的重要性。艾森克的理论是心理测量学和生理学的复合体，这也正是他与卡特尔的重要区别之一。虽然两者同为因素分析技术的极力推崇者，也都主张人格理论建构必须基于经验实证基础，然而认真比较可以发现两者的不同。卡特尔坚持归纳—假设—演绎螺旋的人格理论建构路线，强调预先无须主观界定，一切假设有待于前期试验观察而定；而艾森克使用假设—演绎的策略，重视之前的理论建构，经验实证研究只是作为佐证而已。从人格建构层级来看，艾森克更注重类型层面的因素提取；而卡特尔则没有对提取的16种根源特质进一步归类。此外，艾森克的兴趣在所有心理学家中是最广的。他著述的论题包括占星术、犯罪与人格、弗洛伊德与精神分析、变态心理学、种族背景、媒体的暴力、政治、性行为、人格评鉴、癌症与吸烟、催眠、幽默、人格与心脏病、人格与癌症、行为治疗、智能、维生素和创造天才等。

一、人性观

艾森克并没有像其他人格理论家（如弗洛伊德）那样对人性在传统命题上做出明确的回答，如自由选择与决定论、乐观主义与悲观主义、人性善与人性恶、本能决定还是环境驱动、目的论与因果论。但每一个心理学家的理论都以其人性论为基础，从艾森克的著述中可以看出，他对人性持以下看法。

1. 艾森克认为人类有自我意识，可以主观报告自己的态度、需要、动机、价值观，这是其他动物所不具备的能力。因此，研究动物只能从生活记录（L数据）与客观测量数据（T数据）来搜集资料，而研究人类还可以得到第三类数据——Q数据。

2. 艾森克重视遗传对人格的重要影响。艾森克不是遗传决定论者，却认为特质的全部变异约有3/4来自遗传，只有1/4与环境因素有关。

3. 艾森克认为个体间存在着个体差异，人格理论应该重视个体独特的特质构成。

总体来看，艾森克认为人类基本上是生物性的个体。人们生来就具备了一些先存的特性（predispositions）或特质，对于环境中的刺激，会表现出一些特定的反应。每个人的生物性结构都与其他人不同，因此所具有的特质，也会呈现出个别差异。艾森克认为这些特质可能在社会化的过程中，为配合社会要求而有某些程度上的改变。人们的行为是遗传和环境交互作用的结果，只是生物性因素占了优势地位。

二、人格界定

艾森克认为，人格是“一个人的性格、气质、智慧和体质等，一个相当稳定而有持续性的组织，它决定了对于环境独特性的适应。性格指他在意愿行为方面比较长期而稳定的形态；气质指他在情感行为方面比较持续而稳定的形态；智能指他在认知行为方面持续而稳定的形态；体质指他在身体形态和神经及内分泌比较长期而稳定的情况。”（Eysenck，1990）艾森克强调稳定的特质是构成人格的基本单元，这些特质结合在一起构成类型（type）。

三、人格结构

（一）确定人格构成因素的标准

艾森克认为单从因素分析中得到的人格结构，如果没有证明其存在的生物学基础，那么将是毫无意义的。因此，他提出了确定人格因素的四条标准。

1. 必须有证明因素存在的心理测量学证据。这一标准要求这一因素不是主观臆断的而且是经得起检验的，是可信的、可被验证的、可以重复的。

2. 该因素必须具有遗传性，并符合既有的遗传模式，要排除个体习得特征的影响，发现构成人格结构的基础、普遍元素。

3. 该结构必须符合理论构想。艾森克运用演绎而非归纳的推演方式，即从一个理论着手，然后搜集与该理论逻辑相吻合的资料。没有逻辑做支撑的因素结构，是没有解释生命力的。

4. 它必须具有社会性关联。换言之，从因素分析中提出的因素必须能够解释与社会生活相关的现象，如吸毒、精神病、犯罪、创造性等。

（二）人格层次模型

艾森克把人格放进一个层级组织里，建立了人格层次模型（hierarchical model of personality）。他依据各个特质对行为影响的范围大小将人格特质分为几个层次。居高层次的特质，他称之为“类型层次（type level）”，它几乎会影响到一个人所有方面的行为，使这个人和其他的人在各方面都有明显的差别。如一个外向型的人，他的思想、兴趣、生活方式、社交行为、情绪反应以及人生观等都会呈现出其所具有的独特风格，与内向型的人显然不同。其次为“特质层次（trait level）”，其影响的范围也很大，但往往只涉及某一方面。如“谦虚”的人，常常不爱表现自己，不急于发表自己的意见，在人群中不争取显著位置，不肯做领导者，也很少批评别人，这些都偏向于社会行为。第三个层次是“习惯反应层次（habit level）”，其涵盖的范围会更小一些，常只涉及和某方面有关的行为。如“守时”的人，对于和时间有关的事会特别注意，也较挑剔不守时的行为。最下一个层次包含一些“特定的行为反应”，往往只和某一个情境的某一种行为有关。

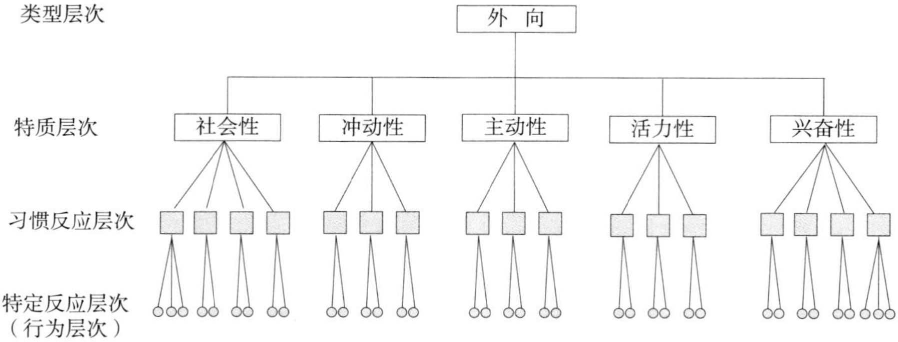

图 6-3　艾森克的人格层次模型（以外向为例）

（三）人格维度模型

最初，艾森克用因素分析研究得出了两个最基本的维度，其他特质都可以归到这两个维度之中，这两个维度是内/外向性和神经质。由于这两个维度相互独立，因此得分处在第一个维度的外向性一端的人，在第二个维度上的得分可高可低。一个在外向性上得分高而在神经质上得分低的人与一个在两维度上均得高分的人，具有不同的特质。后来，他又加入了第三个维度——精神质。

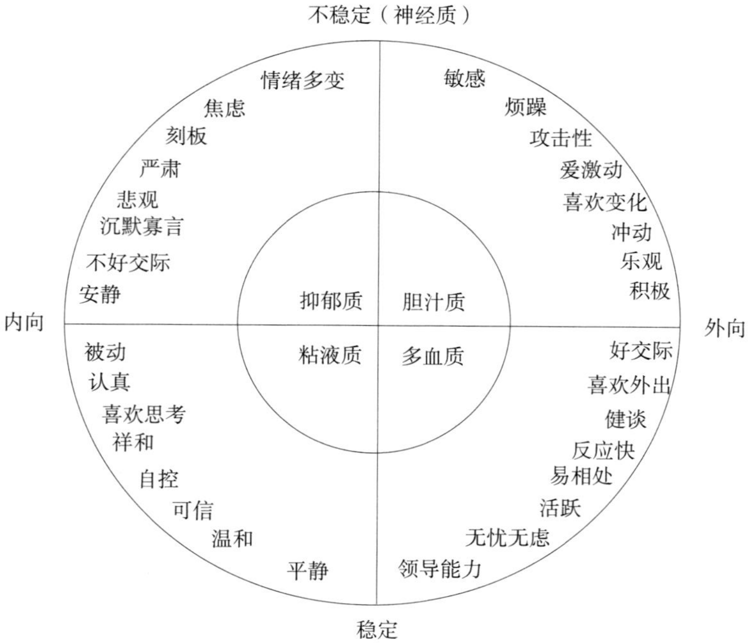

图 6-4　艾森克的人格维度模型

1. 外向—内向维度

外向—内向（extraversion-introversion）维度，可以确定内外向人格特征的差异。艾森克就把典型的外向型人格描述为“开朗的，冲动和非抑制的，有广泛的社交接触并经常参加群体活动。典型的外向型喜欢社交、喜欢集会、有许多朋友，需要有人与之交谈，并不喜欢一个人读书学习”（Eysneck，1968）。典型的内向型是“一个安静、退缩、内省的人，不喜欢交往而喜欢读书；自我保守，除了亲密朋友外，与人的距离较远”。当然，大部分人都在这两个极端之间，但我们每个人或许都有一点倾向于这边或那边。

2. 神经质—稳定性维度

第二个主要维度是神经质—稳定性（neuroticism-stability）。在这一维度上得高分的人是“情绪易变的，过度反应的。高得分的个体在情绪上倾向于过度反应，并且体验到一种情绪后，不易恢复常态”（Eysenck，1968）。我们有时把在这一维度上得高分的人视为情绪不稳定或情绪化的人。他们经常对很小的挫折和问题有很强的情绪反应，并且要经过很长时间才能恢复过来。他们更容易兴奋、生气和抑郁。那些在这一维度上得分落在另一端的人表现出情绪的稳定性，他们更少出现情绪失控，也不大会有大起大落的情绪体验。

3. 精神质—超我机能维度

根据后来的研究结果，艾森克加入了第三个维度：精神质—超我机能（psychoticism-superego functioning）。精神质（又称倔强，讲求实际），并非暗指精神病，它在所有人身上都存在，只是程度不同而已。如果某人表现出明显的程度，则易发展成行为异常。在这一维度上得分高的人可能表现为孤独，不关心他人，难以适应外部环境，不近人情，感觉迟钝，与别人不友好，喜欢挑衅，做一些稀奇的事且不顾危险。在这一维度上得高分的人被描述为“自我中心的、攻击性的、冷漠的、缺乏同情心的、冲动的、不考虑他人的，并且通常是不关心正义和他人福利的”（Eysenck，1982）。可以说在这一维度上得高分的人正是那些应该接受某种审判或心理治疗的人。

四、人格成因

（一）人格的生物学基础

1. 抑制理论、唤醒理论与内外向性

早期，艾森克主要借用巴甫洛夫（Pavlov，1927）和特普洛夫（Teplov，1964）提出的大脑中枢神经系统兴奋与抑制理论来解释内外向个体的人格差异。他认为，外向者大脑皮层抑制过程强而兴奋过程弱，其神经系统属于强型，对刺激有很强的忍受能力；而内向者皮层兴奋过程强而抑制过程弱，其神经系统属于弱型，忍受刺激的能力有限。由于外向者皮质抑制过程强，他们对刺激的反应较慢且强度较低，他们渴望强烈的感觉刺激，是刺激寻求者；而内向者与外向者相反，他们对刺激的反应快且强度高，是刺激回避者。

不少行为实验研究支持了抑制理论。

比如，外向者更能忍受疼痛刺激（Eysenck，1965），更喜欢明亮的颜色、高频音乐，更喜欢酒精和服用药物，喜欢抽烟，沉浸在各种形式的性活动中（Eysenck，1965；Miller，1997）。

尽管抑制理论有助于解释内外向的行为差异，但这些概念难以测量。于是艾森克提出皮质唤醒（cortical arousal）这一概念。皮质唤醒指个体身心随时准备反应的警觉状态。艾森克认为内外向之间的差异源于上行网状激活系统（Ascending Reticulau Activating System，简称 ARAS）功能差异。上行网状激活系统是向上贯穿于皮层的纤维网络，皮层的警觉和唤醒与上行网状激活系统功能及兴奋状态有关。在艾森克的理论中，内向者的皮质唤醒水平天生就高于外向者的皮质唤醒水平，因此，当同样强度的刺激作用于内外向者时，内向者体验到的强度要高于外向者（Eysenck，1976）。艾森克说："一旦感官刺激被皮层记录，虽然皮层记录的是关于刺激强度、皮层唤醒强度的一种总体信息，但内向者在心理上感受到的刺激强度要高于外向者。"（Eysenck，1976）可以说，内向者比外向者对刺激更为敏感。内向者与外向者觉知到的强度是心理层面的而非实际的刺激强度。大量科学研究表明，虽然内向者报告感觉到更强的刺激，但从生理数据来看，内向者的唤醒水平并不比外向者高多少（Stelmack，1990）。艾森克进一步假定高水平与低水平刺激都会使个体产生消极感觉和消极经验评价，只有中等强度的刺激才会被感知为积极的快乐情调。因此，外向者的刺激偏爱水平应该高于内向者（Eysenck & Eysenck，1985）。

唤醒理论不仅可以解释之前发现的内外向个体忍受疼痛刺激上的差异与刺激寻求倾向差异，而且还能解释一些新的事实，如学习成绩和学习习惯。弗恩哈姆和布拉德利在 1997 年发现：在安静环境下阅读成绩无差异的内外向被试，如果在阅读过程中播放音乐，内向者的表现要远差于外向者（Farnham & Brodley，1997）。坎贝尔和哈雷在 1982 年发现，内向的人更喜欢在安静的环境中使用独立的阅览桌椅学习，而外向者则更喜欢在社会化区域，即那些在听觉和视觉刺激都比较高的环境下学习。外向者还报告他们喜欢在比较喧闹、嘈杂的地方学习（Camphell & Hawley，1982）。艾森克预测外向者的觉醒水平比内向者低，所以需要更多的外部刺激维持学习状态。在单调的学习环境里，外向者更易出现反应抑制，在行为上的表现是，外向者需要更多的休息，实验研究也证明了这一假设。

外向者与内向者的饮食喜好亦有所不同。兰德瑞姆（Landrum，1992）发现，外向性的大学生更喜欢吃巧克力，喝咖啡，喝茶及其他软饮料。这些饮料都含有咖啡因，能增加皮层的激活水平。另有研究表明，咖啡因对个体学习成绩的影响存在个体差异，换句话说，内外向人格是咖啡因与学习成绩之间的调节变量，大剂量的服用咖啡因可以提高外向者的专业学习水平，而内向者正好相反，服用越多，学习成绩越差（Bullock & Gilliland，1993）。

2. 自主神经系统与神经质

早期，艾森克提出自主神经系统是与神经质密切相关的解剖结构。艾森克预言，高神经质对压力的反应更为强烈，表现为心律、皮肤电、呼吸、肌肉张力、血压、消化系统的反应更为强烈。但批评者指出，自主神经系统功能上的差异只是外部表现而已，将其作为神经质的生理基础并不合适。后来，艾森克把支配自主神经系统活动的边缘系统（包括海马、扣带回、杏仁核、中隔和下丘脑）也作为神经质的解剖学基础。高神经质者的边缘系统激活阈值较低，交感神经系统的反应性较强，因此他们对微弱的刺激倾向于过度反应（Eysenck & Eysenck，1985）。边缘系统、自主神经系统及皮层唤醒均与上行网状激活系统有联系。

艾森克发现焦虑和神经质有很高的正相关（学习者的焦虑分数和神经质分数相关为 0.60～0.70）。焦虑包括两种成分：情绪反应与忧虑。前者指焦虑的生理与情绪反应，包括紧张、心律加快、唤醒水平升高、呼吸频率增加等，后者主要是焦虑的认知成分，如消极的自我评价和任务期待。研究表明，忧虑水平高的个体在考试中表现不好（Eysenck & Eysenck，1985）。换句话说，当高焦虑的个体与低焦虑个体在任务中的表现相同时，高焦虑者一定在心理与身体健康上付出了更大的代价，消耗了更多的认知资源（Eysenck & Eysenck，1985）。

3. 荷尔蒙和精神质

同前两种维度一样，艾森克在提出精神质这一独立维度之后，一直在努力寻求其生理基础。然而，由于这一维度较前两者提出较晚，至今还尚未发现其解剖学基础。艾森克依据问卷研究结果认为，精神质可能只和男性有关，特别是和雄性激素分泌有关。艾森克发现，男性在《艾森克人格问卷》中精神质维度上的得分要高于女性，男性的罪犯和精神病患者要多于女性，女性（至少在绝经前的女性）精神分裂的可能性要低于男性。以上事实暗示精神质与雄性激素可能高度相关。遗憾的是，目前还缺乏足够的生理心理学实验证据支持这一结论。

4. 遗传作用的研究证据

艾森克在谈论到人格发展时，一直都十分重视遗传的作用，他认为造成人们人格之间差异的主要是生物基础。他给出了三个方面的研究论证来支持其理论观点。

（1）人格三维度的普遍存在

艾森克用了跨文化研究的结果来支持他的观点。一项在许多国家不同文化和历史背景下开展的研究中，研究者发现了人格中存在同样的三个维度：内/外向性，神经质和精神质（Barrett & Eysenck，1984；Lynn & Martin，1995）。艾森克认为，这三个维度不仅在他的研究中显示了出来，其他研究者运用不同的数据收集方法也得到了同样的结果（Eysenck & Long，1986）。艾森克推断："如果生物因素不起着主导作用的话，就不会有这样的跨文化的一致性。一般来讲，巨大的文化教育和环境差异会导致不同的人格维度，然而实际上却没有。"（Eysenck，1990）

他利用其所编的《艾森克人格量表》在35个国家的民族文化团体中实施了大规模测量，选取的样本包括法国、希腊、西班牙、匈牙利、冰岛、埃及、乌干达、美国、日本、斯里兰卡等国家的男女被试，将所得资料分别进行因素分析。结果发现：尽管这些国家之间社会文化的差异很大，但这三个基本人格维度在各国的男性和女性样本中都普遍存在着（Eysenck，1990）。另外，艾森克夫妇二人利用《艾森克青年人格量表》（Junior Eysenck Personality Questionnaire）测量西班牙、匈牙利、日本、新加坡等国的儿童，发现所得的结果和在成人方面所得的相同（Eysenck，1985）。因为人格的三个基本维度普遍存在，所以它们不受社会文化因素的影响，而是由遗传的作用决定的。

（2）人格特质的稳定性

如果人格特质是由遗传作用的改变决定的，那么它将相对地不会因环境因素的改变而改变。换言之，它将会有较高的稳定性。反之，如果那些特质本身就是由环境作用形成的，那么它们自然会随着环境的改变而改变。就艾森克所提的三种人格基本维度而言，若干纵向性研究都显示它们是很稳定的，外向—内向性具有跨时间的持续性。几个研究都已发现，这一特点上的个体差异水平在若干年的时期内都保持着相当的稳定性（Scarr，1969）。儿童时期呈现外向性的人，到了成年时期仍常是外向性的；内向的人也是如此（Eysenck，1985）。被试在人格特质量表上的分数，与长时间后再度测试的分数，仍有很高的一致性，这表示在这段时间内，环境因素没有使他们在这些维度上产生明显的改变。一项研究中，被试在持续45年的时间里显示出内向—外向性水平的持续性（Conley，1984，1985）。这也就证实人格特质是基于遗传的作用。

（3）双生子人格特质的相关研究

研究遗传作用的常用方法之一，是观察双生子在有关特质上的相关情形。就是比较在相同环境中及不同环境中生长的同卵双生子，在有关特质上相关的高低。艾森克指出：同卵双生子在同一环境中生长者，其外向性的相关为0.42，同卵双生子分开在不同环境中生长者，其外向性的相关为0.61，而异卵双生子的外向性的相关为−0.17。在神经质方面，也有类似的情形：同卵双生子在相同环境中生长者的相关为0.38，在不同环境中生长者的相关为0.53，异卵双生子的相关为0.11。这些资料都显示：同卵双生子无论是在相同环境或分开在不同环境中生长，其人格特质的相关均较异卵双生子高。这些都显示了人格特质的遗传性。不过同卵双生子在相同环境中生长者的相关，反而较在不同环境中生长者低，这是比较不容易被解释的。

精神医学方面的资料显示：遗传作用在分裂症和躁郁症中均占重要的位置，病人亲属中罹患相同病症者的比例显著高于一般人口中患者的比例（Perris，1982）。同卵双生子同时患躁郁症的比例为58%，而在异卵双生子中同时患此症的比例为17%（Bertelsen等，1977）。精神分裂症方面，哥特斯曼（Gottesman，1991）曾检视13对双生子的研究，发现同卵双生子同时患分裂症的比例均在50%左右，而异卵双生子同时患分裂症的比例为15%，遗传作用在此类病症中是相当明显的。

以上三方面的资料支持了遗传作用对于人格基本特质的影响。

（二）社会化过程

婴儿从出生后就生活在社会环境中，逐渐开始行为的社会化的历程。他要开始学习表现出取悦于父母的行为，以获得父母的赞美与鼓励，同时，他也要学习避免表现出父母所不喜悦的行为，以免受到惩罚。整个社会化的过程实际上就是一个学习的过程。

社会规范的学习是有明显的个别差异的。艾森克认为内向者学习社会规范比外向者快，且有较高的效率。他相信这方面的差异是有遗传基础的，因为内向者的大脑皮质激发水平较外向者高，激发的状态会增进学习，所以内向者会学得快些(Eysenck，1985)。同时，内向者也容易形成比较强的良心作用，如在产生违反社会规范的意念时，易引起焦虑和罪恶感，因此较少表现出犯罪的行为。不过艾森克也相信，极端内向者在有压力的情况下，可能表现出强迫性行为、恐惧症或抑郁性行为（Eysenck，1965）。相反，外向者由于不容易建立制约反应（conditioned response)，其反社会行为的抑制作用也较低，所以犯罪者常常都为外向性人格。

艾森克虽然很重视人格的遗传基础，但他也强调人们得自遗传的只是一些先存的特质倾向（predisposition），这些特质的发展，仍然会受到所在社会环境的重要影响。1995年，艾森克在第53届国际心理学会议上受邀做主题演讲。他的题目是《跨文化心理学与心理学的普同化》(*Cross-cultural Psychology and the Unification of Psychology*)。演讲中，艾森克指出心理学未能达到普同化，一是因为某些假学科（pseudo-science）如存在主义、诠释学、精神分析学造成的困扰；二是因为实验研究和相关研究的冲突；三是因为研究资料来源的高度选择性，研究者多以大学生或动物为对象。艾森克还指出另一个问题为环境论与遗传论之争，事实上这两方面的因素总是同时存在的，重要的是两者的作用各有多少，它们之间的交互作用是怎样的。艾森克不赞成用环境作用来解释所有实证研究的结果，他指出已有许多研究显示了遗传的生理因素对人类行为的影响，若干跨文化的研究结果也都给予了支持。他引用理瑟瑞（Licero）的话：“社会习俗不能征服自然，因为自然是永远不会被征服的。”艾森克特别指出许多研究的结果都表明了遗传对性别差异、犯罪行为和人格类型的影响（Eysenck，1995)。

第三节 研究方法

一、研究取向

艾森克认为心理学有两个主要的研究方向：人格心理学与实验心理学，但是这两个领域里的理论家都忽视了对方的工作，实验心理学家很少涉及个体差异，而人格心理学家则忽视了实验的重要性，结果导致了实验心理学家因忽视人格差异因素而得出错误结论，而人格理论则因缺乏实验证据支持而流于形式。艾森克认为两者要结合起来，人格心理学要用实验和测量来为其理论提供支持；而实验心理学的研究也要考虑到人格差异的重要性。

艾森克认为人格研究的趋向：首先，从理论上确定人格的维度；其次，对这些人格维度进行测量；最后，为这些人格维度提供行为与生理实验结果支持。艾森克认为只有这样我们才能够说，我们用科学的观念建立了我们的理论（Eysenck，1947）。因此，艾森克非常强调心理学的研究方法的科学性。

二、效标分析

艾森克在研究人格理论时，主要采用了“效标分析”的方法。效标分析（criterion analysis）是一种借助因素分析来证明理论假设的方法。这表示艾森克一开始就对一些基本特质或类型有一些假说，然后挑选与此基本维度有关的方面进行一系列的测量。他选出两个效标组，这两个效标组已知在该维度上存在差异。再计算每一测量的结果与这两效标组之间的相关，这些相关系数则可以显示出这些测量与该基本维度的关联程度。

以神经质维度为例，艾森克（1952）与他的同事挑选了两组被试，每组被试大概超过 200 名。正常组是智力在中等以上的男性军人，他们在陆军服役时间至少 6 个月。神经质组则是因精神疾病困扰而退役的军人。除了正常组的智力水平相对稍高些以外，两组被试的其他方面均适度的匹配。被试在两天的时间做了大量的人格测验，所采用的这些测验均与神经质维度有某方面的关联。艾森克分析了每一种测量对神经质组与正常组的区分效度，得到了以下的结论：第一，几种问卷与客观性行为测验可区分两个组的被试；第二，由表达性动作而来的测验不具有区分效度；第三，两种罗夏投射测验可区分正常与神经质组的被试。以此分析为基础，他分析了 28 种测验的交互作用，得到相关矩阵后再作因素分析。最后，他得出结论：神经质是一种人格因素，它也跟智力一样可以被有效、可靠地测量。

三、问卷式测量法

艾森克编制了两个测量人们内—外向维度的问卷：《毛斯里人格量表》（Maudsley Personality Inventory，简称 MPI）及《艾森克人格量表》（Eysenck Personality Inventory，EPI）。《艾森克人格量表》可以测量出外向与内向人的具体差异。例如，典型外向者对下列问题的答案是肯定的：别人认为你很活跃？如果大多数时间你无法与很多人接触的话你会不会感到不快？反之，典型的内向者对下列问题的答案是“是”：你宁愿看书而不愿与别人会面？与别人相处时你大多时候是静默的吗？这些问卷能区分内—外向、神经质维度等方面的被试的人格。

四、其他方法

除了问卷法之外，还有其他更客观的方法可以探知内外向在脑与中央神经系统上的差异。举例来说，内向性与外向性的人，他们由脑波电位仪测得的唤醒水平（arousal level）并不同。内向性的人似乎总想避免外在刺激，而外向性的人却不断地去寻求。这样的结果可归因于大脑皮质激起的能力不同。外向性的人总是追寻刺激以避免无聊，而内向性的人则向往一种安静、沉思的状态（Geen，1984）。著名的柠檬汁实验证明了这种唤醒现象。

学习栏 6-2

柠檬汁实验

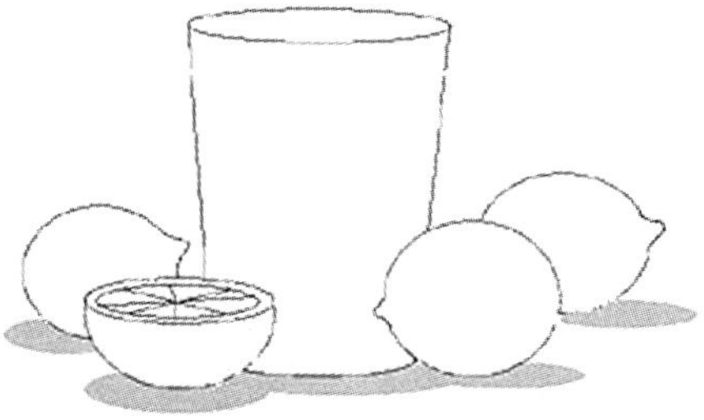

有报告指出内向性的人比外向性的人分泌较多的唾液（Corcoran，1964），下面这种简单的测试方法可了解一个人的内—外向状态。

一块两头尖的棉布块中央绑上一根长线，使得棉块保持完全的水平状态被线吊起。

接着，受测者要吞咽 3 次，然后迅速地用舌头接触棉布块的一端达 30 秒钟。然后，在受测者的舌头上滴 4 滴柠檬汁。等吞下之后，受测者再以先前同样的舌面部位接触棉布块的另一尖端。经过 30 秒钟后，舌头移开，让棉布块仍旧被线吊着。

如果完全依照假说所言，内向性的人接触的棉布块应朝有柠檬汁的那端倾斜，外向性的人接触的棉布块可能还会保持水平，或者倾斜程度没有内向性的人那么大。这说明柠檬汁引发大量的唾液分泌。

这个实验说明了什么？在这个实验中，外向性人格和内向性人格的差异体现在哪里？

资料来源：Neill，1999。

第四节 理论应用

一、异常人格产生原因

艾森克对异常行为的形成及其治疗和处理的观点是和他的人格理论密切关联的。他同时采用了遗传和学习的观点，主张一个心理不健康者所表现的症状或不良适应的情况，是和他的人格特质及神经系统功能有密切关系的。艾森克认为一个精神官能症患者的病征，是在他的神经系统和某些产生恐惧反应的经验共同作用下形成的，比如，有一个神经质和内向性分数很高的人，他的神经系统激发水平偏高，通常轻微的刺激，也可能引起他颇为明显的心理及神经反应。若是他不巧遭遇过一次具有威胁性或危险性的痛苦经历，并引起了他强烈的情绪反应，他就很可能形成某种不健康或防卫性的行为反应。换句话说，当事人的遗传和生理因素的人格特质是其不良反应的先存因素（predisposition）。

虽然艾森克在异常行为的病理分析方面，是以其人格类型理论为出发点的，但是在该类行为的处理方面，他却是以学习论为基础的，强调行为治疗的原理。他认为个人的激发水平虽有其遗传和生理背景，但外在事物是否具有威胁性或伤害性仍然是后天习得的。凡是习得的行为反应形式，都可以经再学习而消除（unlearned），或是经由重新学习建立一套良好的适应方式加以替代，这就是行为治疗的基本理念。

根据同样的观念，那些具有反社会人格（anti-social personality）者会具有较高的神经质、较高的外向性以及较高的精神病质。他们的激发水平很低，常需要较强烈的刺激来满足其需求，同时他们学习接受社会规范的意愿很低，因此行为治疗对他们的效果不显著。

二、异常人格的治疗方法

艾森克虽然重视特质的解剖生理基础，但在行为治疗技术上，他重视的却是行为治疗（behavior therapy）。艾森克认为，行为失调遵循一定的学习规律，行为治疗家可以通过同样的规律消除不合时宜的行为，发展出适当的新行为。

艾森克提出了三种行为疗法：暴露疗法、系统脱敏法以及示范疗法。三种疗法的适用症包括各种恐惧症、遗尿症、强迫症、考试焦虑症等。

（一）暴露疗法

暴露疗法（flooding technique）就是让患者长时间暴露于恐惧情境中以消除恐惧症。其基本原理是恐惧刺激开始出现时，会引起个体强烈的消极情绪反应，但延长暴露会使个体产生认知上的改变与对恐惧刺激的适应。患者会认识到事情不像想象的那样可怕（O’Leary & Wilson，1987；Marshall，1985）。

（二）系统脱敏法

系统脱敏法（systematic desensitization）与暴露疗法不同，它的理论基础是对抗性条件作用（countercinditioning）。在对抗性条件作用中，个体在一种条件性刺激下必须学会一种新的反射，这种新的反射跟过去形成的条件反射在机能上正好相反。比如，一位患者恐惧老鼠，老鼠这种条件刺激与恐惧的情绪反应之间形成了联结。如果能在老鼠这种条件刺激与放松这一情绪反应之间建立新的联结，并且使该联结的强度大于旧的联结，那么就可以消除个体的不适应行为。系统脱敏以此为基础，让患者在焦虑刺激出现时产生与焦虑相反的反应，逐步使焦虑得到抑制。系统脱敏采用逐步消除神经症反应的方式，利用肌肉放松技术，最终形成焦虑刺激与放松反应之间的联结。

（三）示范疗法

示范疗法（modeling）通过让患者观看电影、录像或者真实情境中他人有效控制恐惧的情况达到减轻或消除恐惧症的目的。该疗法的理论基础并非艾森克的人格维度理论，而是班杜拉的观察学习论。人与动物的本质区别在于人是符号化的动物，换而言之，人可以利用语言文字通过间接的经验进行学习，而且人类个体能够在观察他人行为之后，通过内化将他人行为转换成言语或表象符号，在一定动机的驱动下，进一步转化为自己的行为。示范疗法特别适用于对特定刺激的恐惧症的矫正。

第五节 理论评价

和卡特尔一样，艾森克的人格理论也是建立在经验实证基础上的。他的人格维度论的基石仍然是心理测量学而不是临床诊断或者理论探讨。艾森克是一位多产的作家，他所关注的心理学研究领域之广，著述之多，在心理学史上实属罕见。下面就理论贡献与不足对艾森克的人格理论做一个简要的评价。

一、理论贡献

（一）理论启发性强

与卡特尔相比，艾森克的研究激发了更多研究者从事人格研究的热情。艾森克不仅重视因素分析法在建构人格理论中的作用，而且还非常重视人格生理基础层面的研究并身体力行。直到现在，以艾森克的人格理论为假设开展的研究仍然层出不穷，这足以说明他的理论具有很强的生命力。另外，艾森克涉猎的领域很广，也是其理论启发性强的一个主要原因。

（二）理论具有可验证性并强调精确性

艾森克像卡特尔一样孜孜不倦地追求测量方法上的精确性，并且极力用实证研究对理论进行验证。艾森克甚至有过于追求人格理论必须可以验证的这一标准的倾向。即使发现有些特质是独立于三维度但无生理基础时，他也会将其排除于人格基本结构之外，这遭到了包括大五人格理论家在内的其他人格理论家的批评。由此可以看出，艾森克是科学人格理论必须可验证这一准则的忠实实践者。

（三）理论的简约性强

艾森克坚持理论必须可以验证，这使得他的理论极其简单。在人格理论中，没有几个理论像人格维度论如此简单却有如此强的解释能力。行为主义者虽然只用刺激反应联结与强化理论来解释行为，但严格来说，这种理论并没有涉及人格的核心成分。在这一方面，艾森克与卡特尔又明显不同，卡特尔提出的 16 种常态特质与 12 种变态特质，相比于艾森克的三维度说复杂了不少。

（四）理论的解释性强

艾森克的层次模型确实可以解释许多人格与行为现象。他重视人格因素并呼吁实验心理学家关注人格这一重要变量在实验中的作用，在一定程度上促进了人格心理学的实验研究趋向的发展。

（五）促进了行为治疗技术的发展

艾森克不是一位行为主义者，但在行为治疗领域可以算得上一位先驱。他关于行为产生与消除方法的观点，对行为治疗家们产生了积极的影响。他提出的暴露疗法、系统脱敏法、示范疗法，至今仍在行为治疗领域发挥着作用。

（六）推动了心理学多领域的发展

作为反潮流理论的有力批判者，艾森克从反面推动了心理学多领域的发展。艾森克说："我通常是反对现存权力机构而支持反对派的。读者若想以与生俱来的反动倾向来解释此现象，本人当然欢迎。不过我还认为对这些论题的看法我是正确的，而大多数人则是有误的。虽然我这样认为，谁是谁非只有等到将来才能论断。"他对于自己所用的研究方法和所得结果相当坚持，不太容易接受他人的意见。对于他认为不符合科学与实验精神的理论，更是予以严厉的批评。精神分析学几乎是他无法容忍的对象，他简称之为假科学（Eysenck，1995）。矛盾与争论是心理学发展的源动力，艾森克的批判意识与行动，是每位心理学者都应该学习的。

艾森克本人及其著作，无论对后来的研究者还是普通读者，都会产生很大的影响。艾森克是一位科学家，一位优秀的学者，一位具有高度创造力的心理学家，一位主流思潮的反叛者。尽管艾森克是英国人，但是许多美国心理学家也很熟悉他的著作。艾森克的著作通俗易懂。相对于卡特尔晦涩的语言表述而言，艾森克更受专业研究者的欢迎。现在，艾森克在美国的影响正日益增加，他的后继者在美国继续并扩展着他的研究和假设，这使得他的影响还在继续扩大。

二、理论缺陷

至今还没有一个人格理论可以完美解释所有人格现象，艾森克的理论也存在着诸多不足。

（一）忽略了外在环境差异对人格的巨大影响

艾森克不是一个绝对的遗传决定论者，但他对遗传因素的重视是毋庸置疑的。在艾森克的理论中，他只关注了人格的生物层面，并没有强调抑或是考虑到不同环境对个体的影响。在这一点上，卡特尔做得更好一些。

（二）理论过分简单化

简约既是艾森克理论的巨大优势，同时又是其不足之处。艾森克过于重视特质的生理基础，忽视了人格心理层面的研究，甚至拒绝将一切不符合此标准的特质作为另外的独立维度。显然，艾森克没有考虑到心理与生理是两个层面，对特质类别进行理论上的推演也是大有裨益的。

第四章 五因素模型

经过几代人的努力和探索，特质理论发展中最具影响力的是五因素模型（Five-Factor Model，简称 FFM）的建立，这也是当代人格心理学家乃至许多其他心理学领域的研究者共同关注的研究主题。

第一节 产生背景

五因素模型或称大五模型（Big Five Model）是当代人格特质理论学家关注的研究主题。在几代人对理论假设的发展和完善过程中，其研究模式已经由初具规模趋向成熟。它起源于 20 世纪 20 年代，20 世纪 80 年代在世界范围内又重新兴起，被形容为“人格研究一场静悄悄的革命”（Goldberg，1992）。奥尔波特、卡特尔和艾森克虽均为特质论中的巨擘，但是在人们究竟具有多少特质这个问题上，却没有一致的答案。卡特尔通过因素分析，得出了 16 个因素。艾森克却只分析出了三个人格维度。奥尔波特在人格特质数量这个问题上，则未曾提出意见；不过他曾以习惯用的语词着手进行研究人格特质的方法（Allport & Odbert，1936），却为近年的研究者开启了一个探索的途径。

一、大五人格模型的研究取向及理论依据

（一）研究取向

五因素模型的研究主要有两种取向：词汇研究和问卷研究。前者的理论前提是词汇假设，对特质描述词进行语义分析和因素分析；后者的理论基础则是特质论，是人格心理学家依据理论构想及对人格文献的分析归档，经实证研究获取科学概念的人格维度。两者的主要区别：第一，词汇假设是对显性人格特征的描述性研究，是人格理论建构的第一步。而特质论是通过现象，进一步对基因型人格特征做分析，对人性做解释，对人格变量做界定。第二，两者的对象不同，词汇假设是对包含在词典中的人格语言做词汇研究，以确定基于世俗概念的人格维度，而特质心理学家则是基于他们对特质的定义，对人格理论的构想及对大量的心理学文献的分析，编制量表对人格进行问卷研究。

（二）理论研究

人格结构模型的建立主要有两个理论依据：词汇学和特质论。使用这两种理论取向依据下列命题（杨波，1998）。

1. 人格语言是现象型（phenotypes），而不是基因型（genotypes）。现象型是可以观察到的表面特征，基因型是人格内部的因果属性。

2. 现象型属性被编码到自然语言中。语言是探究人格最主要的媒介。

3. 某一属性在语言中的代表性与重要性具有一致性，表现在跨语言形式和语言内形式上。跨语言形式：某一人格差异越重要，就会有越多的语言用一个属性来描述它。语言内形式：某一属性越重要，该属性在各种语言中就会有更多的同义词和反义词丛。

4. 在人格研究中，词汇观提供了变量选择的理论基础。从自然语言中所选取的对象具有较好的代表性，可以克服研究者选择的偏好性，提高人格测量的内容效度。

5. 在人格描述中，形容词起主导作用。形容词包含了人的品质或特性，名词指代客体或事件，动词则标明行为过程。

6. 人格语言具有语义层次的结构。

7. 人格评价是人格科学的中心问题，而语言是研究人格的媒介。

8. 人格评鉴中重要词汇维度是普遍而稳定的。

在词汇学研究取向的工作中，奥尔波特、卡特尔、诺曼、高德伯格都做出了贡献，他们均假设大多数的人格属性都会被编码到自然语言中，对自然语言的分析可以揭示出人格的基本维度。

考斯特和马格瑞两位研究者则基于特质论的取向对大五人格模型进行了全面而深入的理论诠释，并编制了《NEO 人格问卷》（NEO Personality Inventory，简称 NEO-PI）。他们强调应用《NEO 人格问卷》去评估五因素，是描述人格基本维度必要而充分的途径。

二、大五人格因素模型的研究史

大五人格模型最早的研究者是法国人格塞尔（Gesell，1926）、德国人克莱吉斯（Klages，1926）、德国人包格顿（Baumgarten，1933）以及美国人奥尔波特和奥波特（Allport & Odbert，1936）。1926 年，格塞尔首先提出了一个重要观点：对描述人类行为的形容词进行分类，以进一步明确人格特征。遗憾的是，他并未付诸行动。1926 年，克莱吉斯指出，语言分析有助于了解人格，并开始挑选一些词汇。到 1932 年，他从德文中选出了大约 4000 个描述人的“内部状态”的词汇。1933 年，包格顿开始用词汇来描述人格并运用于测量中。他在各种字典里选择了 1093 个词汇，并进行分类。他的工作对奥尔波特和奥波特产生了巨大的影响。

大五人格研究模式的具体的做法：首先把某一语系的所有描写人的词汇挑选出来，然后进行筛选、比较和匹配，根据语义将词分入不同的范畴组，制成词表，用这个词表让被试对自我或对他人进行描述，最后对各个范畴求出相关，形成相关矩阵，并做因素分析。在得到的因素中，取前几个载荷量大的因子作为人格的基本因素。

（一）开创性工作：建立人格词表

真正进行开创性的工作是奥尔波特和奥波特。他们从《韦氏新国际辞典》（1925年版）挑出了所有描述人的特点的词汇55万条，并加入少量俚语，再简化到18000条词汇，其中1/4是描述人格的。他们工作的主要贡献是对词汇进行了四种分类：潜在的个人特质（possible personal traits），人格暂时状态（temporary states），评价性描述，身体特征和无法归类的词汇。

表 6-6　奥尔波特和奥波特的人格词汇分类

潜在的个人特质	人格暂时状态	评价性描述	身体特征和无法归类的词汇
注意的	梦幻的	熟知的	肥胖的
忠实的	愤怒的	钦佩的	虚弱的
冒险的	偶发的	优势的	独处的
仇视的	忧郁的	煽动的	口齿不清的
激动的	畏惧的	苦闷的	气体的
夸耀的	兴奋的	崇高的	
攻击的	酗酒的	迷人的	

（二）卡特尔对词表的简缩性工作

1943年，卡特尔继续推进了奥尔波特和奥波特的工作，对词表进行了聚类分析，形成了一个包含171个形容词的词表，并以此确定了12种人格因素。卡特尔对100人进行描述测评，且每一个被试由1～2名熟人来描述测评。他对测评结果进行了因素分析，得出6～12个因素，成为16因素的基础。1958年，卡特尔编制16PF，并于1970年发表。

（三）大五人格的发现

1. 基于词汇研究的五因素模型

在卡特尔和诺曼建立人格特质的词表之后，图普斯和克罗斯特尔（Tupes & Christal，1961）对卡特尔的特质变量进行重新分析，获得了五个因素：精力充沛，宜人性，依赖性，情绪稳定性，文化。这五个因素被古德伯格（Goldberg，1981）称为大五。1973年，研究者使用计算机验证卡特尔16因素时，发现可归纳为五因素。许多运用词汇方法的研究者也都证明了五因素（Borgatta，1964；Smith，1967；Digman，1981）。

2. 基于问卷研究的五因素结构

考斯特和马格瑞根据卡特尔16PF的因素分析和自己的理论构想编制了测量五因素的人格问卷，包含外倾性、宜人性、公正性、神经质、开放性。

赞科曼等人（Zukerman，1991）基于生理特征编制了人格问卷（Zukerman Personality Questionnaire，ZKPQ），包括五个因素：冲动的非社会化的感觉寻求（impulsive unsocialzed sensation seeking），攻

击—敌意（aggression-hostility），活动（activity），社交性（sociability），神经质—焦虑（neuroticism-anxiety）。

总之，来自不同方面的证据都充分地表明，构成人格的那些特质是可以依据五个基本的人格维度加以组织的。近20多年来的研究表明，不论是用西方词汇还是用东方词汇，不论是让被试对自己还是对他人进行描述，不论采用何种因素抽取和旋转法，结果都得到了五个主要因素（John，1990）。E：外向、有活力、热情。A：愉快、利他、有感染力。C：公正、拘谨、克制。N：神经质、消极情绪、神经过敏。O：直率、创造性、思路开阔。这五个因素的字母缩写为"OCEAN"（"人格的海洋"）这似乎意味着大五系统的广泛代表性。

第二节 大五模型

一、基本假设

高尔顿（Galton，1884）最先提出了词汇假设的观点。词汇学研究取向的基本假设是：每一种文化下的自然语言包含了所有能描述人格的词汇。有什么样的人格表现就会有什么词来描述它。反过来，我们可以通过词汇来研究人格维度，因为"所有的人格特质都会被编码到自然语言中"（Allport，1937）。

二、基本结构

大五人格因素模型涵盖了人类的主要心理，因而具有广泛性与代表性，如表6-7所示。

表6-7 大五人格因素的内涵

因素	命名	涉及的领域
Ⅰ	外倾性（Extraversion）	生理
Ⅱ	宜人性（Agreeableness）	人际
Ⅲ	尽责性（Conscientiousness）	工作
Ⅳ	神经质（Neurotism）	情绪
Ⅴ	开放性（Openness to experience）	智能

（一）外倾性

外倾性（Extraversion）也称外向性，指人们活动能量的强度与数量。其一端是极端外向，另一端是极端内向。外向者非常爱好交际，通常还表现为精力充沛、乐观、友好和自信。内向者含蓄、自主、稳健。外向性水平高的人表现出高社会化、活跃、健谈、乐观、喜欢娱乐、充满爱；反之，外向性水平低的人表现出严肃、冷淡、独立、安静，他们并不像外向性格的人那样精力充沛。

（二）宜人性

宜人性（Agreeableness）也称随和性，是测量人际关系的维度，指人际交互作用的特征。这种交互作用是个人的人际喜好由同情到憎恨的一个连续区。宜人性水平高的人，表现为有责任感，友好合作，乐于助人，可信赖，易被他人接纳和富有同情心。宜人性水平低的人（被称作敌对型），多抱有敌意，怀疑人生价值，粗鲁甚至故意伤害他人，多疑，缺乏合作精神，性子急躁，喜欢控制他人，报复心强并且残忍。随和性水平高的人注重合作而不强调竞争，随和性水平低的人则喜欢为了自己的利益和信念而争夺。

（三）尽责性

尽责性（Conscientiousness），也称谨慎性，这个维度是指如何控制自己、如何自律。该维度上的分数用来评估组织能力、持久性、控制能力、动机水平在目标指向行为中的作用。尽责性水平高的人倾向于表现出高组织能力，做事严谨，有条理，有计划，能持之以恒，自我把握力强，准时守信，有道德原则，有野心。尽责性水平低的人倾向于表现出无目标，不可信，懒惰，粗心，容易见异思迁，爱享受。由于这些特征总是表现于成就或者工作情境中，有些研究者就把这一维度称之为“成就意志”维度，或者叫“工作”维度。

（四）神经质

神经质（Neurotism）也称情绪稳定性，可依据人们情绪的稳定性和情绪调控情况而将其置于一个连续统一体的某处。那些经常感到忧伤、情绪容易波动的人在此维度上会得高分，更易体验不同的消极情绪。神经质水平高的人更容易产生心理压力，有一些不切实际的想法，过分渴望成功，或者是无法容忍失败，无法做出克服困难的反应。它包括几个维度，如忧虑、气愤、抗议、沮丧、自我觉知、易冲动、易受伤。此维度上水平低的人多表现为平静、自我调适良好、不易出现极端和不良的情绪反应。

（五）开放性

开放性（Openness to experience），也称求新性，指对经验持开放、探求的态度。事实上，智力是开放性的代名词，但开放性与能力、智力是有所不同的，它还包括积极探索的行为和对经验的正确评价。这一维度的特征包括活跃的想象力、对新观念的自发接受、发散性思维和智力方面的好奇。在此维度上得分高的人是不依习俗的、独立的思想者；是好奇的、具有想象力的；喜欢娱乐性的新颖的想法，不跟从习俗的价值观；不倾向于服从众人的态度和信仰，保留他们的独特体验，坚定自己的信念；按自己的方式行动，情感上比较迟钝。得分低的人多数比较传统，喜欢熟悉的事物胜过喜欢新事物，思维的开放度低。

学习栏 6-3

大五人格因素的遗传率估计

大五人格因素	遗传率（h^2）
外倾性	0.36
宜人性	0.28
尽责性	0.28
神经质	0.31
开放性	0.46
平均数	0.34

资料来源：Loehlin，1992。

三、基本特点

大五人格因素模型的建立是以词汇假设和因素分析为基础的，通过大量的研究获取了一个可信而普遍的词汇维度——大五人格因素结构（Goldberg，1993）。这一因素结构具有以下特点（杨波，1998）。

1. 大五人格因素结构提供了高度验证性的维度，它以简洁的方式广泛地描述了现象学的个体差异。以词汇数据为基础的大五人格因素模型是人格属性的描述性模型，以特质论为基础的五因素结构联系着生理特质，其研究以问卷为主（John & Robins，1993）。

2. 不同的人格定义导致不同的选词标准。选词标准越严格，抽取的人格维度越广泛。通常选用的是能真正表示人格属性的、稳定持久的术语。

3. 大五人格因素模型中的五个因素的重要性和验证性并不等同。前三个因素（外倾性、宜人性、尽责性）比后两个因素（神经质、开放性）更重要，更易检验。

4. 大五人格因素模型的每一个因素不是由单纯分离的特质变量组成的。许多特质术语主要负载于某一因素，次要负载于另一因素。

5. 人格属性的分类须包含意义上的平行和垂直特征。平行特征指在同一层次上属性之间相似的程度，如“谦恭”包括了“胆怯”“合作”。垂直特征指属性之间的层次关系，如“可靠性”比“守信用”更抽象和概括。

6. 大五人格因素模型仅是人格研究的一个重要开始。该模型不是人格理论，描述的现象型人格属性仍需要基因型理论予以解释（Ozer & Reise，1994）。

第三节 验证与测量方法

大五人格因素模型是建立在词汇学与因素分析的方法上的。了解人格属性需要解决两个问题。一是抽取人格属性的程序，词汇学的方法可以解决这个问题。二是建构属性样本的方法，因素分析可以解决这个问题（Saucier & Goldberg，1996）。

建立人格词表是大五模型的基础性工作，因为建立词表会影响到提取哪些因素。为了能够对大五人格进行科学验证，研究者使用从三种设计来验证五因素：一是使用不同词表（Norman，1967）；二是使用不同方法（Goldberg，1980，1989）；三是使用不同语言。

一、重新建立词表

科学结果应该是可重复的，如果运用相同的原理与程序重复建构新的人格词表，仍能证明五因素模型的存在，那么此模型才具有可验证性。

诺曼（Norman，1961）曾重新进行艰巨的选词工作。他使用了1961年版《韦氏新国际词典》（第三版），从中选择了18125个词，然后用同样的原理对词汇进行不停地分析、整理，缩减到8081个，并分为三类：一是表示稳定特质的词，二是表示暂时状态和活动的词，三是表示社会角色、社会关系、社会效应的词。他认为只有稳定的特质才是人格的成分，于是，又从8081个词汇中抽取了稳定的人格特质的词汇2800个，然后进一步筛选出1606个词，并再次进行分类。他最终获得了10个因素极（双极）和75个词义类别，并从中找出131个同义词组，构成人格特质词表。

这个研究的结果证实了五因素模型的存在。但是，用同样的方法得出的同样的结果，似乎又不能很好地说服别人，于是，研究者们又开始尝试用不同方法来进行验证性工作。

二、不同方法的验证

如果用不同方法对模型进行验证，并获得同样结果，那么可以在某种程度上证明五因素模型的存在。

（一）聚类抽样法

古德伯格（Goldberg，1980，1989）使用了聚类抽样法来验证五因素模型。他首先发展了诺曼的词表，然后对人格词汇进行了分类抽取。具体步骤如下：对词进行聚类，再从各类词中抽取代表该类别的词汇。用聚类抽样法，古德伯格建立了三个词表：100个同义词聚类词表，100个没有配对的形容词词表，100个形容词构成的反义词词表（50对）。这三类词表均支持了五因素模型。

（二）比例抽样法

皮博迪（Peabody，1987）使用比例抽样法来建构词表以验证五因素模型。皮博迪使用古德伯格词表进行词汇抽取工作，选词的步骤如下：按每一类项目数在总项目中的比例，来抽取有代表性的样本。同时，他在选词时，还考虑了运用反义词对，以避免词义的含糊性。他获得了57个有代表性的反义词对。他的施测结果同样支持了五因素模型。

三、跨语言—跨文化研究

跨语言—跨文化研究有两种研究取向：共性研究（eric study）和特性研究（emic study）。共性研究强调文化的普遍性与人格的相通性，特性研究强调文化的特殊性与人格的国家性。

（一）跨语言的研究

跨语言的研究通常采用强调共性（impose-etic）的方法，即把某一文化的标准化人格测验翻译转化到另一文化中。研究者提出了假设：人类生存面临的问题都是一样的，所有个体差异及命名都应该是一样的（Hogan，1983）。

在西方国家，研究者开始从对英语的研究转向对其他语言的研究。20世纪70年代以来，其他语言的欧洲国家及一些亚洲国家也相继开展了一系列五因素模型的跨语言研究。荷兰语和德语的研究都验证了大五人格因素结构的存在。但是，这些又同属西语系，于是，研究者又进一步关注亚洲。诺曼（1963）的特质评定量表被用到菲律宾（Guthrie & Bennett，1917）、日本（Bong等，1975），研究结果是前4个因素与诺曼的发现很一致。测量大五人格因素的《NEO人格问卷》（McCrae & Costa，1985，1989）已有德国、葡萄牙、中国、韩国、日本、以色列等国的译本。考斯特和马格瑞把NEO人格量表在这些国家的测量结果与美国的结果进行了比较，发现五因素的一致性系数在0.94～0.96（杨波，1998）。

此法尽管方便可行，但也有弊端。它缺乏跨文化研究的客观性、有效性和公平性。一方面，翻译西方的量表不一定能传递西方文化的完整意义；另一方面，特定文化背景下某一国家独有的人格结构得不到体现。伯瑞（Berry，1980）认为，跨文化研究必须考虑3种等值——功能上、概念上和度量上的等值，而共性方法不能恰当地处理这三种等值。

（二）跨文化的研究

在人格的跨文化研究中，最重要的是要发现不同文化背景下人格结构的独特性。跨文化研究的基本方法是借鉴大五人格因素模型的研究方法和程序，在对当地语言做词汇研究的基础上，建立特定文化下的、具有普遍性的人格维度，并编制本土化的人格量表。近几年，在一些亚洲国家，研究者们已做了一些有价值的本土化研究。

1995年在印度，奈伦南（Narayanan）等使用了两种特性研究取向：定量的自由描述方法和定性的关键事件技术，考察了印度本土化的人格维度。两种方法均获得了与大五人格因素模型相似的结果。这一结论支持了大五人格因素模型的跨文化普遍性。研究还发现了印度人的人格维度与大五人格因素在因素大小和排序上存在的差异，印度人的人格维度中最大的因素是宜人性和公正性，而不是外倾性和情绪稳定性。印度人的人格维度其余 3 个维度的特质描述词较少。

1989 年和 1996 年在菲律宾，研究者用本土化方法研究了菲律宾人的人格维度，共发现了 6 个因素：责任心、社会潜能、情绪控制、关心他人、开放性和主观幸福感。这一结果体现了人格跨文化的特殊性。

学习栏 6-4

身高（H）、体重（W）、外倾性（E）、神经质（N）的家族相关性

中数相关	H	W	E	N
一起长大的同卵双生子	0.95	0.90	0.54	0.46
一起长大的异卵双生子	0.52	0.50	0.19	0.22

平均数相关	H	W	E	N
一起长大的同卵双生子	0.90	0.80	0.48	0.41
一起长大的异卵双生子	0.56	0.49	0.12	0.25
不在一起长大的同卵双生子	0.92	0.69	0.41	0.41
不在一起长大的异卵双生子	0.67	0.46	0.03	0.23
生物学上的同胞生活在一起的	0.52	0.50	0.20	0.28
收养的同胞生活在一起的	−0.07	0.24	−0.06	0.05
中年父母与生物学上的子女		0.26	0.19	0.25
中年父母与收养子女		0.04	0.00	0.05

上述相关显示遗传对人格（E、N）有重要影响，尽管其影响不如对身高和体重的影响大。数据还显示，大概除了体重之外，在一起长大的效应很低（收养的同胞之间的相关）。

资料来源：Bloom，1964；Loehlin，1992；Rowe，1993；Zuckerman，1991。

1985 年以后，中国的研究者也开始将目光聚焦在人格的结构领域，王登峰等（1985）沿用了词汇学的方法开启了中国人格研究的先河，他们研究发现中国的人格维度存在 7 个因素，即精明干练、严谨自制、外向活跃、淡泊诚信、温顺随和、善良友好和热情豪爽。香港的心理学家也在香港群体中做了一次尝试，结果发现，人格的成分应该包括态度、信仰、典型行为和情感反应四个方面。此后不断有研究者提出新的词汇列表以了解中国人人格结构到底是什么样的状态。

从上述多个国家的研究结果来看，人格结构在不同的语言和文化上还是存在差异的。这种差异可能不是在国家这样一个比较个体化的层次上，更多的应该是差异悬殊的东西方文化造成的。

四、大五人格的测评

考斯特和马格瑞在 1985 年发行了《NEO 人格问卷》（NEO-PI），1989 年又发表了修订版（NEO-PI-R）。以 NEO 命名是因为他们最初编订的问卷，只包含了神经质（Neuroticism）、外倾性（Extraversion）和开放性（Openness）三个特质的评估。于是，他们以此三个词的第一个字母为名。后来他们又加上“友善”和“谨慎”两个因素，以配合五因素模型。该量表有 181 道题，由被试依五点量表方式填答。研究结果显示：NEO-PI 不但与艾森克及卡特尔所编量表有很高的相关，同时也和一些以其他理论为基础或用其他方法实施的人格评估工具有适度的相关。

另一个著名的人格问卷是由霍根（Horgan）设计的《霍根人格问卷（HPI）》该问卷是按照五因素模型组织的，并强调了人的社会性。该问卷由 310 个项目构成，分为 6 个分量表：（1）智慧（对应于开放性）；（2）适应（对应于神经质）；（3）谨慎（对应于尽责性）；（4）抱负（对应于外倾性）；（5）社会性（对应于外倾性）；（6）讨人喜欢（对应于宜人性）。

赞科曼（Zuckerman，1991）从人的生理基础出发，编制了一套测量人格的问卷（ZKPQ），该问卷由五个因素组成，分别是：冲动性的非社会化的感觉寻求、攻击—敌意、活动、社交性、神经质—焦虑，共 89 个项目。

中国研究学者王登峰根据词汇学的研究结果编制了中国人人格量表（QZPS），该量表共有 180 个项目，分为 7 个分量表：（1）外向性（活跃、合群、乐观）；（2）善良（利他、诚信、重感情）；（3）行事风格（严谨、自制、沉稳）；（4）才干（决断、坚韧、机敏）；（5）情绪性（耐性、爽直）；（6）人际关系（宽和、热情）；（7）处世态度（自信、淡泊）。研究者在中国各省抽取了大量的样本编制了中国人的人格常模，并制作了简版量表。

其他常用的测量大五人格的工具还有卡特尔 16PF，《艾森克人格问卷》（EPQ）。

第四节 中国人人格因素的研究

在中国文化下，中国人的个性既体现了人类的基本属性，又体现了民族文化的特征。中国学者在探讨中国人的人格因素时，将西方的研究方法与对中国文化的思考融合起来，获得了可供世界范围内研究者参考的结果。

一、古人的人格模型

林传鼎先生（1937）曾运用历史评估和心理测量法对唐代至清代的 34 位中国历史人物进行心理特质分析，获得了 10 种类型下的 50 个特质，如好奇、斗争、情绪、独断、志气等。

最具代表性的研究是杨波（1998）对《史记》做的词汇研究，测量评定及因素分析后，他获得了中国古人的四因素模型。

因素 1：仁（benevolence），包括仁、义、忠、孝、礼、温、良、恭、俭、让、诚、信、宽、敦等。

因素 2：智（wisdom），包括智、敏、贤能、深谋远虑、精明、沉稳、谨、忍、从容、愚、粗鲁、无能、轻虑、躁、不细谨等。

因素 3：勇（bravery），包括勇、刚毅、刚强、果断、好战、侠、怯懦、腐儒等。

因素 4：隐（seclusion），包括超然避世、清静无为、失意、忧愁、怀才不遇、笃学等。

从我国古代人的人格研究结果可以看出，以“仁”为先体现了儒家的核心理念，其机制是克己修身。

二、现代人的人格模型

（一）五因素模型

杨国枢和彭迈克（1984）用他们精选出的 150 个词汇，得出了双极五个因素：因素一为善良诚朴—阴险浮夸，因素二为精明干练—愚蠢懦弱，因素三为热情活泼—严肃呆板，因素四为镇静稳重—冲动任性，因素五为智慧文雅—浅薄粗俗。结果显示了中国文化的特征。道德评价的成分凸显了出来，说明中国人更看重人格中的人品。同时，我们也看到五因素中东西方相近的内容，如因素三与西方的外倾性相似，因素四与西方的神经质相对应，因素五与西方的第五个因素开放性相近。

杨波（1998）建立了包含 265 个中文人格特质术语的词表，对学生、工人、农民、机关干部、军人、教师、商人、服务员八类群体进行施测，得出了五个人格因素：因素一为勤勉性（diligence），因素二为评价性（evaluation）（正价和负价），因素三为外倾性（extraversion），因素四为神经质（neuroticism），因素五为恭顺性（humbleness）。在该结构中，勤勉性、评价性、恭顺性体现了中国人人格的独特性，外倾性和神经质体现了人格的跨文化的普遍性。

韦克平和许燕（1996）建立了包括 106 个词汇的教师人格词表，通过教师的自评和学生对教师的他评获得了不同的双极五因素结构，见表 6-8。

表 6-8　自评与他评的教师人格五因素比较

因素	教师自评	学生他评
1	严肃认知—马虎敷衍	傲慢粗鲁—善良随和
2	豁达诚恳—虚伪保守	豁达诚恳—虚伪保守
3	善良随和—傲慢攻击	严肃认知—马虎敷衍

续表

因素	教师自评	学生他评
4	机智敏捷—呆板迟钝	机智敏捷—呆板迟钝
5	表达—木讷	独立—依赖

(三) 七因素模型

张智勇等人 (1998) 使用王登峰 1995 年建立的 244 个人格特质词表，对大学生进行施测，获得了自我描述的七个因素：(1) 负价一：虚伪浮夸；(2) 正价：严谨负责；(3) 负价二：浅薄无能；(4) 内向负情绪：多愁善感；(5) 外向正情绪：热情可爱； (6) 外向负情绪：暴躁易怒；(7) 内向正情绪：我行我素。

最有影响力的七因素模型是由王登峰等人根据一系列研究结果提出的。他们按照大五人格因素模型的研究路线，以汉字中的形容词为出发点，建立了中国人自己的人格词表。词源主要是汉语词典和一些日常用语，可以归为自我指向、他人指向和事物指向三种术语类型。王登峰等人根据大量样本对自己和他人在这个形容词词表范围内的人际行为评价结果，总结出了中国人人格的七因素模型。七个因素包括：(1) 精明干练—蠢钝懦弱 (精明果敢、机敏得体、优雅多才)；(2) 严谨自制—放纵任性 (坚韧自制、沉稳严肃、严谨自重)；(3) 外向活跃—内向沉静 (活跃随和、开朗热情、主动亲和)；(4) 淡泊诚信—功利虚荣 (淡薄客观)；(5) 温顺随和—暴躁倔强 (温和宽厚、含蓄严谨)； (6) 善良友好—薄情冷淡；(7) 热情豪爽—退缩自私。该模型最初建立之后，王登峰等人又根据形容词词表开发了中国人人格量表，并且在大范围内做了样本的选取和量表的信效度检验工作，最后确定了中国人人格量表的基本结构和项目。

第五节 研究主题

大五人格因素模型的研究虽然在世界范围内轰轰烈烈地展开着，但是，至今仍然有一些未能解释清晰和令人信服的结论。其实，这也是这一研究领域仍要继续研究的主题。

一、因素命名与次序

20 世纪七八十年代，在人格心理学领域，大五人格因素模型并未得到普遍的认可，其中一个重要原因就是因素命名及含义的混乱状态。在提到大五时，人们不知道你说的是“哪一个大五?”或者是“谁的大五?”一些重要的五因素倡导者，如图普斯和克里斯托、诺曼、迪格曼、古德伯格、考斯特和马格瑞及约翰，都有他们自己的大五 (John，1990)。例如，因素Ⅲ就有公正性、依赖性、从众、慎重、任务兴趣、成就欲等多种描述，而因素Ⅴ则被命名为文化、智慧或对经验的开放性。约翰认为，由于研究者研究的特质变量不一样，因此他们抽取的因素结构有一些差异。但事实上，各种五因素模型之间有更多的共同性，因素命名上的不同并不意味着因素本身的差异（杨波，1998）。

为了对大五因素有一个准确的命名和统一的描述。约翰（1989）、杜威尔等（1995）和詹森（1993）等做了很多努力。其中，约翰（1990）指出了传统名称的许多缺点，而最好的命名仍未确定。他建议使用罗马数字或马格瑞所用的词首字母，这比用一个单词来命名要好，可使人们想起某一因素所代表的广泛意义。他的重新命名如下。

E：外向，充满活力，热情 （因素Ⅰ）
A：宜人，利他，有感染力 （因素Ⅱ）
C：公正，克制，拘谨 （因素Ⅲ）
N：神经质，消极情感，敏觉(因素Ⅳ)
O：开放，创造性，思路新 （因素Ⅴ）

人格因素的命名，随着跨文化的研究增多而越来越有差异。研究者依据不同文化的特点，强调人格命名的独特性。

在人格因素的次序问题上，研究者主要依据因素分析中因素载荷来确定各因素的位置。跨文化的研究结果也显示出，相同因素在不同文化人格因素模型中有不同次序。如外倾性在西方文化下位于第一位，而在东方文化下却位于次要位置。张雨青和林薇（1995）跨文化研究中国家长对子女人格特点的自由描述时发现，大五因素同样存在于中国儿童中。但是，与美国、荷兰、比利时相比，由于文化不同，对各因素的重视程度不同，因素的次序也不同。中国家长对“谨慎性”和“智力”两因素的重视程度远高于其他国家，但是对“宜人性”的描述很少。

二、人格因素的数量

人格因素的数量应该是几个？不同的研究得出了不同的数量模型，有大三、大五、大七等。

（一）大三人格模型

艾森克（Eysenck，1947，1967，1986）提出了三因素模型：外倾性，神经质，精神质。艾森克根据三因素模型建构了他的《艾森克人格问卷》（Eysenck Personality Questionnaire，简称 EPQ，1986），该量表在人格因素的测量和评鉴中得到了广泛应用。

腾根（Tellegen，1982）的三因素模型把人格和情绪联系了起来，提出了人格结构的三因素模型，即正情绪（positive emotionality）、负情绪（negative emotionality）和强制（constraint），并以此形成了他的《多维度人格问卷》（Multidimensional Personality Questionnaire，简称 MPQ，1982）。这一问卷包括 3 个高阶因素和 11 个层面维度。正情绪被幸福感（wellingbeing）、社会潜能（social potency）、成就（achievement）和社会亲密感（social closeness）4 个层面维度所界定。负情绪由紧张反应（stress reaction）、疏离感（alienation）和攻击（aggression）3 个层面维度所构成。强制由控制（control）、避险（harm avoidance）和传统主义（traditionalism）3个层面维度组成。

奥斯古德及同事（Osgood，1957）用语义分析和因素分析获得了大三维度：评价（evalvation）、活动（activity）和潜能（potency）。这一模型的稳定性已在几个跨语言研究中得到了证实。

（二）大六人格模型

2004年，阿什顿（Ashton）和李（Lee）提出了一个新的人格结构模型——大六人格模型。随着阿什顿等人的深入研究和不断完善，成为当今热度高于大五人格的HEXACO六人格特质模型。

1. HEXACO六人格特质模型的结构

通过变量选择策略和测量的调查研究后，HEXACO模型形成了六个维度：（1）诚实—谦恭（Honesty－Humility），主要指个体与他人互动时维护公平和真诚的倾向，常用真诚、诚实、忠诚等正向词及狂妄、贪婪、虚伪、自负等负向词来标定。（2）情绪性（Emotionality），常描述多愁善感、过分敏感、焦虑、恐惧等，或用勇敢、坚强、自信、沉稳等反向词来标定。（3）外向性（Extraversion），常用开朗、活泼、好交际、快乐等正向词及羞怯、被动、退缩、安静等负向词来标定。（4）宜人性（Agreeableness），常用耐心、宽容、平和、温柔等正向词及脾气暴躁、好争论、顽固等负向词来标定。（5）责任心（Conscientionsness），常用守纪律、勤勉、细致、一丝不苟等正向词及鲁莽、懒惰、不负责任、心不在焉等负向词来标定。（6）经验开放性（Openness to Experience），体现个体的好奇心、创造力和求知欲，常用创造性、创新性、非常规思维等正向词及肤浅、缺乏想象力、因循守旧等负向词来标定。

2. HEXACO六人格特质模型的测量

目前，HEXACO六人格特质测验以自陈式人格测验量表为主。最初的HEXACO六人格特质的量表是由李和阿什顿于2004年编制的HEXACO－PI量表。该量表由192个题目组成的，分别衡量HEXACO六人格特质的六个维度及24个子维度。之后，在此量表的基础上进行修正和改进，编制出100题的HEXACO－100量表、200题的HEXACO－PI－R量表、240题的IPIP－HEXACO量表和60题的HEXACO－60量表。德·弗里斯（De Vries）于2013年编制出24题的量表（HEXACO－SPI），主要适用于孩子和教育水平较低的群体。

3. HEXACO六人格特质模型与“大五”人格模型的区别

HEXACO六人格特质模型与“大五”人格模型有所不同。在HEXACO模型中，外向性、责任心和经验开放性这三种特质与“大五”人格模型中相对应的特质十分相似，但是诚实－谦恭、情绪性和宜人性三种特质与“大五”人格特质有较大区别。

最关键的区别是加入了道德人格成分，其中诚实－谦恭维度作为独立提出的一种人格特质，“大五”人格模型中没有这个维度。它与涉及剥削和权利等消极人格结构的内容密切相关。研究发现，诚实－谦恭与心理变态、自恋、马基雅维利主义等暗黑人格，以及控制和诚实等变量存在显著相关。

4. 相关研究【此部分也可以变成学习栏 6—5，或者融媒体】

HEXACO 六人格模型的发展，同时推动了诚实一谦恭人格的研究，人格与道德或不道德行为的研究也随之兴起。一项元分析探究了人格与亲社会行为，发现诚实一谦恭与亲社会行为有显著正相关，宜人性与亲社会行为则存在较弱的相关（Thielmann et al.，2020）。有研究对青少年诚实一谦恭人格与不道德行为间的关系进行研究，发现拥有较高诚实一谦恭人格的青少年会对行为有较少的道德推脱，从而减少不道德行为的产生；同时这个研究也发现了系统合理化水平的边际效用，即使是一个品质良好的青少年，当他感知周围环境不合理时，也会做一些不道德行为来维护自身利益。而低诚实一谦恭人格特质的青少年则会做更多不道德行为（Guoet al.，2021）。可见，诚实一谦恭人格的行为表现也受到其他因素的调节。

有研究通过双生子对 HEXACO 六人格特质研究，考察遗传因素和环境因素在生命周期中对人格产生影响，结果发现，诚实一谦逊、情绪性和责任性维度的遗传差异呈现了随年龄增长而降低的趋势，外向性、宜人性和经验开放性维度的遗传差异遵循了跨年龄的倒 U 形模式（Kandler et al.，2020）。

研究者也探索了 HEXACO 六人格中一些有趣的现象，例如从认知心理学视角探究名字中音素与人格特质的语音象征，发现含乐辅音的名字具有较高的诚实一谦恭、情绪性、宜人性和责任心，而清塞音的名字则被认为具有更高的外向性（Sidhu et al.，2019）。

参考文献

Anglim, J., Horwood, S., Smillie, L. D., Marrero, R. J., & Wood, J. K. (2020). Predicting psychological and subjective well-being from personality: A meta-analysis. Psychological Bulletin, 146 (4), 279-323.

Ashton, M. C., Lee, K., & Goldberg, L. R. (2004). A Hierarchical Analysis of 1, 710 English Personality-Descriptive Adjectives. Journal of Personality and Social Psychology, 87 (5), 707-721.

Chen, B. B. (2016). Conscientiousness and everyday creativity among Chinese undergraduate students. Personality and Individual Differences, 102, 56-59.

De Vries, R. E. (2013). The 24-item Brief HEXACO Inventory (BHI). Journal of Research in Personality, 47 (6), 871-880.

Garbe, L., Rau, R., Toppe, T. (2020). Influence of perceived threat of Covid-19 and HEXACO personality traits on toilet paper stockpiling. PLoS ONE, 15 (6), e0234232.

Guo, Z., Li, W., Yang, Y., & Kou, Y. (2021). Honesty-Humility and unethical behavior in adolescents: The mediating role of moral disengagement and the moderating role of system justification. Journal of Adolescence, 90, 11-22.

Kandler, C., Bratko, D., Butkoviĉ, A., Hlupiĉ, T. V., Tybur, J. M., Wesseldijk, L. W., de Vries, R. E., Jern, P., & Lewis, G. J. (2020). How genetic and environmental variance in personality traits shift across the life span: Evidence from a cross-national twin study. Journal of Personality and Social Psychology, 121 (5), 1079-1094.

Sidhu, D. M., Deschamps, K., Bourdage, J. S., & Pexman, P. M. (2019). Does the name say it all? Investigating phoneme-personality sound symbolism in first names. Journal of Experimental Psychology: General, 148 (9), 1595-1614.

Thielmann, I., Spadaro, G., & Balliet, D. (2020). Personality and Prosocial Behavior: A Theoretical Framework and Meta-Analysis. Psychological Bulletin, 146 (1), 30-90.

张娜.(2009).人格结构 HEXACO 模型的概述.科技创新导报, 24, 220.

张娜,金春美.(2009).人格结构 HEXACO 模型的研究综述.中国校外教育, 10, 1.

张玮,王斐.(2016).HEXACO 人格特质模型研究展望.兰州文理学院学报:社会科学版, 32 (5), 65-72.

(三) 七因素模型

除上述介绍的两个中国人的大七人格模型外,还有腾根和沃尔(Tellegen & Waller, 1987)的七因素模型。他们认为大五人格因素模型在选词时排除了许多评价性术语和状态术语,但这些词汇也反映了人格的重要内容。他们采取了非限定的选词标准,在自然语言中按原貌进行分层抽样,从传统的英语美语词典(1985)中抽取出了 400 个人格描述词,经因素分析后获得了 7 个维度:(1)正情绪性(positive emotionality);(2)负价(negative valence);(3)正价(positive valence);(4)负情绪性(negative emotionality);(5)可靠性(dependability);(6)宜人性(agreeableness);(7)因袭性(conventionality)。在大七因素模型中有 5 个因素与大五人格因素有对应关系。大七因素模型增加的两个维度涉及自我评价的正反两方面,即正价和负价。描述正价的特质术语有优秀的、特别的、印象颇深的(感人的)、有技能的、无敌意的等。描述负价的特质术语有魔鬼的、邪恶的、可怕的、令人生厌的、遭人憎恨的、道德败坏的等。基于这七个因素,现已形成由 161 个项目构成的“大七”人格问卷,被称为《人格特征量表》(The Inventory of Personal Characteristics, IPC-7)。

比较大三、大五和大七模型,可发现几点特点:一是在不同的人格结构模型中,外向性和神经质是共有的人格因素;二是开放性是一个分歧很多的因素,与其他人格维度的关系较小,其准确命名、本质含义还须论证；三是大七人格因素模型的两个评价性维度（正价、负价）与大五人格因素模型中的很多因素均有相关。可见，人格评价和人格特质本身有着很大的联系，但评价是否是人格的一个基本过程，仍是值得进一步探讨的问题。

三、不同词类的探索

词汇学的假设中提到人格的特质可以通过语言这样一种渠道去挖掘，但是将语言中的不同词类作为研究材料，得到的结果是否会有不同?

（一）形容词的因素探索

人格特质理论流派比较常见的是以形容词为研究材料，其中大五人格因素模型的研究模式可称为典型的代表。它是以形容词为基础的数据导向的人格结构模型。以形容词为研究材料，就必须要考虑到以下两个问题：如何挑选研究需要使用的词语，将形容词挑选出来之后如何呈现。由大五人格的发展可知，研究从最初的奥尔波特和奥波特的4504个词的词表，最终又发展出好几个形容词表。哪一个词表更准确很难定论，词表的呈现方法也五花八门，有的研究者采用的是按比例抽样，有的研究者采用的是聚类抽样，结果自然会有很大的不同。

（二）动词的因素探索

以往的研究多使用形容词或名词来探查人格结构，然而形容词多涉及的是人格的静态结构成分。人格结构除了静态结构还有动态结构，静态结构偏于描述人格特征，动态结构偏于行为动机。大五人格因素模型运用的是形容词和名词，之后学者们开始思考动词与人格的关联性。一般认为动词更多的是与行为描述有关，也与行为动机有关。特别是中国人使用动词比西方人更多，在东方文化下的个体描述更关注于行为层面。王萍萍和许燕（2010）对中文动词进行了词汇学与因素分析的探查，结果得出了三个维度：控制（Control），施爱（Love）和追求成就（Pursue success），构成了 CLP 模型。这三个维度涉及的是人的动机结构。这一模型与以往的动机理论是相吻合的（见表6-9）。

表6-9 CLP模型与其他理论结构的吻合度

CLP 模型	动机理论	社会价值取向理论
控制	权力动机	竞争取向
施爱	亲和动机	合作取向
追求成就	成就动机	个人取向

（三）短语的因素探索

也有学者是以短语为材料进行研究的。由短语材料衍生出来的测验，主要包括两个，一个是《NEO 人格问卷》，一个是《霍根人格问卷》（简称 HPI）。《NEO 人格问卷》共有181个题目，主要是将主成分分析法作为评价项目安置的工具，所有项目共分为5个因素，每个因素有6个方面，每个方面有8个测试题，主要的目的在于增加五大特质测验的准确性，以假定五大特质存在的合理性为前提。HPI 是依据霍根的社会分析理论编制的，共有 310 个项目，可以分为 6 大量表：智慧（对应于开放性）、适应（对应于神经质）、谨慎（对应于尽责性）、抱负（对应于外倾性）、社会性（对应于外倾性）、讨人喜欢（对应于宜人性）。社会分析理论将特质看作包含在语言中的对人的潜能与尊严的信息进行总结与转换的工具。

研究材料的不同代表着研究基调和理念的不同。以形容词为研究材料，多是从心理测量学的角度来看待问题的，通过形容词的描述来判定人格的结构，通过个体在大量形容词聚集而成的评价表做出判断，从而得到对个体深层次的认识。以动词为研究材料，是从心理动力学的角度出发，通过对个体在一些动作上的选择和评价，考察个体在处理和应对外界问题时采用的策略和方法，以了解个体内在的行为动机，从而形成个体的全面轮廓。这两种方法殊途同归，各有所长。如果能够将两者结合起来，那么将会带来更多精彩的结果。

第六节 理论应用

近年来，大五人格因素模型研究的应用如下。

一、临床心理学方面

目前，有关人格障碍的诊断主要是以症状表现的分析和研究为主要参考资料，还没有其他有效的资料可以利用。而大五人格因素模型恰恰为人们提供了一个思考的角度。从已有的研究文献中可以发现，大五人格因素模型中的神经质、尽责性、低外倾性、低宜人性这四因素在人格病理学描述中的重要性，特别是神经质，而开放性的作用则不突出。大五人格因素模型的《NEO 人格问卷》一直被学者们认为是测量人们基本情绪、人际和动机状态的有效工具，能够很好地描述个体的人格轮廓。人们可以通过大五人格因素模型和《NEO 人格问卷》清晰地辨别出人格维度内的极端人群。人格障碍的症状中的偏差行为可以说是由一些夸大的人格特质造成的，这样一来，就可以将大五人格因素模型和人格的诊断结合起来。

临床专家可以针对不同的个体采用特定的治疗策略和技术。例如，在神经质这个单项上得高分的病人可以从处理事务的策略上进行训练，使他们对自己的情绪反应加以控制。这些病人经常会对盘旋上升的焦虑和混乱的压力做出反应，在高唤醒状态下，他们想要尝试去处理冲突的观点或人际间的麻木和冷漠，但却十分困难。情感控制的方法和放松的运动则能缓解这种状况。相反，在神经质上得低分的人，对他们的实际问题和身体症状表现得过于自信。如果他们的症状没有得到认可的话，他们会认为表述自己的心理问题是没什么意义的。这时团体的方法对帮助这些病人从基于症状/问题大定位过渡到从心理/人际角度看待事物有特殊的效果。群体可以在有压力时提供更强大的人际间的支持。外倾性得高分的病人需要得到帮助是抑制他们从唤醒或焦虑状态直接做出一些行为。对于他们，延迟反应能帮助他们获得足够时间来对所经历的事情做出鉴别。治疗者对于病人的一些不必要的要求可以不予理睬，仔细地进行病人内心状态的记录。这样就会促使病人对自我有一个更统一的、不依赖于他人的判断。内向的病人通常会抑制、支配自己的反应，甚至可能会过度地压制。结构认知的方法只会增强这种趋势。人际间的方法关注自我的接受和对人际关系的评价，对他们是更有益的。在尽责性上得低分的病人坚持完成治疗任务是比较困难的。在治疗开始时，医生就会为病人制订一个比较合适的目标。在尽责性上得高分的病人在治疗期间会表现得始终如一和可信赖。他们在治疗期间的优良表现和较好完成作业的情况通常会受到他们的治疗医生的赞扬。然而，这些特征下面也掩藏着一些问题。具体工作是要把潜在成就转化为真挚热心而不是例行公事的责任感和强迫感。在宜人性维度上处于任一极端的病人都适合于在人际间问题上的动态治疗。在高分端，病人脆弱的素质会成为他人际交往中的短板，直接显现出来。这通常会混杂着病人的低自尊水平。在开放性维度上得低分的病人可能会更自如地运用结构化的方法。如果想在一个非结构化治疗中获得充分的成功，他们需要特殊的准备和支持。对低开放性的病人采用生物反馈技术比意象技术有更好的放松的疗效（Kelso，Anshor，& McElroy，1988）。高开放性的病人对他们的思维应该在哪里开始发散这个问题并不明确，他们有过多的想法和幻想。对于他们，控制这种发散问题的认知技术较为有用。这是通过一种使人宽慰的方法和鼓励来实现的，重申观点并实际地看待不同的选择。这些病人发现他们会有太多的同时性反应，接连地产生一连串的幻想来试图跟上这些反应。有计划的努力对施加更多的控制来组织他们的生活是有帮助的。

大五人格因素模型为健康心理学的进一步发展也做出了一定的贡献，有研究发现《NEO 人格问卷》中，公正性与良好的健康习惯有正向的相关，而外倾性则可以很好地预测主观幸福感，过度的神经质容易导致较强烈的负性情绪以及一些心理疾病的产生。个体的人格与其现实生活中的表现息息相关，良好的人格状态会让个体能够以一个积极的情绪和认知状态面对生活中的挫折和问题，使得个体能够形成一个健康的、良好的身心循环体系，有利于个体的发展和完善。

二、职业、管理和工业心理方面

由于心理学研究在组织领域的不断扩展，人格测验也已经成为企业招聘和晋升职员的工具之一。这主要是因为有很多的研究发现，人格和人们选择的职业类型以及是否能够胜任职业有很大的关系。但是，随着工业的发展和职业数量的激增，最开始以诊断为主要目的的人格测验已经不能够满足组织行业的需要，企业领导根据原测验做出的结论也出现了很大的偏差。人格测验是否已经丧失了原有的价值？这是很值得人们思考的一个问题。然而，大五人格因素模型的提出为人们做出了回答。许多研究者利用大五人格因素模型作为人格测验的工具，来探讨人格和工作绩效的关系，结果发现，大五人格因素模型的研究对于人格和工作绩效之间的相关提供了远比以往研究更强有力的证据（Tett, Jackson, & Rothstein, 1991），尤其是在尽责性这一维度上的得分能够有相当好的预测作用，如代理商售出产品的数量（Barrick, Mount, & Strauss, 1993）。宜人性上得分较高也可以说是个体胜任办公室工作必要的特点之一。考斯特（1984）认为外倾性和开放性是职业与工业心理学的两个重要因素。但是值得指出的是，人格测验在其中所起到的作用也仅仅是辅助性的。如果在录用或者提拔员工的时候总是选择尽责性高的人，那就过于简单了。研究发现：大五人格中的责任感、外倾性和宜人性对绩效的预测效度随工作自主性的提高而提高（Barrick & Mount, 1993）。人格只能作为影响工作绩效的因素之一，而大五人格测验测出的人格状态也只是为研究者和企业家提供一个极有可能的人格轮廓而已。

三、发展心理学方面

人格既是个体特征的一部分，也是个体不断社会化的进程中形成并发展的。在人格发展的基础上，相应的个体会逐步发展出其他的行为特征，人格影响着个体发展的方方面面。有研究者（1998; Shiner & Caspi, 2003）认为纵观至今为止的研究，当让父母和老师评定儿童的人格特质时，大五人格因素是最稳定的因素。只是第五个因素（科斯塔等人解释为开放性，戈德堡（1990，1992）解释为智力）不像其他维度那样获得了一致的证据。这也可能是不同的研究者的定义不同的缘故（De Raad, 1994）。约翰（1994）的研究发现，相对而言，高公正性、高开放性的青少年更容易在学业上表现出色，而低公正性、低宜人性的青少年更容易误入歧途。也有研究者发现，宜人性和神经质与男生破坏财产相关，与女生人际暴力相关。进一步的研究结果更令人吃惊，外倾性中的刺激寻求可以显著地正向预测暴力行为和偷窃行为等。相对应的，研究发现表现比较优秀的学生共有的人格特质包括较好的情绪稳定性、开放性、宜人性和外向性。从以上的研究结果中可以看出，个体在人格上的突出特点与其日后的发展轨迹有着很重要的联系。虽然这不是绝对的预测，但是在这种可能性存在的前提下，事先做好相应的预防措施还是有必要的。

四、婚姻咨询方面

大五人格因素模型的另外一个应用领域是婚姻咨询。很多学者的研究结果都表明人格维度、夫妻间不同的人格组合对婚姻质量有不同程度的影响。克丽丝塔等人（2004）研究结果表明，高神经质、低一致性、低责任感和低积极表达会导致对婚姻的不满意，伴侣相似性与婚姻满意度关系不大。谢尔曼（1981）认为，内外倾性格是决定婚姻的最重要因素，最糟糕的组合是丈夫内倾而妻子外倾。对于已经结为夫妻的人而言，如何适应对方的人格特征就成为非常重要的一个问题。李凌江等人对离婚诉讼者的研究表明：在个性与婚姻质量的关系中，夫妇双方个性异同对婚姻质量无明显影响，对配偶个性不满是婚姻质量下降甚至导致婚姻关系破裂的重要因素。这种因为人格不满而导致婚姻破裂的结果是我们大家都不愿意见到的。所以，需要引入婚姻咨询来对那些存在潜在婚姻危机的家庭进行干预和调节。大五人格因素模型能够为夫妻双方提供一个互相了解的渠道，看清楚自己所认定的是否准确，借以发现两个人之间的误会和隔阂。通过增进对双方人格的了解可以使他们的沟通更为顺畅，协助夫妻以建设性的方式解决问题，挽回他们的婚姻。

第七节 对大五模型的评价

一、大五模型的意义

大五模型为人格心理学的研究带来的巨大推动力是非常令人瞩目的。从理论的提出到最后问卷的大面积信效度的验证，都为大五模型的影响力提供了证据。它已成为国际人格心理学界具有广泛影响的热点课题。大量的跨语言和跨文化的研究结果都证明了大五模型的广适程度，为全世界的人格研究提供了一个非常有效的工具。从应用的角度上来说，前文已经介绍过大五模型对心理学各分支的影响，由此可见，它的影响已经超出了人格心理学这一范围，扩散到整个心理学领域乃至组织和社会学领域。毋庸讳言，大五是成功的，它有资格成为人格描述和评估的基本框架之一。

二、对大五模型的批评

虽然自大五模型提出之后，很多的研究结果都惊人的相同，但是这一模型还是受到了批评，这也是心理学理论能够不断发展的动力之一。很多研究者提出，这种对人格的外部观察法很难真正理解人格的本质，以此为依据构建出来的人格模型的准确性很难衡量。也有人认为这种测查的方法实际上是以人的自我意识准确为前提的，对测试技术的怀疑会动摇模型的根本力量。

第一，在研究最初的假设和想法上，很多研究者都提出了自己的观点。大五模型是基于词汇学的假设提出来的。词汇学假设的主要观点就是每一种文化下的自然语言都包含了所有能描述人格的维度，有什么样的人格表现就会有什么词来描述它；所有的人格特质都会被编码到自然语言中去。因此，人们可以通过词汇这一渠道来研究人格。而实际上，词汇学研究所采用的自然语言是容纳了很多文化上的世俗概念的，它并不能够保证自己概念的精确性和平均性。赞科曼就发现神经质这一因素在自然言语中的描述很少，但它实质上是人格的一个重要因素。另外，所采用的词汇的鉴定人员也不是十分妥当，对人格特质进行评定的时候应该是选用公正、智慧、成熟的个体，而不是用大学生或者其他的非专业人员。此外，对于模型确立的这五个因素，有研究者指出，也许这只是人们语言中固有的五个维度。也就是说，尽管人格实际上具有一个非常不同的结构，但是在对人格特质进行表述的时候，人类语言中拥有的形容词的限制导致了其他人格维度的缺失。

第二，从研究过程中所使用的方法和技术上来看，大五模型也有很多值得商榷的地方。《NEO 人格问卷》依赖于大五模型已经确定的维度和其他人格量表的因素结果，缺乏实际的理论和实证基础。它缺乏一个完善的、内在的人格理论作为核心，可以说是一个想象出来的产物。研究者对《NEO 人格问卷》的验证性因素分析的结果就显示出它的拟合程度不是很好。另外，在大五人格的发展进程中，很多学者都提出了自己的人格模型。这部分的人格模型确定的人格因素的数量也不尽一致。再加上其他专家的研究结果，整个人格研究领域就呈现出了百家争鸣的局面。关于因素的数量、含义和名称就有很多种说法。艾森克（1994）曾提出 5 个因素太多，3 个因素已经足够，而卡特尔却认为 5 个因素太少。即使因素数量相同，不同文化下的五因素所代表的含义也有很大的差异。汉语文化下的开放性和英语文化下的开放性差异就很大。在这种状况下，大五模型也就很难逃脱被大家质疑的境地。

第三，从大五模型的理论性来看，很多学者就曾指出大五模型的理论性太差，它只是词汇假设和因素分析加在一起产生的产品。研究过程中将五个因素作为互不相关的正交因子就是一个很严重的问题，因为实际上这五个因素之间是相关的，应该使用斜交旋转。另外，研究者事先没有确定因素分析会产生几个因素，产生什么因素，而是完全采纳因素分析的结果，转出几个是几个。然后研究者根据旋转的词汇聚集的结果来对因素的含义进行定义。这种方法是比较牵强的，缺乏预先的推断很容易导致对研究结果做出任意的解释。很多根据大五研究结果做出的推测都是脆弱的，不堪一击的。根据现在的研究结果，是否就可以这样下断言：人格的研究只要考察这五个方面就可以了，不需要考虑其他的问题？这显然是错误的结论，大五模型总结出来的五个因素是一个集成性的概念，而不是具体的行为特点，而预测人的行为，考察具体的特质要比考察一个综合性的人格维度有用得多。

综上，尽管对于大五模型的评价还存在很多的争议，但是对于人格是由什么构成的这一人格心理学基本的问题，暂时算是取得了阶段性的成果。大五模型对于社会的贡献是无法被忽视的。既需要人格心理学界的研究专家进一步地探索人格的奥秘，也需要学者们能够更好地将人格研究的结论应用于现实的生活，造福人类。

第五章　对特质论的总体评价

20世纪七八十年代，特质论曾经一度因为情境论者的批评及认知论革新性的看法而几乎销声匿迹。但是，到了今天，特质学派再一次的枯木逢春，这说明了特质理论所具有的生命力。

第一节 理论特色

一、方法论上的统计学倾向

从奥尔波特最早开始致力于人格特质的研究开始，特质学派的发展已经有了很长的一段历史。因素分析成为特质论的主要方法，特别是用因素分析等统计方法来探讨人格的结构，解构人格的基本元素。同时，人格特质的测量已经成为一种被广泛应用的工具，特质测量的运用几乎吸引了持各种观点和具有各种不同工作背景的心理学家。

二、研究取向上的个体差异倾向

特质理论认为，个体在内在倾向上的个体差异表现出了稳定的特征，个体差异主要表现在人格特质量的差异上。卡特尔16种人格特质的评量就体现了这一特点，他不仅关注人格的描述和预测，也关注人格特质的变化和发展。表6-10中显示了卡特尔编制的三个适用于不同年龄的人格量表。通过三个等值人格量表不仅可以了解到一个人人格发展的纵向轨迹，同时也可以了解到不同人格特质的稳定性与发展中的变化。在不同年龄段有些特质消失了，有些特质出现了，有些特质稳定不变。例如，自立性、兴奋性和退缩性特质会消失，幻想性、警戒性和求变性特质会出现，世故这一特质在中学阶段出现中断现象，其余特质表现出稳定不变的特点。

表6-10　卡特尔三个不同年龄的人格量表的特质结构

测验	年龄	A	B	C	D	E	F	G	H	I	J	L	M	N	O	Q1	Q2	Q3	Q4
16PF	>16	乐群性	聪慧性	情绪稳定		恃强性	活动性	顺从性	敢为性	敏感性		警戒性	幻想性	世故	忧虑性	求变性	自立性	自律性	紧张性

续表

测验	年龄	A	B	C	D	E	F	G	H	I	J	L	M	N	O	Q1	Q2	Q3	Q4
HSPQ	12～18	乐群性	聪慧性	情绪稳定	兴奋性	恃强性	活动性	顺从性	敢为性	敏感性	退缩性				忧虑性		自立性	自律性	紧张性
CPQ	8～12	乐群性	聪慧性	情绪稳定	兴奋性	恃强性	活动性	顺从性	敢为性	敏感性	退缩性			世故	忧虑性			自律性	紧张性

第二节 理论优点

一、注重研究的实证性

特质心理学家在心理学研究工作上更注重实证性，这与其他的人格研究学者大不相同。精神分析学派人格学者更关注知觉和主观的判断，但是特质学派的学者更关注的是数据。这种由数据决定理论、再进一步接受实证方法检验的做法在一定意义上还是可行的。另外，围绕着所确定的人格特质，心理学家们并没有局限于理论上的探索，他们同时能够将理论上的发现和生活结合起来，使得研究的成果能够得到有效的应用。

二、提出了有价值的理论观点

以特质论为主要思想的研究者提出了一系列有价值的假说。他们认为语言是体现重要个体差异性的工具，这也是词汇学得以应用的原因。另外，他们也支持环境对人格发展有重大作用的观点，尤其是自己不同于其他家庭成员的特殊环境。特质论者认为特质是为适应种属问题进化而来的（Buss，1990；Tooby & Cosmides，1990）。对这种种假说的检验和应用使得特质论的研究在人格心理学界大放异彩。

三、促进了人格测评工具的产生

人格特质的研究与测评方法被许多研究者推广，其在人格结构的建构与测量上的科学性促进了人格量表的标准化进程。随之，在有关人格的期刊内可以发现各种有关不同人格特质的调查，每年都会有很多新的人格量表被编制、发表和应用。人格测量工具以位居第一的速度大量出现并被广泛应用。

第三节 理论缺陷

特质论很重视研究的统计学方法，但是对特质学派的批判一般不是针对这种方法得到的研究成果，而是针对这种方法忽视的根本问题。

一、缺乏对特质概念的理论探讨

特质学派的心理学家是根据特质来描

述人的，但是却不能解释这些特质到底是什么，它们是如何产生的，怎样才能帮助这些得分过高或者过低的人。

关于特质是什么这样一个特质理论的核心概念，虽然特质学派的学者普遍承认它应该是个体行为背后的稳定的内部反应倾向，但对其具体的含义则说法不一。特质究竟是外在的行为反应倾向，还是潜在的一种反应倾向？特质中包含哪些人格的机能？特质只与外显行为有关还是与情感、思维、价值观、认知方式也有关呢？如果说特质包含了人格的所有部分，那么既然能够通过动机、情感等研究个体的差异，又何必要多提出特质这一概念？通过测验结果得知某些个体的开放性较差，或者在考试焦虑、自我意识和武断性上得分异常，我们该做什么？也许有人会建议去做心理咨询和治疗，但是没有一种咨询和治疗的理论是基于特质学派的，因此也就没有办法针对这种状况做出诊断和治疗。从这方面来讲，特质的研究方法和潜在问题解决的能力限制了它的应用性。

二、缺乏统一的特质理论框架

对特质论的批评的另外一点是特质理论本身缺乏一个统一的结构。它只是一个方法上的引导。虽然特质理论的学者都使用实证的方法，都关注对特质的确认，但是，没有一个理论或者结构能够统一所有的理论。特质的概念与五因素模型能否提供给我们一个完整的人格模式？不能。将所有的研究结果放到一起，你就会发现人格的特质实在是五花八门。尽管有研究仍在致力于确定这些模式中哪些是正确的，但是在研究方法上很难获得一致的看法。同时，作为一个以个体差异为主要内容的理论，特质理论却很少涉及对个案的研究，这实在让人匪夷所思。

总而言之，虽然目前特质论发展十分迅速，但是仍不能忽视它自身存在的一些问题。如何将这些问题一一解决，进一步推动特质论的发展，是特质学派的研究者们的重任。

思考题：

1. 如何理解特质的概念？
2. 举例说明特质的层次结构特征。
3. 大五模型的研究未解决的理论问题有哪些？
4. 在描述人格结构时，特质论与类型论有何异同？
5. 运用特质理论描述你身边人的人格特质结构。

第七编　认知学派

人格心理学的发展与心理学其他领域及其他相近学科的发展密不可分。人格的认知学派（Cognitive Theories）就是因认知心理学的发展而兴起的。

认知学派产生的背景

20 世纪 60 年代，心理学发生了一次革命——认知革命。这次认知革命是在西方工业技术革命背景下发生的，工业技术革命的突出特点是电脑与信息处理技术的变革。人类的认知就如同信息处理器一样。一部分心理学家开始研究人类的各种认知现象。认知心理学也在这场认知革命中活跃起来。认知心理学的兴起对人格心理学的发展也产生了巨大影响。

与以往人格理论（精神分析、行为主义等）形成巨大的反差，人格的认知学派更强调人的内部认知心理过程。当一些心理学家用早期理论去理解和解释人格现象时，他们也深深感受到了这些理论的局限性，也开始思考用其他的理论来解释早期理论忽略和无法解释的现象。认知心理学的理论，使一些人格心理学家产生了强烈的共鸣。他们看到认知不仅会影响潜意识行为，还会影响人类的各种学习。人们看问题的态度与看世界的信念对人格的影响是至关重要的。一些心理学家开始从认知的角度寻找人格研究的新方向。

本篇所要介绍的是三种具有代表性的认知理论：个人建构理论、社会认知理论以及认知信息处理理论。

虽然人格的认知模型是从认知心理学兴起后开始流行的，但它却不是全新的理论取向。比如，勒温（Lewin，1938）的"场论"提到了人们在自己的认知生活空间（life space）中组织种种生活元素方式的差异性。凯利在 1955 年出版了《个人建构心理学》（*The Psychology of Personal Constructs*）之后，凯利的理论逐渐成为现在人格认知研究者的重要概念来源（Jankowicz，1987；Landfield，1984）。凯利的理论被认为是人格认知理论的代表，是探究人的信息加工方式意义的。该理论阐明了个体如何觉知信息，与现存的经验建立联系，并将这些解释转变为行为。依据凯利的理论，人们通过基于早先经验形成的若干建构（constructs）去认识和了解各种事物，并对其进行预测。有趣的是，凯利并不认为自己是认知心理学家。他说："对于早年将个人建构理论标识为人格理论，我一直深感困惑。因此，多年前我曾经打算写书，说明我对认知理论一点兴趣也没有。"尽管如此，凯利的理论仍是现今认知人格理论的发端。

以罗特、班杜拉和米歇尔为代表的社会认知论（social cognitive theory）原被称为社会学习论（social learning theory）。此理论与时俱进，逐渐加强对人类功能中认知“思维”过程的重视且日益系统化，且三人的重要概念都涉及认知领域，因此现在大多学者将其归为人格的认知学派。目前，社会认知论是一种新的取向，在人格心理学界也有着重要的影响力。

认知的信息加工原先仅限于心理学中学习与记忆现象的研究，近年来扩展到整个心理学，尤其是曾被应用于自我以及整个人格的研究中。这种应用和凯利的方法有许多相似之处。凯利的理论将认知结构界定为“个人建构”。近年来的认知信息处理论学者则提出了其他的认知结构，如原型(prototype）和图式（schema），形成了人格认知学派的一种研究取向——认知信息处理论。

第一章　凯利的个人建构理论

第一节 生平事略

George Alexander Kelly（1905—1967）

乔治·亚历山大·凯利于1905年出生于美国堪萨斯州威奇托附近的一个农庄。他是独生子，从小备受父母关爱。他的父亲曾被培训为长老会的牧师，但因为健康原因听从医生的建议，放弃了教职，重操农务。他的母亲曾做过教师。随着家庭的搬迁，凯利早年的教育地点变化不定，幸好有父母对他进行教育，使他形成了开拓精神和务实精神。13岁时，他离家到威奇托去念高中，此后就很少住在家里。高中毕业后，他进入了位于威奇托的教友大学，三年后转入密苏里州的帕克学院，于1926年获得物理学和数学学士学位。在大学时，他热衷于参加校际的辩论赛，这使他具有挑战传统论点的能力。这种能力也使他多年之后才踏入心理学领域。他对于第一堂心理课程的描述——枯燥且毫无说服力。那位心理老师花了许多时间讨论学习理论，不过在凯利心中并未留下什么印象。“我知道的是必须有 S 才能够解释 R，而 R 之所以存在，是因为有 S 作为解释的对象。”他如此写道，“我一直不知道那个箭头的意义是什么。”当第一次读到弗洛伊德的书时，他心中也是充满疑惑的。“我已经不记得当初读的是弗洛伊德的哪部作品。”他回忆道，“不过我仍然记得那种疑惑的感觉，怎么有人写出这么毫无意义的东西。”

由于对社会问题有着浓厚的兴趣，因此，随后凯利进入堪萨斯大学研究教育社会学，并于 1928 年获得硕士学位。在教授演讲课程以及航空工程师的这些短期工作后，他在 1929 年作为访问学者进入爱丁堡大学研究教育学。在那里，他对心理学的兴趣与日俱增，后于 1931 年在爱荷华大学取得心理学博士学位。接下来的 13 年，他在堪萨斯州立福特海斯堡学院任职，此间他建立和发展了自己的人格理论和心理治疗体系。在第二次世界大战期间，他曾从事航空心理学研究。在其海军生涯之后，他在马里兰大学工作了一年。其后的 20 年，他都在俄亥俄州大学，曾担任临床心理学系的系主任。1955 年，凯利出版了他的代表作《个人建构心理学》。1965 年，他转到布兰迪斯大学做教授，两年后在那里逝世。

凯利早期的临床经验来源于他在福特海斯堡学院任职时建立的为全州公立学校系统服务的旅行心理诊所的临床积累。他治疗的对象，既不是精神病院的患者，也不是需要解决情绪困惑的精神官能症患者，而是公立学校的学生。在咨询实践中，他发现如果他为学生的问题编造了一套解释，且学生最终接受了它，那么学生的症状就会有所改善。也就是说，如果学生对自己或自己的问题的看法有所改变，症状就会有所改善。此外，他注意到老师对学生的抱怨往往更多地说明老师自身的问题，而不是学生的问题。他把教师的抱怨看成教师对事件的一种解释方式。这使凯利产生一种想法：没有客观的、绝对的真理，一个现象是否具有意义，依赖于个体用于解释该现象的方法。正是这些发现促使凯利提出了不同于以往人格理论学派的个人建构理论。

在第二次世界大战后，应用心理学迅速发展，凯利正是主要奠基者。他从事临床研究 20 余年，在这些领域中有令人敬佩的地位。他曾担任过美国心理学会的临床与咨询分会会长一职。

第二节 理论观点

一、人性观

凯利对人性的假设是：人即科学家。科学家的目的就是努力去解释世界，对现象进行预测和控制。凯利认为心理学家也与科学家一样，试着去预测并控制行为。普通人如同科学家一样，科学家在探索世界，建构着自己的理论；普通人在探索现实，建构着自己的生活。科学家在探索世界时，会提出假设，验证假设，预测未来。

普通人与科学家的主要运作原则是一样的，他们不断地经历各种事情，形成自己看世界的观点，并用已有的人生经验去预测未来，控制事件，调控行为。

凯利将人视为科学家，并提出了他对人性的几点看法。

1. 把人看成朝向未来的。人每天都用自己的一套系统预测世界。“我们并非只是为了预测而预测，而是为了使自己将来拥有更美好的生活。促使人有所企求的是未来，而非过去。人们一直在透过现在之窗展望未来”（Kelly，1995，P49）。人们不必被束缚于童年或青少年的经验，人生发展的方向是朝向未来的，个体能够用预测对未来形成建构。

2. 人对环境有主动形成表征的能力，而不只是被动的反应。凯利相信我们是自己命运的主人，不是被动的接受者。因为个体能够自由地形成建构去解释主客观世界，对现实形成理性的独特的认知取向。因此，人具有创造力，具有选择生命路径的能力。人生的本质在于使人造就并再造就自己。

3. 人既是自由的，又是被决定的。人能自由去解释事件，但是同时又为建构所局限。

4. 在人格的独特性与普遍性方面，凯利采取中立的立场。人有差异性与独特性，每个人看世界的观点不同，如同科学家有不同的理论观点一样。每个人对世界的看法不一样，他们的行为和人格也就不一样。同时，人也会受文化因素的影响，形成相似的建构，表现出相似的人格特征。

二、人格概念

对于凯利来说，人格的核心概念就是建构（constructs）。建构或构念，是人们用来解释世界、分析世人的观点，是人们用来对事件整理分类的一种概念，也是人们看待并控制事件的思维模式。每一个建构就是一种观点、一种见解、一种思想、一种模式，能对现实做出预测。

三、人格结构

凯利的一个理论假设：人格结构是由一组独特的建构群组成的复杂系统。个体差异就表现在个体所拥有的建构性质、数量、质量和组合方式上。

个人建构系统中，存在着许多不同层次的亚建构。不同建构具有不同的作用，每种建构都有其适用范围和适用焦点。因此，只有了解建构的性质与种类，才能准确使用它们。凯利从不同的角度对各种建构进行了分类。

（一）依据建构的作用：核心建构与外围建构

核心建构（core constructs），是个体行为中最基本、最稳定的建构，是决定了个体行为的一致性或同一性的关键建构。外围建构（peripheral constructs），是较易改变的建构，是不起决定作用的建构。

例如，一个人如果以诚信为核心建构，那么他在解释事件和评价人时，总会首先关注一个人是否诚实守信、真诚正直等。不同人的核心建构是不同的，而有人以竞争为核心建构，有人以友好为核心建构。核心建构会决定一个人的人生信念。确定了一个人具有诚信的核心建构后，即使这个人的表现有时粗心，有时细心（粗心—细心就是一个外围建构），人们也会对他在外围建构上的变化采取通融的态度。

（二）依据结构的通透性：可渗透建构和非渗透性建构

可渗透（permeable）建构，是能容纳新成分进入其适用范围的建构。非渗透性（impermeable）建构，是拒绝新的成分进入其领域的建构。

例如，科学—非科学这一建构，就会随时代和科学的发展而产生变化。一个思想开放的人，即具有可渗透性建构的人，可以容纳不同的意见和吸收不同的见解。相反，思想保守的人会表现出僵化、封闭、固执、刻板等。

（三）依据建构的可变性：紧缩建构和松散建构

紧缩（tight）建构，是对事件的预测绝无改变的建构。松散（loose）建构，是对事件的预测可随时间、情境的不同而产生变化的建构。

具有紧缩建构的人会用同一建构去预测不同事件。例如，一个具有敌对建构的人，总是用敌视的眼光去看待或预测所有的人或事，即使遇到了一个善良的人，他也会如此。一个灵活变通的人会考虑到环境的因素并适度地调整自我的建构。精神病患者则一直停留在松散状态中，表现出随机、混乱的预测方式。

（四）依据建构的表达方式：言语建构和前言语建构

言语（verbal）建构，是通过一定文字符号来表达的建构。前言语（preverbal）建构，是通过非文字符号来表达的建构。它通常出现在儿童时期。虽然儿童的言语尚不发达，他们仍然能运用表情、动作等来描述和预测事件，如亲昵、示好、恐惧等。对于成年人来说，他们也会使用非言语建构。由于非言语建构不确切且显得累赘，不如言语建构方便，因此非言语建构被运用的机会就少多了。

另外，言语建构和前言语建构还会反映出意识和潜意识内涵。虽然凯利强调的是人类的认知功能方面，即弗洛伊德所指的意识层面，但是他也将弗洛伊德所谓的潜意识的现象考虑在内。凯利本人不用意识—潜意识的建构。他使用言语—前言语的建构来处理别人当作意识与潜意识的成分。有时，建构不便于言语化时，即“不能言传，只能意会”，就称为被淹没（submerged）。

（五）依据建构的层次：主导建构和从属建构

个体用来解释并预测事件的建构系统具有组织性和层次性，系统中的建构呈现出层次排列的结构，以减少人格系统中的矛盾。主导建构（superordinate construct）

是包含其他建构在内的上位层次的建构。从属建构（subordinate construct）则是被包含在别的建构（主导建构）中的下位层次建构。

例如，好—坏可以是核心主导建构，幽默—严肃常是外围建构。一个人的核心建构可能是另一个人的外围建构。描述人的细心—粗心、描述物的精—糙可能是包含在好—坏这一主导建构的从属建构。人格描述中的外向—内向就是一个主导建构，它的下位包含了合群—孤僻、善言—缄默、活泼—安静等。

上述十种建构组成了人格的建构系统。系统内的各种建构成分相互关联，形成了动态的系统。总而言之，根据凯利的个人建构理论，一个人的人格只是他的建构系统。人用建构来解释事件并预测事件，人所用的建构便界定了他的世界。研究个体的人格就只要研究他的建构就行。

四、基本假设与推论

凯利以一种高度组织化且结构化的方式提出了他的人格理论。他的整个理论有1个基本假设和11种推论。

基本假设（fundamental postulate）：个体的心理过程是由其预测事件的方式所引导的（Kelly，1955）。

在这一基本假设下，凯利提出了11种推论（corollary）。

（一）结构推论

结构推论（construction corollary）指一个人通过对事件的反复建构来预测事件。

在自然和社会现象中存在许多有规律的现象，如花开花落、月盈月亏。由于生活存在着有规律性的重复，因此预测便成为可能。“八月十五云遮月，正月十五雪打灯”就是人们经过对自然界反复感知而总结出的经验，这一建构也用于作为对天气的预测。

（二）个性推论

个性推论（individuality corollary）指人们在事件建构上互不相同。人有个体差异，每个人对周围世界的分析不同，形成的建构系统也不同。

（三）组织推论

组织推论（organizational corollary）指为了预测事件，个体会发展出一个包含各种有序的独特的建构的建构群。每个人的建构的组织方式不同，对事件或人的解释也不同。如果一个人建构组织层次不清、结构混乱，那么他就会体验到内心的重重矛盾，并对未来做出不准确的预测。

（四）二分推论

二分推论（dichotomy corollary）指个人建构系统由有限的二分性建构组成。所有建构都具有两极：相似极和相异极，这称为建构极（construct pole）。形成一个建构需要三个要素：两个相似的要素和一个与前两个不同的相反要素。在世界的万物中，有些事物具有相同的特征，有些事物具有不同的特征。于是，人们要分辨事物间的相似性和相异性，从而形成了许多建构极，如苦与乐、善与恶、高与矮、男与女、聪明与愚笨、助人与损人、平静与激动等。人们就是使用这些建构极来比较事物的异同的。例如，在同班同学中，A 同学与 B 同学都很开朗，但是 C 同学与他们不同，性格封闭。

（五）选择推论

选择推论（choice corollary）是个人在二分建构中做出选择：是确定建构还是扩展建构。人们在解释和预测世界时，会有两条选择途径：一条是确定（definition）且安全的，另一条是扩展（exfinition）但冒险的。如果一个人是用比较熟悉的旧建构来解释相似的新事物，那么就是比较安全的方式。如果一个人尝试用一个新建构去解释新事物，那么就会有风险性。新建构解释有效地被纳入个体的建构系统中，就扩展了系统。一个人会在确定与扩展两条途径上做出选择。例如，学生在解题时，常会在是使用老师教的方法还是使用自己思考的新方法之间做出选择。

（六）范围推论

范围推论（range corollary）指一个建构只适用于预测特定范围内的事件。每个建构都有其使用范围。例如，内外向适用于描述人格，不适用于描述衣着；软硬适用于描述食物、木材、皮革，不适用于描述光线。

（七）经验推论

经验推论（experience）指个人建构系统随着个人连续对事件所做的解释而改变。人在一生中会建立许多建构，这些建构会不断地被验证，被调整。预测有效的建构会被保留下来，错误或无效的建构则会被修正或被淘汰。

（八）调节推论

调节推论（modulation corollary）指个人建构系统的变化会受限于该建构的通透性。通透性强的建构系统会不断地吸纳新的建构，使自身不断扩展、丰富，更好地解释和预测复杂世界，适应外部环境。

（九）片段推论

片段推论（fragmentation corollary）指个人可以连续使用各种不同的、不关联的建构系统。建构系统中会存在着许多彼此不同的亚建构。这使得人们会使用不同建构解释相似的事物，用相同的建构去解释不同的事物。

（十）共同推论

共同推论（commonality corollary）指个人能够运用与他人相同的经验建构的程度，代表他的心理过程与他人的心理过程相似性。只要用相似的方式解释世界，就说明个体拥有相似的人格。两个人可以具有相同的经验，但是对同一事件会有不同的解释方式；具有不同经验的人，也可能对事物有相同的解释方式，如忘年之交。因此，共同性体现在对经验的建构上，而

不是经验本身。“一个人不是他过去事件的牺牲品，但是却有可能被他对过去事件的解释所束缚。”(Kelly，1955)

另外，同一文化下的人常常会具有相似的人格。凯利将文化描述为以基本上相似的方式解释其经验的群体。不同的文化所产生的文化震撼（cultural shock)，通常是因为来自不同文化的人以不同的方式解释事件。

学习栏 7-1

建构相似性与友谊

在你所接触的许多人当中，只有少数人会成为你的朋友。这当然有许多原因——兴趣相投、交往机会等。人们也会因为以相同的角度看世界而成为朋友。源自凯利个人建构理论的某个研究领域关心的就是：为何会发展出友谊，以及朋友为何会决裂（Duck，1973，1979)。这项研究依据的是凯利的两项推论：第一，共同推论陈述了拥有共同建构系统的人们会以相同的态度解释这个世界；第二，社交推论认为如果我们了解他人解释这个世界的方式，便可能在他人的社交活动中扮演一个角色。换言之，在与他人产生有效的互动之前，个体必须先了解他是打哪儿来的。

如果凯利是正确的，那么对这个世界有相同知觉的人会比较容易相处在一起并成为朋友。为了验证这个说法，研究者以 REP 测验以及其他人格测验得到的分数来预测哪些人会成为朋友，而哪些人不会（Duck & Craig，1978；Duck & Spencer，1972)。这些研究者发现，大学新生一开始会以明显的人格与兴趣相似性来选择朋友。举例而言，大一学生开始时会找那些同样喜欢棒球、舞会、摇滚乐的人做朋友。不过在几个月之后，他们会更加了解其他学生解释世界的方式。在学期结束之后，他们就不太会只根据表面上的相似性来交朋友，而是与那些在 REP 测验上显示出相似性的人相交。虽然你和好朋友也许会有共同的兴趣或活动，但是只有这些相似性，并不足以建立深厚且持久的友谊。除非你们对于事件有相同的看法，否则在一些严肃的话题上可能无法产生交集。

研究者在探讨朋友决裂的问题时，也发现了支持这些理论的证据。当某个学校的学生升到二年级被鼓励搬出校园时，他们通常会选择过去大一的室友中和他们有相同的 REP 测验结果的人（Duck & Allison，1978)。如果他们看待世界的方式不同，友谊便会消退。建构相似性也可以解释为何有些恋情会持续，而有些恋情却无法长久。造成恋人们一开始就相互吸引的原因有很多。但随着时间的逝去，如果两个人对这个世界有相同的看法，那么关系便比较容易维持下来。举例而言，有个研究发现，如果两个人的建构相似性越高，他们的婚姻会越幸福（Neimeyer，1984)。很明显，即使热情消退，建构的相似性仍可以维系婚姻。

(十一) 社交推论

社交推论（sociality corollary）指人们解释他人建构系统时，可能要在包含那个人的社交活动中扮演角色。在与人交往中，只有理解了对方的建构，个体才能理解对方看问题的方式，或按照别人所期待的方式去行动，这就是角色扮演。如果两人彼此扮演的角色是互惠的，就会产生良好的社会互动。

五、人格动力

凯利不赞成传统心理学的动机理论。他认为传统理论把人看成生来无活力的，需要某些东西来驱动。在凯利看来，人生来就是有动机的，根本不需要其他什么。“除了他是活生生的人之外，没有任何原因能激励一个人。”（Kelly，1958）。他将传统理论分成推理论与拉理论。推理论的代表人物包括弗洛伊德、斯金纳、多拉德和米勒。他们使用内驱力、动力或刺激等术语。拉理论的代表人物有荣格和阿德勒。他们使用目的、价值或需要等术语。凯利认为这是不正确的。他强调自己的理论与上述两类的不同在于自己的理论较注重动物自身的本性，因此，他把自己的理论称为“公驴理论”（jackass theory）。

凯利提出了CPC循环理论。人遇到新情境时，行动是依照详察—预断—控制三个阶段的循环（circumspection-preemption-control cycle，简称CPC循环）进行的。

详察期：人们在开始接触事物时，会谨慎地考虑各种可能性，提出各种建构，并反复尝试。

预断期：通过尝试各种建构，人们会选择出对情境最适合的建构。

控制期：人们将所选择的建构付诸行动。

由此可见，凯利描述了人如何从认知向行动的转化过程。通过CPC循环，人们会在自己的生活中减少不确定性，逐渐形成人格，并获得良好的适应。

六、人格发展

凯利认为人格的发展就是建立在建构系统的发展之上的。个体的发展就是要不断提高对世界预测的准确性。

凯利认为，个人建构系统是通过对事件的反复建构产生的。建构的产生是人们依据先前的经验，通过概括化的过程来对经验进行建构，接着再依据自己已形成的建构去解释新信息、控制行为、预测未来。如果由某种建构产生的预测被经验证实，那么，这个建构就是有用的，并被纳入个人建构系统中，建构系统也就不断扩展与复杂化。如果由某种建构产生的预测没有被证实，那么这个建构就要被修正或被淘汰出建构系统，不断被优化的个人建构系统，会进一步提高个体预测未来的准确性，这就意味着人格的发展。

个人建构系统发展表现为：随年龄的增长，个人建构系统在建构的数量、质量、复杂性、组织方式等方面都会变化。影响个人建构系统发展的因素包括内外因素：个人建构是否具有渗透性，建构系统是否具有丰富性，建构组织是否具有条理性，建构使用是否恰当，等等。这些都会影响个人建构系统的发展。

第三节 研究方法

一、角色建构测验

了解一个人，也就是去了解他解释世界的方式和他的建构系统。凯利根据自己的理论，建立了自己的测量方法——角色建构测验（the role construct test，简称REP测验）。角色建构测验分为个人式或团体式。

不同的人建构系统会有差异。人们不仅在建构内容上有区别，在建构系统的组织上也存在差异。人与人之间，不仅核心建构与从属建构、建构的通透性、所使用的建构类别不同，使用的建构数、建构系统组织的复杂度以及建构开放、改变的程度也都有所差别。角色建构测验提供一种途径，以考察个体运用什么建构来解释世界。

角色建构测验的实施程序：

第一步：填写角色称谓列表（role tile list）。

主试给被试列出如下角色称谓：被试本人、母亲、父亲、喜欢的教师、妻子或丈夫、兄弟姐妹、和睦相处的邻居、难以相处的邻居、不喜欢的人、异性朋友、同性朋友、最有成就的人、最幸福的人、上级等。让被试写下他认识的并对自己具有重要意义的人名20～30个。

第二步：比较所列角色的异同。

主试按预先规定好的组合，从被试的列表中抽出三个人名，让被试使用建构极来分析三个人的异同。主试会询问被试："在哪个重要方面，哪两个人相似而与第三个人不同?"例如，主试要求一个人考虑他的父亲、母亲和他喜欢的女朋友这三个人的名字。被试会说母亲与女友相似，都很文静。这两个人却与父亲不同，父亲比较活跃。那么，被试者这次使用的建构维度便是文静—活跃。了解这一建构维度之后，主试再呈现另外三个角色，让被试重复上述的步骤。这种重复通常会达20多次。每次呈现3个角色，被试便产生一个建构维度。此建构可能是过去就有的，也可能是全新的。

第三步：主试分析被试的建构特点。

主试分析被试的建构主要从以下几方面进行。

1. 被试引发的建构数量。引发的数量多，内容重复少、差异大，可以说明被试的建构分化程度高，建构维度丰富，认知复杂度高。反之，则说明被试的建构结构或认知简单。例如，有人只用内外向来描述人。认知复杂的人会使用不同的建构描述不同的人，如内向—外向，勤快—懒惰，友好—敌对，自卑—自信，独立—顺从，乐观—悲观，等等。

表 7-1　Kelly 角色建构测验的形式

我（ ）	妈妈（ ）	爸爸（ ）	祖父（外祖父）（ ）	祖母（外祖母）（ ）	兄弟（ ）	姐妹（ ）	异性知己（ ）	同性知己（ ）	中学同学（ ）	小学同学（ ）	医生（ ）	邻居（ ）	最可怜的（ ）	令人害怕的（ ）	最吸引人的（ ）	喜欢的老师（ ）	讨厌的老师（ ）	最有权力的（ ）	最成功的（ ）	最快乐的（ ）	最有道德的（ ）
1	2	3	4	5	6	7	8	9	10	11	12	13	14	15	16	17	18	19	20	21	22
																			○	○	○
																○	○	○			
		○					○	○	○				○		○						
	○	○			○																
						○										○				○	
	○									○						○					
		○																○	○		
				○	○												○				
						○				○							○				
						○							○								○
			○		○									○							
							○							○						○	
	○						○		○												
		○					○		○												
				○				○							○						
○					○	○															
																		○	○		○
	○	○												○							
○													○		○						
			○	○									○								
○							○	○													

人物观念分析量表

姓名：________　种类：　　年级

性别：________　日期：　年　月　日

	相似之点	相反之点
1		
2		
3		
4		
5		
6		
7		
8		
9		
10		
11		
12		
13		
14		
15		
16		
17		
18		
19		
20		
21		
22		

2. 被试建构的内容。被试建构是偏于理智的，还是偏于情绪和行为的；是偏于身体特征的，还是偏于社会和心理特征的，等等。

3. 被试建构的性质。被试建构是否可渗透，是否松散，是否为从属建构，是否扩展，等等。

4. 人物与建构的关系。分析与被试相似的人和不同的人都是什么人，以及被试的建构如何，等等。

表 7-2　Mildred Beal 的角色建构测验结果

次数	相似人物	相似建构	不同人物	相对建构
1	老板 成功的人	与我有关，但不完全相同	所要追求的人	与我无关
2	拒绝我的人 可怜的人	非常不快乐的人	明智的人	心满意足
3	父亲 喜欢的老师	非常平静、随遇而安的人	可怜的人	神经质、过度紧张
4	母亲 妹妹	长得很像，对人特别挑剔	男朋友	友善
5	旧情人 可怜的人	非常自卑	男朋友	自信
6	兄弟 明智的人	社会适应良好	不喜欢的老师	不快乐
7	母亲 老板	过度紧张	父亲	随遇而安
8	姐妹 拒绝我的人	过分挑剔	兄弟	了解人的
9	拒绝我的人 旧情人	有自卑感	不喜欢的老师	肯定自我的价值
10	喜欢的老师 所要追求的人	个性开朗	成功的人	权力大、神经质
11	母亲 旧情人	社会适应不良	男朋友	随遇而安、自信
12	父亲 男朋友	安逸自在	旧情人	与之相处令人不自在
13	不喜欢的老师 老板	情绪多变	兄弟	好脾气
14	妹妹 拒绝我的人	长得有点像	喜欢的老师	长得不像
15	明智的人 成功的人	个性坚强	所追求的人	个性软弱

（选自 Kelly，1955，pp. 242-243）

表 7-2 中所示的是凯利举的一个例子（Kelly，1955）。测验结果的解释主要针对被试（Mildred Beal）用来解释人的几个维度，及她与他人关系的多面性。表面看来，被试的许多建构都偏向于理智。然而经过进一步测查，研究者发现其实只有少数几个维度。其中一个重要的二分法是不愉快的挣扎（过度紧张、社会适应不良、自卑感、不快乐）与快乐舒适的平静（随遇而安、精神松弛、社会适应良好）。第二种的二分法是友善了解与过分挑剔。在被试的治疗者的报告中，这些分析大多获得了证实。在治疗者看来，被试在与他人相处方面没有弹性。同时，治疗者观察到被试对

一切社会情境均以社会压力的形式去看，在其中不是得到赞美和社会认同，就是被批评、被拒绝。虽然被试通常让自己显得快乐，但是偶尔也会十分难过。在被试与治疗者的关系上，被试一方面显出一种依赖，要求治疗者在会谈中采取主动；但另一方面，被试又倾向于拒绝治疗者的建议。被试的人际关系中很重要的一点是，努力使事情在表面上处于友善、安逸自在的层面，尽量避免批评。

角色建构测验具有两个特色。一是测验目的是非隐蔽性的，直接让被试说出自己的建构。二是非强迫性的。被试是在自愿自发的情况下表达建构的，无须主试的引导与限制。这一测验被应用于许多研究之中。

二、固定角色疗法

在个人建构理论中，心理障碍被认为是建构系统的异常。患者持续运用一些无效或错误的建构。心理治疗就是人的心理重构，目的就是使患者成为一个科学家。建构改变的关键条件是为患者的建构系统提供新成分。在建构改变的过程中，依据患者的建构特点，将新的建构加进来，有些旧的建构要被淘汰，有些建构要紧缩，有些建构要放松，有些要改变通透性等，使患者原有混乱的建构系统变得层次清晰，提高患者对世界解释和对未来预测的准确性。心理治疗就是要帮助患者改变其预测并重建其建构系统。凯利的认知疗法可以帮助患者重建建构，固定角色治疗（fixed-role therapy）技术就是其中的方法之一。

固定角色治疗方法就是让患者扮演一个由心理治疗者设定的新角色，患者按照新的角色要求来行动，治疗者鼓励患者以新的方式看待自己，以新的方式行动，并以新的方式来解释自己，也就是成为一个新的人。具体治疗步骤如下。

第一阶段：测定旧建构。

通过角色建构测验、自我特征的描述、结构性访谈、墨迹测验和主题统觉测验等，治疗者了解患者的建构系统，确定患者建构系统中的问题所在，为确定治疗方案提供基础。

第二阶段：建立新角色。

治疗者针对患者的病态建构系统，建立一个有助于患者改善建构并建立与原来不同的一个新角色。为了让患者能够接受这个新角色，使这个新角色对患者不造成过度的威胁，治疗者与患者共同商讨这个新的人格素描，帮助他接受这个新角色。

第三阶段：扮演新角色。

治疗者先让患者扮演这个新角色，患者的言谈举止都符合新角色要求，时间为两周左右。治疗者会对患者说：“在这两周里，你要忘掉你是谁，忘掉你过去曾经是什么样的人，你现在就是×××（新角色的名字）！你的行为要像他！你的思想要像他！你想象他怎样跟朋友说话！你要想象他怎样做事，你也怎样做事！他有什么兴趣，你也要以什么为乐！”（Kelly，1955）

由于在整个治疗过程中，患者扮演一个新的角色，难免会感到困难，他放弃原有的建构，改用新的建构系统时，会体验到威胁，因此治疗者必须给予患者充分的支持，这样他才有机会发展新的建构系统。同时，由于许多患者失去了角色扮演能力，丧失了“伪装”能力，因此最初他们可能会拒绝，认为这是在演戏，太虚伪。但是，治疗者要以患者能接受的方式不断地鼓励他试试看。在这一期间，治疗者充当的是患者（演员）的配角。正如凯利所描述的：治疗者必须“扮演一个演员的得力配角，帮助演员（患者）继续笨拙地琢磨台词，拼凑他的角色”（Kelly，1955）。

第四阶段：巩固新角色。

在之后的几周里，患者的所有生活都按照角色要求去做，每隔几天与治疗者见一面，共同讨论患者扮演角色时遇到的困难。治疗者要帮助患者克服困难。患者习惯了新角色的言行方式和为人处事的方式，逐渐放弃了以前的旧建构，形成了新建构。这时，他也就成为一个新的人。

第四节 研究主题

一、认知复杂性—简单性

在凯利提出了认知理论并独创了角色建构测验之后，凯利的学生皮里（Bieri，1955）等人提出了认知复杂性—简单性维度（the cognitive dimension of complexity-simplicity）这一研究主题。皮里修订了凯利的角色建构测验来考察认知复杂性向度。他认为建构系统的分化程度反映了认知复杂性—简单性。皮里认为：“所谓认知复杂性，可以界定为以多重向解释社会行为的能力。”（Biere，Atkins，Briar，et al，1966）认知复杂的人认知建构的分化程度高，能够使用多种不同的建构来预测世界且预测的准确性高。认知简单的人则相反。

皮里设计了一个10×10格栅矩阵表（见表7-3），事先规定好10个双向建构（如外向—内向，平静—激动，有趣—乏味），不让被试自由选择。被试只需写出每个角色的名称，并对每个人名在给定的10个建构上逐个做出等级评定，评定分数由−3至+3，共100个评定分数。然后，将100个分数的离散程度作为认知复杂性的指标。认知简单者的分数离散程度小，认知复杂性高的人评定的分数的离散程度高。

表7-3　认知复杂性测量的10×10格栅矩阵表

角色 / 向度	1	2	3	4	5	6	7	8	9	10
	父	母	我	朋友	姐妹	同学	老师	邻居	××	××
1. 外向—内向	3	−2	1	3	−1					
2. 平静—激动	−2	3	1	−1	−1					
3. 有趣—乏味	2	1	2	3	−1					

续表

角色 向度	1	2	3	4	5	6	7	8	9	10
	父	母	我	朋友	姐妹	同学	老师	邻居	××	××
4. ××—××	1	1	3	−3	2					
5. ××—××	−1	1	2	−3	2					
6. ××—××	1	3	−1	2	−1					
7. ××—××	−1	2	2	3	3					
8. ××—××	−3	−2	3	2	2					
9. ××—××	−2	−1	3	3	2					
10. ××—××	2	1	1	1	2					

认知复杂性—简单性引起了许多研究者的兴趣。人们发现，认知建构系统随年龄增长，其复杂性有增加的现象（Crockett，1982；Hayden，1982）。例如，西格内尔（Signell，1966）发现六岁到九岁儿童的认知结构越来越复杂，即他们的思维变得更抽象，对环境解释的方式越来越多，对事件的理解更富有弹性。哪些因素决定了认知结构的复杂化？有研究发现，儿童认知的复杂程度与其童年时接受刺激的复杂性有关（Sechrest & Jackson，1961）。另一项研究发现，认知复杂性高的儿童与认知复杂性低的儿童相比，认知复杂性高的儿童父母倾向于让孩子独立自主，且较民主（Cross，1966）。有机会体验许多不同的事件，获得较多不同的经验，有助于儿童认知结构的复杂化。

二、焦虑与威胁

当人们的建构系统发生变化，或在使用建构时发现无法预测世界时，人们就会产生焦虑或威胁的情绪感受。焦虑和威胁等概念之所以重要，是因为它们对人类功能具有重要意义。个体一直在寻求维持并增进其预测系统。个体一方面希望不断完善建构系统，另一方面又极力避免建构系统遭受破坏。当个体感到个人建构出现问题时就会感受到焦虑或威胁。总之，当焦虑和威胁同时降临到个体身上时，他可能会固执地抓住一个紧缩的系统，不敢贸然扩展其建构系统，向未知的领域冒险。

（一）焦虑

凯利依据自己的理论对传统心理学中的一些概念进行了重新定义。他认为，焦虑是个体对遭遇的事件位于他的建构系统适应范围之外的认知。当个体没有适当的建构去认识、了解生活中的事件时，个体就无法预测并产生不确定性。不确定性进而又会导致焦虑。例如，一个学生在考试的时候，遇到他以前从未遇到的一个陌生题型时，会出现考试焦虑，因为在学生的知识建构中没有适用于此题的建构，或者学生不知道某一建构扩展适用范围就可有效地解释难题。

人们用各种方法使自己远离焦虑。当遇到无法解释的事件时，即事件位于建构适用范围外时，个体可能扩展某一建构使它能应用到更广泛的事件上，或者可能会紧缩建构只聚焦于某一关键点上。学生在考试前复习知识，做大量不同类型的题目，就是为了丰富建构，扩展建构适用范围，减少焦虑的出现。

（二）威胁

一个新的建构将要进入个体的建构系统时，会引发个体的害怕。当个体觉得他的建构系统将要发生一次大震动时，特别是核心建构出现变化时，他会感到威胁。因此，威胁是个体对个人核心建构中将发生全面改变的意识。一个为实现自己人生职业理想而奋斗的年轻人，发现就业市场上有无数的强大竞争者在争取少量的职位时，会感到威胁。在固定角色疗法中，患者扮演一个新角色，新角色会对原有建构产生巨大的冲击，开始时患者会感受到强烈的威胁。但是，当患者慢慢体验到新角色在预测世界的有效性时，成就感会逐渐取代威胁感，他的人格就发生了改变。

第五节 理论应用

凯利像很多人格理论家一样，也是一位临床心理治疗家。他不认为心理障碍是由过去的创伤经验引起的。他用认知理论来解释心理障碍，认为心理问题是因为个体的建构系统出现了缺陷。他把心理疾病界定为个体建构系统的功能失调。行为偏差则是因为个体无视已多次做了错误预测或证实无效的建构，仍试图持续保留建构系统的内容与组织。“从个人建构心理学的观点，我们可以将异常行为界定为：一个虽已多次确定无效但仍反复被采用的建构系统。”（Kelly，1955）凯利认为，僵化地固着于某一建构系统的根源是焦虑、害怕和威胁。凯利的理论多应用在临床领域中。

一、建构作用与功能失调

个人建构对个体的心理健康具有重要作用。认知理论运用建构来解释心理问题的起因。

（一）去除混乱或制造混乱

没有建构，世界就会变得混乱。科学家的工作就是减少不确定性。凯利认为人也像科学家一样，力图减少不确定性，来使自己的生活明朗化。因为不确定性会给人带来焦虑和不安，使人产生压力。所以，人们总是要对现实世界进行解释，给予意义或预言前景。解释和预测事物的主要工具是建构。如果一个人没有形成层次清晰的建构系统，那么他的心理世界也必将混乱不堪。例如，教师在考前为学生进行复习指导时，经常会教导学生要梳理知识，不能一团乱麻。这里教师所描述的就是学生建构系统的组织特性。良好的建构系统有助于学生在使用建构时能够准确有效地进行解释和预测。在精神失常的病人身上看到思维紊乱的现象，就说明了其建构系统的混乱。

（二）统领作用或制约作用

一个人可以自由地在许多建构中选择并建立自己的建构系统。一旦个人建构系统被创造以后，它就会反过来统领人们的行为。因此，建构的性质会决定个体的未来。一个人一旦获得了一些有关世界的不恰当的信条，他之后就会变成这些信条的奴隶。这类人的一生都会被各种信条支配，他在某一狭隘的具有高度可预测性的领域中，采用的是封闭的建构系统。反之，如果一个人有较宽泛的视域，他的生活依据的是灵活、开放的规则而不是僵死的法则，那么他度过的会是一个丰富多彩的人生。凯利说：“一个人最终会确定自己自由的程度。确定其受限制的程度，确定的依据是自己所形成的信念水平。一个依据对当前事物特殊的、不变的信念来选择生活的人，往往将自己变成环境的受害者。”（Kelly, 1955）

一个人的人生是开放的、创造的，还是封闭、僵死的，在很大程度上取决于个人建构的建立与选择。凯利用一个例子说明了这一点：“两个人从监牢的铁栅栏中向外看，一个人看到的是泥土，另一个看到的则是星星。”

二、病态建构的特点

病态建构是病态人格的根源。病态建构主要体现在两个方面：一是建构系统内在的问题，二是建构使用不当的问题。

（一）建构系统缺陷

建构系统缺陷体现在许多方面：

1. 建构过度可渗透或过于不可渗透。过度可渗透的建构几乎不加筛选地允许所有新的内容进入建构中。这会导致个体建构过于庞杂而无序，无法区分建构的范畴与适用焦点。而过于不可渗透的建构，则完全不允许新的成分进入建构中。在强迫性格者身上可以发现这种反应类型。

2. 建构的不准确性。建构是在反复经验的基础上形成的，如果经验不足也会影响建构质量或准确性。这如同日常概念与科学概念的差距。同时，不能分辨并淘汰无效建构或纠正错误建构，也会影响建构的有效使用。

3. 建构系统的组织无层次。如果建构群无层次，将会使个体感到内心矛盾重重，思维无头绪，预测无规律，从而导致个体差错不断。

（二）建构使用失误

1. 建构过度紧缩或松散。个体运用建构进行预期时产生偏差的原因之一是建构过度紧缩或松散。在过度紧缩的情况下，个体无视外在情况的差异均做出同样的预测。在过度松散的情况下，个体则使用同一建构任意预测。这两种情况都无法准确预测，因为都忽略了建构与情境的交互作用。紧缩现象可能出现在强迫性格者身上，因为他们无论情境如何变化，均严格地预期他们的生活一成不变。建构紧缩的现象常见于抑郁反应者身上。他们兴趣有限，只把注意力集中在细小的事件上。至于松散的现象，则可在精神病患者身上看到，因为他们使用的建构系统太紊乱。

2. 过于寻求安全确定性的建构。选择确定性的建构来预测世界，是一项重复性的安全的选择。然而，人格的发展常常是建立在建构不断扩展的基础之上的，扩展又是建立在冒险的基础之上的。冒险与创新有时会给一些心理脆弱的人带来不安全感。自信不足或自卑的人常常会寻求安全的建构预测。固定角色疗法就是要突破患者的安全模式，“摧毁”旧模式，建立新的建构模式，所以，患者最初会感受到巨大的威胁。为了防御焦虑和逃避因建构系统改变而产生的威胁，患者最初的反应是抗拒。

3. 建构使用超出其适用范围。建构的适用范围涵盖了应用时所能涉及的一切事件，建构的适用焦点则包含其应用时最恰当的某些事件。例如，聪慧性是用于描述人的特性（适用范围）的，同时它最适用于描述人的智力特征（适用焦点），但却不适用于描述建筑物。一些患者在解释事件时，常常会使用建构不当，导致对事件的解释出现偏差。例如，一个女人因被前男友抛弃而仇视所有男人，认为男人都是忘恩负义之人，从而拒绝恋爱和结婚。这种对某一建构使用范围的无限扩展，就导致了她对事件的认知偏差。认知疗法也要调整患者的认知建构使用的准确性。

三、自杀与敌意

凯利理论对自杀行为有与其他理论不同的独到见解。根据精神分析论观点，人具有攻击倾向，所有自杀均是潜在杀人，由于焦虑与罪恶感，原本指向他人的敌意或攻击转向了自己。凯利从认知角度来解释自杀行为。他认为自杀是一种确认自己生命的行动，或是一种放弃生命的行动（Kelly，1961）。前者，自杀之所以发生，是因为宿命论，或因全面性焦虑——因为事件发展的结果已无法改变，所以没有等待结果的必要；后者，则是因一切太难预料，唯一确定的便是全盘放弃。人经常要在确定与探索之间进行选择。自杀是选择了确定（对生命价值的确定），这时个人建构已紧缩到了极点。“对未来展望已经紧缩到极点的人而言，他的世界开始崩溃，而似乎唯有死亡是他可以掌握和立即确定的。”（Kelly，1995）事实上，自杀是人对生命价值的一种认知判断，当个体确认生命已经无意义时，他就会选择放弃。

凯利也非常重视敌意在人类功能中的重要性。凯利曾仔细区别攻击与敌意含义，他的观点有其独到之处。根据凯利的观点，攻击是对个人认知领域积极的补充。攻击性强的人选择扩展其建构系统，而不是限定它。他们寻求的是冒险而不是安全。攻击的一个极端是主动进取，另一个极端是惰性。而敌意和攻击相反，敌意是个体试图使别人依照他的预期行动，以保证他的建构系统。凯利认为敌意是“继续向他人索取有效的证据来赞成某类已被证明失败了的社会预言”（Kelly，1961)。当一个人从他人那里强行索取证据，以支持他那已被确认失败的预期时，敌意便产生了。与敌意相反的建构是好奇和尊重他人行为的自由。

第六节 理论评价

布鲁纳（Bruner，1956）在评价凯利的理论时，认为它是1945年至1955年这十年间，对人格理论做出了唯一重大贡献，是一个新的、有价值的理论。凯利的认知理论与精神分析理论、行为主义理论、特质理论相比，没有产生巨大、广泛和持久的影响，特别是在提出的最初20年里，这个理论几乎不太受人重视。进入20世纪70年代，认知心理学的兴起，才使人们开始关注凯利的理论。至今，它仍是许多人格心理学家和临床治疗人员所推崇的理论之一。

一、学术贡献

（一）丰富了人格理论的认知向度

凯利的理论代表了当时认知心理学的兴起的趋势，“特别是在人格的研究里有一股猛烈的趋势，便是强调认知变项，尤以美国为甚。”（Klein，Barr & Wolitzky，1967）凯利将认知作为人格发展的首要因素来看待，形成了其独到的认知建构理论。这是之前的许多人格理论学家所不及的。凯利的理论观点从深度和广度上超过了一些其他派别的理论学家。凯利的个人建构理论显示出兼容并蓄的特点，是许多人格理论的综合。虽然凯利的个人建构理论一般被认为是认知的人格理论，但是凯利本人拒绝给自己的理论加上任何称谓。他注意到自己的理论除了认知外，还会被描述为人本主义、现象学、心理动力学、存在主义，甚至行为主义。按照凯利的观点，若要他选一称谓，他自认为可能是人本主义，因为人本主义强调人的创造能力并对人类持乐观的态度。总之，凯利对人格理论的最大贡献还是认知建构理论体系。

（二）发展了有效的人格评价工具

凯利发展了一种崭新的且与理论相关联的评鉴技术——角色建构测验。角色建构测验直接来自凯利的理论，代表着一种重要的评鉴方法。虽然它曾被人批评为弹性太大、难以控制，但是有人认为它是相当有想象力的方法，且易于量化。近些年，它的应用已扩展到心理治疗工作范围以外，如工业心理学、广告心理学、市场调查、职业辅导等领域。

（三）创造了独特的认知心理疗法

虽然凯利在临床上没受过正规训练，但是通过实践与思考，他最终创造了一种富有实用性的心理治疗方法——固定角色疗法。他用个人建构理论分析了一些精神疾病的病因，并提出了改变患者建构的原则和方法。

二、理论缺陷

（一）忽视了人格中的非认知因素

凯利过于强调人格中的认知因素，忽视了情绪、动机等因素。他力图将所有的人格因素的解释都放在个人建构范围中。他的理论最显著的特征就是对人的心理过程的解释采取了一种极端理性化的立场。布鲁纳曾诙谐地批评这种过分理性化的倾向：“人也许不是行为主义者眼中的大白鼠，但也不至于任何时候都像个教授”（Bruner，1956）。尽管后来有学者试图研究出个人建构理论与人类情绪领域的关系（McCoy，1981），但是发现在运用个人建构理论观点进行解释的许多案例中研究还是相当受限的，人类情绪还是停留在本理论的适用范围之外。

（二）角色建构测验的使用局限

角色建构测验还遗留一些未解决的问题，如需要当事人有运用语词的能力。虽然学者曾指出可能有前言语或淹没建构的存在，但是缺乏测量它们的方法。这一测验的有效使用要依赖于使用者的技术水平，具有主观性。对于患者的建构意义的解释依赖于临床医生的敏感性与个人理解。

（三）理论系统中的未决问题

该理论中还有许多问题悬而未决，例如，建构是如何形成的？特别是原始建构从何而来？个人如何获知哪项建构是最佳的预测者？个人如何获知哪个建构是相似极或相异极？此外，决定个人面对无效建构的反应因素是什么？到底是什么因素决定个体在面对威胁时会做出抉择：是冒险改变原有建构系统，还是采用坚持原有建构系统的保守策略？为什么两个具有相同实际经验的人会做出不同的解释？等等。尽管凯利认为其理论需不断改造，然而自1955年以来，个人建构论一直没有发展出任何新的论点。

人格心理学家普文对凯利的理论进行了一个总结（见表7-4）。

表7-4　个人建构论优点与缺点摘要

优点	缺点
1. 强调认知过程，视之为人格主要部分。 2. 兼顾一般人格功能规律性与个人建构系统独特性。 3. 提供了与其理论紧密联系的人格测量与研究技术（REP测验）。	1. 未能引发研究拓展其理论。 2. 对某些重要的人格方面的问题（成长、发展、情绪等）不予探讨或贡献较少。 3. 未能与认知心理学的一般研究和理论建立关系。

正像凯利常说的，每一种理论就像任何一种建构一样，都有一个适用范围和适用焦点，这同样也包括他自己的理论。凯利对自己的理论评价是：它仅仅是“对心理学寻求的是一套过激的了解，而非终极的彻悟（Kelly，1955）”。

第二章 社会认知理论

以罗特、班杜拉和米歇尔为代表人物的社会认知理论的特点在于强调行为的社会根源及认知过程的重要性。社会认知理论特别注意人们在指引生活方向与学习复杂行为上的主动性。目前，社会认知理论的研究趋势越来越显示出它的生命力和影响力。

社会认知理论根源于学习论，最初被称之为社会学习论（social learning theory），将它视为人格学习论的一种研究取向。罗特提出的预期（expectancy）和班杜拉提出的自我效能（self-efficacy）都涉及了认知领域。时至今日，该理论取向的发展以社会认知理论（social cognitive theory）为名，显然与人格的其他学习论有别。

社会认知论学者对许多理论观点有不同见解。他们的主张有三个特点：（1）融合了行为主义和人本主义的人性观，认为人是主动的行为者；（2）个体与环境间存在着交互作用，强调行为的社会起源；（3）强调认知过程，并主张个体即使无奖赏也会学习，使他们得以与传统的强化学习论区分开来。

第一节 罗特的社会认知论

一、生平事略

Julian Rotter（1916—2014）

朱利安·罗特出生在美国纽约市西南的布鲁克林区。罗特很少提到他的童年。他在 1982 年出版的一篇简短的自传中提到，尽管当时他还在读小学，但已是布鲁克林图书馆的忠实读者。在中学时，他发现了弗洛伊德和阿德勒的著作，并在接下来的几年中沉醉于他们的著作，以至于他常替朋友分析梦境。他的人生规划是走入心理学领域。

罗特 1933 年进入布鲁克林学院时，决定主修化学。因为在当时的经济大萧条期间人们的职业选择必须现实一点，要选择一个可以赚钱的职业，而当时心理学者的工作机会很少。大三时，他发现阿德勒在纽约长岛医学院任教，于是，他去那听阿德勒的课，接受了阿德勒的许多思想，坚定了他对心理学的追求。后来阿德勒邀请他参加每月在家中举行的个人心理学社的聚会。1937 年毕业时，罗特已在心理学和化学界享有一定声望。

罗特的两个教授鼓励他到爱德华大学攻读心理学学位。在那里，他受完形心理学大师勒温的影响较多，在 1938 年获得硕士学位。之后，他获得了临床心理学最重要的训练和研究中心——马萨诸塞州立医院的临床心理学实验医生的职位，并于 1941 年在开设临床心理学课程的印第安纳大学获得博士学位。

在第二次世界大战期间服役时，他担任美国陆军和空军的心理医师。之后罗特受聘于俄亥俄州立大学，并担任该校心理诊所主任。他与凯利研究制订出了当时美国最好的临床心理学训练计划。1954 年，罗特出版了《社会学习与临床心理学》（*Social Learning and Clinical Psychology*）一书，书中论述了其人格社会学习理论。他成为社会学习理论的创始人。他还召集一些学生来考察其理论中各种预测事项。1963 年，罗特前往康涅狄格大学任教，也兼任临床心理训练班主任。1972 年，罗特与人合著发表《人格社会学习理论的应用》（*Social Learning Theory of Personality*）。1975 年，他又与同事合著了《人格》（*Personality*）一书。1982 年，罗特又出版了研究文集《社会学习理论的发展和应用》（*The Development and Application of Social Learning Theory*）。罗特曾担任美国心理学会的社会与人格分会和临床心理学分会的会长。1988 年，罗特获美国心理学会颁赠的心理学的优秀科学贡献奖。罗特于 1987 年退休。他退休后仍继续在人格领域进行研究与撰述。

二、理论观点

（一）人性观

1. 在自由意志与决定论的议题上，罗特倾向于自由选择和行动。罗特强调认知变量并相信人们可以调节并按照经验选择自己的行为。人们可能会受外在变量的影响，但同时也能控制外在变量的影响性质与范围。外控的人无法感觉到控制感，自由意志对他们而言是可得到的，但他们相信那是受外力控制的。

2. 大部分人类行为是学习的结果。罗特很少关注遗传因素，他认为主要是后天经验在引导人们。童年的学习经验是重要的，但个体不是在整个生命周期中都受其影响。人格是会改变和成长的，不是固着在童年建立的类型之上。早期的经验影响人们对后来事件的知觉，但人不是过去事件的牺牲品。人们不断地对外在和内在的环境进行反应，而且随着它们的改变，对它们的知觉也发生改变。

3. 对人性持乐观的态度。人不是外在事件、遗传或童年经验的机械反应者，反之，人能自由地塑造自己目前的行为及未来。

（二）罗特的人格理论

罗特以学习的观念与原理创立了他的人格理论，其基本假设：人的行为是由机体内部的认知过程和外部强化决定的，是在社会情境中学得的。

1. 基本概念

罗特认为要预测人类在特定情境中的行为，除了需要考虑情境因素外，还必须考虑认知因素。这包括知觉、预期和价值。要理解罗特的社会认知论，就需要了解与认知因素相关的四个基本概念：行为潜能（BP）、预期（E）、强化价值（RV）和心理情境。罗特说："一种行为在特定的情况下发生的可能性，是由当事人对该项行为会引发某种强化的预期和强化物的价值共同决定的。"（Rotter & Hechreich，1975，p. 57）罗特用公式表示为：

$$BP=f(E\times RV)$$

（1）行为潜能

行为潜能或行为发生的可能性（behavior potential，BP）指在特定情境下人们可能选择表现的所有行为中某一特定行为发生的可能性。人们对行为的选择是基于自己对情境的主观印象。因此，行为潜能不仅受刺激情境的影响，同时也受人们对情境的主观认知的影响。

罗特将行为界定为外在行动和内在认知过程。行为"可以由真正的动作行为、认知、言语行为、非言语表达行为、情绪反应等组成"（Rotter & Hechreich，1975，p. 96）。合理化、压抑、选择和计划等都属于行为。

（2）预期

预期（expectancy，E）指人们对在特定情境中的某种行为性质的认知或信念。预期有三种情况：一是对刺激的简单认知或命名，如"这是一双名牌鞋"；二是对行为强化结果的期待，如"我穿上这双鞋，同学会羡慕我"；三是对强化系列（奖惩）的期待，如"我穿上这双鞋，会在学校运动会上拿到了百米跑的名次，会得到单项奖学金，也可能会因此找到一份与体育用品有关的职业"。预期是一种主观概率，是建立在过去经验与先前强化的基础上的。预期的概率依据类似（但不是相同）情境的类化（generalization）程度而定。

预期分为特殊预期（specific expectancy，SE）和类化预期（generalized expectancy，GE）。前者是对某种特殊情境的预期。后者是运用于多种情境中的预期，是个体对于行为是否能引发奖罚所持有的一般性信念。它在人们面临新情境时特别重要。例如，一位男生对外语学习成绩的特殊预期很低，但是对于理科类的课程有着高成就的类化预期。

（3）强化价值

强化价值（reinforcement value，RV）指当各种强化概率相同时，个体对某种强化的偏好程度。例如，在一个星期天的下午，有人选择去看电影，有人选择去教室学习，有人选择去看球赛，有人可能选择去踢足球。人们会选择对自己强化价值最大的活动或事件。

（4）心理情境

罗特认为，人们处于一个对自己内在和外在环境的连锁反应状态中，而且这些环境本身也是持续互动的。罗特称之为心理情境（psychological situation），也就是指我们体验到的有意义情境。在罗特看来，人们总根据自己对外部刺激的感知而对情境做出反应。

罗特还提出了两个次要概念：行动自由度和最低目标水平。行动自由度（freedom of movement）指人们对某行为后果会导致特定强化的预期。高预期导致高行动自由度，低预期则导致低行动自由度。一个具有高行动自由度的人预期成功或接近目标，而一个具有低行动自由度的人则预期失败或处罚。例如，一个社会工作能力强的大学生，在社会工作中会具有高的行为自由度，他会积极参与和组织大型的社会活动，并从中获得荣誉；而一个内向害羞的女孩害怕在公众场合讲演，其行为的自由度会减少，会避开这种公众活动的表现。最低目标水平（minimal goal level）指一个人在生活某方面一连串强化中的最低水平但仍能令其感到满足，它是正强化和负强化的分界点。例如，有些学生在对数学考试成绩的最低目标水平常常是 60 分。但是，低成就的学生可能会因为设定的最低目标水平太低而无法表现出与能力一致的水平。

2. 人格结构

罗特没有对人格结构进行针对性的阐述。但是，他提出了两种类特质（trait-like），也叫问题解决的类化预期：人际信任和控制点。问题解决类化预期（problem-solving generalized expectancy）是个体在过去独特经验的基础上形成的较持久的问题解决的预期倾向。每个人都会在这两个类特质上表现出差异性。

人际信任（interpersonal trust）是指个体对他人言语承诺的信赖程度（Rotter, 1971）。一般来说，人际信任高的人，较少说谎，较少欺骗或偷窃。他们倾向于给他人第二次机会，并尊重他人的权利。他们的心理较健康，常被他人视为朋友。反之，人际信任低的人，总是用怀疑的眼光看待他人。

控制点（或控制源）（locus of control）也称为强化的内外控（internal vs. external control of reinforcement，简称 IE）指个体在日常生活中对自己与周围世界关系的看法。内控者相信凡事都是由自己控制的，将成功归于自己的努力或能力，把失败归于自己的疏忽或能力不足，即将行为的结果视为自己的努力或个人的特质的作用。外控者相信凡事都不是能自己左右的，把成功归因于幸运，把失败归因于外部因素，即将行为结果视为运气、命运或其他力量的作用。因此，内控者面对问题时便倾向于主动去解决，因为他相信个人的努力能有所作为。外控者面对问题时则可能听天由命，因为他相信对于问题的解决自己是无能为力的。这两者都是一种类化了的预期。

3. 人格发展

罗特认为，人们的心理需要是习得的。习得的需要本质上是社会的，因为它的满足和强化要依赖于他人。在人的早期发展阶段，对儿童来说父母是重要人物。随着人的成长，强化变得要依赖更广泛的人，如老师和朋友等。到了成年，人依赖他人来满足爱、情感和认可的需要。罗特（1954）提出了六个需要类别：（1）认可—地位需要，是一种超越的、获得社会地位的需要，被视为比他人更优秀的需要；（2）支配需要，是控制、影响他人的需要；（3）独立需要，是为自己做主和靠自己的力量达成愿望的需要；（4）保证—依赖需要，是希望有他人来保护、支持和帮助，以避免挫折或处罚，达到有价值目标的需要；（5）爱和情感的需要，是被别人接受和喜欢，对他人给予关切和感情的需要；（6）生理舒适需要，是追求生理满足，与安全感相关联的身体舒适的需要。

罗特认为，人格的发展在很大程度上依赖于人际交往经验的范围、丰富性和性质。儿童时期，父母成为儿童的强化刺激。儿童从父母那里获得爱、称赞、鼓励、认同等强化，当强化产生类化之后，儿童会用同样的方式来觉知和评价其他人，并学会从他人那里获得需求和强化。家庭和学校都会对儿童人格发展产生重要影响。罗特认为，人格发展依赖于父母、同伴的标准、目标和交流的技巧等。那些关心儿童健康成长的家庭，会给儿童恰当的强化，而那些给儿童不恰当强化或对儿童持拒绝态度的家庭，可能会导致儿童不能学会适应社会的各种行为，也可能会导致儿童的反社会、自私的行为。同时，过于溺爱和保护的家庭也会对儿童产生不良影响，使之后的学校生活有可能成为一种让儿童产生创伤体验的情境，因为学校不会像家长那样保护、纵容学生。罗特认为（1954），要帮助儿童健康成长，父母、教师以及他人应该对儿童和蔼、宽容、民主、言行一致。

三、研究方法

罗特（1954）曾指出五种方法可以用在临床情境中对人格进行研究。

（一）访谈法

在咨询和治疗中，访谈法（interview）是可以用作探查人格特质的方法。根据社会认知论的概念，在访谈中，咨询员或治疗者可以了解当事人的需要、行动自由度和需要的重要性。

（二）投射测验

罗特认为，投射测验（projective tests）在临床的诊断方面颇有用途，但是他认为罗夏克墨迹测验不能测量社会认知理论的那些概念；而主观统觉测验能够提供许多人际交往经验的资料（如母子关系）。

罗特自己编制了半投射测验《语句完成测验》，如“我希望________”“我喜欢________”“我的爸爸________”，等等。由于字根简单，限制很少，被试有充分的自由将自己的意见和情感投入句中。治疗者从反应中可以察见当事人行动自由度，某些情境中失败的预期以及一般性的冲突等。戈德堡（1968）在他的调查中，曾发现语句完成测验在临床方面的应用，仅次于罗夏克墨迹测验、主观统觉测验、韦氏智力量表、明尼苏达多相人格量表和画人测验，居于第六位。可见，它是很受研究者欢迎的工具。

(三) 控制性行为实验

控制性行为测验（controlled behavioral tests）相当于在实验情境中的观察。被试被安置在某种情境中，研究者安排某些刺激的改变，以观察被试的反应。例如，研究者希望了解被试对压力的反应，他就可以将被试安置在某种真实的压力情境下（如考试），来观察他的反应。这种评价方法可以用来验证社会认知理论的某些假设，如在成功经验和失败经验后被试预期的改变。

(四) 行为观察技术

行为观察技术（behavioral-observation technique）是由研究者在自然情境中，对被试的行为做非正式的观察。这可以帮助研究者了解被试在实验情境中的行为的类化及在日常生活中的情况。

(五) 问卷法

罗特认为，问卷法（questionnaire）可以用来验证社会认知理论的某些概念。他自己编的《内—外控制点量表》（I-E Scale）就是常被使用的一种问卷。

《内—外控制点量表》是用来测量人们内外控信念的倾向。它的内容十分简单，全量表共包含 23 个强迫选择题，每题有两个题句，其中一句代表外控信念，另一句代表内控信念，让被试选择与自身相似或相近的一句话。

样题：a. 我经常发现将要发生的事情会发生。（外控）

b. 在做出采取行动的决定时，我从不相信命运。（内控）

评分时只计算被试所选外控信念的句数，每句 1 分，所以得分范围是 0～23 分，分数越高表明外控信念越强。罗特并无意将人分为内控、外控两类，通常只能说某人的强化控制重心属内或属外而已。不过在研究时为了便利，研究者经常会说某些被试为内控者，某些被试为外控者。从量表的评分法，可以观察出 0～23 是一个连续渐变的，罗特并未指定何处为内控和外控的分界线。

学习栏 7-2

鉴别你的控制点

控制点的概念已得到许多人格研究者的注意。此领域的研究有一项争议，那就是测量方法的发展。罗伊和包赫斯（1983）设计了一份量表，用以测量控制点三个不同维度：（1）个人成就情境中所知觉到的控制力，例如，通过考试或者制作书架；（2）人际相处中所知觉到的控制力；（3）社会与政治事件中所知觉到的控制力，例如，政府贪污与未来战争的发展。罗伊和包赫斯发现，人们对于其中一两个领域或许有强烈的控制感，但对其他领域则没有。举例而言，他们发现，了解学生在个人成就及人际相处上的控制感，并无助于预测他们未来的地方性投票行为；而只有社会与政治量表才能做这方面的预测。

以下是罗伊和包赫斯控制点量表中个人效能分量表。对每个题目，被试可以用下列的分数指出该描述句适用于自身的程度。

1=非常不同意，2=不同意，3=有一点不同意，4=没意见，5=有一点同意，6=同意，7=非常同意。

1. 我得到想要的东西，通常是因为我下过功夫。

2. 我做计划，几乎可以肯定能让计划实现。

3. 我比较喜欢带有运气成分的游戏，而不是纯技巧性的。

4. 只要我下决心，几乎所有的事都可以学得来。

5. 我的重大成就完全是通过自己努力和能力所得到的。

6. 我通常不设定目标，因为按照目标行事是很难的。

7. 竞争使人卓越。

8. 领先的人通常只是好运气。

9. 在任何考试或竞争里，我都想知道自己的表现是否优于他人。

10. 从事过难的事是非常盲目的。

在记分时，第3、6、7、8、10题必须反向记分，然后再计算总分。最近的大学生样本显示，男生的平均分数是51.8，女生的平均分数是52.2；两者的标准差是6。分数越高，表示个体越相信自己应该对成就情境中的一切负责。如果得分远高于平均分，则表示个体对成功深具信心，而且愿意接受失败时应负的责任。低分与外控之间有关联。在此量表上得低分，表示个体相信外力是无法控制的。例如，个体会认为有影响力的人或机会，才是事情发生的原因。

四、研究主题

控制点是罗特社会认知理论的研究焦点，他开展了大量的广泛研究。罗特的《内—外控制点量表》出版后，很多人使用它进行研究。20世纪七八十年代时，控制点成了心理学研究的热门主题。

（一）控制点与归因风格

大量研究发现（Phares，1976），控制点不同个体对成败的归因就不同。内控者比外控者更可能把成败归因于内部因素（如能力、努力），而外控者则把成败归因于外部因素（如运气、任务难度）。因此，在成功时，内控者比外控者有更多的成就感并更能坚持完成任务；在失败时，内控者会体验到更多的内疚感，而外控者更多地抱怨外界并采用防御策略。

（二）控制点与学业成就

研究显示（Cassidy，2000；Kalechstein & Nowicki，1997；Mooney，Sherman & Lo Presto, 1991; Findley & Cooper, 1983）内控与学业成就具有正相关，也就是说，内控者比外控者的考试成绩要更好。研究者认为，内控者比外控者更关注任务本身、更有坚持性，以及学习解决问题的必要规则时更有主动性、灵活性与效率等。内控者也更多地了解情境中的有关信息，这有助于选择应对任务和控制结果的策略。

（三）控制点与社交行为

研究结果显示（Lefcourt, 1985, 1971; Silverman & Shrauger, 1970）内控者在社交行为上比外控者更熟练，更善于应对社交情境，保持交流的流畅性和悦纳性。他们也喜欢控制局面，操纵别人，自做决定。外控者会更顺从大家的意见，与人交流更简短。

（四）控制点与身心健康

研究证实，内控者比外控者从事更多的有益于健康的活动，他们的身心也更健康。在身体健康方面，内控者更多地了解合理饮食和营养知识，积极参加体育锻炼，采取有利于健康的措施（Quadrel & Lau, 1980; Burk, 1994; Gueye, Castle & Konate, 2001; Steptoe & Wardle, 2001）。在心理健康方面，也是内控者优于外控者。患抑郁症、精神分裂症和精神官能症的人中，外控者多于内控者。吸毒者比不吸毒者的外控程度高，且对攻击性冲动的控制性低。外控者自信心低，有较高的困扰性焦虑，有欺骗行为，阿谀奉承等。内控者抗压性强，能较好地应对压力（Bostic & Ptacek, 2001; Keltikangas, Jarviuen & Raikkonen, 1990; Holder, & Levi, 1988; Lefcourt, 1982）。

（五）控制点与职业发展

研究发现（Luzzo & Ward, 1995; 1993），在职业发展领域中，内控的大学生会比外控的大学生更努力，对工作和职业的态度更认真，会花更多时间从事兼职工作以积累与自己职业理想一致的工作经验。内控者更具有有利于晋升和事业成功的品质（Kirkcaldy, Shepard & Frunham, 2002; Spector, 1988; Spector & O'Connell, 1994; Kaphalka & Lachenmeyer, 1988），更果断、独立、自信、干练。他们工作满意感高，无压力感，认为自己有工作自主性和控制性。在需要很强的领导才能的职位上，内控者会取得成功。内控者的父母也为他们提供了良好的职业榜样。他们长大后会表现出行为责任感并努力工作，以达到更高目标（Strauser, Katz & Keim, 2000）。

（六）控制点与家庭教养

研究表明（Krampen, 1989）内外控的发展与家庭教养有关。父母对孩子的良好行为给予关注和认可，有助于孩子内控信念的发展。如果父母对孩子的奖惩是以社会比较的结果为依据的，或者父母轻视孩子，将会促使孩子向外控信念发展。

总之，上述结果多反映的是内控者的积极品质多于外控者，这也与西方文化特点相吻合。人格心理学家现在多采用的观点：极端的外控和内控都会导致适应不良。极端内控者会表现出使用攻击、鲁莽、蛮横等来控制环境。当他们无法控制环境时，他们会遭受到极大的挫折并产生焦虑。反之，极端外控者总是处于服从、被动的地位，也很难发展他们解决问题的能力。当把他们放到领导和能够施展个人才能的环境中时，他们会受挫并产生焦虑。

五、理论应用

罗特的理论应用主要体现在心理治疗上，特别是行为改变上。罗特的社会认知论来源于学习理论。他认为人们的所有行为，无论是健康的，还是不健康的，都是习得的。不过罗特强调的是一个人的行为是在与别人交往关系中习得的。罗特在行为改变上并没有使用行为主义的方法，而是使用了社会认知的方法。治疗是一个重新学习的过程，当事人要学习分析问题，探知合理解决问题的途径，并付诸良好的行动。心理治疗和辅导的主要目标是使当事人能够知道自己需要在观念上、态度上和行为上做某些改变，产生改变的意愿和动机，并能了解那是他自己的责任，从而实际去实施改变的措施。有人也把罗特的心理治疗方法称为认知行为疗法。

治疗者要特别注意当事人不恰当行为和预期的原因，以及当事人由先前经验做适度类化的方式。适应不良的人通常具有较低的活动自由度和更高的需要价值(Rotter & Hochreich，1975)。由于这样的个体不能获得满足，因此他们为了避免失败而发展出防御机制。他们还会把自己对某一领域的低期望，不恰当地应用到其他领域中，因为他们对情境的区别能力较差。

当谈到适应不良行为的辅导与治疗时，罗特认为治疗者必须尽可能保持弹性，因为当事人的问题都是源于个别经验的，他们所需要的协助和指导以及促进他改变的环境，也是和他人不相同的。罗特也强调治疗者和当事人之间要建立良好和支持性的关系。治疗者往往需要对当事人过去的经验，所遇到的困难和问题，当前的环境，未来可能发生的机会，以及可能采取的策略等，进行详细讨论分析。只有双方在相互尊重、信任和悦纳的关系中，这些讨论分析才得以顺利而有效地进行。

六、理论评价

罗特的社会认知论强调认知因素，吸引了许多追随者，显现出了实验取向的研究者对认知变量影响的兴趣。他的理论既强调认知变量，又考虑到动机性变量。他赋予了社会认知论强烈的动机色彩，创造性地把两者有机结合并纳入其理论系统内。

罗特提出的概念界定清楚且验证性强，特别是内外控制点概念的提出与测量。一些概念引发了丰富的研究，显示了其理论概念具有较强的启发价值和应用价值。

作为早期的社会认知人格心理学家，罗特的理论对后来的社会认知论产生了重大的影响。正如当代社会认知人格心理学

家米歇尔所说："凯利和罗特是我的两位老师，他们每个人都长期地影响着我的思想。"（Mischel，1978）

第二节 班杜拉的社会认知论

一、生平事略

Albert Bandura（1925—2021）

艾伯特·班杜拉出生在加拿大西部阿尔伯塔省的一个小镇，小学和中学都是在镇上仅有的一所学校度过的。学校只有两位老师，学生的学习主要依靠自己。后来他进入温哥华的不列颠哥伦比亚大学，1949年毕业，获得心理学学士学位后进入美国爱荷华大学，专攻临床心理学，因为此校以研究学习过程卓越而著称。当时班杜拉仍对学习论在临床现象上的应用感兴趣。在一次接受访问时，他说："他极有兴趣以可付诸实验的概念，来表达临床上的现象，并认为站在一个临床工作者的立场，有责任来评价某种方法的功效，在不知其治疗功效之前，决不对患者施行治疗。"（Evans，1976，P243）当时他受斯宾塞影响很大，接受了仔细的概念分析和严谨的实验研究的观念；同时他也深受多拉德和米勒的影响。在那他获得了自己的硕士（1951年）及博士学位（1952年）。

在威奇托经过一年的博士后临床实习工作之后，班杜拉来到斯坦福大学任教至今。他积极推进用社会认知方法理解人类行为，开始他对心理治疗中的交互作用过程和家庭形态进行研究。他也研究儿童攻击行为。他和他的第一个研究生沃特斯共同研究攻击行为的家庭因素，引起了世人对人格发展中模仿过程的重视。他认为人格发展可以通过观察他人行为而习得。他将这些有关模仿过程的发现和一连串的实验研究，写成了《青少年的攻击行为》（*Adolescent Aggression*，1959）和《社会学习与人格发展》（*Social Learning and Personality Development*，1963）两本书。班杜拉认为自己从事多方面的研究的目的在于发展一个更为完整的人类行为理论，以加深对人类潜能各层面的了解。1986年的著作《思想与行动的社会基础》（*Social Foundations of Thought and Action*）是班杜拉的代表作。他强调人类在人格发展与治疗改变上的可能性。他的近期著作侧重探讨人类动机和自我效能感，并于1997年出版了《自我效能：控制的实施》（*Self-efficacy：The Exercise of Control*）。

班杜拉曾获多项著名的专业荣誉。1974年，他当选为美国心理学会主席。1980年，他荣获学会的杰出科学家贡献奖，成为美国文学和科学院院士，并表彰他为"研究者、教师与理论家的大师典范"。

二、理论观点

（一）人性观

班杜拉既反对激进的行为主义者把人视为环境的机械产物，也不同意人本主义把人看成能完全控制环境的决定者。他提出了自己对人的客观看法：人的行为是主客观交互作用的结果。他提出了交互作用论（reciprocal determinism）。

班杜拉提出了交互作用论的概念，也就是说，行为的外在决定因素（如奖励和惩罚）与内在决定因素（如信念、想法、预期），都是交互影响中的一部分，不仅各自影响行为，也会互相影响。简单地说，行为（B）、个人（P）和环境（E）这三个因素中，任意两项之间都是有交互作用存在的（见图 7-1）。

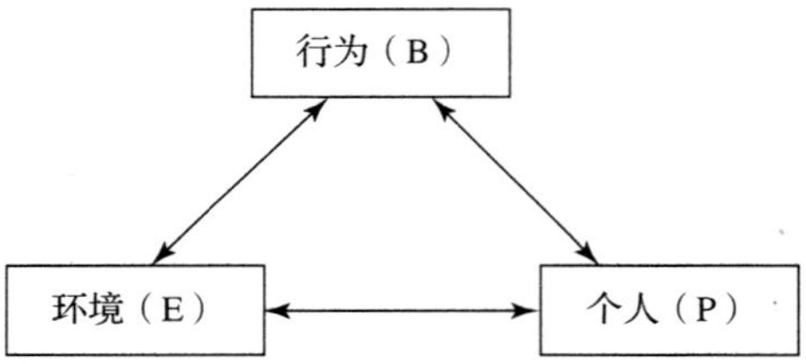

图 7-1　班杜拉的交互作用模型

班杜拉将环境区分为两种，一种是对某种情境中的所有人来说都相同的，称为潜在环境（potential environment），另一种是由个体行为所创造的，称为实际环境（actual environment）。例如，一个友善的人在与人交往中所创造的环境是充满奖赏和极少惩罚的。班杜拉同意机会由自己创造的说法，但是他更认为迈向成功的环境也可以自己创造。“英雄造时势”，多少可以说明这种影响。

在先天与后天问题的争论上，班杜拉认为大部分行为（除了基本反射动作以外）都是学来的，先天因素作用不大。班杜拉也认为遗传因素，如体型、生理成熟的速度与外表，会影响人们所接受的强化，特别是在童年时期。笨拙的或外貌不吸引人的小孩和漂亮的小孩所接受到的强化是不同的。童年时期的学习可能比成年时期的学习更具有影响力。影响我们的自我效能感的内在表现水平，是在童年时期建立的并伴随着一组理想的行为，然而习得新的表现水平和理想的行为也可能取代它们。人们并不会被早年接受的强化束缚。

（二）理论要点

班杜拉非常强调认知在行为获得与保持中的作用，他将自己的理论称为社会认知观（social cognitive view）。

1. 学习类别

人格发展基于人类的学习。班杜拉在学习的种类上，补充了观察学习和替代学习。

观察学习（observational learning）指通过对他人行为的观察进行学习。在观察学习中，被观察的对象就是“榜样”或“示范者”（model）。这种观察学习可以省去许多尝试错误的过程，也称为无尝试学习（no trial learning）。观察学习可以是动作、语言、情感或思考方式的行为。孩子能够通过观察父母、同伴等的言行学习为人处事、言谈和行为的方式，以及流行时尚等。班杜拉（1973）认为媒体中的暴力行为，会对社会产生极其严重的不良后果。他认为，个体观看暴力影视作品多，有可能会助长攻击倾向。

班杜拉认为，在观察学习时，人不是机械模仿的，而是有积极思考的，最终习得的行为也会呈现出自己独特的风格。因此，观察学习包含着内部认知过程的多种因素，而且通过观察个体可以得到许多信息。对这些信息的加工处理过程也就形成了观察学习的过程。

观察学习经历四个阶段。第一个阶段是注意过程，只有注意到榜样的行为，辨别出其重点并认识到其特征时，个体才能通过观察来学习。第二个阶段是保持过程，个体以心像表征系统（imaginal representational system）和言语表征系统（verbal representational system）两种方式在记忆中将榜样行为的重要线索进行编码并保持。第三个阶段是动作再现过程，就是个体将先前编码的心像和言语线索转化为动作的真实再现。第四个阶段是动机过程，虽然没有强化也可以发生观察学习，但人们对榜样的注意和是否做出所观察的行为，会受到动机的影响。

观察者不仅观察行为，同时也观察行为产生的结果，例如，孩子观察到母亲看见蛇就表现出恐惧，他随之也会对蛇产生同样的恐惧情绪反应，尽管他也许从未和该事物接触过。班杜拉（1986）把这种经由观察他人行为而习得情绪反应的过程称为替代学习（vicarious conditioning）。许多青少年在电视上看见某些明星穿着某种品牌服饰，也会对该服饰趋之若鹜。事实上，我们平时对许多原属于中性的人或事物所存的惊恐或厌恶、爱好或崇拜，往往是通过替代学习习得的。

在观察学习过程中，看到某行为受到奖励后，观察者表现出该行为的频率也随之增加，像是自己获得了强化一样；他们看到某行为受到惩罚后，他们的相应行为也随之减少，像是自己受惩罚一样。这个现象被称为替代性强化（vicarious reinforcement)。例如，“杀一儆百”“杀鸡给猴看”等都是运用了替代性强化的原理。

2. 自我的作用

(1) 自我调适

根据社会认知论的观点，人的行为并不是被动地由环境因素所支配的，而是有主动性的，人会调节自己的行动。自我强化（self-reinforcement）是一个人在表现某种行为之后，若自己感到有成就，就产生了激励性强化作用；若自己感受到失败，就产生了惩罚性强化作用。例如，诗人偶得佳句时，常会反复吟诵，高兴的心情和听到他人的夸奖毫无两样。同样，如果一个学生因作弊而得到高分，尽管不为人知，但其自责和歉疚之情，常比外界的惩罚更严重。这些内在的自我强化作用，对当事人的影响和外在的强化作用是相似的。每个人对行为都有自我标准，知道能做什么，该怎样做，会做得怎样，等等。此外，人还会根据这些先前的强化经历，随时调整自己的行为，同时也调整自己的预期。班杜拉称之为自我调适作用（self-regulation)。这种自我调适使个体不断地监控自己的行为，不断鞭策自己达成目标。

(2) 自我效能

班杜拉(1982)越来越重视自我调节的作用，并提出了一个著名的概念——自我效能。他认为人类的行为不仅受行为结果的影响，而且受通过人的认知形成的对结果的先行预期的影响。自我效能(self-efficacy)就是个体对自己所具有的能成功表现某种行为的能力的一种预期或主观评估。例如，在考试前，老师让学生来估计自己可能得到的分数，就是学生在这次考试上的自我效能。人总是对自己能力的反复评估权衡之后才决定自己的行动。

自我效能的获得有四个来源。①操作成败(performance accomplishments)。先前的成败经验会影响到自我效能感的高低，成功会产生高预期，失败会导致低预期。高自我效能形成后，一次失败不会产生很大的负面影响；低自我效能较为牢固，偶然的成功不会改变人对能力的判断。②替代经验(vicarious experience)。当看到或想象到其他人成功的情境时，个体也会提高自我效能的知觉；反之，当看到与自己能力相当的人遭遇失败时，个体对自己的能力判断也会降低。③言语劝说(verbal persuasion)。通过激励性或打击性的言语会提高或降低个体的自我效能感。④情绪唤起或生理唤醒(emotional arousal)。紧张和困难的情境会引发个体高水平的生理或情绪唤醒，进而影响操作成绩。因此，为了成功，高自我效能者会调整到适宜的唤醒状态。

自我效能感具有四个功能。第一，自我效能感决定人们对活动的选择和对活动的坚持性。高自我效能者倾向于选择富有挑战性的任务，并能够坚持自己的行为；而低自我效能者则相反。第二，自我效能感影响人们在困难面前的态度。高自我效能者敢于面对困难，坚持不懈，不放弃，坚守信念；而低自我效能者在困难面前缺乏自信，畏首畏尾，不敢尝试。第三，自我效能感影响新行为的习得和已习得行为的表现。第四，自我效能感影响个体活动时的情绪。高自我效能者信心十足，情绪饱满；而低自我效能者充满着恐惧和焦虑。

对自我效能做准确评估是非常重要的，不切实际的、过高或过低的自我效能都可能导致失败。自我效能的确定主要依据的是个人行为的成败经验。成功经验会提高自我效能，反复的失败经验会降低自我效能。个体总是衡量自己的能力来行事的。

自我效能的信念会决定动机的强度。这会显示在个体工作的努力程度和遇到困难时的坚持性上。自我效能还会影响个体的思考和情绪。一个缺乏自信的人常会感觉到自己能力不强，把困难放大化，导致注意力错置而增加失败的概率。班杜拉(1986，1989)指出：自我效能是通过动机和信息处理的共同作用来影响人的认知功能的。自我效能高的人常会做成功的预期，转而可以对其工作有正面的导引作用；相反，自我效能低的人，则常会预见失败的景象，将注意力放在担心失败上，降低其工作的效率。

3. 社会学习与人格发展

班杜拉在《社会学习与人格发展》一书中，提出了10项社会学习的原则。

(1) 透过观察学习获得新奇的反应。

(2) 社会情境中的增强作用，体现在比率和时距两方面，通常表现出混合的形式。

(3) 有效的社会学习需要适当的类化和敏锐的辨别。

(4) 在社会学习中，个体需适当运用惩罚、抑制、不理睬和隔离等行为改变技术。

(5) 社会影响的方式取决于先前的学习经验和环境因素。

(6) 处于冲突情境时，“反应的转换”是重要的学习方法，也就是说学习社会许可的行为以取代社会不允许的行为是十分重要的。

(7) 个体要妥善运用增强作用，减少不适龄行为，以防止人格发展的退化。

(8) 个人的社会学习历程不同，而个人的社会性发展是连续的。行为的改变是社会交互作用、生物与环境多方面因素共同作用的结果。某一发展时期的反社会行为或偏态行为绝非突然发生的，可追溯到前面的发展时期。

(9) 社会学习与个体遗传特质的交互关系影响人格发展。生理特质和生理变化时间的早晚会影响社会增强的形态。天性相同而社会学习不同，个体也会产生极为不同的社会行为类别。

(10) 偏态行为、心理治疗与社会学习有关。只要对可操作的刺激状态和可观察的反应变项做系统的了解，就可对偏态行为作适当预测。

学习栏 7-3

榜样模仿与延迟满足

社会认知学习理论强调，人们的行为取决于他们对行为可能后果的认知（kirsch，1985）。这引出了自我控制的概念，即人们有时会有意控制自己的行为。

人们总是不得不在即时行乐与放长线钓大鱼间做出选择。后者即所谓的延迟满足。试想，你已经存了四个月的钱，现在你能够去海边享受两周的假期，而你也知道如果再存十个月，你就能够前去向往已久的欧洲了。前者能尽快实现，而后者则更诱人，但需要更好的自我控制。

许多变量影响着人们延迟满足的能力。特别是榜样的作用（Mischel，1974）。班杜拉和米歇尔（1965）在一项实验中将4～5年级的学生分为倾向即刻满足和倾向延迟满足的两组。他们将拥有不同倾向的学生置于三种情境中。在第一种情境中，学生观察到一个成年人榜样在立刻获得较少满足和延迟获得更大的满足之间做出取舍。这个榜样总是做出与学生倾向相反的选择。第二种情境中的学生通过阅读文字了解到榜样的行为。第三种情境中，学生（控制组）则没有任何榜样。

所有的学生都被立刻给予了一系列延迟满足的选择并在一个月后参与同样的实验。看见榜样做出即刻满足选择的学生更倾向于选择即时满足，反之亦相同。即使在一个月之后，这种效应也仍旧延续着。此外，在一群 18 岁至 20 岁间的罪犯中所做的实验也得出了相似的结果。那些延迟满足倾向极度匮乏的犯人在观察到榜样极强的延迟满足倾向后也在一定程度上改变了自己的行为倾向（Stumphauzer，1972）。

榜样作用是如何影响自我控制的呢？一个可能的答案是替代性强化。例如，在班杜拉和米歇尔的研究中（1965），榜样口头报告了其选择的原因，这些报告显示榜样觉得自己因其选择而被施予了强化（见 Bandura，Grusec & Menlove，1967；Mischel & Liebert，1966；Parke，1969）。因此，人们就能通过观察他人的反应获取信息，并用这些信息指导自己的行为。

资料来源：Charles & Michael，2008。

三、研究方法

班杜拉着眼于建构人格的行为，而非任何内在动机变量。在研究方法上，他并不使用自由联想、梦的分析或投射技术等方法。社会认知论学者所采用的主要研究方法是实验法，这在班杜拉的研究中尤为明显。他在对观察学习、自我效能和延迟满足进行研究时就做了许多富有启发意义的和严谨的实验。班杜拉的许多理论观点都是与实验研究相辅相成、互为佐证的。

例如，班杜拉关于攻击强化的实验研究（1965）。他让幼儿园的孩子观看 5 分钟的电影，影片情节是一位成年示范者攻击一个大塑料玩具。控制组的儿童只观看示范者的攻击行为而无强化的电影，实验组的孩子分别观看示范者攻击行为后受到奖赏和受到惩罚的电影。这一实验设计中的自变量是攻击行为的强化（奖赏组，惩罚组，无奖惩组即控制组），因变量是在三种观察情境下儿童攻击行为的频率。观看电影后儿童由一名成人带进一个房间，房间里有各种玩具、一个木槌和一个小钉板，然后成人以取玩具为由离开房间。研究者通过单向玻璃观察儿童的行为。结果显示：惩罚组的儿童在自由玩耍时表现出的攻击行为明显少于奖赏组和控制组。结果验证了实验假设：对示范者攻击行为实施不同的强化对观察者的行为表现具有深刻影响。

微观分析研究法（microanalytic research strategy）是班杜拉用来考察自我效能的一种方法。根据此方法，被试在特定的情境中进行某项作业之前，先详细测量其自我效能知觉。主试先要求被试指出在某特定情境中他能做的作业有哪些？确信能成功的程度有多大？此方法反映出班杜拉判断自我效能的观点是具有情境特定性的，他并不认为自我效能是经由一般的人格调查测得的内在整体性倾向。这种一般性自我概念之所以被批评，是因为它“未能说明自我效能知觉复杂性。自我效能知觉是因活动类别、层次及情境条件而异的”

(Bandura，1986)。

四、研究主题

(一) 自我效能

班杜拉提出的自我效能，引发了许多的研究。研究者们获得了一些具有启示性的研究结果。

1. 自我效能与学业成就

许多研究表明自我效能会促进学业成就 (Patrick，Hicks & Rayan，1997；Jackson，2002；Pintrich & De Groot，1990；Kaplan，Gheen & Midgley，2002)。高自我效能的学生会有更有效的学习方法，更多地使用复述策略、精细加工策略和组织性策略，这些策略对提高成绩具有积极作用。同时，他们也会运用各种信息来发展他们的自我效能的知觉。同学关系、师生关系的质量和学业成绩、努力比较等信息都会成为他们自我效能知觉的影响因素。相对而言，自我效能低的学生则表现出自信不足，倾向于使用自我阻碍的策略，例如，直到考试临近时才会复习；当考试失败时，他们早已准备好了理由。

2. 自我效能与工作绩效

自我效能与职业选择、工作满意度和工作绩效都有直接的关系，且其中反映了男女差异的特点 (Betz & Hackett，1981；Bonett，1994)。男性比女性具有更高的职业自我效能感，女性只有在传统女性职业上才有较高的职业自我效能感。

3. 自我效能与身心健康

众多研究表明 (Bandura，1997，1986；Muris，2002；Schweitzer & Koch，2001；Resnick，2001；Cozzarelli，1993)，高自我效能感的人比低自我效能感的人具有更高的身心健康水平。高自我效能学生的抑郁、焦虑、神经质和身体不适的程度低，生活满意度和个人成绩高。他们能够积极应对压力，乐观面对未来。他们能够有效地控制有害因素对身心的影响，积极进行身体锻炼，预防疾病。

(二) 暴力行为的效仿

1. 影视作品中暴力行为的示范作用

影视作品与游戏中的暴力与攻击行为对人们的行为是否具有负面的影响，一直是人们争议的问题。班杜拉认为 (1986)，当攻击行为没有受到惩罚的时候，观众可能会模仿这些的行为。但是，也有人认为：影视作品中的暴力行为即使最终得到了惩罚，也不会对人们模仿行为产生影响。

20 世纪 60 年代和 70 年代的许多研究都支持了班杜拉的观点。班杜拉等人 (1998) 曾对电视节目进行了 50 多小时的监测，结果发现在其中 73%的时间里，暴力行为没有受到惩罚。同时许多电视节目的整个情节中，坏人做坏事一直受到奖赏，直到剧终才受到惩罚。

班杜拉等人 (1986) 研究发现，青年人虽然不喜欢攻击行为被奖赏的示范者，但是他们仍然会模仿他，并认为攻击行为也是一种乐趣。由于观察者已经以这种方式学到了攻击行为，因此他们会在适当的条件下表现出来。特别是研究发现 (Berkowitz，1992)，当人们看到的暴力行为似乎是正当的时候会助长攻击行为。例如，英雄们使用暴力行为去消灭敌人时，他们会认为是罪有应得，这样人们自身对暴力行为的抑制力就会减弱，攻击行为就会增强。只有他们认为攻击行为是不恰当的，他们的攻击行为才会受到抑制。研究（Turner & Berkowitz，1972）还说明观众的个人特性也是需要考虑的因素。如果观众的自控力差，就易产生攻击行为。他们把自己视为影片中的胜利者时，他们会更富有攻击性。总之，研究证明（Anderson & Bushman，2001）儿童观看暴力节目，会增加他们成年时的攻击行为，媒体里的暴力行为作为一个危险因素使青少年的暴力行为逐年上升。

2. 游戏中攻击行为的示范作用

20 世纪 70 年代后期出现了电子游戏。这又增加了新的暴力行为的示范源。许多研究证据表明，玩暴力游戏的人之后的攻击行为会增加。玩暴力游戏的儿童在课外自由活动中比没玩暴力游戏的儿童表现出更多的攻击行为（Sherry，2001)。2002 年的一项实验研究（Bartholow & Anderson）证明，玩暴力游戏组比玩非暴力游戏组具有更强的暴力倾向。校园暴力事件成为令人关注的问题，其中一些凶手就是沉湎于暴力游戏的学生。

3. 暴力行为的习惯化倾向

重复出现的暴力行为会让人变得麻木。它会使通常与极度暴力行为联系起来的震惊、不安等情感消失殆尽。引述华盛顿一位警长的话：“当我与一位因为暴力行为被逮捕的青年人谈话时，他没有一点自责……完全没有意识到那是不道德的行为。”电子游戏中普遍存在的暴力行为也会起到相似作用（Bartholow，Sestir & Davis，2005)。有很多证据证实了这种作用的存在（Cline，Croft & Courrier，1973；Geen，1981；Thomas，Horton，Lippincott et，al. 1977)。其中一个研究（Thoma，Horton，Lippincott，et al.，1977）要求被试分别先观看一段影片，一场令人激动的排球冠军赛或一段暴力行为影片。在观看影片的同时，一台特制的仪器将记录下被试情感的波动情况，从图 7-2A 可以看出两段影片可以激起被试相似的情感波动。之后，被试将观看到一段简短的现实生活中的暴力行径的影片。从图 7-2B 可以看出，那些观看暴力影片的被试的反应明显低于另一组观看排球的被试。这个实验研究说明，长期观看电视中的暴力行为明显使人们对于真实生活中的暴力变得越发的不敏感。这种现象导致的长期后果令人们担忧不已。随着人们对暴力行为的反应趋于冷漠，被伤害或者伤害他人似乎成了生活中习以为常的一部分。由于电视节目中的暴力行为实在太普遍了，因此，对暴力行为的麻木不仁将成为我们社会的一大威胁。

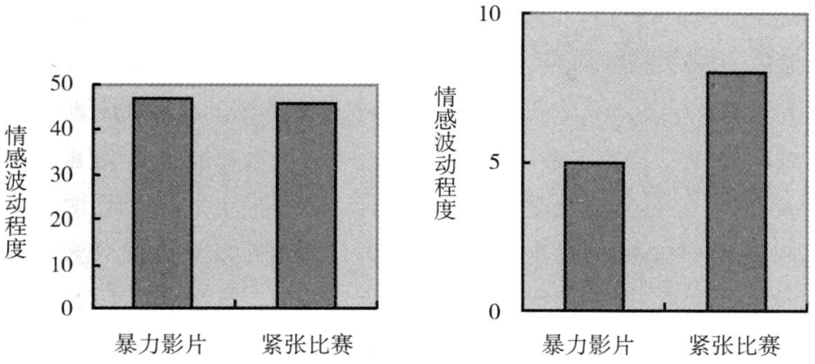

A. 前期处理　　B. 观看“真正”暴力行为后

图 7-2　观看暴力行为后导致的暴力习惯化倾向

五、理论应用

（一）人格适应

班杜拉认为，不适应行为和正常行为一样，也是通过直接经验和替代学习而习得的。一旦习得之后，不适应行为便由它所带来的直接和替代强化来维持。父母的非正常行为，通常成为子女心理疾病发展的重要影响因素。因此，他认为，不必从个人早期经验中去寻求创伤性事件，也不必去发掘潜在的冲突，更不必去追求病态行为最初的强化史。

强烈的认知取向使得班杜拉超越了斯金纳对不适应行为的简单解释。同样重要的是预期和对自己的看法。预期某种行为或情境会导致负强化，通常会使个体采用防御行为。如果个体预期自己可能被别人拒绝或自我效能很低，那么可能使他回避他人，从而导致人们认为此人有些怪异而不去接近他。最后，这种环境又强化了那些不适应的预期和信念。同样，如果一个人对自己设置的标准高，导致他常常碰壁，并成为这个人烦恼的一个持续根源，这也会使他采取各种防御行为。这些防御行为会让个体离开可能产生新学习行为的情境。个体也不会得到和新的行为模式接触的机会。

（二）行为改变与治疗技术

班杜拉在讨论行为的改变和治疗时，提出了行为改变的基本历程和治疗方法。

1. 行为改变历程

行为改变历程主要由两部分构成。一是应对危险或恐惧情境技巧的学习。这种学习是通过观察榜样的示范而习得的，并使当事人在对恐惧的认知上发生改变，认为危险情境是可以控制的，从而减低焦虑。二是在榜样的指导下当事人进行应对危险情境的演练，使其掌握并实践应对方法，提高自我效能。经过这两个步骤，当事人的行为会发生改变，并达到治疗效果。

2. 治疗技术——榜样疗法

行为改变的主要方法是榜样的示范技术，其程序是先由榜样就目标行为做示范性的演示，然后将目标行为由易到难分为若干等级，在榜样的指导下，观察者逐级模仿，最终使观察者的行为产生改变。示范技术分为他人示范和自我示范两种：

（1）他人示范

他人示范常被用于治疗各种恐惧症、孤独症、焦虑症等。一个经典实验是恐蛇症的治疗（Bandura，Blanchard & Ritter，1967）。在实验前，研究者先测定被试接近蛇的程度（前测），经过实验后，研究者再测定被试接近的情况（后测），并进行测试前后的比较。实验被试分为四组。①真实的榜样与参与组：有一位榜样先示范玩弄蛇的行为，然后协助被试去学习一些比较困难的反应。②影片示范：被试看到影片中儿童和成人玩弄蛇的行为，同时接受放松训练。③系统脱敏组。④控制组：没有实验处理。前后测对比结果显示：控制组怕蛇的反应没有改变，第二、三组怕蛇的行为有所减少，第一组的行为改变最大。这证明真实榜样的示范加上指导，是克服恐蛇行为最有效的方法。

（2）自我示范

自我示范（self-modeling）具有自我监控的作用，被用于帮助人们克服自身的身心障碍。一项关于捣乱学生行为矫正的实验研究，运用了自我示范的方法。研究者录制 25 分钟 10～13 岁学生的课堂行为，然后剪辑掉录像带中学生的所有捣乱行为，制作成可供学生模仿的 12 分钟的短片让学生自己观看，两周内观看 5～6 次。之后的六周时间里，研究者发现学生捣乱行为从原先的 47%下降到了 11%。班杜拉认为，观看自己的合理行为对学生具有奖励作用，可以提高他们的自我效能感。到目前为止，有上百项研究表明自我示范能有效地矫正各种问题行为（Kelly，Bray，Margiano，et al. 2002），这对学校教育中如何发挥学生的自我教育能力具有很大的启示作用。

榜样疗法主要适用于两个领域：技能缺失的治疗以及情绪问题的治疗。缺乏某种适应性行为技能的人都常可以通过观察榜样的行为来习得这种技能。榜样被设定为缺乏某种技能，但仍对情境做出了适当的行为反应，随后观察者（接受治疗的人）被鼓励重复榜样的行为。这种重复可以是外显的（行动）也可以是内隐的（在头脑中想象这种行为）。其实，当被试被告知在头脑中想象另一个人在某一特定情境中从事某一特定行为时（Kazdin，1975），模仿也就是一个内隐的过程。原则上，榜样疗法可以应用于任何技能缺失的再学习，然而这方面的研究普遍关注的领域是社会性的基本技能（La Greca & Santogrossi，1980；La Greca，Stone & Bell 1983；Ross，Ross & Evans，1971）。

六、理论评价

作为社会认知论创始人之一的班杜拉，对人格理论及心理治疗的发展均产生了巨大的影响。20 世纪 60 年代后期，行为主义开始让路给“认知革命”。在人格领域中，班杜拉是这场革命的积极倡导者。他整合了认知心理学和社会心理学的特点，努力建立一个全面的人格理论。

（一）理论贡献

班杜拉明确地区分了人类学习的两种基本过程，即直接经验的学习和间接经验的学习。他提出的观察学习是人类间接经验学习的一种重要形式，是其他学习理论所无法解释和取代的。班杜拉对观察学习进行了大量的实验研究，揭示了观察学习的规律，这对解释和指导人类的学习过程有重要的理论价值和实践指导作用。

班杜拉突破了传统行为主义学习理论的框架，把强化理论和信息加工观点有机地结合起来。他认为，强化的作用在于人对其行为结果的预期，在于人对各种强化的认知调节。强化是通过人的认知调节过程而起作用的。在强化的种类上，班杜拉所提出的替代性强化和自我强化也是非常重要的新概念。

班杜拉的自我效能构成了人的主体因素的核心，并渗透、弥散于人类机能活动的各个方面。自我效能理论的建立与发展，弥补了某些认知人格学者对个体内在动机因素的忽视。近年来，班杜拉提出集体效能感概念，并对影响集体效能感的因素进行了研究，这进一步丰富和扩展了这一理论的运用范围。

班杜拉以实验方法来证实其理论观点，也为其理论增添了信服度。同时，他所倡导的有效行为治疗技术，也在教育、辅导、治疗等实践领域中被广泛应用。

（二）理论局限

班杜拉理论的局限性在于它不适合于解释和说明陈述性知识的学习和复杂的、高难度的技能训练的过程，而仅适于解释和说明观察、模仿等社会性学习的过程。

班杜拉提出的个人、行为和环境诸因素间连续的交互作用的观点，能否成为一种分析人的行为和心理的理论框架？能否用它来完善地解释和预测人的行为？这些都还有待进一步深入探讨。另外，他也忽视了遗传与成熟的作用。

第三节　米歇尔的社会认知论

一、生平事略

Walter Mischel（1930—2018）

沃尔特·米歇尔出生于奥地利维也纳。小时候他的家离弗洛伊德家咫尺之遥，他在信件中曾谈论到这段童年经验对他的影响：

初读心理学时，弗洛伊德学说最吸引我。当我就读纽约市立大学时（1939 年，纳粹肆虐欧洲，我和家人迁居于此地），我觉得精神分析论对人似乎有一套完备的看

法。但是，当我要把那些想法应用到纽约下层社区的少年犯时，兴奋之情却遭到破灭。努力要给那些年轻人所谓的领悟，对他们、对我都没有益处。那些观念和我所见并不符合，于是我寻求更有用的观念。

——Mischel，1978

9 岁时，米歇尔全家移民美国，定居于纽约布鲁克林区。他在那长大并进入纽约市立大学学习临床心理学，于 1951 年获得学士学位。1953 年，他获得纽约城市学院的硕士学位后，进入俄亥俄州立大学临床心理研究所。当时罗特和凯利还在该大学任教，他与罗特有密切来往，也受到凯利个人建构理论的影响。1956 年，他获得博士学位。

1958 年，米歇尔任教于哈佛大学，因而也得以和奥尔波特保持密切联系。他在几所学校任教后，1962 年到斯坦福大学工作，与班杜拉共事。另外他也参与了美国和平队测评计划，此项工作对他有很深的影响。他从此计划中发现：全面性的特质测评对未来工作表现的预测力极差；事实上，还比不上自陈式量表。这项经验，使他更加怀疑特质理论与精神分析论等强调的稳定性与概化性人格理论的适用性(Mischel，1990)。他和班杜拉两个人的努力，奠定了社会认知论的基础。1983 年，他返回纽约市，担任哥伦比亚大学教授。

他最有影响力的研究是延续满足实验。由于米歇尔在学术上优异的贡献，曾于 1978 年及 1982 年先后获得美国心理学会临床心理学组和美国心理学会颁发的奖项。

二、理论观点

米歇尔提出社会认知学习理论时(1973)，曾说明他并不是否认行为的一致性，也不认为情境是决定个人行为的主要因素。他所要指出的是人们具有很强的分辨情境的能力。人格理论必须要能同时解释个体在各种情境中不同的行为和行为的一致性。个体独特的社会强化史，也使得个体给一定刺激赋予独特意义。

(一) 人性观

1. 人的主观能动性

作为社会认知论的代表人物之一，米歇尔与班杜拉对人性的看法基本上是一致的，即强调人的主动性。他在论及人的这种主动性时叙述如下：

人是主动的、意识的问题解决者，能够从广泛的经验和认知能力中获益，具有极大的行善或行恶的潜能，能够主动建构自己的心理世界并影响环境，同时也按一定的规则受环境的影响——即使这些规则不易被发现和类化……这种观点已经远离了本能的驱动降低论、稳定的特质论和自发的刺激反应联结等传统的人格理论观点。

——Mischel，1976

2. 人与情境的关系

米歇尔最受人注意的是他对特质的质疑，并引发了人与情境孰轻孰重的争论。这个争论历经 20 多年而不休。他在《人格与评价》 (*Personality and Assessment*，1968) 一书中，对一般人将人格特质视为广泛而普遍的行为决定因素的观点，提出了严厉的批评。他认为那种想法并没有可靠的实验依据。他指出，一般人格自陈测评工具的结果与实际行为的相关很少超过0.30，因而没有实质意义。曾有研究者(Bem & Allen，1974)指出：一般人凭直觉认为人格特质具有普遍性，觉得行为有跨情境的一致性；而在另一方面，研究结果并不支持这种一致性的存在，因此形成了一种矛盾。

一般说来，行为在不同的时间里的一致性是存在的。虽然时间上有改变，但是那个人的认知变量没有改变，因而他的行为仍会保持一致。若情境不同，那个人的认知变量就会随着改变，行为的一致性就不复存在了。米歇尔认为，就是因为行为在不同时间里的一致性，才让人们以为行为是具有一致性的，而无论情境是否改变。换句话说：人们在认知上形成了一个错觉，即将行为在时间上的一致性和跨情境的一致性混淆了。

(二) 基本概念

1. 人格结构：个人变量

米歇尔不主张人格特质的普遍性，认为除了情境因素和观察学习之外，还需要关注社会认知学习的个人变量（cognitive social learning person variables）。这些变量包括以下五点。

(1) 能力

能力（competencies）是一个人具有的认知和行为的有关变量。个体知道自己能做什么？在过去学习和经验的基础上，每个人都形成了世界观，并具有一套认知和行为的技巧或解决问题的策略。当情境有所要求时，个体所能执行的外显和内隐的行为具有个人独特性和相当的稳定性。

(2) 编码策略和个人建构

编码策略和个人建构（encoding strategies and personal constructs）指个体表征及符号化信息的方式，涉及个体是怎样认识事物的。人们对信息加以注意、选择、分类、编码，并在信息原来的刺激属性上附加一定意义。例如，面对同一信息“下周有考试”，有些学生会当成展现自己能力的机会，有些学生会认为是一种威胁。

(3) 预期

预期（expectancies）指个体对特定的情境中，某一项行为的后果的估计。有三种预期很重要。一是对行为结果的预期，如“我努力复习了，所以这次考试会得个好成绩”。二是对刺激结果的预期，如“他能听进我的话了，说明他对我态度有所改变”。第三个是对自我效能的预期，如“我一定能做好我的这项工作”。

(4) 主观价值

个体觉得什么是有价值的？每个人对他每次的行为可能产生的结果，都有其主观价值（subjective values）。两个人对某一行为结果虽有相同的预期，但若他们对该项结果的价值观不相同，他们的行为仍将不同。例如，外语学习对我出国很重要，对你则不然；我喜欢文学，你则喜欢数学。主观价值与个人偏好、喜恶有关。

(5) 自我调节系统和计划

个体的行为是有目的性的。个体如何调节其行为以实现目标？自我调节系统和计划（self-regulatory systems and plans）指个体的行为取决于其自身内在的奖惩标准，以及自己设定的目标和计划，这些也形成其行为的动机与方向。

米歇尔认为，这五个变量构成人格的五个元素。它们是个体过去学习的结果，并指引着未来的学习。因此，它们是个体生活的结果，也规定了未来生活的风格。一个人的行为就是由上述这些变量和情境的交互作用决定的。利用这五个认知变量，米歇尔不需要传统的特质概念，也能够解释人类稳定的行为模式。

2. 人格的认知—情感系统理论

米歇尔等（Mischel & Shoda，1995）提出了人格的认知—情感系统理论（A cognitive-affective system theory of personality），对情境、特质、行为动力以及人格结构的稳定性重新进行了讨论。该理论认为，个体在不同情境中所表现出来的差异正是内部稳定而有机的人格结构的反映。人格结构主要由一些中介单元（mediating units）组成。认知—情感单元包括人们心理、社会和生理众多方面。这些方面的存在，使得人们与情境的交互作用呈现一定的稳定性。这些中介单元以个人变量为基础。随着米歇尔研究的进展，这一理论证实的单元包括：①编码（encoding），把自我、他人、事件和情境信息以特定的策略加以归类；②期望和信念（expectations and beliefs），关于外部世界、特定情境下的行为结果、自我效能的内部表征；③情感（affects），情绪、情感和情感反应（包括生理反应）；④目标和价值观（goals and values），期望的结果和情绪状态，厌恶的结果和情绪状态，以及目标、价值观和人生规划；⑤能力和自我调节规划（competencies and self-regulating plans），能力中重要的一项是智力，人们用自我调节策略通过自我规划的目标和自我预期的结果来控制行为。

这些中介单元不是孤立存在的，它们在经验的作用下以独特的方式联系在一起，形成一个稳定的人格结构，并在不同情境中保持相对稳定。当个体处于某个情境中时，情境便会激活某些相互联系的因子，它们之间产生特定的交互作用，从而产生了情境特异化的认识、情感和行为。当发现一个人的某种行为（如友善的态度）在不同的情境中表现出高低变化时，米歇尔不主张将那些高低变化的分数综合起来，以其平均的水平来代表当事人的友善特质。米歇尔认为，每个人在某种情境中的行为是由其特有的认知—情感系统和当前情境交互作用决定的。如果他在多种情境中，某项行为变化相当稳定，那正显示了他所特有的行为模型。米歇尔称之为"'如果……那么……'的情境—行为模型"（if…then…situation-behavior pattern）。

该理论一方面可以说明在同一情境中人们认知和情感反应的个别差异，同时也可以说明一个人在不同情境中行为变化的稳定性。总之，米歇尔认为：个体是在认知—情感系统和当前情境的交互作用之下，根据其对情境的解释，选择自身特有的某种稳定的行为模型来进行反应的。这一理论是一个动态的、整合性的理论。关于这点，米歇尔曾提到“我们现在需要的是一个宽泛的、有逻辑的理论框架来统一概念、指导研究、解释人际差异，使人们真正认识人格的内部动力状态及外部表现，使人格心理学成为厚积薄发的科学，而非一群工作者的集合”（Shoda & Mischel，1996）。

三、理论评价

米歇尔的理论特色表现在几个方面：立论以实证研究的结果为基础；重视个人对行为环境的了解和建构；从个人认知的内涵去了解行为，进而界定其人格；提出的认知—情感系统理论将认知与情感有机结合起来，并体现了理论的系统性。

第四节 社会认知论评价

社会认知论是人格心理学界较新且受欢迎的一种理论。在罗特、班杜拉和米歇尔的努力下，该理论也在不断地扩充和发展。学者对这一理论也多有评论，综合一下，主要的评价包括以下几点。

一、理论优点

（一）重视实验研究

社会—认知学习理论有关人格的观点在近几十年间极大地影响了人格心理学的发展。其产生如此大影响的原因和早期的条件反射理论如出一辙，即大量的实验结果验证并支持了这种理论所提出的诸多概念。社会认知论者并不依赖思辨和无止境的争论来解答问题，而是通过严谨的控制的实验研究所得的结果来平息争论。其理论的提出和发展是以实验研究为依据的，这是社会认知论受推崇的一点原因。他们一向重视概念的界定，使之能进行实证性的研究，对调查的现象和调查方法也进行了详实记录。这一点在班杜拉和米歇尔身上尤为明显。另外，他们的研究都是以人为研究对象，研究结果常能直接应用到人类行为上，避免了在推论上的困难。

（二）指向人类社会行为

社会认知论研究的多是人类社会行为，尤其是人们所重视和感兴趣的现象，如攻击行为、大众传媒对儿童行为的影响、父母及其他榜样的作用、自我效能等。这些涵盖了人类许多社会活动，以最具代表性的方式说明了人格的研究。社会认知论在现代人格研究领域中，扮演了开创性的角色，而这来自他们对人类重要活动的关注。

（三）强调认知因素

认知一直是社会认知论的一部分。当罗特首次提出行为由强化和预期共同决定时，便已显示出这一点。这种对认知的强调随着对问题解决类化预期的热烈研究，变得更加明显。而其后班杜拉对自我效能的研究，也说明了这点。对许多心理学家而言，对认知的强调是恰当的。人类不能成为刺激反应的单纯积累者。以认知为基础的社会认知论比以机械化、动物为基础的学习模式理论，似乎更能表现人们可以思考、计划、预期。这种对认知的强调使社会认知论得以解释社会关心的事务。

（四）强调情境中的人格

社会认知理论学家都强调了环境与人的互动作用。他们从情境的角度来认识人的复杂性与差异性，提出了一些引发思考与挑战的问题。

二、理论不足

如同所有学派一样，社会认知论也有它的缺点。

社会认知论的影响力与精神分析的影响力相比还有一些差距。弗洛伊德所建立的人格理论系统涉及人类生活的许多方面——情绪、童年、攻击、性和防御等。与这种全面性的探讨相对照，社会认知论忽略或不太强调某些重要的人格功能，显得有些狭隘。

许多学者也批评社会认知论对个体的发展缺乏系统化的注意。虽然班杜拉的许多研究以儿童为对象，罗特的概念也应用到儿童成就行为的发展上，然而，他们对于发展阶段叙述不多。对许多人而言，这是一种很令人遗憾的忽视，使得人们无法捕捉人类行为的全貌。人类的发展的遗传和生理方面的因素，是学习所无法解释的。只选择人生过程的某些方面和时期进行研究，社会认知论限制了其理论的某些可能性。

总的来说，对社会认知论有人热情支持，有人持谨慎态度，也有人对其批评较多。不过社会认知论代表了近代人格心理学一大主流观点，是值得关注和开拓的领域。

第三章　认知信息处理论

随着信息时代的到来，许多心理学者开始探讨人们思维运作方式是否真如电脑一样。电脑是处理信息的装置，通过它，信息得以接收、编码、储存，并在需要时提取。认知心理学关注人们对信息是如何编码、储存与提取的。心理学家不仅运用信息处理论来研究人类认知过程，也用来研究人格，并形成了人格认知学派一种新的研究倾向——认知信息处理论。这个理论的主要代表人物是卡弗和斯切瑞（Carver & Scheier）。

第一节 理论要点

一、人性观

认知信息处理论（cognitive information processing）主要是探讨人们如何组织并陈述其经验。无论是复杂的人类行为还是简单的人类行为，都是以生理结构为基础。人们也一直在努力探讨，并希望能了解各部分的生理结构是如何影响和操纵个体的行为的，尤其是神经系统。近几十年来，电脑的发明和使用，使人们从自己制作的机器及其处理信息的程序里，认识到大脑活动具有相似的过程。这样就带动了研究者对人类行为的认知过程进行大量研究。

卡弗和斯切瑞（1997）提出了理解人类行为的三个假设。

一是了解人类行为就是要了解人们如何处理周围环境提供的信息。各种外界刺激带给个体一些来自当时环境的信息。这些信息是一点一点地传给个体，并由个体感官的无数神经元分别接受的。但是个体所获得的并不是零碎的信息。个体会将它们组织、统合起来，从而获得关于当时环境一个相当完整的印象。这就是信息处理的过程。

二是人们在生命中要面对许多需要做决定的事。其中有些决定是有意义的，但有更多的决定是在不自觉的情况下进行的。哪些待决定的事情会进入一个人的思维？哪些成见会影响个体的决定？个体会怎样运用那些成见？这就是人格因素的作用。

三是人类行为本质上有其目标。人们先确定自己行动的目标，然后一步一步地朝向目标前进。有些目标比较远大，个体要付出艰辛努力，其行动可能是复杂的；有些目标是比较近期的，只需要一些简单的行动就可以达成。一般情况下，在朝向某一目标行动的过程中，个体常需要不断地调整自己的行为。至于在目标的选定和自我调节时，将以哪些信息为参考，那就是个体人格的表现。

二、基本观点

（一）基本概念

1. 原型

原型（prototypes）是某类事物在个人心目中的典型形象。有关原型取向的基本架构，源自早期的认知心理学研究，特别是罗施（Rosch，1978）。他认为，人们在判断某个物体是否属于某个认知类别时，要使用原型。如果物体越接近原型，人们便说该物体越属于某个类别。

原型可以用来把人分类。某一原型也许是综合了多种特征的人，或者也可以是代表某族或团体的特定人物。例如，当一个人以乔丹作为“篮球运动员”的原型时，就会觉得赵本山看起来不像个篮球运动员。原型的分类方式可以是阶层性的（Cantor & Mischel，1979），如图 7-3 所示。

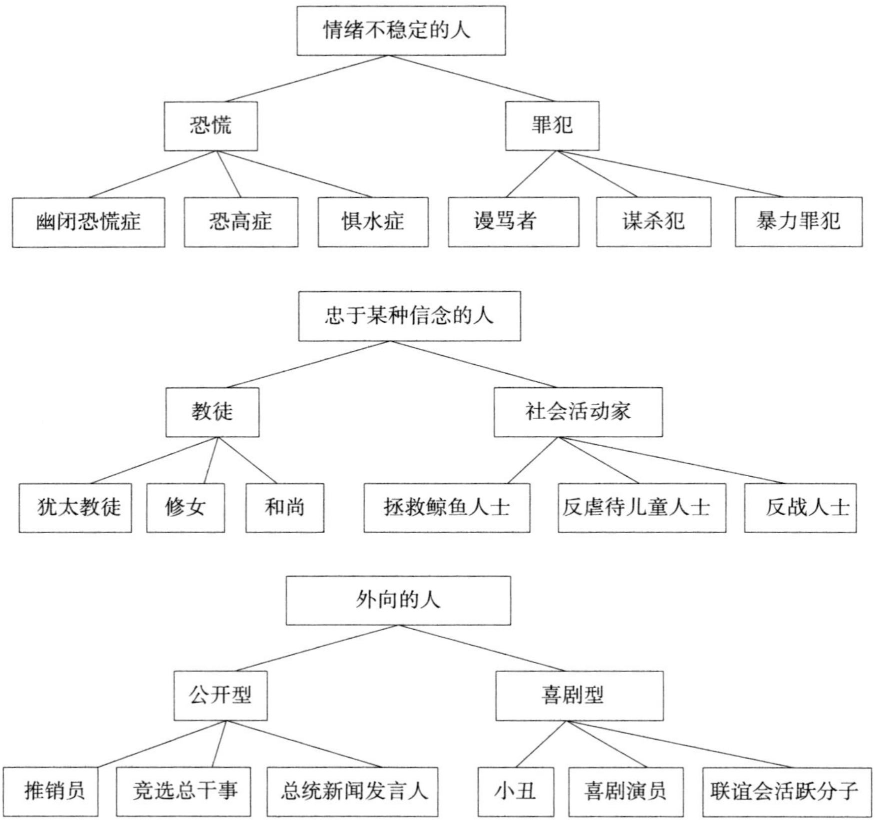

图 7-3 原型阶层示例

人们如何以原型的概念来认识人格？使用不同的原型和原型的个体差异都会对人格的描述或评价产生影响，使得人们对同一个人的看法有所差异，进而与他的互动方式也会有所不同。由于原型是相对稳定的认知结构，因此行为上的个别差异也会相对稳定。

例如，小王是个学生，在课堂上总爱针对老师的观点提出挑战性的问题，A 老师认为小王是个反叛又捣乱的学生，对小王的提问给予制止和否定；而 B 老师则认为小王是个具有创造性思维的学生，对小王的提问给予积极肯定的回馈。两位老师对小王的态度与反应截然不同，是两位老师启用的原型不同造成的。A 老师将小王与“捣乱学生”的原型相匹配，B 老师将小王与“创造性学生”原型相匹配，进而导致两个老师对小王的态度和反应的差异。

原型的运用有利有弊，米歇尔认为“分类的好处在于让我们思考并避免被过多的信息压垮，而不足则在于允许刻板印象的存在，使我们忽略了每个个体的独特性，即以类型或分类的概念扭曲了我们看待及对待他人的方式”（Mischel，1979）。原型的使用如果正确，可以帮助人们了解这个世界，并产生有效互动。人们对于四周事物进行分类时，常会以某项事物的一种特征为依据。该特征久而久之便成为人们对该事物的认知原型。例如，我们通常认为有翅膀的动物便是鸟类。不过这种分类只是人们常用的，并非科学分类，因此并不十分准确，而且会引起错误，许多儿童常以为蝙蝠是鸟类，而鸡不是鸟类，就是这个缘故。总之，人们应该重视原型的正确性问题。

2. 图式

图式（schema）是一种有助于人们知觉、组织、处理并利用信息的假设性认知结构。因为在大多数情况下，人们有太多的信息必须加以注意，所以人们一定要有某种方法来解释周围的信息。想象一下婴儿看到的世界是什么样子的——像心理学家詹姆斯所说的“嘈杂纷乱的世界”。婴儿还没有发展出一套方法来了解这个混乱的世界，也不知道到底哪些该注意，哪些该忽略。这一大堆刺激并不会自动消失。正是因为成人使用了图式，才可以辨认并注意重要信息，而忽略其他信息。因此，图式的主要功能之一是协助人们知觉环境的特征。图式还可以给人们提供一个组织并处理信息的架构。如果人们已经有一个界定清楚的“母亲”图式，那么就可以把新的信息纳入对母亲既有的了解中。关于自己的母亲，人们可以提供一个很有组织的描述，是因为这些信息都已经被纳入一个完整的认知建构中，而不是各不相关的片段。人们处理有关母亲的信息的能力，要优于一个初次见面的女性的信息。

人们用图式来解释人格差异，正如其他认知结构一样。图式是相当稳定的，有助于人们以稳定的方式知觉并利用信息。当然，每个人的图式也有所不同。图式让人们以一种稳定的方式处理信息，这就造成了个体间稳定的行为差异。

3. 脚本

脚本（script）指在某一情境中一套或一系列被认为适当或合乎规定的行为。例如，一个学生在图书馆时，会表现得安静，遵守规则，认真读书；但在联欢晚会上，却表现得活跃无比，言行随意。人的行为表现会随着脚本的变化而变化，人表现出与情境要求相吻合的言行。当一个人不了解脚本或不依据脚本时，言行举止就会不合时宜，出现令人尴尬的情形。同时，现实中也有其他未结构化或脚本化的情境。例如，朋友间非正式的聚会则很少预设或界定清楚的脚本。在这类情境中，人们不会觉得受限制，能自由地表现自我。

学习栏 7-4

电脑人格

假设我们采用电脑作为研究人格的范式，我们是否可以以电脑来模拟人格？许多人工智能领域的心理学者对此持肯定态度，他们试图在电脑上模拟人类的思维与行为。目前，

你不仅可以和电脑下棋，还可以在不同情境中与九种电脑人格互动。华尔街期刊上有篇文章提出了一个问题：电脑能否成为一个足球教练？足球迷无疑对教练在边线上持有的一大套可在不同场合派上用场的作战方法与队形形象相当熟悉。电脑能否将教练运用的各种与战法有关的信息整合成一种心理动力模式？能否靠它踢赢一场球？能否靠它减少球队的压力与崩溃的风险？它是否能让我们见识到人类信息处理的效能？这些均是耶鲁大学人工智能研究室的学者罗格提出的问题。根据该篇论文的看法，罗格相信：设计得宜的一部电脑未来甚至可以扮演一位优秀的主席。

另外，还有一位在这个领域进行具有创意和挑战性研究的工作者——克贝。他用电脑模拟一位妄想症者的心理。本研究是根据某理论，主张妄想症者会表现出以责怪他人作为个人免受侮辱痛苦情绪影响的防御策略行为（“我被错怪了，骚扰了”，而不是“我无能，理应受责”）。接着研究者以电脑设计出一位妄想症者在面对精神医生时会有的反应。精神科医生能否辨别出他是在与一位病患还是电脑进行谈话？他可透过电极表示自己的意见。结果显示：精神科医生难以分清来自电脑的妄想症者的心理反应与来自真正的妄想症者的心理反应。

能否把电脑设计成以“人”的方式进行思考与感受？研究证据似乎支持此设想。此种电脑能否模拟人格让我们一目了然地看到人们实际运作功能？此问题仍然有待研究。电脑到底能否真正地进行思考、感受，是否也有自己的人格？这或许是一个值得哲学家去争辩的问题。

资料来源：Colby，1981；Wall Street Journal，March 30，1983。

人们是如何将个人的生活情境分类确立脚本的？这些情境类别的特征是怎样的？研究者让被试进行下述工作。首先，要求他们将最近生活的情境列出来。然后要求他们检视其日常生活，并列出在具有代表性的情境中谁在那里、发生何事、何时发生。例如，某位被试可能列出他在班上发表某意见的情境、约会的情境或与朋友独处的情境等。然后这个被试描述每一种情境，以及他在该情境中的感受与行为。接着再评定每种情境的特征、感受与行为和最先列出每个情境间的关联性。如此，研究者就可以研究每位被试对情境的分类系统及与这些情境类别有关的感受与行为知觉。表 7-5 是某被试的情境分类（Pervin，1976）。

表 7-5　某被试的情境分类

情境类别	事例	情境特征	内容	行为
家庭—易变	母亲大声斥责我 对父母坦白要出去 母亲拒绝礼物 家人回来后发脾气	情绪化，愤怒，易变，激动	生气，有压力，关切，不安全，不快乐	敏感，关心，照应，限制，混淆，不强制
学校，工厂—要求表现	必须要上课 必须工作 在陌生地方工作时出错	要求，威胁，压力，笨拙	自我意识，挑战，易伤害，笨拙，压力，焦虑	自我意识，自制，野心勃勃，决断，强制，冷静，负责，勤勉，不道德
朋友，独处	与朋友相处没有问题 与朋友相处有问题 独处	情绪化，温和，友善，大方	照应，关怀，舒适，抑郁，悲伤	关心，照应，情绪化，关切，有洞察力，有回应的
不确定	从城市回家 在群体中 搭公车上学 想离开去费城 在陌生地方	野心勃勃，不确定，不明确，不关心，忽视	压抑，抑郁，悲伤，寂寞，挫折，混淆	有偏见的，疏离，安静，自我意识，自制，冷静，内向

研究者将被试的资料进行因素分析，以决定哪些情境特征、感受与行为聚集在一起。在表 7-5 中，被试将某些情境归结为家庭—易变类别。这些情境是情绪化的；在这些情境中，她觉得愤怒不安，且表现出关心与顾虑的行为。她还知觉到在与朋友相处的情境时，她也表现出关心与顾虑的行为。但是，这两种情境下的情绪感受却不同，家庭情境下表现出愤怒，在与朋友相处的情境下表现出友善。依据被试自述，她一直很敏感、易受伤害且具洞察力。除在某些易变的家庭情境外，大部分时间是很友善、温和、悦纳的。总之，研究者可以探讨被试人格受她分类的情境的影响。

（二）人格的表征

人们是如何理解和描述人格的？人们描绘人格时所运用的语词及组织语词和类别的方式是有差别的。

1. 内隐人格理论

内隐人格理论（implicit personality theory）指每个人都有一套自己的人格理论。之所以称之为内隐，是因为大多数人并不清楚他们的人格特质分类或并未把这些特质组织成正式的人格理论。有关这方面的研究，可追溯到 20 世纪 50 年代。早期的研究焦点在于探讨人们知觉到某人拥有某特征时，是否会倾向于假想他也有其他相关的特征，因为有些特质在人身上是一起出现的。例如，人们知觉到某人聪明时，会同时认为此人可能不踏实。也有学者将研究焦点放在人们用来知觉他人的一般维度上，研究结果发现了三个维度。评价（evaluation）：描述人的好坏程度；活动（activity）：描述人的主动、被动程度；能力、描述人的强、弱程度。大五因素有时也被用来形容成对人的分类。

内隐人格理论会影响一个人如何观察、理解和评价他人。一方面，它可帮助人们对人格特征和特点进行分类，有助于组织所知觉到的人格信息，以便对他人有更好的了解。但另一方面，内隐人格理论可能产生知觉错误，如刻板印象。

2. 自我图式

有关自我的信息也需获得、组织、处理、储存与提取。自我是许多人格理论的重点。认知信息处理论对自我有独特的论述。

马库斯（Markus，1977）提出的这个概念，他认为人们形成自我认知结构的方式类似于其他现象的认知结构，这种有关自我的概念化的认知组织就是自我图式（self-schemata）。自我图式会影响个体注意哪些信息，如何加以结构化，以及哪些信息容易被个体回忆起。例如，马库斯认为，有特定自我图式者理应较容易处理相关信息、提取相关行为证据，以及抗拒那些与自我图式不符的证据。换言之，一旦发展出自我图式，人们就会有强烈证实该图式的倾向。换句话说，自我图式具有自我验证（self-confirming）的功能，也会影响并形成自我验证为真的认知偏差。

自我图式一旦开始运作，就会以许多方式进行自我验证。首先，自我图式可以成为长期可用建构（chronically accessible constructs），即使只有少量信息，也会引发人们运用该图式（Higgins，1989）。其次，自我图式影响人们想做的事，尤其会指引人们朝向与自我信息一致的方向。最后，人们会主动从别人身上寻找自验成真的证据，并设法将此证据展现出来（Swann，1991；Swann & Hill，1982）。也就是说，人们不仅能从已经显露的事实中选取支持性的证据，还会主动安排与维持该项事实。上述这三方面说明了建立好的自我图式为何难以改变。因此，自我图式的性质会决定一个人的人生模式。拥有正面自我图式的人会健康地发展，但是那些具有负面自我图式的人就会长期背负着自己制造的重枷。

第二节 研究方法

认知的测量方法有很多，其中主要与人格有关的认知测量方法如下。

一、出声思维方法

出声思维方法（think-aloud approaches）是让一个人在解决某项问题进程中，将其思维的过程说出来的方法。这可以帮助人们了解解决问题的过程及各种思维出现的情形，同时也可以看出哪种思维策略有效，哪种思维策略无效。出声思维方法包括连续独白、思维抽样、事件记录、重构技术等。

(一) 连续独白

连续独白可以是在思维进程中的自我言语报告，也可以是在完成一项任务后把所有的思维言语化。对连续独白的内容分析是一个技术问题，特别是评定者的转述，其中定量分析依据三个方面：(1) 评定者对独白的整体评定；(2) 利用或组织独白，形成片段或组块，进行评价；(3) 利用独白中的自然发生的组块，如停顿、句子结构、内容改变等。

连续独白的优点是记录即时思维，不依赖于追忆，可防止思维内容被扭曲。缺点是将思维转换为言语时，可导致速度变慢。曲解认知事件。一时无恰当词表述思维内容和思维漏缺等情况。

(二) 思维抽样

思维抽样基于时间抽样法，是让被试报告某一时间段（即人为的和限定的时间段）的思想、行为和情绪感受等。被试在任何一个时刻都可能会被主试打断或让其叙述信号出现时的思维与感受等。研究者也可能利用便携式准随机中断发生器，被试随时依据仪器发出的指令来做反应。一项研究情绪唤醒对思维的影响的研究使用了思维抽样法，研究者让被试先观看有情绪唤醒或无情绪唤醒的影片，然后独处 30 分钟，接着再进行 20 分钟的干扰，最后让被试报告刚才他在想什么。评定者对被试的言语报告进行评估：是否叙述了与影片有关的内容；是否针对过去、现在或未来等。结果表明，影片的情绪唤醒对思维具有影响（Zachary，1977）。运用此方法还获得了一些其他的研究成果，如青少年在运动行为中体验了最高水平的注意和兴趣，在看电视时（占用他们时间的三倍），体验了最低水平的注意和兴趣。当工人主动去做某项工作时，他们所具有的正面感受，比必须去做某项工作时更多。人们在专心致志地做一项工作时，就常会有满足、自由、思想敏锐和有创意等正面感受；而在一心多用时，则不是这样。有趣的是，那种全心投入的正面感受，常会出现在工作的时候，而不是娱乐的时候（Csikszentmihalyi，1977，1982，1990）。

思维抽样的优点是干扰现象减少，更灵活，更有利于在自然情境中运用，同时在非实验室条件下被试的反应更自然。缺点是依赖被试的记忆力，被试可能会漏掉事件的关键，会出现主观曲解等。

(三) 事件记录

事件记录是要求被试简述在什么时候原定的某一类事件在意识里发生。记录可能限定在一天的某一时刻里，如晚上睡前。这种方法运用了自我监控机制。例如，让戒酒者在饮酒后立刻记录如下内容：时间、地点、在场人或不在场的人、情境描述和评估后的心情。

事件记录的优点在于事件的确定是有针对性的，可提供丰富的重要信息，此种方法引发的行为改变具有治疗作用。

（四）重构技术

重构技术是让被试重新建构认知以及在重新建构期间进行报告。这种方法的程序：研究者先对被试在操作任务时进行录像，然后让被试边看自己的录像边进行连续独白，报告自己的反应。这种方法的主要特点是出声的思维方法被使用在“回味”时期，让被试“再体验”认知事件过程中的思维与情感。例如，研究者（Hollard-worth，1978）让被试先做 40 分钟的实验，然后让他们观看实验全过程的录像，并同时连续报告他们的思维状况。

重构技术的优点是减少了实验过程中的干扰因素（如要求被试用语言表达思维的过程）。因为使用的是回忆的结果，所以“再体验”过程是否与“实验过程”的思维与情感一致，这仍值得研究。

二、思维列表技术

思维列表技术（the thinking-listing technique）也称为自我记录方法。列表的格式要求是在 20.32 厘米长的水平线上以 2.54 厘米的高度分开，画出格子。被试在格子里面写字。这种方法的主要内容如下。

（一）思维列表间隔

列出认知反应的时间间隔范围在 45 秒到 10 分钟或更长。通常情况下时间间隔在 2～3 分钟之间。当然，最合理的时间间隔的长短取决于不同实验的目的和实验要素的特点。

（二）思维列表记录

要求被试：（1）收听磁带上所述的赞成内容、不赞成内容、与之无关的内容，或三者的结合；（2）简短地列出在收听磁带过程中所想的内容，可用一个短语表达，忽视拼写、语法和标点。无论有什么样的想法都要记下；（3）两分钟的时间内完成。

（三）认知反应的分析特征

主要有三种特征可作为尺度对认知反应做系统分析。（1）极性：支持或反对所谈及事物的程度。极性范围包括赞成的想法，中立或无关的想法和反对的想法。（2）来源：人在反应中获得信息的主要来源，分为外部刺激源和内部刺激源。（3）聚焦：被试所关注的内容。一为“刺激思维”，是有关实验刺激情境的思维，如“我想知道这次讨论会将会如何”“这次实验是关于什么的”。二为“来源思维”，是关于实验刺激来源的思维，如“我想知道实验的下一步该如何操作”“他为什么要告诉我那些东西”。三为“感受思维”，是关于被试感受的陈述，如“我非常紧张”。四为“方式思维”，指被试关注于媒介或传递方式的思维，如“我喜欢面对面地和女孩谈话”“我们必须用扩音器谈话吗”。五为“无关思维”，指与实验刺激无关的思维，如“我正在考虑即将到来的足球赛”“如果你还不抓紧，我们看电影就会迟到”。对于被试的认知反应还可以有很多其他的分析方法。研究者依据实验的目的可选择有效且有针对性的分析维度。

思维列表提供了一个可信的而且有效

的认知反应的测量方法，它可以作为一个独立变量用于个人思维过程的评价和基础理论问题的研究。同时，它也被应用在治疗方面。这种方法在实际操作上还有待改进。

第三节 理论应用

认知信息处理论的临床应用对医疗健康许多专业都产生了很大的影响，成为心理学者研究与压力有关的疾病、抑郁症等的主要课题之一。这一研究取向有下列假设。

1. 认知（归因、信念、预期、关于个人与他人的记忆等）是决定人们感受与行为的关键因素。因此，学者对人们的所思所言有研究的兴趣。

2. 对认知的研究倾向于重视情境特殊性或情境分类，虽然学者也承认有概化性的预期与信念。

3. 心理疾病被认为是对自我、他人及发生的事件有扭曲的认知。不同形式的疾病源自不同的认知或不同的信息处理方式。

4. 错误、不良的认知会导致问题行为与消极感受，并进一步导致问题认知。因此，自我预言实现的循环会发生，人们会朝向肯定与维持扭曲信念的方向去行动。

5. 认知疗法中治疗者与患者对方共同努力以找出产生的扭曲和不良的认知，然后以更实际、适应的认知取代。这种治疗取向较为主动、结构化且聚焦目前。

6. 与其他取向相比较，认知取向不重视潜意识。此外，该取向重视改变特定的、有问题的认知，而非整体的人格。

学习栏 7-5

信息处理不足引发行为问题

认知理论的一个推论是一些问题反映了基本认知或记忆功能的不足，如注意、分离和组织信息等。例如，有精神分裂症的人比一般人需要更多的时间去再认刺激，如字母（Miller，Saccuzzo & Braff，1979；Steronko & Woods，1978）。目前还不清楚这一结果是否暗示了更严重的问题或是否只在感觉上有影响。然而，这个问题可能可以解释精神分裂症患者在生活中的困难。

另一认知理论观点指出注意能力有一个极限。如果你过于注意一些事情且不是你想要做的事，那么你在这件事情上就会变得效率低下。注意资源被无关事情抢夺，就会使你的学习变得困难。例如，焦虑占用了注意的资源，会使处理其他事情变得困难（Newman，1993；Sorg & Whitney，1992）。有考试焦虑或社交焦虑的人在焦虑发生时做事效率就会降低。一个类似的假设被用来研究与抑郁相关的缺陷（Conway & Giannopoulos，1993；Kuhl & Helle，1986）。

一些发散注意的类型也可能导致问题（Crick & Dodge，1994）。例如，具有过分攻击性的孩子不会注意到其他孩子的意图线索（Dodge，1986；Crick & Dodge，1990）。结果，他们经常误判他人的意图并有过激反应。他们经常抢先出手（Hubbard，Dodge，Cillessen，et al，2001）。这个结论对有暴力倾向的成年人也成立（Holtzworth-Munroe，1992）。

为什么人们以效率低下的方式运用注意呢？难道是他们的图式导致他们这么做的。图式的作用之一是告诉你在一个新事件中去哪里寻找信息：寻找符合图式的信息。因此，一个有偏向或不完善的图式可能使对线索的搜索带有偏差，可能导致错误推论和不恰当行为。

资料来源：Charles & Michael，2008。

一、压力与应对

在压力与健康领域中，认知取向心理学者的研究一直都非常重要。拉扎勒斯的研究在本领域是举足轻重的。他指出，心理压力大小要视个人对人与环境的认知而定（Lazarus，1990）。

（一）压力

根据心理压力与应对的认知观点，人们只有在认为情境对个人的重压已超过个人的资源所能承担的范围且危及健康时才会产生压力。其中有两个认知评估阶段。在初级评估（primary appraisal）时，人们评估他所遭遇的事是否性命攸关，有无威胁、危机存在。例如，对自我评价可能有害或有利？个人的健康或关注的对象的健康是否危险？在次级评估（secondary appraisal）时，人们评估自己做什么事能防止伤害或改善处境。可见，次级评定实际是评估个人应对初级评估评估出的潜在伤害或利益所需的资源。

（二）应对压力的方式

在压力的情境中，有许多应对方法被看成能有效管理、或应对那些被评估为超出个人资源负荷的情境。有人将应对方式区分成以问题为中心应对方式（problem-focused form of coping）（如设法改变情境）及以情绪为中心应对方式（emption-focused form of coping）（如情绪逃离、逃避—避开、寻求社会支持）。新近对该领域的研究偏重在发展评价应对方式的问卷——应对方式量表（ways of coping scale），以及不同应对策略的作用。这方面的研究已得到一些结果（Folkman，Lazarus & Gruen，1986）。

1. 人们对不同情境的评估方式不同。个人评估时似乎对环境中的情况很敏感。

2. 有证据指出，个人用来应对压力情境的方式，同时具有稳定性与变动性。虽然使用某些应对方式似乎是受人格因素的影响，但是大多数应对方式的采用似乎还是受情境因素的影响。

3. 一般而言，个体自陈压力水平越高、越努力去应对，其身体健康越差，越可能出现心理症状。反之，个体自觉越有掌握权，其身心健康越佳。

4. 虽然某一特定应对方式的价值应视其应用场合而定，但是一般说来，有计划去解决问题（如我拟好行动计划且依行动计划行事或我只管一步步做）比逃避—避开（如但愿出现奇迹或大吃大喝来减轻紧张）或与之对抗（如我就让情绪发泄出来或我对那些肇事者发脾气）使个体更适应。

有学者研究了人们可能用来应对困境的认知策略（cognitive strategy）及其作用。例如，自我阻碍策略（self-handicapping strategy），即设法自我设障（如赴重要面谈时故意迟到）以避免可能的失败对自尊的威胁（Higgins，Snyder & Berglas，1990）。人们以能使失败合理化的方式行动。此策略可能导致个人拥有成功的幻觉而不必冒真正失败的风险，也可能有效协助个人处理失败威胁带来的焦虑。然而，此策略也可能导致个体产生逃避行为并怀疑自己的能力。

另一个值得注意的是防御性悲观主义（defensive pessimism）（Norem & Cantor，1986）。该策略指人们采用低期望以应对失败的焦虑。例如，我们可以想象一位成绩全优的学生，每次都担心下次考试会失利。该策略优点在于不会导致降低动机或失败的自我预言的实现，反而可能有助于个体有效应对失败焦虑且促使他们更加努力。当然，它同时会带给个体一些持续性的不安全感与焦虑。此外，有证据指出，一旦悲观主义者形成了一种概化性的应对策略或反应模式，对个人健康可能会有负面的作用。

二、心理疾病与治疗

认知信息处理论主张心理疾病是由于不切实际、不适应的认知形成的。因而治疗须努力改变这些扭曲的认知，以更实际、适应的认知取而代之。

（一）艾利斯的理性情绪行为疗法

Albert Ellis（1913—2007）

理性情绪行为疗法（Rational Emotive Behavior Therapy，简称 REBT）是由曾经是精神分析家的艾利斯于 1955 年所创的理性治疗发展而来的。最初他所用的名称为理性治疗（Rational Therapy，简称 RT），到了 1961 年，他将改为理性情绪疗法（Rational Emotive Therapy，简称 RET）。直到 1993 年艾利斯又将理性情绪疗法更改为理性情绪行为疗法。因为他认为理性情绪疗法会误导人们以为此治疗法不重视行为概念。其实艾利斯初创此疗法时就强调认知、行为、情绪的关联性，而且治疗的过程和使用的技术都包含认知、行为和情绪三方面。

他认为，人既是理性的，又是非理性的。人的精神烦恼和情绪困扰大多来自其思维中不合理、不符合逻辑的信念。如我们必须要做某件事、我们应当有如此感受、我们理当成为这种人、我们对日常生活中的感受或情境是无能为力的。这种信念使人逃避现实，自怨自艾，不敢面对现实中的挑战。人们长期坚持某些不合理的信念，便会导致不良的情绪体验。通过逻辑、辩论、说服、嘲笑或幽默等方式的运用，我们可以改变那些导致疾病的非理性信念。当人们接受更加理性与合理的信念时，其焦虑与其他不良情绪就会得到缓解。长久以来，艾利斯的看法被行为治疗人员忽视，因为他们强调外显动作行为。目前，但他们已能接纳认知疗法的发展。

1. 不合理认知观念

人们有哪几种不适应的认知？认知过程有多少，不适应的认知就会有几种。

非理性信念（irrational beliefs），如“如果我表明我的要求，别人会拒绝我”“如果发生了美好的事情，坏事必定已经上路了，会跟着而来”。

错误推论（faulty reasoning），如“我这次失败了，所以我必然是能力不足”“他们没有照我期望的方式去做，因此他们必定不重视我”。

不良期望（dysfunctional expectancies），如“如果我遭遇的事可能变糟，那它就会变糟”“灾难就在角落”。

消极的自我观点（negative self-view），如“我总觉得别人比我好”“我所做的每件事结果都是错的”。

不良归因（maladaptive attribution），如“我容易紧张所以总是考不好”“我赢是运气，我输是因为我是天生输家”。

记忆扭曲（memory distortion），如“生活糟透了，不只现在如此，它一向都是如此”“我从未做成任何一件事”。

不良注意（maladaptive attention），如“我只是一味担心如果失败了会有多糟”“最好什么都别想，反正我也无能为力”。

自我打击策略（self-defeat strategy），如“别人击败我之前，我先认输”“我要在别人拒绝之前拒绝他们，然后看看人们是否还会喜欢我”。

2. 治疗过程

理性情绪行为疗法的治疗过程一般分为四个阶段。

一是心理诊断（psychodiagnosis）阶段。这是治疗的最初阶段，首先治疗者要与病人建立良好的工作关系，帮助病人建立自信心。其次，治疗者要摸清病人关心的各种问题，将这些问题根据所属性质和病人对它们产生的情绪反应分类，从病人最迫切希望解决的问题入手。

二是领悟（insight）阶段。这一阶段治疗者主要帮助病人认识到自己不合理的情绪和行为的表现或症状是什么，产生这些症状的原因是自己造成的，同时要寻找产生这些症状的思想或哲学根源，即找出非理性信念。

三是辩论（working throngh）阶段。在此阶段，治疗者主要采用辩论的方法动摇病人非理性信念。通过反复不断的辩论，病人理屈词穷，不能为其非理性信念自圆其说，才能使他真正认识到，他的非理性信念是不现实的，不合乎逻辑的，也是没有根据的。治疗者帮助病人开始分清什么是理性的信念，什么是非理性的信念，并用理性的信念取代非理性的信念。

四是再教育（reeducation）阶段。为了进一步帮助病人摆脱旧有思维方式和非理性信念，治疗者还要探索是否还存在其他非理性信念，并与之辩论，使病人学习到与非理性信念进行辩论的方法。治疗者还要加强病人解决问题的训练和社会技能的训练，以巩固治疗效果。

（二）贝克的认知疗法

Aaron T. Beck（1921—　）

与艾利斯一样，贝克原先也是一位精神分析家，后来舍弃精神分析理论而发展出一套认知疗法。他的认知疗法以对抑郁患者的处理最负盛名，同时也适用于其他心理疾病患者。按照贝克的看法，心理问题“不一定都是由神秘的、不可抗拒的力量产生的。相反，它可以从平常的事件中产生，如错误的学习，依据片面的或不正确的信息做出错误的推论，以及不能妥善地区分现实与理想之间的差别等”（Beck，1987）。抑郁患者思想通常是关于失败、自我价值的，有焦虑困扰的人则只关心危险（Clark，Beck & Brown，1989）。

1. 抑郁者的认知三角

贝克的抑郁认知模式重点理论是：患者会系统地错估当前与过去经验，导致认为自己是一个失败者、世界是充满挫折的，而且未来是凄凉的。这些三种负面观点即称为认知三角（cognitive triad）所包含的负面观点，其中有关于自我的负面观点（如我能力不足、不讨人喜欢、毫无价值），也有关于世界的负面观点（如世界对我们要求太多，生命总是涉及痛苦与被剥夺）。此外，抑郁者倾向于错误地处理信息，将日常难题夸大成灾难，并将单一遭拒的事件过度概化为没人喜欢的信念。就是这些思想问题、负面图式以及认知错误才导致了抑郁。

2. 错误认知研究

大量研究试图找出错误认知在抑郁与其他心理疾病中的角色。这些研究大多支持贝克认知三角的观点及其他错误认知的观点（Segal & Dobson，1992）。与非抑郁者相比，抑郁者似乎将焦点更集中在自己身上（Wood，Saltzberg & Goldsamt，1990），更会采用负面自我建构（Bargh & Tota，1988；Goldsamt，1990）。尤其与自我有关的事件，更偏好悲观看法（Epstein，1992；Taylor & Brown，1988）。这些研究尚未弄明白的是，是否真的是这些认知导致了抑郁，而不是因为其本身就是抑郁的一部分。此外，如果错误认知是原因所在，那么这些错误认识是如何发展的呢？这仍是一个悬而未决的问题。

3. 认知治疗

抑郁的认知疗法旨在辨认并纠正歪曲的概念化过程及不良信念。一般治疗每周时间间距有 15～25 个时段。该取向涉及高度特殊化的学习经验，治疗者教导患者监控其负面、自动化思想，体验出这些思想如何导致情绪化问题与问题行为，检查与反思这些思想的根据，并以更现实导向的解释取代这些认知偏差。治疗者协助患者了解：事件的解释能导致抑郁情绪。例如，下面是治疗者（T）与患者（P）间可能发生的交谈。

P：当事情不顺利时，我就忧虑，如我考试失败时。

T：怎么一次考差就让你抑郁了？

P：是，假如我失败了就永远别想进法院。

T：所以考试失败对你来说是件大事。但是，如果一次考差就能让人变成抑郁患者，那么你认为每位考试失败的人都有抑郁症吗？每位因考差而得抑郁症的人都严重到有治疗的必要吗？

P：不是，要看那次考试对当事人的重要性。

T：没错，那谁来决定考试的重要性呢？

P：是我啦。

资料来源：Beck，Rush & Shaw，1979

除了检验信念的逻辑性、效度与适应性外，治疗者也给患者布置行为方面的家庭作业，以协助患者自己检验某些不良认知与假设。治疗者也指定患者一些可以得到成功与愉快结果的活动。一般而言，治疗时治疗者主要针对被认为影响抑郁的特定认知。另外，贝克注重治疗者持续主动建构治疗的过程，强调此时此地以及意识因素等。认知行为治疗对抑郁症患者有相当高的疗效。患者较少中途放弃，该治疗也没有什么副作用（O' Leary & Wilson，1987）。

（三）梅钦鲍姆的压力免疫训练

D. Meichenbaum（1940—　）

根据梅钦鲍姆（Meichenbaum，1983）的看法，“认知行为疗法是协助患者认同、检验现实及纠正不良、扭曲概念化方式和不良信念等，认知行为治疗的效用在于使患者成为更能解决问题及更有能力的科学家”。所谓压力（stress）并不是某种困难或不利的情境，而是基于当事人对人和环境的认知。他主张压力与认知评估有关，感受压力的人常常拥有各种自我打击与干扰的思想。此外，这种自我打击认知及相关行为也具有自验为真的成分（例如，人们会使得别人以过度保护的方式对待他们)。最后，事件会以与负向偏差一致的方式被知觉及回忆。他发展的用来协助人们应对压力的方法称作压力免疫训练(Meichenbaum，1985)。该方法被认为类似于医学免疫法对抗生物疾病。

压力免疫训练有三个阶段：概念化阶段、技巧的学习与练习阶段、应用与追踪阶段。

1. 概念化阶段

概念化阶段中，治疗者引导患者了解压力的认知性质，收集他们可能拥有的对事物不适当或不正确的想法。这可通过问卷与访谈方式来完成。不管哪种方法，都是使患者能觉察那些负面、构成压力的想法的存在，如“做任何事都要很费力”“我无法控制这些想法或改变情境”。此外，治疗者还要引导患者了解那些负面思想对情绪与行为有不利的影响，以引起患者为改变这种状况而努力。

2. 技巧的学习与练习阶段

技巧的学习与练习阶段，主要是协助人们学习应对压力的一些方法和策略，并改变错误的认知。首先，治疗者教患者学习肌肉放松的方法，作为准备性活动。其次，治疗者教患者学习改善认知的策略。例如，如何重新分析问题使问题变得较容易掌握的认知策略，以及解决问题的策略(如如何界定问题，找出另一个可能的行动方案，评估每种解决方案的优缺点，执行最可行、最佳的方案)。最后，患者接受自我教导训练，学会不断地用言语鼓励自己进行应对，如“我办得到”“一步一步慢慢来”“我对自己进步的情形很满意”等。

3. 应用与追踪阶段

治疗者教导患者如何在实际情况中应用第二阶段学会的技巧。首先，患者想象各种压力情境，并运用在第二阶段学会的技能与策略。其次，患者进行行为训练、角色扮演以及治疗者为患者做榜样示范。再次，患者将这些技巧应用到实际生活情境中。最后，为了预防再患病，治疗者教导患者将偶发的难题或失误解释成可谅解的意外，而非个人失败或能力不足。此外，在追踪期，治疗者可能还需定期检查，以确保当事人不会再回头采用早先不良的认知与策略。

表 7-6（Meichenbaum，1974）压力免疫法所提倡的应对措施旨在使人们掌握有效的自我指导的方法，而不是在面临压力和恐惧时惊慌失措。

表 7-6　压力免疫法所提倡的应对措施

为压力做好准备
你到底需要做些什么？
你能制订一个计划来应对压力。
不用担忧——担忧解决不了问题。
不要消极地看待问题——你要理性地进行思考。

续表

为压力做好准备
你到底需要做些什么？ 你能制订一个计划来应对压力。 不用担忧——担忧解决不了问题。 不要消极地看待问题——你要理性地进行思考。
面对并应对压力
一步一步地来——你能掌控局势。 医生提到过你会感到有些焦虑，这提醒你要采取相应的应对措施。 别指望完全消除恐惧——只需要把它限制在可控的范围里。 当感觉到恐惧时，你就稍微停一会儿。 把注意力放在眼下的事情上——你到底要做什么？
采取应对措施后
每当你使用这套方法，你都在不断地进步。 你会对你所取得的进步感到满意。

压力免疫训练与大部分认知疗法相比，是相当主动、重点式、结构化与简要的疗法。它曾在医学界被用到即将接受的手术的患者的身上；在体育界被用来协助运动员处理竞赛的压力；被用来协助遭强暴的受害者处理创伤；在工厂环境中则被用来教工人更有效的应对策略。

第四节 理论评价

一、理论贡献

（一）人格与认知的有机结合

该理论取向有三个主要贡献与优点（见表7-7）。首先，它用认知心理学的实验研究方法来探讨人格论题。许多人格理论均让人因其概念模糊及难以引发出有关实验研究而困惑不已。精神分析理论和人本主义理论多少都有此问题。此外，大多数人格理论均独立于其他心理学研究领域。因此，人们考察各种理论时，很难明白指出该理论的哪些部分是源于其他心理学领域，尤其临床类的理论更是如此。认知信息处理取向则与传统理论不同。该取向的人格心理学者借用社会心理学与认知心理学的概念，以及实验程序，来探讨人格，体现了理论取向的兼容性。

表 7-7 人格的认知信息处理论的优、缺点对照表

优点	缺点
1. 本取向与实验认知心理学一样研究有关清楚界定的概念并能进行实验研究。 2. 考量某些人格重要层面的课题（如人们如何表征他人、情境、事件与他自己）。 3. 对健康管理与心理治疗有重大贡献。	1. 仍未成为统一完整的人格理论。 2. 否定情感与动机和认知有重大相关及它们对认知的决定性影响。 3. 概念的定位与认知治疗的效果有问题。

（二）研究人格的重要层面

人格的认知信息处理取向的第二个优点在于其探讨的现象涉及人格的重要问题。传统重视实验的理论，常常忽略了许多方面的人格功能。认知信息处理论所探讨的课题——个人如何组织有关人物、情境、事件与自我表征，这些都是人格心理学者理应探讨的课题。虽然实验心理学有时会忽视自我与意识、思维方面的课题，但是认知信息处理取向仍认同实验研究，并且关注日常生活中的种种现象。

（三）对临床领域的重要贡献

认知信息处理研究取向在临床应用领域具有重要价值。认知治疗法的明确特征就在于探讨人们对自己的所思所言。除此之外，认知治疗法还对人们信息处理的过程、导致心理失调的扭曲认知以及可用来改变这些扭曲的认知程序等进行研究。由于强调主动与结构化的研究取向，因此本研究取向与精神分析和人本主义的治疗法有根本的区分。同时，它强调人们内在发生的变化，因此也与行为主义理论不同。由于采用认知疗法的学者队伍在不断扩增，因此认知研究也更广泛地应用到各种心理问题上。

二、理论缺点

（一）以电脑为理论模型的问题

人们提出了一个问题：“以电脑模型研究人类功能是否有助于了解人类行为。”人在许多方面的思维并不像电脑，更别说是行为了。米勒是以电脑模型探讨人类思维的先驱与领导者，但他后来也主张“电脑运作的方式与心灵运作的方式没有一点实际联系，就如同车辆无法表现出人行走的方式一样”（Miller，1982）。电脑进步神速，能处理的信息量剧增。人类设计的程序也日益复杂，使电脑能够模拟人类思维。然而，许多人仍相信人类思维的本质与机械思维不同。机械不可避免地需要由人来选择被储存的信息，以及人设计好的组织信息的程序——此为信息处理中两个主要的过程。机械也不像人类思维会进行许多节约性与非理性的联结。此外，人们会进行内在意图、动机、诱因及行动等判断。虽然有可能将电脑设计成以类似的方式进行思维（Colby，1982），但是这两种思维过程间仍有相当大的鸿沟。在社会情境中

思索有关社会现象的过程，本质上就不同于对中性信息独自进行处理的过程。

（二）忽略情绪与动机

当前认知心理学忽视了像情感与动机等重要的人类现象（Bersheid，1992；Hastorf & Cole，1982）。该取向如果一味遵循认知心理学原有的观点，不思突破，则有犯同样错误的危险。一味重视脑袋里的东西就可能会使研究处于丧失灵魂的危机中。

20世纪二三十年代，行为学派在美国盛行一时，而认知过程研究并不多。学习论者托尔曼是一个例外，他强调认知的重要性，批评当时盛行的人类行为的电话交换机模式（刺激—反应）。一位批评托尔曼的学者指出：他让动物淹没在思考中，却未能思考它们何以选择该行动（Guthrie，1952）。同样，当代一位认知心理学学者也提到："正如认知心理学呈现的，让人们迷失在思考中而未能行动的危机一样，当前研究取向（认知人格）仍然未触及解决行动如何发生的这一问题（Posner，1981）。

（三）治疗作用不明

虽然以认知为基础的治疗法被广泛应用，但是它还存在一些问题。首先，虽然这些治疗法有共同认知重点，但是缺少一个理论模型。它们通常与认知心理学本身的研究论述没有直接联系（Brewin，1989）。其次，虽然这些研究取向主张认知扭曲是情绪失调（如焦虑与抑郁）的原因，但是究竟是它们决定了负面情绪，还是他们是负面情绪的联想或结果，这仍有待澄清（Segal & Dobson，1992）。如同行为治疗界中一位权威人士所说："谈到因果，抑郁患者非理性认知的特征是否可能为困扰情绪的结果而非原因？（Rachman，1983）"再次，人们不清楚到底认知治疗是强调理性、实际认识还是适应性认知。这些用语都曾被提过，还常常彼此交换使用。有证据指出，抑郁患者就比常人更不会为认知扭曲而苦恼（Power & Champion，1986）。治疗的目标是协助人们学习如何将现实扭曲得更好以得到较佳感受吗？最后，虽然有一些证据指出，对某些患者来说，某些认知疗法有疗效，但这点仍未确定（Miller & Berman，1983）。

总的说来，人格与治疗的认知信息论还是有着美好的前景的，尤其是学者在研究时注意到上面提及的这些不足后。应该说认知信息处理论的一些进展多少修补了某些缺失。这体现在三个方面。一是从认知到情绪和动机，前面提及可能的自我与自我标准均是讨论自我图式的动机性质。二是从认知到行为，认知信息论并非一味只强调思考，相反，越来越重视行动。与特质论只重视人们拥有的结构的观点不同，该研究取向还重视人们想要进行的事（Cantor，1990）。研究者用许多观点来强调人们是朝向一定目标行动的，如目标、个人计划、个人奋斗目标以及生命作业等概念（Cantor & Zirkel，1990）。三是从西方自我到跨文化自我，在形成个人人格上，文化扮演相当重要的角色。西方原来不言自明的"自我"，在其他文化中的含义却可

能与我们得自西方社会的差别甚多。（Roland，1988；Shweder，1991）

第四章 对认知理论的总体评价

第一节 理论特色

一、由“冷”认知转向“热”认知的研究

有学者区分了“冷”认知与“热”认知两类研究。认知心理学者和认知人格心理学者，均倾向于探讨“冷”认知。他们研究重大现象，且倾向于在冰冷的实验情境中探讨较不具情绪层面的现象。然而，在重要的生活情境中，真正的社会认知过程基本上就与研究焦点的冰冷、疏离过程有所不同。对信息处理模型研究的文献进行总览后，一位认知心理学界的领袖指出“本取向的研究整体看来毫无生气，因为我们分析的有机体被认为是纯理性的……然而，这种描述与实际行为并不吻合……我的结论是，人类的智慧除了纯认知系统外还有更多其他成分。忽视了这些层面的认知理论，就不配称之为科学”（Norman，1980）。这些层面的主要部分就是情绪和动机。

自1980年以来，研究形势已经有了改变，认知—情绪动机的研究已得到支持和鼓励。有关目标和自我方面的研究，就是朝向此方向努力的代表之一。有关压力与认知应对的研究是另一种代表。有关抑郁影响认知等情绪作用的研究则为第三种。这些研究尚在发展初期，人们还需努力多久才能对此领域有所了解尚有待观察。

二、将认知问题引入人格研究领域

认知心理学中存在许多未解的问题，深入探讨心理现象的复杂性使心理学家将视线投向了人格心理学领域。当认知心理学家将问题带进人格领域时，这也拓展了人格心理学的研究范畴。人格心理学家感兴趣的有三个认知层面。

第一个认知层面是知觉（perception）差异，即人们的感觉器官接收信息、排列顺序的过程中体现的个体差异。例如，罗夏克墨迹测验的基本原理也正是基于这一点。看着同一墨迹，一个人可能看到一大群蝴蝶停在花园里的鲜花上，而另一个人可能看到的是血迹。两个人的人格影响了视觉方式与知觉对象。

第二个认知层面是解释（interpretation）风格，即人们对世界上的各种事件赋予不同意义，加以解释。像主题统觉测验（TAT）一样，呈现给被试一张意义模糊的图片，要求他们说明在发生什么，并解释图中所发生的及结果。人们对 TAT 图片的解释非常不同。这些解释揭示了人们的人格特点。

第三个认知层面是人们的信念与欲求，即人们形成的用以评价自己和他人的标准和目标。人们对生活中什么是重要的、什么目标适合去追寻形成特定的信念。信念和欲求引导和组织了个体的日常生活，指引着人们为各种各样的目标去奋斗。理解生活任务如何由信念产生，以及它们如何转化为日常生活的目标和渴望，将帮助我们理解人格。

上述认知层面的问题成为认知心理学家和人格心理学家共同关注的主题。认知与人格两大领域的研究者将联手探究人类自身的心理问题。

第二节 重要贡献

一、将实验研究技术带入人格研究

认知学派研究者们的一个突出特点是注重运用实验技术的方法来研究人格问题。这给以问卷、测评为主要研究方法的人格研究带来了新的设计思路。实验研究方法的客观、精细等特点为人格研究提供了新活力，可以弥补人格研究方法中的主观、不分化的不足，使人格研究结果更具说服力。

二、将人格与认知问题有机结合

当认知心理学家与人格心理学家开始共同聚焦一些心理问题时，认知风格、内隐现象等问题就成为研究的焦点。例如，思维风格、决策风格、学习风格等。社会认知也成为人格心理学家和社会心理学家、认知心理学家都关注的研究领域。这种融合的研究趋势更符合心理学研究发展的整合特征——多视角地研究人的心理现象。

第三节 主要缺陷

一、防止人格研究的去人格化倾向

人格研究有自己的套路，有自己的特色。认知学派用研究认知的方法来研究人格，具有局限性，其实验的方法更适合于与认知相关的人格问题，并不一定适合于人格研究的所有问题。人格研究仍然强调研究方法为研究问题服务，应该选择最适合的方法研究人格问题。实验室研究虽具有控制严格的特点，但是过于精细化也会以牺牲人格的整体性为代价，实验室中人的反应与现实生活中人的反应是不同的。因此，要防止以一种方法取代另一种方法的做法，科学研究要特别防止赶时髦的现象。

二、认知理论范式缺乏系统性

与其他人格理论学派相比，认知学派在理论体系的建构上缺乏完整性与系统性。认知学派的理论观点是建立在实证研究的基础上的，有别于许多人格理论的思辨的特征。以实证研究为基础的理论观点会有略带零散、具体的特点；有利于解决某一类具体问题，而不利于对人格领域整体思考的连贯性。在以理论建构为特色的人格心理学领域里，相比之下，认知学派略显得理论色彩不足。

思考题：

1. 评述个人建构理论、社会认知理论和认知信息加工理论的观点，并比较异同。

2. 说明理性情绪疗法和认知疗法的理论依据与应用价值。

3. 分析你个人或朋友的人格建构的层次与特点（如主导建构、建构的通透性等）。

第八编 人格心理学评论

第一章 人格心理学家的人格与理论

第一节 人格心理学家的人格

人格心理学家用其一生来研究人格，那么，他们的人格是怎样的呢？人格学科对他们人格塑造具有哪些影响呢？这常常是人格心理学研究的后继者们关注的问题，研究人格心理大师们的人格也成为一个兴趣研究点。

每位人格心理学的大师们都是那个时代极具影响力的人物，他们的理论思想辐射到心理学的领域内外，特别是富于新意和神秘的思想总是会引发风起云涌的争论。美国心理学期刊《普通心理学评论》(2002年第6卷第2期）刊登了一项对20世纪的心理学家的知名度进行评比，人格心理学家均列在最著名的前99位。这些研究人格心理学的大师们，向人们展现了他们卓越的人格影响力，他们具有共性的和个性化的人格特征。

首先，人格心理学对他们的人格塑造体现在学科人格上。学科人格也是他们的共性群体人格（如表8-1)，是长期的学科思考熏染了他们，并固化在他们的人格系统中，成为人格的一部分。因此，人格心理学对他们的人格建设具有重要影响。

表8-1 人格心理学家的学科人格特征

	群体人格特征	人格描述
1	学科素养	严谨的理论思考能力，熟练的统计分析能力，独特的临床咨询技术。
2	跨界的影响力	他们的思想不仅影响心理学领域，而且还影响到哲学、文学、历史、政治、医学等其他学科领域。
3	深刻的思考力	他们的理论思维能力很强，对现象的抽象思维，对关系间的逻辑思考，对事实的归纳能力等。

续表

	群体人格特征	人格描述
4	理论与实践的转化力	他们的理论思考来源于对现实的观察，将现实抽象到理论观点，再将理论运用于心理咨询与治疗中，验证理论的有效性。
5	共性的群体人格	有志向，善思考，聪慧且勤奋，自我完善，追求卓越。
6	人格魅力的吸引力	他们很少出现暗黑人格，也不会去运用厚黑学，他们知道人格的魅力是与美好连结在一起的，以自身的人格魅力吸引大众关注到人格学科中。

其次，人格心理学家人格的差异性。除了学科人格，人格心理学家的人格还体现出个性差异特征（见表 8-2），不同的成长环境与思考方式使他们各具特色，这也形成了不同理论流派。

表 8-2　主要人格心理学家的个体人格特征

人物	人格描述	所属流派
弗洛伊德	志向高远、聪颖勤奋、坚韧不屈、自强不息、勇于创新、风格简洁，但也孤傲、独断、固执。	经典精神分析
荣格	聪慧，博学，独思，孤僻，风流，专于学问。	精神分析
阿德勒	自卑，敏感，自强不息，思维独特，勤奋刻苦。	精神分析
霍妮	性格复杂，坚强与脆弱，同情与冷漠，专横与谦卑，领导与顺从，耿直与和蔼，聪明与勤奋，勇气与自卑，幽默与抑郁。	新精神分析
弗洛姆	孤独，内向，心智敏感，执着，勤奋，热衷政治，关注社会问题，沉湎于学术研究。	新精神分析
埃里克森	性格孤独，内省，学业平平，艺术才华突出；一直受自我认同的困扰。	新精神分析
华生	性格反叛，学习刻苦，思维新异，风流潇洒，心理抗逆力极强。	行为主义
马斯洛	孤独自卑，好学勤奋，积极乐观，追求卓越。	人本主义
罗杰斯	勤奋、聪明、创新、探索、坚韧、积极、耐心，但孤僻、敏感。	人本主义
奥尔波特	整洁、规律、守时、严谨、坚韧、积极、创新、善于思考。	特质理论
卡特尔	智力优异，兴趣广泛，严谨求实，珍惜时间，成果繁多。	特质理论
凯利	为人热情、平易近人、喜欢质疑挑战、心胸开阔、多才多艺。	认知理论

第二节 人格心理学家的人生与理论

人格心理学以理论流派纷呈著称，阅览各位人格心理学家们的理论独白，总是会激发起探究其人生的好奇，更想探秘的是他们的内心世界，因为他们的思想源自于他们的生活。因此，试图考察理论和心理学家人格之间的关系，也成为人格心理学研究者们的“业余爱好”。人格心理学与其说是人格理论，不如说是大师们的人生解读。反之，人格心理学也是体现出人生哲学的特点。因此，外行关注他们的理论，内行关注他们的人生。

人格心理学家的人生经历和性格特点会对其理论产生影响（见表 8-3）。每一理论都是人格心理学家对人生的解读，特别是与他们的人性观有着最直接的联系。他们的人格理论为人们提供了解释世界、解释人生的框架，不同的人格心理学家从各自的人生体验建构了不同的框架，形成了各种理论流派，给人们提供了多元的人生解读视角，帮助人们更有效地解决人生问题。

表 8-3　人格心理学家的人生与其理论

人物	童年体验	心理状态	亲子关系	同辈关系	人性观	理论贡献
弗洛伊德	矛盾	冲突	矛盾（严父，慈母）	竞争	消极	经典精神分析
荣格	不幸	孤独	矛盾（父软弱，母强势）	回避	积极	精神分析
阿德勒	不幸	自卑	矛盾（父关爱，母排斥）	竞争	积极	精神分析
霍尼	不快乐	焦虑 敌意	矛盾（父轻视，母关爱）	嫉妒	积极	新精神分析
华生	不快乐	反叛	冷漠（父离弃，母严厉）	反抗	积极	行为主义
奥尔波特	不快乐	自卑	严厉	被排斥＋引领	积极	特质理论
卡特尔	幸福	快乐	民主	和谐	积极	特质理论
马斯洛	不幸	自卑	冷漠	被孤立	积极	人本主义
罗杰斯	不快乐	孤独	严厉	竞争	积极	人本主义
罗洛·梅	不幸	独立	离弃	关照	积极	人本主义
凯利	幸福	变化	关爱	和谐	积极	认知理论
班杜拉	幸福	自由	民主	和谐	积极	社会认知

（源自：许燕，2017）

阿德勒从小身体多病，与兄长相比自愧不如，产生了深深的自卑感，亲身经历使他提出了器官自卑和心理自卑，以及出生顺序对人格的影响，又以其个人的顽强毅力不断进取，提出了追求优越与心理补偿的思想；埃里克森童年的不同身份的冲突使他提出了自我认同理论；霍尼从小经历了父亲对女性的歧视，提出了女性心理学的观点；马斯洛从小成长环境极差，但他不屈从于命运，追求成功，体验到了自我实现后的高峰体验，使他提出了自我实现的理论观点。这些都说明了理论家的人生经历和理论之间的联系是理论产生和演变的重要源泉。这些由人生经历发展而来的理论称之为个人理论，之后经过不断地验证后成为科学理论。

人们在思考人生时，特别是遭遇人生厄运时，他们特别希望寻找到渡过难关的成功经验。当他们面对人生困境，特别是不幸童年与家庭环境时，他们通过博览群书，从中汲取人生道理，走向成功。例如，弗洛伊德是个扎在书堆里的宅男，荣格、阿德勒、霍妮、马斯洛等，阅读是他们的人生制胜法宝。人格心理学家用自己的人生向世人证明了一个道理：每当感到生存的阴霾与沉重时，就去阅读！

人格心理学有一个非常重要的功用，就是解读世界中的人和事。如何解读世界会折射出一个人的人生框架，这个人生框架，就是人格。阿德勒曾说："应对生活中各种问题的勇气，能说明一个人如何定义生活的意义。"为什么不同人的人格建构不一样？因为人格建设的主体是你自己。我们每个人的人生都自带理论，那是你自己建构起来的人生框架。在"每个人的人格中，都有建设性力量和破坏性的力量"所以，我们有成就，也有坎坷。有光明人格，也有暗黑人格。

学习栏 8-1

哪种理论是最好的？

学习了各大不同观点表达的人格理论流派，你会觉得大师们说的都有道理，但是你会需要一个确定性的答案：哪种理论是最好的呢？

统一答案是没有的。因为每个理论都是无法或缺的，但是也不是完美的。但是对于个人来说，会有偏好。当一个理论符合个人某种需求时，例如有一种"英雄所见略同"之感。爱德华·托尔曼（Edward Tolman，1959）曾将自己的选择标准告诉大家"我喜欢用一种适合于我的方式来思考心理学……到最后，唯一确定的标准就是玩得开心。"

印度寓言"盲人摸象"的故事告诉一个道理：每个摸象的人都确定自己的判断是对的，事实上，他们每个人都只说对了一部分，也都错了一部分。我们要想了解人格的全部，就要学习和运用所有理论。

第二章 人格研究主题

每个学科都有其自己偏好的探索问题，人格心理学作为一门独立的研究领域有其独特的研究主题，也构成人格研究领域的框架。要研究和了解人格心理学，就要从这些问题视角去思考人的心理。人格心理学有八大研究主题：人性哲学、人格结构、人格动力、人格发展、人格成因、人格变化、人格异常、人格测评。

第一节 人性哲学

人性哲学是人格理论家面临的第一个基本论题。在人格理论研究中，人性观是每个理论都要涉及的问题，因为人格心理学是研究人的学科，人性哲学体现了每位学者看待人的态度与对人的思考取向。在人性哲学中不仅反映了学者自身的生活经历以及当时的社会与科学趋势，而且学者对人性的看法也直接影响到他们人格理论与研究的层面与方式。在各种派别的人格理论中，我们可以看到不同的人性观。例如，经典精神分析理论代表人物弗洛伊德把人视为一个能量系统，主张人性本恶；人本主义学派代表人物罗杰斯把人看作是自我实现的有机体，相信人性本善；行为主义学派的代表人物斯金纳把人当成环境变化的被动、机械的适应者，主张人性无善恶；等等。在各种人性观影响下，每种理论都提出了一种研究和分析的思路，同时也表现出了理论的局限性。读者在学习人格理论或分析人格现象时，不同人所持的人性观会影响到一个人对人格问题的理解。

在人性哲学的研究中，有以下几个思考的子维度。

一、性善与性恶

人性问题是古今中外一直争议的问题，也是任何一个人格理论最先要回答的问题，因为它是建构一个理论的基础，是具有评价含义的人格成分。在长期的争论中，中西方形成了不同的观点（见表 8-3），给后人提供了思考的维度。

表 8-3 中西方文化的人性观比较

人性观	中国文化的代表人物	西方文化的流派与代表人物
性善论	儒家—孟子，孔子	人本主义理论—罗杰斯
性恶论	法家—韩非子，儒家—荀子	精神分析理论—弗洛伊德
无善恶论	道家—老子，法家—告子	行为主义理论—华生
有善有恶论（亦善亦恶论）	儒学—世硕，董仲舒，杨雄，王充，韩愈	认知理论—凯利 交互作用理论—罗洛·梅，米歇尔

在性善论中，中国文化强调“人之初，性本善。”特别是儒家认为善是人之本，与生俱来，不需要后天习得。在西方人格心理学理论中，人本主义理论学家罗杰斯、马斯洛坚持性善论的观点，认为人有一种自发的积极进取的力量，推动人们不断迈向理想目标，达到自我实现的境界，所以他们更多关注的是正常人和健康群体。

在性恶论中，法家韩非子认为人性是趋利避害的；荀子认为“人性本恶”，即善并不是人的本性，而是后天教化而成。而经典精神分析理论的代表人物弗洛伊德坚持人性恶的主张，他专注于解释人类的丑陋与异常行为，他将两次世界大战的爆发都指向于人性恶的根源，在对异常心理解释时，也会认为是现实与道德失控下人本能的表现。

在无善恶论中，道家告子认为人性的两个特点：一是与生俱来的人性是无善恶的；二是人性受到外界的影响之后，才会表现出善与恶的区别。行为主义理论的创始人华生主张人性无善恶论，强调环境决定论，他并不认为人性会发挥重要作用，环境可以改变人、塑造人，他的经典言论是“给我一打儿童，我可以把他们培养成为律师或小偷……”。

在有善有恶论与亦善亦恶论中，世硕、王充等人主张人性有善有恶论，这种观点认为，人性中存在善、恶两种潜在因素，性善或性恶关键在于后天的教养。认知学派的凯利认为人性善恶提出人性有善有恶论，认为一个人的善恶与他/她的人格建构有关，“善”如果是一个人的核心建构就会统领他的认知、情感和行为；如果人格建构被恶所控制，就会使人性散发邪恶，无恶不作。持人性与环境交互作用理论的米歇尔和罗洛·梅强调人性与环境的交互作用，好的环境可以激发人性善的成分，差的环境会启动人性中恶的东西。

《死亡实验》(2009)

二、积极与消极

这一论题反映了人格理论家们对生命的看法是积极的还是消极的，或者说是乐观的还是悲观的。人格心理学家们要去判断人类从根本上来说是善的还是恶的？是仁慈的还是残忍的？是充满怜悯的还是无情的？这种判断会影响到人格心理学家们对人性分析的态度。当研究者认为人性本恶，采取实体观，认为人是不可变时，就会产生消极的人性观，表达出悲观的论点，如弗洛伊德。相反，如果研究者认为人性本善，采用可论时，就会产生积极的人性观，表达出乐观的论点，如华生、奥尔波特、凯利、米歇尔等。人格心理学家所采取的态度受他们研究对象的影响，长期面对的临床群体，使弗洛伊德对人的看法过于悲观，因为他多接触的是具有心理问题的临床群体，关注的是人的问题与人性弱点。而研究正常与优秀群体的其余流派对人性则持积极态度。例如，马斯洛则关注成长而不是停滞、关注优势和潜能而不是弱点和局限。他认为心理学家只关注心理异常以及具有情绪障碍的个体，而忽视了人类的积极品质，比如幸福、满足和内心的平静，这是有缺陷的。他说："研究残疾的、不健全的、不成熟的以及不健康的样本只能导致有缺陷的心理学"（Maslow，1970b，p. 180）。马斯洛指出，如果不去考察最优秀的具有创造性、独立、自立以及自我实现者，就会低估人的本性。

表 8-4　不同理论学派的积极与消极人性观

理论流派	代表人物	人性观	研究对象
精神分析理论	弗洛伊德	消极	临床群体
人本主义理论	马斯洛	积极	优秀群体
行为主义理论	华生	积极	正常群体
特质论	奥尔波特	积极	正常群体
认知理论	凯利	积极	正常群体
交互作用理论	米歇尔	积极	正常群体

三、自然性与社会性

人是自然属性与社会属性的总和。各派理论学家都会承认人格的自然属性与社会属性，但是争议点在孰轻孰重的问题上，是本能决定人还是环境决定人？经典精神分析的代表人物弗洛伊德强调本能的决定作用，本能的巨大作用力决定了人的发展阶段与心理冲突；人本主义理论的代表马斯洛则认为人生来就具有自我实现的驱力，对环境有控制与制约力；特质理论也强调特质是遗传生理结构。而行为主义和社会认知理论更为强调环境的作用。

表 8—5　不同理论的自然与社会性人性观

理论流派	代表人物	人性观	主要观点
精神分析理论	弗洛伊德	自然性	人体就是命运
人本主义理论	马斯洛	自然性	自我实现的天性
特质理论	奥尔波特	自然性	特质是神经生理系统
行为主义理论	华生	社会性	环境决定一切
社会认知理论	班杜拉	社会性	观察学习的结果

外貌与性格有关吗?

第二节　人格结构

人格是一个系统，存在着一些基本单位，构成人格结构（personality structure）。思考人格结构的维度有如下几方面：

一、人格结构模型

不同的人格心理学家从不同的角度试图回答人格的结构问题：例如，特质理论代表人物卡特尔提出了特质的结构网络来描述构成人格结构的单位；精神分析学家荣格提出了双极人格维度（如，内向一外向）来说明人格结构的向度；类型理论代表人物希波克里特描述了四种不同气质的人格差异来说明人格特征问题。另外，人格结构的构成形式也是人格理论学家争论不休的问题：特质间或成分间的关系如何？它们之间形成的是何种结构？是层次结构、水平结构、圆形结构或是三维结构？常用的人格整合模型，集合了类型、特质和维度的元素，例如，艾森克的人格结构模型（图 8-1），两个维度（情绪稳定一不稳定，外向一内向）构成气质的 4 种类型（抑郁质、胆汁质、多血质、粘液质），每种气质类型又各自包含了不同的特质（例如，多血质的特质有好焦急、开朗、健谈等）。

人格结构常用的范式是双维的正交模型（见图 8-2），两个相互独立的变量构成模型，例如善一恶人格与好一坏环境，善良人格与好环境一致条件下，人们会更多地显现出直觉行善，见义勇为；但是当善良人格与差环境产生冲突时，可能就会使人表现出控制行善，洁身自好；而不善者在差环境中会表现出不受制约地作恶多端；而在好的环境下，他们会浪子回头，金盆洗手。

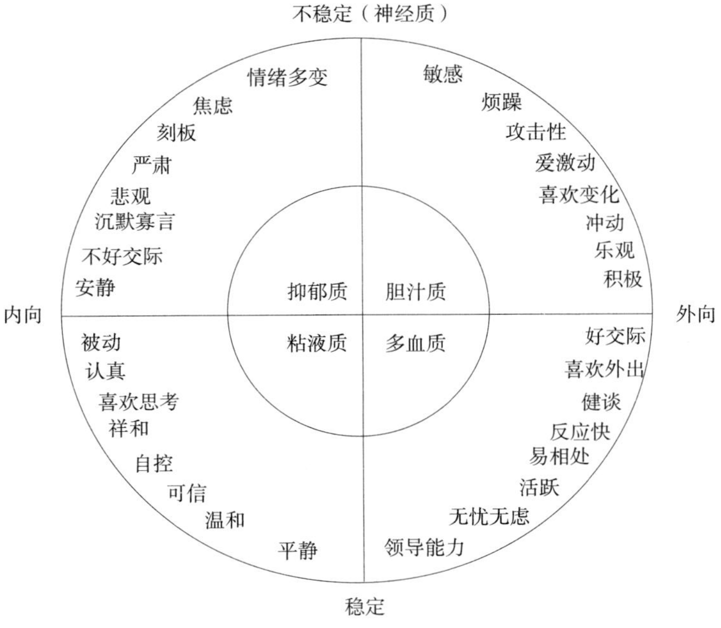

图 8-1　艾森克的人格结构模型

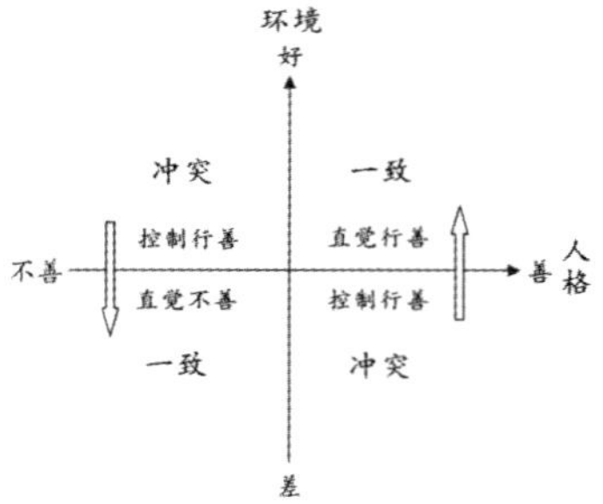

图 8-2　善恶人格与环境交互作用理论模型

二、人格结构的内涵

人格构成包含了什么内容也是人格心理学家探索的问题，一般认为气质反映了人格中的生理决定的成分（自然属性），性格反映了人格中社会化的成分（社会属性），自我反映了人格中心理调控的成分（心理属性或自我属性）。

表 8-6　不同的人格结构内涵

结构属性	代表人物	结构样例
自然属性	希波克里特	气质类型：多血质、胆汁质、粘液质、抑郁质
	谢尔顿	体型论：瘦长型、肥胖型、筋骨型
社会属性	阿德勒	支配型、索取型、回避型、社会型
心理属性	霍尼、罗杰斯	理想自我、真实自我、现实自我

道德性格是否存在?

三、基本结构的数量

自建构大五人格模型以来，虽然五个维度得到了广泛的认可，认为是比较完美描述人格结构的范式。但是，研究者们还在一直确认人格基本结构的维度是多少，提出了一些竞争模型（见表 8-7）。近年来，常用的是大六人格模型，是在大五人格的基础上加入了“诚实－谦恭”维度（Ashton & Lee，2007，2009）。

表 8-7　大五人格的竞争模型

特质数量	研究者	特质命名
大一	Musek	G 因素：人格的一般水平（GFP），与适应性有关
大二	Digman	Alpha 因素（社会化）、Beta 因素（个人成长）
	DeYoung	Alpha 因素（稳定性）、Beta 因素（可塑性）
大三	艾森克	内外倾、神经质、精神质
	Osgood	评价、活动、潜能
	Tellegen	正情绪、负情绪、强制
	许燕　王萍萍	控制、亲和、追求成功

续表

特质数量	研究者	特质命名
大四	张建新	社交潜力/友善、可靠性、适应性、人际关系
	杨波	中国古人：仁、智、勇、隐
大五	Goldberg	外向性、宜人性、尽责性、神经质、开放性
	杨国枢 彭迈克	善良诚朴—阴险浮夸、精明干练—愚蠢懦弱、热情活泼—严肃呆板、镇静稳重—冲动任性、智慧文雅—浅薄粗俗
	杨波	勤勉性、评价性（正价和负价）、外倾性、神经质、恭顺性
大六	Ashton & Lee	诚实/谦恭、情绪性、外向性、愉悦性、责任心、经验开放性
	吉尔福特	形态、生理、需要、兴趣、态度、气质、才能
大七	Tellegen & Waller	正情绪性、负价、正价、负性情绪、可靠性、宜人性、因袭性
	王登峰	外向性、善良、行事风格、才干、情绪性、人际关系、处事态度
	张志勇	负价 1（虚伪浮夸）、正价（严谨负责）、负价 2（浅薄无能）、内向负情绪（多愁善感）、外向正情绪（热情可爱）、外向负情绪（暴躁易怒）、内向正情绪（我行我素）

四、人格的高阶模型

（一）大二人格模型

20 世纪 90 年代学者们开始了高阶模型的探寻。研究者发现大五因素间并非相互独立，迪格曼（Digman，1997）通过对 14 项研究的再分析，发现大五人格各因素间的相关平均值在 0．26 左右，认为大五人格可能不是最基础层面的，还可以抽取出更具代表性的高阶因子。他从大五人格中萃取了两个高阶人格因子，即 Alpha 和 Beta，前者涉及社会化（socialization），包括宜人性，尽责性和情绪稳定性；后者涉及个人成长（Personal growth），包括外向性和开放性。之后，德扬（DeYoung，2006）的研究在证实高阶二因素的基础上，他把 Alpha 命名为稳定性因子（Stability），与保持情绪稳定性，社会与动机领域相关；把 Beta 命名为可塑性因子（Plasticity），与探索世界的认知倾向有关。由此形成大二人格模型（The Big Two）。

（二）大一人格模型

穆塞克（Musek，2007）提出了更高位的单一因素——人格 G 因素，G 因素代表了人格的一般水平（general factor of personality，GFP）。而后，很多学者不仅在大五人格模式中发现 G 因素，在明尼苏达多相人格测验（MMPI）、加利福尼亚心理调查问卷（CPI）等也发现了单一最高阶人格因子——G 因子。由此，形成了大一人格模型（The Big One）。研究者推断这一因素并非是认知的人格因素，而是具有适应性优势，其基本内涵可能是人格结构中适应进化选择的部分。同时发现大一和大二模型与心理健康因素有关。

第三节 人格动力

人格动力（personality dynamics）这一主题探讨的是人格的内在驱动特征，它也是行为的动能。不同的人格理论学家力图说明什么在影响行为，它们是如何影响行为，以及如何表现在行为中的。弗洛伊德认为本能或驱力（drives）是人类行为的原动力，本能具有生物性、原始性和无方向性，而平时所说的动机（motive）是有方向的。罗杰斯认为人类行为的动力是人具有朝向自我实现的天然趋向，是一种推人向上的力量。斯金纳用动机（motivition）、驱力（drive）和情绪（emotion）一组概念来说明人格的动因。人格动力的思考维度体现在两个方面：

一、满足与成长

在探讨我们的生活目标时，是满足身体需求还是追求自我成长？不同理论学家对于生活的动机有不同的见解，提供的答案也是不同的。

表 8-8　人格动力的满足与成长

人格动力	理论流派	代表人物	人生目标
满足需求	精神分析	弗洛伊德	满足生理需求，减少紧张感，恢复平衡
追求成长	特质理论	奥尔波特	功能自主，自我激励，增加紧张感
满足＋成长	人本主义	马斯洛	先满足生理需要，再满足自我成长需要

（一）满足需要，消除紧张

在弗洛伊德的精神分析理论中，主张人的行为动机是消除紧张以达到内部平衡状态。生理驱力对人的行为具有推动力，它是维系身体平衡的调节器。缺失会产生需要，使人进入紧张状态，导致驱力发生作用，推动个体去活动，满足需要，消除紧张，恢复到平衡状态。这种循环周而复始。所以，驱力是为了缓解紧张与焦虑。

（二）增加紧张，追求成长

在奥尔波特的特质理论中，他认为人的行动并不完全是减少紧张感，而是增加紧张感，追求更高目标与挑战。个体不安于平衡状态，而是要追求新异刺激，希望挑战自我，达到更高境界。奥尔波特认为，个体的人格既可以是反应性的，也可以是前摄性的。反应性是指对外部刺激的反应，个体主要受缓解紧张和恢复平衡状态的需要所驱使；前摄性是主动塑造环境并使环境对个体做出反应，个体主要受追求紧张与打破平衡状态的需要所驱使。人生目标就是不断地激励自己来迎接挑战，朝向于目标，获得成就，而努力过程比实现目标更重要。人们的成长需要目标来激励自己，并维持人格处于一个最佳的紧张水平。奥尔波特反对精神分析和各种学习理论重反应轻前摄的观点，认为一个健康的个体是会以一种有益于心理健康的方式作用于他们周围的环境，而不单单是周围环境的适应者。由此，奥尔波特提出了机能自助这一重要概念。

（三）满足需要，追求成长

在马斯洛的人本主义理论中，强调人类所有的行为都是由需要引起的，是由一系列具有生命意义的和满足内在的需求所驱动。在其需要的层次理论中，人先满足低等需要，再追求自我实现，这是一种不断成长的过程。个体的整个发展进程就是如此，通过满足不断提高的需要层次，达到自我实现的成长目标。人不是被动满足需要，而是在朝向于更高的目标，追求自我成长。

有志者，事竟成

二、回避与趋向

动机是对行为起推动或控制作用的内在动因。在动机与行为关系的阐述中，需求动机会激活趋近行为，厌恶动机会激活逃避行为。每个人都会依据自己的需要而选择行为。在勒温（Kort Lewin，1890－1947）的动机冲突理论中，提出三种类型动机冲突：双趋冲突，双避冲突，趋避冲突。在阿特金森（Atkinson，1957）成就动机理论中，指出成就动机（achievement motivation）由两种对立成分所构成：一是追求成功，这是一种趋近于成功的行为动力，它使人不惧风险，勇于探新，尝试冒险，获取可能性低的高成就。另一个是回避失败，这是一种害怕失败的逃避行为，它使人保全自己，放弃可能的成功，只求不失误。二者会同时作用于个体，使人产生内心冲突。在艾略特（Elliot，1996）的成就目标定向理论，将目标定向分为掌握性目标和表现性行目标两种。掌握性目标占优势的人会把注意力放在对任务的把握与理解上，把能力的提高和对任务的掌握程度作为成功的标准。表现目标占优势的人有向他人展示自己才能和智力的愿望，并极力回避那些可能失败或显示自己低能的情境，倾向于以参照群体来评价自己的成功。而表现目标可再分为两个指标，表现趋近（Performance－ approach）和表现回避（ Performance－ avoidance－goal）。有表现趋近的个体关注表现得比他人优秀和胜过他人，获得积极评价。表现回避则关注避免表现得比他人更差或更笨，避免消极评价。表现目标高的人当出现胜券在握的情境时，会积极参与；反之，当判断胜算不大时就会借机躲避，不让自己出现跌面子的事情。

学习栏 8-3

为何用动词研究动机?

许燕、王萍萍（2010）通过中文动词抽取出来三个动机因素：控制（control）、亲和（love）、追求成功（pursue success），构成了中国人CLP动机模型。其中，控制动机与亲和动机属于关系特质，追求成功属于个人特质。

表 8-9　CLP 模型与西方理论模型的比较

CLP 动机模型		三大动机理论	社会价值取向理论	人际环理论
关系特质	控制	权力动机	竞争取向	控制维度
	亲和	亲和动机	合作取向	亲和维度
个人特质	追求成功	成就动机	个人取向	/

为何运用动词来研究动机结构?

以往的人格研究多用名词和形容词来研究人格结构。但是，动词也可以作为人格研究的基础。动词自身也具有评价意义，动词具有动态特征，能够从动态行为的角度审视人格。所以，动词与人类动机最接近。动词对中国的影响远超于西方。在汉语中，动词倾向于在句首或句尾出现，句首和句尾都是位置相对突出的地方；而在英语中，动词多藏在句中。人类学专家也曾经指出，东方文化下的个体描述更关注于行为层面。发展心理学家特维拉·塔迪菲等人发现东亚的孩子们学动词的速度与学名词一样快，根据一些名词的定义来计算的话，他们学动词的有效速度比学名词要快得多。另外，发展心理学家安妮·费尔南德和牧野裕美在对儿童进行观察研究的时候也发现，西方的母亲在教育孩子的时候更多使用名词并用形容词作修饰，而东方的母亲在教育孩子的时候多进行动作指导，也就是说，美国的孩子学习的是一个主要由物体构成的世界，东方的孩子学习的是一个主要关于各种关系的世界。相对于西方人来说，东方人更多的是从各种关系的角度来看这个世界，西方人更倾向于从可以归入各个范畴的静止物体来看这个世界①。这些研究结果表明，动作和行为在东方文化下是更为得到重视的。

第四节　人格发展

人格发展（personality development）主要研究人格发展历程、发展机制。人格发展阶段划分的依据，人格量变与质变的特点，不同人格发展的关键期或最优发展

①

期，等等。在人格发展中，最具有争议性的问题是：人格发展阶段划分标准不统一，童年人格与成人人格的关系。

一、人格发展阶段

对人格发展阶段讨论最充分的是精神分析理论，但是学者们因为划分标准不同，对发展阶段的描述也有差异（见表 8-10），后人可依据不同的关注点来看其发展阶段。

表 8-10　不同理论学派的发展阶段划分指标

划分指标	学派	代表人物	发展阶段
性心理发展	经典精神分析	弗洛伊德	口腔期，肛门期，性蕾期，潜伏期，两性期
个性化过程	经典精神分析	荣格	童年期，青年期，中年期，老年期
社交状况	新精神分析	沙利文	婴儿期，儿童期，少年期，前青春期，青春前期，青春后期，成年期
解决人生危机	新精神分析	埃里克森	口唇期：基本信任—不信任，肛门期：自主—羞愧与怀疑，生殖期：主动自发—罪恶感，潜伏期：勤奋—自卑，两性期：同一性—角色混乱，青春期：亲密—疏离，成年期：生产—迟滞，成熟期：自我统一—失望
人格发展特征	人本主义	罗洛·梅	天真人格，内在力量的反抗，寻求发展的自我意识，创造的辉煌
统合我	特质理论	奥尔波特	躯体我的感觉阶段，自我认同感阶段，自尊感阶段，自我扩张感阶段，自我意象感阶段，自我理智调适感阶段，统我追求阶段，知者自我显露阶段

二、童年人格与成年人格的关系

在人格发展历程中，童年与成年间的关系一直是一个争议不休的问题。我们究竟是依赖还是独立于我们的童年？早期的童年经验与后来的生活经验哪个对人格发展的影响更大？

表 8-11　不同流派对童年经验的不同看法

分歧点	流派	代表人物	主要观点
历史决定论	精神分析	弗洛伊德	五岁人格定型，持续终生
环境调节论	行为主义	华生	后来的经验与强化可以改变早期人格模式

续表

分歧点	流派	代表人物	主要观点
现实决定论	人本主义	罗杰斯，马斯洛	不管过去，强调此时此刻的感受
自我决定论	认知学派	凯利	我们是命运的创造者而不是受害者
成长发展论	特质理论	奥尔波特	成年期的人格与过去是相分离的，成年人格比童年人格更成熟且丰富。

精神分析理论持历史决定论，非常强调童年人格对成年人格的决定性影响，5 岁是人格定型的时期，所以精神分析学派非常重视童年经历。其他不同观点则认为，人格是独立于童年的过去经历的，主要受当前的事件和经验以及未来的志向和目标所影响。也有人提出中立的观点。认为早期经验塑造了人格，但这并不是固定或永久性的。后来的经验可以强化或改变早期的人格模式。

在奥尔波特看来，健康的人格由婴儿期的生物机制转变为成年期成熟的心理机制，人格是分离的，或者说是不连续的，表现在成年期的人格与过去的童年经历也是相分离的。在某种意义上存在着两种不一样的人格：童年人格和成人人格（见表 8-12），虽然成人人格是由儿童期发展而来，但不再受儿童期内驱力的影响，在不断丰富的人格系统中，已经有更成熟的成分在起主导作用了。童年人格与成年人格出现了质的不同。童年人格正处于发展不成熟期，人格系统的分化性、稳定性、丰富性、深刻性、整合性等都不如成人。奥尔波特对人的积极心理成长更感兴趣，提出了正常、成熟、情绪健康的成人人格。

表 8-12　奥尔波特对童年人格与成年人格的差异描述

	童年人格	成年人格
1	自我感知焦点仅局限于躯体我	自我感知扩展到自身之外的社会我
2	以自我为中心，缺少对他人感受	与他人建立温暖的关系
3	情绪不稳定	自我接纳，情绪安定
4	准确觉知不足，易片面或曲解	现实知觉准确客观，不曲解
5	自我洞察力不足	具有自我客观化能力
6	易受驱力作用，人格分化未整合	机能自主，自我统合

认知学派凯利也认为人类是命运的创造者而不是受害者。我们并不是注定要走在童年或者青少年时期铺就的那条路上。因此，凯利不接受历史决定论，他认为过去的事件并不是现在行为的决定因素。童年时期对人格的形成至关重要，但是，人格在儿童期之后还会继续发展，而且这种发展可能会贯穿整个生命历程。罗杰斯的观点更加鲜明，我们并不是被本能的生理力量所支配，也不是被生命中前五年的事件所控制。我们是前进的，而不是

倒退的，是成长的而不是停滞的。

不同观点的交锋引发了人们的思考，童年经历的作用。但是，有一点是可以肯定的，有些人格容易在童年期形成，人格的预测也是基于这一点。例如，气质、延迟满足、冲动、习得性无助等。

电视剧：隐秘的角落

第五节 人格成因

人格心理学家非常重视人格形成中的影响因素问题，因为它是解释许多人格问题的基础。在这一主题中，主要涉及的问题是：有哪些因素影响人格的形成与发展，人格的主因是内在的还是外在的，影响人格的决定因素是遗传或是环境，各因素对人格的交互作用是怎样的，学者们主要从三个方面阐述了各种因素的关联性。

一、遗传与环境的交互作用

遗传与环境的争论旷日持久，但是坚持遗传决定论和环境决定论的学者很少。从弗洛伊德到马斯洛等不同流派的人格心理学家都承认遗传与环境的共同作用。米尔（Meehl，1992）曾对异常人格的产生原因进行分析，提出了“先天倾向——压力”（diathesis－stress）理论观点，认为具有异常人格先天倾向的人，如果在一个平稳、安定的环境中成长，也不会成为精神病；但是，在生活中遇到压力事件时，就容易表现出异常行为。所以，异常人格时先后天综合作用的结果。

Ted 演讲：震惊！你的收入，居然会影响孩子的大脑发育

在探讨遗传与环境的交互作用时，最常用的方法是行为遗传学。行为遗传学的研究有两种：数量遗传学和分子遗传学。

（一）数量遗传学

数量遗传学是通过分析收养双胞胎或出生后被分开抚养的双胞胎来进行先天与教养的比较。数量遗传学主要使用于双生子的研究中，遗传与环境交互作用的研究假设有三：（1）对在不同环境中养大的同卵双生子相似性研究可以鉴别基因对人格的作用；（2）对在不同环境中养大的同卵双生子差异性研究可以鉴别环境对人格的作用；（3）在相同环境中养大的异卵双生子的相似性是环境的作用。

加拿大、德国和日本双生子的研究为人格五因素模型的遗传基础提供了支持。这一研究认为，这可能“代表了人类的共同遗产”（Yamagata et al.，2006）。德国和比利时对双生子和非双生子兄弟姐妹的其他研究发现，一些特质在儿童期、青春期，一直到成年早期都具有高度稳定性，这进一步强化了人格中遗传因素的重要性。以往对双生子和兄弟姐妹的研究发现，外倾性和神经质的遗传性占 40－50%，环境及其它未知因素解释了剩余的变异性，其中非共享环境因素约占 35%。

（二）分子遗传学

分子遗传学是研究检验特定基因的产物和相关物。20 世纪 90 年代分子心理学的出现，对人格机制的研究起到了巨大的推动作用。分子遗传学一开始用于研究共同遗传变异，称为基因多态性，它们决定个体大脑结构和功能的差异，从而造成个体行为差异。全组基因关联研究方法适合对人格特质的研究，因为人格特质很可能是由许多基因的共同作用所导致的。近年来，对表观遗传变异（epigenetic）过程的分子学研究，为基因与环境交互作用的机制提供了新的视角。最经典的从表观遗传学视角探讨人格特质的研究是 Weaver 等人（2004）对老鼠的母性行为（maternal behavior）的研究。研究者对老鼠母性行为是否会导致大鼠后代海马体中的糖皮质激素受体发生不同水平的甲基化进行了研究。结果发现，获得更多母性行为的小老鼠的基因甲基化水平比较高，表现出低焦虑行为。很明显，行为遗传学认为除了基因，环境也是影响人格特质的关键因素，尤其是非共享环境因素（nonshared environmental factors）和生活经历。

身体发育与认知发展的关系

二、人格与情境的交互作用

（一）特质论与情境论之争

这一问题主要回答的是行为是由人格决定还是由情境决定？主要体现在特质论与情境论之争。人格特质和情境作为相互竞争的两部分，特质论认为个体的人格特质可以比较有效的预测其行为，人格特质具有跨情境和跨时间的一致性；情境论主张个体所处的情境将会对其行为产生更大的影响和决定作用，通过情境可以更好的预测个体的行为。特质从个体内部影响行为，情境从个体外部影响行为。心理学不同研究领域的学者也出现分歧：人格心理学家更支持特质的作用，社会心理学家更支持情境的作用。

一项研究比较了 50000 多名大学生和 9 到 17 岁年轻人的人格数据。这些数据分为两个出生群组，一组是 50 后，另一组 80 后。研究表明，这两组人在焦虑和神经质两个人格维度上具有非常显著的差异。80 后被试的焦虑和神经质水平显著增加。这些差异是由于 20 世纪 50 年代到 80 年代之间社会联结水平的下降，80 年代更高的离婚率、更低的出生率、首次婚姻年龄的推迟以及独居者增加都可以证明这一点

(Twenge，2000)。

(二) 人格与情境的交互作用

行为是由人格特质和情境以交互作用的方式共同决定的，具体的交互作用模式是以个体行为的适应性为标准的。具体问题主要有：交互过程中，人格和情境各具有多大的影响？哪种情境最易引发某种人格特质的表现？哪种人格特质最易在某种具体的情境中表现出来？等等。其中，最重要的关注点是人一情境交互作用研究的关注点从个体间变化转向个体内变化。个体在一生的不同情境中都在不断的变换着自己的行为，对于每个人而言，这种变化的模式可能是具有一致性和特质性的。米歇尔等人（Mischel and Shoda，1995）在交互作用理论中提出了“如果…那么…”（“If…then…”）的解读框架，个体会根据情境的变化做出相应的行为。例如。在聚会时欢乐外向，在学习时刻苦努力，在竞争时拼搏奋进，等等。一旦行为产生的条件改变，跟随其后的行为也会发生变化。在建构人格系统的概念时，将行为的跨情境可变性作为其行为表现和潜在稳定性的核心方面。

学习栏 8-6

“跨越生命周期”的人格影响因素——遗传和环境

该文基于一项 2020 年发表在 Journal of Personality and Social Psychology 的文章阐述了在生命周期中，遗传因素和环境因素对人格的影响是存在变化的。该研究收集了来自克罗地亚、芬兰、德国和英国的四个国际的双样本共 7026 人，其中 3008 名同卵双胞胎、4018 名异卵双胞胎的 HEXACO（六因素人格）的测评数据。研究结果发现，随着年龄的增加，生活经历的相对重要性越来越大，会导致人一生的人格差异；诚实一谦逊等人格维度的遗传差异呈现了随年龄增长而降低的趋势；人格特质中，外倾性、宜人性和开放性维度的遗传差异遵循了跨年龄的倒 U 形模式。该文指出，对于大多数人格特质而言，遗传差异往往随着年龄的增长而下降，但是环境差异则相反，环境对人格差异的影响越来越大，遗传和环境的影响作用在不同年龄和不同人格特质上是存在差异的。这有助于我们进一步理解遗传和环境对人格的影响作用的大小、差异、变化等。

改编自：https：//mp. weixin. qq. com/s/oF6u7baFPEmuMX9mw6SGVg

参考文献：Kandler，C.，Bratko，D.，Butkoviĉ，A.，Hlupiĉ，T. V.，Tybur，J. M.，Wesseldijk，L. W.，de Vries，R. E.，Jern，P.，& Lewis，G. J.（2020）. How genetic and environmental variance in personality traits shift across the life span：Evidence from a cross—national twin study. Journal of Personality and Social Psychology，http：//dx. doi. org/10. 1037/pspp0000366

（三）决定论与选择论

存在主义认为，作为人类，我们是被抛掷（thrown）到这个世界上来的。我们无法控制出生的时间、无法控制我们的环境。所以，从出生那一刻开始，很多选择已经被事先设定了。我们无法选择自己的基因和家庭条件，无法选择社会政治和文化环境。我们必须接受生活中的这些既定因素，以及个人的种种限制。萨特将此命名为“事实性” （facticity），或根基（ground）。瑞士精神病学家宾斯万格尔（Ludwig Binswanger）将存在主义运用于心理学中，将人生的既定因素以及个人的种种限制，命名为抛掷（throwness）。

决定论告诉我们：要先知道一些既定的条件，才能真实地确知自己能够改变什么。

选择论则告诉我们：“我们就是我们的选择!”自我的力量是强大的，我们要有效地发挥自我的作用。

性格的力量

三、自我与环境的交互作用

无论遗传与环境如何作用人格，还有第三个因素再其中发挥作用，即人的主观能动性。人格心理学理论中有一个非常重要的理论分支——自我理论。不同的人格理论学家从不同的理论视角回答了这一问题（见表 8-13）。

表 8-13　不同理论对自我作用的论述

理论流派	理论	代表人物	基本观点
精神分析	三我理论	弗洛伊德	在本我、超我和现实中，自我起到的是调控作用。自我强大，人格将和谐健康。
人本主义	自我实现	马斯洛	虽然生理层面是不公平的，被决定的，但是人类有能力形成自由意志，我们自己要为我们所能达到的人格发展水平负责。
特质理论	机能自主	奥尔波特	一个成熟、情绪健康的成年人的动机在机能上具有独立性，不受过去印迹的捆绑。
社会认知	自我效能	班多拉	应对生活的适当感、效能感和胜任感是一种“相信你能行”的信念，也是一种对生活的控制感。

总体来说，强调自我能动性的学者认为，无论是基因决定命运，还是性格决定命运，命运掌握在自己的手中。

谁决定了我们的命运?

第六节 人格变化

人格变化所探讨的问题是：人格是如何变化的？改变的条件是什么？改变的过程如何？哪些人格特征能够改变？哪些特征很难改变？在探讨人格变化问题时，主要聚焦于两个问题上：

一、人格特质—人格状态

人格变化可以分为长期变化和短期变化，长期变化包括人格变迁、人格改变和人格发展；长期变化多涉及人格的质变。短期变化主要说明的是人格状态的变化，短期变化涉及的是人格的量变。在人格可变性上，有人格特质与状态之分。人格特质具有长期稳定的特性，江山易改本性难移说的是特质；而人格状态（Personality State）是个体的人格暂时性变化特征，具有复原性，体现了人格量变的特性（见图8-3）。

很多人格元素都有特质与状态之分，例如，状态焦虑—特质焦虑，状态共情—特质共情，状态自尊—特质自尊，状态孤独—特质孤独，状态愤怒—特质愤怒，状态感恩—特质感恩，状态冲动—特质冲动，状态无聊—特质无聊，状态自我控制—特质自我控制，状态社会善念—特质社会善念等。

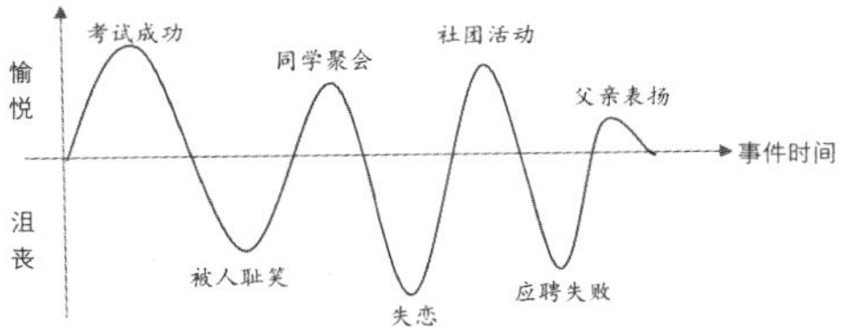

图8-3　情绪起伏与事件的交互作用

学习栏 8-4

状态共情—特质共情

共情（empathy）是能够体验到他人的感受，并且受到他人情绪情感感染的一种能力（Vreeke & van der Mark，2003）。包括情感成分与认知成分两种成分，其中共情的认知成分包括心理化（mentalizing）、观点采择（perspective—taking）、社会认知（social cognition）、心理理论（theory of mind）；情感共情：意味着体会到与他人相同的情绪。

特质共情（trait empathy）是一种稳定的存在个体差异的人格特质或一般能力。Mehrabian和Epstein（1972）编制的特质移情量表。该量表共28个项目，例如“看到人群中孤独的陌生人，我感到心情沉重”，采用9点计分，从1为“绝对反对”到9为“绝对赞成”，得分越高，特质移情能力越高。

状态共情（state empathy）是个体在想象或者观察到他人所处的情境或情绪情感状态后产生的一种情感反应（Hoffman，2001）。有研究者认为想象或观察他人所处的情境会诱发个体的共情（Vignemont & Singer，2006）。Batson（1995）等人开发的状态共情问卷。该问卷以形容词的形式反映共情情感。该问卷有不同版本，不同版本中形容词个数不同，一般包括 5 个、6 个或 13 个形容词（包含同情的、忧虑的、怜悯的等）构成。采用里克特 5 点计分的方式（1 ＝ 完全没有感受，5 ＝ 感受十分强烈）。

二、实体论—可变论

人们原本就有一些看待自己和世界的内隐理论（Implicit Theory），这些理论会使人们产生不同的目标取向。这些内隐理论会使个体对事件的结果进行不同的归因，从而产生不同的情感与行为反应，形成信念。人格内隐理论（Implicit theories of personality）可分为实体论和渐变论。实体论（entity theory）是指持有人的特性是稳定不变的观点；渐变论（incremental theory）则是指持有人的特性是可塑变化的观点；这里的特性是指智力、品德和人格特征等。根据内隐理论可将个体分为实体论者和渐变论者，分别表示持有不同内隐理论的人。内隐人格观是内隐理论的一个重要分支，它不是心理学家的人格观，而是普通人对人格属性或特质的认识。持人格实体论者认为人格是稳定不变的，持人格渐变论者认为人格是可变的。

人格内隐观会影响到人们对人格是变化还是稳定的态度，影响到人对人格稳定性与可变性的解读不同，进而影响到个体人格稳定或可变的表现。每个人会朝着自己期望的方向上发展。在日常生活中，人格状态并不是绝对稳定的，而是以一种变化波动的形式存在的。对 33 名中国大学生的人格状态的一周时间测查发现，在总体可变性上，渐变论者的可变程度显著高于实体论者；在个体内可变性上，渐变论者的可变程度显著高于实体论者；在个体间可变性上，渐变论者的可变程度与实体论者并无显著性差异。该结果表明，个体内的可变性是存在显著差异的，即不同内隐人格观的个体在人格状态的幅度变化上存在差异，渐变论者的人格状态的幅度变化更大；但个体间的可变性相对稳定，即人格状态的基线在两群体间并不存在显著差异（于淼，许燕，2016）。亨内克等人（Hennecke，2014）提出了一个理论，认为有意改变人格的成功需要三个条件：1）一个人必须重视并想要改变；2）人一定要看到它有可能改变；3）这个人必须通过具体的、习惯性的行为来实施这些改变。

学习栏 1-10

人格的石膏假说

最早是由詹姆斯（William James，1890/1950）提出了石膏假说（plaster hypothesis），他认为人格是到 30 岁时将会“像石膏一样稳定”。石膏假说分为固化和软化的石膏假设观点，固化石膏理论认为 30 岁后人格变化会发生停滞，而软化石膏理论认为 30 岁之后人格变化缓慢。通过对大量人格毕生发展的纵向研究数据进行收集和整理（Robert McCrae 和 Paul Costa，Jr. 1994）。发现从儿童早期开始人格就是连续变化的，但到 30 岁人格特质会达到稳定，以后将不会发生太大变化。而且，即使我们非常想改变，我们也不能够改变我们的人格。所以在人格的主要维度上，如大五人格维度，成年期之后不会发生变化。人格的稳定性覆盖于现实中的每个人，男性或女性，健康或生病的人，黑人和白人等。个体对自己的人格的控制力很小或者几乎没有，例如，我们可能终究无法修复我们人格的创伤。石膏假说也称之为“生物模型”。他们解释 30 岁之后的平均值变化是源于固有的生物成熟的结果，而非环境作用，人格特质与环境的直接影响无关。

人格具有预测的功能，这是多数人接受的观点。但是，准确的预测是基于人格稳定性的。例如，经验开放性高的个体会积极地寻求一个新的地方去走走，会衡量刺激性的想法和异国的风景、声音和味道去体验。外倾性的个体会表现出一种不同的刺激寻求，交朋友，寻求刺激或者是有高兴的机会就会跳起来。内向的个体会更有策略和平淡的生活，但是这种生活也是他们自己所选择的。

关于人格稳定性的研究少，甚至更不受欢迎。老年医学专家常常认为稳定性否定了成人人格的继续发展；心理治疗师有时也会认为帮助患者非常具有挑战力；人本主义心理学家和哲学家们认为这会低估人类本性。一种比较认可的大众化解释是爱达荷州政治家的一句富有哲理的话“你的人格：你已陷入其中”。

第七节 人格评量

人格评量（personality assessment）是为了考查人们的人格品质与心理差异而设计、编制的人格测量工具与方法。

一、传统人格评量方法

人格心理学的传统评量形式有观察法、自陈法、投射法、情境法、实验法等，人格测量工具有《卡特尔 16 种人格因素测验》、《明尼苏达多相人格测验》、《NEO－PI 五因素调查表》、《罗夏墨渍测验》、《主题统觉测验》等。如何有效而准确地测评人格特征，一直是人格心理学家们致力研究的工作目标。不同的人格评量方法都有其自身的理论假设做基础，也适合于不同的人格特征的测评。例如，精神分析学派认为位于潜意识层面的人格特征是无法自我明了的，所以可以通过投射法来测量；而自陈法设计者则认为只有自己最了解自己，通过自我陈述可以了解一个人的人格，这种方法比较适合位于意识层面的人格特征。因此，人格测评工具的选择一定要恰当，专业人士会依据所要了解的人格结构的成分来选择测评工具，以保证测评的准确性。

近几年，人生叙事、大数据方法等也

用于人格研究中。

巴纳姆效应，谈谈这条看不见的锁链

二、人生叙事方法

人生叙事是对个体人格的深度分析方法，运用了叙述思维（Narrative）方式来解释心理世界，人们借助人生故事来筛选或理解经验，设置情节、情境、人物等来解释人如何以及为什么做所做的事。最为重要的一点是，在叙述思维中，谁来讲故事很重要，因为讲故事者的观点，其主观性不能与故事分离。因为故事被整合了故事创造者的情感、目标、需要和价值观，而人们对人生故事的评估与理解也与讲故事者成功地表达也有关系。

人格是人生的哲学，人格与人生密切相关。人生故事反映了一个人的心理发展与变化的历程，是研究个人的完整素材。每个人的人格都是人生的诉说，以故事的方式叙说出来。阿德勒将最初记忆的故事叙述视为对个体一生的生活方式的预示（Adler，1927），还有弗洛伊德、荣格和埃里克森等著名的人格心理学家，都在自己的论著里间接提及了人生故事对于理解人格中的重要作用，但没有一个理论家明确将生活和自我构想成故事的文本。直到20世纪80年代，心理学家萨宾（Thodore R. Sarbin，1986）将叙事作为一种重要的研究方法取代实证主义范式来理解人类心理。人格心理学开始了新的转型：由实体自我向叙事自我。越来越多的人格研究者应用叙事的方法，要求参与者描述他们人生中的重要个人场景，讲述不同的人生故事，进而分析其人格。

人生故事有来自于自传记忆的（自我分析），也有来自文本分析（他人分析）。其中，最富有争议的问题是自传记忆的准确性，虽然我们总能记得人生中的重要事件，但细节经常出错（Schacter，1996）。有时记忆会改变人生故事，随着时间推移，人和社会环境都在变化，人生故事也在被再加工。有一个追踪研究，在三个不同的时间点，让被试回忆人生中的10个关键场景，在三个月后的重复率是28，三年后的重复率是22。但是，人们对911事件的记忆精度与日常生活事件相比，随着时间流逝，相差无几（Talarico&Rubin，2003）。记忆的改变有时是与文化背景相关，故事是文化的载体，故事本身是创造故事和讲故事时文化背景的镜像（McAdams，2006）。故事本身是创造故事和讲故事时文化背景的镜像（McAdams，2006）。当讲述人生故事时，讲述的内容与对应与特定文化的易理解模型是一致的（Rosenwald，1992）。例如，一研究结果显示，当要求欧裔美国人和华裔美国人回忆重要事件时，欧裔回忆的多是与个人相关的内容，华裔的回忆更多与历史事件相关（Wang & Conway，2004）。

三、大数据方法

大数据适用于对群体人格的描述性分析。大数据是指数据量巨大到无法用人工在合理时间内达到截取、管理、处理、并整理成为人类所能解读的信息。当今，很多学科已经开始利用大数据，心理学也不例外。在2014～2015年期间，有多篇基于Facebook、Twitter、Google网络搜索的大数据研究相继在社会心理学领域的国际顶级期刊，美国的《人格与社会心理学》、《心理科学》杂志上发表。这意味着基于大数据的社会心理学研究领域已经逐渐步入主流心理学研究的视野，并开始展示其蓬勃的生命力。一项对人格的大数据研究结果显示出7个因素：道德善良、独立担当，团结包容，幽默活泼，网络个性，谦虚淡定，自信低调（朱廷劭，2017）。

网络中词云的人格词汇分析具有很强的直观性（见图8-4），词的大小表示词语的相关程度，颜色为主题。外向的人更可能提到社会性的词语，性格内向的人更有可能提起有关独自活动的词汇。

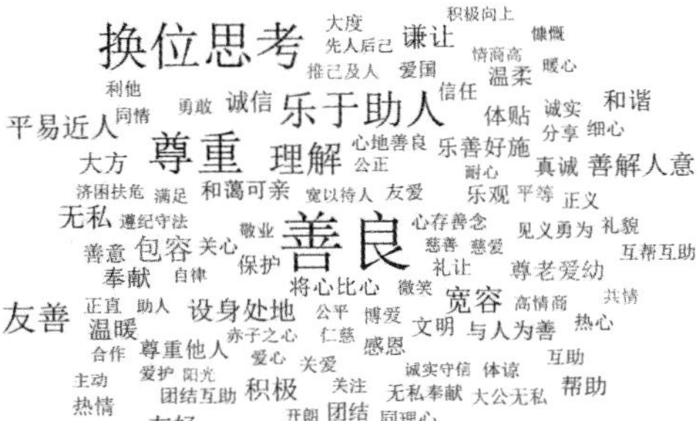

图8-4　社会善念的词云图

大数据等新兴方法对传统人格心理学方法是一种补充。最具有针对性的是为群体人格的研究提供了很好的客观描述，这种方法可以真实反映不同区域、不同文化、不同时代的人格特征，是网民心理的自然流露，减低了自陈方法中被试作假导致的测量偏差。同样，因局限于网民，它也会导致样本偏差。心理学常用的大数据来源于网络数据、通讯数据（手机、邮件等）、大型语料库、传统大型调查网站、行业数据、物理感知数据。

老年人的人格与幸福感

——一项大数据追踪研究

第八节　人格异常

人格异常涉及的是心理健康内容，每位人格心理学大师们都是因先关注人格健康问题而后建立了自己的理论，又将自己的理论运用于临床，做实务工作。当今全球化新冠疫情泛滥，这一问题更加凸显。在鉴别人格健康与否、人格功能上，集中在以下几个问题上：

一、人格与疾病

探查人格特质的疾病易感性，也即哪些人格会与疾病相关？例如，A型人格会与心血管系统疾病有关，C型人格与癌症有关。同时，哪些人格特质具有疾病免疫力？例如，坚韧性，心理弹性、乐观等积极人格。

对人类疾病死亡率的百年（1900—2000年）比较结果发现：由1900年传染病死亡率排在首位，到2000年死亡率排在前两位的是心血管疾病和癌症。其中，主要原因是人类生活方式的变化，高压的生存环境改变了我们常规生活，“996”引发的职场讨论就说明了这一点。哪些特质具有贡献性，A型与C型人格成为关注点。A型人格（A-type personality）的人急脾气，时间紧迫感强，争强好胜，敌意强，不服输，追求成功，工作狂等；B型人格则相反。在罗森曼（Rosenman，1975）的研究中发现，A型人格的冠心病患病率是B型人格的两倍，但死亡率反而低于B型人格。C型人格（C-type personality）的特点是压抑，隐忍，屈从，忧郁等，导致罹患癌症的可能性增大。

心理免疫学（psychoimmunlolgy）近年来被越来越重视一个领域，它是一门研究心理与免疫系统如何相互影响进而导致人体健康变化的学科。研究表明：心理因素对免疫功能具有重大影响，负性心理状态会提高我们的身体对癌症、感染性疾病和变态反应的罹患率。因此，塑造积极乐观的人格对于保障身体健康至关重要。

学习栏 8-6

尽责性高的人失业后更易感到悲恸

一篇2010年发表在Journal of Research in Personality上的研究指出了尽责性的负面影响。在一项为期4年的纵向研究中，Christopher J. Boyce等研究者每年采访9570个个体，发现个体的失业后的生活满意度受尽责性调节。失业3年后，高尽责性人群的生活满意度下降幅度是低尽责性者的220%。由此可见，尽责性并不总是有益健康的。

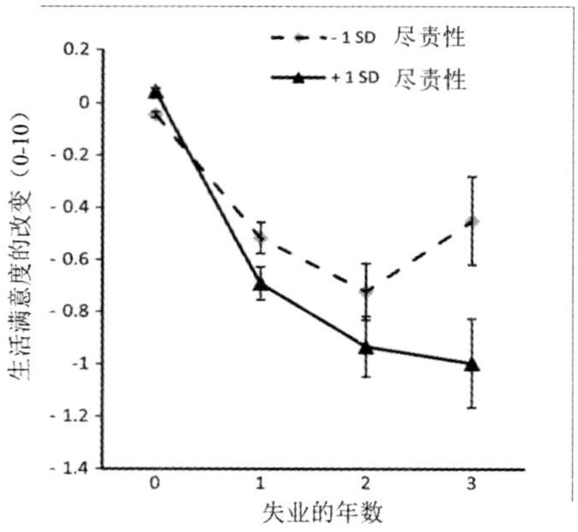

图8-5 不同尽责性水平的个体生活满意度随失业年数增长的变化趋势

参考文献：Boyce, C. J., Wood, A. M., & Brown, G. D. A. (2010). The dark side of conscientiousness: Conscientious people experience greater drops in life satisfaction following unemployment. Journal of Research in Personality, 44 (4), 535—539.

二、心理脱轨

环境越来越给人们的生存施加压力，导致出现心理问题。心理脱轨就是一种反应，它是某些人格特质在应激状态下可能会脱离正常轨道，但是并未进入临床确诊状态。心理学家罗伯特·霍根（Robert Hogan）二十几年前，提出了三类人格（11种人格清单）：第一类是疏远型特质——难以相处，令人生厌的个性，有碍建立信任关系；第二类是诱惑型人格——具有吸引力，但易高估自己，得意忘形；第三类迎合型特质——屈从统治者，尽责恭顺，惟命是从。这些可能会产生脱轨人格，有些特质一旦发展成极端个性，就表现出很像生活中最常见的人格障碍，例如，“勤奋的”极端化会表现出强迫症的特征；“多疑的”极端化会表现出偏执型特征。心理脱轨发生在外界环境发生改变，挫折情境、陌生环境等压力情境中，这时会凸显人格弱点或启动黑暗面。因此，加强人格管理至关重要，在压力情境下防止出现偏差行为。

手机成瘾与人格有关吗？

——大学生人格、手机成瘾与睡眠质量的关系研究

三、人格异常

在心理健康中，人格异常是一个普遍被关注的问题，有三个关键问题的思考路径：

一是心理异常的类别。有两个大类别的区分：疾病人格与犯罪人格。例如偏执型人格、强迫症人格、自恋人格多是临床疾病，而反社会人格、施虐狂属于犯罪人格。但是两类的边界不是完全被隔绝的，二者有相关性。

二是心理异常的鉴别。《美国精神疾病诊断与统计手册第五版》（DSM－V，2013）中，描述了很多异常人格的诊断指标。在DSM－5中，人格障碍是二十个疾病分类中的一个，包含了十个特定人格障碍。DSM－5对人格障碍的一般定义是指明显偏离了个体文化背景预期的内心体验和行为的持久模式，是泛化和缺乏弹性的，起病于青少年或成年早期，随着时间的推移逐渐变得稳定，并导致个体的痛苦或损害。分为三组：A组人格障碍：偏执型人格障碍、分裂样人格障碍、分裂型人格障碍；B组人格障碍：反社会型人格障碍、边缘型人格障碍、表演型人格障碍、自恋型人格障碍；C组人格障碍：回避型人格障碍、依赖型人格障碍、强迫型人格障碍。人格障碍的模型由两个要素确定：1）自身和人际功能的受损；2）适应不良的人格特质。还可以分为原发的（内在缺陷）与继发的（后天不幸）。但是，人格异常的诊断是需要慎重对待的问题：要防止出现随意贴标签的非专业性诊断，要防止对患者造

成病耻感，要防止出现污名化的社会群体效应等。

病理性人格特质

三是心理咨询与治疗技术。每种理论都连带有针对人格异常的咨询与治疗技术，例如弗洛伊德的催眠技术、荣格的绘画技术、霍妮的自我分析方法、罗杰斯的来访者中心技术、华生的脱敏技术、班多拉的行为改变技术、凯利的固定角色疗法等。不同的方法与技术都有其适用范围，所以要依据问题来选择方法的配适度。但是，不是所有方法都用上就可以改变人格，边缘型人格和犯罪人格常常是无法改变的人格难题。

《一个人的战斗》(2016)

第三章　人格心理学发展趋势

人格心理学的发展已进入第二个世纪。在人类进入新世纪之前，人格心理学家们已经开始思索：在第二个世纪里，人格心理学的走向是什么？回顾第一个世纪的历程，可以看到：人格心理学曾以其广博和跨学科的地位而盛行于世，但后来，人格心理学由于跨学科的研究减少而付出了很大的代价。现代人格心理学研究给人的印象是：人格是一个很小的研究领域，人格心理学家所做得仅仅是问卷调查，把被试对自己的描述进行因素分析，编制量表，确立信度和效度，公布常模，把分数进行比较，做出解释。当代人格心理学已不是一个不断积累的科学，而是一个个独立的专题研究的集合。有人甚至提出，人格心理学可以被生理学、人类文化学、性别差异所分割并取而代之。

人们不禁要问：人格研究领域还有前景吗？难道人格心理学连自己的研究领域都失去了吗？

预测性心智理论——超越弗洛伊德的潜意识理论

在即将进入20世纪80年代时，人格心理学开始走出了低谷。特别是“大五人格”的研究犹如一道春风，给人格心理学家带来了很大的希望。同时，在20世纪90年代，一种综合性的研究趋势已经开始，跨学科、跨领域、跨情境等特点已经显示出来。社会、临床、管理、发展、认知等心理学学科都在大量引用着人格心理学的内容。有一项对众多博士论文的调查结果发现。论文中对人格心理学的引证远远多于其他心理学科，这证明人格研究仍具有潜在的巨大影响力。这种整合趋势主要体现在以下几个方面：

第一节 人格理论研究的交融趋势

弗洛依德和荣格的著作及其产生的广泛影响，证明早期的人格心理学具有跨学科的性质并且曾经是一门激动人心的、具有影响力的学科。虽然他们已去世多年，但对其他学科的影响却丝毫没有减弱。同时，人格心理学在20世纪很长一段时间内的发展也可部分地归功于哲学、人类学、社会学、化学、生物学等学科的影响。所以，鲍迈斯特和泰斯（Baumeister & Tice）认为，没能坚持跨学科的原则是人格心理学失去魅力的主要原因。到了20世纪80年代，历史学家又掀起了研究弗洛依德的热潮。这既让人格心理学家们高兴，又使他们感到沮丧。因为历史学家们选择了旧人的思想而非新人的著作。那么，为什么时至今日，弗洛依德和荣格的理论还会有如此强烈的跨学科影响呢？显然，他们向其他学科提供了有价值的东西，其中最重要的是他们提出的潜意识观点，他们对以前无法解释的行为提供了一种解释方法。潜意识是一个富有影响力的概念，它有益于人类行为研究的相关学科。但是，如果剔出了潜意识的概念，弗洛依德和荣格理论也就没什么吸引其他学科的力量了。事实上，现代人格心理学家在许多方面比弗洛依德做得更好，不幸的是，这些新的、更好的成就并不能给其他领域带来刺激。相比之下，认知心理学、神经心理学、社会心理学对其他领域的影响更成功些。如果将对跨学科的影响作为一种比较的标准，人格心理学过去的确曾有过一些优势，但现在已经早已丧失。因此，恢复跨学科的交流是振兴和提高人格心理学生命力的关键之一。

在最近几十年里，人格心理学在研究上颇有建树，但主要特色表现在研究的精确化、理论的小型化上；而在消化、整合研究发现成果的基础上，创造出新的、有广泛意义的理论上却显得薄弱，似乎失去了老牌人格理论学家的大气魄。

从人格心理学科的发展来看，可将其分为三个阶段：

第一阶段是理论昌盛时期。早期的人格心理学家都是从实践领域里走出来的，虽然他们也做观察，但这种观察是初级的、不成系统的，他们大部分人的兴趣是在发展理论上而不是在数据上；他们在工作方式上，更多地带有主观思辨的特征。

第二阶段是对理论的反抗倾向，这种

反抗持续至今。一方面的原因是人格理论从一开始就是在争辩中发展起来的，各种理论多是在反弗洛伊德的理论而起家的。人们发现运用一些前人的理论与方法可能无法全面地解释人格现象；同时，当严谨的方法和数据的统计开始兴起时，人们开始强调研究的客观性，认为理论要经得起客观检验。结果是当人格心理学家们觉得自己迈出了很有价值的一步时，其他学科的学者却对人格心理学不再有兴趣了。

第三阶段是将上述两种风格统合在一起。人格心理学家面临的挑战就是要在复兴那种大胆的、整体化的、宽阔风格的同时，又不失在严格、完善的方法上获得有价值的东西。即理论要建立在实证发现的基础上。大五人格的发展可以说就是一个很好的开端。

总之，如果在 21 世纪里，人格心理学还是以小的、封闭的形式发展，研究者彼此挑剔，只在研究数量上扩大规模的话，人格心理学将变得更加渺茫。值得欣慰的是，人格研究者们对这一点已经开始醒悟了。人格心理学一方面要积极吸收其他领域的成果，同时也为其他学科提供可参照的依据。在与其他学科相互兼容的时候，人格心理学内部也在表现出的整合趋势。

第二节 人格实证研究的整合趋势

当今人格心理学呈现了各家各派相互交叉、渗透的现象。在 20 世纪 90 年代，人格心理学内部各路学派研究的汇合、交叉趋势已日趋明显化。各家出现整合的原因之一是人们采取了不同的角度来研究问题，并借鉴其他研究成果，使人格研究更完整。在人格心理学中，不同派路的研究看起来起点不同、兴趣不同、目标不同，但却存在着内在的共同机制。在这种以某一共同机制为基础的“研究丛”中，体现了研究的整合趋势。其中，20 世纪 90 年代一个著名的实例是以趋避行为机制研究为核心的一系列相互关联的研究。就是一个整合的样例。

有一个公认的行为模式理论：人类行为、情感背后隐藏着两种截然不同的倾向：趋近倾向和逃避倾向。其实，这一观点并不是很新潮的。它之所以又重新被人们所关注，是因为它使兴趣不同的研究者汇聚在这一课题下，使对这一问题的研究更加丰满了，对人的心理的认识更完整、更合理了。表 8-13 就显示了不同研究领域对同一问题的不同关注点：

表 8-13　不同研究途径对趋避行为机制研究的关注课题

行为机制 研究领域	趋近倾向的行为机制	回避倾向的行为机制
行为模式	趋近倾向	逃避倾向
动机系统	满欲动机	厌恶动机

续表

情绪系统	积极情绪	消极情绪
脑研究	额叶左区	额叶右区
自我差异	现实我与理想我的差距	现实我与良心我的差距
反馈机制	缩小差距型	扩大差距型
需求满足	冲动	克制

动机理论有一个重要的观点（Gray，1975），在动机行为系统中，有两个系统参与控制、调节人类的行为。满欲动机与趋近行为有关，也叫行为激活系统（BAS）；厌恶动机与逃避行为有关，又叫行为抑制系统（BIS）。

与动机相关密切的情绪研究认为，消极情绪的产生是由逃避行为系统的活动所致，积极情绪则是由于趋近行为系统的活动产生。而这两种系统是由不同的大脑区域来调节控制的。

在生理心理研究中，戴维森等（Davison，1990，1992）从不同的研究中获得了相同的结果，用相关电位来评价大脑不同区域对激活刺激的敏感性。在看消极情绪色彩的形容词卡片、看引起恐怖情绪的影片、可能面临的惩罚这三种回避情境中，都发现额叶右区的活动水平加强；相反，处在有机会获奖的情况下，或是看到母亲走来的10个月的婴儿，其额叶左区的活动都得到加强。这些生理研究表明：这两类行为是由不同的大脑区域来调节控制的，因而它们是彼此独立的。趋近行为的活动中枢位于额叶左区，逃避行为的活动中枢位于额叶右区。

在自我差异理论（Higgins，1992，1996）中有两种导向自我：理想我、良心我。理想我是个体发自内心所渴望的目标，是一种趋近行为；良心我是责任感、义务感，它不是出自内心，而是出于良心、道义、不得不为之的榜样，其意义在于使人们必须服从它，以达到良心我的要求。这也表明人们这么做是要逃避惩罚。自我结构反映出两种差异的人其信息加工方式表现的差异，现实我与良心我的差距会使人回避负面目标，现实我与理想我的差距会使人趋向积极目标，达到希望的自我。社会心理学在择友策略研究中，共列出两类策略：趋近策略（如大度、慷慨、自我牺牲），逃避倾向（如不愿给学生留出时间，忽视朋友的要求等）。眼中我——良心我有差异的人，比眼中我——理想我有差距的人，更趋向于选择回避性策略。

反馈机制理论用反馈机制来描述行为的自我管理过程。其反馈过程，是将一些被感知到了的输入信息与一个参照点进行比较，根据比较的结果来决定行为输出的方向和大小。绝大多数的反馈过程是缩小差距型的，如果输入的信息不能与参照值一致，那么输出的信息就旨在驱使人们来缩小这种差距。如服从团体规则、从众反应、个人态度、与理想我或良心我的差异。

不过，还有一些反馈系统是扩大距离型的，如试图远离消极参照物或不能悦纳的自我。

总之，在建立“研究丛”时，研究者从不同角度来研究人的心理机制，有助于全面而深入地揭示心理奥秘。

后基因时代的方法学进展

第三节 人格功能的完善化趋势

人格心理学家非常关注如何有效地提高人格的区分、解释与预测功能，这涉及了人格研究的效度问题。当今的人格心理学家认为：以往的人格心理学家非常强调人格的信度问题，即人格的稳定性与可重复性，但实际上应该从人格的效度开始，即提高人格区分、解释和预测的功能。

Ted 演讲：内向人格的力量

一、人格区分功能的整合

描述人格差异是人格区分功能的体现，其中最著名的是特质论与类型论，二者从不同的角度与层面描述了人格的差异。特质论在区分人的特征时，强调的是个体间的差异、人格量的差异，类型论强调的是群体间的差异、人格质的差异。两种理论观点各自从不同角度部分地区分了人格的差异特征，为了更全面地区分人格特征就要对不同理论进行整合，艾森克实现了这一整合工作，他在结合特质论和类型论的基础上提出了人格描述的整合模型，他通过两个人格维度（情绪稳定性与不稳定，内向与外向）划分出 4 种人格气质类型（抑郁质、胆汁质、多血质、粘液质），而每一气质类型中又包含了一些人格特质的描述，如抑郁质中包含了情绪多变、焦虑、刻板等特质层面的特征。艾森克将人格描述的不同模型整合于一体，能更好而全面地区分人格差异。现代人格心理学家在人格差异的研究中，不断地进行着这种新的尝试与探索。

二、人格解释功能的完善

人格心理学家一直在寻找有效的人格解释单元，提出了许多人格理论，但是每一种理论都有其解释的局限性。在二十多年来，人格心理学界非常流行的大五人格模型（FFM）对人格描述与解释提供了基础的、广泛的框架，被称为是人格领域中“一场静悄悄的革命”。以特质理论为基础的大五人格模型，现在被广泛地使用于心理学研究中，实现着人格的解释功能。

那么，人格特质在何种情况下能够很好地预测人的心理状态？预测的限定条件又是什么呢？（1）特质是静止的、稳定的结构，所以它无法说明动态的人格成分。当人们描述一种稳定性高的心理状态时，人格状态的预测性较高。(2) 它不能描述不同背景下的行为差异，也不能灵活地体现人格的复杂性。(3) 对于用因素分析方法所获得的特质结构，是否能真正反映人格中最基础和最有用的成分？所获得的独立因素可能只是提供了有限的经验性预测。(4) 在时空上高度稳定的特质不能有效地解释、测量被试内因素因时间和环境的变化而变化的现象。人格特质与短期效应无关，若考虑暂时的心理状态，个体会表现出很大的差异。特质只对一般基线水平的状态有较高的预测性，但对暂时起伏不定的状态的预测性很小。爱泼斯坦（Epstein，1983）在关于人格最基本单元的争论时指出：被试内数据的因素分析与被试间数据的因素分析的结果是不一致的。这是否意味着需要有两套人格描述系列：一种是被试间变量的人格维度，另一种是描述被试内变量的人格维度。但哪些是被试间变量？哪些是被试内变量？这是未来人格研究要思考的问题。但最好的方法是具有同时适合两个方面的一系列基本人格维度。一些研究者认为：在动机、目标或结构方面的研究有望可以实现这个目标。这说明任何人格理论与研究都有其特定的适用性。在其适用范围内，它具有较高的解释与预测功能，超出这个限用范围，就可能导致错误推论。在未来的研究中，人们应该如何解决上个世纪未解的问题，是人格研究今后所面临的重要领域。

三、人格预测的条件

人格受制于其他多种影响因素。如文化、时间、对象等。人格影响因素的多样性决定了人格研究的复杂性，这就为人格分析与预测时增加了变数。因此，人格预测是以把握人格影响因素为前提条件的。以主观幸福感（Subjective Well－being）的研究为例，主观幸福感是人们对自己生活的评价，包括认知和情绪两个水平。在认知水平上，人们可以形成对生活的总体评价（生活满意度）和局部评价（如工作和婚姻满意度）；在情绪水平上，人们对于卷入的活动和经历的愉快或不愉快的事件做出评价（如高兴和感动，焦虑和悲痛）。影响主观幸福感的因素有内部的（遗传、气质、性别、年龄、健康等）和外部的（生活事件、收入、教育水平、种族、文化等）。究竟谁的影响更大呢？在对主观幸福感的高低做预测时，要考虑不同条件下内外因素的不同作用。依据大量研究结果表明，在组内（如在一个国家内），主观幸福感的遗传因素的作用大于环境的作用（Lykken & Tellen，1996）；在组间（如不同国家间）则环境因素增大。故跨文化研究非常重要，同一国家或文化内的居民处在相对一致的环境中，考察同一国家的人可能会低估环境的潜在作用，人格因素在情境效应变异小的情况下被夸大了。所以，要解释组间、民族间、不同文化间的主观幸福感差异时，预测中就要加大环境因素的效应。

由此可见，确定人格各因素的比重是

提高预测准确性的重要依据。当代人格心理学家提出，从总体来说遗传因素大约占40%，环境占60%，但不同的人格特征的遗传与环境之比会各有差异。随着生命科学的发展，解决这一百年难题已为期不远了。

第四节 人格研究方法的多样化趋势

在人格研究的近百年历史中，人格心理学家使用了多种性质的方法，积累了许多经验。如横向研究与纵向研究，主观与客观方法，质与量的方法等。人格心理学有许多研究方法，在人格心理学中常强调的方法是临床方法、相关方法、测量与实验方法。今后人格心理学研究方法的走向有以下的特点：

1. 研究问题的特征与方法的匹配性。如果研究课题以稳定为特征，则可以用客观分析的方法；但如果从过程、进化、发展的角度来研究课题，纵向方法、质的方法就变得重要了。如果不考虑课题性质而盲目使用方法，会导致研究偏差。

2. 研究方法出现的回归趋势，体现了方法上的多元化与整合趋势。早期人格研究方法强调描述性方法，临床访谈、自我报告、主题统觉测验、Q分类方法都是描述方法或质的分析。之后统计分析方法的引入，人格心理学家更重视量的分析。上世纪末，使人们又开始重视临床与质的方法，特别强调的是定性方法与定量方法的结合。麦克亚当斯和维斯滕（McAdams & Westen）强调人格心理学应该更多地接受定性分析方法，但要努力提高评价的质量。

3. 因素分析等统计方法已成为当今普遍而时髦的分析方法，但纵向研究在探讨人格发展的重要阶段或转化期时更为有效，而现代人格研究更强调一种动态的过程性研究。

4. LOST数据在纵向研究的使用，可增加结果的可信度。其中L是生命发展历程的数据，O是观察数据，T是标准测验数据，S是自我报告数据。通过不同性质的数据来获得一致的结果，是研究结果自我验证的较好方法。

种类繁多的人格测量

第五节 人格研究的动态化趋势

1992年美国心理学会上，在人格科学研讨中提出了“人格是可以改变的吗?”这一研讨论题。回答这个问题要先搞清楚什么是人格的稳定性与可变性？人格研究有四类变化：（1）绝对与相对的变化，如身高和体重随年龄增长会产生绝对的变化，但是与同龄人的平均数相比，他们的相对位置可能是稳定的。（2）外在与内在的变化，如水、水蒸气、冰看起来差异很大，这是外在可以观察到的现象型变化；其实，他们的分子结构没变，都是 H_2O，其内在本质是不变的。这是现象型变化，而不是内在型变化。(3) 量变与质变的变化，如不断学习新知识，但看问题的立场、态度没变，这是量变；自我意识的发展，青少年守恒概念的形成都是质变。(4) 连续与间断的变化，如人的身体特征和外表是连续型变化，渐进的过程；间断性变化是突然的、实质的变化，如一个人经历了重大事件，他的性格会表现出巨大的变化，其表现与以前是不连贯的。如战争，可能会引起人们永久性的改变。分清这些变化对于人格研究的科学化是非常重要的。但是，在研究中要分清人格究竟发生的是什么类型的变化，却是今后人格研究的难点问题，也是非常重要的问题，它将能更好地解释人格发展的动态化趋势。在人格的未来研究中，人格心理学家一直在思考并力图解决这样一些问题：

1. 在长时间段内，人格究竟有多稳定？是不是某些时候的稳定大于另一些时候的稳定？是不是人格某些方面的稳定性大于其他方面的稳定性？是否一些人的人格相对于其他人更稳定？

2. 如何认识在人格不断变化的情况下，其基本的连续性是什么？

3. 如何确信在不同年龄测得的同一人格特征是否具有可比性？

4. 能否以一个时间点的情况来预测某一时间点的情况？怎么能够在合适的年龄来预测人格？人格是否有关键期或敏感期？

5. 如何分辨人格的量变与质变？

研究整个生命历程中的人格，是 21 世纪人格心理学家非常关注主题，它将使人们能以动态的方式来诠释人格。

第六节 人格理论建构的新视角

传统人格心理学以创建宏大理论为特征，然而，现在这种形式已经不常见了，一个理论只涉及一个理论观点或某一方面。未来，人格心理学家依旧希望回归大理论，因为在不断强调对人格全面理解的生态化研究倡导下，不同理论视点无法满足这一要求。但是，对理论建构的要求与期望出现了变化，加入了新的强化主题（见表 8-14）：

表 8-14 人格理论的新建构主题

	新主题	原因	与原有主题的关系
1	人类基因与脑机制	生物技术的发展为探究人格的生物基础提供了可能，实现了用生物机制解读人格的准确性。	人格成因
2	道德	传统理论强调人格的非评价性，当今研究者突破了此边界，认为很多人格成分具有道德评价含义，道德人格、美德与善恶人格成为研究热门问题。	人性哲学

续表

	新主题	原因	与原有主题的关系
3	倾向性特质	随着人格研究领域的不断扩展，未知人格特质的探查一直是研究者关注的问题，学者不断地提出新的特质元素。	人格结构
4	认知、智力（技能）	认知研究以强势浸入人格领域，加强了二者的融合力，人格给予了认知领域中差异性的视角，丰富了研究的层次，也促使了冷认知向热认知的转化。	人格结构
5	动机、情感与价值观	当人类在思考个体或群体行为的走向与控制时，就会关注动机与价值观等动力元素，动机、情绪与价值观逐渐由冷门转为研究热门。	人格动力
6	进化、文化	从历史与文化长河的视角来研究人类沉淀下来的人格元素，从关注个体发展的视野转移到群体共性人格的思考，成为人格社会文化学派的延伸点。	人格发展
7	健康与适应力	人类现实的要求，对环境的适应性，健康问题的层出不穷，不同人格特质对疾病的免疫力与易感性等，如何发挥人格的功能成为关注的热点问题。	人格异常
8	整合性叙事	更凸显生态性的研究方法，体现人格的深度研究。	人格测评
9	数据与信息技术	随着信息技术的发展，大数据、实时记录等，可以实现对人格状态的研究	人格变化

百年的研究历史已经证明：原有的人格理论框架具有不可推翻性。那么，我们之后的研究思考在哪里？上述新的主题丰满了人格原有理论的框架与元素，也提供给人格研究的后来者们一个新的研究方向，研究的新路径可以带来人格领域的新成果，更精准地揭示人类自身的特征，无限的广阔领域就在前面。

在2000多年前，古希腊人就把“认识你自己”作为铭文刻在阿波罗神庙的门柱上。这一问题一直还在持久地发问给人类，人格心理学是最靠近这一问题解答的学科，了解人类、认识自己是人格心理学的学科推进目标。在21世纪中，人格心理学将会开创一个新纪元。当前人格心理学所展示出的发展趋势和20世纪人格心理学家为人们留下的许多悬而未决的问题，为21世纪人格科学发展提出了思索与研究方向。

思考题：

1. 人格心理学家的人格特征与理论的关系？